CorelDRAW X6 中文版 图形设计实战从入门到精通（第2版）

新视角文化行◎编著

人民邮电出版社

北京

图书在版编目（CIP）数据

CorelDRAW X6中文版图形设计实战从入门到精通 / 新视角文化行编著. -- 2版. -- 北京 : 人民邮电出版社, 2018.1(2023.8重印)
ISBN 978-7-115-46662-4

Ⅰ. ①C… Ⅱ. ①新… Ⅲ. ①图形软件 Ⅳ. ①TP391.41

中国版本图书馆CIP数据核字(2017)第235917号

内 容 提 要

本书是全面讲解 CorelDRAW 工具和命令的实战型图书，利用 200 个典型的实例由浅入深地介绍了 CorelDRAW X6 软件的使用，以及图形设计的方法和技巧。

全书共 15 章，包含初识 CorelDRAW X6，文件操作与页面设置，选择、形状和线形工具，几何图形及填充工具，效果工具，图形对象编辑工具，文本的输入与表格应用，对象的排列、组合与透视变形，位图的编辑，VI 设计企业识别基础系统及应用系统，包装设计，以及平面设计综合应用等内容。每一个工具和菜单命令都利用最简洁实用的案例进行了介绍，并用穿插知识点的方式对复杂的工具和相关的设计理论知识进行了详细的讲解。通过对本书的学习，读者可达到熟练运用 CorelDRAW X6 软件，并胜任平面设计工作的目的。

随书附赠 200 集 770 分钟详细记录所有案例具体操作过程的多媒体语音教学视频，以及书中所有实例的素材文件和最终效果文件，全面配合所讲知识与技能。

本书内容翔实，结构清晰，可供图案设计、服装效果图绘制、平面广告设计、工业设计、CIS 企业形象策划和产品包装设计等行业的工作人员及爱好者参考阅读，同时也可作为各类培训学校的理想教材及高等院校的自学教材与参考资料。

◆ 编　　著　新视角文化行
　责任编辑　杨　璐
　责任印制　陈　犇
◆ 人民邮电出版社出版发行　　北京市丰台区成寿寺路 11 号
　邮编　100164　　电子邮件　315@ptpress.com.cn
　网址　https://www.ptpress.com.cn
　涿州市般润文化传播有限公司印刷
◆ 开本：787×1092　1/16　　彩插：4
　印张：28.5　　2018 年 1 月第 2 版
　字数：931 千字　　2023 年 8 月河北第 19 次印刷

定价：69.80 元

读者服务热线：(010)81055410　印装质量热线：(010)81055316
反盗版热线：(010)81055315
广告经营许可证：京东市监广登字 20170147 号

前言

PREFACE

本书针对CorelDRAW进行图形设计的应用方向，从软件基础开始，深入挖掘CorelDRAW的核心工具、命令与功能，帮助读者在最短的时间内迅速掌握CorelDRAW软件，并将其运用到实际操作中。本书作者具有多年的丰富教学经验与实际工作经验，将自己在实际授课和项目制作过程中积累下来的宝贵经验与技巧展现给读者，帮助读者从学习CorelDRAW软件使用的层次迅速提升到图形设计应用的阶段。本书按照实践案例式教程编写，兼具实战技巧和应用理论参考手册的特点。

本书特点

本书共15章，包括200个典型案例的应用方法与技巧。

- 完善的学习模式

"学习目的＋实例分析＋操作步骤＋提示与相关知识点＋实例总结＋操作视频"6大环节保障了可学习性。详细讲解操作步骤，力求让读者即学即会。200个典型实例，做到处处有案例，步步有操作。

- 进阶式讲解模式

全书共15章，每一章都是一个技术专题，从基础入手，逐步进阶到灵活应用。基础讲解与操作紧密结合，方法全面，技巧丰富，不但能学习到专业的制作方法与技巧，还能提高实际应用的能力。

配套资源

- 全程同步教学视频

200集770分钟多媒体语音教学视频，由一线教师亲授，详细记录了所有案例的具体操作过程。读者可以边学边做，同步提升操作技能。

- 超值配套素材及效果文件

提供书中所有实例的素材文件便于读者直接实现书中案例，掌握学习内容的精髓。还提供了所有实例的最终效果文件，全面配合所讲知识与技能，供读者对比学习，提升学习效果。

资源下载及其使用说明

本书正文案例所需要的文件已作为资源提供下载，扫描右侧二维码即可获得文件下载方式。如果大家在阅读或者使用过程中遇到任何与本书相关的技术问题或者需要什么帮助，请发邮件至szys@ptpress.com.cn，我们会尽力为大家解答。

资源下载

本书读者对象

本书主要面向初、中级读者。对于软件每个功能的讲解都从必备的基础操作开始，以前没有接触过CorelDRAW X6的读者无需参照其他书籍即可轻松入门，接触过CorelDRAW X6的读者同样可以从中快速了解CorelDRAW X6的各种功能和知识点，自如地踏上新的台阶。

感谢您选择了本书，希望我们的努力对您的工作和学习有所帮助。由于时间仓促，书中难免会出现疏漏，希望广大读者能够给予批评、指正。

编者

目录

CONTENTS

第 01 章　初识CorelDRAW X6

第 02 章　文件操作与页面设置

第 03 章　选择、形状和线形工具

第 04 章　几何图形及填充工具

第 05 章 效果工具

第 06 章 图形对象编辑工具

第 07 章 文本的输入与表格应用

第 08 章 对象的排列、组合与透视变形

第 09 章 位图的编辑

第 10 章 VI设计——企业识别基础系统

第 11 章 VI设计——企业识别应用系统（1）

第 12 章 VI设计——企业识别应用系统（2）

第 13 章 VI设计——企业识别应用系统（3）

第 14 章 包装设计

第 15 章 平面设计综合应用

第01章

初识CorelDRAW X6

本章实例

认识矢量图与位图
认识颜色模式
认识像素和分辨率
认识文件格式
启动CorelDRAW X6
退出CorelDRAW X6
初识工作界面
缩放和平移绘图
快捷键设置

CorelDRAW是由Corel公司推出的集图形设计、文字编辑及图形高品质输出于一体的矢量图形绘制软件。它被广泛应用于平面广告设计、网页美工设计及艺术效果处理等诸多领域。无论您是为印刷出版物制作图稿的设计师、插图绘制人员、多媒体图形制作的美工，还是网页或在线编辑制作人员，CorelDRAW都向您提供了制作专业级作品的所需工具，让您在工作中得心应手。

CorelDRAW X6版本功能更加强大，操作更为灵活。鉴于CorelDRAW软件的许多特性，本书将以实例操作的方式来向大家介绍CorelDRAW X6软件的众多和常用的功能，使读者在边做边练中快速掌握该软件的使用方法。本章首先来学习有关CorelDRAW X6软件的基础知识。

实例 001 认识矢量图与位图

学习目的

学习本实例，读者可以了解并掌握矢量图与位图的概念和特点。

实例分析

- **素材路径** | 素材\第01章\卡通女孩.cdr，菊花.jpg
- **视频路径** | 视频\实例\.avi
- **知识功能** | 认识什么是矢量图、什么是位图，掌握矢量图和位图的特性
- **制作时间** | 10分钟

操作步骤

01 启动 CorelDRAW X6 软件。

02 执行菜单中的“文件 / 打开”命令，在弹出的“打开”对话框中选择资源文件中的“素材 \ 第 01 章 \ 卡通女孩 .cdr”文件，单击 打开 按钮，将其打开，如图 1-1 所示。

提示

“卡通女孩 .cdr”文件是利用 CorelDRAW 软件绘制的，该图为矢量图形。

03 选取工具箱中的“缩放”工具，在左边卡通图形的头部位置按下鼠标左键，向右下方拖动鼠标，如图 1-2 所示。

图 1-1 打开的矢量图形

图 1-2 拖动鼠标状态

04 松开鼠标后图形被放大显示，此时图形填充的颜色及图形的边缘依然非常清晰，并没有发生任何变化，这就是矢量图形的特性，如图 1-3 所示。

图 1-3 放大显示后的图形

相关知识点：矢量图

矢量图，又称向量图，由线条和图块组成。将矢量图放大后，图形仍能保持原来的清晰度，且色彩不失真，矢量图具有以下特点。

- 文件小：由于图形保存的是线条和图块信息，所以矢量图形的分辨率和图形大小无关，只与图形的复杂程度有关，图形越简单，所占的存储空间越小。
- 图形大小可以无级缩放：在对图形进行大小缩放、角度旋转或扭曲变形操作时，图形仍保持原有的显示和印刷质量。
- 适合高分辨率输出：矢量图形文件可以在输出设备及打印机上以最高分辨率打印输出。

05 在属性栏中单击“按页高显示”按钮，将可打印区域页面按照高度适合窗口大小来显示。

06 执行“文件/导入”命令，在弹出的“导入”对话框中选择资源文件中的“素材\第01章\菊花.jpg”文件，单击 导入 按钮，将其导入到当前文档中，如图1-4所示。

> **提示**
>
> “菊花 .jpg”文件是利用数码相机拍摄的，用相机拍摄的照片都是位图，我们称其为位图图像。

07 选取工具箱中的“缩放”工具，将菊花图像放大显示。当放大到一定比例后可以看到很多颜色块，这就是位图的性质之一，如图1-5所示。

图 1-4　导入的位图

图 1-5　放大显示后的位图

相关知识点：位图

位图，也叫光栅图，是由无数个小色块一样的颜色网格（即像素）组成的图像。位图中的像素由其位置值与颜色值表示，也就是将不同位置上的像素设置成不同的颜色，即组成了一幅图像。位图图像分辨率降低或放大到一定的倍数后，看到的便是一个个方形的色块，整体图像也会变得模糊、粗糙。位图具有以下特点。

- 文件所占的空间大：用位图存储高分辨率的彩色图像需要较大存储空间，因为像素之间相互独立，所以占的硬盘空间、内存和显存都比较大。
- 会产生锯齿：位图是由最小的色彩单位“像素”组成的，因而位图的清晰度与像素的多少有关。位图放大到一定的倍数后，看到的便是一个个的像素，即一个个方形的色块，整体图像便会变得模糊且会产生锯齿。

实例总结

学习本实例，读者可以掌握什么是矢量图、什么是位图，以及矢量图形和位图图像它们各自的属性及特点。

实例 002 认识颜色模式

学习目的

学习本实例，读者可以认识颜色模式，以及RGB颜色模式和CMYK颜色模式的区别。

实例分析

- **视频路径** | 视频\实例2.avi
- **知识功能** | 认识RGB颜色模式和CMYK颜色模式，掌握这两种颜色模式的区别
- **制作时间** | 10分钟

操作步骤

01 启动 CorelDRAW X6 软件。执行“文件 / 新建”命令，弹出“创建新文档”对话框，在此对话框中将“原色模式”设置为“RGB”，如图 1-6 所示。

02 单击 确定 按钮，新建一个颜色模式为“RGB”的文件。

03 选取工具箱中的“矩形”工具，在页面中按下鼠标左键拖曳可以绘制出矩形，图 1-7 所示为绘制的两个矩形图形。

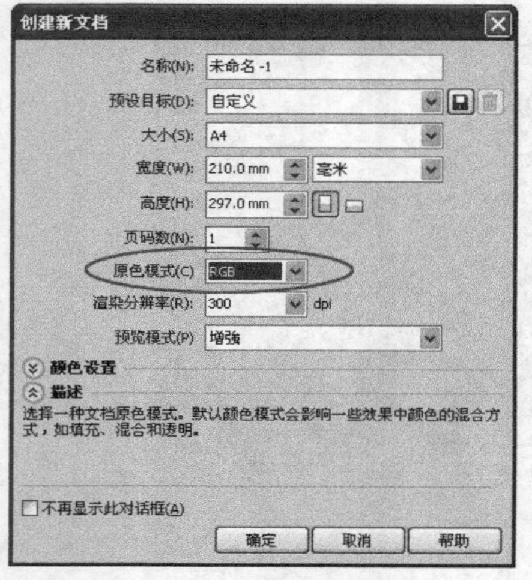

图 1-6“创建新文档”对话框

图 1-7 绘制的矩形

04 选取工具箱中的“选择”工具，选择左边的矩形，如图 1-8 所示。

05 在绘图窗口的右边单击图 1-9 所示的颜色块，给选择的图形填充上颜色。

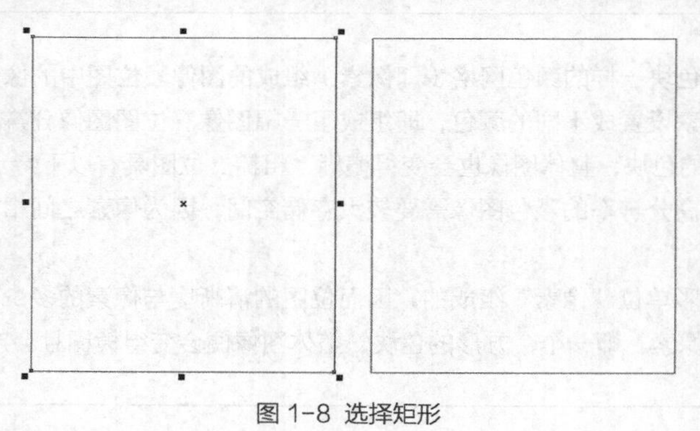

图 1-8 选择矩形　　图 1-9 单击颜色块

06 选择右边的矩形，也填充上相同的颜色，如图 1-10 所示。

07 选择左边的矩形。执行“位图 / 转换为位图”命令，弹出“转换为位图”对话框，设置颜色模式如图 1-11 所示。

08 单击 确定 按钮，转换成 RGB 颜色模式后的位图，颜色没有发生任何变化，依然保持非常亮的紫色，如图 1-12 所示。

图 1-10　填充颜色

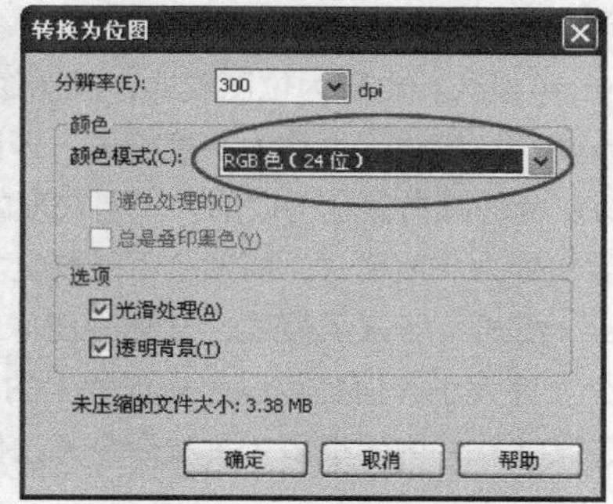

图 1-11“转换为位图”对话框

09 选择图 1-12 中右边的矩形。执行“位图 / 转换为位图”命令，弹出“转换为位图”对话框，设置颜色模式，如图 1-13 所示。

图 1-12　颜色没变化

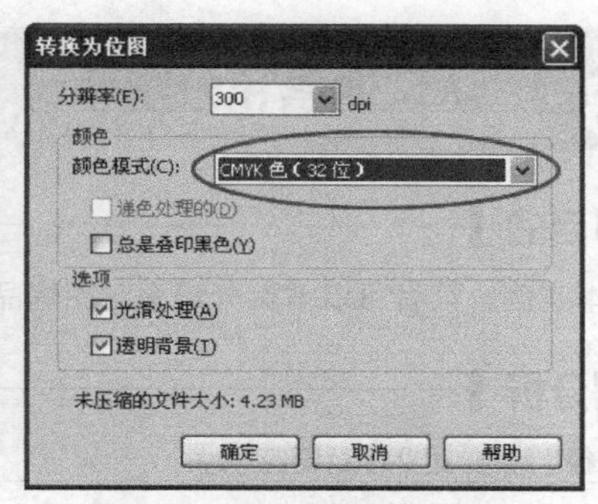

图 1-13“转换为位图”对话框

09 选择图 1-12 中右边的矩形。执行“位图 / 转换为位图”命令，弹出“转换为位图”对话框，设置颜色模式，如图 1-13 所示。

10 单击 确定 按钮，这样就把 RGB 颜色的图形转换成了 CMYK 颜色模式的位图了，此时可以非常明显地看到图形中的紫色不再那么鲜艳了，变成了如图 1-14 所示的灰紫色。

图 1-14　转换成 CMYK 模式后的位图

相关知识点：颜色模式

颜色模式是指同一属性下的不同颜色的集合，它决定用来显示、印刷或打印文档的色彩模型，可以使用户在进行相应处理时，不必进行颜色重新调配而直接进行转换和应用。计算机软件系统为用户提供的颜色模式有10余种，常用的有RGB、CMYK、Lab、Bitmap、GrayScale及Index模式等，各颜色模式之间可以根据需要相互转换。

- RGB模式：就是常说的三原色，R代表Red（红色），G代表Green（绿色），B代表Blue（蓝色）。之所以称为三原色，是因为在自然界中肉眼所能看到的任何色彩都可以由这3种色彩混合叠加而成，因此也称为加色模式。RGB模式又称RGB色空间，它是一种色光表色模式，它广泛应用于我们的生活中，如电视机、计算机显示屏、投影仪和幻灯片等都是利用光来呈现色彩的。
- CMYK模式：也称为四色印刷色彩模式，C代表青色，M代表洋红色，Y代表黄色，K代表黑色，印刷的图像由这4种颜色叠加印刷而成。因为在实际应用中，青色、洋红色和黄色很难叠加形成真正的黑色，最多不过是深褐色，因此才引入了表示黑色的K，黑色的作用是强化暗调，加深暗部色彩。

- Lab模式：也称为标准色模式，是由RGB模式转换为CMYK模式的中间模式。其特点是在使用不同的显示器或打印设备时，它所显示的颜色都相同。
- Bitmap模式：也称为位图模式，其图像由黑、白两种颜色组成，所以又称黑白图像。
- GrayScale模式：也称为灰度模式，即图像中的色相和饱和度被去掉而产生的灰色图像模式，其图像是由具有256级灰度的黑白颜色构成的。一幅灰度的图像在转变为CMYK模式后，可以增加颜色。如果将CMYK模式的彩色图像转变为灰度模式，则颜色不能恢复。
- Index模式：即索引模式，又称为图像映射颜色模式，图像最多使用256种颜色，像素只有8位。索引模式可以减少文件大小，但是可以保持视觉上的品质基本不变，常应用于网页和多媒体动画制作。其缺点是使用这种模式时，某些软件中的很多工具和命令无法使用。

实例总结

学习本实例，读者可以掌握RGB颜色模式和CMYK颜色模式的区别，以及它们的颜色组成。同时，还能了解到一些常用的颜色模式和它们各自的特性。

实例003 认识像素和分辨率

学习目的

学习本实例，读者可以掌握分辨率对图像品质的作用，并认识到图像是由像素组成的。

实例分析

- **素材路径** | 素材\第01章\菊花.jpg
- **视频路径** | 视频\实例3.avi
- **知识功能** | 认识分辨率和像素，分辨率和像素对图像品质的作用
- **制作时间** | 5分钟

操作步骤

01 启动CorelDRAW X6软件。执行“文件/新建”命令，弹出“创建新文档”对话框，在此对话框中将“渲染分辨率”右侧的参数设置为“72”，如图1-15所示。单击 确定 按钮，新建名称为“未命名-1”的文件。

02 再次执行“文件/新建”命令，在“创建新文档”对话框中将“渲染分辨率”右侧的参数设置为“300”，如图1-16所示。单击 确定 按钮，新建名称为“未命名-2”的文件。

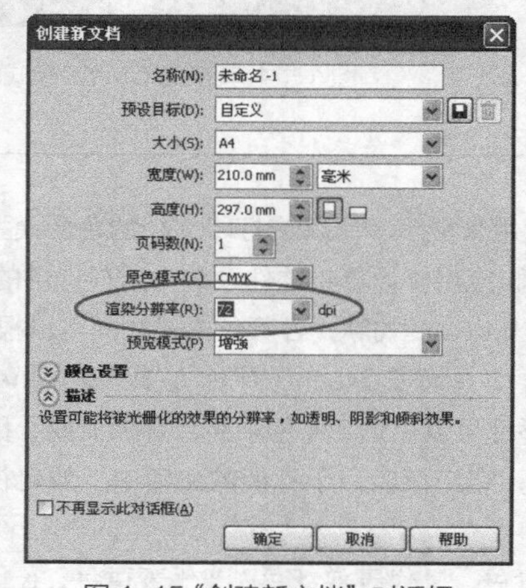

图1-15“创建新文档”对话框

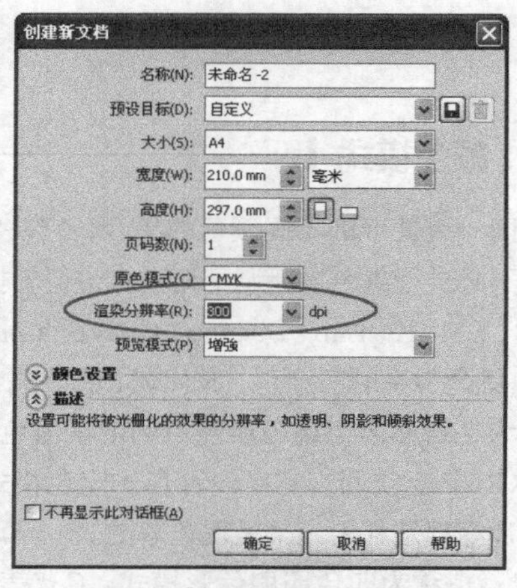

图1-16“创建新文档”对话框

03 执行“文件 / 导入”命令，在弹出的“导入”对话框中选择资源文件中的“素材 \ 第 01 章 \ 菊花 .jpg”文件，单击 导入 按钮，将其导入到当前“未命名 -2”文档中，然后利用“文字”工具在图片上面输入“菊花”文字，如图 1-17 所示。

04 执行“文件 / 导出”命令，在弹出的“导出”对话框中选择“TIF-TIFF 位图”保存类型，如图 1-18 所示。保存的位置随意设置，只要打开时能找到即可。

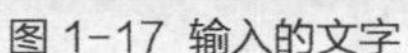

图 1-17 输入的文字

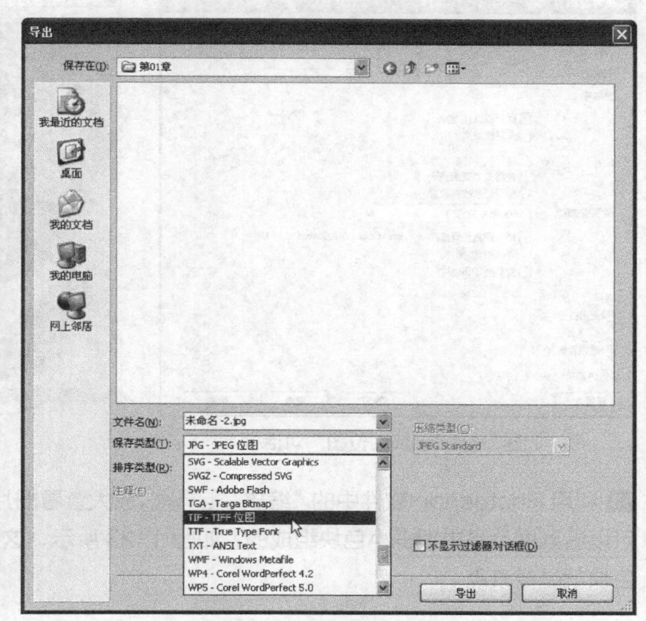

图 1-18“导出”对话框

05 单击 导出 按钮，弹出“转换为位图”对话框，如图 1-19 所示。按照默认的选项直接单击 确定 按钮将图片和文字导出。

06 选取“选择”工具，在图片的左上角位置按下鼠标左键，向右下方拖动鼠标同时选取图片和文字，如图 1-20 所示。

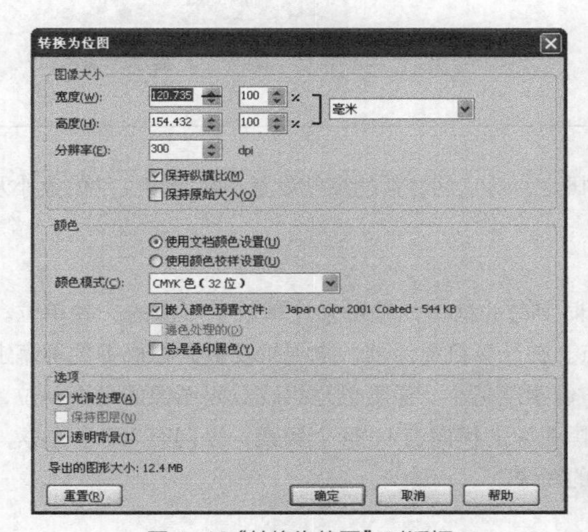

图 1-19“转换为位图”对话框

图 1-20 框选图片

07 执行“编辑 / 复制”命令，复制图片和文字。

08 执行“窗口 / 未命名 -1”命令，将“未命名 -1”文件设置为工作文件。

09 执行“编辑 / 粘贴”命令，将图片和文字粘贴到“未命名 -1”文件中。

10 执行“文件 / 导出”命令，在弹出的“导出”对话框中选择“TIF-TIFF 位图”保存类型。

11 单击 导出 按钮，弹出“转换为位图”对话框，把“分辨率”选项设置为“72”，如图 1-21 所示。单击 确定 按钮导出图片和文字。

12 在 Photoshop 软件中把刚才导出的两个文件分别打开，观察这两个文件，可以看出这两个文件的大小及清晰度是不同的，如图 1-22 所示。

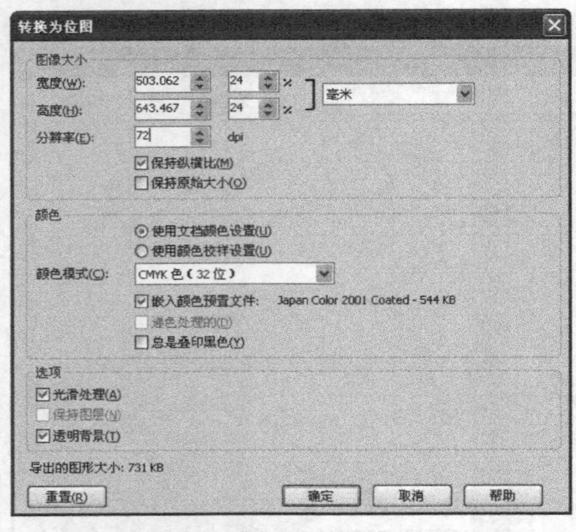

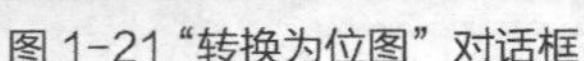
图 1-21“转换为位图”对话框

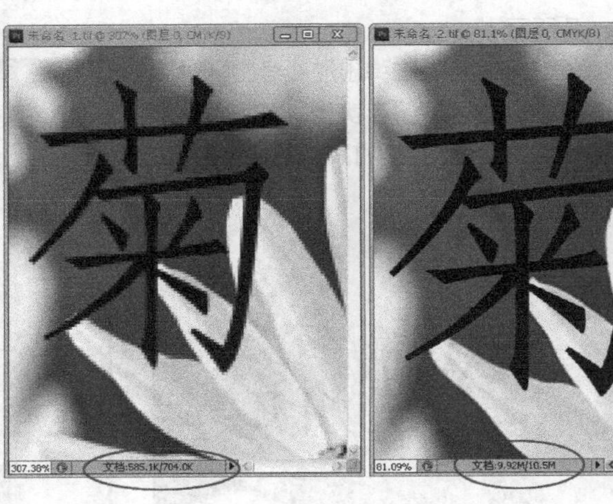

图 1-22 图片对比

13 利用 Photoshop 软件中的“缩放”工具，放大查看图片，可以看到图片是由很多小色块组成的，如图 1-23 所示，这些色块就是像素点。

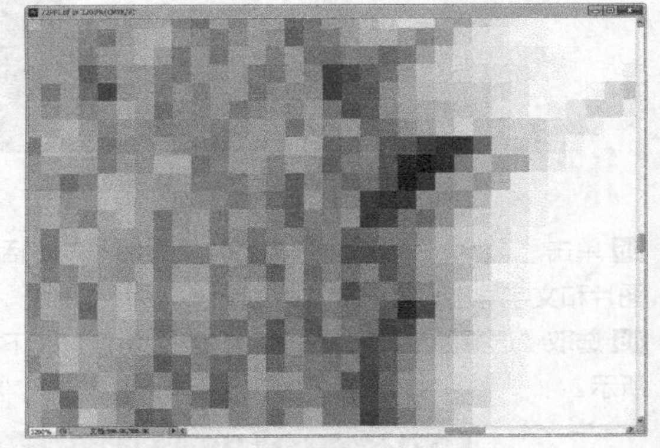
图 1-23 显示的像素点

相关知识点：像素和分辨率

像素与分辨率是图像印刷输出时最常用的两个概念，对它们参数的高低设置，决定了文件的大小及图像的输出品质。

一. 像素

像素（Pixel）是Picture和Element这两个单词字母的缩写，是用来计算数字影像的一种单位。一个像素的大小不好衡量，它实际上只是屏幕上的一个光点。在计算机显示器、电视机及数码相机等的屏幕上都使用像素作为它们的基本度量单位，屏幕的分辨率越高，像素就越小。像素也是组成数码图像的最小单位，如对一幅标有1024像素×768像素的图像而言，就表明这幅图像的横向有1024个像素，纵向有768个像素，其总数为1024×768=786432，即这是一幅具有近80万像素的图像。

二. 分辨率

分辨率（Resolution）是数码影像中的一个重要概念，它是指在单位长度中，所表达或获取像素数量的多少。图像分辨率使用的单位是PPI（Pixel per Inch），意思是“每英寸所表达的像素数目”。另外还有一个概念是打印分辨率，它的使用单位是DPI（Dot per Inch），意思是“每英寸所表达的打印点数”。

PPI和DPI这两个概念经常会出现混用的现象。从技术角度说，PPI只存在于屏幕的显示领域，而DPI只出现于打印或印刷领域。对于初学图像处理的用户来说难于分辨清楚，这需要一个逐步理解的过程。

对于高分辨率的图像，其包含的像素多，图像文件的容量就越大，能非常好地表现出图像丰富的细节，但也会增加文件的大小，同时也就需要耗用更多的计算机内存（RAM）资源，存储时会占用更大的硬盘空间等。而对于低分辨率的图像来说，其包含的像素少，图像会显示得非常粗糙，在排版打印后，打印出的效果会非常模糊。

所以在图像处理过程中，必须根据图像最终的用途使用合适的分辨率，在能够保证输出质量的情况下，尽量不要因为分辨率过高而占用一些计算机的系统资源。

实例总结

学习本实例，读者可以理解分辨率的作用、认识什么是像素，以及分辨率和像素的概念及特性。

实例 004 认识文件格式

学习目的

学习本实例，读者可以掌握存储和导出文件时文件的格式。

实例分析

- **素材路径** | 素材\第01章\菊花.jpg
- **视频路径** | 视频\实例4.avi
- **知识功能** | 认识文件格式
- **制作时间** | 5分钟

操作步骤

01 启动 CorelDRAW X6 软件。执行“文件 / 新建”命令，按照默认的选项和参数新建名称为“未命名 -1”的文件。

02 执行“文件 / 导入”命令，在弹出的“导入”对话框中选择资源文件中的“素材 \ 第 01 章 \ 菊花 .jpg”文件，单击 导入 按钮，将其导入到新建文件中。

03 执行“文件 / 保存”命令，弹出“保存绘图”对话框，如图 1-24 所示。

04 在“保存类型”选项右侧默认的文件存储格式为“CDR-CorelDRAW”，该格式是 CorelDRAW 软件的专用文件格式。单击右边的选项框会弹出保存文件的其他格式类别，如图 1-25 所示。

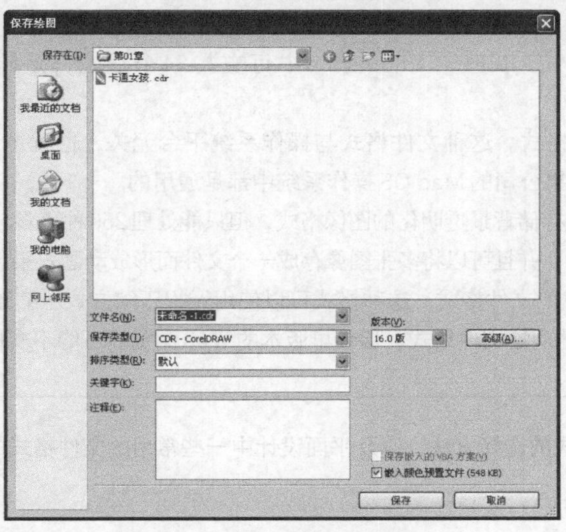

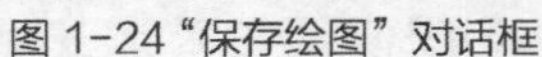
图 1-24“保存绘图”对话框

图 1-25 弹出的其他格式列表

05 在该格式选项列表中可以根据后期文件编辑的需要选取其他格式来存储文件，这样可以保证文件能够在其他软件中打开。如“*.PDF”格式为电子文件格式，这种文件格式与操作系统平台无关，不管是在 Windows、Unix 还是在苹果公司的 Mac OS 操作系统中，文件都能够打开。

06 设置文件格式后单击 保存 按钮，即该文件按照已选择的格式存储。

提示

执行“文件/导出”命令，在弹出的“导出”对话框中的“保存类型”选项列表中也包含了一些文件的存储格式。这些文件格式既包含AutoCAD软件专用的“*.dwg”格式，也包含Flash软件专用的“*.swf”格式，以及一些常用的位图图像格式，如“*.jpg”“*.psd”和“*.tiff”等。

相关知识点：文件格式

在平面设计中，了解和掌握一些常用的文件格式，对图像编辑、输出、保存及文件在各软件之间的转换有很大的帮助。下面来介绍平面设计软件中常用的几种图形、图像文件格式。

- AI格式：此格式是一种矢量图格式，在Illustrator中经常用到。在Photoshop中可以将保存了路径的图像文件输出为“*.AI”格式，然后在Illustrator和CorelDRAW中直接打开它并进行修改处理。
- CDR格式：此格式是CorelDRAW专用的矢量图格式，它将图片按照数学方式来计算，以矩形、线、文本、弧形和椭圆等形式表现出来，并以逐点的形式映射到页面上，因此在缩小或放大矢量图形时，原始数据不会发生变化。
- PSD格式：此格式是Photoshop的专用格式。它能保存图像数据的每一个细节，包括图像的图层和通道等信息，确保各图层之间相互独立，便于进行修改。PSD格式的文件还可以保存为RGB或CMYK等颜色模式的文件，唯一的缺点是保存的文件比较大。
- BMP格式：此格式是微软公司软件的专用格式，也是Photoshop最常用的位图格式之一，支持RGB、索引颜色、灰度和位图颜色模式的图像，但不支持Alpha通道。
- EPS格式：此格式是一种跨平台的通用格式，可以说几乎所有的图形图像和页面排版软件都支持该文件格式。它可以保存路径信息，并在各软件之间进行相互转换。另外，这种格式在保存时可选用JPEG编码方式压缩，不过这种压缩会破坏图像的显示效果。
- JPEG格式：此格式是较常用的图像格式，支持真彩色、CMYK、RGB和灰度颜色模式，但不支持Alpha通道。JPEG格式可用于Windows和Mac平台，是所有压缩格式中最卓越的。虽然它是一种有损失的压缩格式，但在文件压缩前，可以在弹出的对话框中设置压缩的大小，这样就可以有效地控制压缩时损失的数据量。JPEG格式也是目前网络可以支持的图像文件格式之一。
- TIFF格式：此格式是一种灵活的位图图像格式。TIFF在Photoshop中可支持24个通道，是除了Photoshop自身格式外唯一能存储多个通道的文件格式。
- PDF格式：此格式是Adobe公司开发的电子文件格式。这种文件格式与操作系统平台无关，也就是说，PDF文件不管是在Windows、UNIX操作系统，还是在苹果公司的Mac OS操作系统中都是通用的。
- GIF格式：此格式是由CompuServe公司制定的，能存储背景透明化的图像格式，但只能处理256种色彩。常用于网络传输，其传输速度要比传输其他格式的文件快很多，并且可以将多张图像存成一个文件而形成动画效果。
- PNG格式：此格式是Adobe公司针对网络图像开发的文件格式。这种格式可以使用无损压缩方式压缩图像文件，并利用Alpha通道制作透明背景，是功能非常强大的网络文件格式，但较早版本的Web浏览器可能不支持。

实例总结

学习本实例，读者可以掌握存储和导出文件时文件格式的选择方法，以及平面设计中一些常用的文件格式的概念和特性。

实例 005 启动CorelDRAW X6

学习目的

学习本实例，读者可以掌握启动CorelDRAW X6软件的方法，并学习创建快捷启动图标的方法。

实例分析

- **视频路径 | 视频\实例5.avi**
- **知识功能 | 启动CorelDRAW X6软件，创建快捷启动图标**
- **制作时间 | 3分钟**

操作步骤

01 若计算机中已安装了CorelDRAW X6软件，单击计算机桌面左下角任务栏中的 开始 按钮。

02 在弹出的"开始"菜单中选择"程序/CorelDRAW Graphics Suite X6/CorelDRAW X6"命令，如图1-26所示。

03 单击鼠标左键后屏幕上出现CorelDRAW X6启动画面，停留3～5秒，即可启动CorelDRAW X6软件，首先看到的是图1-27所示的欢迎界面。

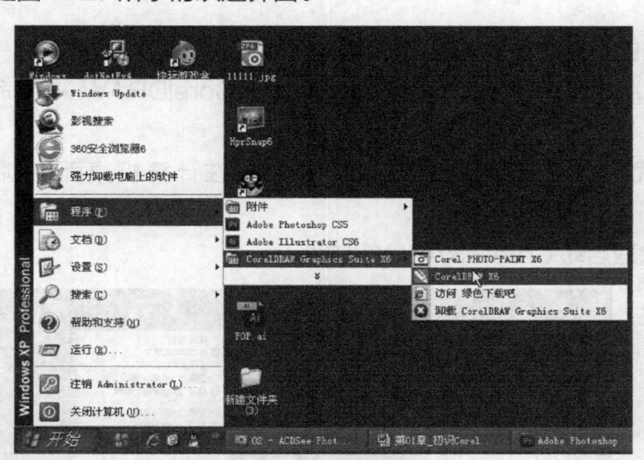

图1-26"开始"菜单

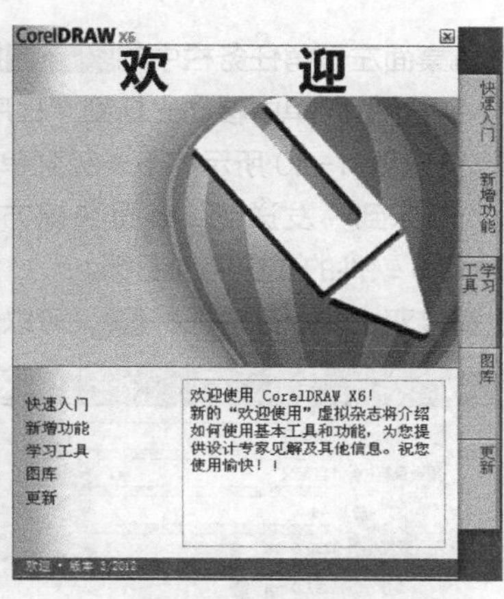

图1-27　欢迎界面

04 单击"快速入门"选项卡，弹出图1-28所示的"快速入门"界面。在该界面中可以使用户快速了解和掌握有关CorelDRAW X6软件的功能使用常用任务。

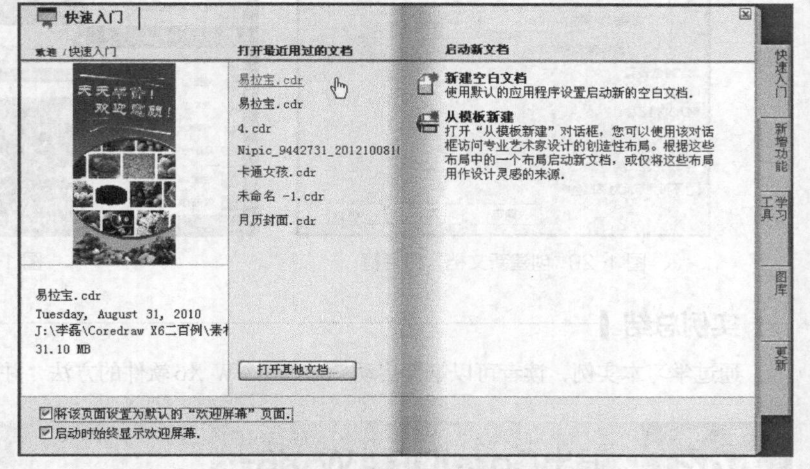

图1-28"快速入门"界面

相关知识点："快速入门"选项卡

下面来介绍下"快速入门"选项卡各部分的功能和作用。

- 在"快速入门"选项卡中可以新建空白文档、从模板新建文件或打开其他文件。
- 单击右侧的"新增功能"选项卡，可在弹出的窗口中了解和掌握新版本CorelDRAW X6中的新增功能。
- 单击"学习工具"选项卡，可通过观看视频来学习CorelDRAW X6的新功能，或者通过指导手册及提示技巧等来掌握软件的使用与操作技巧。
- 单击"图库"选项卡，可欣赏利用CorelDRAW软件绘制的作品。

- 单击“更新”选项卡，可进行产品更新或了解有关软件的最新消息。
- 勾选“将该页面设置为默认的‘欢迎屏幕’页面”选项，可将当前设置的选项卡设置成启动CorelDRAW X6时默认的欢迎屏幕。
- 取消“启动时始终显示欢迎屏幕”选项前面的勾选，在下一次启动该软件时，不会弹出欢迎屏幕。如果想让其再次出现，可在已启动软件的前提下，执行“工具/选项”命令（或按Ctrl+J组合键），弹出“选项”对话框，选择左侧窗口内的“工作区/常规”选项，然后单击右侧窗口中“CorelDRAW X6启动”选项右侧的按钮，在弹出的下拉列表中选择“欢迎屏幕”选项，再单击 确定 按钮即可。

05 在快速入门窗口中，用户可以根据需要选择不同的标签选项。单击“新建空白文档”选项，弹出图1-29所示的“创建新文档”对话框。

06 在“创建新文档”对话框中单击 确定 按钮，新建一个默认尺寸的图形文件，并进入CorelDRAW X6的工作界面。

07 单击计算机桌面左下角任务栏中的 开始 按钮。

08 在弹出的“开始”菜单中移动光标到“程序/CorelDRAW Graphics Suite X6/CorelDRAW X6”命令上，单击鼠标右键，弹出图1-30所示的下一级菜单。

09 继续移动光标到“发送到/桌面快捷方式”命令上单击鼠标左键，这样就在计算机桌面中创建了一个CorelDRAW X6软件的快捷启动图标。

10 在桌面上直接双击快捷启动图标，可以快速启动CorelDRAW X6软件。

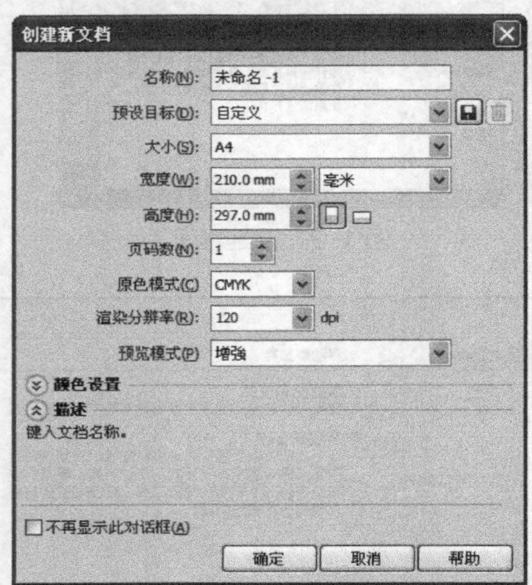

图1-29“创建新文档”对话框

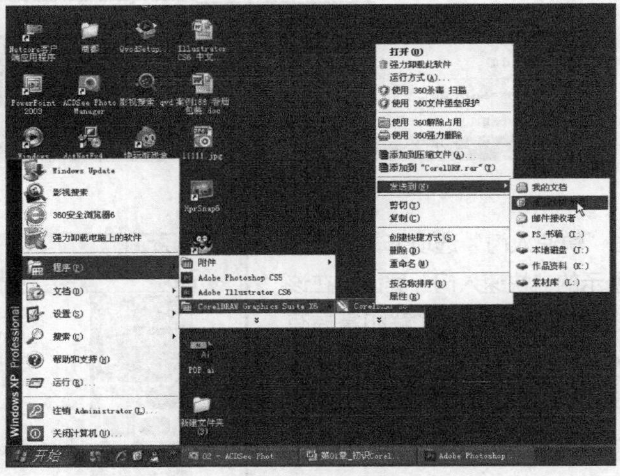

图1-30 程序菜单

实例总结

通过学习本实例，读者可以掌握启动CorelDRAW X6软件的方法，并学会创建快捷启动图标。

实例 006 退出CorelDRAW X6

学习目的

学习本实例，读者可以掌握退出CorelDRAW X6软件的方法。

实例分析

- **视频路径** | 视频\实例6.avi
- **知识功能** | 退出CorelDRAW X6软件的方法
- **制作时间** | 3分钟

操作步骤

01 启动 CorelDRAW X6 软件后，如果没有正在编辑的绘图文件在窗口中，单击窗口右上角的“关闭”按钮☒，即可退出 CorelDRAW X6。

02 执行“文件 / 退出”命令或按 Alt+F4 组合键也可以退出 CorelDRAW X6。

03 如果有正在编辑的绘图文件在窗口中，则效果如图 1-31 所示。

04 单击界面窗口右上角的“关闭”按钮☒，会弹出图 1-32 所示的“CorelDRAW X6”提示对话框。

05 单击［是］按钮，可以存储当前正在编辑的绘图文件并退出软件；单击［否］按钮，不存储当前正在编辑的绘图文件并退出软件；单击［取消］按钮，可以取消退出软件操作。

图 1-31 正在编辑的绘图文件

图 1-32“CorelDRAW X6”提示对话框

实例总结

通过学习本实例，读者可以掌握退出 CorelDRAW X6 软件的各种方法。

实例 007 初识工作界面

学习目的

学习本实例，读者可以认识 CorelDRAW X6 软件的工作界面，熟悉各部分的名称和功能。

实例分析

- **视频路径** | 视频\实例 7.avi
- **知识功能** | 认识 CorelDRAW X6 软件的工作界面，工作界面各部分的功能和作用
- **学习时间** | 30 分钟

操作步骤

01 启动 CorelDRAW X6 软件。

02 执行菜单中的“文件 / 打开”命令，在弹出的“打开”对话框中选择资源文件中的“素材\第 01 章\卡通女孩.cdr”文件，单击［打开］按钮，打开素材文件，如图 1-33 所示。

图1-33 CorelDRAW X6的工作界面及各部分名称

相关知识点：工作界面介绍

CorelDRAW X6的工作界面按其功能可分为标题栏、菜单栏、工具栏、属性栏、工具箱、状态栏、页面控制栏、标尺、绘图窗口、可打印页面、泊坞窗、视图导航器、调色板和锁定工具栏等几部分。下面介绍各部分的功能和作用。

一. 标题栏

在标题栏中显示当前软件的名称、版本号及图形文件的名称，右侧有3个按钮，主要用来控制工作界面的大小切换及关闭操作。

- 单击"最小化窗口"按钮，可使界面窗口变为最小化图标状态，并显示在Windows系统的任务栏中。
- 单击"还原窗口"按钮，可使窗口变为还原状态。还原后，按钮变为"最大化窗口"按钮，单击此按钮，可以将还原后的窗口最大化显示。
- 单击"关闭"按钮，可退出CorelDRAW软件。

与其他软件一样，只要将鼠标指针放置在标题栏的蓝色条上双击，即可将CorelDRAW X6窗口在最大化和还原状态之间切换。当窗口为还原状态时，将鼠标指针放置在窗口的边缘位置，当出现双向箭头形状时，按下鼠标左键拖曳光标，可调整窗口的大小。将鼠标指针放在标题栏的蓝色条上，按住鼠标左键拖曳光标，可以在Windows窗口中的任意位置放置CorelDRAW X6窗口。

二. 菜单栏

在标题栏的下方是菜单栏，包括文件、编辑、视图、布局、排列、效果、位图、文本、表格、工具、窗口和帮助等主菜单命令，每个菜单下又有若干个子菜单，打开任意子菜单可以执行相应的操作命令。各菜单命令的功能如下。

- "文件"菜单：用于对绘制或编辑的图形文件进行管理，包括新建、打开和保存等命令。
- "编辑"菜单：用于对图形进行编辑操作，包括图像的剪切、复制和粘贴等命令。
- "视图"菜单：用于浏览绘制的图形内容及按照用户设置的方式进行工作，包括预览模式、添加辅助线和对齐辅助线等命令。
- "布局"菜单：用于添加绘图的页面及设置页面的大小和背景等，包括插入页、页面大小和背景设置等命令。
- "排列"菜单：用于对当前文件中选择的图形进行变换、排列及合并等操作，包括变换、顺序、群组、合并、锁定及造型等命令。
- "效果"菜单：用于对绘制的图形进行特殊效果处理，包括调整、精确剪裁、复制效果及克隆效果等命令。
- "位图"菜单：用于将当前图像转换为位图，然后对其进行位图效果的处理，包括转换为位图、编辑位图和特殊效果的添加等命令。
- "文本"菜单：用于对输入的文字进行处理，包括字符改变、字体设置、段落的属性设置及文字适配路径的特殊效果等命令。

● “表格”菜单：用于新建表格或对表格进行编辑，包括新建、插入、选择、删除、分布，以及合并表格及拆分表格等命令。

● “工具”菜单：用于设定软件中的大部分命令，包括菜单、工具栏和其他工具的属性设置，颜色和对象的管理设置，图形、文本样式、符号和特殊字符的添加，以及脚本的创建和运行等命令的设置。

● “窗口”菜单：用于对打开的窗口进行管理，包括新建窗口、窗口的排列及各控制对话框的调用等命令。

● “帮助”菜单：用于提供软件的联机帮助，包括使用该软件的方法及对新增功能的讲解等。

在菜单命令中还有些内容需要用户注意，下面来做介绍。

● 快捷键：在其中部分命令的后面有英文字母组合，如“编辑/复制”命令的后面有Ctrl+C，表示可以直接按Ctrl+C组合键来执行“复制”命令。

● 对话框：在其中部分命令的后面有省略号，表示执行此命令后会弹出相应的对话框。

● 子菜单：在其中部分命令的后面有向右的黑色三角形，表示此后还有下一级子菜单。

● 执行命令：有些命令的前面有对号标记，表示此命令为当前执行的命令。

提示

菜单栏中还有一部分命令显示灰色，表示这些命令暂时不可使用，只有在满足一定的条件下才可执行此命令。

三. 工具栏

在菜单栏的下方是工具栏，主要放置了一些常用菜单命令的快捷工具按钮。单击这些按钮，可快速地执行相应的菜单命令。

● “新建”按钮：单击此按钮，弹出“创建新文档”对话框。

● “打开”按钮：单击此按钮，弹出“打开绘图”对话框。

● “保存”按钮：单击此按钮，可保存图形文件。

● “打印”按钮：单击此按钮，可直接打印当前的图形文件。

● “剪切”按钮：单击此按钮，可将选择的对象以剪切的形式复制到剪贴板中。

● “复制”按钮：单击此按钮，可将选择的对象以复制的形式复制到剪贴板中。

● “粘贴”按钮：单击此按钮，可将剪切或复制到剪贴板中的对象粘贴到绘图窗口中。

● “撤销”按钮：单击此按钮，可撤销刚做的操作。

● “重做”按钮：当执行撤销操作后，单击此按钮，可重做已撤销的操作。

● “导入”按钮：单击此按钮，弹出“导入”对话框，可以将“CDR”“PSD”“TIF”“JPG”和“BMP”等格式的图形或图像文件导入到当前绘图窗口中。

● “导出”按钮：单击此按钮，弹出“导出”对话框，可以将绘制的图形导出为其他软件所支持的格式，如“PSD”“TIF”“JPG”和“BMP”等。

● “应用程序启动器”按钮：单击此按钮，可弹出程序列表，选择其中的任一程序，可启动该程序。

● “欢迎屏幕”按钮：单击此按钮，将弹出“欢迎屏幕”界面。

● “缩放级别”选项 38%：显示当前可打印区在绘图窗口中的显示级别。

● 贴齐(P)按钮：单击此按钮，在弹出的下拉列表中可设置在绘制图形或移动对象时贴齐网格、辅助线、对象或动态辅助线。

● “选项”按钮：单击此按钮，弹出“选项”对话框，用于对工作区或文档等的选项进行设置。

四. 属性栏

属性栏位于工具栏的下方，选择不同的工具按钮或对象，在属性栏中将会显示出相对应的按钮和属性设置选项。当选择工具箱中不同的工具按钮时，在属性栏中会显示相对应的属性设置，默认情况下属性栏是显示工具箱中按钮处于激活时的状态，用于设置文件的尺寸、绘图单位，以及微调距离和再制距离等。

● “页面大小”选项 A4：单击此选项，在弹出的选项列表中可以选择纸张类型或纸张大小。当选择

“自定义”选项时，可以在属性栏后面的“页面度量”选项中设置自己需要的纸张尺寸。

提示

CorelDRAW 软件默认的打印页面大小为 A4 纸张大小，即 210.0 mm ×297.0 mm。平面设计中常用的文件尺寸还有：A2（420.0 mm×594.0 mm）、A3（297.0 mm×420.0 mm）、A5（148.0 mm×210.0 mm）、B5（182.0 mm×257.0 mm）和 16 开（184.0 mm×260.0 mm）等。

- “纵向”按钮和“横向”按钮：用于设置当前页面的方向。
- “所有页面”按钮：激活此按钮，表示多页面文档中的所有页面都应用相同的页面大小和方向。
- “当前页”按钮：激活此按钮，可以设置多页面文档中个别页面的大小和方向。
- “单位”选项：在右侧的选项列表中可以重新设定单位。
- “微调距离”选项：在文本框中输入数值，用来设置每次按键盘中的方向键时所选对象在绘图窗口中的移动距离。
- “再制距离”选项：在右侧的文本框中输入数值，可以设置应用菜单栏中的“编辑/再制”命令后，复制出的新图形与原图形之间的距离。

五．工具箱

在工具箱中包含了CorelDRAW X6的各种绘图工具、编辑工具、文字工具、填充工具、交互式工具和效果工具等。单击任一按钮，即可选择该工具或显示隐藏的工具组。

移动鼠标指针到工具箱中的任一按钮上时，该按钮将突起显示，稍等片刻，鼠标指针的右下角会显示该工具的名称，如图1-34所示。大多数工具按钮的右下角带有黑色的小三角形，表示该工具是个工具组，包含其他同类隐藏的工具，将鼠标指针放置在按钮上按住鼠标左键不放，即可显示隐藏的工具，如图1-35所示。移动鼠标指针至展开工具组中的工具上，单击即可选择此工具。

工具箱及工具箱中隐藏的工具组如图1-36所示。

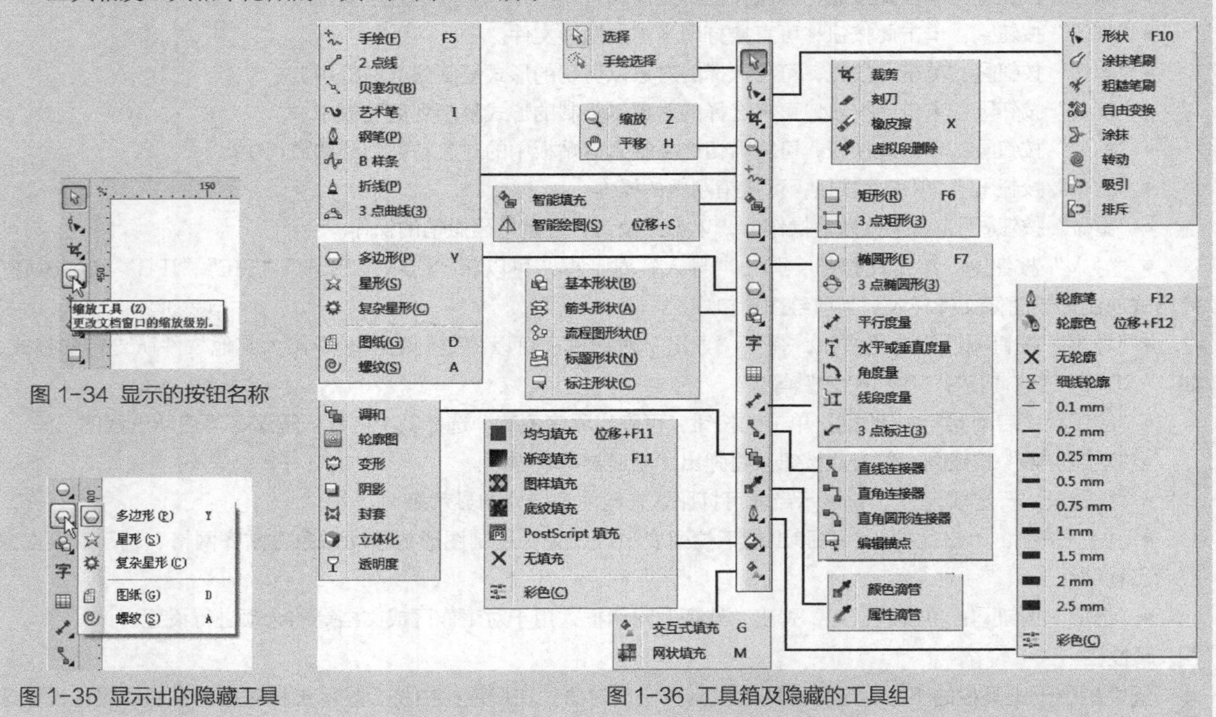

图 1-34 显示的按钮名称

图 1-35 显示出的隐藏工具

图 1-36 工具箱及隐藏的工具组

提示

工具按钮后面的字母或数字是该工具的快捷键，如选取“形状”工具，则可按键盘上的 F10 键。

六. 状态栏

状态栏是用于提示当前鼠标所在的位置及在绘制图形时给予简单的提示性帮助。在状态栏中单击鼠标右键，在右键菜单中选择“自定义/状态栏/位置”命令可以设置状态栏的位置是位于工作窗口的顶部还是底部；选择“自定义/状态栏/大小”命令，可以设置状态栏的信息是以一行显示还是以两行显示。

七. 页面控制栏

页面控制栏主要是用来控制页面，包括页面的添加、删除、翻页及跳页等。

八. 标尺

在水平或垂直标尺上按下鼠标左键向绘图窗口中拖曳，可以添加参考线，帮助用户准确地绘制或对齐对象。在标尺上双击会弹出“选项”设置对话框，用来设置有关标尺的参数。

九. 绘图窗口

绘图窗口是指工作界面中的白色区域，在此区域中可以绘制图形或编辑文本，但在图形打印输出时，只有位于可打印页面中的图形才可以被打印输出。

十. 可打印页面

可打印页面是位于绘图窗口中的一个矩形区域，可以在上面绘制图形或编辑文本。在输出作品时，只有在可打印页面内的图形才可以被打印输出。

十一. 泊坞窗

泊坞窗位于调色板的左侧，在CorelDRAW X6中共提供了30种泊坞窗。利用这些泊坞窗可以对当前图形的属性、效果、变换、颜色等进行设置和控制。执行“窗口/泊坞窗”子菜单下的命令，即可显示或隐藏相应的泊坞窗。

十二. 视图导航器

单击绘图窗口右下角的视图导航器图标可以启动该功能，该功能可以在此泊坞窗中显示文档的局部内容，适合对象放大后的编辑操作。

十三. 调色板

在工作界面的右侧是调色板，可以快速地给图形填充需要的颜色。单击“调色板”底部的按钮，可展开调色板。在工作区中的任意位置单击鼠标，可关闭展开后的调色板。另外，将鼠标指针移动到“调色板”中的任一颜色色块上，可以显示该颜色块的颜色值，如图1-37所示。在颜色块上按住鼠标左键不放，稍等片刻，会弹出当前颜色的颜色组，如图1-38所示。

移动鼠标指针到调色板最上方的位置，当鼠标指针显示为移动图标时按下并拖曳，可使调色板独立显示，如图1-39所示。在“调色板”中的按钮上单击，在弹出的下拉菜单中选择“显示颜色名”命令，可在“调色板”中显示颜色名称，如图1-40所示。

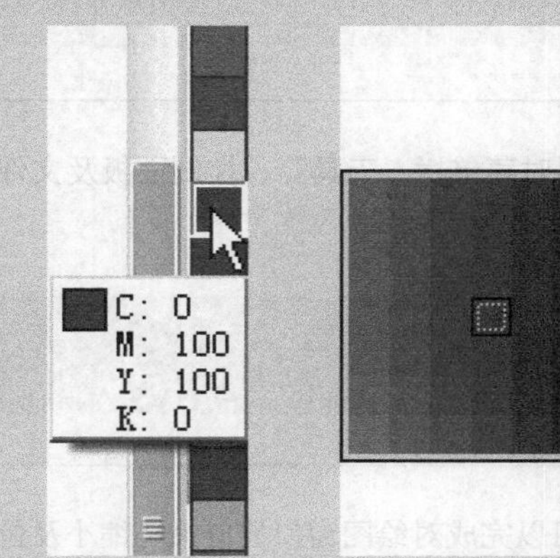

图 1-37　显示颜色值

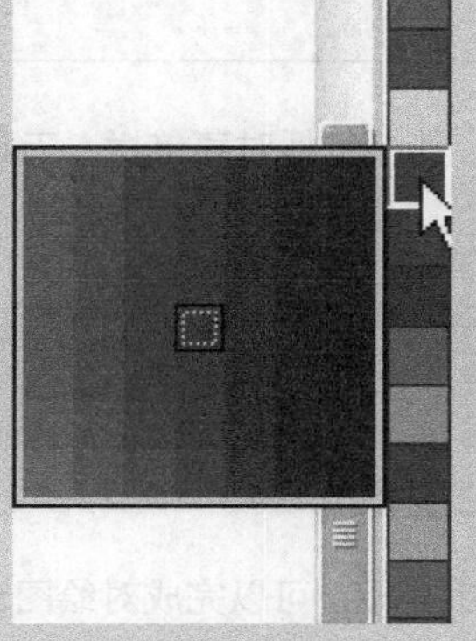
图 1-38　显示颜色组

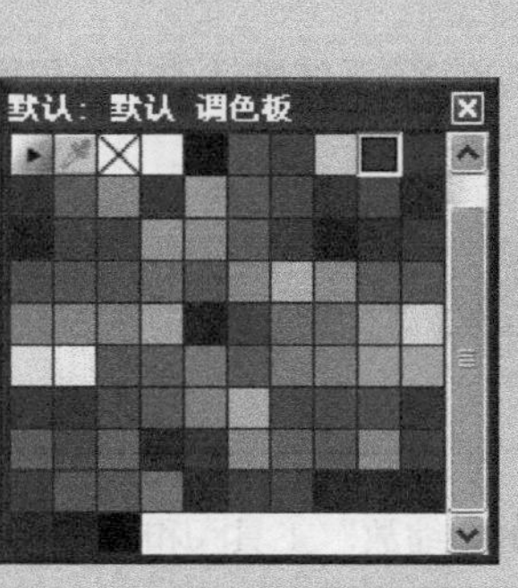

图 1-39　独立显示的调色板

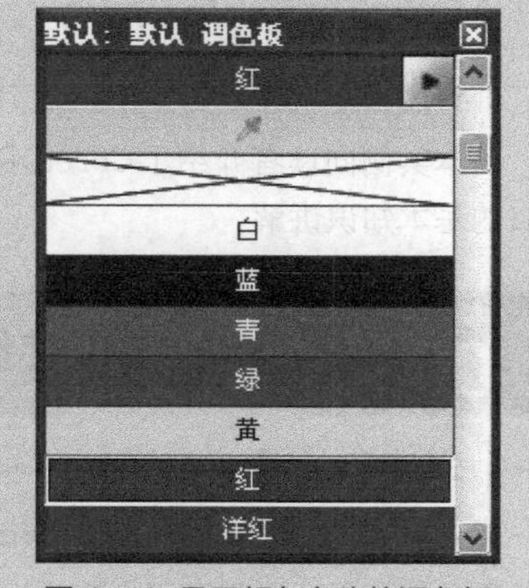

图 1-40　显示颜色名称的调色板

移动鼠标指针到“调色板”的右下方，当鼠标指针显示为双向箭头时，按下鼠标左键拖曳，可调整调色板的显示大小，如图1-41所示。

再次执行“显示颜色名”命令，可隐藏颜色名称使“调色板”恢复以小色块的形式显示。

- 选择图形后，单击“调色板”中的任意一种颜色，可以给图形填充该颜色。在颜色上单击鼠标右键，可以给图形的边缘轮廓添加颜色。

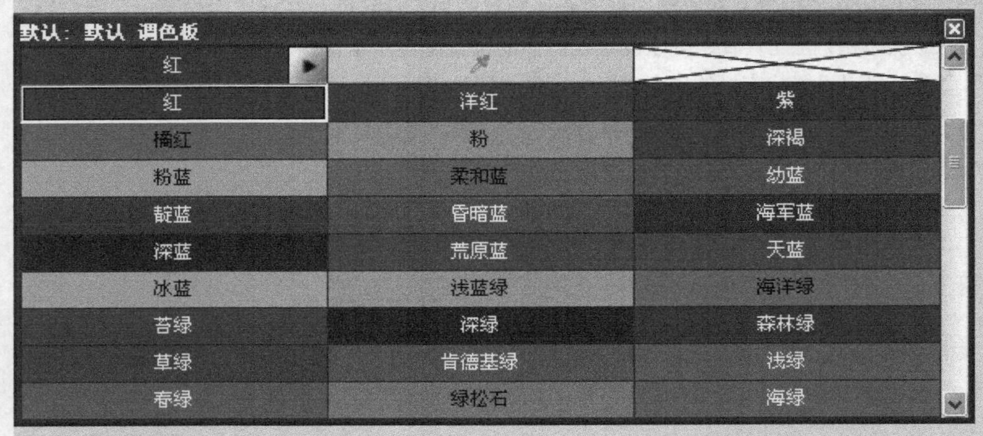

图 1-41 调整“调色板”大小后的形态

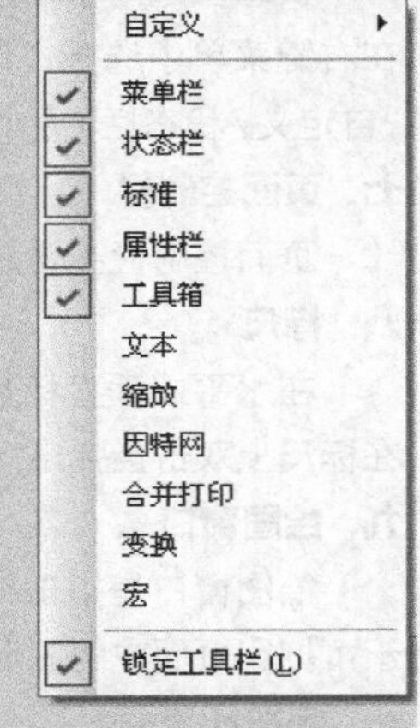

图 1-42 右键菜单

- 选择图形后，在“调色板”顶部的☒按钮上单击鼠标左键，可删除图形的填充色。单击鼠标右键，可删除图形的轮廓色。

十四. 锁定工具栏

锁定工具栏是CorelDRAW X6的新增功能，可以将属性栏、工具栏及工具箱等锁定在工作区中。默认情况下该功能处于启用状态。在状态栏或工具栏中的灰色区域单击鼠标右键，弹出图1-42所示的右键菜单。

选择“锁定工具栏”命令，将其前面的勾选取消，即可关闭该功能。此时属性栏和工具栏的左侧将显示虚线（且在工具箱的上方也显示），移动鼠标指针到该图标处，当鼠标指针显示为移动符号时按下并拖曳，即可将工具栏拖离原来的位置，且以图1-43所示的形态显示在工作区中。

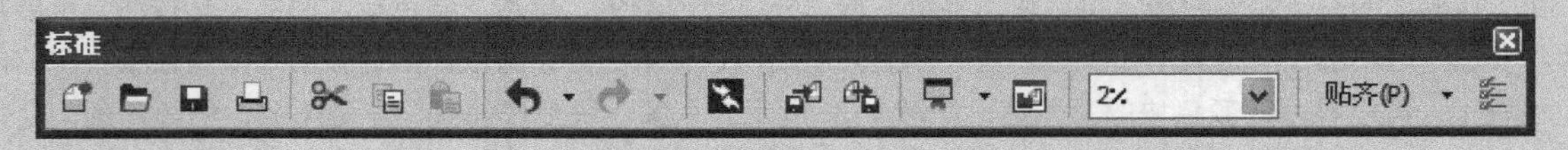

图 1-43 拖离后的工具栏

将工具栏拖离原位置后，在该工具栏上方的蓝色位置双击，可还原其位置。单击右侧的☒按钮，可关闭工具栏。如要显示关闭的工具栏，可在其余的工具栏上单击鼠标右键，然后在弹出的右键菜单中选择相应的工具栏即可。

实例总结

本实例向读者介绍了CorelDRAW X6系统默认的工作界面，其中包括对菜单栏、工具箱、控制面板及文件窗口的基本知识讲解。

实例 008 缩放和平移绘图

学习目的

在设计作品时，利用工具箱中的“缩放”工具和“平移”工具，可以完成对绘图窗口的放大、缩小及位置的移动等操作，以帮助用户查看设计作品的局部细节。本实例来学习这两个工具的使用方法。

实例分析

- **视频路径** | 视频\实例8.avi
- **知识功能** | “缩放”工具，“平移”工具及“工具/选项”命令
- **制作时间** | 10分钟

操作步骤

01 启动 CorelDRAW X6 软件。

02 打开资源文件中“素材 \ 第 01 章 \ 卡通女孩 .cdr”文件。

03 选择工具箱中的“缩放”工具（快捷键为 Z 键），将鼠标指针移动到绘图窗口中，此时鼠标指针显示为形状，如图 1-44 所示。

04 单击鼠标左键，可以按比例放大显示视图窗口，如图 1-45 所示。

图 1-44　鼠标指针形状

图 1-45　放大视图窗口

05 单击鼠标右键，可以按比例缩小显示视图窗口，如图 1-46 所示。

06 当需要将绘图窗口中的某一个图形或图形中的某一部分放大显示时，可以利用工具在需要放大显示的图形位置上按下鼠标左键并拖曳绘制出一个虚线框，如图 1-47 所示。

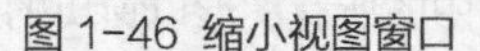

图 1-46　缩小视图窗口

图 1-47　拖曳出的虚线框

07 释放鼠标左键后，即可按最大的放大级别显示虚线框内的图形，如图 1-48 所示。

图 1-48　放大后的视图

提示

按F2键，可以快速把“缩放”工具切换为当前使用的工具。当局部放大图形时，如果对拖曳出虚线框的大小或位置不满意，则可以按Esc键取消操作。利用“缩放”工具可以成比例放大或缩小显示图形的整体或局部。使用此工具仅是放大或缩小了图形的显示比例，并没有改变图形的实际尺寸。

08 选择工具箱中的“平移”工具（快捷键为H），将鼠标指针移动到绘图窗口中，当鼠标指针显示为形状时，按下鼠标左键并拖曳，即可平移绘图窗口的显示位置，查看被窗口隐藏了的图形，如图1-49所示。

09 利用“平移”工具在绘图窗口中双击鼠标左键，可放大显示图形。单击鼠标右键，可缩小显示图形。

图1-49 平移查看图形

相关知识点：属性栏设置

“缩放”工具和“平移”工具的属性栏完全相同，如图1-50所示。

图1-50“缩放”工具和“平移”工具的属性栏

- “缩放级别”：在该下拉列表中可以选择要使用窗口的显示比例。
- “放大”按钮：单击此按钮，可以放大显示图形。
- “缩小”按钮：单击此按钮，可以缩小显示图形，快捷键为F3键。
- “缩放选定对象”按钮：单击此按钮，可以将选择的图形以窗口最大化来显示，快捷键为Shift+F2组合键。
- “缩放全部对象”按钮：单击此按钮，可以将绘图窗口中的所有图形以窗口的最大化来显示，快捷键为F4键。
- “显示页面”按钮：单击此按钮，可以调整缩放级别以适合整个页面，快捷键为Shift+F4组合键。
- “按页宽显示”按钮和“按页高显示”按钮：单击相应的按钮，可以调整缩放级别以适合整个页面的宽度或高度。

执行“视图/全屏预览”命令（快捷键为F9键），可以将绘图窗口中的页面扩大到与屏幕相同来预览，这样可以更好地把握绘图的整体效果。但在绘图窗口中所显示的图形内容有多少，预览时就会显示多少，因此在进行全屏预览时最好先将图形全部显示后再使用此命令，即先按F4键，或双击工具箱中的“缩放”工具，使图形缩放到全屏幕后再进行全屏预览。在全屏预览模式下单击鼠标即可恢复到视图显示模式。

执行“工具/选项”命令，弹出“选项”对话框，在左侧列表中点选“工作区”左侧的“+”加号，展开“工作区”目录，再单击“显示”选项，显示图1-51所示的“显示”选项设置对话框。

在右边的“全屏预览”选项组中可以设置绘图窗口是“使用草图视图”还是“使用增强视图”来显示全屏预览效果。勾选“显示页边框”选项，在全屏预览时可以看到页边框。

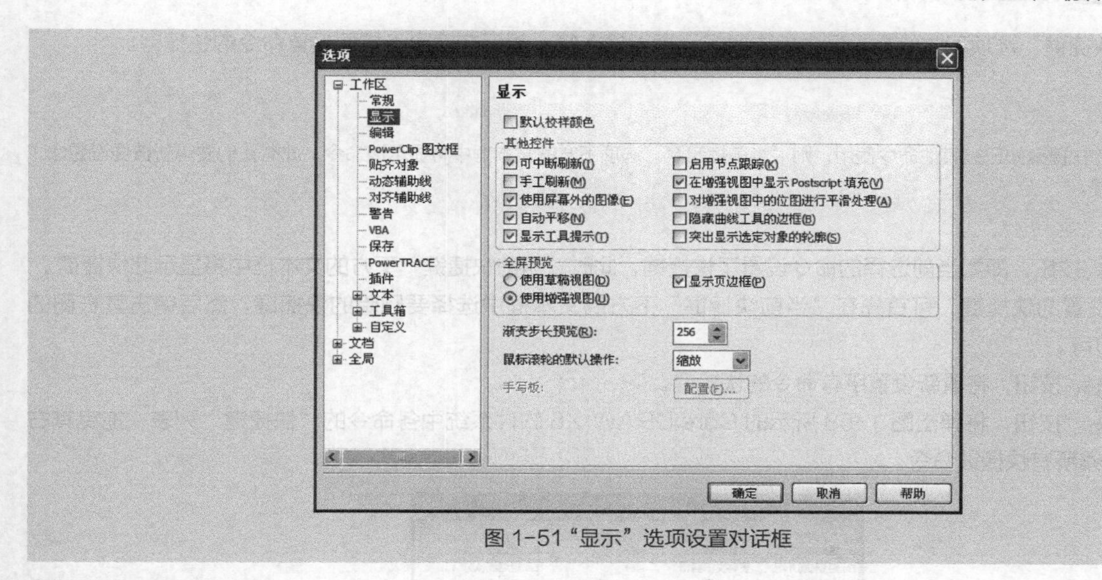

图 1-51“显示”选项设置对话框

实例总结

学习本实例，读者可以掌握“缩放”工具和“平移”工具的使用方法，学会灵活地放大、缩小或平移视图窗口图形。

实例 009　快捷键设置

学习目的

在CorelDRAW软件中读者可以根据自己的习惯为各工具按钮、属性及菜单命令自定义快捷键，本例来学习设置快捷键的方法。

实例分析

- **视频路径 |** 视频\实例9.avi
- **知识功能 |** 设置快捷键的命令操作
- **制作时间 |** 10分钟

操作步骤

01 启动 CorelDRAW X6 软件。

02 执行“工具 / 自定义”命令，打开“选项”对话框，在左侧的窗口中单击“命令”选项。

03 在命令列表窗口中选择要设置快捷键的命令，然后在右侧的设置区域中单击“快捷键”选项卡，弹出的“快捷键”对话框如图 1-52 所示。

图 1-52“快捷键”对话框

04 在“新建快捷键”选项下方的文本框中单击鼠标，插入输入符，然后在键盘上按要设置命令的快捷键。

> **提示**
>
> 此外设置的快捷键如已被其他命令使用，则“当前指定至”选项下方的文本框中将显示该命令，此时我们要重新按要设置命令的快捷键。

05 单击 指定(A) 按钮，即为当前选择的命令设置了快捷键，此时“当前快捷键”下方的文本框中将显示此快捷键。

06 如要删除设置的快捷键，可首先在“当前快捷键”下方的文本框中选择要删除的快捷键，然后单击其右侧的 删除(D) 按钮即可。

07 单击 全部重置(R) 按钮，将重新设置所有命令的快捷键。

08 单击 查看全部(W)... 按钮，将弹出图 1-53 所示的 CorelDRAW X6 软件系统中各命令的“快捷键”列表，拖曳其右侧的滑块可观察所有快捷键命令。

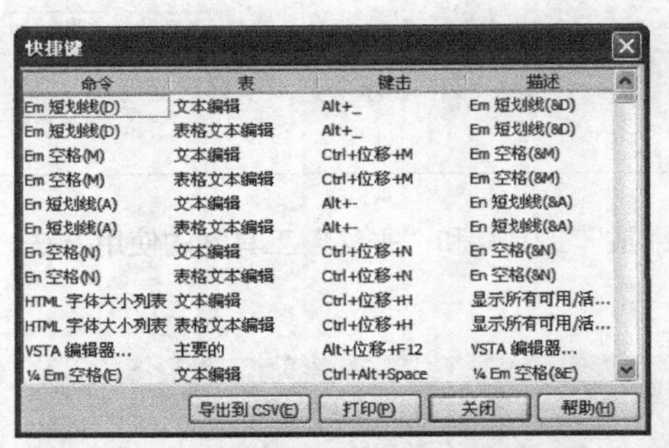

图 1-53 软件中各命令的快捷键列表

实例总结

学习本实例，读者可以掌握设置快捷键的方法。

第02章 文件操作与页面设置

本章实例

- 新建文件
- 打开文件
- 导入图片
- 导出文件
- 文件窗口切换
- 关闭文件与保存
- 设置指定大小的多页面文件
- 页面背景设置
- 撤销与重做的操作

本章主要讲解文件的基本操作与页面设置，包括新建文件、打开文件、导入图片、导出文件，以及页面的大小设置、背景设置、插入页面、删除页面和转换页面等。

实例 010 新建文件

学习目的

本实例以新建一个名称为“请柬”的文件为例，来讲解创建新文档的操作方法。

实例分析

- **视频路径** | 视频\实例10.avi
- **知识功能** | 新建文件的方法
- **制作时间** | 10分钟

操作步骤

01 启动 CorelDRAW X6 软件，第一次启动时会弹出图 2-1 所示的欢迎界面。

02 单击右侧的“快速入门”选项卡，弹出图 2-2 所示的“快速入门”界面。该界面可以帮助用户快速完成日常工作中的常见任务。

图 2-1 欢迎界面

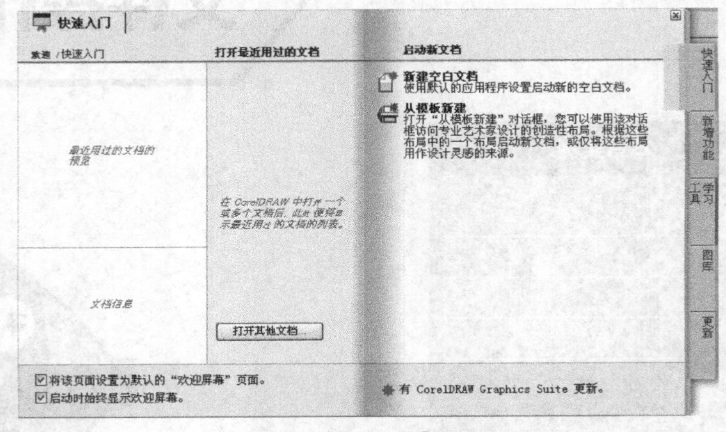

图 2-2“快速入门”界面

03 在“快速入门”界面中，读者可以根据需要选择不同的标签选项。单击右上角的“新建空白文档”选项，弹出图 2-3 所示的“创建新文档”对话框。

04 设置“名称”为“请柬”，“宽度”为“280”，“高度”为“200”，“原色模式”为“CMYK”，“渲染分辨率”为“300”，如图 2-4 所示。

05 单击 确定 按钮，即可按照设置的参数创建一个新文档。

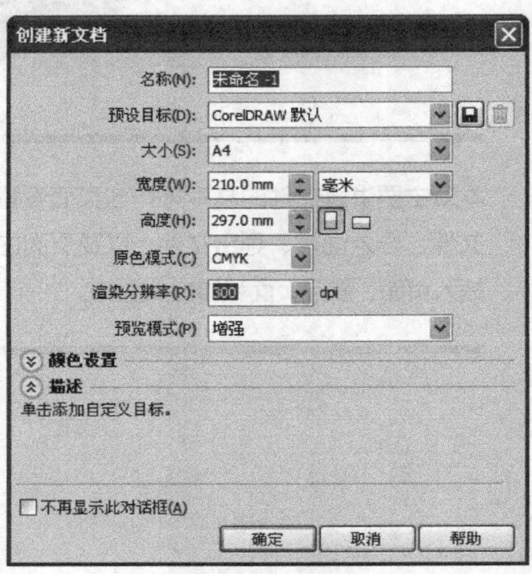

图 2-3“创建新文档”对话框

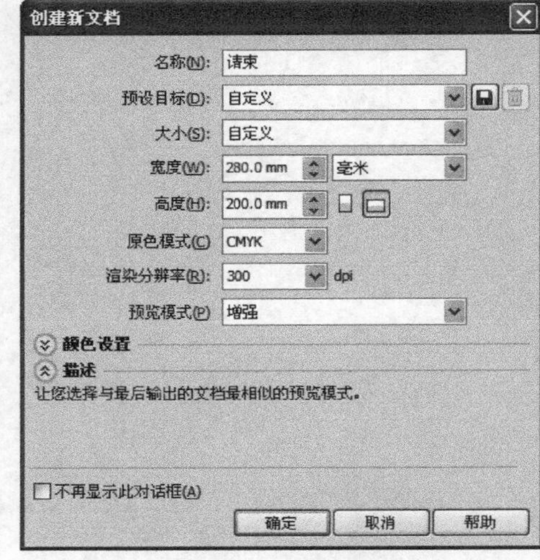

图 2-4 设置参数

提示

进入 CorelDRAW X6 软件工作界面后，执行“文件 / 新建”命令（快捷键为 Ctrl+N 组合键），或在工具栏中单击“新建”按钮，也可弹出“创建新文档”对话框。

相关知识点：“创建新文档”对话框

在图2-5所示的“创建新文档”对话框中有些选项需要读者认识和掌握，下面分别来介绍。

- “名称”选项：在右侧窗口中可以输入新建文件的名称。
- “预设目标”选项：在右侧窗口中可以选择系统默认的新建文件设置。当自行设置文件的尺寸时，该选项窗口中显示“自定义”选项。
- “大小”选项：在右侧的窗口中可以选择默认的新建文件大小，包括A4、A3、B5、信封和明信片等。
- “宽度”和“高度”选项：用于自行设置新建文件的宽度和高度。
- “原色模式”选项：用于设置新建文件的颜色模式。
- “渲染分辨率”选项：用于设置新建文件的分辨率。
- “预览模式”选项：在右侧的选项窗口中可选择与最后输出的文档最相似的预览模式。
- “颜色设置”选项：其下的选项用于选择新建文件的色彩配置。
- “不再显示此对话框”复选项：勾选此选项，在下次新建文件时，将不弹出“创建新文档”对话框，而是以默认的设置新建文件。

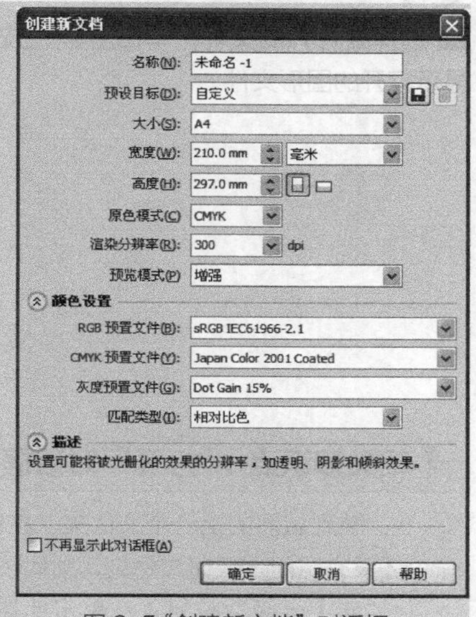

图 2-5“创建新文档”对话框

实例总结

学习本实例，读者可以掌握各种新建文件的方法。

实例 011 打开文件

学习目的

执行“文件/打开”命令，会弹出“打开”对话框，利用该对话框可以打开计算机中存储的CDR和AI等多种格式的图形或图像文件。在打开文件之前，要知道文件的名称、格式和存储路径，才能顺利地打开文件。本实例来学习打开文件的步骤及“打开”对话框中的各按钮功能。

实例分析

- **视频路径** | 视频\实例11.avi
- **知识功能** | 打开文件的方法
- **制作时间** | 10分钟

操作步骤

01 启动 CorelDRAW X6 软件，在弹出的“快速入门”窗口中单击 打开其他文档... 按钮，稍等片刻，即可弹出图2-6 所示的“打开绘图”对话框。

提示

如已进入 CorelDRAW X6 的工作界面，可以单击工具栏中的“打开”按钮或执行“文件 / 打开”命令。另外，读者的计算机中弹出的“打开绘图”对话框会与本例给出的图不同。因为该对话框是上一次打开图形时所选的文件夹目录。

02 在“打开绘图”对话框中的“查找范围”选项右侧单击按钮，弹出下拉列表选项，然后选取要打开文件所在的盘符。

03 进入相应的盘符后，如要打开的文件在文件夹中，则要双击所在的文件，直至下方的列表窗口中显示要打开的文件。

04 选择要打开的文件，单击打开按钮，绘图窗口中即显示打开的图形文件。

图 2-6“打开绘图”对话框

相关知识点：“打开”对话框

- “转到访问的上一个文件夹”按钮：单击此按钮，可以回到上一次访问的文件夹，如果刚执行了“打开”命令还没有访问过任何文件夹，则此按钮不可用。
- “向上一级”按钮：单击此按钮，可以按照搜寻过的文件路径依次返回到上一次访问的文件夹中，当“查找范围”选项窗口中显示为“桌面”选项时，此按钮不可用。
- “创建新文件夹”按钮：单击此按钮，可在当前目录下新建一个文件夹。
- “查看”菜单按钮：单击此按钮，可以设置文件或文件夹在对话框选项窗口中的显示状态，包括大图标、小图标、列表、详细资料和缩略图等。

实例总结

学习本实例，读者要掌握打开文件的几种方法，并能灵活运用Ctrl+O组合键来打开文件。

实例 012 导入图片

学习目的

执行“文件/导入”命令，会弹出“导入”对话框，利用该对话框可以导入计算机中存储的BMP、GIF、JPG及PSD等多种格式的图像文件。在导入文件的同时，还可以对位图进行重新取样以缩小文件的大小，或者裁剪位图，以选择要导入图像的准确区域和大小。

实例分析

- **素材路径** | 素材\第02章\春天背景.jpg
- **视频路径** | 视频\实例12.avi
- **知识功能** | “文件/导入”命令
- **制作时间** | 15分钟

操作步骤

01 新建一个横向的图形文件，单击工具栏中的“导入”按钮，弹出“导入”对话框。

02 在“导入”对话框中选择资源文件中“素材\第02章”目录下“春天背景.jpg”文件，单击导入按钮。

03 当鼠标指针显示为图 2-7 所示带文件名称和说明文字的⌈图标时，按 Enter 键即可将图像导入到可打印页面的居中位置，如图 2-8 所示。

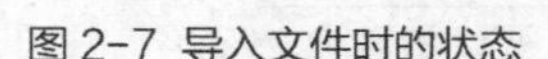

图 2-7　导入文件时的状态

图 2-8　导入的图像

提示

当鼠标指针显示为⌈图标时，单击即可将图像导入到鼠标单击处的位置上；如拖曳鼠标，则可以拖曳框的大小导入图像。

在作品设计时，有时候需要导入图像的一部分，利用“导入”对话框中的“裁剪”选项，可先裁剪图像再导入到页面中。

04 按 Ctrl+I 组合键，在“导入”对话框中再次选择资源文件中“素材 \ 第 02 章”目录下的“春天背景 .jpg”文件，然后在右下方的列表栏中选择“裁剪”选项，如图 2-9 所示。

05 单击 导入 按钮，弹出图 2-10 所示的“裁剪图像”对话框。

图 2-9“导入”对话框

图 2-10“裁剪图像”对话框

相关知识点：“裁剪图像”对话框

- 在“裁剪图像”对话框的预览窗口中，拖曳裁剪框的控制点，可调整裁剪框的大小。裁剪框以内的图像区域被保留，以外的图像区域被删除。
- 将鼠标指针放置在裁剪框中，当鼠标指针显示✋形状时，按住鼠标左键拖曳，可以移动裁剪框的位置。
- 在“选择要裁剪的区域”参数区中通过设置“上”和“左”侧的距离及图像的“宽度”和“高度”参数，可以按照参数尺寸来裁剪图像。单击“单位”选项右侧的倒三角按钮可以设置其他参数单位。
- 单击 全选(S) 按钮，可以选择全部位图图像，以便重新设置裁剪。

- “新图像大小”选项的右侧显示了图像裁剪后的文件尺寸。

06 调整裁剪框的控制点，将裁剪框调整至图 2-11 所示的形态，单击 确定 按钮，再在页面中单击即可将编辑后的图像区域导入到页面中，如图 2-12 所示。

在导入图像时，由于导入的图像文件与当前设置的文件尺寸和解析度不同，在导入图像后如果对其进行拉伸或缩放操作，图像边缘则会产生锯齿。利用“重新取样”选项可以在导入图像时重新取样，以适合设计的需要。

07 按 Ctrl+I 组合键，在弹出的“导入”对话框中再次选择资源文件中的“素材\第 02 章”文件夹下名为“春天背景.jpg”的图像文件，然后在右下方的列表栏中选择“重新取样”选项。

08 单击 确定 按钮，弹出图 2-13 所示的“重新取样图像”对话框。

09 在“重新取样图像”对话框中可以按照作品设计的需要重新设置“宽度”“高度”及“分辨率”等选项的参数。

10 单击 确定 按钮，当鼠标指针显示为带文件名称和说明文字的 ⌐ 图标时，单击即可导入重新取样的图像。

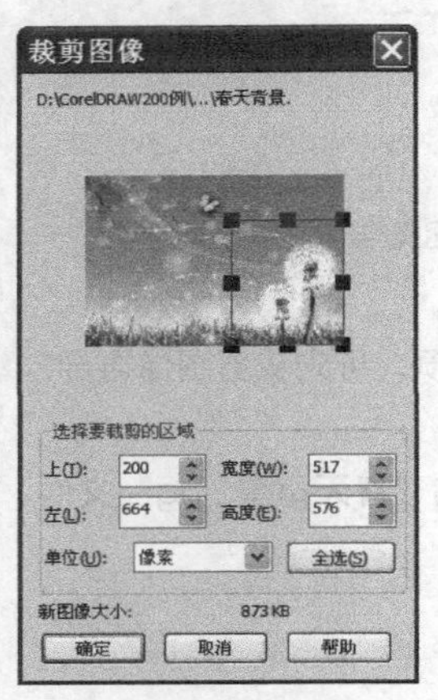

图 2-11 编辑裁剪框

图 2-12 导入的图像

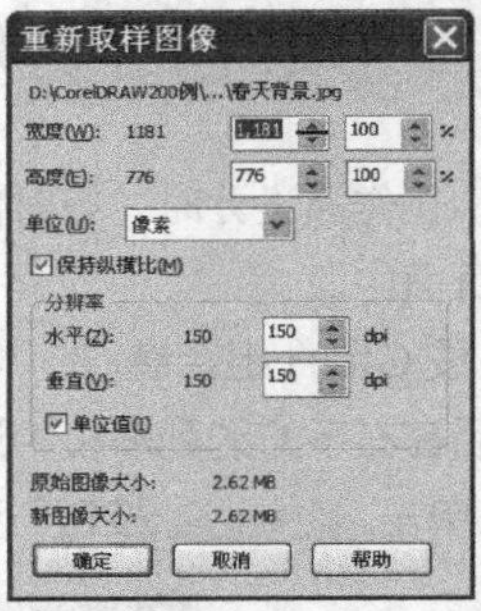

图 2-13“重新取样图像”对话框

实例总结

学习本实例，读者可以掌握导入文件的几种方法，并能灵活运用导入文件的快捷键Ctrl+I来导入文件。

实例 013 导出文件

学习目的

执行“文件/导出”命令，可以把绘制的图形导出为其他软件支持的文件格式，以便图形在其他软件中应用。

实例分析

- **视频路径 |** 视频\实例 13.avi
- **知识功能 |** “文件/导出”命令
- **制作时间 |** 10 分钟

操作步骤

01 绘制完一幅作品后，选择需要导出的图形。

02 执行“文件/导出”命令或单击工具栏中的“导出”按钮，弹出图 2-14 所示的“导出”对话框。

相关知识点：“导出”对话框

- “文件名”：用于设置文件导出后的名称。
- “保存类型”：用于设置文件导出后的打开格式。

- “只是选定的”：如果勾选该选项，则只会导出被选定的图形。
- “不显示过滤器对话框”：如果勾选该选项，则单击 导出 按钮后不显示导出图形的其他参数设置对话框。

03 在“保存类型”下拉列表中选择“PSD - Photoshop”格式，单击 导出 按钮。

04 稍等片刻，弹出“转换为位图”对话框，如图 2-15 所示。

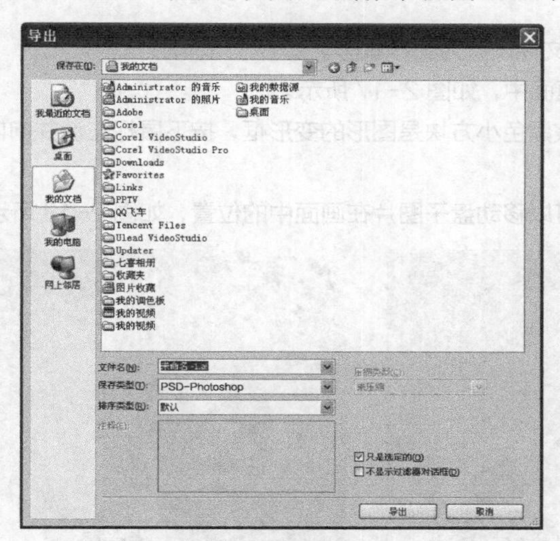

图 2-14 “导出”对话框

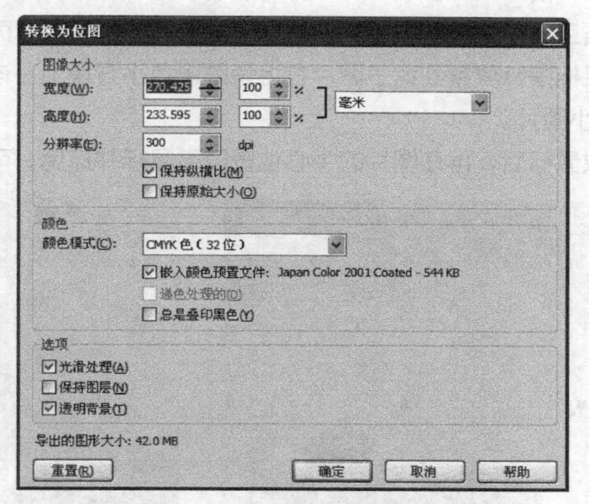

图 2-15 “转换为位图”对话框

相关知识点：“转换为位图”对话框

- “图像大小”：用于设置导出图像的尺寸、分辨率及是否保持固定的比例。
- “颜色”：用于设置导出后的图像颜色模式及是否叠印黑色。
- “选项”：用于设置是否光滑处理图形边缘、是否保持图像的图层关系及图像的背景层是否为透明。

05 在弹出的“转换为位图”对话框中设置各选项后，单击 确定 按钮，即可完成对文件的导出操作。

实例总结

在导出图形时，如果没有任何图形处于被选择状态，系统会将当前文件中的所有图形导出。如已经选择了要导出的图形，并在弹出的“导出”对话框中勾选“只是选定的”选项，系统只会导出当前选择的图形。

实例 014 文件窗口切换

学习目的

在设计绘图过程中如果创建或打开了多个文件，并且在多个文件之间需要调用图形时，就会遇到文件窗口的切换问题。下面以实例操作的形式来具体讲解文件窗口的切换操作。

实例分析

- **素材路径** | 素材\第 02 章\菜谱 01.cdr，菜谱 02.cdr
- **视频路径** | 视频\实例 14.avi
- **知识功能** | 了解窗口切换
- **制作时间** | 10 分钟

操作步骤

01 执行“文件 / 打开”命令，在弹出的“打开绘图”对话框中选择资源文件中的“素材\第 02 章”文件夹，双击打开。

02 将鼠标指针移动到“菜谱 01.cdr”文件名称上单击选择，按住 Ctrl 键并单击“菜谱 02.cdr”文件，同时选中两个文件。

03 单击 打开 按钮，即可同时打开选中的两个文件，当前显示为“菜谱 01.cdr”文件。

04 执行“窗口 / 菜谱 02.cdr”命令，将“菜谱 02.cdr”文件设置为工作状态。

05 选择工具，并将鼠标指针放置到画面中的盘子图片上单击，选中盘子，如图 2-16 所示。

06 单击工具栏中的按钮，复制选中的盘子图片。

07 执行“窗口 / 菜谱 01.cdr”命令，将“菜谱 01.cdr”文件设置为工作状态。

08 单击工具栏中的按钮，粘贴复制的盘子图片到当前页面中，如图 2-17 所示。

09 将鼠标指针放置到盘子图片右上角的黑色小方块上，该黑色小方块是图形的变形框，按下鼠标左键并向内拖曳，即可缩小图片。

10 释放鼠标后，再在图片的中心位置按下鼠标并拖曳，可以移动盘子图片在画面中的位置，如图 2-18 所示。

图 2-16 选择的盘子

图 2-17 复制出的盘子

图 2-18 移动位置

实例总结

如果创建或打开了多个文件，每一个文件名称都会罗列在“窗口”菜单下，选择相应的文件名称可以切换文件。另外，单击当前页面菜单栏右侧的按钮，可以将文件都设置为还原状态，再直接单击相应文件的标题栏或页面控制栏，同样可以切换文件。

实例 015 关闭文件与保存

学习目的

关闭文件是作品设计完成或关闭计算机之前的必要操作，本实例可以使读者掌握正确关闭文件的方法。

实例分析

- **素材路径** | 素材\第02章\鱼.cdr
- **视频路径** | 视频\实例15.avi
- **知识功能** | “文件/关闭”命令，文件标题栏右边的“关闭”按钮
- **制作时间** | 5分钟

操作步骤

01 执行“文件 / 打开”命令，打开资源文件中的“素材 \ 第 02 章 \ 鱼 .cdr”文件，如图 2-19 所示。

02 执行“文件 / 关闭”命令（快捷键为 Ctrl+W 组合键），可以直接关闭文件。也可以直接单击文件标题栏右边的“关闭”按钮，关闭文件。

03 如果对文件做了修改，则图像显示修改后的效果，如图 2-20 所示，把黄色的鱼修改成了粉蓝色。

04 执行“文件 / 关闭”命令，或单击文件标题栏右边的“关闭”按钮☒，弹出图 2-21 所示的关闭提示对话框。

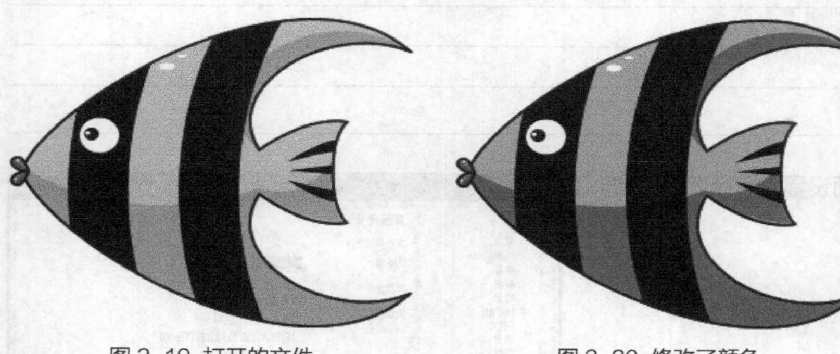

图 2-19 打开的文件　　图 2-20 修改了颜色

CorelDRAW X6

是否保存对 鱼.cdr 的更改?

是(Y)　否(N)　取消

图 2-21 关闭提示对话框

提示

在该对话框中单击 是(Y) 按钮，可以直接把文件存储并覆盖源文件；单击 否(N) 按钮，可以不存储文件而把文件直接关闭；单击 取消 按钮，会取消“关闭”命令的操作。

05 此处，单击 取消 按钮，然后执行“文件 / 另存为”命令，在弹出的“保存绘图”对话框中，重新设置一个文件名，再单击 保存 按钮，另存文件。

相关知识点：保存文件

在保存文件时有两种情况，保存文件还是另存文件，需要用户分清，这样才能避免丢失文件造成的麻烦。

对于在新建的图形文件中绘制的图形，如果要对其进行保存，可执行“文件 / 保存”命令（快捷键为Ctrl+S组合键）或单击工具栏中的💾按钮，弹出“保存绘图”对话框，设置好保存文件的路径、文件名称和文件类型后，单击 保存 按钮即可保存文件。

对打开的文件进行编辑修改后，执行“文件 / 保存”命令，可直接保存现在的文件，覆盖原有的文件，这一点需要用户注意。

对于已经存储过的文件，重新修改或编辑后，在保存时又不想覆盖原有的文件，可执行“文件 / 另存为”命令（快捷键为Ctrl+Shift+S组合键），给文件重新命名或修改存储路径，再进行保存，这样源文件就不会被覆盖。

相关知识点：关闭文件

作品绘制完成且保存后，可以用以下 4 种方法关闭文件。

- 执行“文件 / 关闭”命令。
- 执行“窗口 / 关闭”命令。
- 执行“窗口 / 全部关闭”命令。
- 单击图形文件标题栏右侧的☒按钮。

实例总结

学习本实例，读者可以掌握关闭文件的相关操作方法。

实例 016 设置指定大小的多页面文件

学习目的

学习新建一个文件，并为其添加一个页面，然后将两个页面分别命名为“正面”和“反面”。

实例分析

- **视频路径 |** 视频\实例16.avi
- **知识功能 |** “布局/页面设置”命令
- **制作时间 |** 10分钟

操作步骤

01 新建一个图形文件，执行“布局/页面设置”命令，弹出“选项”对话框，如图 2-22 所示。

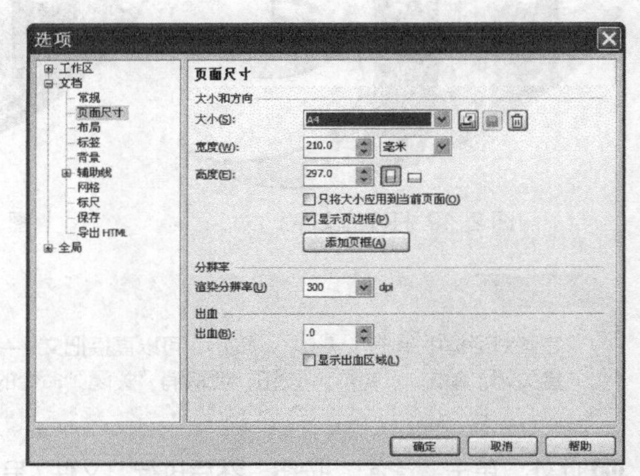

图 2-22“选项”对话框

> **提示**
>
> 将鼠标指针移动到绘图窗口中页面的轮廓或阴影位置双击，同样可以弹出“选项”对话框。单击工具栏中的“选项”按钮或按 Ctrl+J 组合键，也可以打开默认的“选项”对话框。

相关知识点：页面尺寸

- “大小”选项：在右侧的下拉列表中可以选择或自定义默认的页面尺寸。
- 和按钮：分别单击这两个按钮，可以快速地设置页面为横向或纵向。
- “只将大小应用到当前页面”选项：勾选此复选项，在多页面文档中可以调整指定页的大小或方向。如不勾选此复选项，则在调整指定页面的大小或方向时，将同时调整所有页面。
- “显示页边框”选项：决定是否在页面中显示页边框，取消勾选，可以取消页边框的显示。
- 添加页框(A) 按钮：单击此按钮，再单击 确定 按钮后，可以在绘图窗口中添加一个覆盖整个“页面可打印区域”的可打印背景框。
- “分辨率”选项：设置文件的分辨率。
- “出血”选项：排版输出时设置出血的位置。

> **提示**
>
> 出血，是指排版时作品的内容超出了版心即页面的边缘。在印刷排版时需要将设计的作品版面边缘超出成品尺寸 3 毫米，作为印刷后的成品裁切位置。此例要求新建的文件尺寸为 216 毫米 ×291 毫米，实际也是每边添加了 3 毫米的出血，最终成品的尺寸应为 210 毫米 ×285 毫米。

02 将“宽度”选项的参数设置为“216”毫米，“高度”选项的参数设置为“291”毫米，单击 确定 按钮，即可完成页面大小的设置。

03 单击页面控制栏中 页 1 前面的按钮，在当前页的后面添加一个页面，然后单击 页 1 按钮，将其设置为工作状态。

04 执行“布局/重命名页面”命令，在弹出的“重命名页面”对话框中将“页名”设置为“正面”，然后单击 确定 按钮。

05 单击 页 2 ，将其设置为工作状态，然后在“页 2”上单击鼠标右键，在弹出的右键菜单中选择“重命名页面”命令，将弹出“重命名页面”对话框，将“页名”设置为“反面”，单击 确定 按钮。

重命名后的页面控制栏如图 2-23 所示。

2/2 1: 正面 2: 反面

图 2-23 重命名后的页面控制栏

相关知识点："布局"菜单

CorelDRAW软件提供了方便灵活的多页面添加和编辑命令，掌握好这些命令，可以顺利地完成多页面作品的设计和排版。

一. 插入页面

执行"布局/插入页面"命令，弹出图2-24所示的"插入页面"对话框，在该对话框中可以给当前文件插入一个或多个页面。

- "页码数"选项：可以设置要插入页面的数量。
- "之前"选项：设置此选项，会在当前页面的前面插入新页面。
- "之后"选项：设置此选项，会在当前页面的后面插入新页面。
- "现存页面"选项：可以设置页面插入的位置。如将参数设置为"3"时，是指在第3页的前面或后面插入新页面。
- "大小"选项：单击右侧的箭头按钮，可以在下拉列表中设置插入页面的类型，系统默认的纸张类型为A4。
- "宽度"和"高度"选项：设置插入页面的尺寸大小。
- "纵向"按钮和"横向"按钮：设置插入页面的方向。

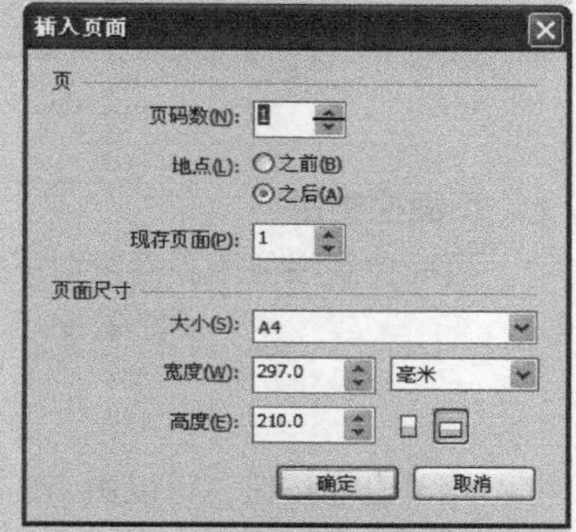

图2-24"插入页面"对话框

二. 再制页面

"再制页面"命令可复制页面。操作方法为：先将要复制的页面设置为当前工作页，然后执行"布局/再制页面"命令，弹出图2-25所示的"再制页面"对话框。

- "插入新页面"选项：决定复制出的页面插入到当前页的前面还是后面。
- "仅复制图层"选项：选中此选项，只复制当前页的图层设置，不复制当前页中的内容。
- "复制图层及其内容"选项：选中此选项，会一同复制当前页的图层及内容。

三. 删除页面

"删除页面"命令可以删除当前文件中的一个或多个页面，当图形文件只有一个页面时，此命令不可用。如当前文件有3个页面，将第3页设置为当前页面，执行"布局/删除页面"命令，则弹出图2-26所示的"删除页面"对话框。

- "删除页面"选项：设置要删除的页面。
- "通到页面"选项：勾选此复选项，可以一次删除多个连续的页面，在"删除页面"选项中设置要删除页面的起始页，在"通到页面"选项中设置要删除页面的终止页。

四. 重命名页面

"重命名页面"命令可以重新命名当前页面。执行"布局/重命名页面"命令，弹出图2-27所示的"重命名页面"对话框。在"页名"文本框中输入页面名称，单击 确定 按钮，即可重新命名选择的页面。

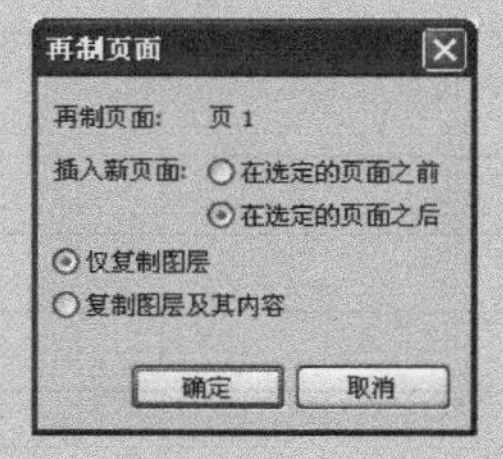

图2-25"再制页面"对话框

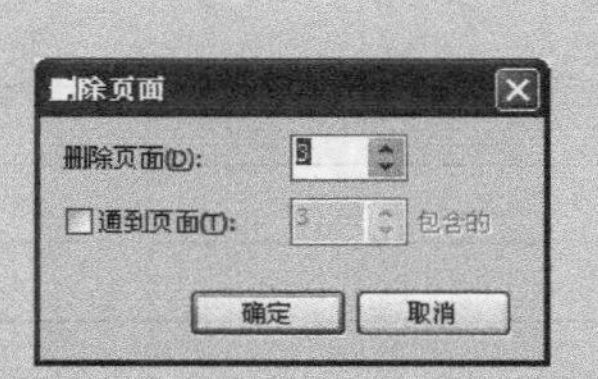

图2-26"删除页面"对话框

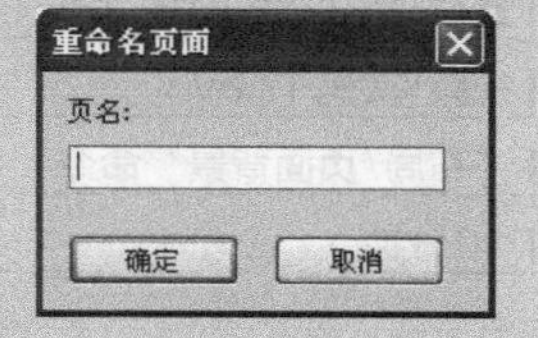

图2-27"重命名页面"对话框

五. 转到某页

"转到某页"命令可以直接转到指定的页面。当图形文件只有一个页面时，此命令不可用。如当前文件有4个页面，执行"布局/转到某页"命令，弹出如图2-28所示的"转到某页"对话框。在"转到某页"文本框中输入要转到的页面，单击 确定 按钮，当前的页面即切换到对话框中输入的页面。

六. 右键菜单设置页面

除了使用菜单命令来对页面进行添加和删除外，还可以使用右键菜单来完成这些操作。将鼠标指针放置到界面窗口左下角页面控制栏的页面名称上单击鼠标右键，弹出图2-29所示的右键菜单。此菜单中的命令与“布局”菜单下的命令及使用方法相同，此处不再赘述。

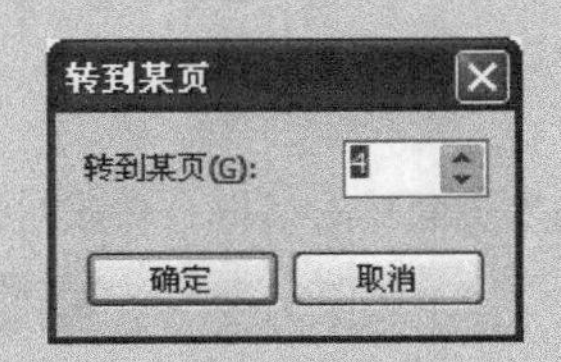

图2-28“转到某页”对话框

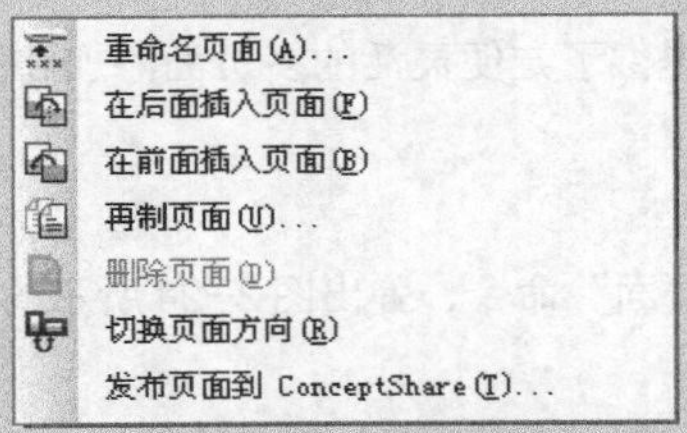

图2-29 右键菜单

七. 页面控制栏

页面控制栏位于界面窗口下方左侧位置，主要显示当前页码、页总数等信息，如图2-30所示。

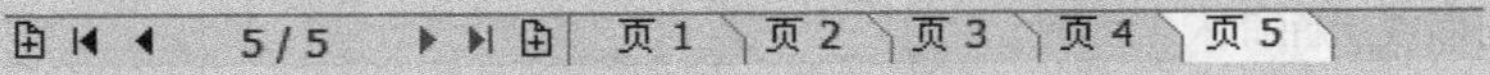

图2-30 页面控制栏

- 单击按钮，可以由当前页面直接返回到第一页。相反，单击右侧的按钮，可以由当前页面直接转到最后一页。
- 单击按钮一次，可以向前跳动一页。
- 单击按钮一次，可以由当前页面向后跳动一页。
- “定位页面”按钮5/5：用于显示当前页码和图形文件中页面的数量。前面的数字为当前页的序号，后面的数字为文件中页面的总数量。单击此按钮，可在弹出的“定位页面”对话框中指定要跳转的页面序号。
- 当图形文件中只有一个页面时，单击按钮，可以在当前页面的前面或后面添加一个页面；当图形文件中有多个页面，且第一页或最后一页为当前页面时，单击按钮，可在第一页之前或最后一页之后添加一个新的页面。

实例总结

学习本实例，读者可以掌握修改页面的尺寸、方向，以及添加、删除、重命名等页面的操作。

实例017 页面背景设置

学习目的

本例学习为页面添加背景图片。当文件有多个页面时，每个页面都将显示添加的背景图片。

实例分析

- **素材路径** | 素材\第02章\背景.jpg
- **视频路径** | 视频\实例17.avi
- **知识功能** | “布局/页面背景”命令
- **制作时间** | 10分钟

操作步骤

01 创建一个A4大小的图形文件，执行“布局/页面背景”命令，弹出“选项”对话框，如图2-31所示。

相关知识点：页面背景

设置文件背景主要有“无背景”“纯色”和“位图”3种类型。

- “无背景”选项：选中此选项，页面背景为白色。

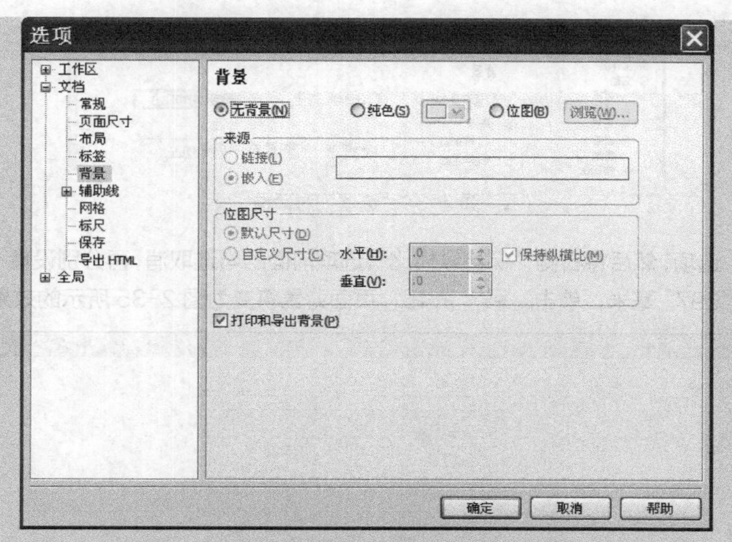

图 2-31“选项”对话框

• “纯色”选项：选中此选项，后面的按钮变为可用。单击此按钮，弹出图 2-32 所示的“颜色”面板。选择任意一种颜色，可以将其作为文件的背景色。单击 更多(O)... 按钮，弹出图 2-33 所示的“选择颜色”对话框，在此对话框中可以自定义设置更多颜色的背景。

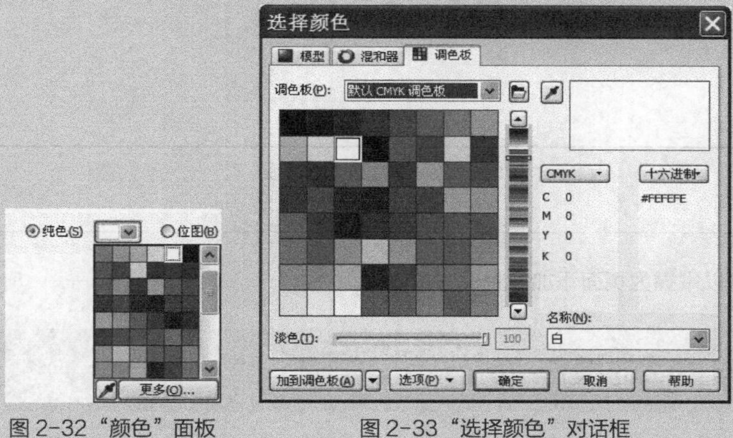

图 2-32“颜色”面板　　图 2-33“选择颜色”对话框

• “位图”选项：选中此选项，后面的 浏览(W)... 按钮变为可用。单击此按钮，可以将位图图像设置为页面的背景。

• “链接”选项：选中此单选项，系统会链接导入的位图与当前图形文件。当源位图重新编辑修改后，图形文件中的背景图像也将随之改变。

• “嵌入”选项：选中此单选项，系统会将导入的位图背景嵌入到当前的图形文件中。当源位图重新编辑修改后，图形文件中的背景不会发生变化。

• “默认尺寸”选项：默认状态下采用位图的原尺寸。

• “自定义尺寸”选项：选中此单选项，可以根据需要给图像设置新的尺寸。如果取消勾选“保持纵横比”选项，则可以指定不成比例的位图尺寸。

• “打印和导出背景”选项：如果取消该选项，设置的背景只会在显示器上显示，不会被打印输出。

02 选中“位图”选项，单击 浏览(W)... 按钮，在弹出的“导入”对话框中，选择资源文件中“素材 \ 第 02 章”目录下名为“背景 .jpg”的图片文件。

03 单击 导入 按钮，导入背景图像，此时选取的图像文件名和路径显示在“来源”选项文本框中，如图 2-34 所示。

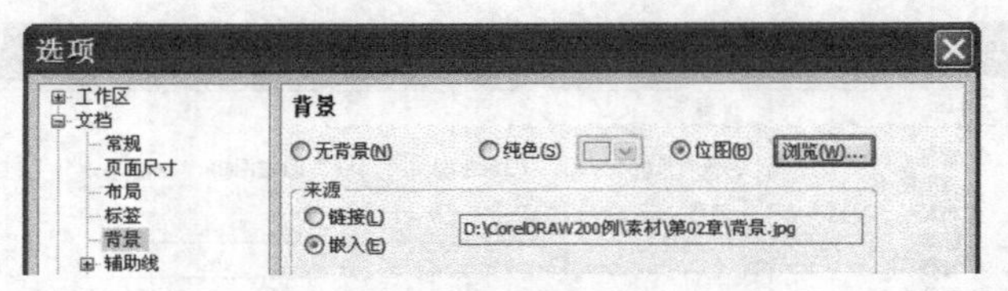

图 2-34 “选项”对话框

04 选中“自定义尺寸”选项，然后将右侧“保持纵横比”选项前面的勾选取消，再分别设置“水平”参数为“210”毫米，“垂直”参数为“297”毫米，单击 确定 按钮，页面背景将变为图 2-35 所示的效果。

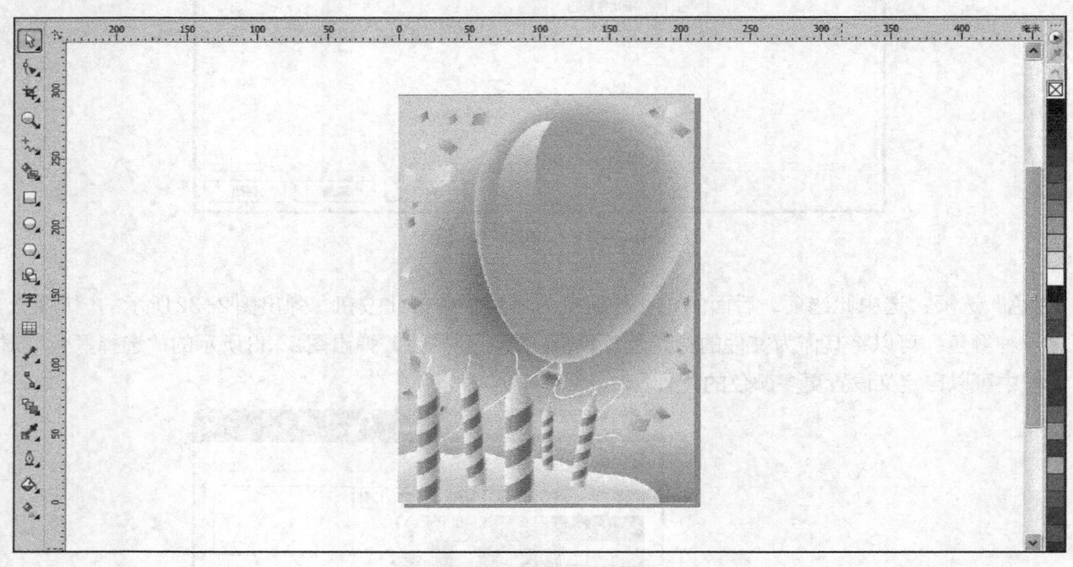

图 2-35 设置的页面背景

实例总结

学习本实例，读者可以掌握为页面添加背景的方法。

实例 018 撤销与重做的操作

学习目的

学习撤销与重做的相关操作。

实例分析

- **素材路径** | 素材\第02章\水果.cdr
- **视频路径** | 视频\实例18.avi
- **知识功能** | “编辑/撤销”命令和“编辑/重做”命令
- **制作时间** | 10分钟

操作步骤

01 执行“文件/打开”命令，打开资源文件中的“素材\第02章\水果.cdr”文件，如图 2-36 所示。

02 利用“选择”工具在“黄色”酒杯上单击鼠标，将其选择，如图 2-37 所示。

03 按 Delete 键，可删除选择酒杯图形，如图 2-38 所示。

04 此时执行“编辑/撤销删除”命令，即可还原刚才删除的酒杯图形。

05 再执行“编辑/重做删除”命令，即可再次删除黄色的酒杯。

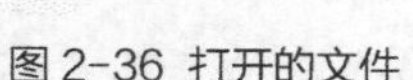

图 2-36 打开的文件

图 2-37 选择的酒杯

图 2-38 删除后的效果

相关知识点：撤销步数设置

当进行了很多步操作之后，依次执行“编辑/撤销”命令，可以依次去除操作，但系统默认的最大撤销级别为20步操作。当然，我们也可以根据需要自行设置，具体方法为：执行“工具/选项”命令（或按Ctrl+J组合键），弹出“选项”对话框，在左侧的区域中选择“工作区/常规”选项，此时右侧的参数设置区中显示如图2-39所示。在右侧参数设置区中的“普通”文本框中输入相应的数值，单击 确定 按钮，即可设置撤销操作相应的步数。

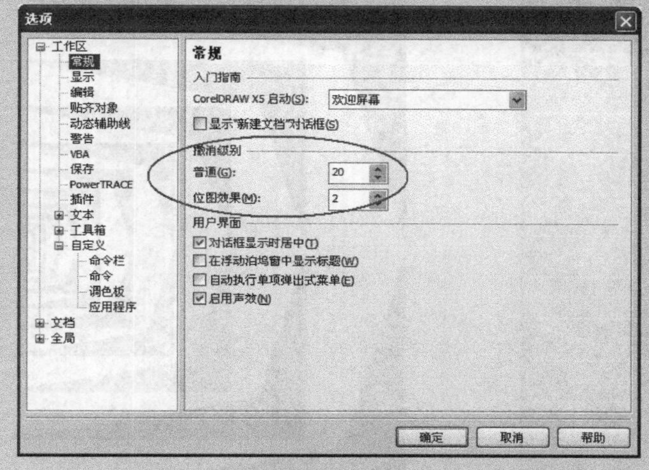

图 2-39“选项”对话框

实例总结

“撤销”与“重做”命令是用来纠正工作过程中出现的失误的命令。如果当在工作过程中出现了失误，则可以执行“编辑/还原”命令（或按Ctrl+Z组合键），对所做的操作进行还原。操作还原后，如又想恢复到还原之前的形态，可执行“编辑/重做”命令（或按Shift+Ctrl+Z组合键），重做还原的命令。

第 03 章

选择、形状和线形工具

本章实例

由本章开始，我们将依次介绍CorelDRAW X6工具箱中的各工具按钮，包括工具的功能及使用方法。首先来介绍选择工具、形状工具及线形工具组。需要读者注意的是，只有灵活掌握各工具，才能在以后的工作过程中得心应手的运用。

实例 019 选择对象

学习目的

学习本实例，读者可以学习利用“选择”工具选择对象的各种操作方法。

实例分析

- **素材路径** | 素材\第 03 章\卡通人物 .cdr
- **视频路径** | 视频\实例 19.avi
- **知识功能** | “选择”工具的使用方法和各种操作技巧
- **制作时间** | 15 分钟

操作步骤

01 执行菜单栏的“文件 / 打开”命令，打开资源文件中的“素材\第 03 章\卡通人物 .cdr”文件，如图 3-1 所示。

02 选择工具箱中的“选择”工具，在打开的图片上单击即可选择对象，当对象被选择后，周围会出现 8 个黑色的小方块，这些小方块即为选择框，如图 3-2 所示。

图 3-1　打开的图片

图 3-2　被选择的对象

03 通过按下鼠标左键拖曳的方法也可以框选对象，如图 3-3 所示。

图 3-3　框选对象状态及被选择后状态

提示

用单击的方法选择对象，单击一次只能选择一个对象，这种方法适合选择指定的单一对象；用框选的方法可以同时选择多个对象，即拖曳鼠标绘制选择框将要选择的对象全部框选，这种方法适合选择相互靠近的多个对象。

利用“选择”工具并结合使用键盘，还可以完成以下操作。

04 按住 Shift 键，每单击一个对象，可以把该对象添加到被选择状态，如图 3-4 所示。

按住Shift键单击一次

按住Shift键单击两次

按住Shift键单击三次

图 3-4 按住 Shift 键单击选择对象

05 按住 Shift 键，单击已经被选择的对象，可以取消对象的选择。

06 按住 Alt 键拖曳鼠标，拖曳出的选框所接触到的对象就会被选择，如图 3-5 所示。

07 按 Ctrl+A 组合键或双击工具，可以同时选择绘图窗口中所有的对象。

08 当多个对象重叠在一起时，按住 Alt 键单击对象，可以选择与被单击对象重叠的下面一个对象，如图 3-6 所示。

图 3-5 按住 Alt 键框选择对象

图 3-6 按住 Alt 键单击选择对象

09 按 Tab 键，可以选择绘图窗口中最后绘制的对象。继续按 Tab 键，则可以按照绘制对象的顺序，从后向前依次选择对象。

提示

"选择"工具是 CorelDRAW 中应用最为频繁的工具，它的主要功能是选择对象，并能完成对图形的移动、复制、对齐、旋转或扭曲等操作。使用工具箱中除"文字"工具外的任何一个工具时，按一下空格键，可以将当前使用的工具切换为"选择"工具，再次按空格键，可恢复到刚才使用的工具。

相关知识点："选择"工具的属性栏

"选择"工具的属性栏根据选择对象的不同，显示的选项也会有所不同。具体分为以下几种情况。

一. 选择单个对象

利用工具选择单个对象时，"选择"工具的属性栏会显示与该对象对应的属性设置选项。如选择椭圆形，属性栏中将显示椭圆形的属性选项。在后面章节内容中讲解具体工具时，会把各自的属性栏做详细介绍。

二. 选择多个对象

当选择两个或多个对象时，属性栏如图 3-7 所示。

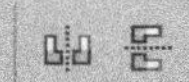

图 3-7 "选择"工具的属性栏

- "旋转角度"按钮：选择对象后，在此设置参数，可以旋转对象角度。
- "水平镜像"按钮：选择对象后，单击此按钮可以水平镜像对象。

- “垂直镜像”按钮：选择对象后，单击此按钮可以垂直镜像对象。
- “合并”按钮：单击此按钮，可将选择的图形结合为一个整体。

提示

当图形合并后，属性栏中的按钮即变为“拆分”按钮，单击该按钮可以拆分合并后的图形。

- “群组”按钮：单击此按钮，可将选择的图形群组在一起。
- “取消群组”按钮：当选择群组的图形时，单击此按钮，可以逐级取消多次群组后的图形。
- “取消全部群组”按钮：当选择了单次群组或多次群组后的图形时，单击此按钮，可全部分解多次群组后的图形。

“群组”和“合并”都是将多个图形合并为一个整体的命令，但两者组合后的图形有所不同。“群组”只是将图形或图像简单地组合到一起，其图形、图像本身的形状和样式不会发生变化；“合并”是将图形链接为一个整体，对于图像不起作用，图形合并后属性会发生变化，并且图形和图形的重叠部分会变为透空形态。图形群组与合并后的形态如图3-8所示。

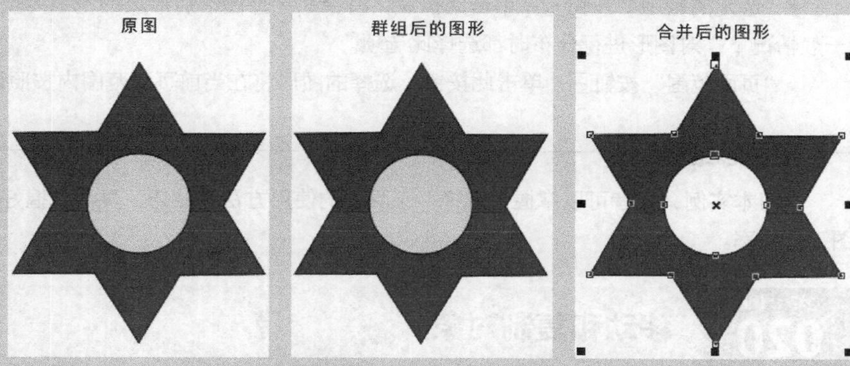

图 3-8　原图与群组、合并后的图形形态

- 图形的修整按钮：单击相应的按钮，可以对选择的图形执行相应的修整命令，分别为合并、修剪、相交、简化、移除后面对象、移除前面对象和创建边界按钮。
- “对齐与分布”按钮：设置图形与图形之间的对齐和分布方式。此按钮与执行“排列/对齐和分布”命令的功能相同。单击此按钮弹出“对齐与分布”对话框。

利用“对齐与分布”命令对齐图形时必须选择两个或两个以上的图形；利用该命令分布图形时，必须选择3个或3个以上的图形。选择图形后单击按钮，弹出图3-9所示的“对齐与分布”选项对话框，选项卡中各选项的功能如下。

图 3-9“对齐与分布”选项对话框

对齐选项：

- “左对齐”按钮：可以使当前选择的图形靠左边缘对齐，快捷键为L键。
- “水平居中对齐”按钮：可以使当前选择的图形按照水平中心对齐，快捷键为E键。
- “右对齐”按钮：可以使当前选择的图形靠右边缘对齐，快捷键为R键。
- “顶端对齐”按钮：可以使当前选择的图形靠上边缘对齐，快捷键为T键。
- “垂直居中对齐”按钮：可以使当前选择的图形按照垂直中心对齐，快捷键为C键。
- “底端对齐”按钮：可以使当前选择的图形靠下边缘对齐，快捷键为B键。

分布选项：

- “左分散排列”按钮：可以使被选择图形的左边缘之间的距离相等。
- “水平分散排列中心”按钮：可以使被选择图形的水平中心之间的距离相等。
- “右分散排列”按钮：可以使被选择图形的右边缘之间的距离相等。
- “水平分散排列间距”按钮：可以使被选择图形之间的水平间距相等。

- “顶部分散排列”按钮：可以使被选择图形的上边缘之间的距离相等。
- “垂直分散排列中心”按钮：可以使被选择图形的垂直中心之间的距离相等。
- “底部分散排列”按钮：可以使被选择图形的下边缘之间的距离相等。
- “垂直分散排列间距”按钮：可以使被选择图形之间的垂直距离相等。

文本选项：

- 用于指定文本对齐选项，包含“第一条线的基线”、“最后一条线的基线”、“边框”和“轮廓”4个按钮。只有选择文本时，这些按钮才可用。

对象对齐到：

- 用于指定对象对齐的选项，其下的按钮分别为“活动对象”、“页面边缘”、“页面中心”、“网格”和“指定点”。当单击任一对齐按钮后，该选项下的按钮才可用。

将对象分布到：

- “选定的范围”按钮：单击此按钮，将会在选择图形后形成的范围内按照所设置的分布选项来分布图形。一般情况下，对图形进行分布时都选择此选项。
- “页面范围”按钮：单击此按钮，选择的图形将在当前页面范围内按照设置的分布选项进行分布。

实例总结

学习本实例，读者可以掌握“选择”工具的使用方法和技巧。灵活掌握好该工具的使用，可以有效地提高绘图工作效率。

实例 020 移动和复制对象

学习目的

学习本实例，读者可以学习利用“选择”工具进行移动和复制对象操作的方法。

实例分析

- **素材路径** | 素材\第03章\西红柿.cdr
- **视频路径** | 视频\实例20.avi
- **知识功能** | “选择”工具移动对象及复制对象的操作技巧
- **制作时间** | 10分钟

操作步骤

01 执行菜单栏“文件/打开”命令，打开资源文件中的“素材\第03章\西红柿.cdr”文件，如图3-10所示。

02 选择工具箱中的“选择”工具，在打开的图片上单击选择对象。

03 将鼠标指针放置在对象选择框内部，当鼠标指针显示为✥图标时，按下鼠标左键并拖曳，可移动对象的位置，移动状态如图3-11所示。

图3-10 打开的图形

图3-11 移动图形状态

04 释放鼠标左键，即完成了对象的位置移动操作。

05 对象被选择后按下鼠标左键拖曳，此时再按住Ctrl键继续拖曳鼠标，可在垂直或水平方向上移动对象。

06 在移动对象过程中，当把对象移动到合适的位置后，在不释放鼠标左键的情况下，同时单击鼠标右键，释放鼠标左键后，即可完成对象的移动复制操作，如图3-12所示。

图 3-12 移动复制对象操作图

07 在对象被选择的情况下，按键盘右侧数字区中的⊞键，可以在原位置复制对象。

08 在移动对象过程中，按键盘数字区中的⊞键，释放鼠标后也可以完成对象的移动复制操作。

实例总结

学习本实例，读者可以掌握利用“选择”工具移动对象位置并在移动过程中复制对象的操作方法。

实例 021　缩放和旋转对象

学习目的

学习本实例，读者可以学会利用“选择”工具缩放和旋转对象的操作方法。

实例分析

- **素材路径** | 素材\第03章\西红柿.cdr
- **视频路径** | 视频\实例21.avi
- **知识功能** | “选择”工具缩放对象及旋转对象的操作技巧
- **制作时间** | 10分钟

操作步骤

01 执行菜单栏“文件 / 打开”命令，打开资源文件中的“素材 \ 第 03 章 \ 西红柿 .cdr”文件。

02 利用“选择”工具选择对象，然后将鼠标指针放置在对象四边中间的控制点上，当鼠标指针显示为↔或↕图标时，按下鼠标左键并拖曳，可在水平或垂直方向上缩放对象，如图 3-13 和图 3-14 所示。

图 3-13 水平缩放对象　　图 3-14 垂直缩放对象

03 将鼠标指针放置在对象任一角位置的控制点上，当鼠标指针显示为↖或↗图标时，按下鼠标左键并拖曳，可将对象等比例放大或缩小，如图 3-15 所示。

04 在缩放对象时按住 Alt 键拖曳，可自由缩放对象。

05 在缩放对象时按住 Shift 键拖曳鼠标，可将对象分别在 *x* 轴、*y* 轴或 *xy* 轴方向上对称缩放，如图 3-16 所示。

图 3-15 等比例缩放图形

图 3-16 对称缩放图形

旋转对象的具体操作如下。

06 在被选择的对象上再次单击鼠标左键，对象周围的 8 个黑色小方块变为旋转和扭曲符号，如图 3-17 所示。

07 将鼠标指针放置在对象四角任一角的旋转符号上，当显示为↻图标时按住鼠标左键并拖曳，即可旋转对象，如图 3-18 所示。

图 3-17 显示的旋转和扭曲符号　　图 3-18 旋转对象示意图

相关知识点：旋转对象

• 在旋转对象时，按住Ctrl键可以将对象以15° 角或其倍数进行旋转，这是系统默认的限制值，用户可根据需要修改这一限制值。具体操作为：执行“工具/选项”命令，在弹出的“选项”对话框左侧选择“工作区/编辑”选项，然后设置右侧窗口中“限制角度”的参数即可。

• 对象是围绕轴心来旋转的。

在实际操作过程中，可以将轴心调整到页面的任意位置。具体操作为：将鼠标指针移动到被选择对象中心的⊙位置，当显示为“十”图标时按下鼠标左键并拖曳，可以移动轴心位置。

实例总结

学习本实例，读者可以掌握利用“选择”工具缩放对象和旋转对象的操作方法。

实例 022 扭曲和镜像对象

学习目的

学习本实例，读者可以学会利用“选择”工具扭曲和镜像对象操作的方法。

实例分析

- **素材路径 |** 素材\第03章\牛.cdr
- **视频路径 |** 视频\实例22.avi
- **知识功能 |** “选择”工具扭曲对象，以及镜像对象和镜像复制对象的操作技巧
- **制作时间 |** 10分钟

操作步骤

01 执行菜单栏“文件/打开”命令，打开资源文件中的“素材\第03章\牛.cdr”文件。

02 选择工具箱中的“选择”工具，在打开的图片上单击选择对象，然后再单击选择的对象，使其周围显示旋转和扭曲符号。

03 将鼠标指针放置在图形任意一边中间的扭曲符号上，当显示为⇌或⇅图标时拖曳鼠标，即可对图形进行扭曲变形的操作。扭曲图形的过程示意图如图 3-19 所示。

图 3-19 扭曲对象示意图

选择对象后结合 Ctrl 键，可以将对象在垂直、水平或对角线方向上翻转。

04 利用“选择”工具选择要镜像的对象，然后按住 Ctrl 键，将鼠标指针移动到对象周围任意一个控制点上，按下鼠标左键并向对角方向拖曳，当出现蓝色的虚线框时释放鼠标，即可镜像选择的对象。操作过程示意图如图 3-20 所示。

图 3-20 镜像对象示意图

05 当出现蓝色的虚线框时不释放鼠标，而是单击鼠标右键，然后同时释放鼠标左键和右键，可镜像并复制出一组对象，如图 3-21 所示。

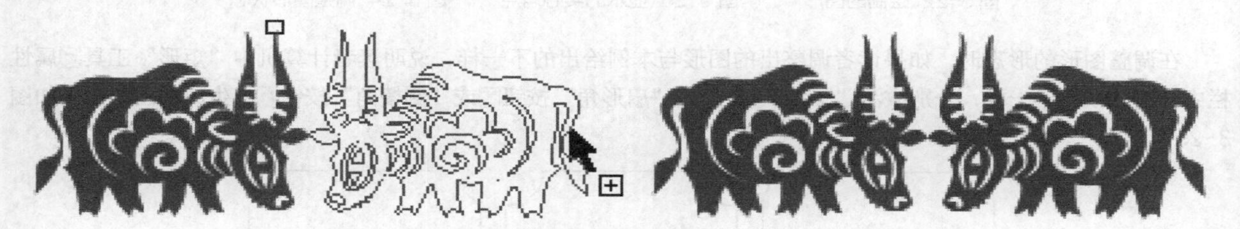

图 3-21 镜像复制对象

实例总结

学习本实例，读者可以掌握利用“选择”工具的扭曲对象和镜像对象的操作方法。

实例 023 形状工具——调整几何图形

学习目的

学习“形状”工具的应用并初步了解利用各种几何图形工具绘制图形的方法及最简单的填色方法。

实例分析

- **作品路径** | 作品\第03章\特殊图形绘制.cdr
- **视频路径** | 视频\实例23.avi
- **知识功能** | “矩形”工具、“椭圆形”工具、“多边形”工具、“复杂星形”工具、“形状”工具、“交互式填充”工具及“复制属性自”命令
- **制作时间** | 15分钟

操作步骤

01 执行菜单栏“文件/新建”命令，新建一个图形文件。

02 选取工具箱中的“矩形”工具，按住 Ctrl 键拖曳鼠标，绘制出图 3-22 所示的图形。

03 选取工具箱中的“形状”工具，图形中的四个角点将显示为图 3-23 所示的实心。

04 将鼠标指针放置到左上角的角点位置按下并向右拖曳，即可调整图形形态，如图 3-24 所示。

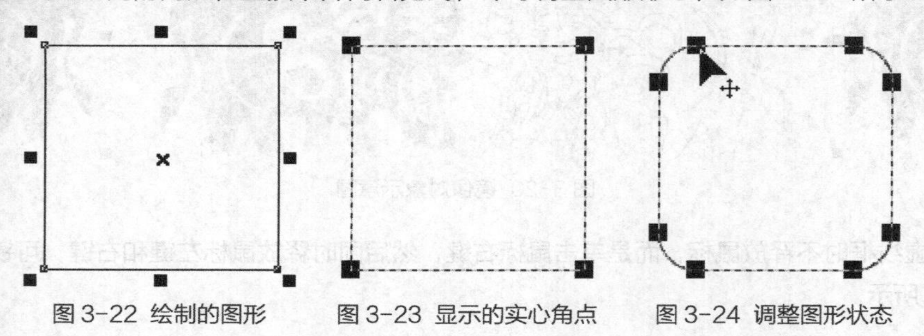

图 3-22 绘制的图形　　图 3-23 显示的实心角点　　图 3-24 调整图形状态

在调整图形的形态时，如果读者调整出的图形与本例给出的不一样，说明读者计算机中“矩形”工具属性栏中激活的按钮不一样，分别激活“圆角”按钮、“扇形角”按钮或“倒棱角”按钮，生成的图形效果如图 3-25所示。

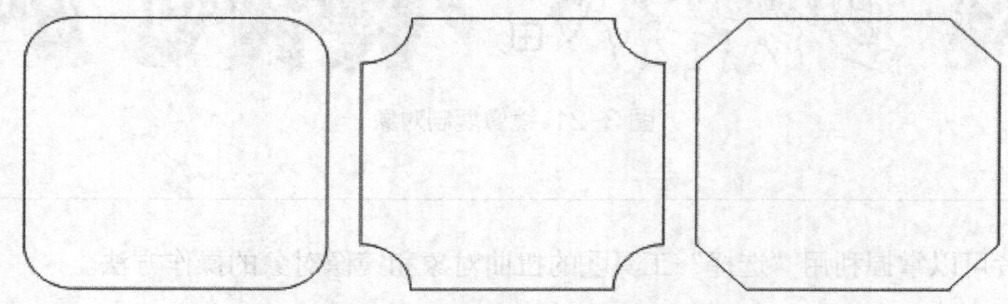

图 3-25 生成的不同图形形态

接下来，我们再来看一下调整圆形图形生成的效果。

05 选取工具箱中的“椭圆形”工具，按住 Ctrl 键拖曳鼠标，绘制出图 3-26 所示的圆形。

06 选取工具箱中的“形状”工具，移动鼠标指针到上方的控制点上按下并向右下方拖曳，如果此时鼠标在圆形图形内，则生成图 3-27 所示的扇形；如鼠标在圆形图形外，则生成图 3-28 所示的弧线。

以上是对简单图形进行的调整，下面我们来调整复杂图形。

07 选取工具箱中的“多边形”工具，调整属性栏参数，然后在页面中随意拖曳鼠标，绘制出图 3-29 所示的多边形。

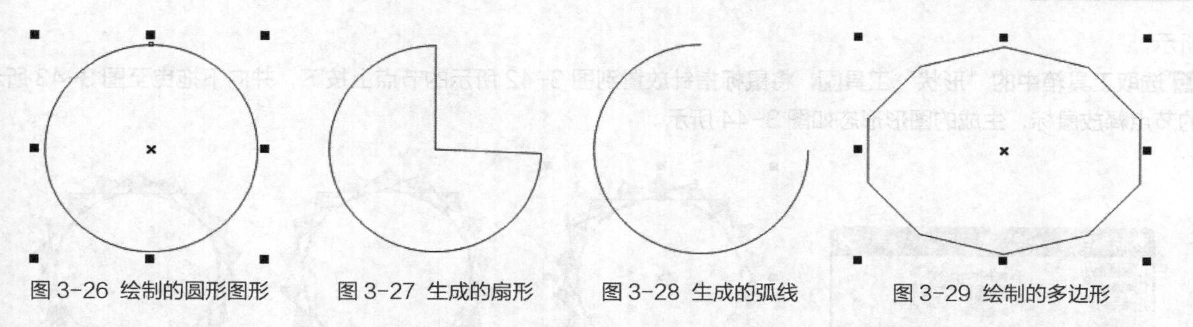
图 3-26 绘制的圆形图形　　图 3-27 生成的扇形　　图 3-28 生成的弧线　　图 3-29 绘制的多边形

08 移动鼠标指针到图 3-30 所示的节点上按下并向下拖曳，至图 3-31 所示的节点处释放鼠标，调整后的图形形态如图 3-32 所示。

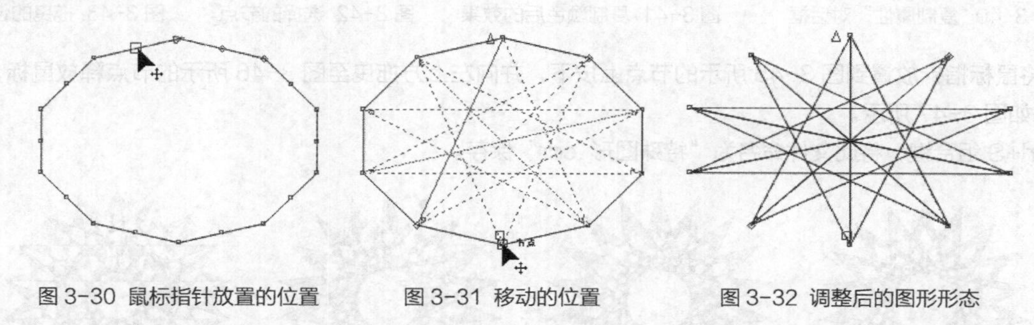
图 3-30 鼠标指针放置的位置　　图 3-31 移动的位置　　图 3-32 调整后的图形形态

09 选取工具箱中的“交互式填充”工具，单击属性栏中的无填充选项，在弹出的列表中选择“辐射”选项，此时的图形效果如图 3-33 所示。

10 单击右侧的黑色色块，在弹出的“颜色列表”中选择如图 3-34 所示的黄色，然后再单击右侧的白色色块，在弹出的“颜色列表”中选择红色，此时的图形效果如图 3-35 所示。

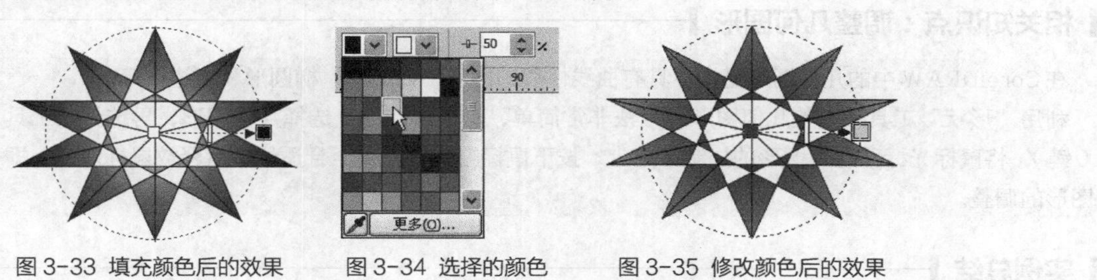

图 3-33 填充颜色后的效果　　图 3-34 选择的颜色　　图 3-35 修改颜色后的效果

11 选取工具箱中的“形状”工具，再次移动鼠标指针到图 3-36 所示的位置按下，并向左下方图 3-37 所示的位置拖曳，释放鼠标后，生成的另一种图形形态如图 3-38 所示。

12 选取工具箱中的“复杂星形”工具，调整属性栏参数，然后在页面中随意拖曳鼠标，绘制出图 3-39 所示的复杂星形。

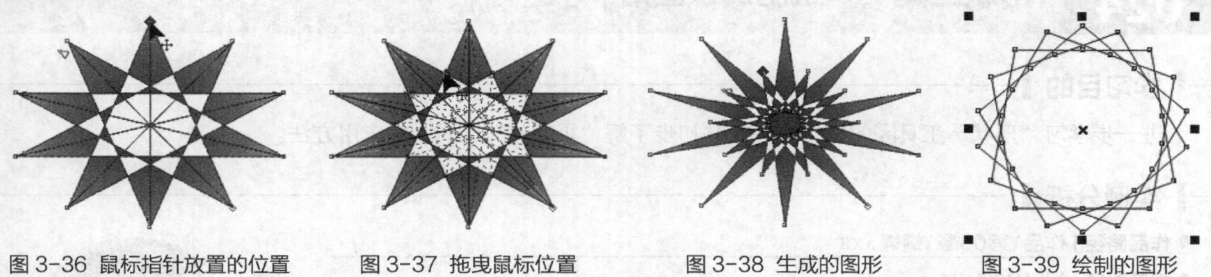
图 3-36 鼠标指针放置的位置　　图 3-37 拖曳鼠标位置　　图 3-38 生成的图形　　图 3-39 绘制的图形

13 执行“编辑 / 复制属性自”命令，在弹出的“复制属性”对话框中，选择图 3-40 所示的“填充”选项，然后单击确定按钮。

14 移动鼠标指针到有填充色的图形上单击，即可将单击图形的填充色复制到选择的复杂星形图形上，如图 3-41

所示。

15 选取工具箱中的“形状”工具，将鼠标指针放置到图3-42所示的节点上按下，并向下拖曳至图3-43所示的节点释放鼠标，生成的图形形态如图3-44所示。

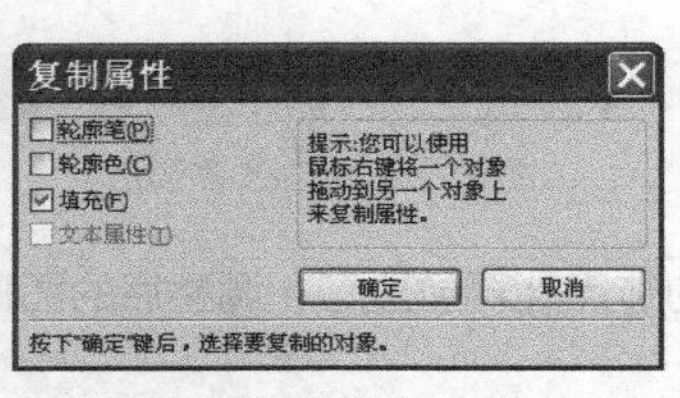

图3-40“复制属性”对话框

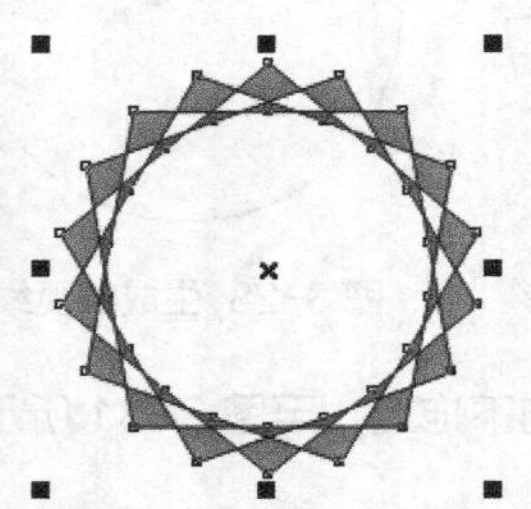

图3-41 复制颜色后的效果

图3-42 选择的节点

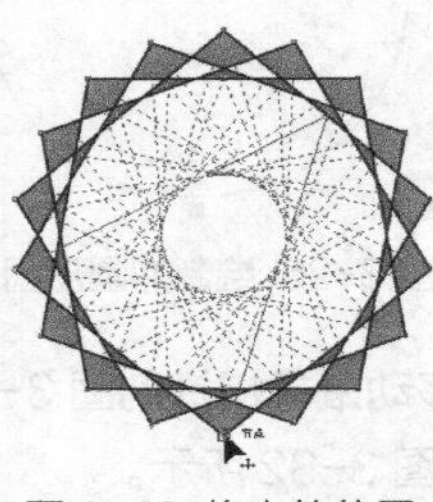

图3-43 拖曳的位置

16 再次将鼠标指针放置到图3-45所示的节点上按下，并向左上方拖曳至图3-46所示的节点释放鼠标，生成的图形形态如图3-47所示。

17 按Ctrl+S组合键，将此文件命名为“特殊图形.cdr”保存。

图3-44 生成的图形

图3-45 选择的节点

图3-46 拖曳的位置

图3-47 生成的图形

相关知识点：调整几何图形

在CorelDRAW中的几何图形是指不具有曲线性质的图形，如矩形、椭圆形和多边形等。

利用“形状”工具调整几何图形的方法非常简单，具体操作为：选择几何图形，再选择工具（快捷键为F10键），将鼠标光标移动到图形的控制节点上，按下鼠标左键并拖曳至合适位置后释放鼠标左键，即可完成对几何图形的调整。

实例总结

学习本实例，读者可以初步了解“形状”工具的功能，即是对图形进行调整。对不同图形调整不同的节点，或将节点拖曳到不同的位置，都将生成出不同的图形，读者课下可尝试对其他图形进行调整。

实例 024 形状工具——绘制蝴蝶图形

学习目的

进一步学习“形状”工具的应用方法，并初步了解“贝塞尔”工具的应用方法。

实例分析

- **作品路径** | 作品\第03章\蝴蝶.cdr
- **视频路径** | 视频\实例24.avi
- **知识功能** | “贝塞尔”工具、“形状”工具、缩小复制操作和移动复制操作，以及去除图形外轮廓的方法
- **制作时间** | 15分钟

操作步骤

01 执行菜单栏"文件 / 新建"命令，新建一个图形文件。

02 在工具箱中的"手绘"工具上按下鼠标不放，在弹出的隐藏按钮中选择"贝塞尔"工具，然后移动鼠标指针到页面中，根据下面的图示形态依次单击，绘制出图 3-48 所示的图形。

03 选取工具箱中的"形状"工具，框选图形，状态如图 3-49 所示。

04 依次单击属性栏中的"转换为曲线"按钮和"对称节点"按钮，此时的图形形态如图 3-50 所示。

05 按 Esc 键，取消对所有节点的选择，然后移动鼠标指针到图 3-51 所示的节点上单击将其选择，此时选择的节点会显示调节柄。

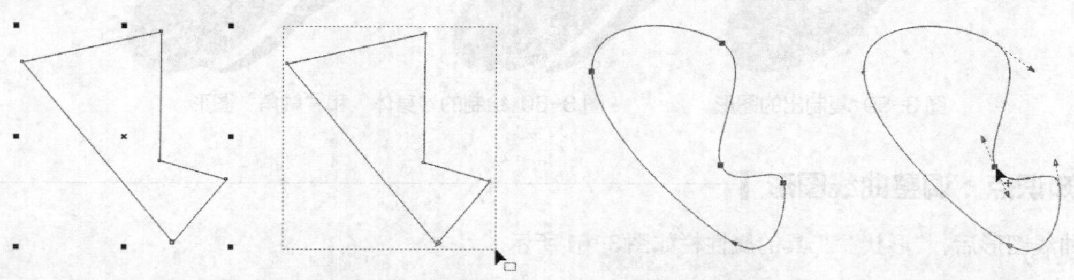

图 3-48 绘制的图形　图 3-49 框选图形状态　图 3-50 生成的图形形态　图 3-51 选择的节点

06 单击属性栏中的"尖突节点"按钮，将该节点转换为尖突节点，然后移动鼠标指针到调节柄下方的控制点上按下并向上拖曳，状态如图 3-52 所示。

07 释放鼠标后，选择调节柄上方的控制点，然后将其向右下方调整，状态如图 3-53 所示。

08 选择调整点右侧的节点，然后将其稍微向下移动位置，调整后的图形形态如图 3-54 所示。

09 选取工具箱中的"交互式填充"工具，单击属性栏中的无填充选项，在弹出的列表中选择"均匀填充"选项，此时图形会被填充默认的黑色。

10 修改属性栏参数 C: 0 M: 60 Y: 40 K: 0，此时的图形效果如图 3-55 所示。

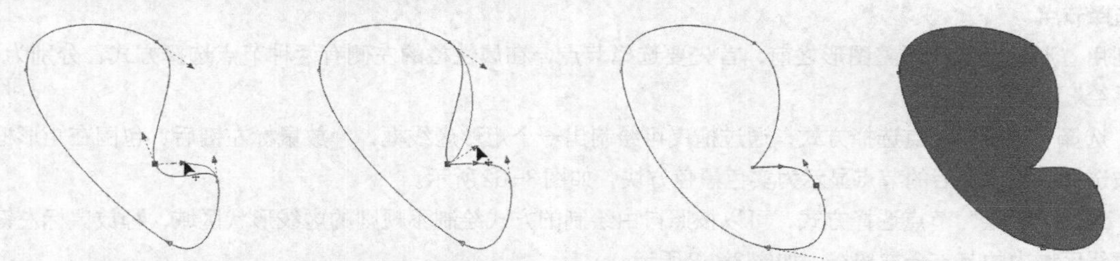

图 3-52 调整控制点状态　图 3-53 调整控制点状态　图 3-54 调整后的图形形态　图 3-55 填充的颜色

11 将鼠标指针移动到"调色板"中的⊠位置单击鼠标右键，即可去除图形的外轮廓，如图 3-56 所示。

12 移动鼠标指针到右上角的选择控制点上按下并向左下方拖曳，至合适的大小后，在不释放鼠标左键的情况下单击鼠标右键，状态如图 3-57 所示。

13 选取工具箱中的"交互式填充"工具，修改属性栏参数 C: 0 M: 75 Y: 55 K: 0，然后将复制出的图形移动到图 3-58 所示的位置。

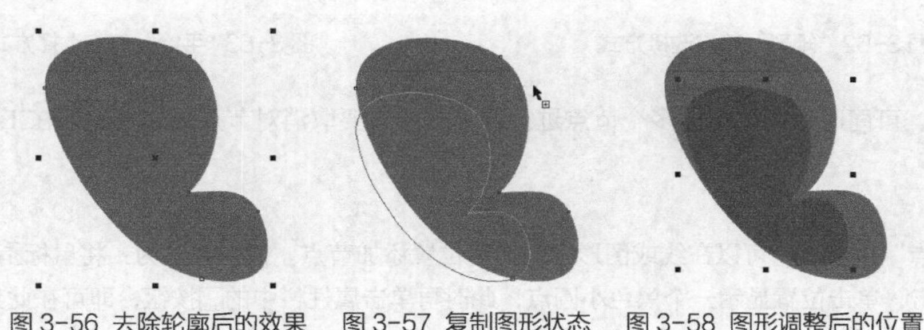

图 3-56 去除轮廓后的效果　图 3-57 复制图形状态　图 3-58 图形调整后的位置

14 用与步骤 12 ~步骤 13 相同的方法，复制图形并修改图形的颜色和位置，填充的颜色为 C:0 M:90 Y:80 K:0，图形的位置如图 3-59 所示。

15 用以上绘制图形和复制图形的方法，依次绘制出图 3-60 所示的图形，即可完成蝴蝶的绘制。

16 按 Ctrl+S 组合键，将此文件命名为“蝴蝶 .cdr”并保存。

图 3-59 复制出的图形　　图 3-60 绘制的“身体”和“触角”图形

相关知识点：调整曲线图形

选择曲线图形后，“形状”工具的属性栏如图3-61所示。

图 3-61“形状”工具的属性栏

提示

所谓曲线图形是指利用线性绘图工具绘制的线或图形。当需要将几何图形调整成具有曲线的图形时，必须先将图形转换为曲线。方法为：选择几何图形，执行“排列 / 转换为曲线”命令（快捷键为 Ctrl+Q 组合键）或单击属性栏中的按钮，即可将几何图形转换为具有曲线性质的曲线图形。

一. 选择节点

利用“形状”工具调整图形之前，首先要选择节点，在属性栏的左侧有两种节点选择方式，分别为“矩形”和“手绘”。

- 选择“矩形”节点选择方式，通过拖曳可绘制出一个矩形虚线框，释放鼠标左键后，包围在矩形框内的节点会被选择，被选择后的节点显示为实色黑色方块，如图3-62所示。
- 选择“手绘”节点选择方式，可以按照自由绘制的方式绘制不规则的虚线形状区域，释放鼠标左键后，包围在虚线区域内的节点会被选择，如图3-63所示。

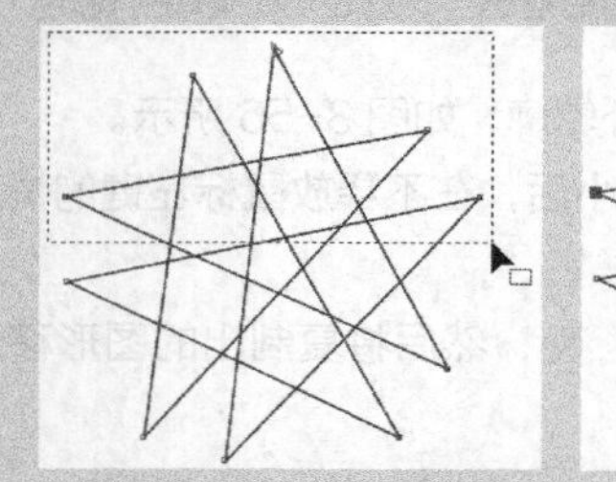

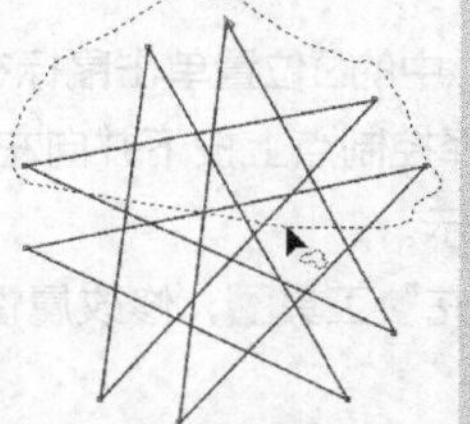

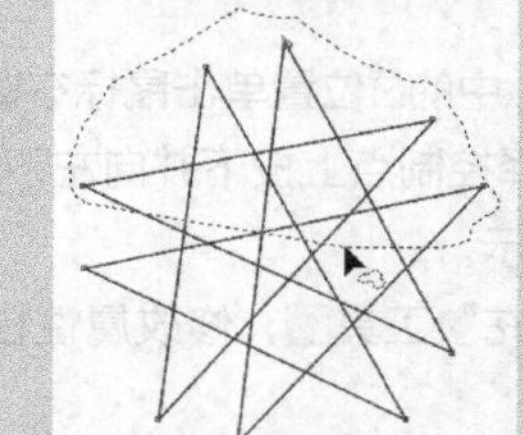

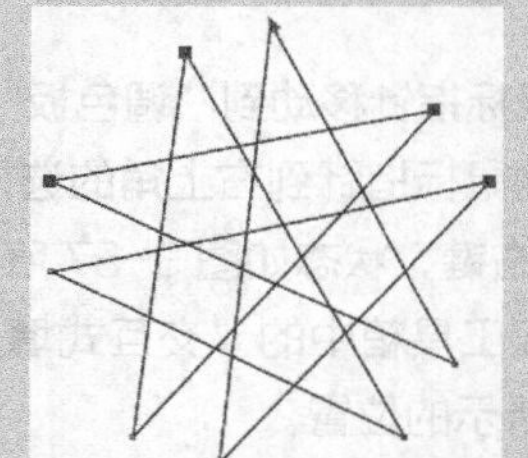

图 3-62“矩形”节点选择方式　　图 3-63“手绘”节点选择方式

节点被选择后，可同时对所选择的多个节点进行调节。如果要取消对节点的选择，则在工作区的空白处单击或者按Esc键即可。

二. 添加节点

利用“添加节点”按钮，可以在线或图形上的指定位置添加节点。操作方法为：将鼠标指针移动到线上，当显示为形状时单击，单击位置显示一个黑色小圆点，此时再单击属性栏中的按钮，即可在此处添加一个节点。

提示

除了可以利用按钮在曲线上添加节点外，还有以下几种方法可以添加节点。(1) 利用“形状”工具直接在曲线上双击。(2) 利用“形状”工具在曲线上单击，然后按键盘中数字区的键。(3) 利用“形状”工具选择两个或多个节点，单击属性栏中的按钮或按键盘中数字区的键，即可在每两个节点中间添加一个节点。

三．删除节点

利用“删除节点”按钮，可以删除选择的节点。操作方法为：选择节点，单击属性栏中的按钮，即可删除选择的节点。

提示

除了可以利用按钮删除节点外，还有以下两种方法。(1) 利用“形状”工具直接在节点上双击。(2) 利用“形状”工具选择节点，然后按 Delete 键或键盘中数字区的键。

四．连接节点

利用“连接两个节点”按钮，可以把开放路径的开始节点和结束节点连接起来，组成闭合路径。操作方法为：选择开放路径的起点和终点，单击按钮，即可将两个节点连接为一个节点。

五．断开节点

利用“断开曲线”按钮，可以断开闭合曲线中的路径。操作方法为：选择需要断开的节点，单击按钮即可将其分成两个节点。注意，曲线断开后，移动节点位置才可以看出是否为断开。

六．转换曲线为直线

单击“转换为线条”按钮，可把选择的曲线转换为直线。

七．转换直线为曲线

单击“转换为曲线”按钮，可把选择的直线转换为曲线，转换曲线后可进行任意形状的调整。其转换方法分为以下两种。

- 选择了直线图形中的一个节点后，单击按钮，被选择的节点逆时针方向的线段上将出现两条控制柄，调整控制柄的长度和斜率，可以改变曲线的形状，如图3-64所示。

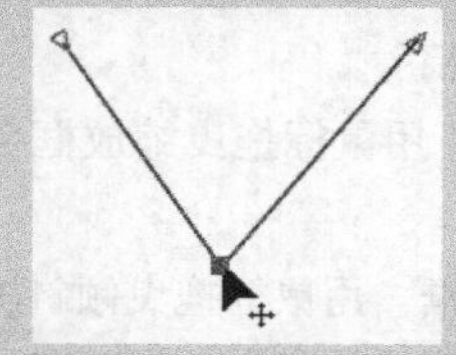
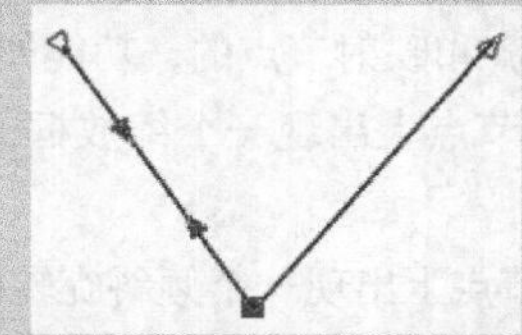
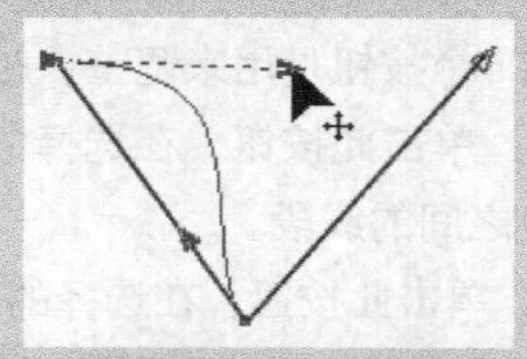
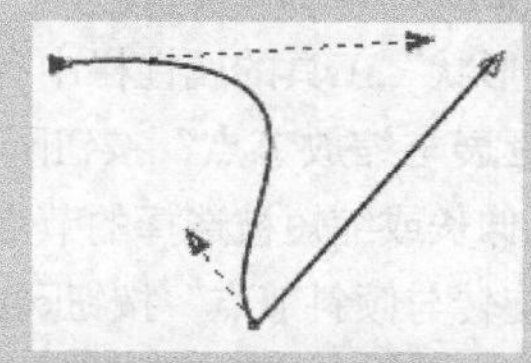

图 3-64　转换曲线并调整形状

- 如果选择图形中所有的节点，单击按钮，则图形的所有节点都被转换为曲线，调整图形上的任意曲线，都可以改变图形的形状。

八．转换节点类型

节点转换为曲线后，节点还具有尖突、平滑和对称3种类型，如图3-65所示。

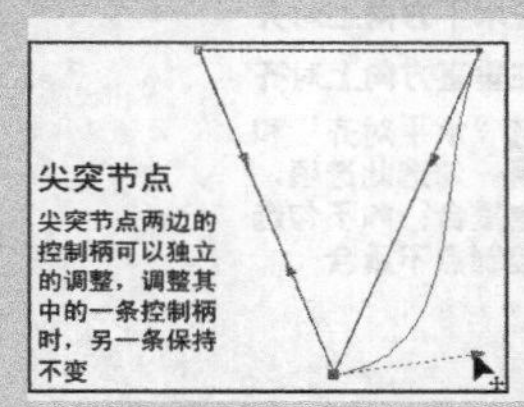

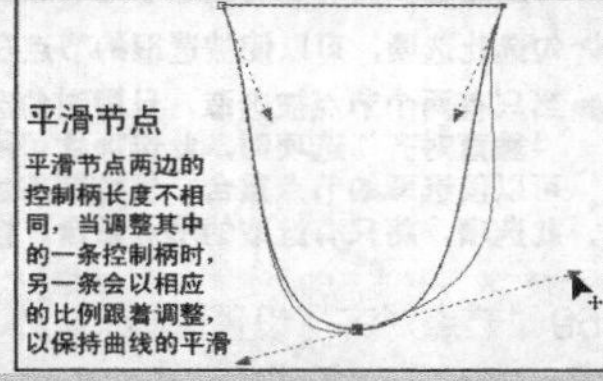

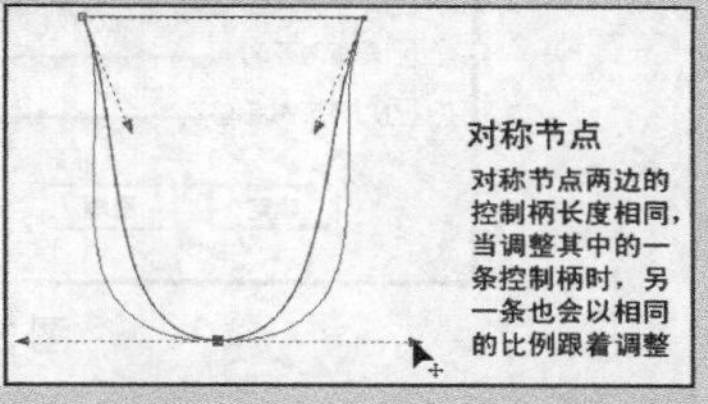

图 3-65　节点的 3 种类型

- “尖突节点”按钮：当选择的节点为平滑节点或对称节点时，单击按钮，可将节点转换为尖突节点。尖突节点两边的控制柄是独立调整的，调整其中的一条控制柄时，另一条保持不变，如图3-66所示。

- “平滑节点”按钮：当选择的节点为尖突节点或对称节点时，单击按钮，可将节点转换为平滑节点。平滑节点两边的控制柄长度不相同，当调整其中的一条控制柄时，另一条会以相应的比例跟着调整，以保持曲线的平滑，如图3-67所示。
- “对称节点”按钮：当选择的节点为尖突节点或平滑节点时，单击按钮，可将节点转换为对称节点。对称节点两边的控制柄长度相同，当调整其中的一条控制柄时，另一条也会以相同的比例跟着调整，如图3-68所示。

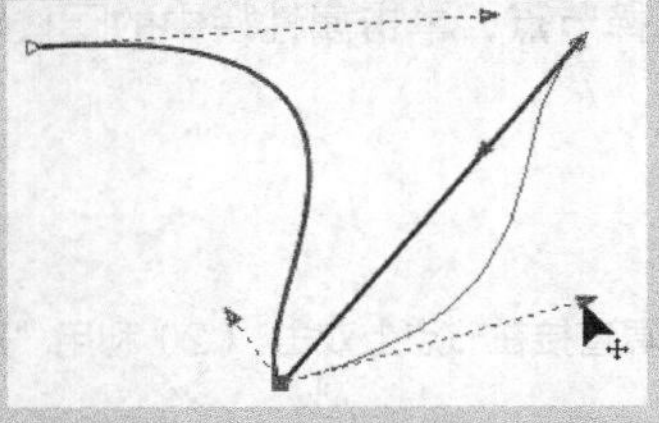

图3-66 调整“尖突节点”

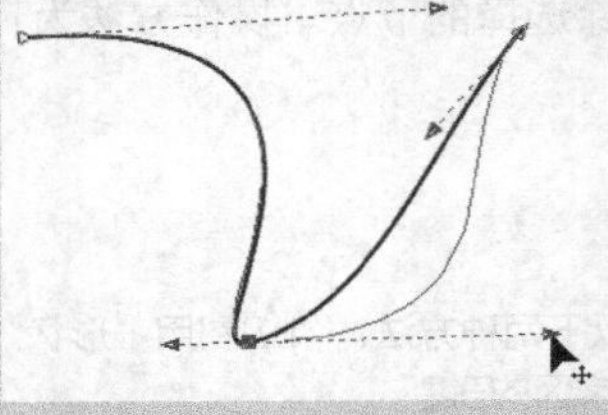

图3-67 调整“平滑节点”

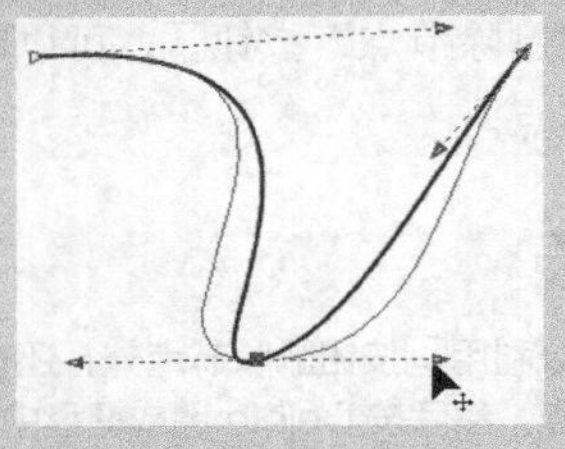

图3-68 调整“对称节点”

九．曲线的设置

在“形状”工具的属性栏中有4个按钮是用来设置曲线性质的。

- “反转方向”按钮：单击此按钮，将改变节点起始点和结束点的位置。
- “延长曲线使之闭合”按钮：单击此按钮，可以将未闭合的曲线通过直线进行连接。
- “提取子路径”按钮：使用“形状”工具选择结合对象上的某一线段、节点或一组节点，单击此按钮，可以在结合的对象中提取子路径。
- “闭合曲线”按钮：利用该按钮可以闭合曲线的结束节点。

提示

和按钮都是用来闭合图形的，但两者有本质上的不同，前者的条件是选择未闭合图形的起点和终点，使之闭合，而后者的闭合条件是选择任意未闭合的曲线，使结束点闭合。

十．调整节点

在“形状”工具的属性栏中有5个按钮是用来调整、对齐和映射节点的，功能如下。

- “延展与缩放节点”按钮：单击此按钮，在选择的节点上出现一个缩放框，用鼠标拖曳缩放框上的控制点，可以伸长或缩短被选择的节点之间的线段。
- “旋转与倾斜节点”按钮：单击此按钮，在选择的节点上出现一个倾斜旋转框。用鼠标拖曳倾斜旋转框上的任意角控制点，可以通过旋转节点来调整图形；用鼠标拖曳倾斜旋转框上各边中间的控制点，可以通过倾斜节点来对图形进行调整。
- “对齐节点”按钮：当选择两个或两个以上的节点时，此按钮才可用。单击此按钮，弹出图3-69所示的“节点对齐”设置面板。

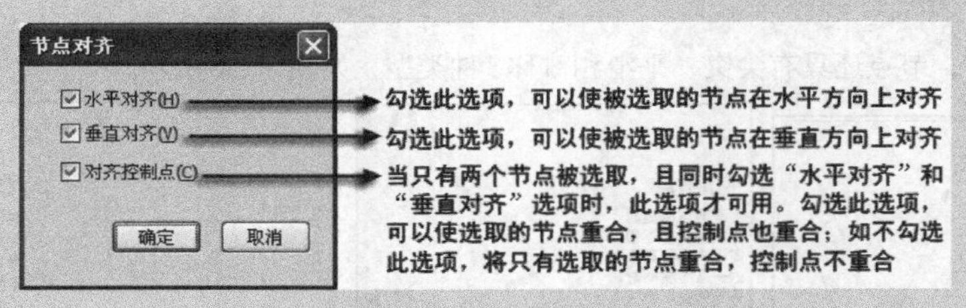

图3-69“节点对齐”设置面板

- “水平反射节点”按钮：激活此按钮，在调整指定的节点时，节点将在水平方向映射。
- “垂直反射节点”按钮：激活此按钮，在调整指定的节点时，节点将在垂直方向映射。

十一. 其他选项

在“形状”工具的属性栏中还有3个按钮和一个“曲线平滑度”参数设置，其功能如下。

- “弹性模式”按钮：激活此按钮，在移动节点时，节点将具有弹性性质，即移动节点时周围的节点也将会随鼠标的拖曳而产生相应的调整。
- “选择所有节点”按钮：单击此按钮，可以全部选择当前选择图形中的所有节点。
- 减少节点按钮：当图形中有很多个节点时，单击此按钮将根据图形的形状来减少图形中多余的节点。
- “曲线平滑度” 0：可以改变被选择节点的曲线平滑度，起到再次减少节点的功能，数值越大，曲线变形越大。
- “边框”按钮：当使用曲线工具编辑或绘制图形时，可以设置是否出现选择控制边框，激活此按钮，编辑绘制完曲线后不出现选择边框。

实例总结

学习本实例，读者进一步了解了“形状”工具的应用，灵活运用工具可以调整图形至自己想要的形态，读者需要掌握该工具。

实例 025 手绘工具——绘制水滴

学习目的

利用“手绘”工具可绘制线段、曲线或任意形状的图形。学习本实例，读者可以学会“手绘”工具的使用方法。

实例分析

- **作品路径** | 作品\第03章\水滴.cdr
- **视频路径** | 视频\实例25.avi
- **知识功能** | “手绘”工具的使用技巧
- **制作时间** | 10分钟

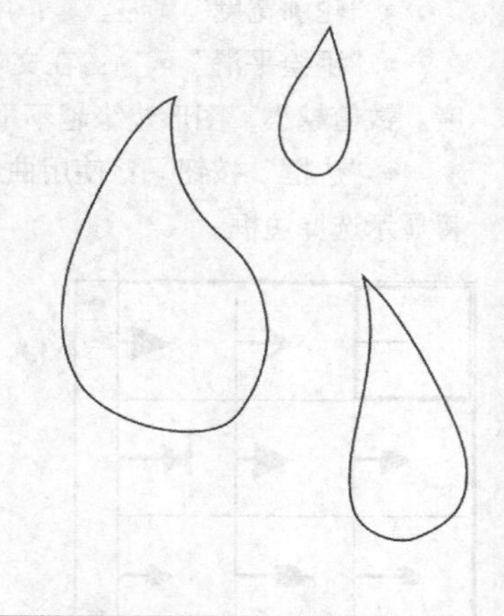

操作步骤

01 执行菜单栏中的“文件 / 新建”命令，新建一个图形文件。

02 选择“手绘”工具，在绘图窗口中单击鼠标左键确定第一点，移动鼠标指针到适当的位置再次单击可确定第二点，释放鼠标后，即可在这两点之间生成一条直线。

03 如在第二点位置双击，可继续移动鼠标指针到适当的位置双击确定第三点，依次类推，可绘制连续的线段，如图 3-70 所示。当要结束绘制时，可在最后一点处单击。

04 在绘图窗口中按下鼠标左键并拖曳鼠标，可以沿鼠标移动的轨迹绘制曲线。

05 绘制线形时，再将鼠标指针移动到第一点位置，鼠标指针显示为形状时单击，可闭合绘制的线形，生成不规则的图形，如图 3-71 所示。

06 依次拖曳鼠标，绘制出图 3-72 所示的“水滴”图形。

07 执行“文件 / 保存”命令（快捷键为 Ctrl+S 组合键），将此文件命名为“水滴 .cdr”并保存。

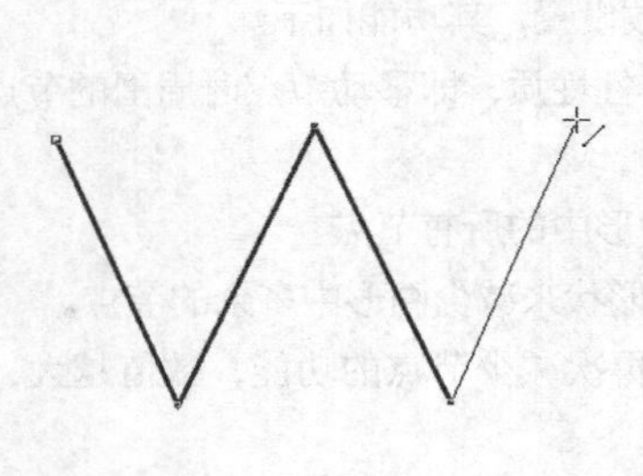
图 3-70 绘制的连续的线段

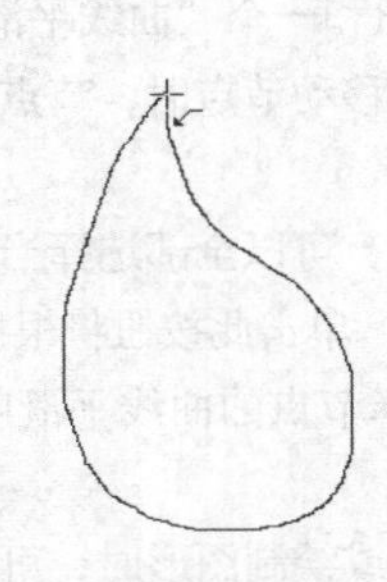
图 3-71 绘制的不规则图形

图 3-72 绘制的水滴

相关知识点："手绘"工具的属性栏

"手绘"工具的属性栏如图3-73所示。

图 3-73"手绘"工具的属性栏

• "起始箭头"按钮：设置绘制线段起始处的箭头样式。单击此按钮，弹出图3-74所示的"箭头选项"面板。在此面板中可以选择任意起始箭头样式。使用不同的箭头样式绘制出的直线如图3-75所示。

• "线条样式"按钮：设置绘制线条的样式。

• "终止箭头"按钮：设置绘制线段终点处箭头的样式。

• "闭合曲线"按钮：选择未闭合的线形，单击此按钮，可以通过一条直线将未闭合线形的结束点连接起来，使之闭合。

• "轮廓宽度"：用来设置轮廓线的宽度。

• "手绘平滑"：在文本框中输入数值，或单击右侧的按钮并拖曳弹出的滑块，可以设置线形的平滑程度。数值越小，图形边缘越不平滑。设置不同的"手绘平滑"参数时，绘制出的线形态如图3-76所示。

• "边框"按钮：使用曲线工具绘制线条时，可隐藏显示在线条周围的选择边框。默认情况下线形绘制后，将显示选择边框。

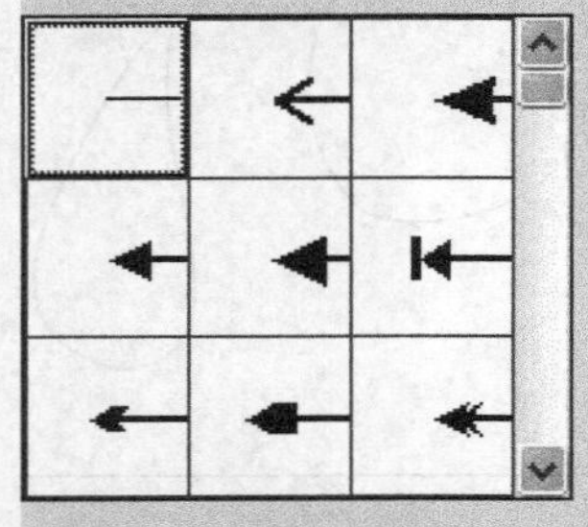
图 3-74"箭头选项"面板

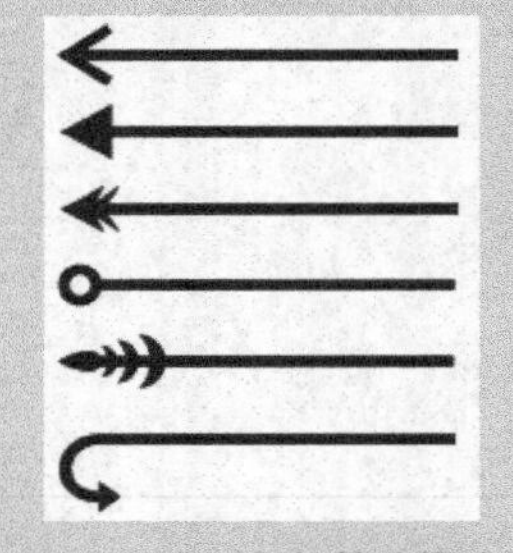
图 3-75 不同的箭头样式

图 3-76 设置不同参数时绘制的图形效果对比

实例总结

学习本实例，读者可以掌握利用"手绘"工具绘制线形及图形的方法。

实例 026 二点线工具——绘制楼梯

学习目的

学习本实例，读者可以学会"二点线"工具的使用方法。

实例分析

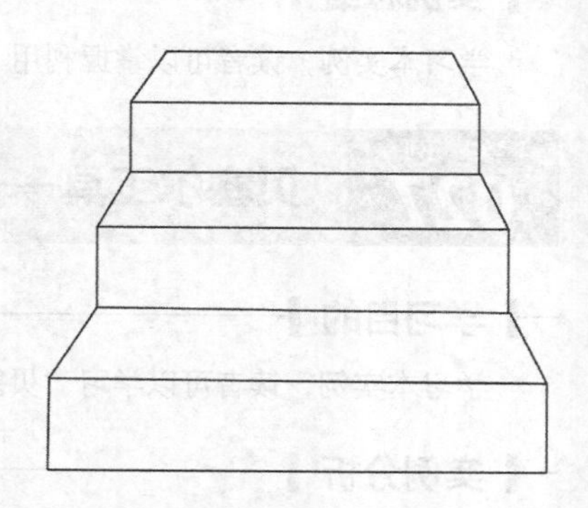

- **作品路径** | 作品\第03章\楼梯.cdr
- **视频路径** | 视频\实例26.avi
- **知识功能** | “二点线”工具的使用方法
- **制作时间** | 15分钟

操作步骤

01 新建一个图形文件。

02 选取“二点线”工具，然后将鼠标指针移动到绘图窗口中按下并向下拖曳，状态如图 3-77 所示。

03 释放鼠标后，即可绘制出一条竖向的直线。

04 将鼠标指针移动到直线下方的控制点上，当鼠标指针显示为 图标时按下并向右拖曳，再次绘制直线，状态如图 3-78 所示。

05 拖曳至合适位置后，释放鼠标，绘制的横向直线如图 3-79 所示。

06 用与上面相同的方法，再绘制出另两条竖向和横向直线，形成一个矩形图形，如图 3-80 所示。

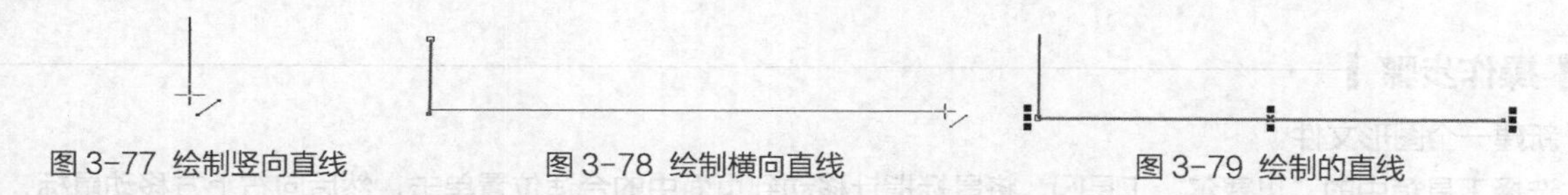

图 3-77 绘制竖向直线　　图 3-78 绘制横向直线　　图 3-79 绘制的直线

07 利用工具再依次绘制出图 3-81 所示的梯形图形，作为楼梯台阶的另一个面。

08 用与上面相同的方法绘制矩形和梯形，依次绘制图形，制作出图 3-82 所示的楼梯台阶效果，注意图形近大远小的绘制规律。

09 执行“文件 / 保存”命令，将此文件命名为“楼梯 .cdr”并保存。

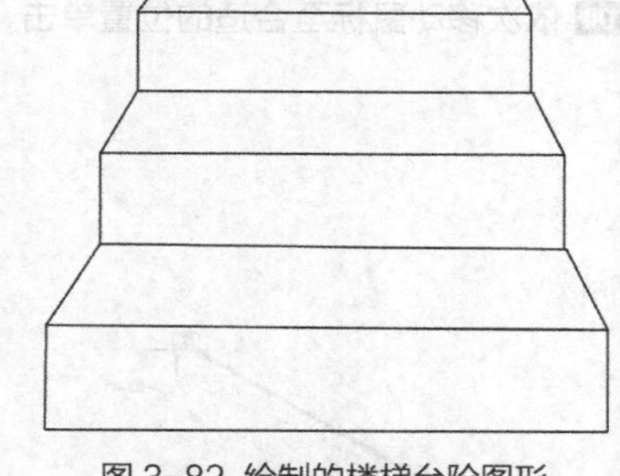

图 3-80 绘制的矩形图形　　图 3-81 绘制的梯形图形　　图 3-82 绘制的楼梯台阶图形

相关知识点：“二点线”工具的属性栏

选择“二点线”工具，在绘图窗口中拖曳鼠标，可以绘制一条直线，绘制时，线段的长度和角度会显示在状态栏中。另外，此工具还可创建与对象垂直或相切的直线。

“二点线”工具的属性栏如图3-83所示。

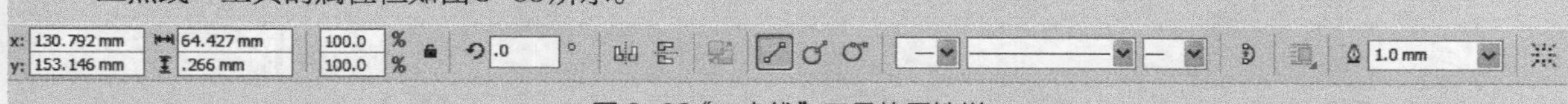

图 3-83“二点线”工具的属性栏

- “二点线”工具：激活此按钮，在绘图窗口中拖曳，可绘制任意的直线。
- “垂直二点线”工具：激活此按钮，可绘制与对象垂直的直线。
- “相切的二点线”工具：激活此按钮，可绘制与对象相切的直线。

实例总结

学习本实例，读者可以掌握利用“二点线”工具绘制线形及图形的方法。

实例027 贝塞尔工具——绘制鸽子

学习目的

学习本实例，读者可以学习“贝塞尔”工具的使用方法。

实例分析

- **作品路径** | 作品\第03章\鸽子.cdr
- **视频路径** | 视频\实例27.avi
- **知识功能** | “贝塞尔”工具的使用方法，利用“形状”工具调整图形的方法及设置图形轮廓的操作技巧
- **制作时间** | 15分钟

操作步骤

01 新建一个图形文件。

02 选择工具箱中的“贝塞尔”工具，将鼠标指针移动到页面中的合适位置单击，然后向右上方移动鼠标，至合适位置后再次单击，即可绘制出图3-84所示的直线段。

03 移动鼠标至右下方的合适位置，按下并拖曳，即可绘制出图3-85所示的曲线段。

04 依次移动鼠标至合适的位置单击，画出鸽子图形的大体形状，如图3-86所示。

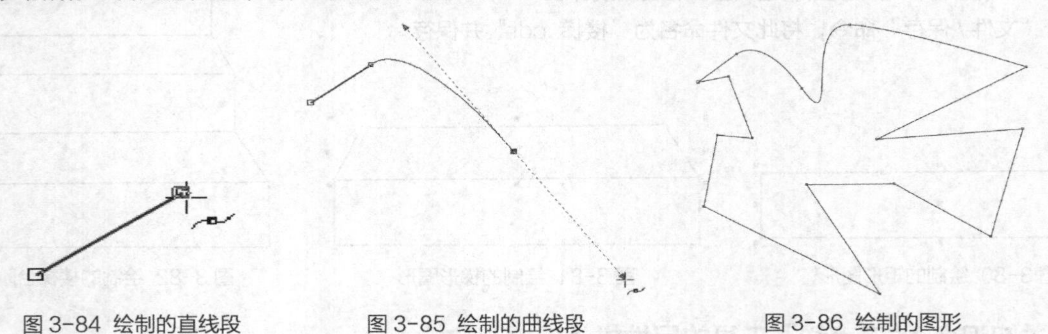

图3-84 绘制的直线段　图3-85 绘制的曲线段　图3-86 绘制的图形

05 选取工具，将鼠标指针移动到图3-87所示的位置单击，选取该节点。

06 单击属性栏中的按钮，将该节点转换为尖突节点，然后将鼠标指针移动到下方的控制点位置按下并向上移动鼠标，将控制点调整至图3-88所示的位置，释放鼠标后的图形形态如图3-89所示。

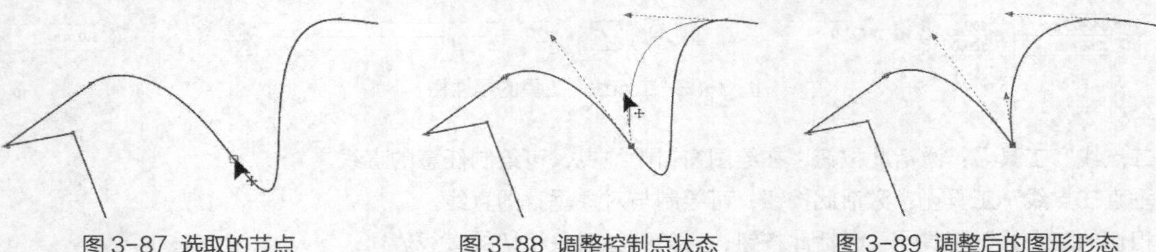

图3-87 选取的节点　图3-88 调整控制点状态　图3-89 调整后的图形形态

07 利用工具框选鸽子图形，然后单击属性栏中的按钮，将绘制的直线段转换为曲线段，再依次调整至图 3-90 所示的形态。

08 单击工具箱中的“轮廓”工具，在弹出的按钮列表中选择“轮廓笔”，然后在弹出的“轮廓笔”对话框中设置各选项参数，如图 3-91 所示。

图 3-90　调整后的图形形态

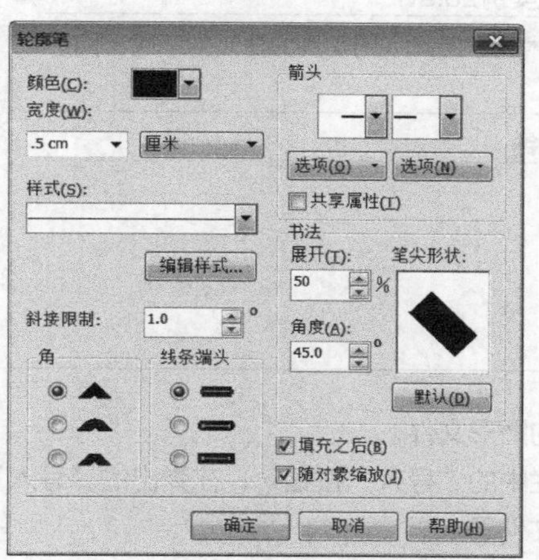

图 3-91“轮廓笔”对话框

09 单击 确定 按钮，生成的图形形态如图 3-92 所示。

10 利用工具箱中的“椭圆形”工具，在鸽子的头部位置绘制出图 3-93 所示的圆形图形，作为眼睛，即可完成鸽子图形的绘制。

11 执行“文件 / 保存”命令，将此文件命名为“鸽子 .cdr”并保存。

图 3-92　调整线形后的形态

图 3-93　绘制的眼睛图形

相关知识点：“贝塞尔”工具

选择“贝塞尔”工具，在绘图窗口中依次单击，即可绘制直线或连续的线段；在绘图窗口中单击鼠标左键，确定线的起始点，移动鼠标指针到适当的位置再次单击并拖曳，即可在节点的两边各出现一条控制柄，同时形成曲线；移动鼠标指针后依次单击并拖曳，即可绘制出连续的曲线；当将鼠标指针放置在创建的起始点上，鼠标指针显示为形状时，单击即可将线闭合形成图形。在没有闭合图形之前，按Enter键、空格键或选择其他工具，即可结束操作，生成曲线。

“贝塞尔”工具的属性栏与“形状”工具的相同。

实例总结

学习本实例，读者可以掌握利用“贝塞尔”工具绘制图形的方法及利用“形状”工具调整图形的方法。

实例 028　艺术笔工具——添加气球

学习目的

学习本实例，读者可以掌握利用“艺术笔”工具喷绘各种图形的方法。

实例分析

● **素材路径** | 素材\第03章\节日背景.jpg

● **作品路径** | 作品\第03章\添加气球.cdr

● **视频路径** | 视频\实例28.avi

● **知识功能** | “艺术笔”工具的使用方法及对喷绘出图形的再编辑处理

● **制作时间** | 15分钟

操作步骤

01 新建一个横向的图形文件。

02 单击上方工具栏中的“导入”按钮，在弹出的“导入”对话框中，将资源文件中“素材\第 03 章”目录下的“节日背景 .jpg”文件导入。

03 将导入的图片调整至与页面差不多的大小，如图 3-94 所示。

04 选择工具箱中的“艺术笔”工具，确认属性栏中的激活的“喷涂”按钮，且“类别”选项选择 对象 ，单击右侧的“喷射图样”窗口，在弹出的列表中选择图 3-95 所示的“气球”图样。

图 3-94 图片调整后的形态

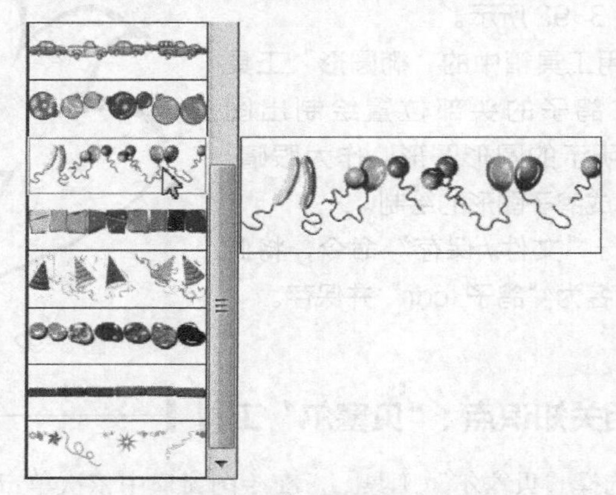

图 3-95 选择的图样

05 移动鼠标指针到页面的空白区域自左向右拖曳，喷绘出图 3-96 所示的气球图形。

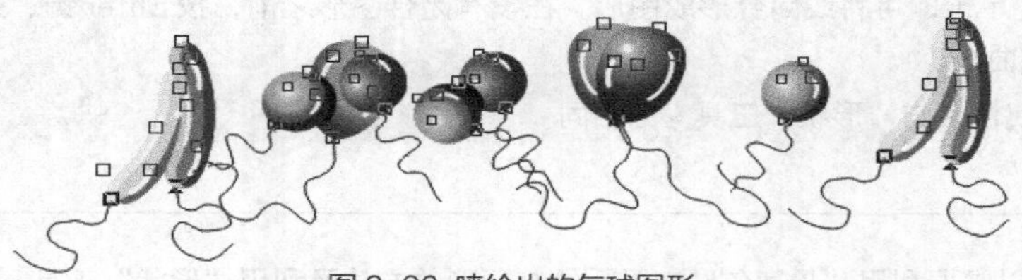

图 3-96 喷绘出的气球图形

06 执行菜单栏中的“排列 / 拆分艺术笔群组”命令（快捷键为 Ctrl+K 组合键），拆分喷绘出的气球，此时在中间位置会出现图 3-97 所示的线形。

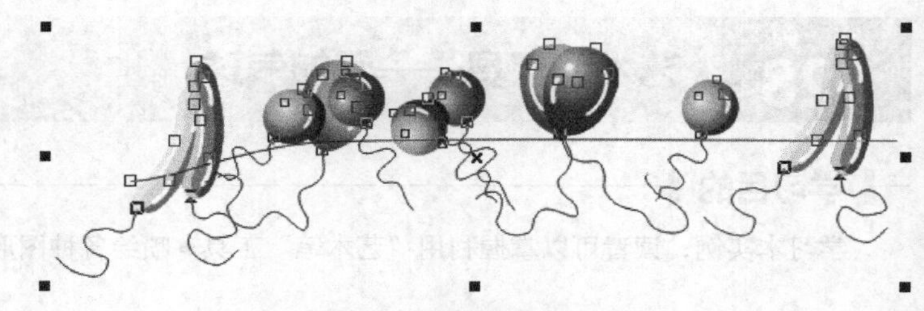

图 3-97 拆分后的图形形态

07 按 Esc 键，取消拆分图形的选择状态，然后利用工具，选择线形，并按 Delete 键删除。

08 选择气球图形，执行菜单栏中的“排列 / 取消群组”命令（快捷键为 Ctrl+U 组合键），取消气球的群组。

09 利用工具选择向左倾斜的气球图形，然后将其移动到“节日背景”图像的左上角，如图 3-98 所示。

10 按住 Ctrl 键，将鼠标指针放置到选择框左侧中间的控制点上按下并向右拖曳，至右侧位置时在不释放鼠标左键的情况下，单击鼠标右键，镜像复制图形，再将复制出的图形向右调整至图 3-99 所示的位置。

图 3-98　图形放置的位置

图 3-99　复制图形放置的位置

11 利用工具选择剩余的气球图形，并按 Delete 键删除。

12 再次选择工具箱中的“艺术笔”工具，然后在“喷射图样”窗口中选择最下方的“装饰图案”图样。

13 将鼠标指针移动到“节日背景”图像的左上方位置按下并向右拖曳，喷绘出图 3-100 所示的图样。

14 依次执行菜单栏中的“排列 / 拆分艺术笔群组”命令和“排列 / 取消群组”命令，然后利用工具选择线形及最大的螺旋线并删除，再将“风车”图形选择并向右下方移动位置，最终效果如图 3-101 所示。

15 执行“文件 / 保存”命令，将此文件命名为“添加气球 .cdr”并保存。

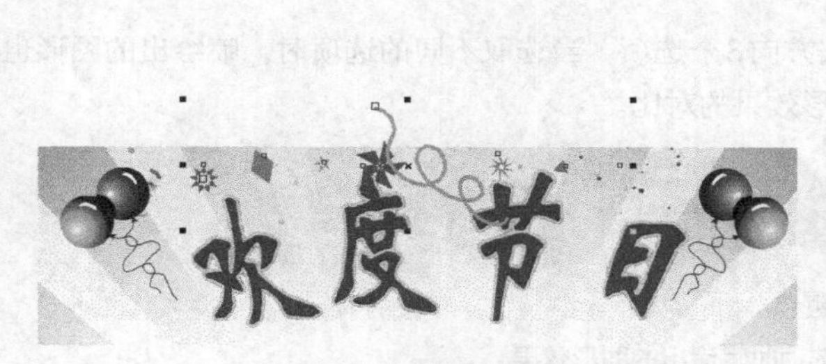

图 3-100　喷绘的图样

图 3-101　添加气球的装饰图案后的效果

相关知识点：“艺术笔”工具

“艺术笔”工具是一个比较特殊而又非常重要的图形绘制工具，利用该工具可以绘制许多特殊样式的线条和图案。

“艺术笔”工具的属性栏中有“预设”、“笔刷”、“喷涂”、“书法”和“压力”5个按钮。当激活不同的按钮时，属性栏中的选项也各不相同，下面来分别介绍。

一.“预设”按钮

激活“艺术笔”属性栏中的按钮，属性栏如图3-102所示。

图 3-102　激活按钮时的属性栏

- “笔触宽度”选项：设置自然笔的宽度，数值越小，笔头越细。
- “预设笔触”选项：单击此选项窗口，可以在弹出的下拉列表中选取需要的笔触样式。

二.“预设”按钮

激活按钮，属性栏如图3-103所示。

图3-103 激活按钮时的属性栏

● “浏览”按钮：单击此按钮，在弹出的“浏览文件夹”对话框中将保存的画笔笔触样式加载到笔触列表中。

● “笔触列表”选项：单击此选项，弹出“笔触样式”列表，移动鼠标至需要的画笔笔触样式上单击，即可选择该笔触样式。

● “保存艺术笔触”按钮：单击此按钮，可以将绘制的对象作为笔触保存。其使用方法为：先选择一个或一个群组对象，再单击按钮，弹出“另存为”对话框，在此对话框的“文件名”选项中给要保存的笔触样式命名，单击保存(S)按钮，即可保存笔触样式。此时新建的笔触将显示在“笔触列表”下方。

● “删除”按钮：新建了笔触样式后，此按钮才可用。单击此按钮，可以将当前选择的新建笔触样式在“笔触列表”中删除。

三.“喷涂”按钮

激活“艺术笔”工具属性栏中的按钮，属性栏如图3-104所示。

图3-104“喷涂”按钮属性栏

● “喷涂对象大小”选项：可以设置喷绘图形的大小。单击按钮将其激活，可以分别设置图形的长度和宽度大小。

● “类别”选项：用来选取喷涂图形的类别，包括“食物”“脚印”“其他”“对象”和“植物”。

● “喷射图样”选项：单击此选项，弹出“喷涂列表”样式，移动鼠标至需要的喷涂图形上单击，即可选择该样式。

● “喷涂顺序”选项：包括随机、顺序和按方向3个选项，当选取不同的选项时，喷绘出的图形也不相同。图3-105所示为分别选取这3个选项时喷绘出图形效果的对比。

图3-105 选取不同选项时喷涂出的图形效果

● “添加到喷涂列表”按钮：单击此按钮，可以将当前选择的图形添加到“喷涂列表”中，以便在需要时直接调用。

● “喷涂列表选项”按钮：单击此按钮，弹出“创建播放列表”对话框。在此对话框中，可以对“喷涂列表文件列表”选项中当前选择样式的图形进行添加或删除。

● “每个色块中的图像数和图像间距”选项：此选项上面的数值决定喷涂图形的密度大小，数值越大，喷涂图形的密度越大。下面数值决定喷涂图形中图像之间的距离大小，数值越大，喷涂图形间的距离越大。图3-106所示为设置不同密度与距离时喷绘出图形效果的对比。

图3-106 设置不同密度与距离时喷涂出的图形

● “旋转”按钮：单击此按钮弹出“旋转”参数设置面板，在此面板中可以设置喷涂图形的旋转角度和旋转方式等。

- “偏移”按钮：单击此按钮弹出“偏移”参数设置面板，在此面板中可以设置喷绘图形的偏移参数及偏移方向等。
- “重置值”按钮：在设置喷绘对象的密度或间距时，当设置好新的数值但没有确定之前，单击此按钮，可以取消设置的数值。

四.“书法”按钮

激活“书法”按钮，属性栏如图3-107所示。其中“书法角度”选项用于设置笔触书写的角度。参数为“0”，绘制水平直线时宽度最窄，而绘制垂直直线时宽度最宽；参数为“90”，绘制水平直线时宽度最宽，而绘制垂直直线时宽度最窄。

图 3-107“书法”按钮属性栏

五.“压力”按钮

激活“压力”按钮，属性栏如图3-108所示。

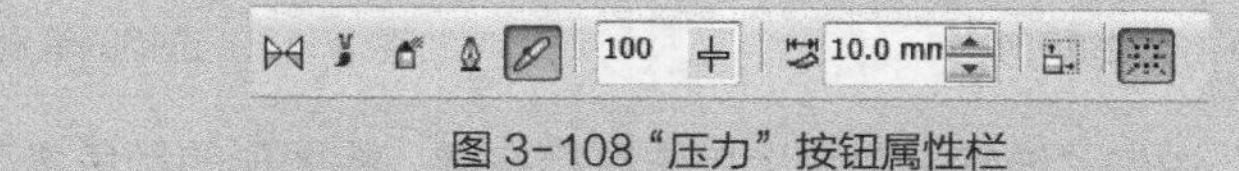

图 3-108“压力”按钮属性栏

该属性栏中的选项与“预设”属性栏中的相同，在此不再赘述。

实例总结

学习本实例，读者可以掌握利用“艺术笔”工具喷绘图形的方法。

实例 029 艺术笔工具喷涂——绘制艺术边框

学习目的

学习本实例，读者可以学习“艺术笔”工具的运用方法。

实例分析

- **素材路径 |** 素材\第03章\卡通人物.cdr
- **作品路径 |** 作品\第03章\艺术边框.cdr
- **视频路径 |** 视频\实例29.avi
- **知识功能 |** “艺术笔”工具的使用方法及“对象管理器 ”的灵活运用
- **制作时间 |** 10分钟

操作步骤

01 新建一个页面为横向的图形文件。

02 单击上方工具栏中的“导入”按钮，在弹出的“导入”对话框中，将资源文件中“素材\第03章”目录下的“卡通人物.cdr”文件导入。

03 选择工具箱中的“矩形”工具，单击上方工具栏中的贴齐(P)按钮，在弹出的列表中勾选“对象”选项，如此选项已被勾选，可省略此操作。

04 沿导入图形的边缘绘制出图 3-109 所示的矩形图形。

05 选择工具箱中的“艺术笔”工具，然后激活属性栏中的“笔刷”按钮，确认右侧“类别”选择的是 艺术 ，单击右侧的“笔刷笔触”窗口，然后选择图 3-110 所示的笔刷，此时绘制的矩形即显示利用选择的笔刷绘制的效果。

图 3-109 绘制的矩形

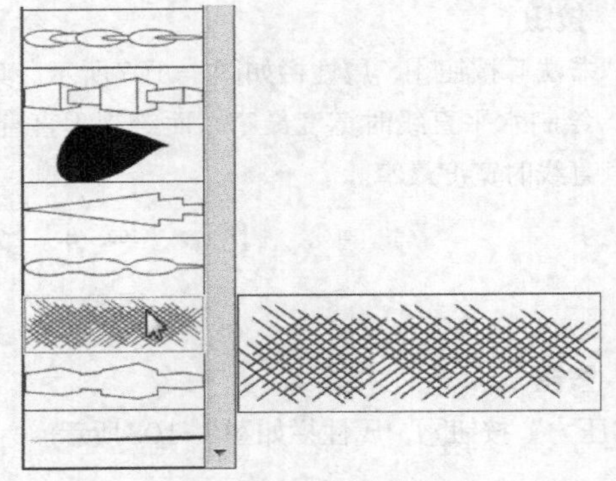

图 3-110 选择的笔刷

06 将鼠标指针移动到“调色板”中的“洋红”色块上单击鼠标右键，将图形的颜色修改为洋红色，效果如图 3-111 所示。

07 依次执行菜单栏中的“编辑 / 复制”命令和“编辑 / 粘贴”命令，将洋红色的图形在原位置再复制出一组。

08 执行菜单栏中的“工具 / 对象管理器”命令，调出“对象管理器”，如图 3-112 所示。

图 3-111 添加的边框效果

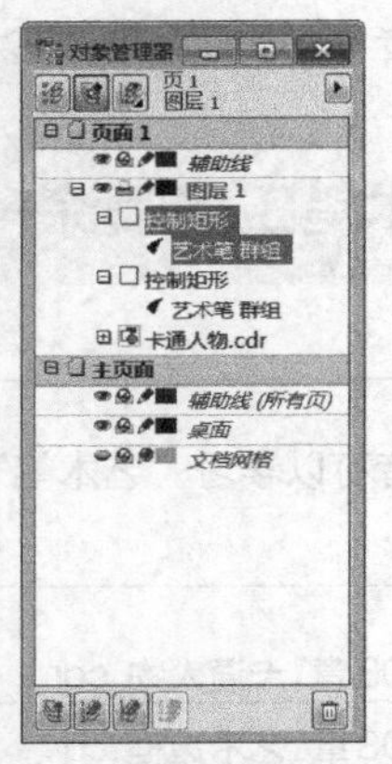

图 3-112 对象管理器

09 将鼠标指针移动到“艺术笔群组”位置单击鼠标右键，在弹出的右键菜单中选择图 3-113 所示的“拆分艺术笔群组”命令，拆分图形与艺术笔效果，生成“矩形”和“曲线”图形，如图 3-114 所示。

10 在“对象管理器”中选中“曲线”，然后按 Delete 键删除。

11 选择“矩形”图形，并再次选择工具箱中的“艺术笔”工具。

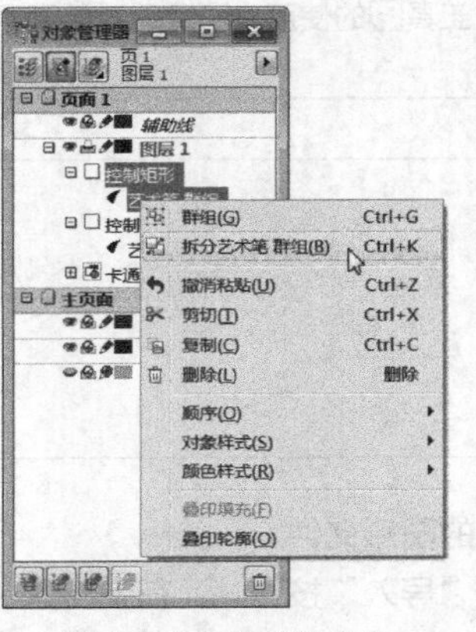

图 3-113 执行的命令

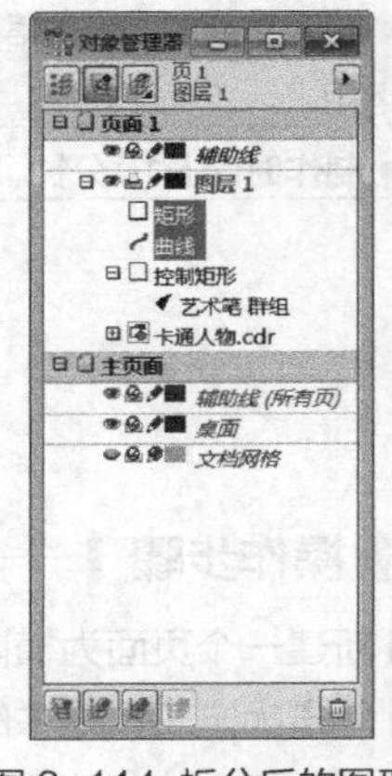

图 3-114 拆分后的图形

12 激活属性栏中的“喷涂”按钮，并在“类别”选项中选择星形，单击右侧的“喷射图样”窗口，在弹出的列表中选择图 3-115 所示的“星形”图样，此时的效果如图 3-116 所示。

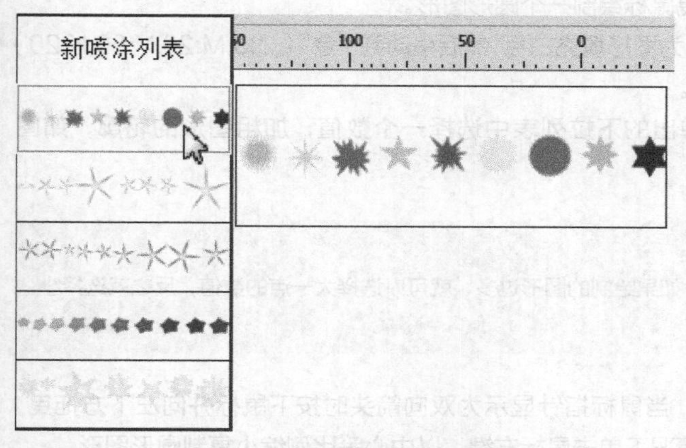

图 3-115　选择的图样

图 3-116　添加的边框效果

提示

如生成的艺术边框效果感觉不太满意，则可单击属性栏中的顺序按钮，在弹出的列表中选择“随机”，每选择一次，将生成不同的边框效果。

13 执行“文件 / 保存”命令，将此文件命名为“艺术边框 .cdr”并保存。

实例总结

学习本实例，读者可以灵活运用“艺术笔”工具绘制图形，如将本例绘制的矩形换成图 3-117 所示的文字边框，可制作出图 3-118 所示的图案字效果。

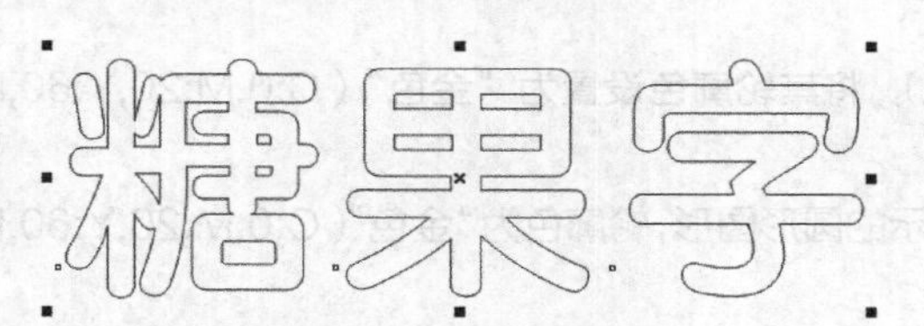

图 3-117　文字轮廓

图 3-118　制作的图案字

实例 030　钢笔工具——绘制花图案

学习目的

学习本实例，读者可以学习利用“钢笔”工具绘制图形的方法。

实例分析

- **作品路径** | 作品\第 03 章\花图案 .cdr
- **视频路径** | 视频\实例 30.avi
- **知识功能** | “钢笔”工具的使用方法，以及缩小复制、旋转复制、镜像复制和移动复制操作。另外，还将学习修改对象默认属性的方法
- **制作时间** | 15 分钟

操作步骤

01 新建一个图形文件。

02 选取工具箱中的“椭圆形”工具，按住 Ctrl 键拖曳鼠标绘制一个圆形图形。

03 将鼠标指针移动到“调色板”的“白”颜色块上单击，为图形填充白色，然后移动到“金”（C:0,M:20,Y:60,K:20）色块上单击鼠标右键，将圆形图形的外轮廓设置为金色。

04 单击属性栏中的“轮廓宽度”选项，在弹出的下拉列表中选择一个数值，加粗图形的轮廓，如图 3-119 所示。

提示

此处选择哪一个数值要根据读者绘制圆形的大小来确定，如果绘制的图形过多，就可以选择大一点的数值，反之就选择小一点的数值。

05 将鼠标指针放置到图形右上角位置，按住 Shift 键，当鼠标指针显示为双向箭头时按下鼠标并向左下方拖曳，至图 3-120 所示的大小状态时，在不释放鼠标左键的情况下单击鼠标右键，以中心等比例缩小复制圆形图形。

06 将鼠标指针移动到“调色板”的“浅橘红”（C:0,M:40,Y:80,K:0）色块上单击，将复制出图形的填充色修改颜色，如图 3-121 所示。

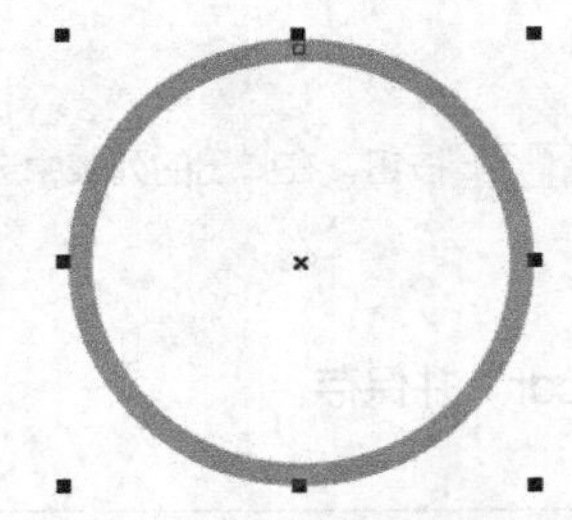

图 3-119 绘制的圆形图形

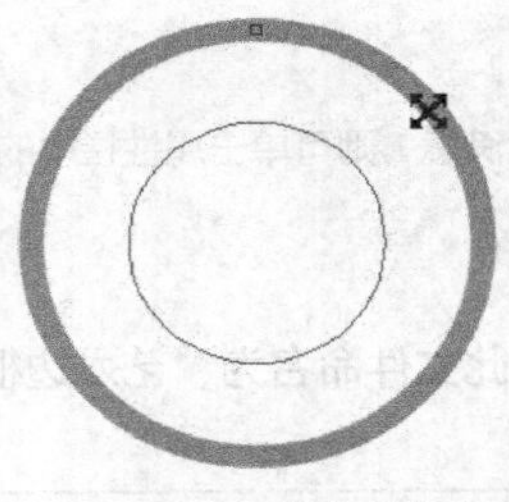

图 3-120 缩小图形状态

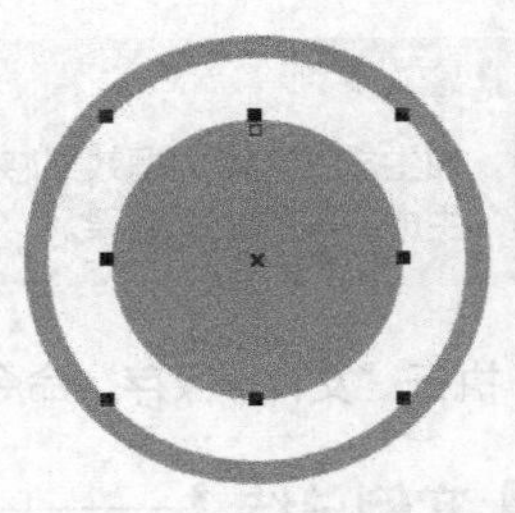

图 3-121 复制出的小圆形图形

07 选取工具箱中的“钢笔”工具，在页面中依次单击或拖曳，绘制“心”形图形，然后利用工具，将其调整至图 3-122 所示的形态。

08 为绘制的图形填充“薄荷绿色”（C:40,M:0,Y:40,K:0），将其轮廓色设置为“金色”（C:0,M:20,Y:60,K:20），并修改轮廓宽度，如图 3-123 所示。

09 利用工具箱中的“椭圆形”工具继续绘制图 3-124 所示的圆形图形，轮廓色为“金色”（C:0,M:20,Y:60,K:20），填充色为“深黄色”（ C:0,M:20,Y:100,K:0）。

10 按住 Shift 键单击“心形”图形，同时选择小圆形和心形图形，然后单击属性栏中的按钮，群组图形。

11 在群组图形上再次单击鼠标，使其周围显示旋转和扭曲符号，然后将鼠标指针移动到中心位置按下并向下拖曳，至图 3-125 所示的位置后释放鼠标，将旋转中心调整至图形的下方位置。

图 3-122 绘制的心形图形

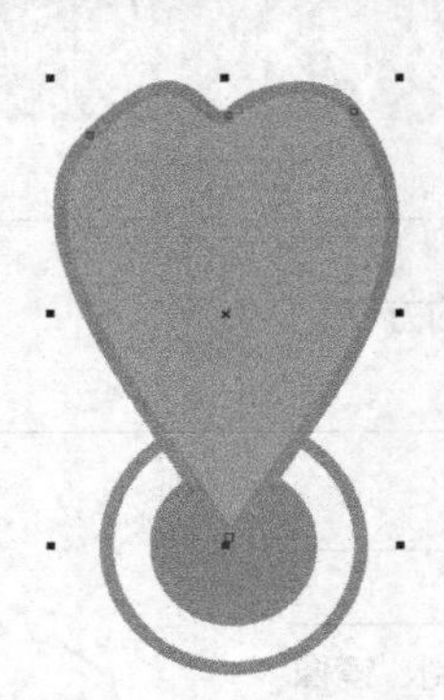

图 3-123 填色后的效果

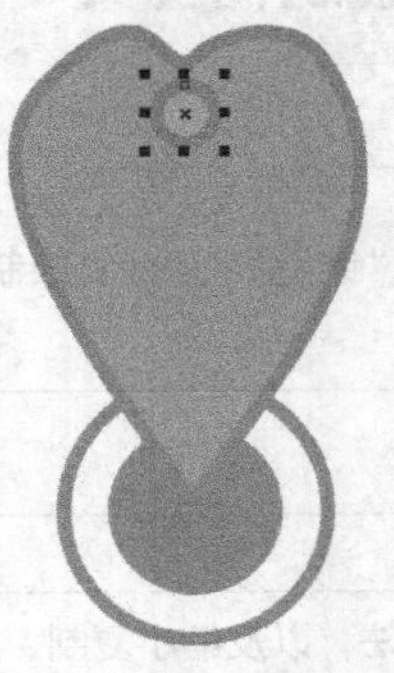

图 3-124 绘制的圆形图形

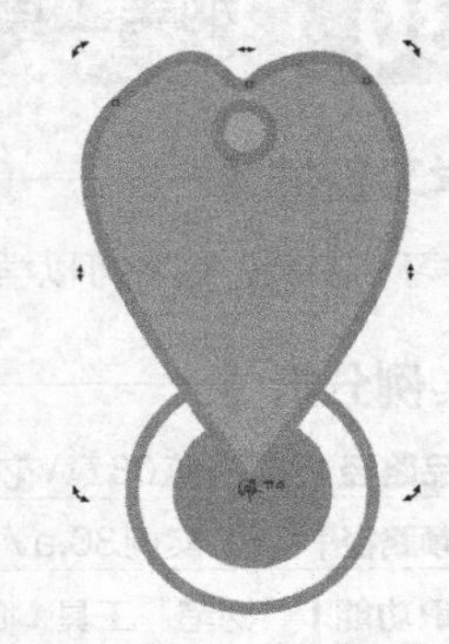

图 3-125 旋转中心调整后的位置

12 将鼠标指针放置到左上角的旋转符号上，当鼠标指针显示为旋转符号时按下并向左下方拖曳，至合适的位置后在不释放鼠标左键的情况下单击鼠标右键，旋转复制图形，如图 3-126 所示。

13 按 Ctrl+R 组合键，重复复制图形，然后选择复制出的两个图形，并在其上单击鼠标左键，将旋转扭曲符号转换为选择框。

14 按住 Ctrl 键，将鼠标指针放置到选择框左侧中间的控制点上按下并向右拖曳，然后在不释放鼠标左键的情况下单击鼠标右键，复制出的图形如图 3-127 所示。

15 按住 Shift 键，依次选择群组后的图形，然后执行菜单栏中的“排列 / 顺序 / 到图层后面”命令，将其调整至圆形图形后面，如图 3-128 所示。

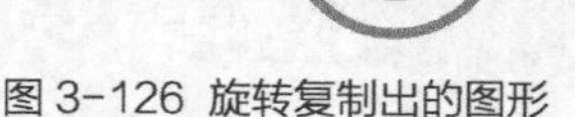

图 3-126 旋转复制出的图形

图 3-127 复制出的图形

图 3-128 调整堆叠顺序后的效果

16 按 Esc 键，取消图形的选择状态，然后在“调色板”的“金”色块上单击鼠标右键，弹出图 3-129 所示的询问面板，单击 确定 按钮，将绘制图形的默认轮廓色由黑色改为金色。

17 选取工具箱中的“二点线”工具，然后在属性栏中的 .2 mm 选项窗口中选择一个与“心形”图形轮廓相同的数值。

18 利用工具及旋转复制操作依次绘制出图 3-130 所示的线形。

19 选取工具箱中的“钢笔”工具，绘制出图 3-131 所示的线形，然后将其在水平方向上镜像复制，再将复制出的图形移动到左侧的相对位置。

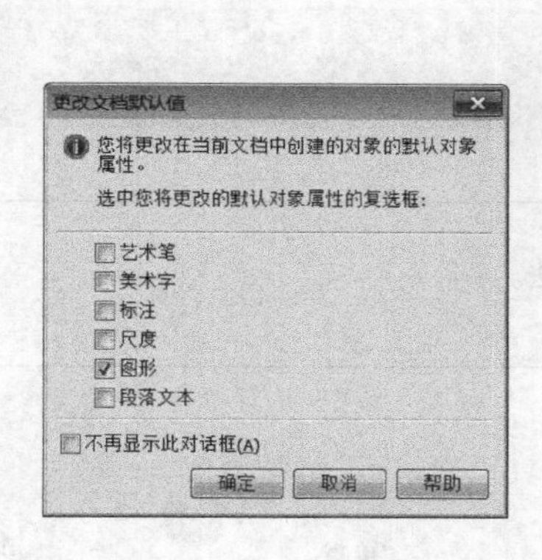

图 3-129 询问面板

图 3-130 绘制的线形

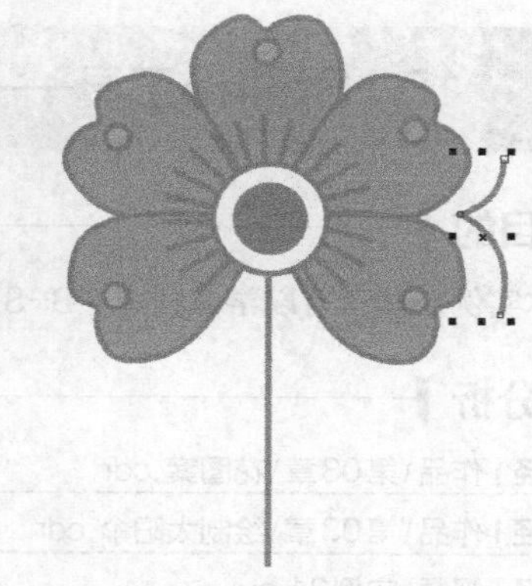

图 3-131 绘制的线形

20 继续利用工具及移动复制操作，绘制出图 3-132 所示的“心形”图形，填充色为青色（C:100,M:0,Y:0,K:0）。

21 继续利用和工具以及镜像复制操作，绘制出图 3-133 所示的图形，即可完成花图案的绘制。

22 按 Ctrl+S 组合键，将此文件命名为“花图案 .cdr”并保存。

23 按 Esc 键，取消图形的选择状态，然后在“调色板”的“黑”色块上单击鼠标右键，在弹出的询问面板中单击 确定 按钮，将绘制图形的默认轮廓色再改为黑色。

图 3-132 绘制的“心形”图形

图 3-133 绘制的花图案

相关知识点："钢笔"工具

"钢笔"工具与"贝塞尔"工具的功能及使用方法完全相同，只是"钢笔"工具比"贝塞尔"工具好控制，且在绘制图形过程中可预览鼠标指针的拖曳方向，还可以随时增加或删除节点。

"钢笔"工具的属性栏如图3-134所示。

图3-134"钢笔"工具的属性栏

- "预览模式"按钮：激活此按钮，在利用"钢笔"工具绘制图形时可以预览绘制的图形形状。
- "自动添加或删除节点"按钮：激活此按钮，利用"钢笔"工具绘制图形时，可以对图形上的节点进行添加或删除。将鼠标指针移动到图形的轮廓线上，当鼠标指针的右下角出现"+"符号时，单击将会在鼠标单击位置添加一个节点；将鼠标指针放置在绘制图形轮廓线的节点上，当鼠标指针的右下角出现"-"符号时，单击可以删除此节点。

提示

在利用"钢笔"工具或"贝塞尔"工具绘制图形时，在没有闭合图形之前，按Ctrl+Z组合键或Alt+Backspace组合键，可自后向前擦除刚才绘制的线段，每按一次，将擦除一段。按Delete键，可删除绘制的所有线。另外，在利用"钢笔"工具绘制图形时，按住Ctrl键，将鼠标指针移动到绘制的节点上，按下鼠标左键并拖曳，可以移动该节点的位置。

实例总结

学习本实例，读者可以掌握利用"钢笔"工具绘制图形的方法，并可以学习到各种复制操作的方法。

实例 031 B-Spline工具——绘制太阳伞

学习目的

学习本实例，读者可以学习利用"B-Spline"工具绘制图形的方法。

实例分析

- **素材路径** | 作品\第03章\花图案.cdr
- **作品路径** | 作品\第03章\绘制太阳伞.cdr
- **视频路径** | 视频\实例31.avi
- **知识功能** | "B-Spline"工具绘制图形的方法，选择群组中单个图形的方法。另外，还将学习调制颜色的方法，以及复制和粘贴操作
- **制作时间** | 15分钟

操作步骤

01 新建一个横向的图形文件。

02 选取工具箱中的"多边形"工具，在属性栏中将选项的参数设置为"8"，然后按住Ctrl键在页面中拖曳绘制出图3-135所示的多边形图形。

03 在属性栏中将“旋转角度”选项设置为 22.5 ，图形旋转后的形态如图 3-136 所示。

04 选取工具箱中的“B-Spline”工具，将鼠标指针移动到多边形的中心位置，当显示图 3-137 所示的捕捉信息时单击鼠标，然后移动鼠标至左下方图 3-138 所示的位置再次单击。

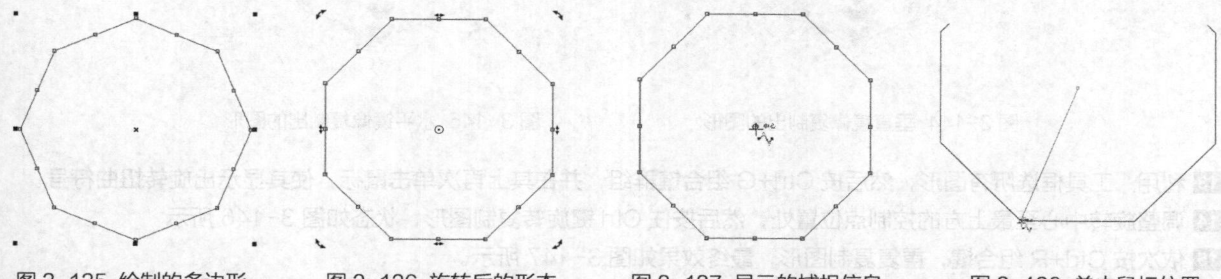
图 3-135 绘制的多边形　图 3-136 旋转后的形态　图 3-137 显示的捕捉信息　图 3-138 单击鼠标位置

05 依次移动鼠标至合适的位置单击，绘制出图 3-139 所示的图形。

06 选取工具箱中的“形状”工具，单击多边形中心位置的控制点将其选择，然后单击属性栏中的“夹住控制点”按钮，修改控制点属性后的图形形态如图 3-140 所示。

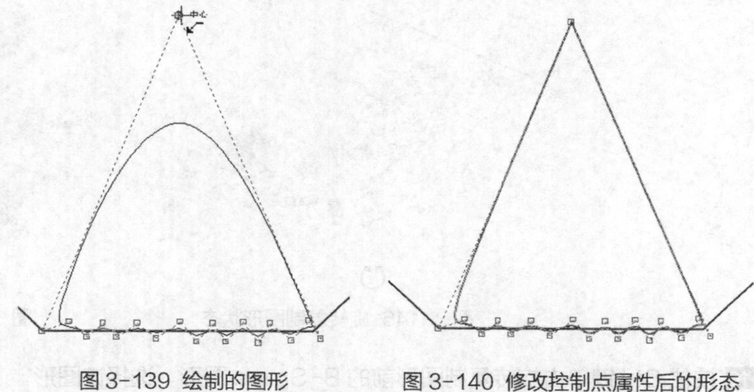
图 3-139 绘制的图形　图 3-140 修改控制点属性后的形态

07 依次选择下方最左侧和最右侧的控制点，分别单击按钮，修改控制点的属性，然后调整其他控制点的位置，如图 3-141 所示。

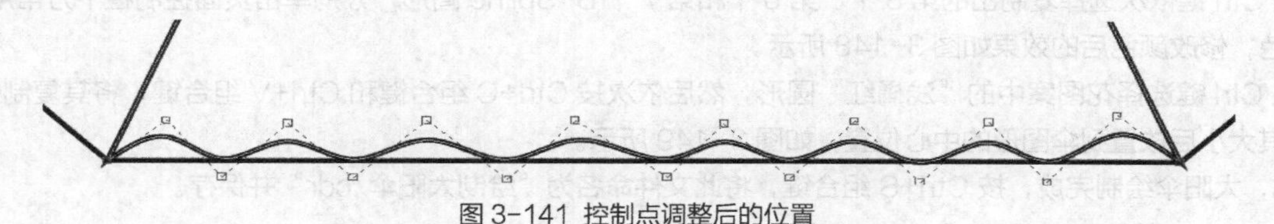
图 3-141 控制点调整后的位置

08 选择多边形图形并按 Delete 键删除，然后选择 B-Spline 图形，将其轮廓色设置为灰色（C:0，M:0，Y:0，K:20），如图 3-142 所示。

09 单击工具栏中的“导入”按钮，导入“实例 28”中保存的“花图案 .cdr”文件，如读者没有绘制，可调用资源文件中“作品 \ 第 03 章”目录下相对应的文件。

10 调整导入图形的大小，然后放置到图 3-143 所示的位置。

图 3-142 绘制出的图形　图 3-143 导入的图形

11 单击属性栏中的“取消群组”按钮，取消导入图形的群组，然后选择右侧的花边，在垂直方向上镜像复制，再调整大小后放置到图 3-144 所示的位置。

12 将复制出的图形在水平方向上镜像复制，然后向左移动至图 3-145 所示的位置。

图 3-144 垂直镜像复制出的图形

图 3-145 水平镜像复制出的图形

13 利用工具框选所有图形，然后按 Ctrl+G 组合键群组，并在其上再次单击鼠标，使其显示出旋转扭曲符号。

14 调整旋转中心至最上方的控制点位置处，然后按住 Ctrl 键旋转复制图形，状态如图 3-146 所示。

15 依次按 Ctrl+R 组合键，重复复制图形，最终效果如图 3-147 所示。

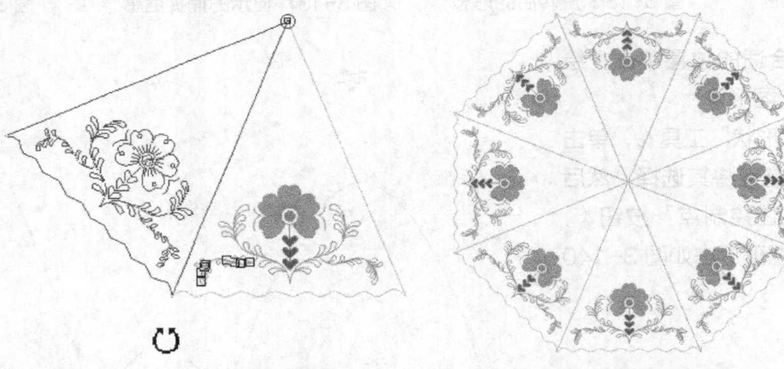
图 3-146 旋转复制图形状态　　图 3-147 复制出的图形

16 按住 Ctrl 键单击旋转复制图形前的 B-Spline 图形，选择该图形。

17 单击工具箱中的“填充”工具，在弹出的按钮列表中选择“均匀填充”，在再次弹出的“均匀填充”对话框中单击“模型”选项卡，然后将填充色修改为淡黄色（C:0,M:0,Y:10,K:0），单击确定按钮。

18 按住 Ctrl 键依次选择复制出的第 3 个、第 5 个和第 7 个 B-Spline 图形，分别单击页面控制栏下方常用颜色中的淡黄色，修改颜色后的效果如图 3-148 所示。

19 按住 Ctrl 键选择花图案中的“浅橘红”圆形，然后依次按 Ctrl+C 组合键和 Ctrl+V 组合键，将其复制并粘贴，再调整其大小后放置到伞图形的中心位置，如图 3-149 所示。

20 至此，太阳伞绘制完成，按 Ctrl+S 组合键，将此文件命名为“绘制太阳伞 .cdr”并保存。

图 3-148 修改颜色后的效果　　图 3-149 绘制的太阳伞图形

相关知识点：“B-Spline”工具

利用“B-Spline”工具可以通过节点控制，轻松绘制曲线和贝塞尔曲线。激活此按钮后将鼠标指针移动到绘图窗口中依次单击即可绘制贝塞尔曲线。绘制过程中双击鼠标左键，可完成曲线的绘制；将鼠标指针移动到绘制的起始点位置单击，可绘制出曲线图形。

绘制贝塞尔曲线和图形后，如要修改形状，可激活按钮，此时的属性栏如图3-150所示。

- "添加控制点"按钮：将鼠标指针移动到蓝色的控制线上单击，该按钮显示可用，单击此按钮，可在鼠标单击处添加一个浮动控制点。
- "删除控制点"按钮：选择要删除的控制点，单击此按钮，可将选择的节点删除。
- "夹住控制点"按钮：单击此按钮，可将当前选择的浮动控制点转换为夹住控制点。
- "浮动控制点"按钮：单击此按钮，可将当前选择的夹住控制点转换为浮动控制点。

夹住控制点的作用与线形中锚点的作用相同，调整夹住控制点的位置，线形也将随之调整。而调整浮动控制点时，虽然线形也随之调整，但线形与控制点不接触。夹住控制点与浮动控制点的示意图如图3-151所示。

图3-150　属性栏

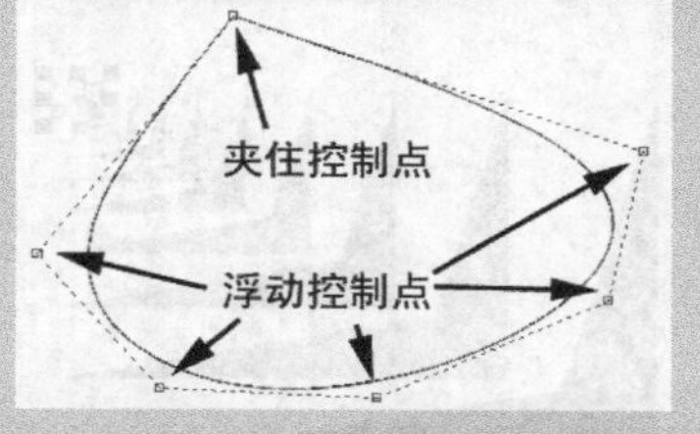

图3-151　夹住控制点与浮动控制点示意图

实例总结

学习本实例，读者可以掌握利用"B-Spline"工具绘制图形的方法。

实例 032　折线工具——绘制几何图案

学习目的

学习本实例，读者可以学习利用"折线"工具绘制图形的方法。

实例分析

- **作品路径 |** 作品\第03章\几何图形.cdr
- **视频路径 |** 视频\实例32.avi
- **知识功能 |** "折线"工具的使用方法和"变换"命令的灵活运用
- **制作时间 |** 5分钟

操作步骤

01 新建一个横向的图形文件。

02 选取工具箱中的"折线"工具，将鼠标指针移动到页面中依次单击，绘制出图3-152所示的图形。

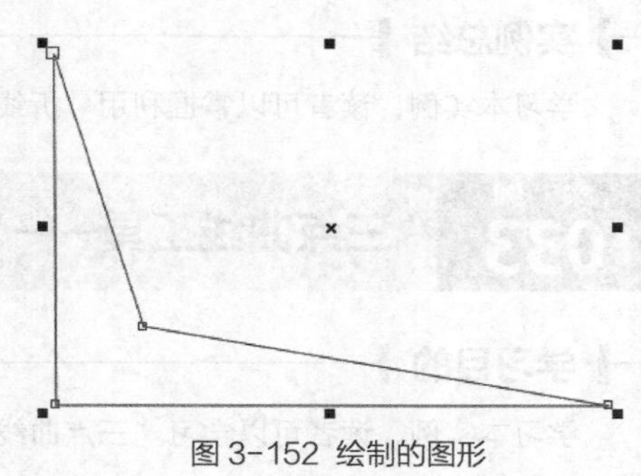
图3-152　绘制的图形

03 将鼠标指针移动到“调色板”中的“绿”色块（C:100,M:0,Y:100,K:0）上单击，为图形填充绿色，然后移动鼠标至“调色板”上方的☒按钮处单击，去除图形的外轮廓。

04 执行菜单栏中的“排列 / 变换 / 缩放和镜像”命令，弹出“变换”选项对话框，设置选项参数如图 3-153 所示。

05 单击 应用 按钮，图形依次复制出的效果如图 3-154 所示。

06 利用工具框选全部图形，然后将其在水平方向上向右镜像复制，并修改复制出的图形的颜色为橘红色（C:0,M:60,Y:100,K:0），如图 3-155 所示。

图 3-153 设置的选项参数

图 3-154 缩小复制出的图形

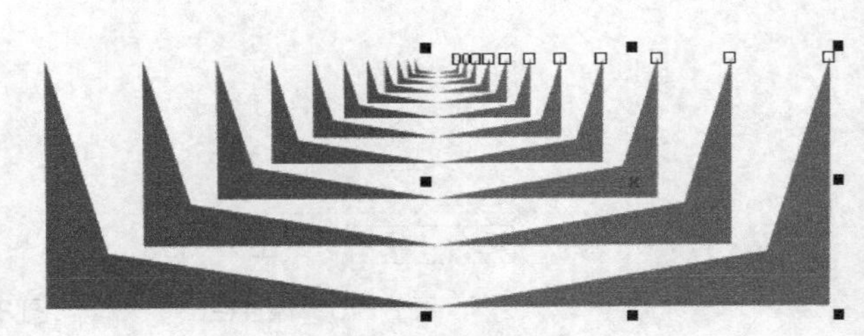

图 3-155 镜像复制出的图形

07 将选择的图形在垂直方向上再向上镜像复制，然后将复制出的图形的颜色修改为蓝色（C:100,M:0,Y:0,K:0）；再将图形在水平方向上向左镜像复制，并将复制出的图形的颜色修改为紫色（C:20,M:80,Y:0,K:20），最终效果如图 3-156 所示。

08 按 Ctrl+S 组合键，将此文件命名为“几何图形 .cdr”并保存。

图 3-156 绘制出的几何图形

相关知识点：“折线”工具

选择“折线”工具，在绘图窗口中依次单击可创建连续的线段；在绘图窗口中拖曳鼠标指针，可以沿鼠标指针移动的轨迹绘制曲线。要结束操作，可在终点处双击。若将鼠标指针移动到创建的第一点位置，当鼠标指针显示为“”形状时单击，则可闭合绘制的线形，生成不规则的图形。

实例总结

学习本实例，读者可以掌握利用“折线”工具绘制图形的方法及快速复制图形的方法。

实例 033 三点曲线工具——绘制帽子

学习目的

学习本实例，读者可以学习“三点曲线”工具的使用方法。

实例分析

- **作品路径** | 作品\第03章\绘制帽子.cdr
- **视频路径** | 视频\实例33.avi
- **知识功能** | “三点曲线”工具的使用方法和“智能填充”工具的灵活运用
- **制作时间** | 15分钟

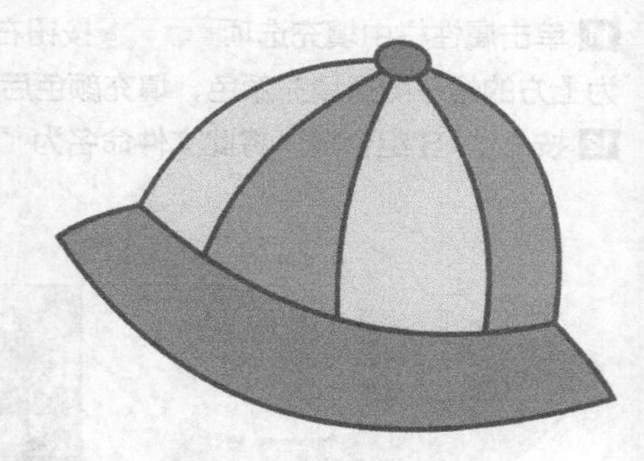

操作步骤

01 新建一个图形文件。

02 选取工具箱中的“三点曲线”工具，将鼠标指针移动到页面中拖曳，状态如图 3-157 所示。

03 释放鼠标后，向左上方移动鼠标，使线形出现弧度效果，如图 3-158 所示。

04 至合适位置后，释放鼠标，即可完成曲线的绘制。

05 用与上面相同的方法，依次绘制出图 3-159 所示的曲线。

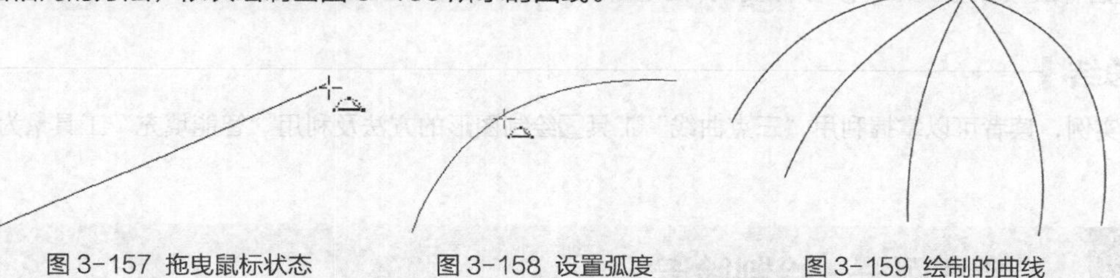

图 3-157 拖曳鼠标状态　　图 3-158 设置弧度　　图 3-159 绘制的曲线

06 继续绘制曲线，使曲线的两个端点与已绘曲线两边的线形对齐，且弧度捕捉中间线形的端点，如图 3-160 所示。

07 继续绘制曲线，绘制出帽子的大体形态，如图 3-161 所示。

08 选取工具箱中的“形状”工具，依次选择超出线形的曲线对其进行调整，使其与下方的线形相交即可，然后选取工具箱中的“三点椭圆形”工具，在帽子上方绘制出图 3-162 所示的椭圆形。

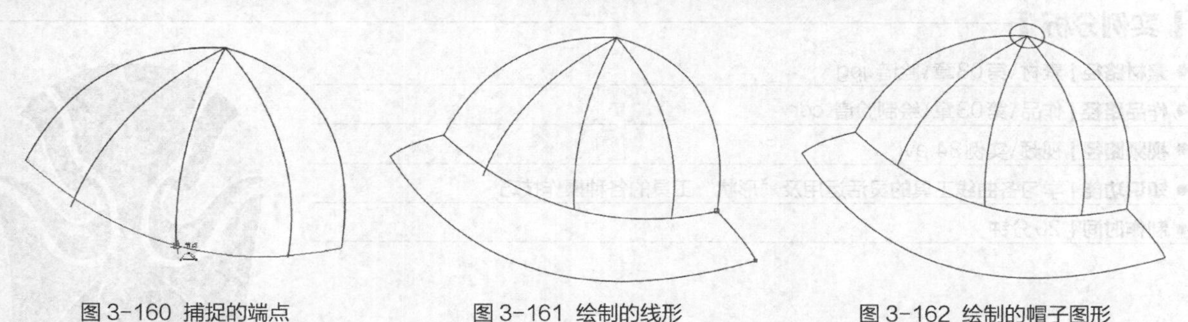

图 3-160 捕捉的端点　　图 3-161 绘制的线形　　图 3-162 绘制的帽子图形

> **提示**
>
> 在调整各线形的形态时，一定要注意上方绘制的线形要与步骤 06 绘制的线形有相交，这关系到下面为其填充颜色时是否正确。另外，“三点椭圆形”工具的使用方法与“三点曲线”工具的使用方法相同。

09 选取工具箱中的“智能填充”工具，然后设置属性栏中的选项及颜色，如图 3-163 所示。

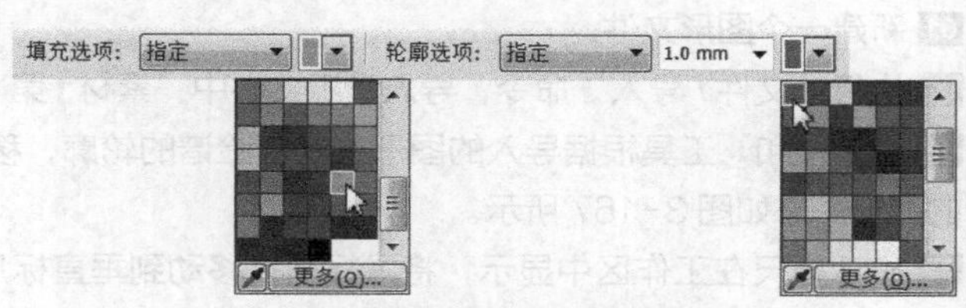

图 3-163 设置的选项及选择的颜色

10 将鼠标指针移动到作为“帽檐”的区域单击鼠标，即可为其填充设置的颜色，如图 3-164 所示。

11 单击属性栏中填充选项 指定 按钮右侧的色块，在弹出的颜色列表中依次选择如图 3-165 所示的颜色，分别为上方的帽子图形填充颜色，填充颜色后的效果如图 3-166 所示。

12 按 Ctrl+S 组合键，将此文件命名为“绘制帽子 .cdr”并保存。

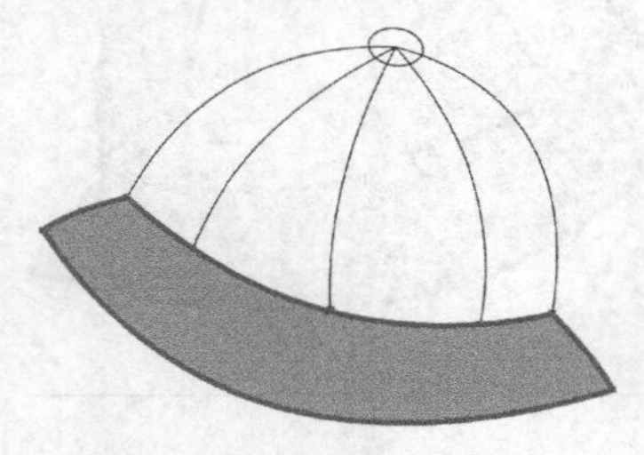

图 3-164 填充颜色后的效果

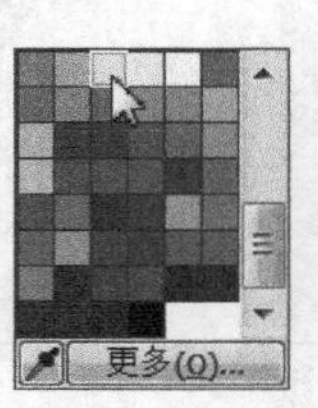

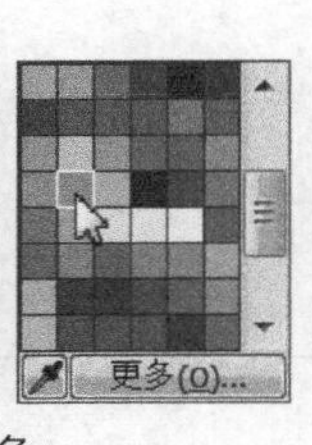

图 3-165 选择的颜色

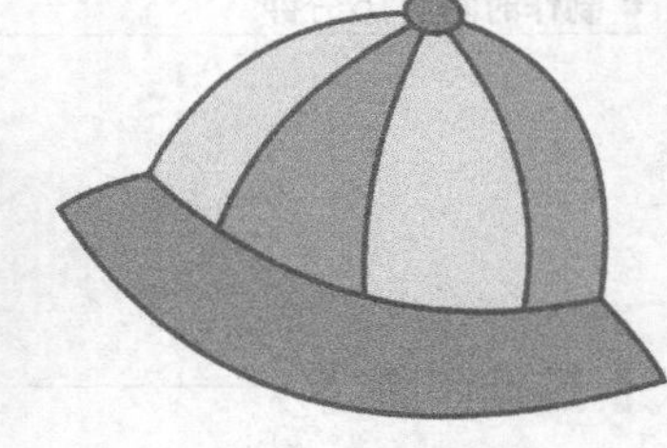

图 3-166 绘制的帽子图形

相关知识点：“三点曲线”工具

选择“三点曲线”工具，在绘图窗口中按下鼠标左键不放，然后向任意方向拖曳，确定曲线的两个端点，至合适位置后释放鼠标左键，再移动鼠标指针确定曲线的弧度，至合适位置后再次单击即可完成曲线的绘制。

实例总结

学习本实例，读者可以掌握利用“三点曲线”工具绘制图形的方法及利用“智能填充”工具为图形填充颜色的方法。

实例 034 综合案例——绘制脸谱

学习目的

学习本实例，读者可以学习各曲线工具的灵活运用及“形状”工具调整各种线形的操作方法。

实例分析

- **素材路径** | 素材\第 03 章\脸谱 .jpg
- **作品路径** | 作品\第 03 章\绘制脸谱 .cdr
- **视频路径** | 视频\实例 34.avi
- **知识功能** | 学习各曲线工具的灵活运用及“形状”工具的各种操作技巧
- **制作时间** | 20 分钟

操作步骤

01 新建一个图形文件。

02 执行“文件 / 导入”命令，导入资源文件中“素材 \ 第 03 章”目录下名为“脸谱 .jpg”的文件。

03 利用和工具根据导入的图形绘制出脸谱的轮廓，移动绘制的图形位置，使其与下方导入的图形分离，绘制的图形形态如图 3-167 所示。

04 确认标尺在工作区中显示，将鼠标指针移动到垂直标尺内按下并向页面中拖曳，至图形的中心位置释放鼠标，添加图 3-168 所示的辅助线。

提示

如标尺没在工作区中显示，则可执行“视图 / 标尺”命令，将其显示。

05 为绘制的图形填充红色并去除外轮廓，然后继续利用和工具根据脸谱图形绘制眼部轮廓，然后将图形移动到图 3-169 所示的位置。

06 为图形填充白色，并去除外轮廓，然后依次绘制图形并移动位置，绘制的图形如图 3-170 所示。

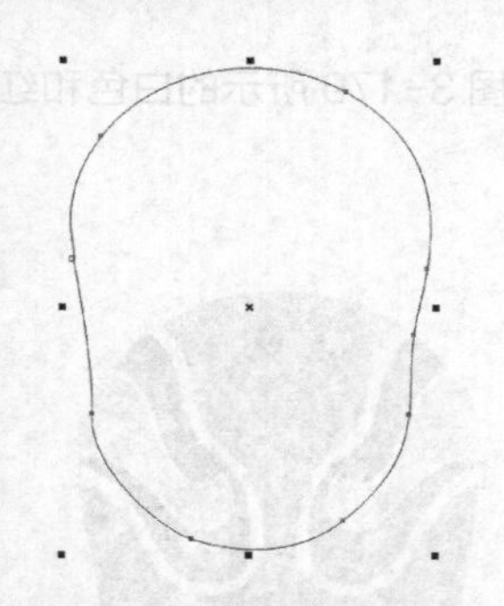

图 3-167 绘制的图形形态

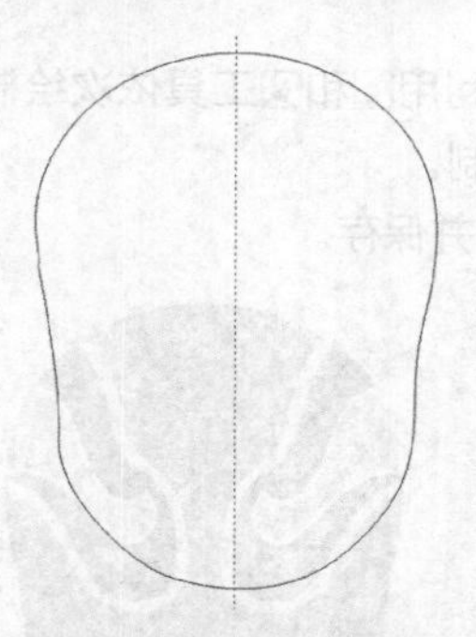

图 3-168 添加的辅助线

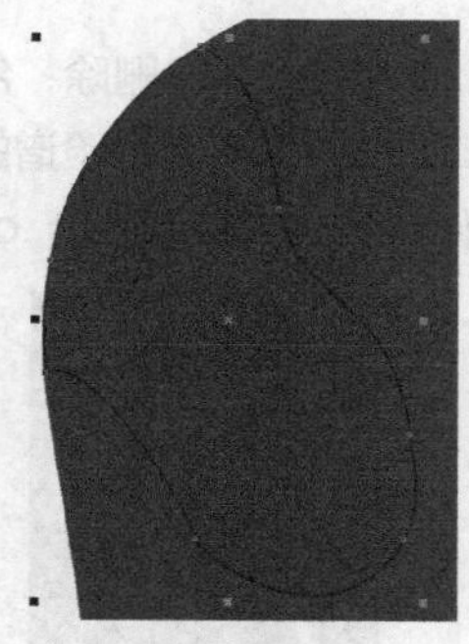

图 3-169 绘制的眼部轮廓

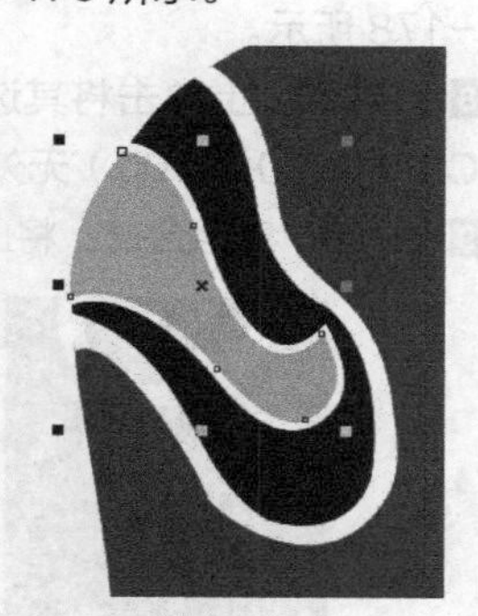

图 3-170 绘制的图形

下面来绘制眼睛图形。

07 利用和工具绘制出图 3-171 所示的图形，为了能看出图形效果，可以将图形轮廓颜色修改为白色。

08 选取工具箱中的“填充”工具，在弹出的按钮列表中选择“渐变填充”工具，在弹出的“渐变填充”对话框中，将“从”颜色设置为“粉蓝色”；“到”颜色设置为“淡黄色”，其他选项参数如图 3-172 所示。

09 单击 确定 按钮，为图形填充渐变颜色，然后将外轮廓去除。

10 利用工具，按住 Ctrl 键拖曳，在渐变图形中心位置绘制圆形图形。

11 再次选择“渐变填充”工具，在弹出的“渐变填充”对话框中，将“从”颜色设置为“黑色”，“到”颜色设置为“红褐色”，其他选项参数如图 3-173 所示。

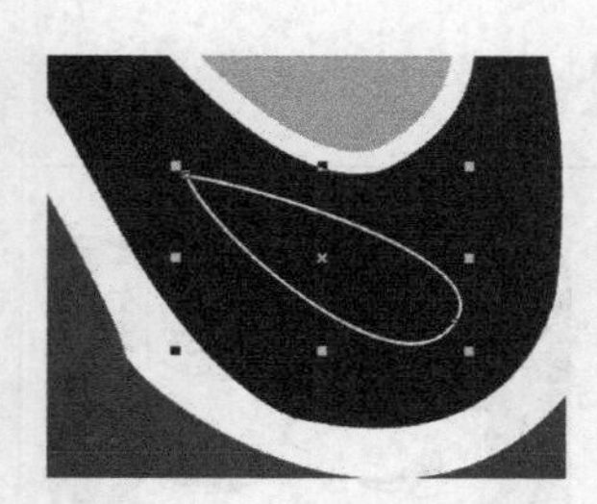

图 3-171 绘制的图形

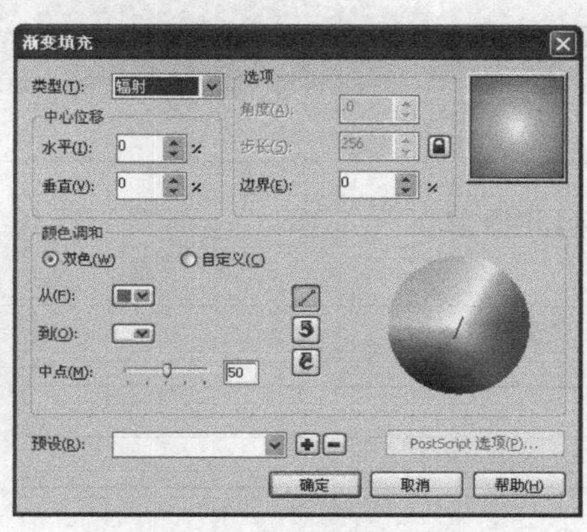

图 3-172 设置的渐变颜色

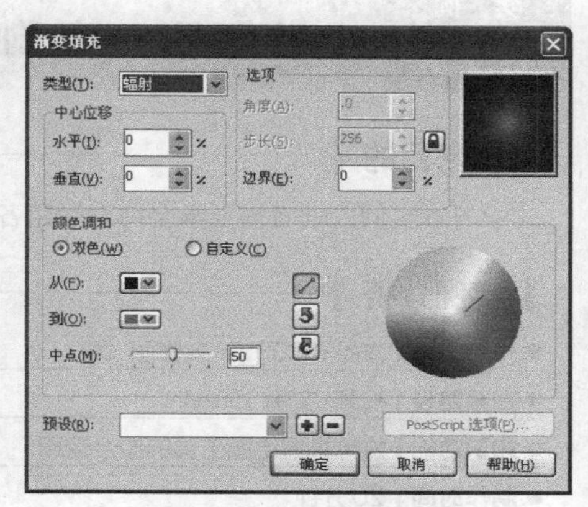

图 3-173 设置的渐变颜色

12 单击 确定 按钮，为图形填充渐变颜色，然后去除外轮廓，效果如图 3-174 所示。

13 继续利用工具，在圆形的渐变图形中依次绘制黑色和白色的圆形图形，如图 3-175 所示。

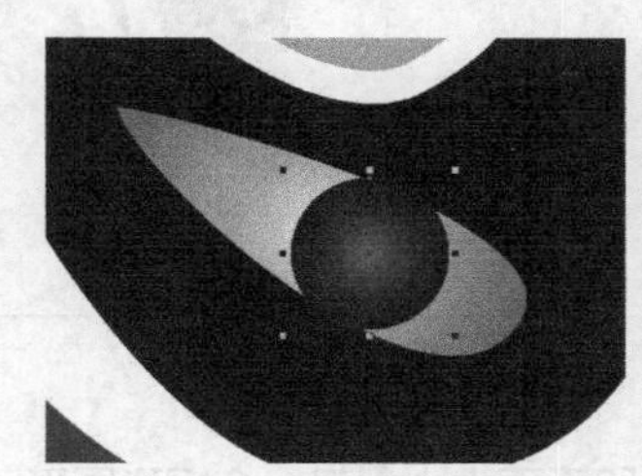

图 3-174 填充渐变色后的效果

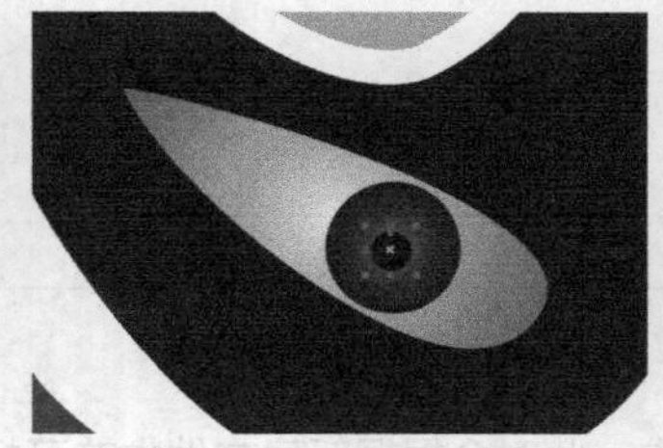

图 3-175 绘制的圆形图形

最后我们来绘制嘴部图形。

14 利用和工具绘制出图 3-176 所示的黑色无外轮廓的图形，注意右侧贴齐辅助线。

15 按键盘数字区中的 + 键，可以将选择的图形再复制出一个，然后将复制出的图形的颜色修改为白色。

16 将白色图形向左移动位置，再执行“排列 / 顺序 / 向后一层”命令，将其调整至黑色图形的下方，如图 3-177 所示。

17 利用工具，框选红色图形上方的所有图形，然后用镜像复制操作将其在水平方向上向右镜像复制，如图 3-178 所示。

18 在辅助线上单击将其选择，按 Delete 键删除，然后利用和工具依次绘制出图 3-179 所示的白色和红色（C:20,M:90,Y:100）无外轮廓图形，即可完成脸谱的绘制。

19 按 Ctrl+S 组合键，将此文件命名为“绘制脸谱 .cdr”并保存。

图 3-176 绘制的图形

图 3-177 调整顺序后的效果

图 3-178 镜像复制出的图形

图 3-179 绘制的脸谱

实例总结

学习本实例，读者可以掌握各绘图工具及“形状”工具的综合运用，以及绘制脸谱的方法，有相同或相似的图形一定尽量使用复制操作，这样可以提高作图效率。

实例 035 综合案例——绘制装饰画

学习目的

学习本实例，读者需要学会综合运用各种绘图工具。

实例分析

- **作品路径** | 作品\第03章\装饰画.cdr
- **视频路径** | 视频\实例35.avi
- **知识功能** | 熟练掌握绘图工具的综合运用
- **制作时间** | 20分钟

操作步骤

01 新建一个图形文件。

02 在工具箱中的“矩形”工具上双击，此时会根据新建文件中的可打印页面大小创建一个矩形图形。

03 选取工具箱中的“填充”工具，在弹出的按钮列表中选择“渐变填充”工具，在再次弹出的“渐变填充”对话框中，将“从”颜色设置为“粉蓝色”，“到”颜色设置为“深蓝色”，其他选项参数如图 3-180 所示，然后单击 确定 按钮。

04 利用和工具，依次绘制出图 3-181 所示的人物图形。

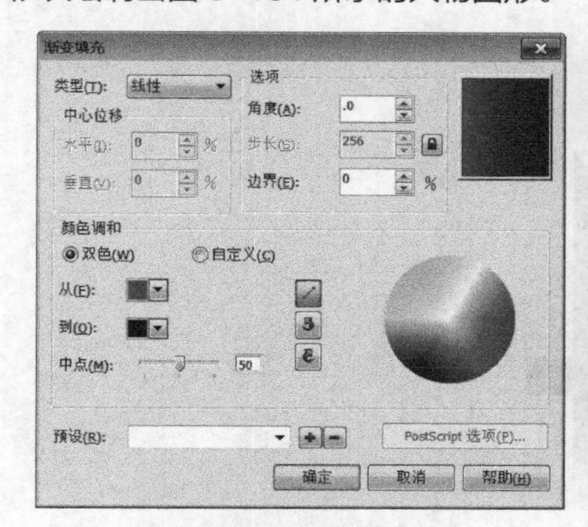

图 3-180　设置的渐变颜色

图 3-181　绘制的人物图形

05 继续利用和工具，依次绘制出图 3-182 所示的头发和手图形，在绘制过程中，要注意“排列 / 顺序”命令的运用。

06 利用工具及缩小复制和移动复制等操作，依次绘制出如图 3-183 所示的圆形装饰图形。至此，装饰画绘制完成。在绘制过程中，读者可参照作品设置各图形的颜色，也可根据自己的喜好进行设置。

07 按 Ctrl+S 组合键，将此文件命名为“装饰画 .cdr”并保存。

图 3-182　绘制的头发和手图形

图 3-183　绘制的圆形装饰图案

实例总结

在绘制以上的脸谱图形及装饰画时，一般要求有一定的美术功底，这样才能顺利完成。如果有些读者没有这方面的特长，可先将已完成的文件打开，根据已有作品来练习工具的应用，将工具的使用方法及功能熟练掌握后，也就可以任意地绘制各种作品了。

第 04 章

几何图形及填充工具

本章实例

- 矩形工具——绘制矩形图形
- 三点矩形工具——绘制三点矩形
- 椭圆工具——绘制花图形
- 三点椭圆工具——绘制图案
- 多边形工具——绘制花图形
- 星形工具——绘制五角星
- 复杂星形工具——绘制向日葵
- 图纸工具——绘制围棋棋盘
- 螺纹工具——绘制彩色螺纹线
- 基本形状工具——绘制各种符号
- 均匀填充和轮廓色工具的使用
- 轮廓工具——绘制蚊香效果
- 设置默认轮廓样式
- 滴管工具应用——水滴填色
- 渐变填充工具——制作渐变按钮
- 图样填充工具——绘制餐桌和椅子
- 底纹填充工具——制作围巾效果
- 底纹填充工具——为卡通人物填色
- PostScript填充工具——为门面贴材质
- 交互式填充工具——绘制信鸽图形
- 交互式网状填充工具——制作背景
- 智能填充工具——绘制标志
- 综合案例——制作标签
- 综合案例——设计信纸

本章来讲解绘制几何图形的工具及各种填充工具。这些工具是实际工作中最基本、最常用的。通过本章的学习，希望读者能够熟练掌握各种基本绘图工具的使用方法和属性设置，并掌握颜色的设置与填充。

实例 036 矩形工具——绘制矩形图形

学习目的

学习本实例，读者可以掌握利用“矩形”工具绘制矩形的操作。

实例分析

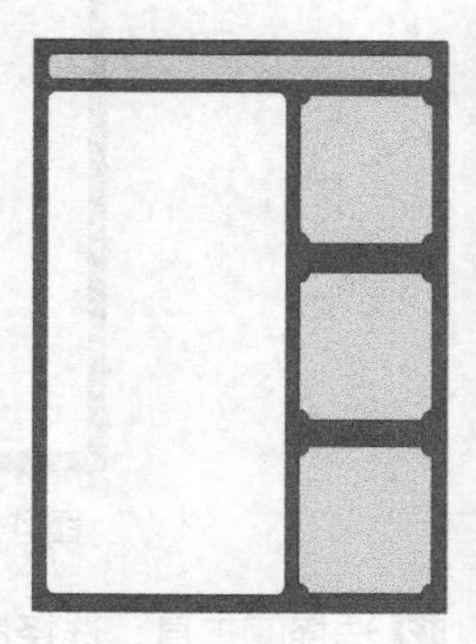

- **作品路径** | 作品\第 04 章\绘制矩形.cdr
- **视频路径** | 视频\实例 36.avi
- **知识功能** | “矩形”工具、“排列 / 锁定对象”命令、“排列 / 对齐和分布 / 在页面水平居中”命令
- **制作时间** | 10 分钟

操作步骤

01 新建文件。

02 在工具箱中的“矩形”工具上双击，此时会根据新建文件中的可打印页面大小创建一个矩形，如图 4-1 所示。

03 在绘图窗口右边的调色板中，选择蓝色块单击，给矩形填充上蓝色（C:100）。

> **提示**
>
> 本书在介绍各图形的颜色参数时，采用 CMYK 模式，在以后给出的参数中，选项参数为 0 的将省略，希望读者注意。

04 执行“排列 / 锁定对象”命令，此时矩形周围的 8 个黑色小方块变成锁形标志，如图 4-2 所示。这样矩形图形位置被锁定，变成了不可被选择，不可被编辑的状态。

05 利用工具在蓝色矩形的顶端绘制一个黄色（Y:100）矩形，如图 4-3 所示。

06 执行“排列 / 对齐和分布 / 在页面水平居中”命令，这样被选择的黄色矩形图形就会按照可打印页面进行水平居中对齐，对齐页面后的黄色图形如图 4-4 所示。

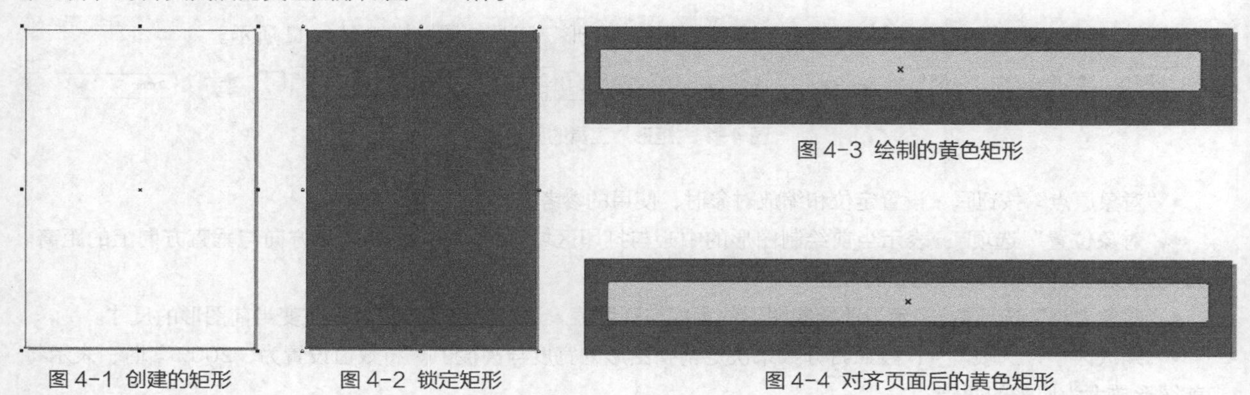

图 4-1　创建的矩形　　图 4-2　锁定矩形　　图 4-3　绘制的黄色矩形　　图 4-4　对齐页面后的黄色矩形

07 在属性栏中激活“倒棱角”按钮，然后在中设置参数，按回车键，此时的图形形状如图 4-5 所示。

图 4-5　倒棱角图形

08 利用工具绘制一个白色矩形，如图4-6所示。

09 在属性栏中激活“圆角”按钮，然后在中设置参数，按回车键，此时的图形形状如图4-7所示。

10 利用工具在右边绘制一个灰色（K:10）矩形。

11 在属性栏中激活“扇形角”按钮，然后在中设置参数，按回车键，此时的图形形状如图4-8所示。

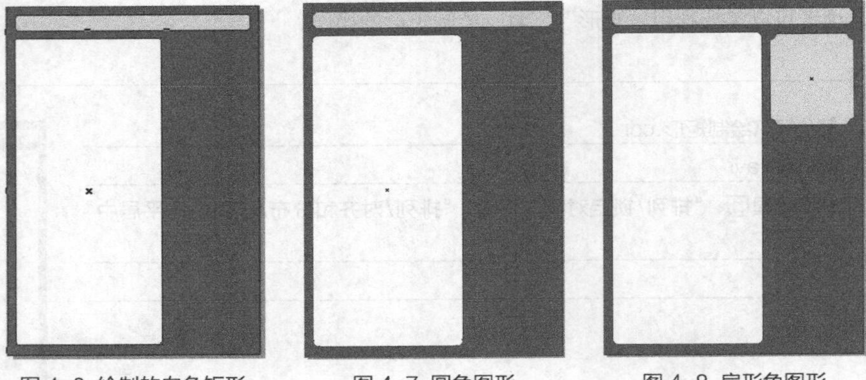

图4-6 绘制的白色矩形　　图4-7 圆角图形　　图4-8 扇形角图形

12 选择工具，选择扇形角图形，按住Shift键向下拖动，到适当位置后单击鼠标右键，这样就可以垂直向下移动复制出一个图形，如图4-9所示。

13 按Ctrl+R组合键，重复移动复制出图4-10所示的图形。

14 按Ctrl+S组合键，将文件命名为“绘制矩形.cdr”并保存。

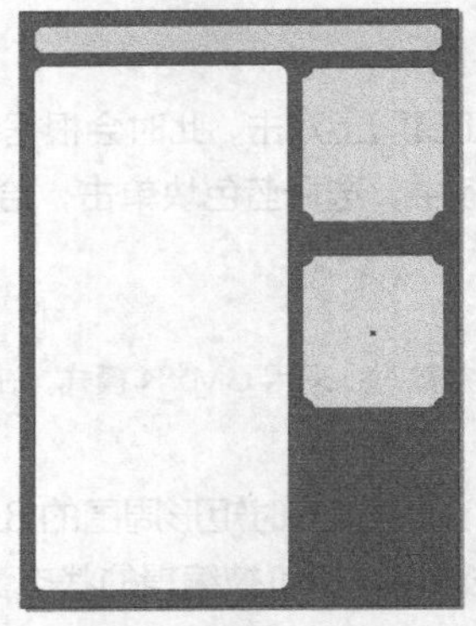

图4-9 移动复制出的图形

图4-10 移动复制出的图形

相关知识点：“矩形”工具属性栏

选择工具，在绘图窗口中随意绘制一个矩形图形，“矩形”工具的属性栏如图4-11所示。

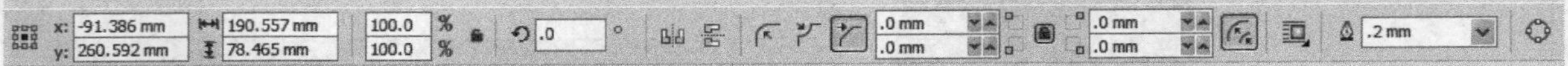

图4-11“矩形”工具的属性栏

- “对象原点”按钮：设置定位和缩放对象时，使用的参考点。
- “对象位置”选项：表示当前绘制图形的中心与打印区域坐标（0,0）在水平方向与垂直方向上的距离。调整此选项的数值，可改变矩形的位置。
- “对象大小”选项：表示当前绘制图形的宽度与高度值。通过调整其数值可以改变当前图形的尺寸。
- “缩放因子”选项：按照百分数来决定调整图形的宽度与高度值。将数值设置为“200%”时，表示将当前图形放大为原来的两倍。
- “锁定比率”按钮：激活此按钮，调整“缩放因子”选项中的任意一个数值，另一个数值将不会随之改变。相反，当不激活此按钮时，调整任意一个数值，另一个数值将随之改变。
- “旋转角度”选项：输入数值并按Enter键确认后，可以调整当前图形的旋转角度。
- “水平镜像”按钮和“垂直镜像”按钮：单击相应的按钮，可以使当前选择的图形进行水平或垂直镜像。图4-12所示为原图与水平、垂直镜像后的图形效果。

图 4-12　原图与水平、垂直镜像后的图形效果

- "圆角"按钮、"扇形角"按钮和"倒棱角"按钮：决定在设置"圆角半径"选项的参数后，矩形图形边角的变化样式，分别激活这3个按钮生成的图形形态如图4-13所示。

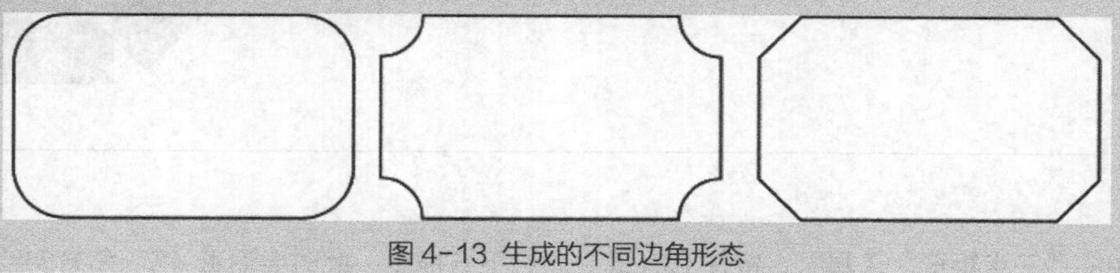

图 4-13　生成的不同边角形态

提示

当有一个圆角矩形处于选择状态时，单击按钮可使其边角变为扇形角；单击按钮可使边角变为倒棱角，即这 3 种边角样式可以随时转换使用。

- "圆角半径"选项：控制图形的边角圆滑程度。当激活中间的"同时编辑所有角"按钮时，改变其中一个数值，其他3个数值将会一起改变，此时绘制矩形的圆角程度相同。反之，则可以设置不同的圆角度。
- "相对的角缩放"按钮：在此按钮处于激活状态时设置图形的圆角半径，当该图形缩放时，其圆角半径也跟着缩放，否则圆角半径的数值在缩放时不发生变化。
- "文本换行"按钮：当图形位于段落文本的上方时，为了使段落文本不被图形覆盖，可以使用此按钮包含的功能将段落文本与图形进行绕排。
- "轮廓宽度"选项：在该下拉列表中选择图形需要的轮廓线宽度，也可直接在文本框中输入需要的线宽数值。图4-14所示为设置不同粗细的线宽时图形的对比效果。

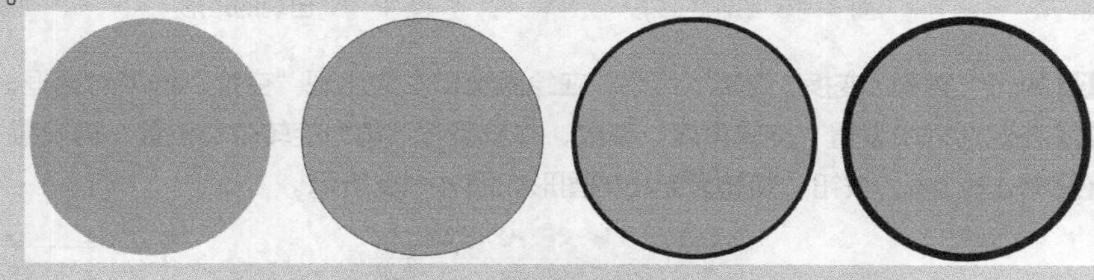

图 4-14　设置无轮廓与不同粗细线宽时的图形轮廓对比

- "转换为曲线"按钮：单击此按钮，可以将不具有曲线性质的图形转换成具有曲线性质的图形，以便于对其形态进行调整。

实例总结

学习本实例，读者可以掌握利用工具绘制矩形的操作方法，重点掌握矩形各种角形状的设置方法。

实例 037　三点矩形工具——绘制三点矩形

学习目的

学习本实例，读者可以掌握利用"三点矩形"工具绘制三点矩形的操作方法。

实例分析

- **作品路径** | 作品\第04章\三点矩形.cdr
- **视频路径** | 视频\实例37.avi
- **知识功能** | “三点矩形”工具、“排列/变换/旋转”命令、“排列/合并”命令
- **制作时间** | 10分钟

操作步骤

01 新建文件。

02 选取工具箱中的“三点矩形”工具，按住 Ctrl 键并向右下方拖曳，此时会沿着 45° 角方向绘制出一条线段，如图 4-15 所示。

03 释放鼠标左键并向右上方移动鼠标指针，出现图 4-16 所示的矩形。

04 单击鼠标左键，同时释放 Ctrl 键，绘制出的三点矩形如图 4-17 所示。

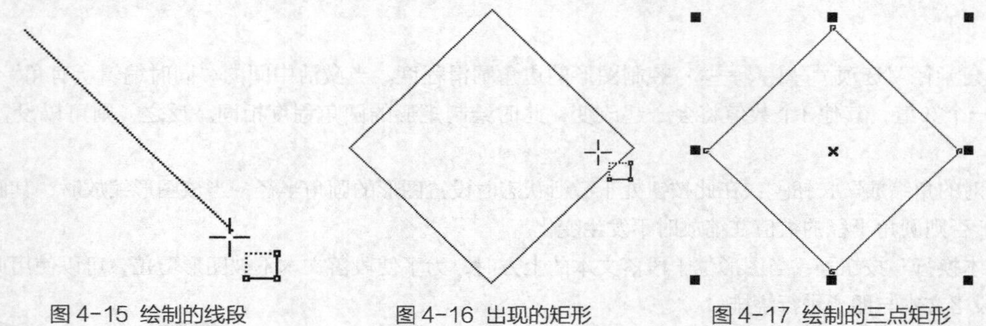

图 4-15 绘制的线段　　图 4-16 出现的矩形　　图 4-17 绘制的三点矩形

05 执行“排列 / 变换 / 旋转”命令，在绘图窗口右边出现“变换”选项对话框。

06 在对话框中设置“旋转角度”参数，并设置右下角为旋转中心位置，再设置“副本”参数，如图 4-18 所示。

07 单击 应用 按钮，旋转复制出的图形如图 4-19 所示。

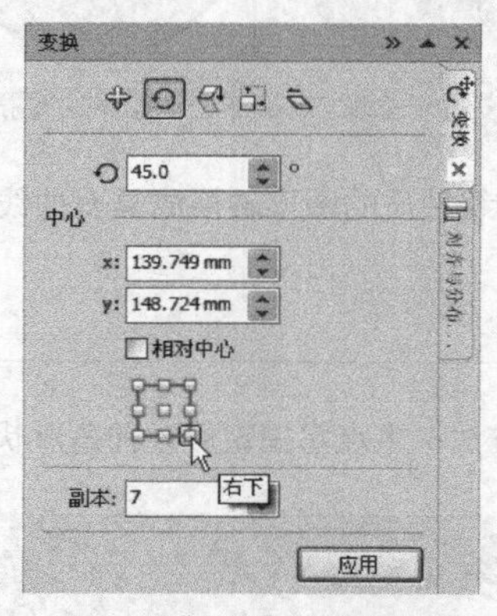

图 4-18“变换”选项对话框

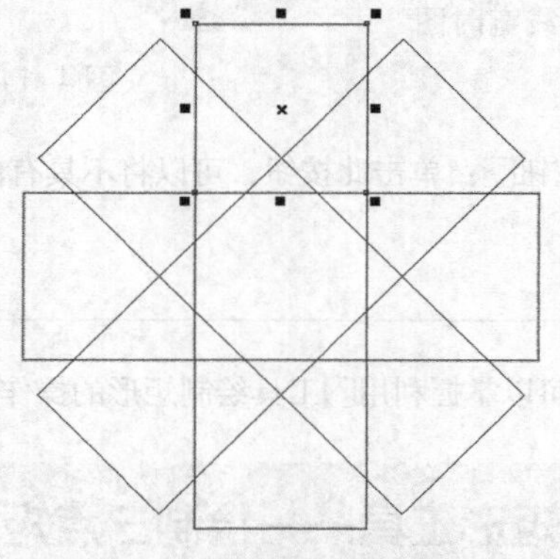

图 4-19 旋转复制出的图形

08 给图形填充上蓝色，如图 4-20 所示。

09 按 Ctrl+A 组合键，选择全部图形。

10 执行“排列 / 合并”命令，合并所有图形，效果如图 4-21 所示。

11 按 Ctrl+S 组合键，将文件命名为“三点矩形 .cdr”并保存。

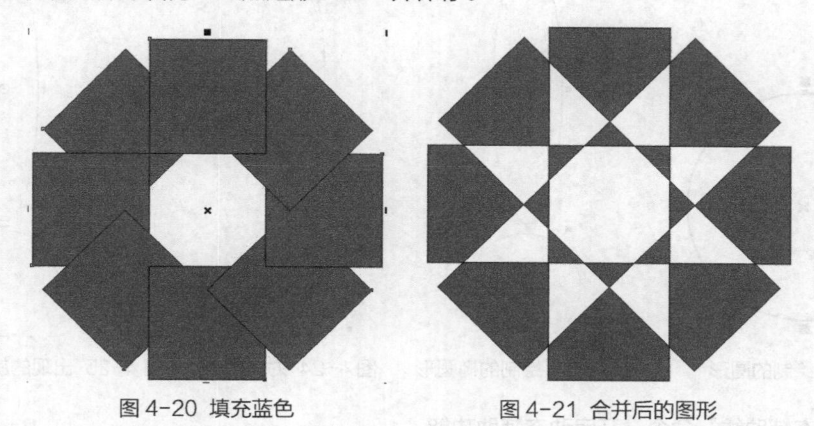

图 4-20　填充蓝色　　　　图 4-21　合并后的图形

实例总结

学习本实例，读者可以掌握利用工具绘制三点矩形的操作方法，重点掌握按住Ctrl键绘制三点矩形的操作方法。

实例 038　椭圆工具——绘制花图形

学习目的

学习本实例，读者可以掌握“椭圆形”工具的使用方法。

实例分析

- **作品路径** | 作品\第 04 章\椭圆工具.cdr
- **视频路径** | 视频\实例38.avi
- **知识功能** | “椭圆形”工具、“对齐与分布”按钮、“填充”工具、“渐变填充”工具、“视图/动态辅助线”命令、“排列/变换/旋转”命令
- **制作时间** | 15分钟

操作步骤

01 新建文件。

02 选取工具箱中的“椭圆形”工具，按住 Ctrl 键绘制图 4-22 所示的圆形。

03 在圆形上方再绘制图 4-23 所示的椭圆形。

04 按 Ctrl+A 组合键，选择两个图形。

05 选取工具，单击属性栏中的“对齐与分布”按钮，在绘图窗口右边打开“对齐与分布”选项对话框，单击“水平居中对齐”按钮，把两个图形按照水平居中对齐，如图 4-24 所示。

06 利用工具选择椭圆图形，然后在椭圆图形上再次单击，出现图 4-25 所示的旋转变形控制符号。

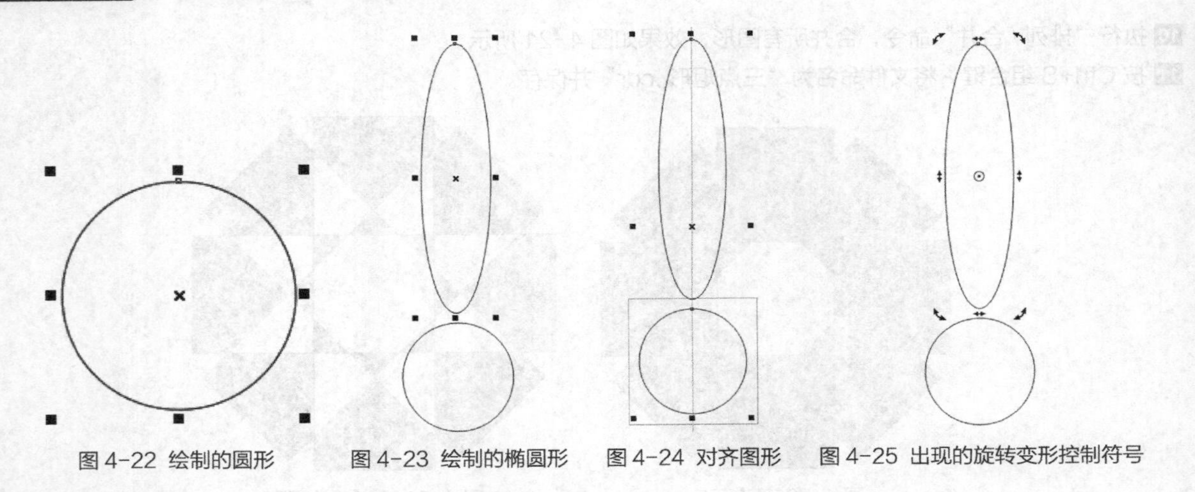

图 4-22 绘制的圆形　图 4-23 绘制的椭圆形　图 4-24 对齐图形　图 4-25 出现的旋转变形控制符号

07 执行“视图 / 动态辅助线”命令，开启动态辅助功能。

08 拖动图形旋转变形控制中的旋转中心点到圆形的中心位置，会出现图 4-26 所示的“中心”提示文字。

09 执行“排列 / 变换 / 旋转”命令，打开“变换”选项对话框，设置选项和参数如图 4-27 所示。

10 单击 应用 按钮，旋转复制出的图形如图 4-28 所示。

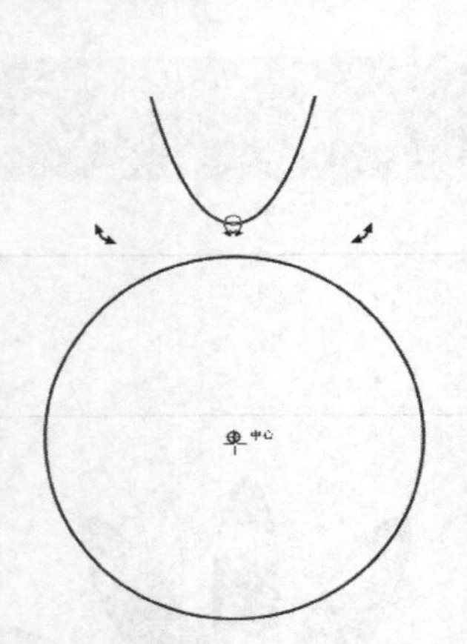

图 4-26“中心”提示文字

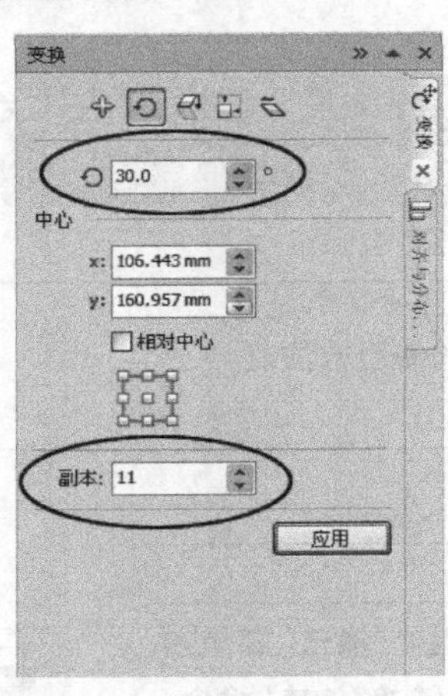

图 4-27“变换”选项对话框

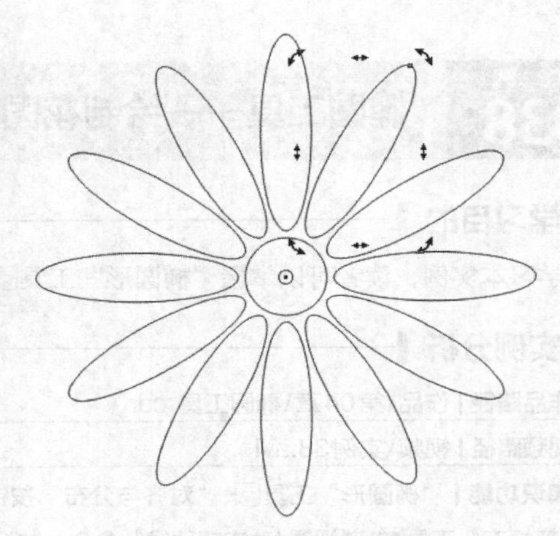

图 4-28 旋转复制出的图形

11 按 Ctrl+A 组合键，选择所有图形。

12 单击工具箱中的“填充”工具，在弹出的按钮列表中选择“渐变填充”工具，弹出“渐变填充”对话框，选项和参数设置如图 4-29 所示。

13 单击 确定 按钮，填充颜色后的图形效果如图 4-30 所示。

14 按 Ctrl+S 组合键，将文件命名为“椭圆工具 .cdr”并保存。

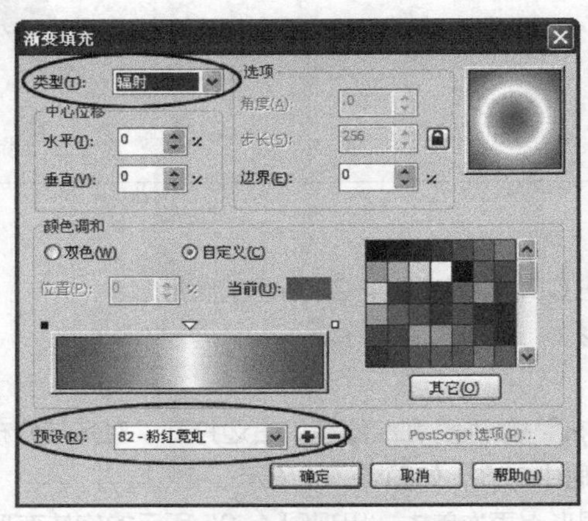

图 4-29“渐变填充”对话框

图 4-30 填充颜色

相关知识点：“椭圆形”工具属性栏

利用“椭圆形”工具◎可以绘制圆形、椭圆形、饼形或弧线等。选择◎工具（或按F7键），然后在绘图窗口中拖曳鼠标，即可绘制椭圆形；如按住Shift键拖曳，可以绘制以鼠标按下点为中心向两边等比例扩展的椭圆形；如按住Ctrl键拖曳，可以绘制圆形；如按住Shift+Ctrl组合键拖曳，可以绘制以鼠标按下点为中心，向四周等比例扩展的圆形。

利用“三点椭圆形”工具◎可以直接绘制倾斜的椭圆形。选择◎工具后，在绘图窗口中按住鼠标左键不放，然后向任意方向拖曳，确定椭圆一轴的长度，确定后释放鼠标左键，再移动鼠标确定椭圆另一轴的长度，确定后单击即可完成倾斜椭圆形的绘制。

利用◎工具，在绘图窗口中随意绘制一个椭圆形，属性栏如图4-31所示。

图 4-31“椭圆形”工具的属性栏

- “椭圆形”按钮◎：激活此按钮，可以绘制椭圆形。
- “饼形”按钮◎：激活此按钮，可以绘制饼形图形。
- “弧形”按钮◎：激活此按钮，可以绘制弧形图形。

在属性栏中依次激活◎按钮、◎按钮和◎按钮，绘制的图形效果如图4-32所示。

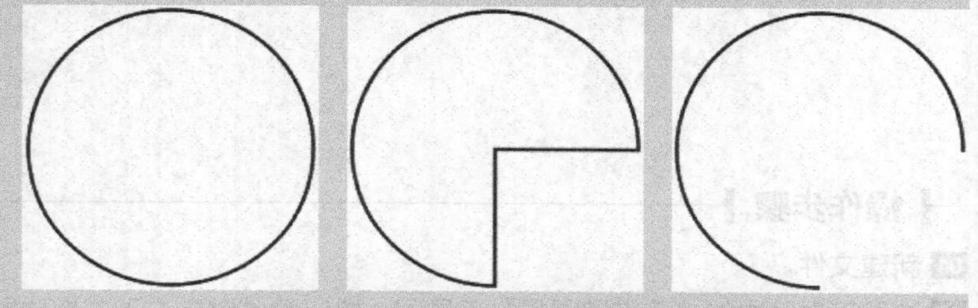

图 4-32　激活不同按钮时绘制的图形

提示

当有一个椭圆形处于选择状态时，单击◎按钮可使椭圆形变为饼形图形，单击◎按钮可使椭圆形变成为弧形图形，即这 3 种图形可以随时转换使用。

- “起始和结束角度”选项：用于调节饼形与弧形图形的起始角至结束角的角度大小。图4-33所示为调整不同数值时的图形对比效果。
- “更改方向”按钮◎：可以使饼形图形或弧线图形的显示部分与缺口部分进行调换。图4-34所示为使用此按钮前后的图形对比效果。

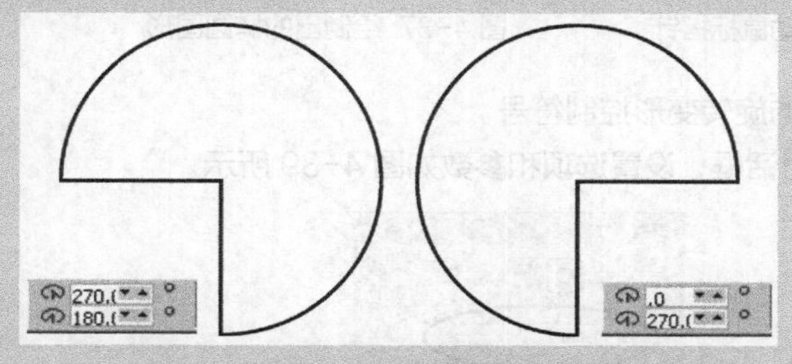

图 4-33　调整不同数值时的图形对比效果

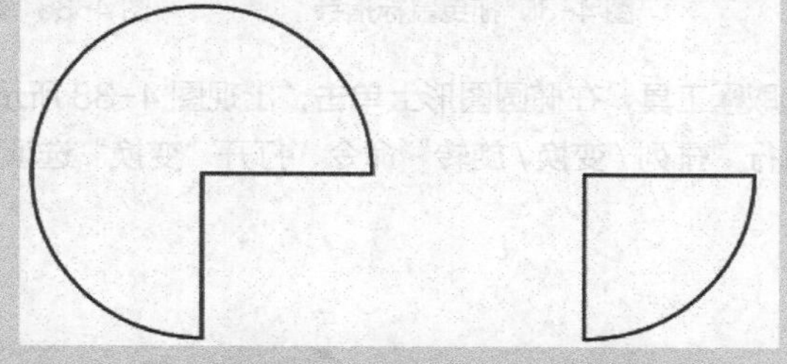

图 4-34　使用◎按钮前后的图形对比效果

- “到图层前面”按钮和“到图层后面”按钮：当在绘图窗口中绘制了很多个图形时，要将其中一个图形调整至所有图形的前面或后面时，可先选择该图形，然后分别单击或按钮。

实例总结

学习本实例，读者可以掌握如何利用“椭圆形”工具◎绘制圆形和椭圆图形，重点掌握旋转复制图形的操作方法。

实例 039 三点椭圆工具——绘制图案

学习目的

学习本实例，读者可以掌握“三点椭圆形”工具的使用方法。

实例分析

- **作品路径** | 作品\第04章\三点椭圆.cdr
- **视频路径** | 视频\实例39.avi
- **知识功能** | “三点椭圆形”工具、“排列/顺序/到图层后面”命令
- **制作时间** | 15分钟

操作步骤

01 新建文件。

02 选取工具箱中的“三点椭圆形”工具，按住 Ctrl 键向右下方拖动鼠标指针，如图 4-35 所示。

03 释放 Ctrl 键，然后向右上方移动鼠标指针，如图 4-36 所示。

04 出现需要大小的椭圆后，单击鼠标左键完成三点椭圆的绘制，如图 4-37 所示。

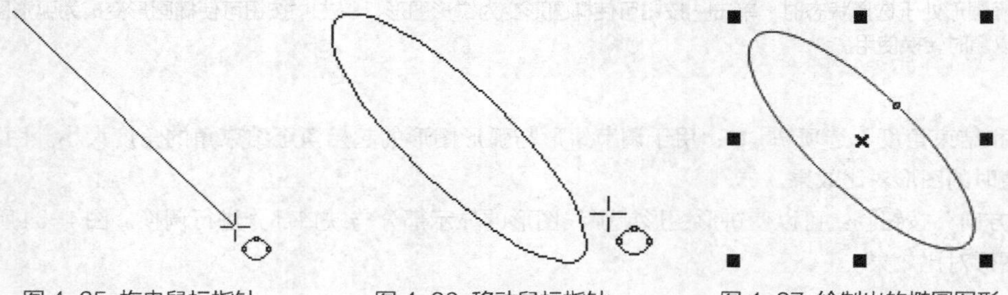

图 4-35 拖曳鼠标指针　　图 4-36 移动鼠标指针　　图 4-37 绘制出的椭圆图形

05 选取工具，在椭圆图形上单击，出现图 4-38 所示的旋转变形控制符号。

06 执行“排列 / 变换 / 旋转”命令，打开“变换”选项对话框，设置选项和参数如图 4-39 所示。

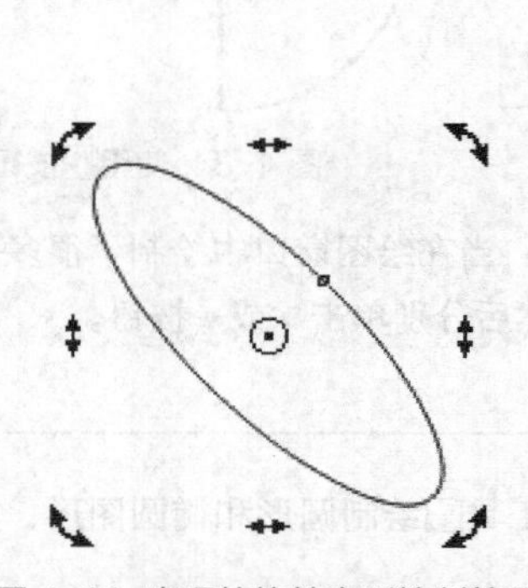

图 4-38 出现的旋转变形控制符号

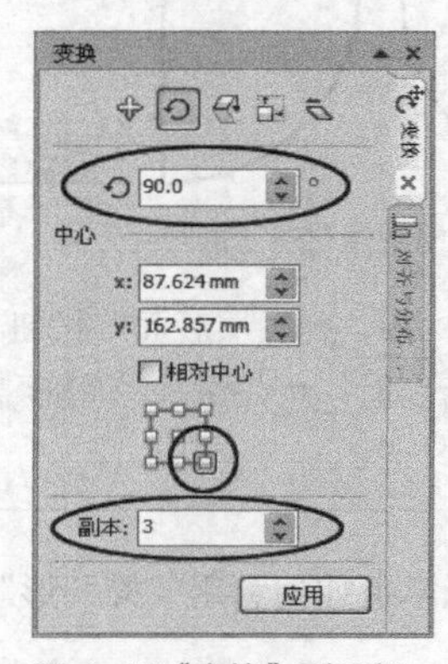

图 4-39“变换”对话框

07 单击[应用]按钮，旋转复制出的图形如图 4-40 所示。

08 按 Ctrl+A 组合键，选择图形，然后按 Ctrl+G 组合键，群组图形。

09 给图形填充上黄色（Y:100），效果如图 4-41 所示。

10 利用工具绘制一个正方形，填充上蓝色（C:100）。

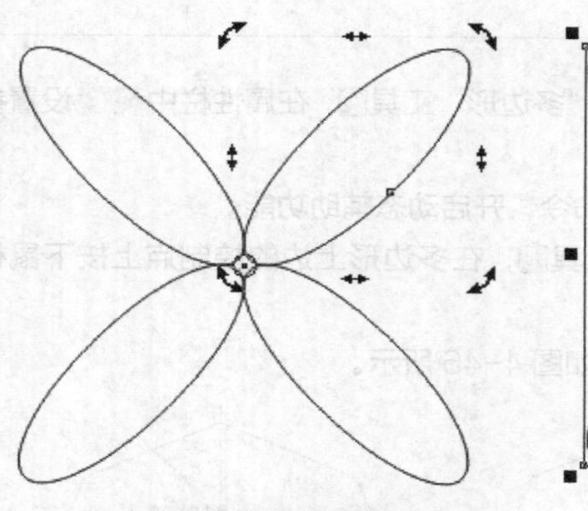

图 4-40　旋转复制出的图形

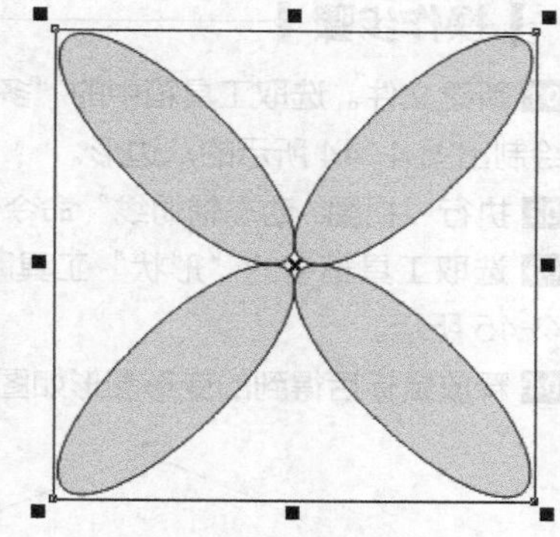

图 4-41　填充黄色

11 执行“排列 / 顺序 / 到图层后面”命令，把蓝色正方形放置到椭圆形的下面，如图 4-42 所示。

12 按 Ctrl+A 组合键，选择图形。

13 单击“选择”工具属性栏中的“对齐与分布”按钮，打开“对齐与分布”选项对话框，单击“水平居中对齐”按钮和“垂直居中对齐”按钮，将图形居中对齐，如图 4-43 所示。

14 按 Ctrl+S 组合键，将文件命名为“三点椭圆 .cdr”并保存。

图 4-42　绘制的蓝色图形

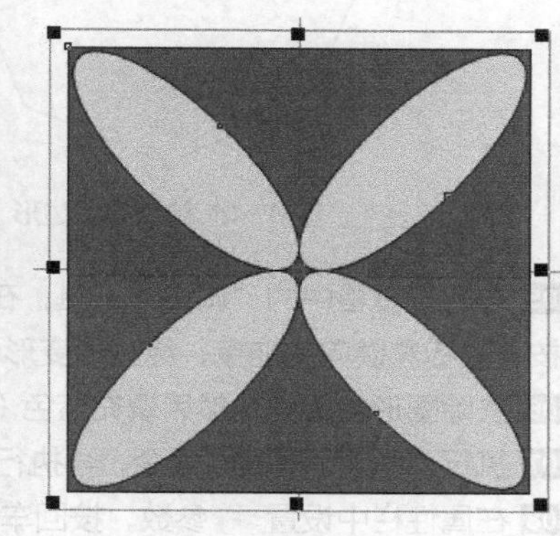

图 4-43　对齐图形

实例总结

学习本实例，读者可以掌握利用“三点椭圆形”工具绘制三点椭圆图形的方法。

实例 040　多边形工具——绘制花图形

学习目的

学习本实例，读者可以掌握“多边形”工具的使用方法。

实例分析

- **作品路径** | 作品\第 04 章\多边形.cdr
- **视频路径** | 视频\实例40.avi
- **知识功能** | “多边形”工具、“形状”工具、“变形”工具、“编辑/复制”命令、“编辑/粘贴”命令
- **制作时间** | 20分钟

操作步骤

01 新建文件。选取工具箱中的“多边形”工具，在属性栏中设置参数，按住 Ctrl 键向右下方拖动鼠标指针，绘制出图 4-44 所示的八边形。

02 执行“视图 / 动态辅助线”命令，开启动态辅助功能。

03 选取工具箱中的“形状”工具，在多边形上边的控制点上按下鼠标向图形内垂直拖曳，给图形变形，如图 4-45 所示。

04 释放鼠标后得到的变形图形如图 4-46 所示。

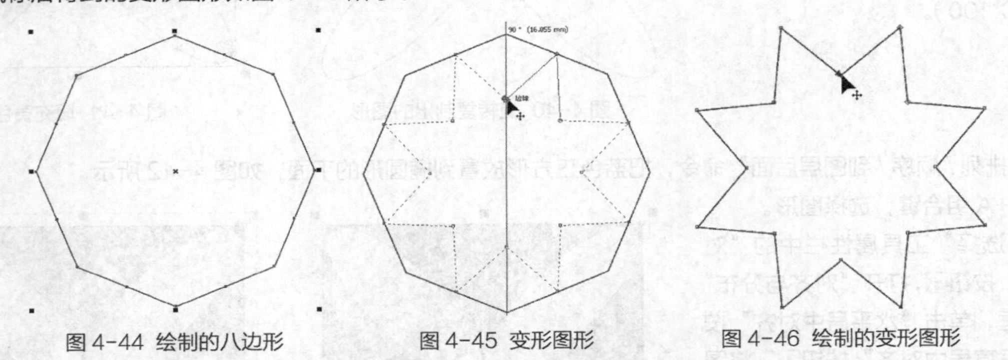

图 4-44 绘制的八边形　图 4-45 变形图形　图 4-46 绘制的变形图形

05 选取工具箱中的“调和”工具，在弹出的按钮列表中选择“变形工具”，将鼠标指针定位在图形的中心位置，按下鼠标左键向左拖曳，给图形变形，如图 4-47 所示。

06 去除图形轮廓线，然后填充蓝色（C:40），如图 4-48 所示。

07 执行“编辑 / 复制”命令，再执行“编辑 / 粘贴”命令，在原位置复制出一个图形。

08 在属性栏中设置参数，按回车键确定以缩小图形，然后给图形填充上蓝色（C:100），如图 4-49 所示。

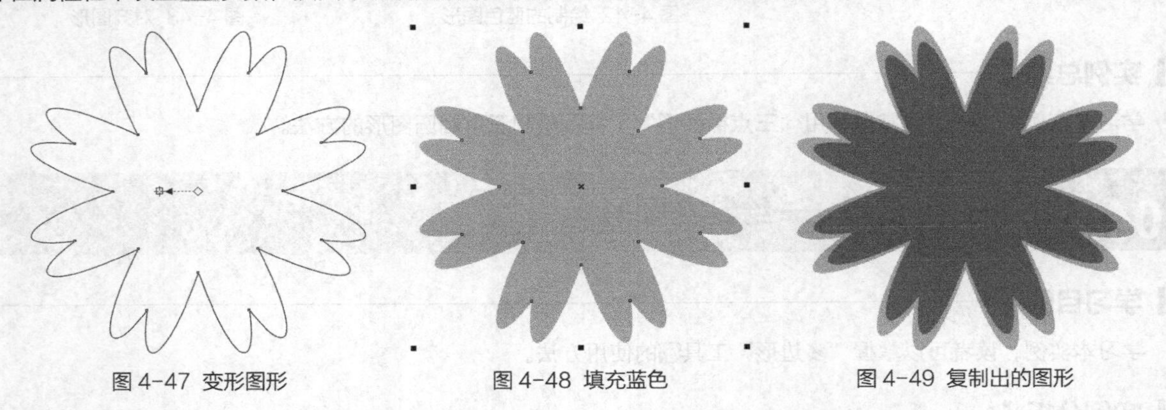

图 4-47 变形图形　图 4-48 填充蓝色　图 4-49 复制出的图形

09 选取工具，在属性栏中设置参数，绘制出图 4-50 所示的六边形，颜色填充为蓝色（C:60）。

10 选取“变形工具”，将鼠标指针定位在图形的中心位置，按下鼠标左键向左拖曳，给图形变形，如图 4-51 所示。

图 4-50 绘制的图形　图 4-51 变形图形

11 去除图形轮廓线，然后再绘制一个小的黄色八边形，如图 4-52 所示。

12 按 Ctrl+A 组合键，选择图形。

13 单击“选择”工具属性栏中的“对齐与分布”按钮，打开“对齐与分布”选项对话框，单击“水平居中对齐”按钮和“垂直居中对齐”按钮，将图形居中对齐，如图 4-53 所示。

14 按 Ctrl+S 组合键，将文件命名为“多边形 .cdr”并保存。

图 4-52　绘制的八边形

图 4-53　对齐后的图形

实例总结

学习本实例，读者可以掌握利用“多边形”工具绘制多边形图形的方法，重点掌握多边形边数的设置及给多边形变形后得到其他形状图形的方法。

实例 041　星形工具——绘制五角星

学习目的

学习本实例，读者可以掌握“星形”工具的使用方法。

实例分析

- **作品路径** | 作品\第 04 章\五角星.cdr
- **视频路径** | 视频\实例 41.avi
- **知识功能** | “星形”工具、“转换为曲线”按钮、“交互式填充”工具、“视图 / 动态辅助线”命令
- **制作时间** | 20 分钟

操作步骤

01 新建文件。选取工具箱中的“星形”工具，在属性栏中设置参数，按住 Ctrl 键向右下方拖动鼠标指针，绘制出图 4-54 所示的五角星图形。颜色填充为蓝色（C:40），并去除外轮廓。

02 执行“视图 / 动态辅助线”命令，开启动态辅助功能。

03 选取工具，将鼠标指针定位在图 4-55 所示的位置，会出现“节点”提示文字。

04 按下鼠标左键拖动绘制矩形，当右下角出现“节点”提示文字时，释放鼠标左键，如图 4-56 所示。

图 4-54 绘制的五角星　　图 4-55 指针定位　　图 4-56 绘制矩形

05 单击属性栏中的“转换为曲线”按钮，把矩形转换成曲线。

06 选取工具箱中的“形状”工具，在图 4-57 所示的位置绘制虚线框，将控制点选择。

07 按 Delete 键删除选择的控制点，得到图 4-58 所示的三角形。

08 选取工具箱中的“交互式填充”工具，在三角形图形上从右向左拖动，给三角形填充图 4-59 所示的渐变颜色。

图 4-57 选择控制点　　图 4-58 绘制的三角形　　图 4-59 填充渐变颜色

09 在属性栏中单击色块位置，在弹出的颜色样式中选择图 4-60 所示的蓝色色块，修改渐变颜色后的效果如图 4-61 所示。

10 选取“形状”工具，选择三角形左下角的控制点，然后垂直向下移动控制点的位置，如图 4-62 所示。

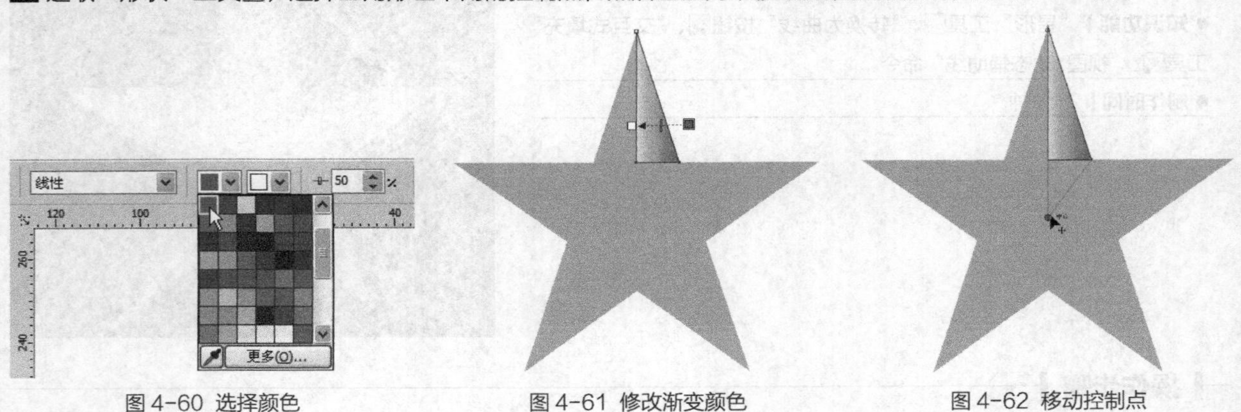

图 4-60 选择颜色　　图 4-61 修改渐变颜色　　图 4-62 移动控制点

11 当显示“中心”提示文字时，释放鼠标左键，调整后的三角形如图 4-63 所示。

12 去除图形轮廓线，执行“排列 / 变换 / 旋转”命令，打开“变换”选项对话框，设置选项和参数如图 4-64 所示。

13 单击 应用 按钮，旋转复制出图形，如图 4-65 所示。

图 4-63　调整后的三角形

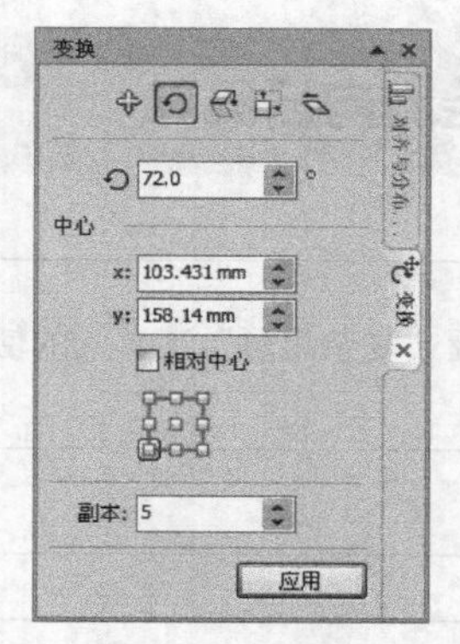

图 4-64“变换”选项对话框

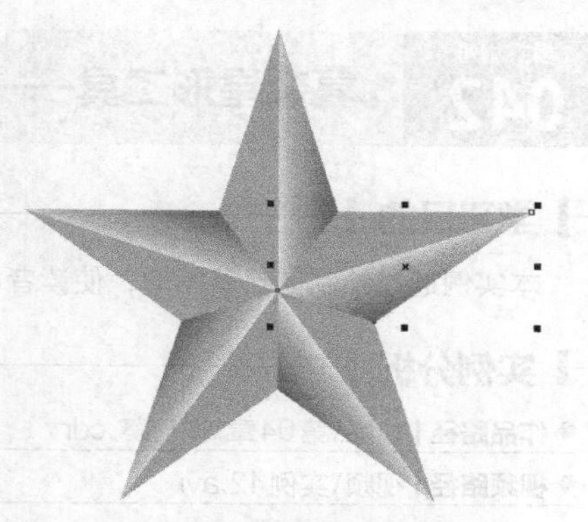

图 4-65　旋转复制出的图形

14 利用□工具绘制一个矩形，填充上紫红色（C:20, M:80,K:20）。

15 执行“排列 / 顺序 / 到图层后面”命令，把矩形放置到五角星的下面，如图 4-66 所示。

16 按 Ctrl+S 组合键，将文件命名为“五角星 .cdr”并保存。

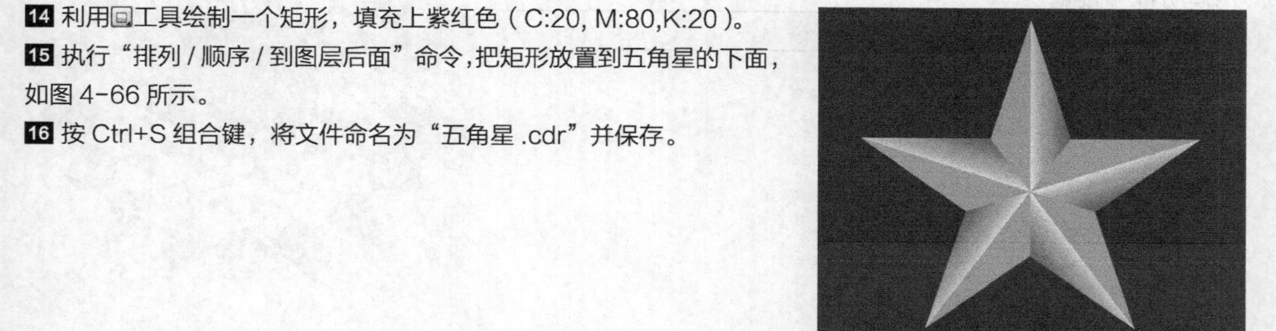

图 4-66　对齐后的图形

相关知识点：“星形”工具属性栏

“星形”工具的属性栏如图 4-67 所示。

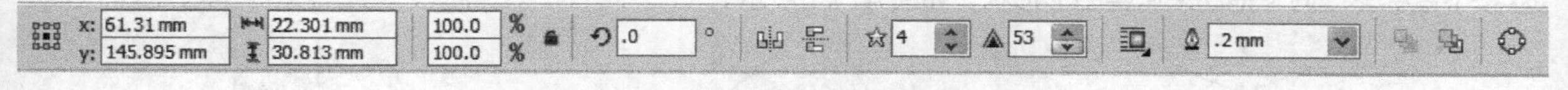

图 4-67“星形”工具的属性栏

- “点数或边数”选项☆5：用于设置星形的角数，取值范围为“3 ~ 500”。
- “锐度”选项▲53：用于设置星形图形边角的锐化程度，取值范围为“1 ~ 99”。图 4-68 所示为分别将此数值设置为“50”和“20”时，星形图形的对比效果。

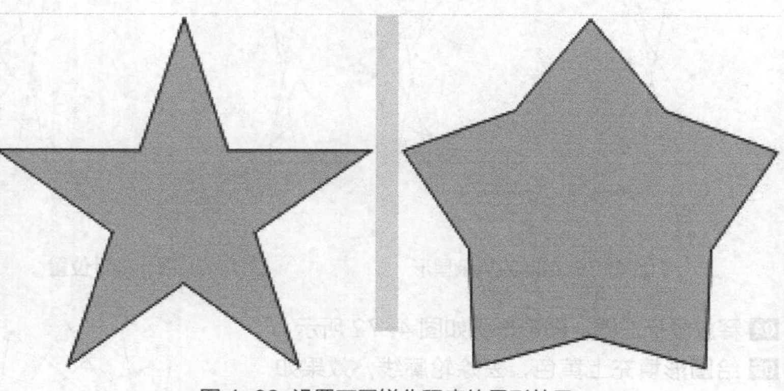

图 4-68　设置不同锐化程度的星形效果

提示

绘制基本星形之后，利用“形状”工具选择图形中的任一控制点拖曳，可调整星形图形的锐化程度。

实例总结

学习本实例，读者可以掌握利用“星形”工具绘制星形图形的方法，重点掌握把矩形调整成三角形并旋转复制成五角星的操作技巧。

实例 042 复杂星形工具——绘制向日葵

学习目的

本实例通过绘制向日葵图形，使读者掌握“复杂星形”工具的使用方法。

实例分析

- **作品路径** | 作品\第04章\向日葵.cdr
- **视频路径** | 视频\实例42.avi
- **知识功能** | “复杂星形”工具、“形状”工具、“椭圆”工具、“对齐与分布”对话框
- **制作时间** | 10分钟

操作步骤

01 新建文件。选取工具箱中的“复杂星形”工具，在属性栏中设置参数，按住 Ctrl 键向右下方拖动鼠标指针，绘制出图 4-69 所示的星形图形。

02 选取工具箱中的“形状”工具，将鼠标指针定位在图 4-70 所示的位置。

03 按下鼠标左键向下拖动来调整图形形状，如图 4-71 所示。

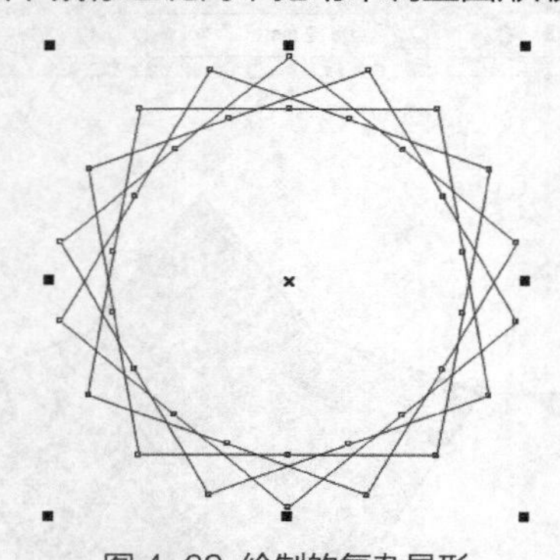

图 4-69 绘制的复杂星形

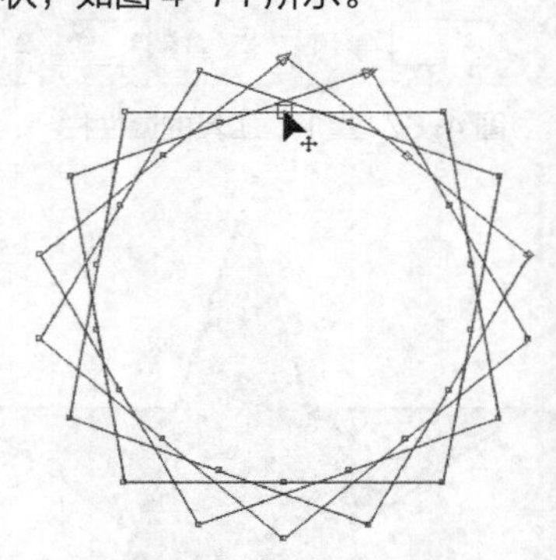

图 4-70 鼠标指针位置

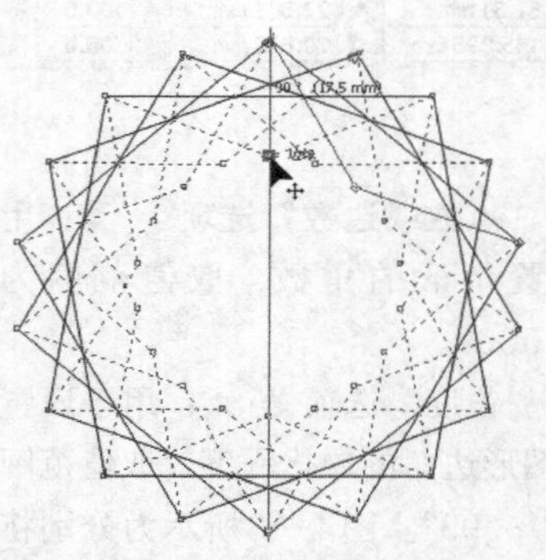

图 4-71 调整图形形状

04 释放鼠标左键，图形形状如图 4-72 所示。

05 给图形填充上黄色，去除轮廓线，效果如图 4-73 所示。

图 4-72 调整的形状

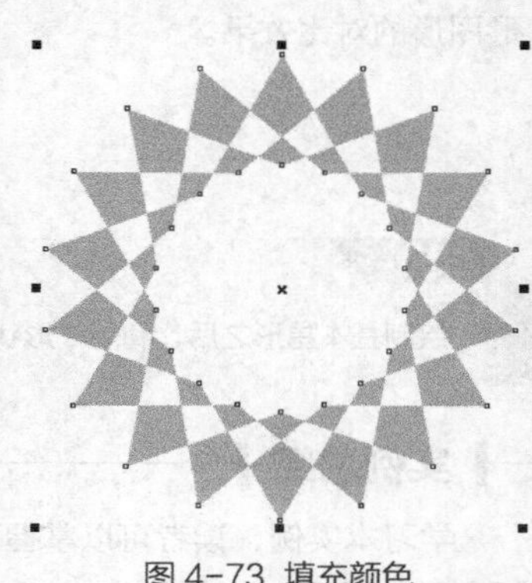

图 4-73 填充颜色

06 选取工具箱中的“椭圆”工具，按住 Ctrl 键绘制一个圆形，如图 4-74 所示。

07 按 Ctrl+A 组合键，选择两个图形，选择工具，并在属性栏中单击按钮，在弹出的图 4-75 所示的“对齐与分布”选项对话框中单击和按钮，将图形居中对齐，如图 4-76 所示。

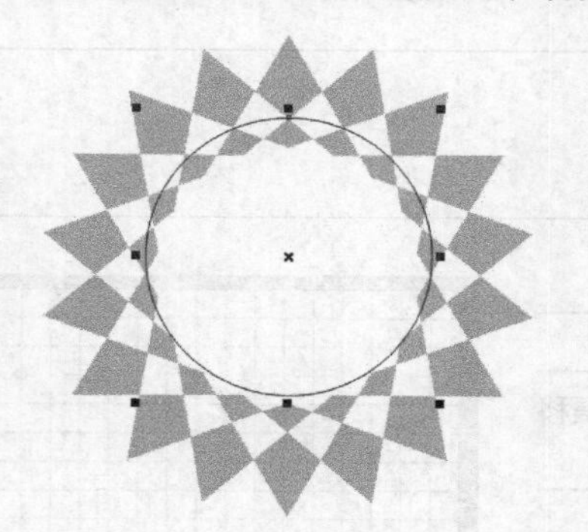

图 4-74　绘制的圆形

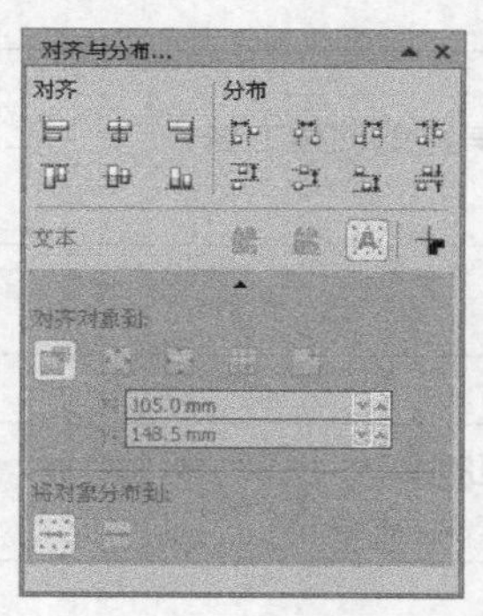

图 4-75“对齐与分布”选项对话框

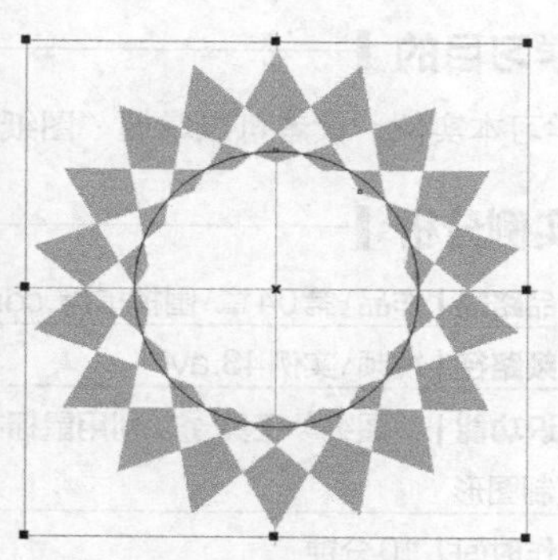

图 4-76　对齐后的图形

08 为圆形图形填充黄色，并去除轮廓线，效果如图 4-77 所示。

09 利用工具，选择下边的星形图形，执行“编辑 / 复制”命令，再执行“编辑 / 粘贴”命令，将下边的图形复制一份出来。

10 执行“排列 / 顺序 / 向前一层”命令，把复制出的图形移动到圆形图形的前面，然后给图形填充白色。

11 将鼠标指针定位在变形框右上角的控制点上，如图 4-78 所示。

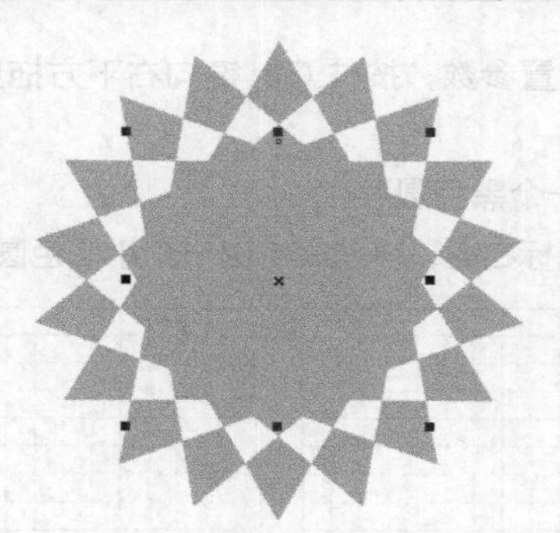

图 4-77　填充黄色

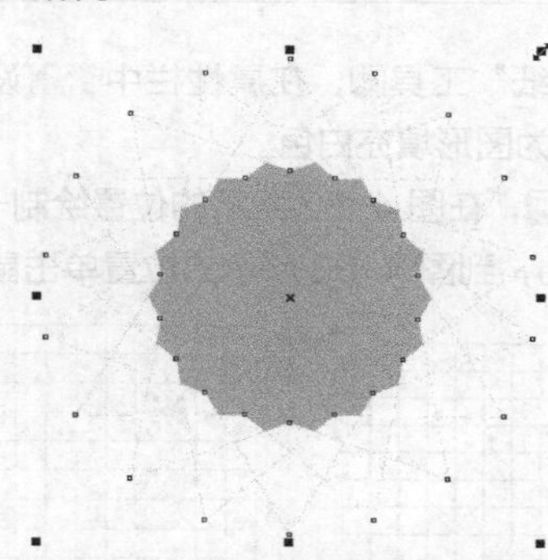

图 4-78　鼠标指针定位位置

12 按住 Shift 键，向内等比例缩小图形，如图 4-79 所示。

13 释放鼠标左键，缩小后的图形如图 4-80 所示。

14 按 Ctrl+S 组合键，将文件命名为“向日葵 .cdr”并保存。

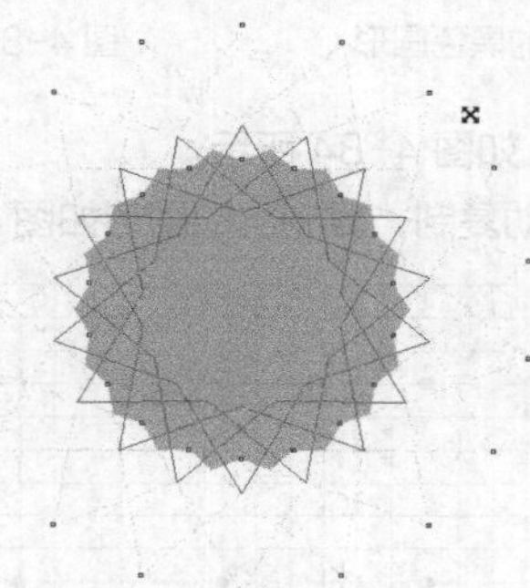

图 4-79　向内缩小图形

图 4-80　缩小后的图形

实例总结

学习本实例，读者可以掌握利用“复杂星形”工具绘制向日葵的方法，重点掌握利用“形状”工具把复杂星形图形调整成其他形状的操作方法。

实例 043 图纸工具——绘制围棋棋盘

学习目的

学习本实例，读者可以掌握“图纸”工具的使用方法。

实例分析

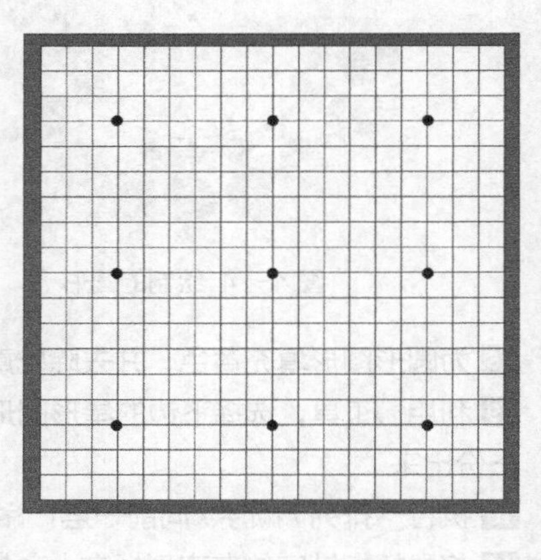

- **作品路径** | 作品\第04章\围棋棋盘.cdr
- **视频路径** | 视频\实例43.avi
- **知识功能** | “图纸”工具，利用鼠标右键复制图形，按Ctrl+R组合键，重复移动复制图形
- **制作时间** | 10分钟

操作步骤

01 新建文件。选取“图纸”工具，在属性栏中设置参数，按住 Ctrl 键向右下方拖曳鼠标指针，绘制出图 4-81 所示的网格图形，为图形填充白色。

02 选取“椭圆形”工具，在图 4-82 所示的位置绘制一个黑色圆形。

03 按住 Shift 键向右移动，到图 4-83 所示的位置单击鼠标右键，移动复制出一个小黑色圆形。

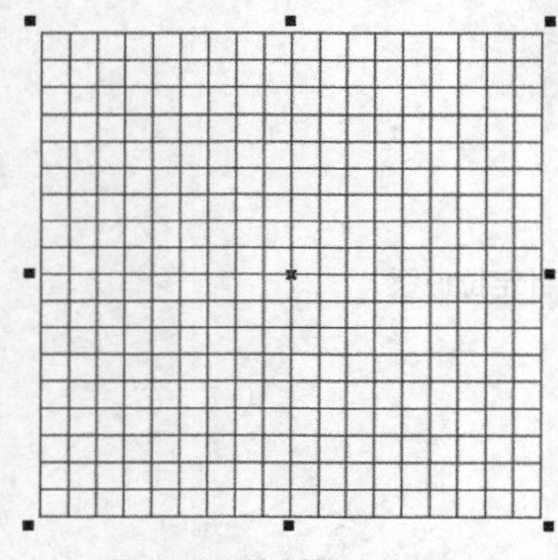

图 4-81 绘制的网格图形

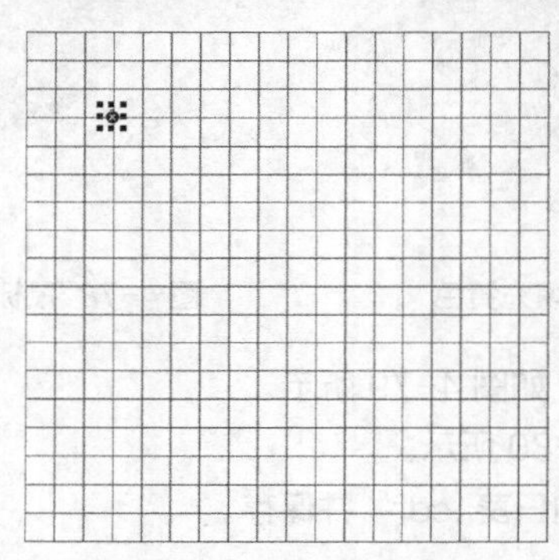

图 4-82 绘制的黑色圆形

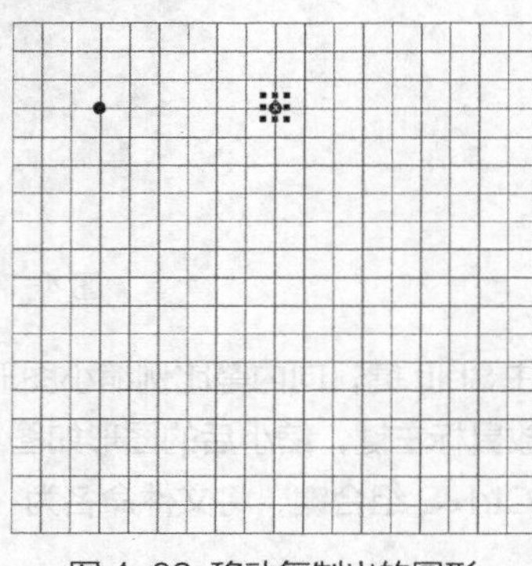

图 4-83 移动复制出的圆形

04 按 Ctrl+R 组合键，重复移动复制出一个小的黑色圆形，如图 4-84 所示。

05 利用工具，同时选择 3 个小的黑色圆形，然后向下移动复制，复制出的图形如图 4-85 所示。

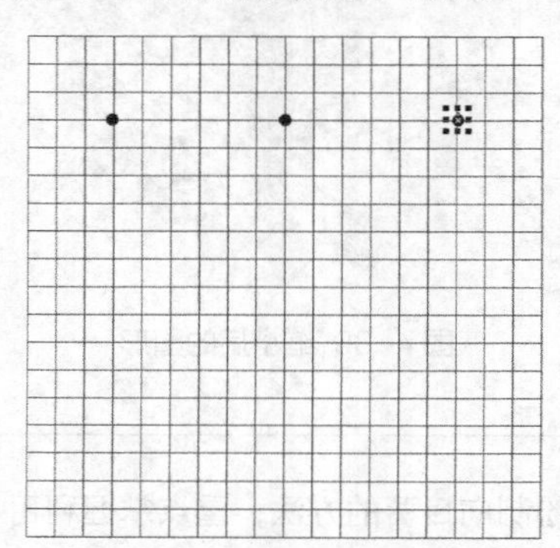

图 4-84 重复移动复制出的圆形

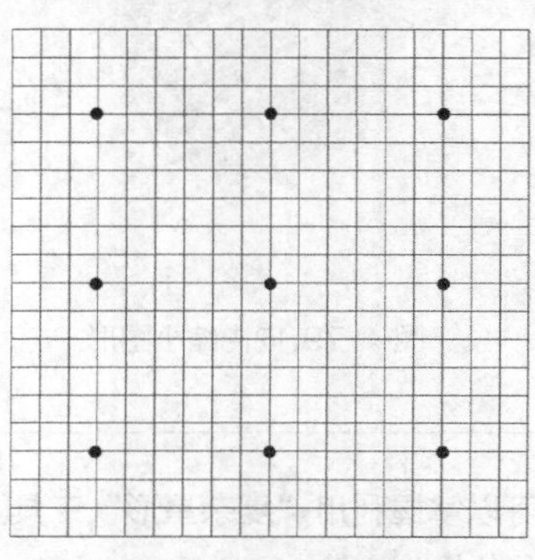

图 4-85 移动复制出的多个圆形

06 选取“矩形”工具，按住 Shift 键绘制一个矩形，并填充上蓝色（C:100），然后执行“排列 / 顺序 / 到图层后面”命令，把矩形放置到网格图形的下面，如图 4-86 所示。

07 按 Ctrl+S 组合键，将文件命名为“围棋棋盘 .cdr”并保存。

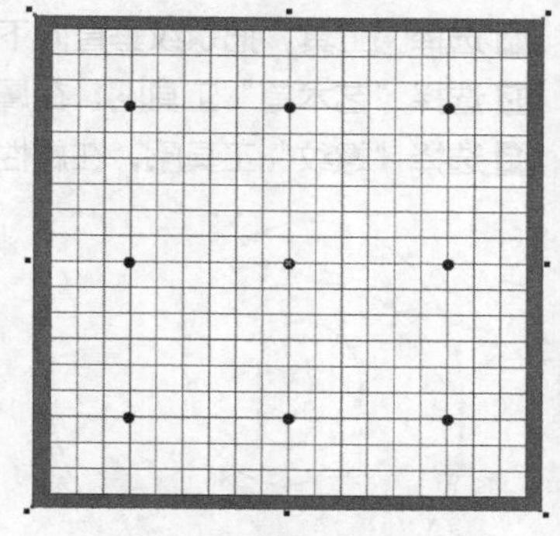

图 4-86　绘制的蓝色矩形

实例总结

学习本实例，读者可以掌握利用“图纸”工具绘制网格图形的方法，重点掌握结合按鼠标右键及按 Ctrl+R 组合键移动复制图形的方法。

实例 044　螺纹工具——绘制彩色螺纹线

学习目的

学习本实例，读者可以掌握“螺纹”工具的使用方法及给螺纹线添加艺术笔效果的方法。

实例分析

- **作品路径** | 作品\第 04 章\彩色螺纹线.cdr
- **视频路径** | 视频\实例 44.avi
- **知识功能** | “螺纹”工具、“艺术笔”工具
- **制作时间** | 15 分钟

操作步骤

01 新建文件。选择“螺纹”工具，在属性栏中设置“螺纹回圈”选项参数，激活“对称式螺纹”按钮，按住 Ctrl 键向右下方拖曳鼠标，绘制出图 4-87 所示的螺纹图形。

02 在属性栏中激活“对数螺纹”按钮，按住 Ctrl 键向右下方拖曳鼠标指针，绘制出图 4-88 所示的螺纹图形。

03 在属性栏中设置“螺纹回圈”选项参数，激活“对数螺纹”按钮，绘制出图 4-89 所示的螺纹图形。

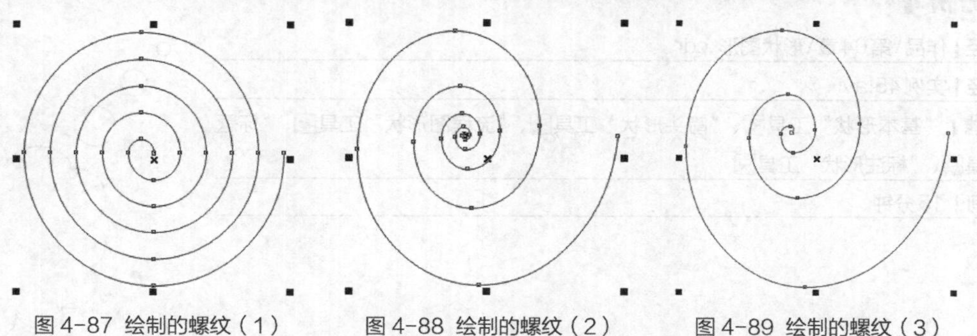

图 4-87　绘制的螺纹（1）　图 4-88　绘制的螺纹（2）　图 4-89　绘制的螺纹（3）

04 选择工具，把螺纹垂直向下压缩，如图 4-90 所示，压缩后的螺纹如图 4-91 所示。

05 选择“艺术笔”工具，在属性栏中激活“预设”按钮，设置选项和参数如图 4-92 所示。

06 选择“螺纹”工具，在属性栏中设置参数，绘制图 4-93 所示的螺纹。

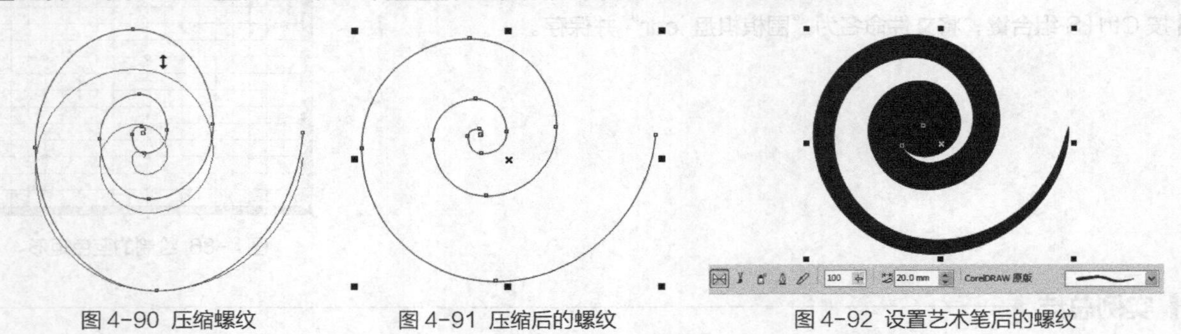

图 4-90 压缩螺纹　图 4-91 压缩后的螺纹　图 4-92 设置艺术笔后的螺纹

07 选择“艺术笔”工具，在属性栏中激活“笔触”按钮，设置选项和参数，制作的彩色螺纹线效果如图 4-94 所示。

08 按 Ctrl+S 组合键，将文件命名为“彩色螺纹线 .cdr”并保存。

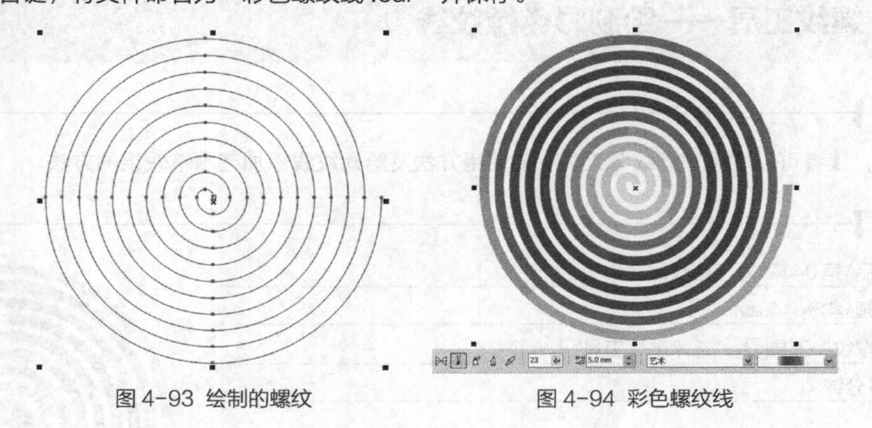

图 4-93 绘制的螺纹　图 4-94 彩色螺纹线

实例总结

学习本实例，读者可以掌握“螺纹”工具的使用方法，重点掌握给螺纹线设置艺术笔效果的操作方法。

实例 045 基本形状工具——绘制各种符号

学习目的

学习本实例，读者可以掌握“基本形状”工具、“箭头形状”工具、“流程图形状”工具、“标题形状”工具、“标注形状”工具的使用方法。

实例分析

- **作品路径 |** 作品\第04章\形状图形.cdr
- **视频路径 |** 实例45.avi
- **知识功能 |** “基本形状”工具、“箭头形状”工具、“流程图形状”工具、“标题形状”工具、“标注形状”工具
- **制作时间 |** 15分钟

操作步骤

01 新建文件。选择“基本形状”工具，在属性栏中单击“完美形状”按钮，弹出图 4-95 所示的“完美形状”选项面板。

02 选择按钮，按住 Ctrl 键向右下方拖动鼠标指针，绘制出图 4-96 所示的图形。

03 在图形的左上角位置有一个红色的小菱形符号，在该符号上按下鼠标左键拖曳，如图 4-97 所示。

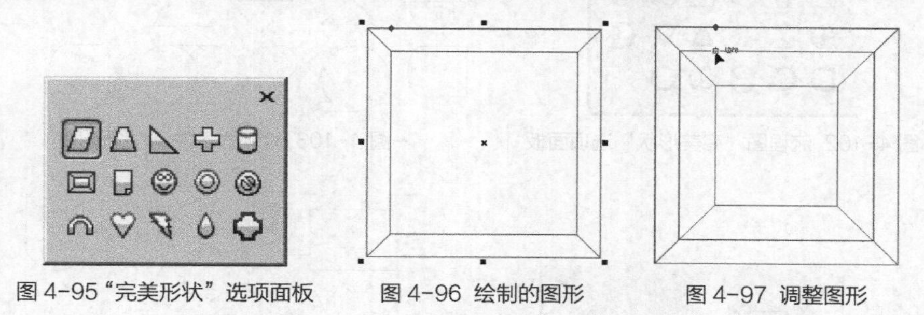

图 4-95“完美形状”选项面板　　图 4-96　绘制的图形　　图 4-97　调整图形

04 释放鼠标左键后，可以调整图形的形状，如图 4-98 所示。

05 在“完美形状”选项面板中选择不同的形状，可以绘制图 4-99 所示的其他图形。

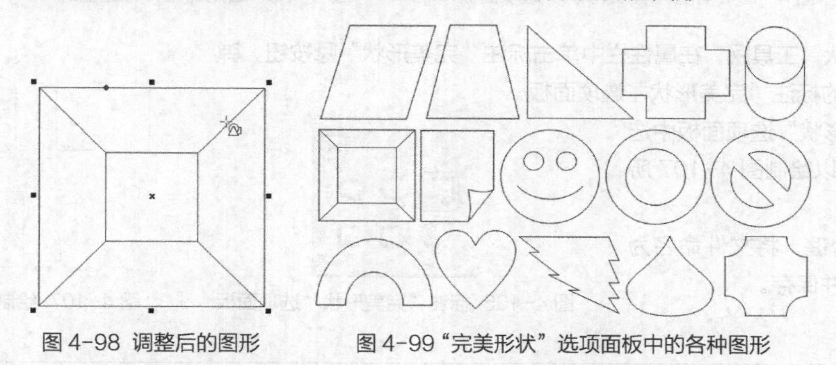

图 4-98　调整后的图形　　图 4-99“完美形状”选项面板中的各种图形

06 选择“箭头形状”工具，在属性栏中单击箭头“完美形状”按钮，弹出图 4-100 所示的箭头“完美形状”选项面板。

07 在箭头“完美形状”选项面板中选择不同的形状，可以绘制图 4-101 所示的箭头图形。

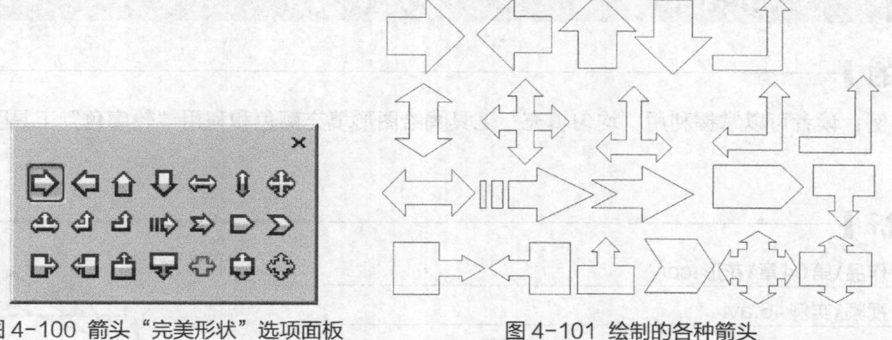

图 4-100　箭头“完美形状”选项面板　　图 4-101　绘制的各种箭头

08 选择“流程图形状”工具，在属性栏中单击流程图“完美形状”按钮，弹出图 4-102 所示的流程图“完美形状”选项面板。

09 在流程图“完美形状”选项面板中选择不同的形状，可以绘制图 4-103 所示的流程图图形。

10 选择“标题形状”工具，在属性栏中单击标题“完美形状”按钮，弹出图 4-104 所示的标题“完美形状”选项面板。

11 在标题“完美形状”选项面板中选择不同的形状，可以绘制图 4-105 所示的标题图形。

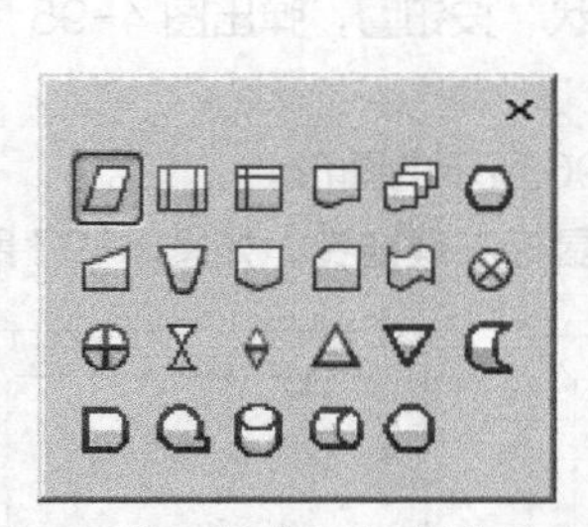

图 4-102 流程图“完美形状”选项面板

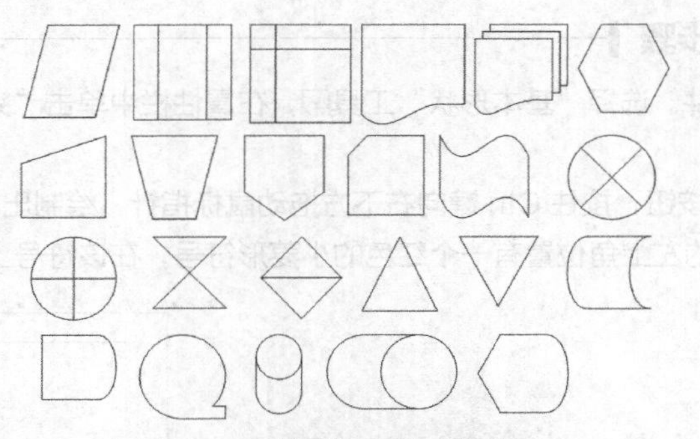

图 4-103 绘制的各种流程图图形

图 4-104 标题“完美形状”选项面板

图 4-105 绘制的各种标题图形

12 选择“标注形状”工具，在属性栏中单击标注“完美形状”按钮，弹出图 4-106 所示的标注“完美形状”选项面板。

13 在标注“完美形状”选项面板中选择不同的形状，可以绘制图 4-107 所示的标注图形。

14 按 Ctrl+S 组合键，将文件命名为“形状图形 .cdr”并保存。

图 4-106 标注“完美形状”选项面板

图 4-107 绘制的各种标注图形

实例总结

学习本实例，读者可以掌握各种形状图形的使用方法，重点掌握各种形状图形的调整方法。

实例 046 均匀填充和轮廓色工具的使用

学习目的

学习本实例，读者可以掌握利用“均匀填充”工具给图形填充颜色和利用“轮廓色”工具给图形轮廓填充颜色的方法。

实例分析

- **作品路径** | 作品\第04章\花形.cdr
- **视频路径** | 视频\实例46.avi
- **知识功能** | “复杂星形”工具、“均匀填充”工具和“轮廓颜色”工具
- **制作时间** | 15分钟

操作步骤

01 新建文件。选择“复杂星形”工具，在属性栏中设置参数，绘制出图 4-108 所示的图形。

02 在属性栏中设置“轮廓宽度”参数，设置轮廓宽度后的图形如图 4-109 所示。

03 在工具箱中单击“填充”工具，在弹出的按钮列表中单击“均匀填充”工具，弹出“均匀填充”对话框，在该对话框中选择图 4-110 所示的黄色色块。

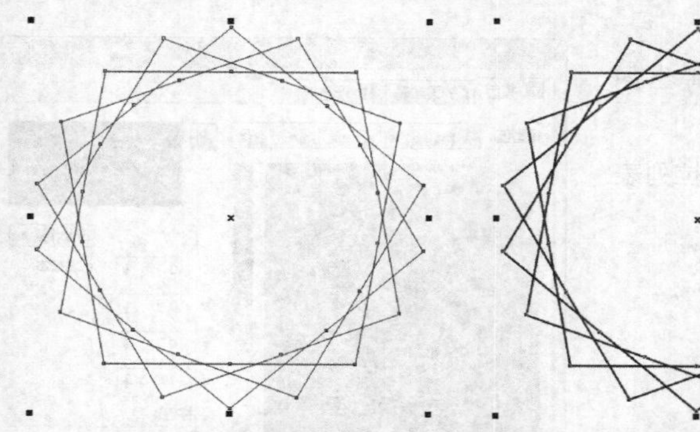

图 4-108　绘制的图形　　图 4-109　设置轮廓宽度后的图形　　图 4-110“均匀填充”对话框

04 单击 确定 按钮，填充颜色后的效果如图 4-111 所示。

05 单击工具箱中的“轮廓”工具，在弹出的按钮列表中选择“轮廓颜色”工具，弹出“轮廓颜色”对话框，在该对话框中选择图 4-112 所示的红色色块。

06 单击 确定 按钮，设置轮廓颜色后的效果如图 4-113 所示。

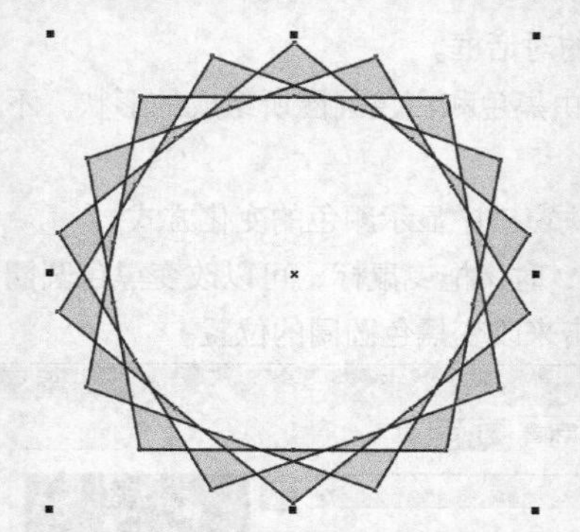

图 4-111　填充颜色后的效果

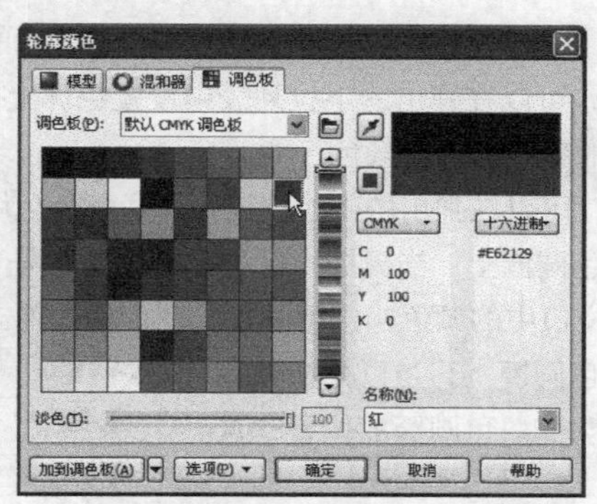

图 4-112“轮廓颜色”对话框

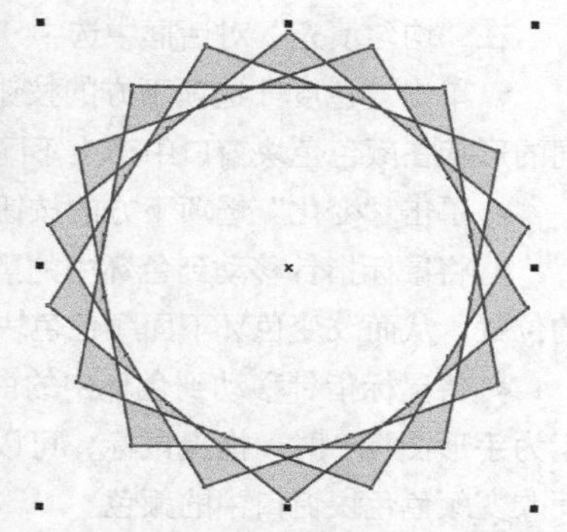

图 4-113　设置轮廓颜色后的效果

07 执行“排列 / 变换 / 缩放和镜像”命令，在绘图窗口右边出现“变换”选项对话框，然后设置参数，如图 4-114 所示。

08 单击 应用 按钮，依次复制并缩小后的图形效果如图 4-115 所示。

09 按 Ctrl+S 组合键，将此文件命名为“花形 .cdr”并保存。

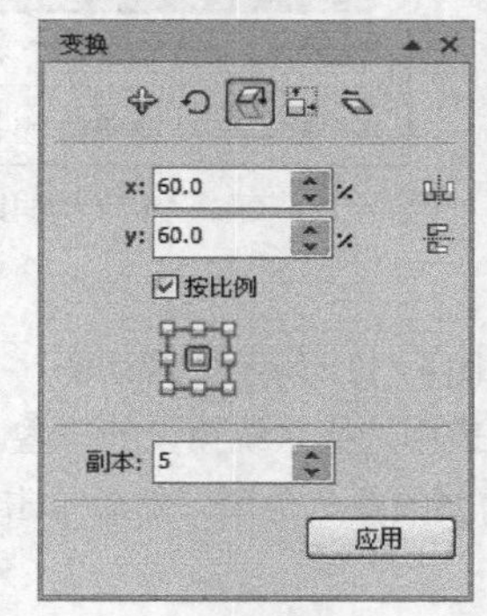

图 4-114“变换”选项对话框

图 4-115　依次复制并缩小后的效果

相关知识点："均匀填充"对话框

在"填充"工具上按下鼠标左键不放，在弹出的按钮列表中选择"均匀填充"工具■（快捷键为Shift+F11组合键），或在"轮廓"工具的按钮列表中选择"轮廓颜色"工具（快捷键为Shift+F12组合键），系统将弹出"均匀填充"或"轮廓颜色"对话框。由于"均匀填充"对话框和"轮廓颜色"对话框中的选项完全相同，下面将以"均匀填充"对话框为例来详细讲解其使用方法。

一. 模型

在"均匀填充"对话框中选中"模型"选项卡，将弹出图4-116所示的对话框。

- 单击"模型"选项右侧的长按钮，可以在弹出的下拉列表中选择要使用的色彩模式。
- 拖曳中间颜色色条上的滑块可以选择一种色调。
- 拖曳左侧颜色窗口中的矩形可以选择相应的颜色。

图4-116"均匀填充/模型"对话框

提示

在颜色色条右侧的"CMYK"颜色文本框中，直接输入所需颜色的值也可以调制出需要的颜色。另外，当选择的颜色有特定的名称时，"名称"选项下方的文本框中将显示该颜色的名称。

- 单击"名称"选项下方文本框右侧的倒三角按钮，可以在弹出的下拉列表中选择软件预设的一些颜色。

二. 混和器

在"均匀填充"对话框中选中"混和器"选项卡，将弹出图4-117所示的对话框。

- 单击"色度"选项下方的按钮，可以在弹出的下拉列表中设置色环上由黑色和白色圆圈所组成的形状。不同的形状在颜色色块窗口中产生不同的颜色组合及颜色行数。
- 单击"变化"选项下方的按钮，可以在弹出的下拉列表中设置颜色色块窗口中显示颜色的变化方式。
- 将鼠标指针移动到色环中的黑色圆圈上，当鼠标指针显示为旋转符号时，拖曳鼠标，可以改变黑色圆圈的位置，从而改变色环下面颜色色块窗口中的颜色，也可以直接在色环上单击来改变黑色圆圈的位置。
- 将鼠标指针移动到色环中的白色圆圈上，当鼠标指针显示为手形图标时，拖曳鼠标，可以改变白色圆圈的位置，从而改变颜色色块窗口中的颜色。
- 在颜色色块窗口相应的色块上单击，即可将该颜色选取为需要的颜色。在右侧的"CMYK"颜色文本框中直接输入所需颜色的值，也可以调制出需要的颜色。
- 拖曳"大小"选项右侧的滑块或修改文本框中的数值，可以改变颜色色块窗口中显示的颜色列数。

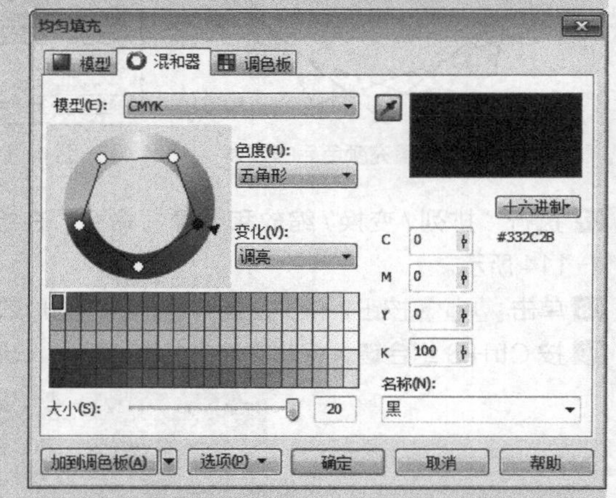

图4-117"均匀填充/混和器"对话框

三. 调色板

在"均匀填充"对话框中点选"调色板"选项卡，将弹出图4-118所示的对话框。

- 单击"调色板"选项右侧的按钮，可以在弹出的下拉列表中选择系统预设的一些调色板颜色。
- 在颜色条的滑块上按住鼠标左键拖曳，可以选择一种需要的颜色色调，然后单击颜色窗口的颜色色块，即可将其选择为需要的颜色。
- 拖曳"淡色"选项右侧的滑块，可以调整选择颜色的饱和度。

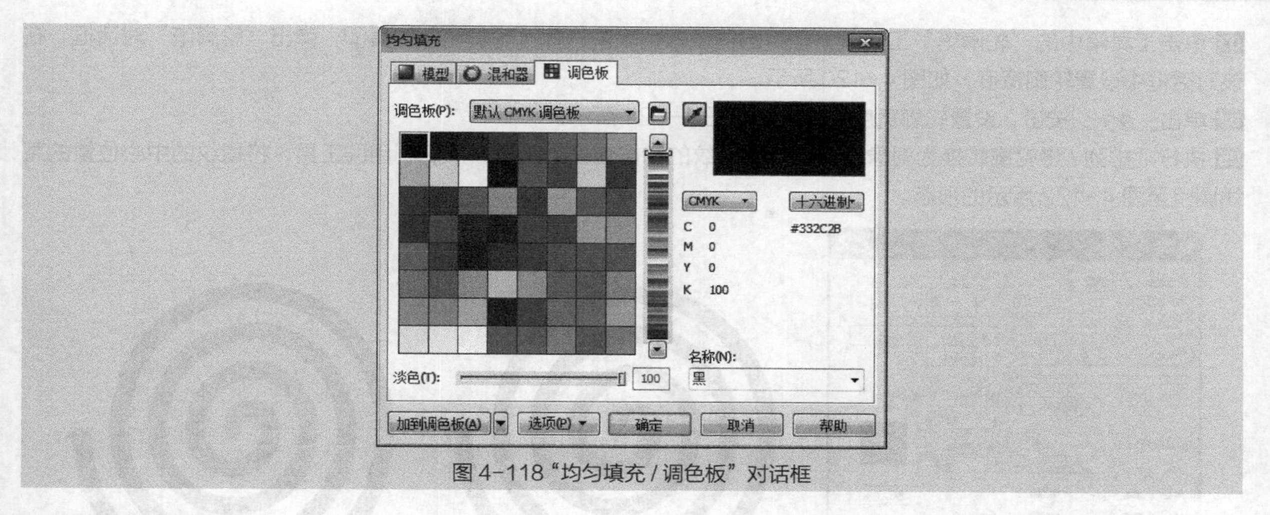

图 4-118“均匀填充 / 调色板”对话框

实例总结

本实例主要学习了“均匀填充”工具■和“轮廓颜色”工具的使用方法，在实际的工作过程中，如果“调色板”中有需要的颜色尽量使用调色板，这样可以节省作图时间，提高效率。

实例 047 轮廓工具——绘制蚊香效果

学习目的

学习本实例，读者可以掌握“轮廓笔”工具的使用方法。

实例分析

- **作品路径** | 作品\第04章\蚊香绘制.cdr
- **视频路径** | 视频\实例47.avi
- **知识功能** | “螺纹”工具和“轮廓笔”工具
- **制作时间** | 10分钟

操作步骤

01 新建一个横向的图形文件。

02 选取工具，确认属性栏中的按钮处于激活状态，将鼠标指针移动到绘图窗口中拖曳，绘制一个大的螺纹图形，如图 4-119 所示。

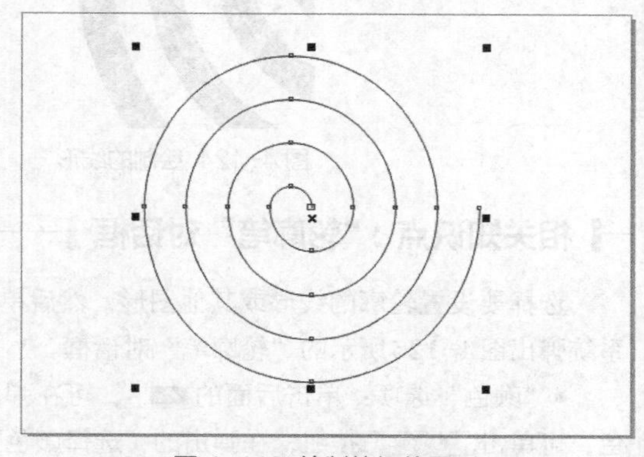
图 4-119　绘制的螺纹图形

03 单击工具箱中的“轮廓笔”工具，在弹出的按钮列表中选择“轮廓笔”工具，弹出“轮廓笔”对话框，在该对话框中设置轮廓宽度，如图 4-120 所示。

04 单击 确定 按钮，设置轮廓宽度后的螺纹如图 4-121 所示。

05 执行“排列 / 将轮廓转换为对象”命令，将螺纹的轮廓转换为图形，然后利用工具，将螺纹的中心位置的直线调整至图 4-122 所示的形态。

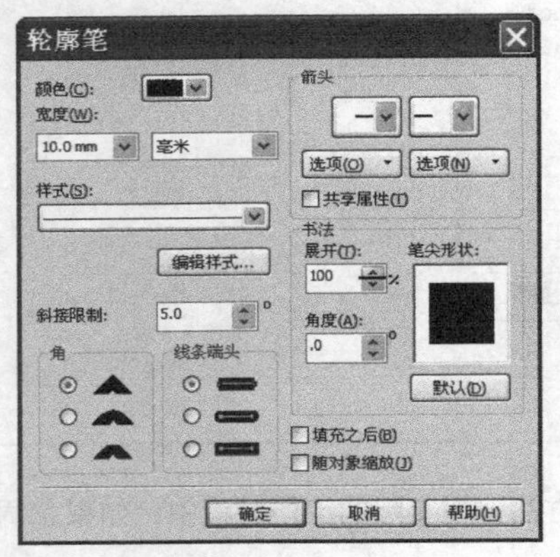

图 4-120“轮廓笔”对话框

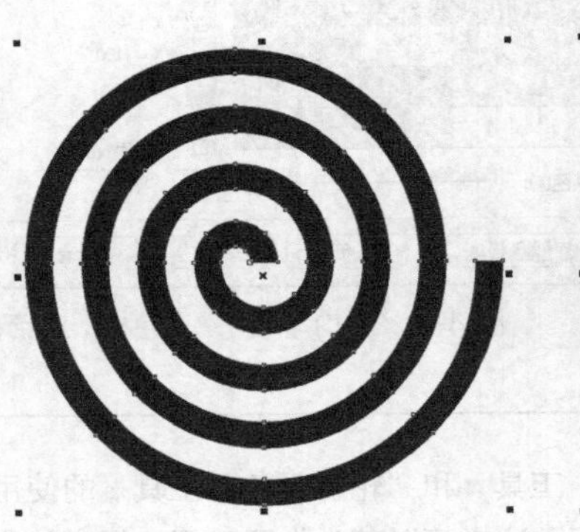
图 4-121 修改轮廓宽度后的效果

图 4-122 调整后的形态

06 利用和工具，在螺纹图形两端分别绘制出图 4-123 所示的白色和红色无外轮廓的图形。

图 4-123 绘制的图形

07 继续利用和工具，依次绘制出图 4-124 所示的线形，作为蚊香的烟雾效果。

08 选择黑色的螺纹图形，然后利用“均匀填充”工具对其颜色进行修改，参数设置如图 4-125 所示。

09 至此，蚊香绘制完成。执行“文件 / 保存”命令，将此文件命名为“蚊香绘制 .cdr”并保存。

图 4-124 绘制的线形

图 4-125 设置的颜色

相关知识点：“轮廓笔”对话框

选择要设置轮廓的线形或其他图形，然后单击按钮，在弹出的按钮列表中选取工具（快捷键为 F12 键），系统弹出图 4-126 所示的“轮廓笔”对话框。

- “颜色”选项：单击后面的，可在弹出的“颜色”选择面板中选择需要的轮廓颜色，如没有合适的颜色，可单击 更多(O)... 按钮，在弹出的“选择颜色”对话框中自行设置轮廓的颜色。

- “宽度”选项：在下方的选项窗口中，可以设置轮廓的宽度。在后面的选项中，还可以选择使用轮廓宽度的单位，包括英寸、毫米、点、像素、千米等。
- “样式”选项：单击下方选项窗口中右侧的小三角形按钮，弹出“轮廓样式”列表，在此列表中可以选择轮廓线的样式。
- 编辑样式... 按钮：单击此按钮弹出图4-127所示的“编辑线条样式”对话框。

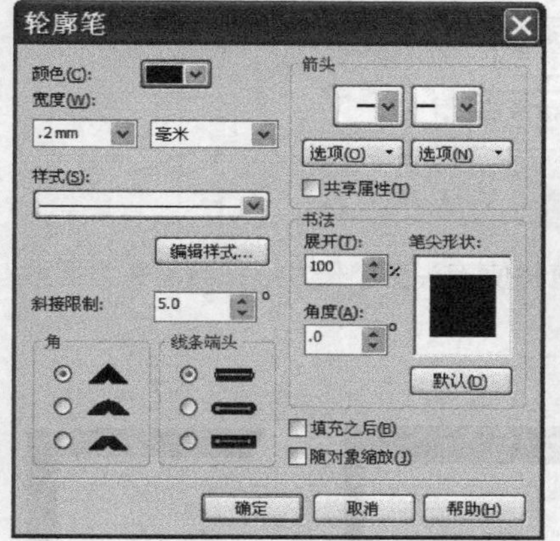

图 4-126 “轮廓笔”对话框

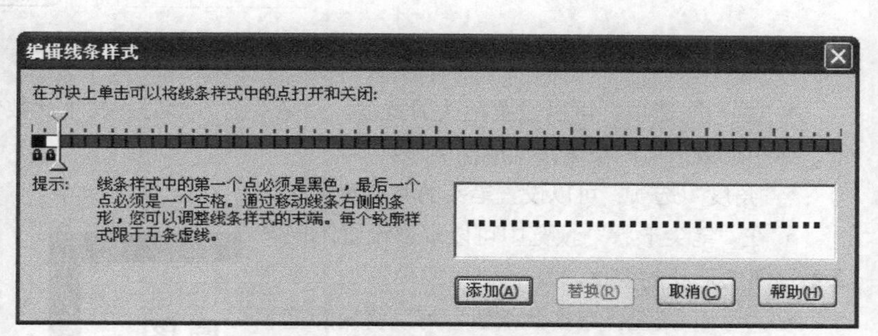

图 4-127 “编辑线条样式”对话框

提示

在编辑线条样式时，线条的第一个小方格只能是黑色，最后一个小方格只能是白色，调节编辑后的样式，可以在“编辑线条样式”对话框中的样式预览图中观察到。

在此对话框中，可以将鼠标指针移动到调节线条样式的滑块上按下鼠标左键拖曳。在滑块左侧的小方格中单击，可以将线条样式中的点打开或关闭。单击 添加(A) 按钮，可以将编辑好的线条样式添加到“轮廓样式”列表中；当在“轮廓样式”对话框中选择一种样式后单击 编辑样式... 按钮时， 替换(R) 按钮才可用。单击此按钮，可以将当前编辑的线条样式替换所选的线条样式。

- “斜接限制”选项：当两条线段通过节点的转折组成夹角时，此选项控制着两条线段之间夹角轮廓线角点的倾斜程度。当设置的参数大于两条线组成的夹角度数时，夹角轮廓线的角点将变为斜切形态。
- （尖角）：尖角是尖突而明显的角，如果两条线段之间的夹角超过90°，边角则变为平角。
- （圆角）：圆角是平滑曲线角，圆角的半径取决于该角线条的宽度和角度。
- （平角）：平角在两条线段的连接处以一定的角度把夹角切掉，平角的角度等于边角角度的50%。

图4-128所示为分别选择这3种转角样式时的转角形态。

图 4-128 分别选择不同转角样式时的转角形态

- （平形）：线条端头与线段末端平行，这种类型的线条端头可以产生出简洁、精确的线条。
- （圆形）：线条端头在线段末端有一个半圆形的顶点，线条端头的直径等于线条的宽度。
- （伸展形）：可以使线条延伸到线段末端节点以外，伸展量等于线条宽度的50%。

图4-129所示为分别选择这3种“线条端头”选项时的线形效果。

图 4-129 分别选择不同线条端头时的线性效果

- “箭头”选项：此选项可以为开放的直线或曲线对象设置起始箭头和结束箭头样式，对于封闭的图形将不起作用。
- 选项(O) 按钮：单击此按钮，弹出图4-130所示的下拉列表，用于对箭头进行设置。

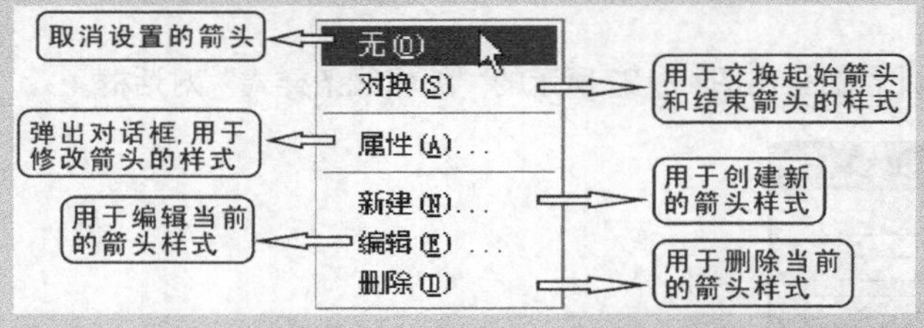

图4-130 选项下拉列表

- “展开”选项：可以设置笔头的宽度。当笔头为方形时，减小此数值将使笔头变成长方形；当笔头为圆形时，减小此数值可以使笔头变成椭圆形。
- “角度”选项：可以设置笔头的倾斜角度。
- 在“笔尖形状”预览中可以观察设置不同参数时笔尖形状的变化。
- 默认(D) 按钮：单击此按钮，可以将轮廓笔头的设置还原为默认值。

图4-131所示为设置“展开”和“角度”选项前后的图形轮廓对比效果。

图4-131 图形轮廓对比效果

- “填充之后”选项：勾选此选项，可以将图形的外轮廓放在图形填充颜色的后面。默认情况下，图形的外轮廓位于填充颜色的前面，这样可以使整个外轮廓处于可见状态，当勾选此选项后，该外轮廓的宽度将只有50%是可见的。图4-132所示为是否勾选该选项时图形轮廓的显示效果。
- “随对象缩放”选项：默认情况下，在缩放图形时，图形的外轮廓不与图形一起缩放。当勾选此选项后，在缩放图形时图形的外轮廓将随图形一起缩放。图4-133所示为是否勾选“随对象缩放”选项，缩小图形时图形轮廓的显示效果。

图4-132 勾选与不勾选“填充之后”选项时的效果

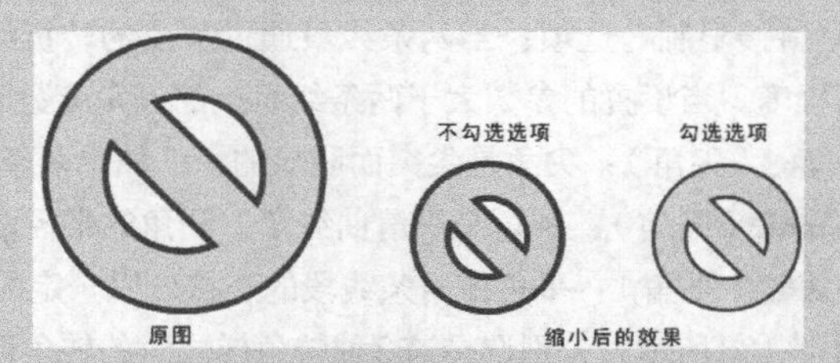

图4-133 勾选与不勾选选项时的缩小效果对比

一. 无轮廓设置

【无轮廓】工具×可以去除选择图形的外轮廓。具体设置为：选择一个带有外轮廓线的图形，然后在工具箱中的工具上按下鼠标左键不放，在弹出的隐藏工具组中单击×工具，即可去除该图形的外轮廓线。

除了以上去除外轮廓的方法外，还有以下两种操作。

- 选择一个带有外轮廓线的图形，然后在工具属性栏中单击“轮廓宽度”选项，在弹出的下拉列表中选择“无”选项，也可去除图形的外轮廓线。
- 选择要去除填充或轮廓的图形，然后执行“排列/将轮廓转换为对象”命令（快捷键为Ctrl+Shift+Q组合键），将图形的填充和轮廓各自转换为对象，然后选择图形的填充或轮廓，再按Delete键，可去除填充或外轮廓。

二. 常用轮廓笔

除了在“轮廓笔”对话框中设置图形的轮廓粗细外，还可以通过选择系统自带的常用轮廓笔工具来设置图形轮廓的粗细。

常用轮廓笔工具主要包括“细线”工具、“0.1 mm”工具、“0.2 mm”工具、“0.25 mm”工具、“0.5 mm”工具、“0.75 mm”工具和“1 mm”工具、“1.5 mm”工具、“2 mm”工具和“2.5 mm”工具，各轮廓笔的宽度效果对比如图4-134所示。

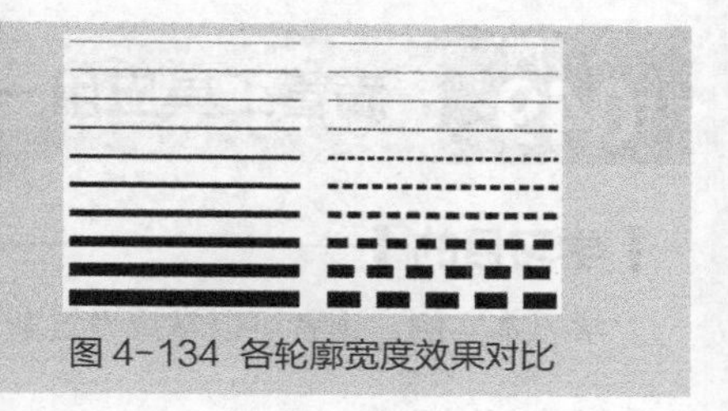

图 4-134　各轮廓宽度效果对比

实例总结

本实例主要讲解了“轮廓笔”工具的使用方法，在实际的工作过程中，如果只设置轮廓的颜色和宽度，可灵活运用“调色板”和“属性栏”。另外，“轮廓笔”对话框中的“填充之后”和“随对象缩放”选项经常用到，希望读者注意。

实例 048　设置默认轮廓样式

学习目的

当需要为大多数的图形应用相同的轮廓时，可通过更改轮廓的默认属性大大提高工作效率。

操作步骤

01 按 Esc 键取消任何图形的选择状态。

02 单击工具箱中的按钮，在弹出的按钮列表中选择按钮，然后在弹出的图 4-135 所示的对话框中设置需要的选项。

03 单击 确定 按钮，系统会弹出设置默认选项的“轮廓笔”对话框，在此对话框中设置好想要改变的图形轮廓属性，如轮廓的宽度和颜色等。

相关知识点：“更改文稿默认值”对话框

- “艺术笔”选项：勾选此选项，设置的轮廓属性将应用于利用“艺术笔”工具绘制的图形上。
- “美术字”选项：勾选此选项，设置的轮廓属性将应用于利用“文字”工具输入的美术文本中。
- “标注”选项：勾选此选项，设置的轮廓属性将应用于利用“标注”工具标注图形时的标注数字上。
- “尺度”选项：勾选此选项，设置的轮廓属性将应用于利用“度量”工具标注图形时的绘制的标注线上。
- “图形”选项：勾选此选项，设置的轮廓属性将应用于利用各种绘图工具绘制的图形上。
- “段落文本”选项：勾选此选项，设置的轮廓属性将应用于有文本框的段落文本。

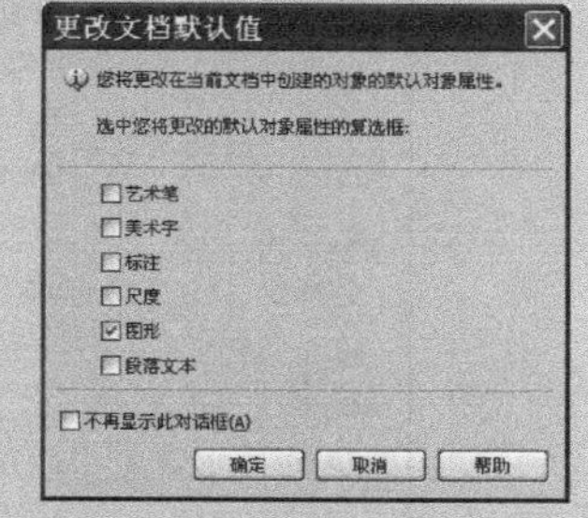

图 4-135“更改文档默认值”对话框

提示

在此对话框中，可以将所有选项勾选，也可以只选择一个或两个选项。

04 再次单击 确定 按钮，即完成默认轮廓属性的设置。再绘制新的图形时，设置的默认轮廓属性将自动应用于绘制的图形上。

实例总结

本列讲解了作图中提高工作效果的方法，即设置默认轮廓样式。

实例 049 滴管工具应用——水滴填色

学习目的

学习本实例，读者可以掌握设置渐变颜色的方法及为其他图形复制已有渐变颜色的快捷方法。

实例分析

- **作品路径** | 作品\第04章\水滴填色.cdr
- **视频路径** | 视频\实例49.avi
- **知识功能** | “渐变填充”工具和“属性滴管”工具
- **制作时间** | 5分钟

操作步骤

01 打开“作品\第03章”目录下名为“水滴.cdr”的文件。

02 利用工具选择最大的“水滴”图形，然后单击工具箱中的“填充”工具，在弹出的按钮列表中选取“渐变填充”工具，弹出图4-136所示的“渐变填充”对话框。

03 单击“从”选项右侧的按钮，在弹出的颜色列表中选择“蓝”色；单击“到”选项右侧的按钮，在弹出的颜色列表中选择“青”色。

04 单击“类型”选项右侧的选项窗口，在弹出的下拉列表中选择“辐射”选项，再将鼠标指针移动到右上角“中心位移”视窗中图4-137所示的位置单击。

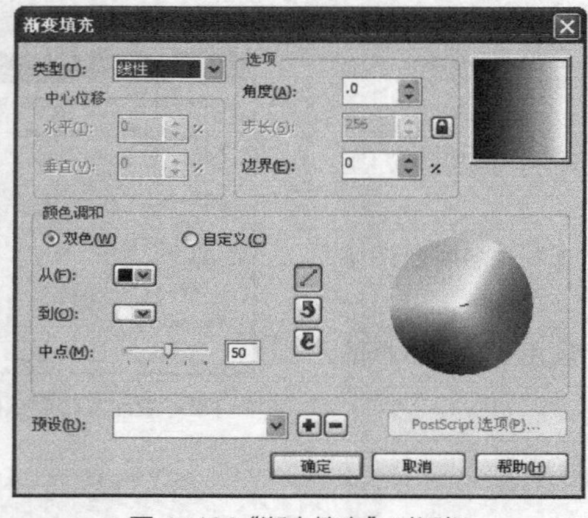

图4-136“渐变填充”对话框

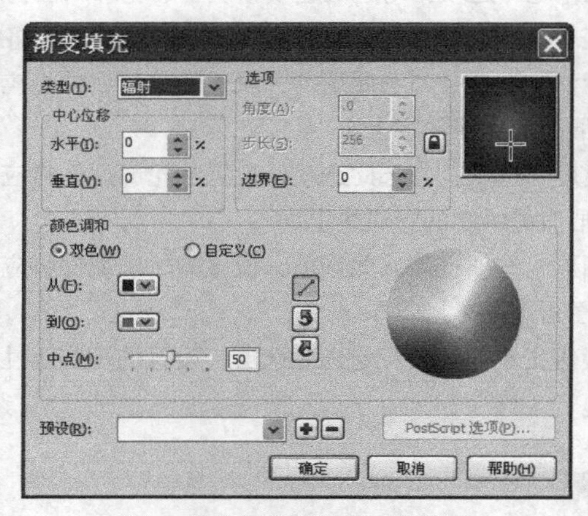

图4-137 鼠标指针放置的位置

05 单击鼠标后可调整渐变颜色的中心位置，且“中心位移”选项下面的参数也会发生相应的变化，如图4-138所示。

06 单击 确定 按钮，即可为选择的图形填充设置的渐变色，同时关闭“渐变填充”对话框。

07 去除图形的外轮廓，效果如图4-139所示。

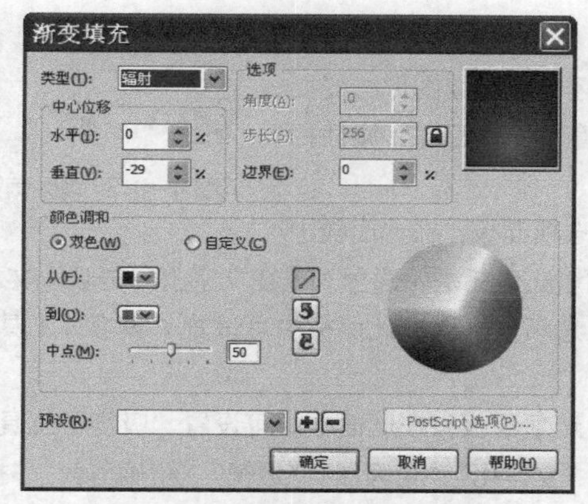

图 4-138 设置的渐变颜色及参数

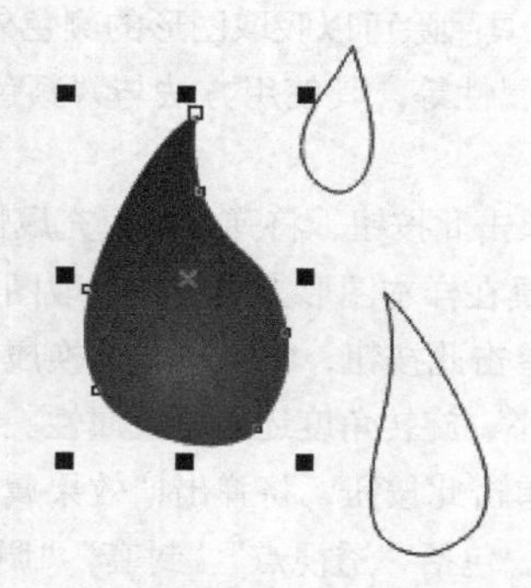

图 4-139 填充渐变色后的效果

08 选取工具箱中的“属性滴管”工具，单击属性栏中的按钮，在弹出的选项对话框中勾选所有选项，如图 4-140 所示。

09 单击按钮，然后将鼠标指针移动到已填色的图形上单击，吸取设置的填充色，然后将鼠标指针依次移动到其他两个图形上单击，即可将吸取的渐变色填充到其他两个图形上，同时去掉轮廓色，如图 4-141 所示。

10 执行“文件 / 另存为”命令，将当前文件命名为“水滴填色.cdr”并保存。

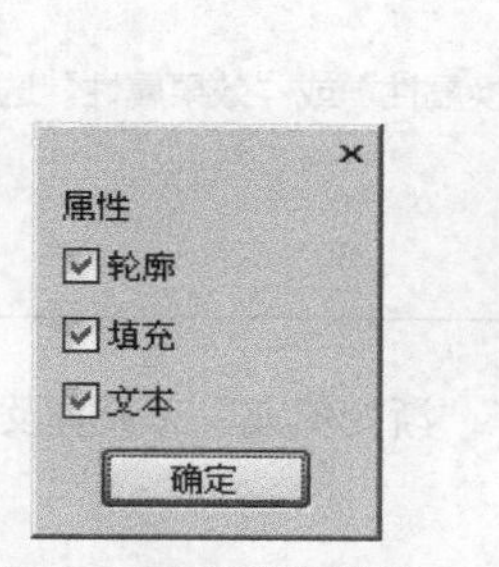

图 4-140 设置的选项

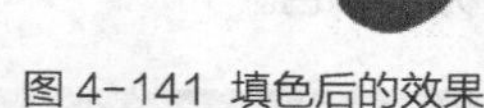

图 4-141 填色后的效果

相关知识点：滴管工具组

滴管工具组中包括“颜色滴管”工具和“属性滴管”工具。

一. 颜色滴管工具

利用“颜色滴管”工具为图形填充颜色或设置轮廓色是比较快捷的方法，但前提是绘图窗口中必须有需要的填充色和轮廓色存在。其使用方法为：利用“颜色滴管”工具在指定的图形上吸取需要的颜色，吸取后，该工具将自动变为“填充”工具，此时在指定的图形内单击，即可为图形填充吸取的颜色；在图形的轮廓上单击，即可为轮廓填充颜色。

“颜色滴管”工具的属性栏如图 4-142 所示。

图 4-142“颜色滴管”工具的属性栏

- “选择颜色”按钮：激活此按钮，可在文档窗口中进行颜色取样。
- “应用颜色”按钮：激活此按钮，可将取样颜色应用到对象上。
- 从桌面选择按钮：激活此按钮，“颜色滴管”工具可以移动到文档窗口以外的区域吸取颜色。
- “1×1”按钮、“2×2”按钮和“5×5”按钮：决定是在单像素中取样，还是对2×2或5×5像素区域中的平均颜色值进行取样。
- “所选颜色”：右侧显示吸管吸取的颜色。
- 加到调色板按钮：单击此按钮，可将所选的颜色添加到调色板中。单击右侧的倒三角按钮，然后选择“文档调色板”，可将所选的颜色添加到当前文档的调色板中。

提示

“颜色滴管”工具不仅可以吸取矢量图的颜色，也可以吸取位图的颜色。

二. 属性滴管工具

“属性滴管”工具除可以吸取图形的颜色外，还可以吸取图形的变换或效果属性及文本属性等，其使用方法与“颜色滴管”工具相同。属性栏如图4-143所示。

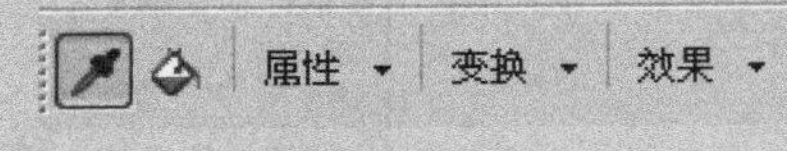

图4-143“属性滴管”工具的属性栏

- 属性按钮：单击此按钮，将弹出“填充属性”选项面板，在此面板中可设置“吸管”工具在样本图形上单击是吸取图形的填充色还是轮廓色，或在文字上单击吸取文本的特定属性。
- 变换按钮：单击此按钮，将弹出“变换属性”选项面板，在此面板中可设置“吸管”工具在样本图形上单击是吸取图形的大小、旋转角度还是位置属性。
- 效果按钮：单击此按钮，将弹出“效果属性”选项面板，在此面板中可设置“吸管”工具在样本图形上单击吸取的效果属性。包括“透视点”“封套”“调和”“立体化”“轮廓图”“透镜”“精确剪裁”“投影”和“变形”等属性。

提示

在“填充属性”“变换属性”或“效果属性”选项面板中，可以只选择一种属性，也可以选择多种属性，或同时设置各选项面板中的属性。

实例总结

本实例主要学习了“渐变填充”工具及“属性滴管”工具的使用，在实际的工作过程中，要灵活运用快捷方法填色。

实例 050 渐变填充工具——制作渐变按钮

学习目的

学习本实例，读者可以掌握“自定义”渐变颜色的设置方法。

实例分析

- **作品路径** | 作品\第04章\渐变按钮.cdr
- **视频路径** | 视频\实例50.avi
- **知识功能** | “渐变填充”工具和“阴影”工具
- **制作时间** | 10分钟

操作步骤

01 新建文件，利用工具绘制一个圆形图形。

02 选取工具，在弹出的“渐变填充”对话框中选择“自定义”选项，出现图4-144所示的渐变颜色条。

03 在右边的颜色列表位置选择图4-145所示的颜色。

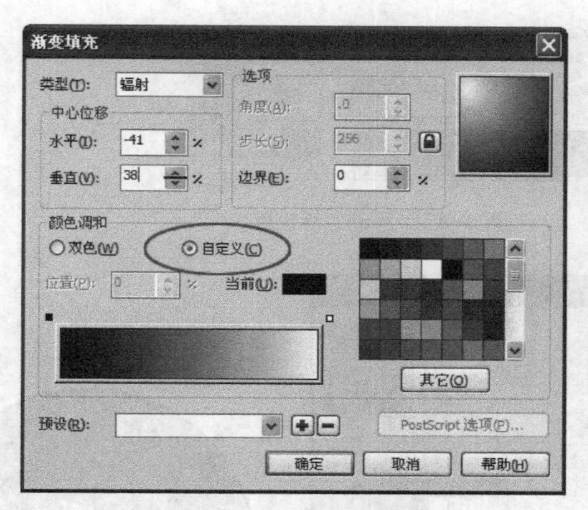

图 4-144 出现的渐变颜色条　　图 4-145 选择颜色

04 在 颜色条上方位置双击，添加一个颜色标记，如图 4-146 所示。

05 将添加的颜色标记设置为洋红色（M:100），然后选择右边的颜色标记，如图 4-147 所示。

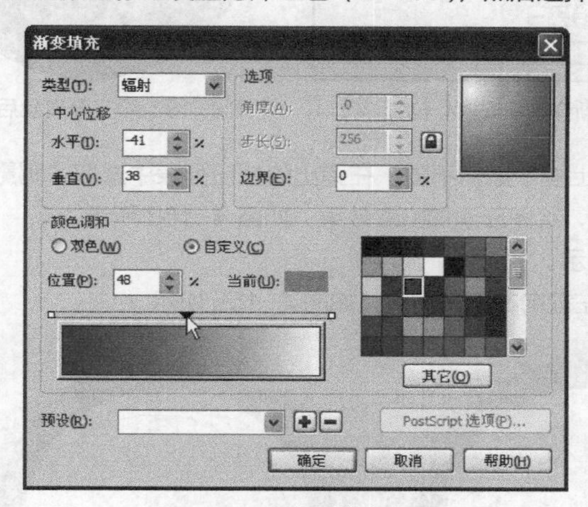

图 4-146 添加的颜色标记　　图 4-147 选择色标

06 单击 其它(O) 按钮，在弹出的“选择颜色”对话框中设置颜色参数，如图 4-148 所示。

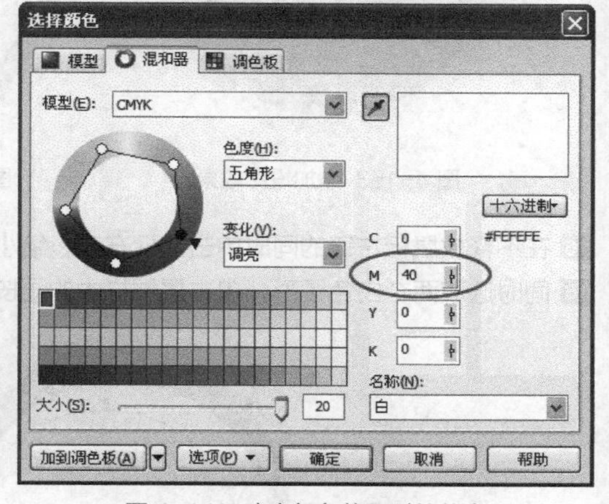

图 4-148 改变颜色位置时的状态

> **提示**
>
> 如果右侧的颜色列表中没有需要的颜色，可单击下方的 其它(O) 按钮，在弹出的“选择颜色”对话框中自行调制需要的颜色。另外，在颜色标记上双击，可将该颜色标记从颜色条上删除。

07 单击 确定 按钮，关闭“选择颜色”对话框。

08 在渐变色条上方选择图 4-149 所示的色标。

09 按下鼠标左键进行拖曳，可以改变小三角形色标的位置，从而改变渐变颜色的设置，如图 4-150 所示；也可在上方“位置”选项右侧的文本框中直接输入数值，来改变颜色标记的位置。

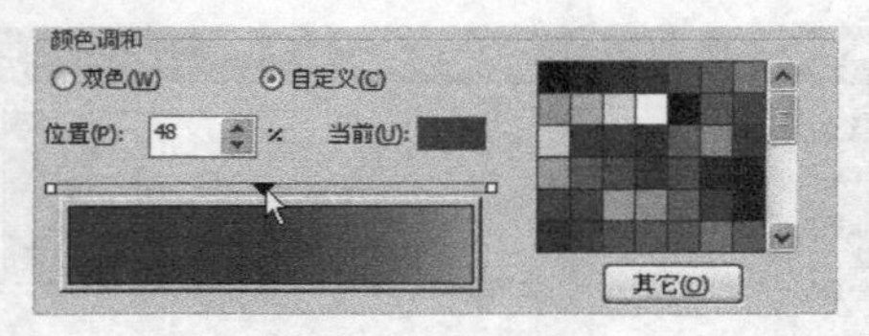
图 4-149 选择色标

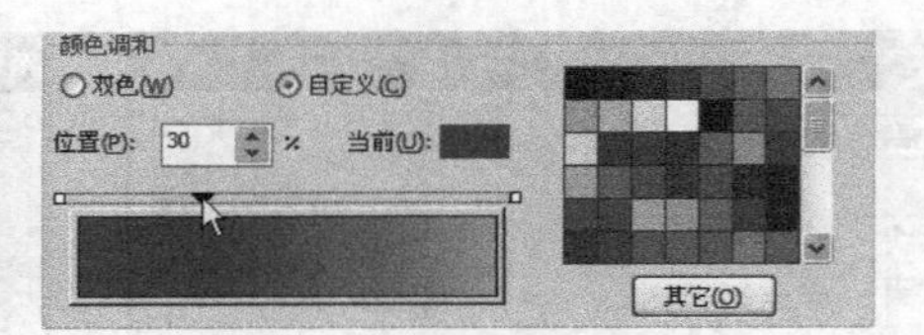
图 4-150 移动色标位置

10 在“渐变填充”对话框右上角的“中心位移”视窗中，可以通过单击鼠标左键来设置渐变颜色的中心位置，如图 4-151 所示。

11 单击 确定 按钮，关闭“渐变填充”对话框，填充的颜色如图 4-152 所示。

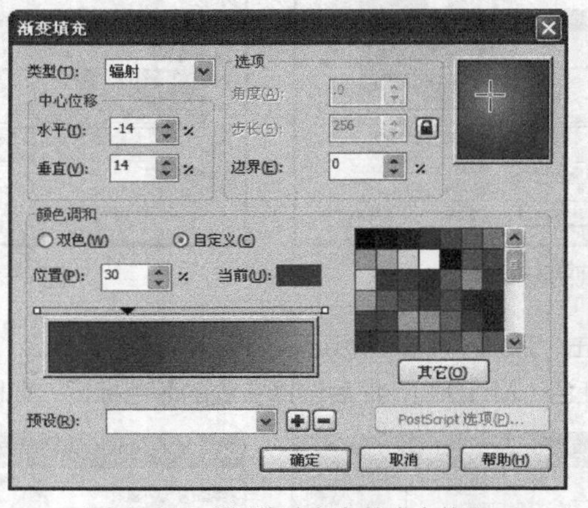
图 4-151 设置渐变颜色的中心位置

图 4-152 填充渐变色后的效果

12 去除图形轮廓线，然后在工具箱中的“调和”按钮上按下鼠标不放，在弹出的按钮列表中选取“阴影”工具，在图形的中心位置按下鼠标左键不放并向左下方拖曳，给图形添加投影效果，如图 4-153 所示。

13 利用工具再绘制一个白色圆形图形，如图 4-154 所示。

14 将鼠标指针放置在变形框左上角的控制点上按下鼠标左键向右下角拖曳，如图 4-155 所示。

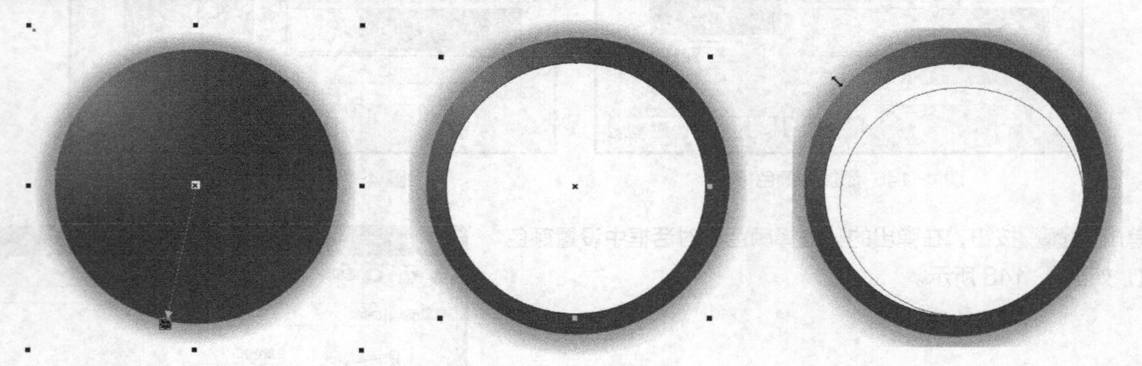
图 4-153 添加投影效果　图 4-154 绘制的图形　图 4-155 缩小图形

15 在不释放鼠标左键的同时单击鼠标右键，缩小复制出一个圆形图形，如图 4-156 所示。

16 同时选取两个白色圆形，单击属性栏中的按钮，修剪得到图 4-157 所示的图形。

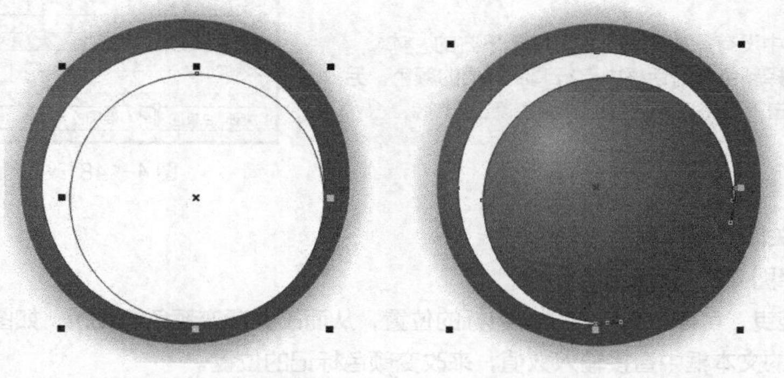
图 4-156 缩小复制出的图形　图 4-157 修剪后的图形

17 选取■工具，在弹出的“渐变填充”对话框中设置渐变颜色，如图 4-158 所示。

18 单击 确定 按钮，关闭“渐变填充”对话框，然后去除图形的轮廓线。

19 至此，渐变颜色的填充及设置方法操作完毕，按 Ctrl+S 组合键将文件命名为“渐变按钮 .cdr”并保存。

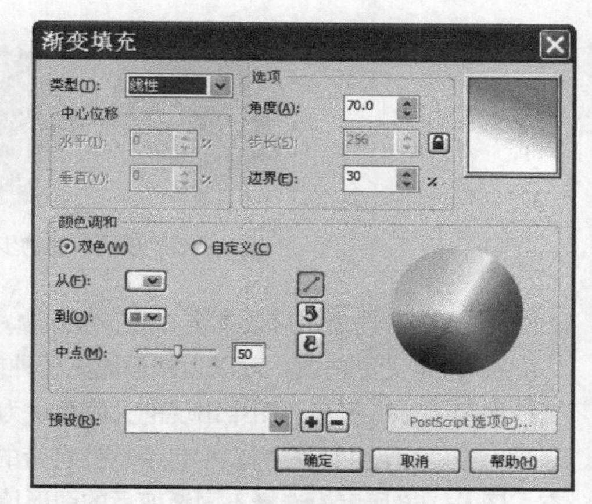

图 4-158 设置渐变颜色

相关知识点：“渐变填充”工具

利用“渐变填充”工具可以为图形添加渐变效果，使图形产生立体感或材质感。选择图形后，选取工具，然后在弹出的隐藏工具组中选择“渐变填充”工具■，弹出图 4-159 所示的“渐变填充”对话框。

● “类型”选项：其下拉列表中包括“线性”“辐射”“圆锥”和“正方形”4 种渐变方式。图 4-160 所示为分别使用这 4 种渐变方式时所产生的渐变效果。

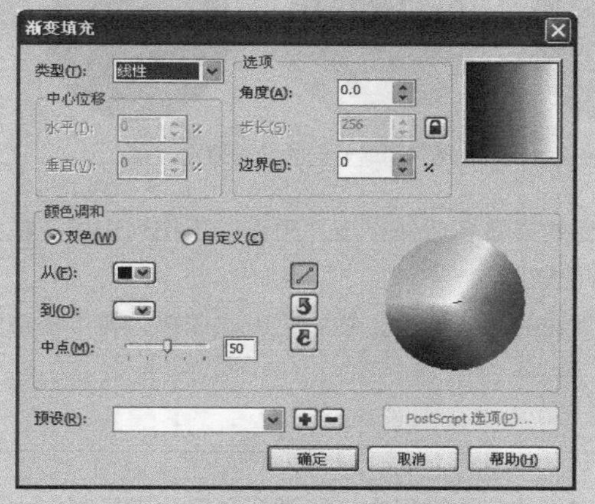

图 4-159“渐变填充”对话框

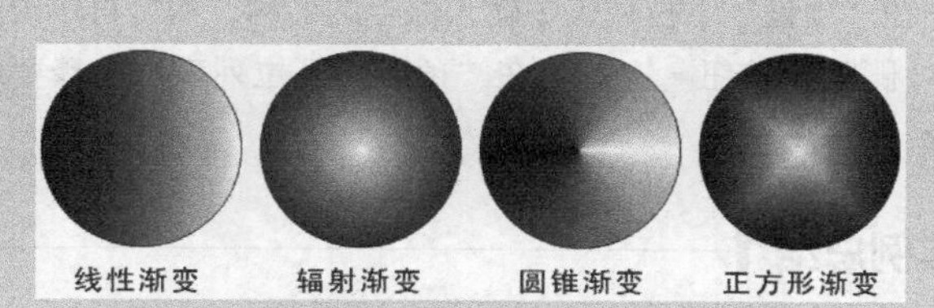

图 4-160 不同渐变方式所产生的渐变效果

● “中心位移”选项：当在“类型”下拉列表中选择除“线性”外的其他选项时，其下的选项即变为可用状态，主要用于调节渐变中心点的位置。当调节“水平”选项时，渐变中心点的位置可以在水平方向上移动；当调节“垂直”选项时，渐变中心点的位置可以在垂直方向上移动。也可以同时改变“水平”和“垂直”的数值来对渐变中心进行调节。图 4-161 所示为设置与未设置“中心位移”时的图形填充效果对比。

● “角度”选项：用于改变渐变颜色的渐变角度，如图 4-162 所示。

图 4-161 设置不同的中心位移效果　　图 4-162 设置不同的渐变角度效果

● “步长”选项：激活右侧的“锁定”按钮后，此选项才可用。主要用于对当前渐变的发散强度进行调节，数值越大，发散越大，渐变越平滑，如图 4-163 所示。

● “边界”选项：决定渐变光源发散的远近度，数值越小发散得越远（最小值为“0”），如图 4-164 所示。

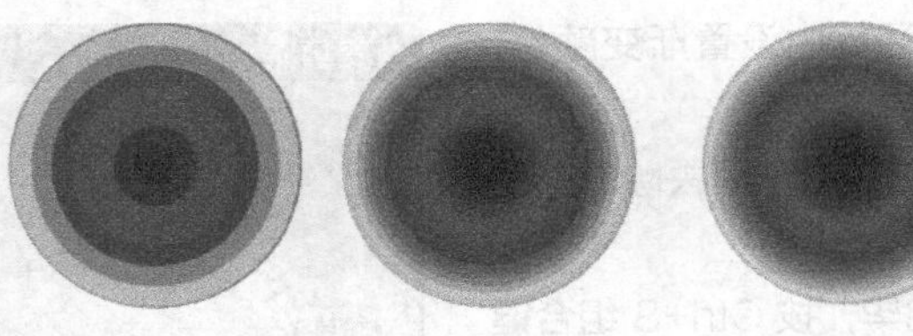

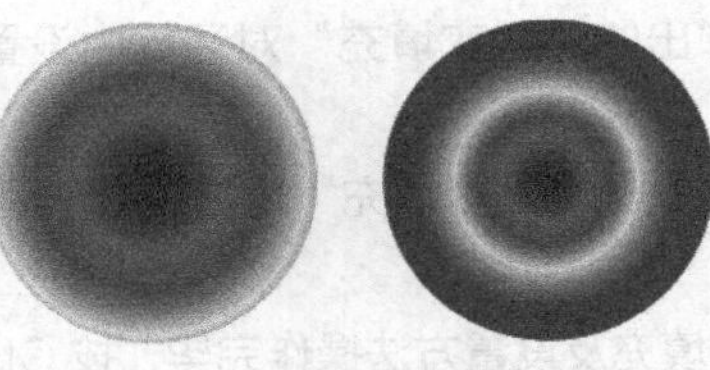

图4-163 设置不同的步长效果　　图4-164 设置不同的边界效果

● “双色”选项：可以单击“从”按钮和“到”按钮来选择要渐变调和的两种颜色。

● “自定义”选项：可以为图形填充两种或两种颜色以上颜色混合的渐变效果。选中此选项，“渐变填充”对话框如图4-165所示，图中出现的大颜色块为颜色条，颜色条上方两侧的标记为颜色标记。

● 在“预设”下拉列表中包括软件自带的渐变效果，用户可以直接选择需要的渐变效果来完成图形的渐变填充。图4-166所示为选择不同渐变后的图形填充效果。

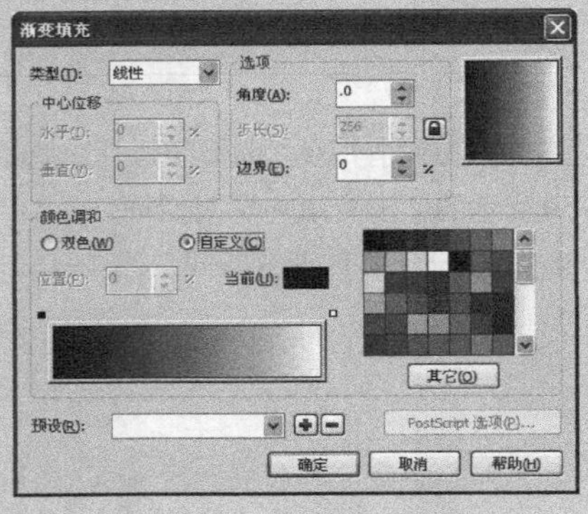

图4-165“渐变填充”对话框

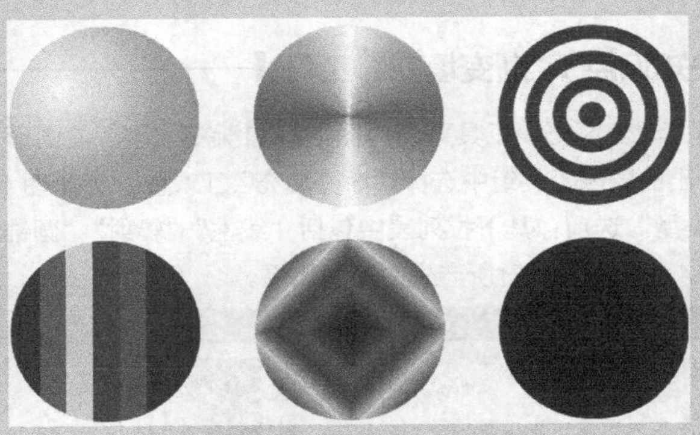

图4-166 选择不同渐变后的图形填充效果

● “添加”按钮：单击此按钮，可以将当前设置的渐变效果命名后保存至“预设”下拉列表中。注意，一定要先在“预设”下拉列表中输入保存的名称，然后再单击此按钮。

● “删除”按钮：首先在“预设”下拉列表中选择要删除的渐变选项，然后单击此按钮，即可将该渐变选项删除。

实例总结

本实例主要讲解了“渐变填充”工具的使用方法。在实际的工作过程中，经常会利用此工具制作立体效果，读者要熟练掌握其使用方法。

实例 051 图样填充工具——绘制餐桌和椅子

学习目的

学习本实例，读者可以掌握“图样填充”工具的使用方法。

实例分析

- **作品路径** | 作品\第04章\餐桌.cdr
- **视频路径** | 视频\实例51.avi
- **知识功能** | “图样填充”工具及缩小复制和旋转复制操作
- **制作时间** | 10分钟

操作步骤

01 新建一个横向的图形文件，然后利用工具绘制一个圆形图形，并将其轮廓颜色设置为灰色（K:60）。

02 单击工具箱中的“填充”工具，在弹出的按钮列表中选取“图样填充”工具，弹出“图样填充”对话框。

03 选中“位图”选项，并单击下方的浏览(J)...按钮，在弹出的“导入”对话框中，选择资源文件中“素材\第 04 章”目录下名为“大理石 .jpg”的文件，然后设置下面的选项参数，如图 4-167 所示。

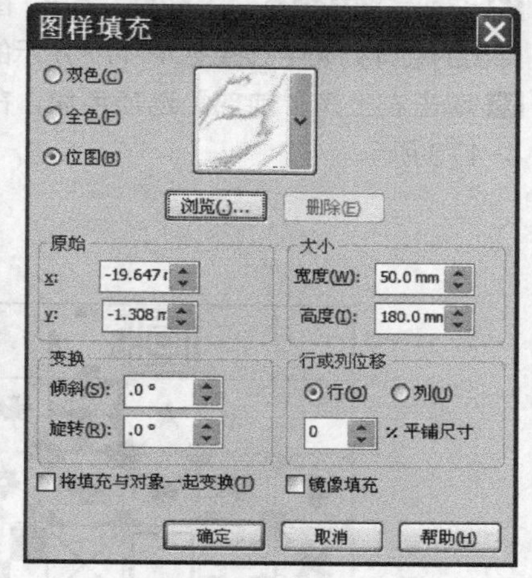

图 4-167 选择的图样及设置的参数

04 单击确定按钮，圆形图形填充大理石图样后的效果如图 4-168 所示。

05 在工具箱中的“调和”按钮上按下鼠标左键不放，在弹出的按钮列表中选取“阴影”工具，将鼠标指针移动到圆形图形的中心位置按下并向右拖曳，为圆形图形添加图 4-169 所示的阴影效果。

06 选取工具，然后将圆形图形以中心等比例缩小复制，效果如图 4-170 所示。

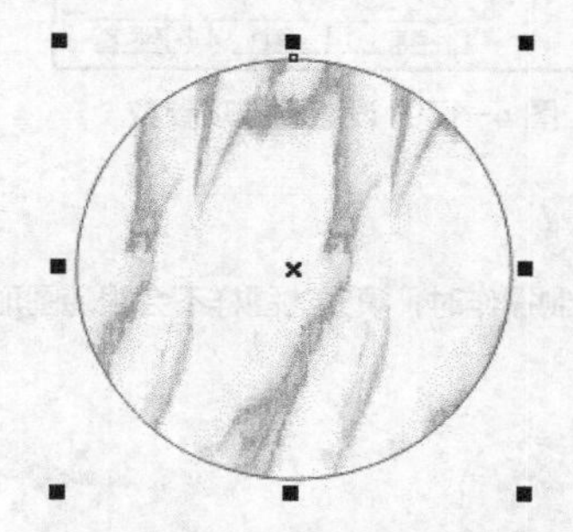
图 4-168 填充图样后的效果

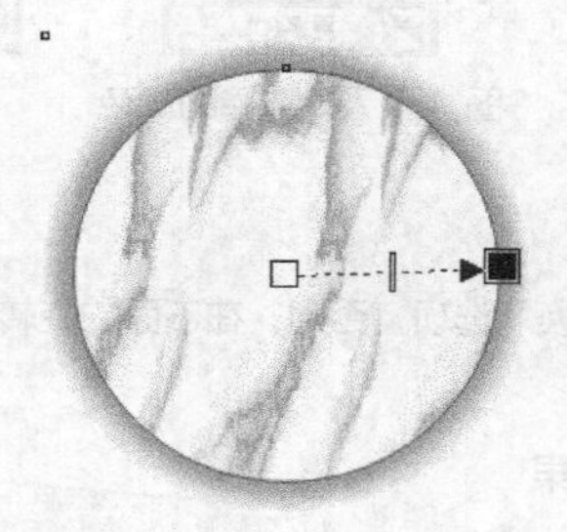
图 4-169 添加的阴影效果

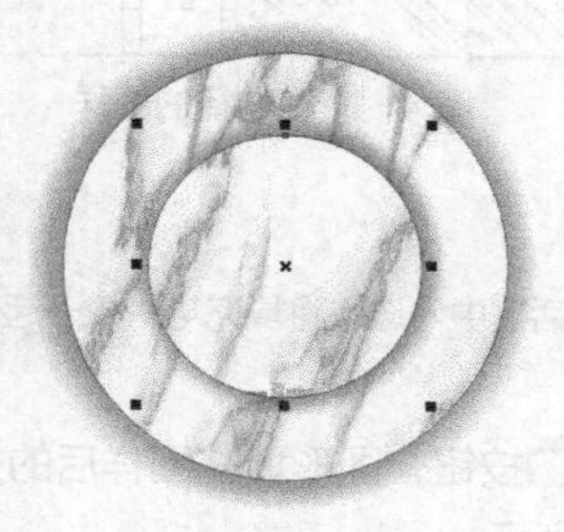
图 4-170 缩小复制出的图形

07 利用工具绘制出图 4-171 所示的圆角矩形，然后执行“效果 / 添加透视”命令，此时在矩形上方会显示红色的虚线框。

08 依次调整左上角和左下方的控制点，将圆角矩形调整至图 4-172 所示的状态。

09 单击属性栏中的按钮，将透视变形后的矩形转换为曲线图形。

10 继续利用工具绘制出图 4-173 所示的矩形图形，然后单击属性栏中的按钮，将其转换为曲线图形。

11 选取工具，框选图形将其选中，然后依次单击属性栏中的和按钮，此时的图形形态如图 4-174 所示。

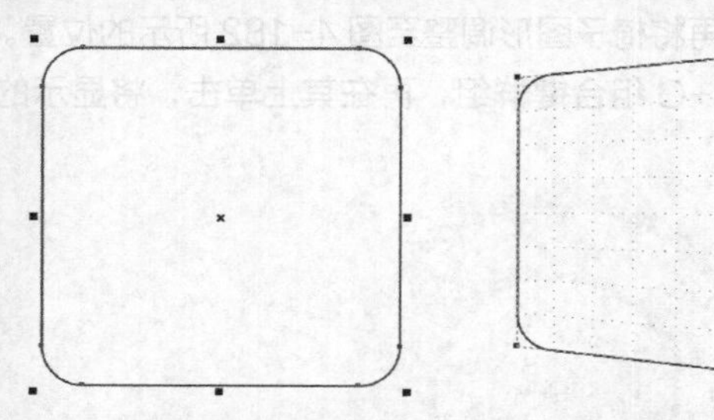
图 4-171 绘制的圆角矩形

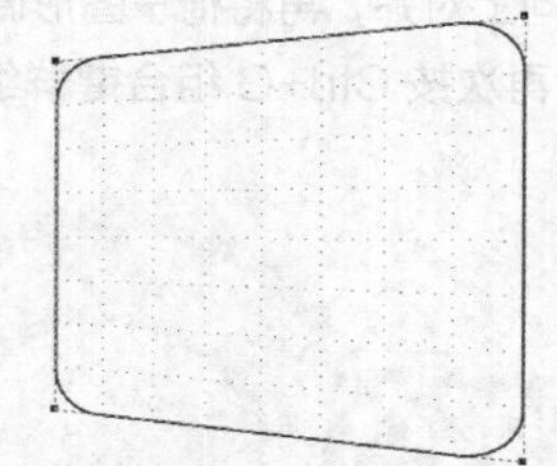
图 4-172 调整后的状态

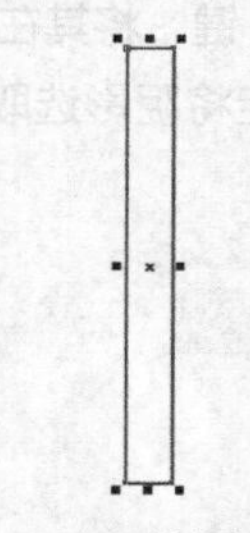
图 4-173 绘制的矩形

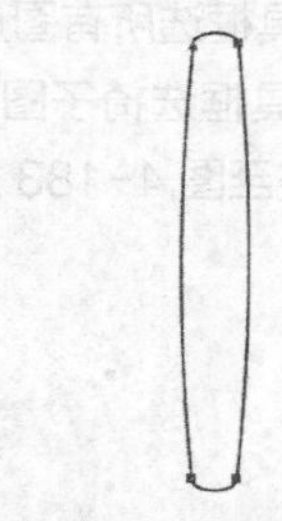
图 4-174 调整节点性质后的形态

12 继续利用工具分别将图形中左、右两边的线形向左移动，将其调整至图 4-175 所示的形态，然后利用工具将其移动到图 4-176 所示的位置。

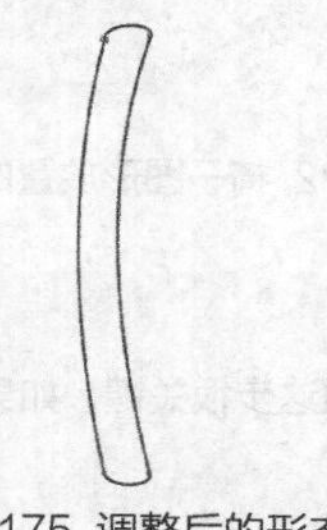
图 4-175 调整后的形态

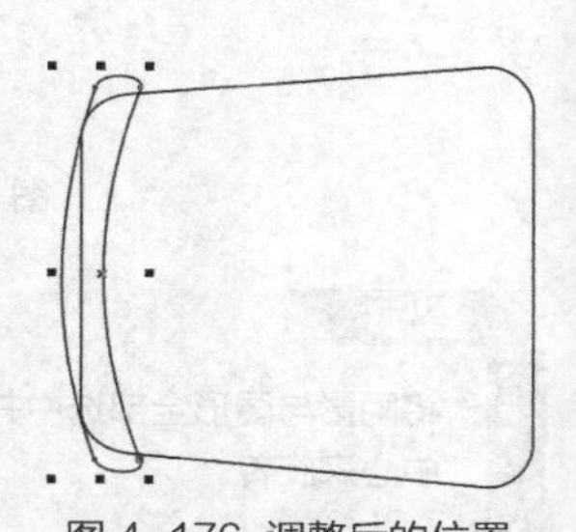
图 4-176 调整后的位置

13 利用工具将两个图形同时选中，然后将图形的外轮廓设置为灰色（K:60），再按 Ctrl+G 组合键群组。

14 选取“图样填充”工具，弹出“图样填充”对话框，选中“双色”选项，然后单击右侧的图样选项窗口，在弹出的图样列表中选择图 4-177 所示的图样。

15 单击右上角“前部”选项色块，在弹出的颜色列表中选择图 4-178 所示的颜色，再设置选项参数，如图 4-179 所示。

图 4-177 选择的图样

图 4-178 选择的颜色

图 4-179 设置的选项参数

> **提示**
>
> 注意在对话框中勾选“将填充与对象一起变换”选项，否则，在下面的旋转复制操作时，填充的图样不会跟随图形变化。

16 单击 确定 按钮，图形填充图样后的效果如图 4-180 所示。

17 选取“阴影”工具，为图形添加图 4-181 所示的阴影效果。

图 4-180 填充图样后的效果

图 4-181 添加的阴影效果

18 利用工具框选所有图形，然后按 E 键，将其在垂直方向上对齐，再将椅子图形调整至图 4-182 所示的位置。

19 利用工具框选椅子图形，注意一定将阴影选取，然后再次按 Ctrl+G 组合键群组，再在其上单击，将显示的旋转中心调整至图 4-183 所示的位置。

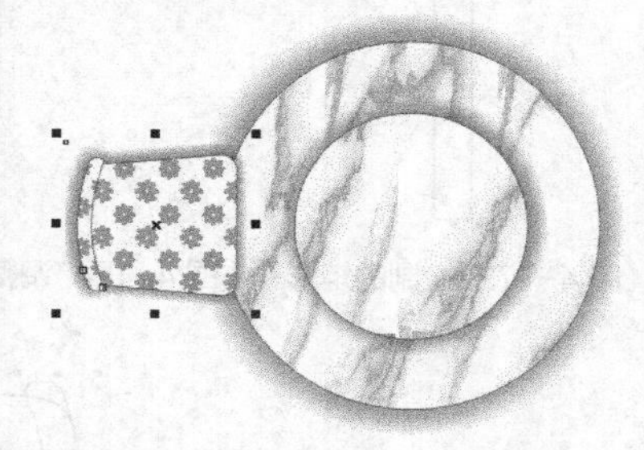

图 4-182 椅子图形放置的位置

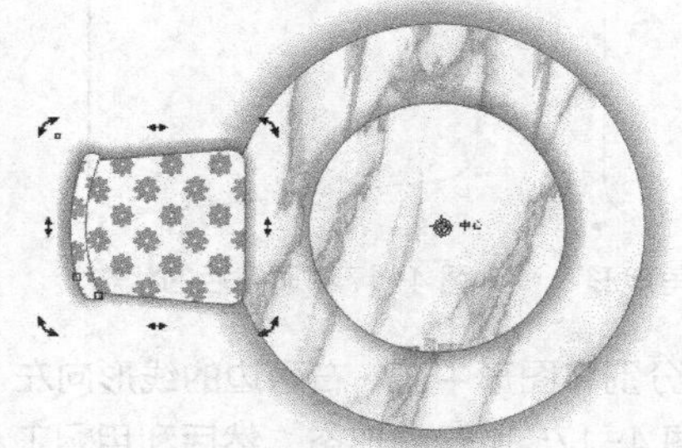

图 4-183 旋转中心调整后的位置

> **提示**
>
> 将阴影与图形全部选中并群组这步很关键，如果不执行此操作，在下面旋转复制图形时，图形的旋转中心不会跟随圆形的中心来旋转。

20 将图形依次旋转并复制，效果如图 4-184 所示。

21 选取工具，按住 Shift 键，依次单击椅子图形，然后执行“排列 / 顺序 / 到图层后面”命令，将椅子图形调整至餐桌图形的下方，如图 4-185 所示。

22 按 Ctrl+S 组合键，将此文件命名为“餐桌 .cdr”并保存。

图 4-184　旋转复制出的图形

图 4-185　调整堆叠顺序后的效果

相关知识点：“图样填充”工具

利用“图样填充”工具可以为选择的图形添加各种各样的图案效果，包括自定义的图案。

选中要进行填充的图形后，选择工具，弹出图 4-186 所示的“图样填充”对话框。

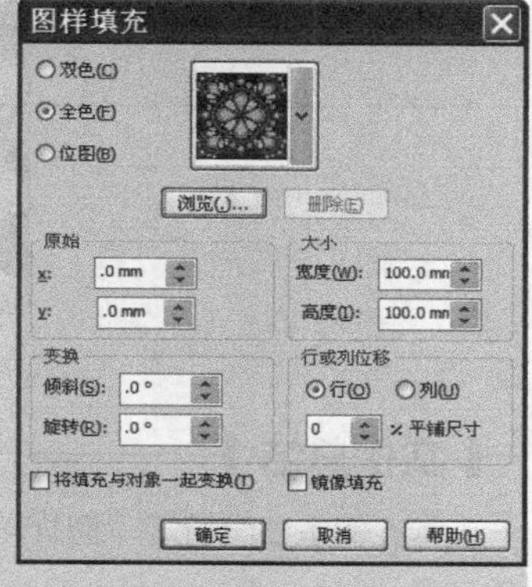

图 4-186“图样填充”对话框

- “双色”选项：可以为选择的图形填充重复的花纹图案。通过设置右侧的“前部”和“后部”颜色，可以为图案设置背景和前景颜色。
- “全色”选项：可以为选择的图形填充多种颜色的简单材质和重复的色彩花纹图案。
- “位图”选项：可以用位图作为一种填充颜色为选择的图形填充效果。

单击“图案”选项窗口，弹出“图案样式”选项面板，在该面板中可以选择要使用的填充样式；滑动右侧的滑块，可以浏览全部的图案样式。

- 单击 浏览(L)... 按钮，可在弹出的“导入”对话框中将其他图案导入到当前的“图案样式”选项面板中。
- 单击 删除(E) 按钮，可将当前选择的图案在“图案样式”选项面板中删除。

当选中“双色”选项时，右侧将显示 创建(A)... 按钮，单击此按钮，会弹出“双色图案编辑器”对话框，在此对话框中可自行编辑要填充的“双色”图案。

- “原始”选项：决定填充图案的中心相对于图形选框在工作区的水平和垂直距离。
- “大小”选项：决定填充时的图案大小。图 4-187 所示为设置不同的“宽度”和“高度”值时图形填充后的效果。

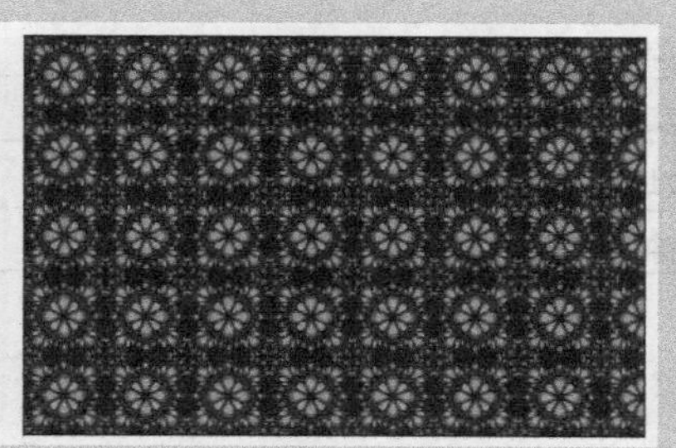

图 4-187　图形的填充效果

- “变换”选项：决定填充时图案的倾斜和旋转角度。“倾斜”值的取值范围为“- 75 ~ 75”；“旋转”值的取值范围为“- 360 ~ 360”。
- “行或列位移”选项：决定填充图案在水平方向或垂直方向的位移量。

• “将填充与对象一起变换”选项：勾选此选项，可以在旋转、倾斜或拉伸图形时，使填充图案与图形一起变换。如果不勾选该项，在变换图形时，填充图案不随图形的变换而变换，如图4-188所示。

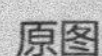

不勾选选项　　勾选选项

图4-188 变换图形时的不同效果

• “镜像填充”选项：可以为填充图案设置镜像效果，图4-189所示为不勾选和勾选此选项时填充的效果。

图4-189 填充时产生的镜像效果对比

实例总结

本实例主要学习了“图样填充”工具的使用方法。在制作过程中，将图像定义为图样并运用的方法，希望读者注意。

实例052 底纹填充工具——制作围巾效果

学习目的

学习本实例，读者可以掌握“底纹填充”工具的使用方法。

实例分析

- **作品路径** | 作品\第04章\围巾.cdr
- **视频路径** | 视频\实例52.avi
- **知识功能** | “底纹填充”工具
- **制作时间** | 10分钟

操作步骤

01 新建文件，利用和工具绘制出图4-190所示的轮廓图形。

02 单击按钮，在弹出的按钮列表中选取“底纹填充”工具，在弹出的“底纹填充”对话框中，将“底纹库”选项设置为“样品”，然后在“底纹列表”窗口中选择“Pizzazz矿物”选项，设置选项参数如图4-191所示。

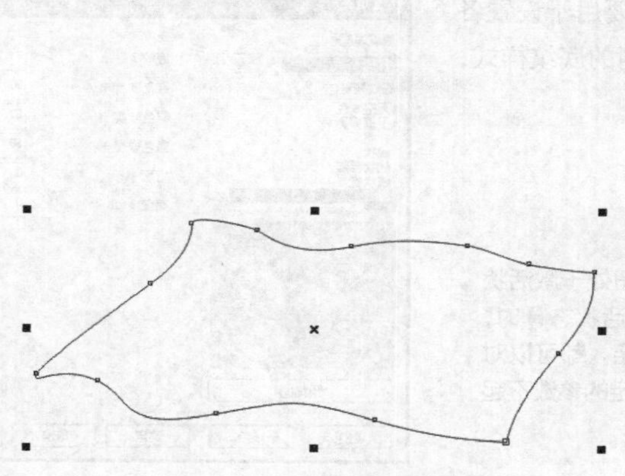

图 4-190 绘制的轮廓图形

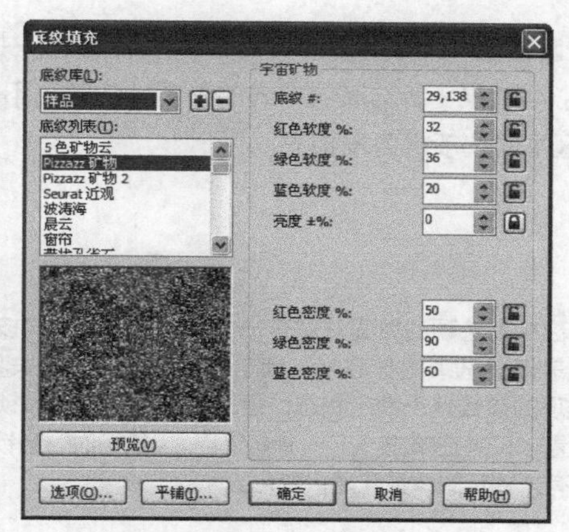

图 4-191“底纹填充”对话框

03 单击确定按钮，图形填充后的效果如图 4-192 所示。

04 灵活运用和工具依次绘制出图 4-193 所示的线形。

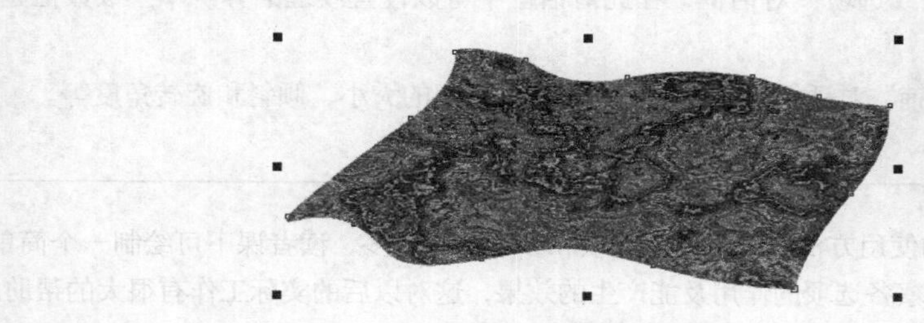

图 4-192 填充后的效果

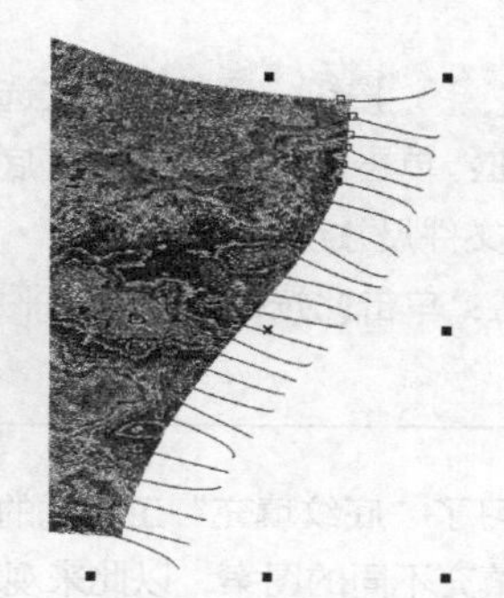

图 4-193 绘制的线形

05 利用工具将线形全部选中，然后单击按钮，并选取工具，在弹出的“轮廓笔”对话框中将轮廓“颜色”设置为深红色（C:50,M:100,Y:80），其他选项参数设置如图 4-194 所示。

06 单击确定按钮，线形形态如图 4-195 所示。至此，围巾效果制作完成。

07 按 Ctrl+S 组合键，将文件命名为“围巾 .cdr”并保存。

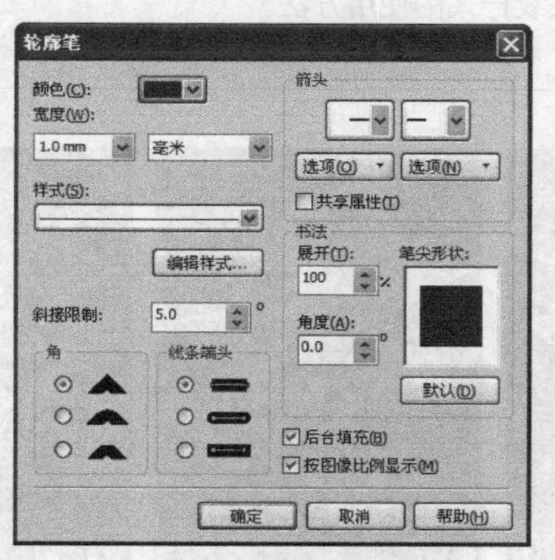

图 4-194 设置的轮廓选项

图 4-195 制作的围巾效果

相关知识点：“底纹填充”工具

利用“底纹填充”工具可以将小块的位图作为纹理对图形进行填充，它能够逼真地再现天然材料的外观。选中要进行填充的图形后，选取“底纹填充”工具，弹出图 4-196 所示的“底纹填充”对话框。

- “底纹库”选项：在此下拉列表中可以选择需要的底纹库。
- “底纹列表”选项：在此列表中可以选择需要的底纹样式。当选择了一种样式后，所选底纹的缩略图即显示在下方的预览窗口中。

● “参数设置区”：对话框的右侧为参数设置区，主要用于设置各选项的参数，可以改变所选底纹样式的外观。注意，不同的底纹样式，其参数设置区中的选项也各不相同。

图 4-196“底纹填充”对话框

提示

参数设置区中各选项的后面分别有一个锁定按钮，当该按钮处于激活状态时，表示此选项的参数未被锁定；当该按钮处于未激活状态时，表示此选项的参数处于锁定状态。但无论该参数是否被锁定，都可以对其进行设置，只是在单击 预览(V) 按钮时，被锁定的参数不起作用，只有未锁定的参数在随机变化。

● 预览(V) 按钮：调整完底纹选项的参数后，单击此按钮，即可看到修改后的底纹效果。

● 选项(O)... 按钮：单击此按钮，弹出“底纹选项”对话框，在此对话框中可以设置纹理的分辨率。该数值越大，纹理越精细，文件尺寸也相应越大。

● 平铺(I)... 按钮：单击此按钮，弹出“平铺”对话框，此对话框中可设置纹理的大小、倾斜和旋转角度等。

实例总结

本实例主要学习了“底纹填充”工具的使用方法。该工具的选项和参数都比较多，读者课下可绘制一个简单的图形，分别为其填充不同的图案，以此来观察各选项的作用及能产生的效果，这对以后的实际工作有很大的帮助。

实例053 底纹填充工具——为卡通人物填色

学习目的

学习本实例，读者可以熟练掌握“底纹填充”对话框中各底纹样式的使用方法。

实例分析

- **作品路径** | 作品\第04章\人物填色.cdr
- **视频路径** | 视频\实例53.avi
- **知识功能** | “底纹填充”工具
- **制作时间** | 10分钟

操作步骤

01 打开资源文件中“素材\第04章”目录下名为“卡通人物.cdr”的文件。

02 利用工具选择人物的上衣图形，然后选取“底纹填充”工具，在弹出的“底纹填充”对话框中，将“底纹库”选项设置为“样式”，然后在“底纹列表”窗口中选择“卫星摄影”选项，并设置选项参数，如图4-197所示。

03 单击 确定 按钮，人物上衣图形填充后的效果如图4-198所示。

提示

注意每单击一次 预览(V) 按钮，填充的图案即发生相应的变化，同时参数设置区中的参数也会发生改变。如读者设置的图案没有达到想要的效果，可多次单击 预览(V) 按钮进行选择。另外，分别改变各选项的颜色，可产生不同的效果。

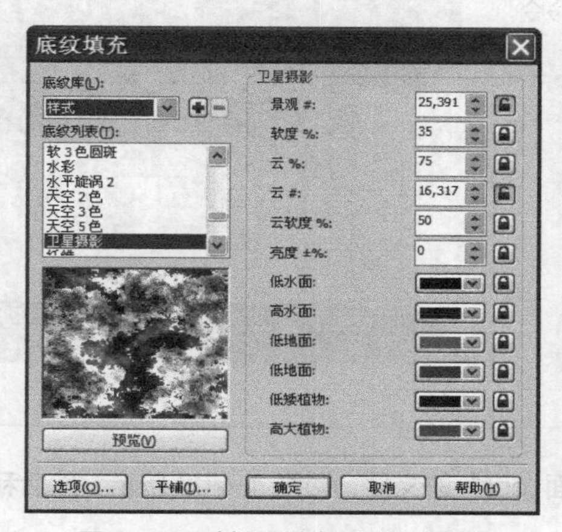

图 4-197 选择的样式及设置的参数

图 4-198 填充后的效果

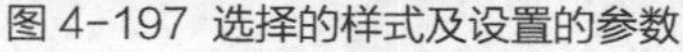

04 依次选择作为“裤子”和“头发”的图形，分别利用“底纹填充”工具为其填充相应的图案，各选项及参数设置如图 4-199 所示。

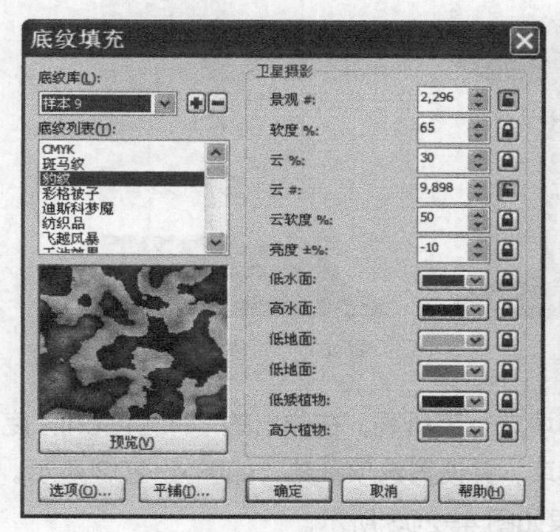

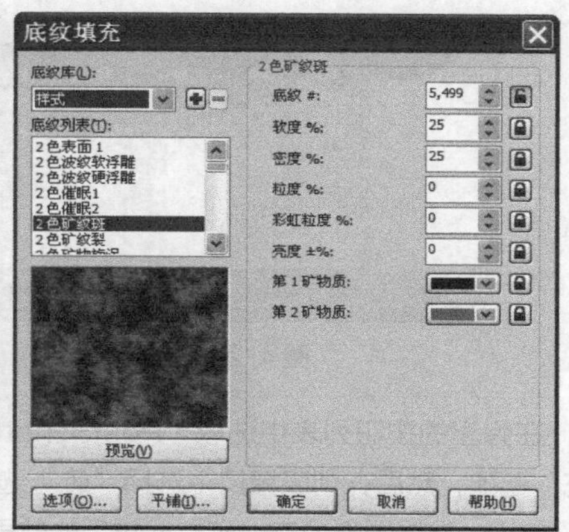

图 4-199 设置的选项及参数

05 用相同的方法，可将卡通人物再复制出一组，并为其填充不同的图样。

06 执行“文件 / 另存为”命令，将此文件另命名为“人物填色 .cdr”并保存。

实例总结

本实例通过为人物填充不同的图样，使读者感受到了该工具的多样性，设置不同的参数和颜色，能生成千变万化的效果。

实例 054 PostScript填充工具——为门面贴材质

学习目的

学习本实例，读者可以熟练掌握“PostScript 填充”工具的使用方法。

实例分析

- **素材路径** | 素材\第04章\门面.cdr
- **作品路径** | 作品\第04章\ps填充.cdr
- **视频路径** | 视频\实例54.avi
- **知识功能** | “PostScript填充”工具，“复制属性自”命令，以及“透明度”工具和“阴影工具”
- **制作时间** | 15分钟

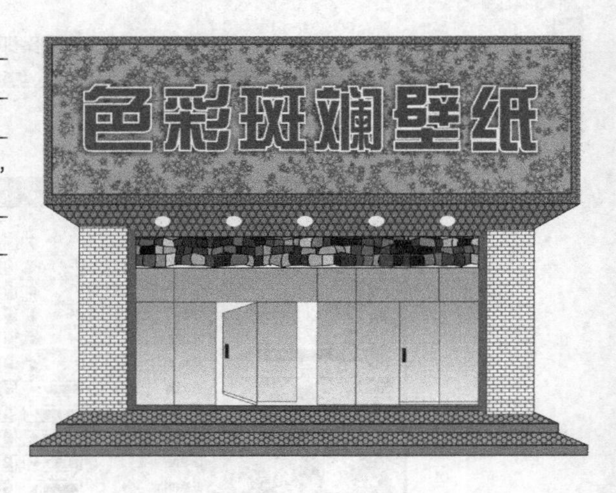

操作步骤

01 打开资源文件中“素材\第04章”目录下名为“门面.cdr”的文件，如图4-200所示，然后利用工具选择图4-201所示的图形。

图4-200 打开的文件　　图4-201 选择的图形

02 单击按钮，在弹出的按钮列表中选取“PostScript填充”工具，在弹出的“PostScript底纹”对话框中，勾选“预览填充”选项，然后在列表窗口中选择“砖”选项，并设置选项参数，如图4-202所示。

03 单击 确定 按钮，选择图形填充“砖”底纹后的效果如图4-203所示。

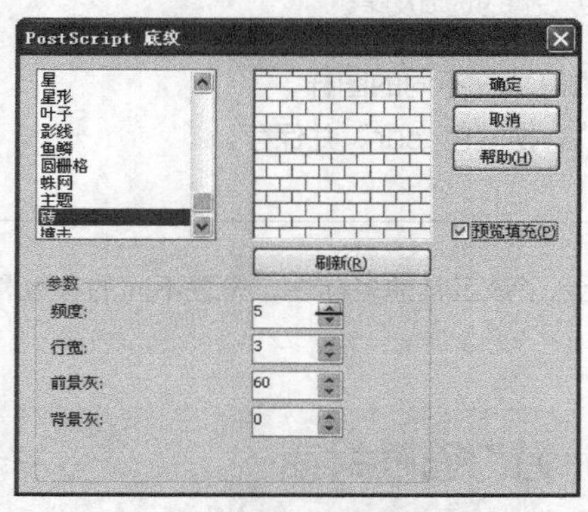

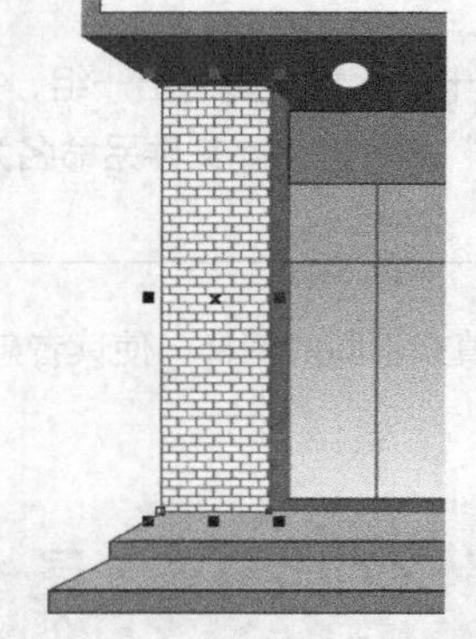

图4-202 选择的底纹及设置的参数　　图4-203 填充底纹后的效果

04 利用工具选择图4-204所示的图形，执行“编辑/复制属性自”命令，在弹出的“复制属性”对话框中勾选图4-205所示的“填充”选项，单击 确定 按钮。

05 将鼠标指针移动到左侧填充的“砖”图形上单击，即可将填充复制到选择的图形上，如图4-206所示。

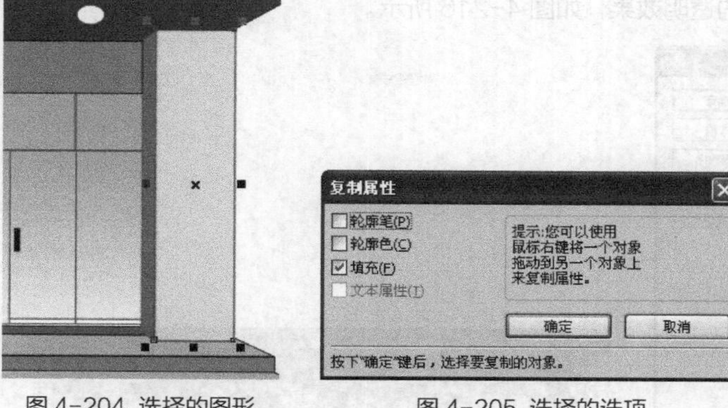

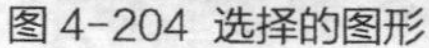

图 4-204　选择的图形　　图 4-205　选择的选项　　图 4-206　复制填充后的效果

06 利用工具选择图 4-207 所示的图形，然后选取“PostScript 填充”工具，在弹出的“PostScript 底纹”对话框中选择图 4-208 所示的底纹。

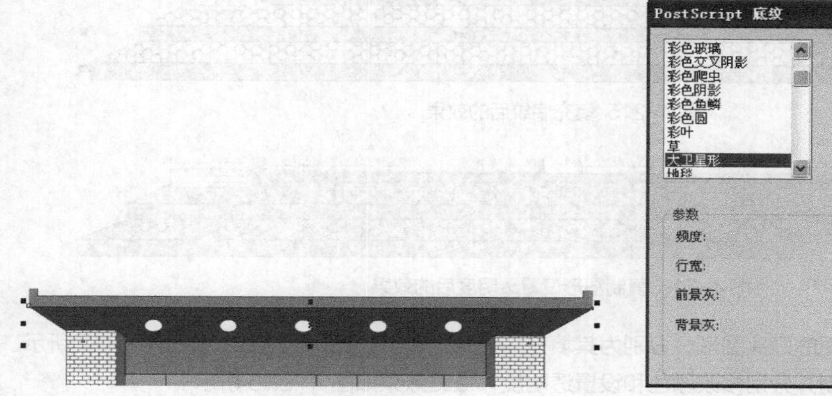

图 4-207　选择的图形　　图 4-208　选择的底纹

07 单击 确定 按钮，填充效果如图 4-209 所示。

08 按键盘数字区中的 + 键，可以将选择图形在原位置复制，然后将复制图形的颜色修改为灰色（K:70），如图 4-210 所示。

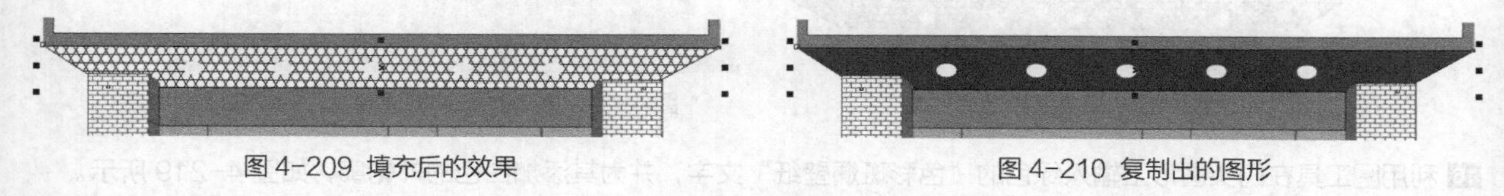

图 4-209　填充后的效果　　图 4-210　复制出的图形

09 在工具箱中的“调和”按钮上按下鼠标左键不放，然后在弹出的按钮列表中选取“透明度”工具，再单击属性栏中的“无”选项，在弹出的列表中选择“标准”，设置透明度后的图形效果如图 4-211 所示。

10 继续利用工具选择图 4-212 所示的图形。

图 4-211　设置透明度后的效果　　图 4-212　选择的图形

11 选取“PostScript 填充”工具，在弹出的“PostScript 底纹”对话框中选择图 4-213 所示的底纹，单击 确定 按钮，填充效果如图 4-214 所示。

12 利用工具选择下方的“台阶”图形，然后为其填充“六边形”底纹，填充后的效果如图 4-215 所示。

13 按键盘数字区中的 + 键，将“台阶”图形在原位置复制，然后将复制图形的颜色修改为褐色（M:20,Y:40,K:40），并利用“透明度”工具为其添加“标准”的透明效果，如图 4-216 所示。

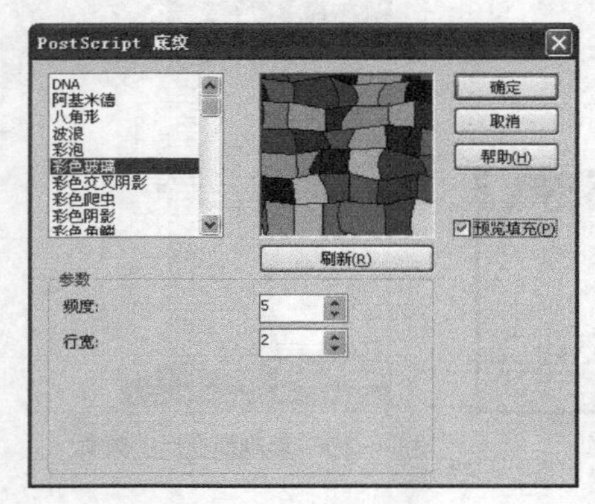

图 4-213 选择的底纹

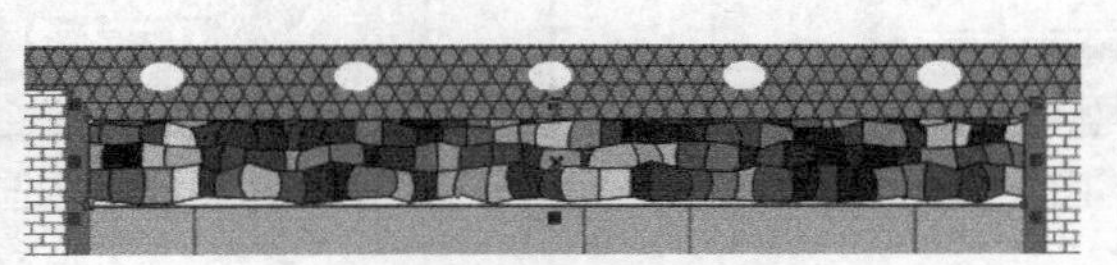

图 4-214 填充后的效果

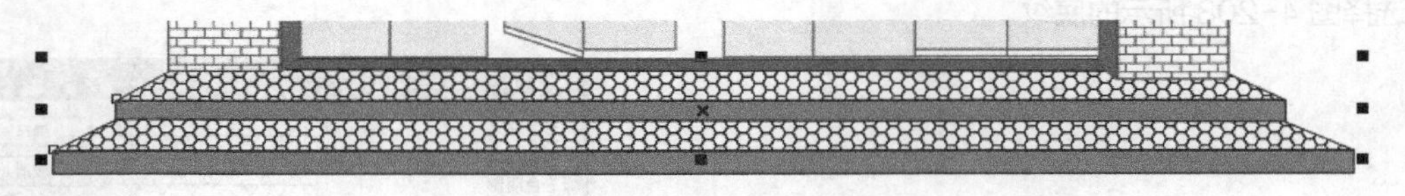

图 4-215 填充底纹后的效果

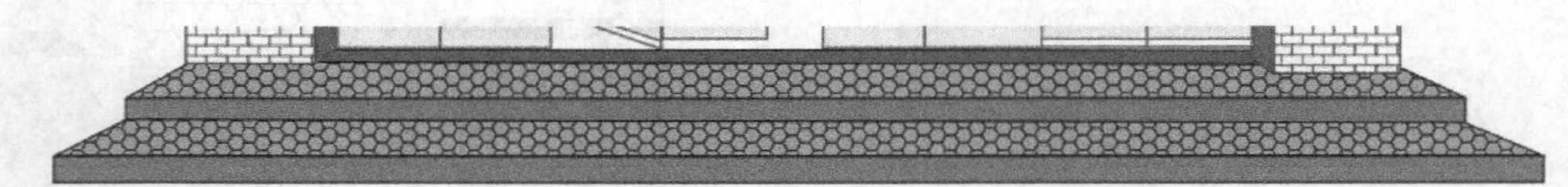

图 4-216 复制图形设置透明度后的效果

14 用相同的方法，依次选择上面的门头图形，分别为其填充“天井”和“火山口”底纹，如图 4-217 所示。

15 依次将门头图形在原位置复制并分别修改颜色和设置透明度，最终效果如图 4-218 所示。

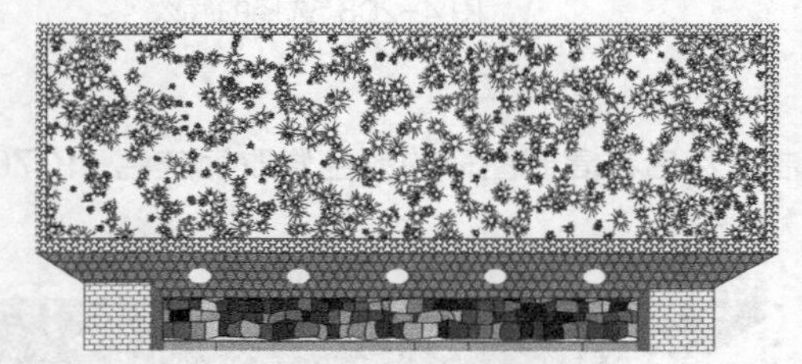

图 4-217 填充底纹后的效果

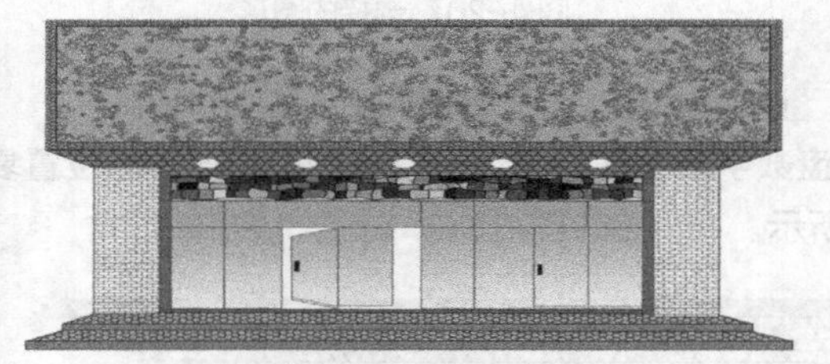

图 4-218 复制图形设置透明度后的效果

16 利用工具在门头图形上输入绿色的“色彩斑斓壁纸”文字，并为其添加白色的外轮廓，如图 4-219 所示。

17 选取“阴影”工具，为文字添加图 4-220 所示的阴影效果。

18 执行“文件 / 另存为”命令，将此文件另命名为“ps 填充 .cdr”并保存。

图 4-219 输入的文字

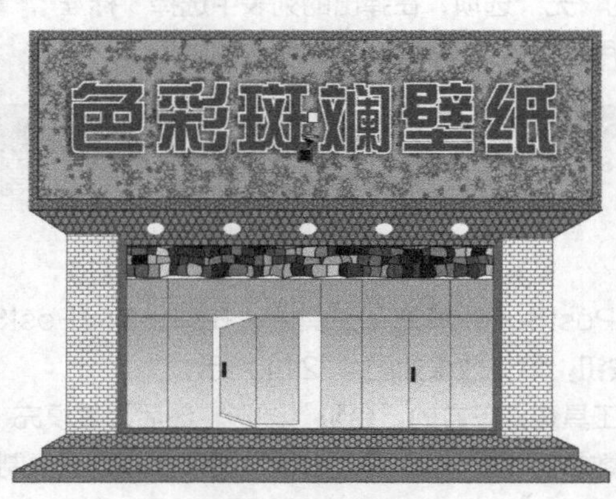

图 4-220 添加的阴影效果

相关知识点：“PostScript 填充”工具

选中要进行填充的图形后，选取“PostScript填充”工具，弹出图4-221所示的“PostScript底纹”对话框。

- “底纹样式列表”：拖曳右侧的滑块，可以选择需要填充的底纹样式。
- “预览窗口”：勾选右侧的“预览填充”选项，预览窗口中可以显示填充样式的效果。
- “参数设置区”：设置各选项的参数，可以改变所选底纹的样式。注意，不同的底纹样式，其参数设置区中的选项也各不相同。
- 刷新(R) 按钮：确认“预览填充”选项被勾选，单击此按钮，可以查看参数调整后的效果。

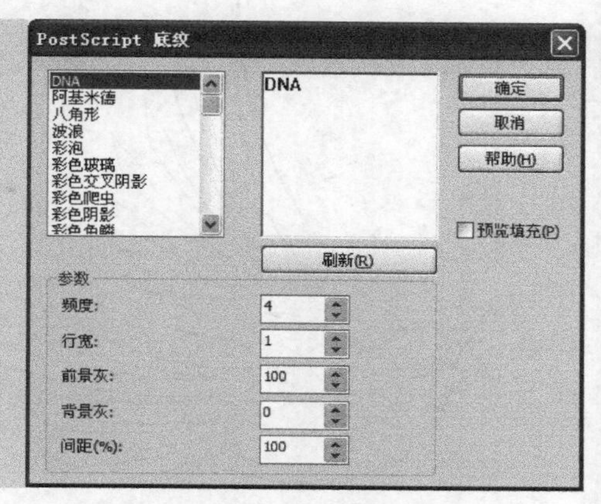

图 4-221“PostScript 底纹”对话框

实例总结

本实例通过为门面图形填充底纹，讲解了“PostScript填充”工具的运用方法。该工具可以为图形填充各种各样的底纹，但唯一的缺点是无法修改这些底纹的颜色，因此本例为读者讲解的是可以在原位置复制，并修改复制图形的颜色再设置透明度的方法来弥补。通过本例的学习，希望读者能掌握这种方法。

实例 055　交互式填充工具——绘制信鸽图形

学习目的

学习本实例，读者可以学习“交互式填充”工具的使用方法。

实例分析

- **作品路径** | 作品\第04章\绘制信鸽.cdr
- **视频路径** | 视频\实例55.avi
- **知识功能** | “交互 式填充”工具的使用与编辑
- **制作时间** | 20分钟

操作步骤

01 新建文件，利用和工具绘制出图 4-222 所示的鸽子图形。

02 选取工具，在属性栏中的“填充类型”选项窗口中选择“线形”选项，此时的填充效果如图 4-223 所示。

03 依次单击属性栏中的和按钮，在弹出的颜色列表中分别选择图 4-224 所示的颜色，去除图形的外轮廓，修改填充颜色后的效果如图 4-225 所示。

04 利用工具绘制圆角矩形，然后选取工具，并将鼠标指针移动到绘制的圆角矩形中，自上向下拖曳鼠标，为其填充图 4-226 所示的渐变颜色。

05 单击属性栏左侧的按钮，在弹出的“渐变填充”对话框中设置渐变颜色，如图 4-227 所示，单击 确定 按钮，修改渐变颜色后的图形如图 4-228 所示。

图 4-222 绘制的图形

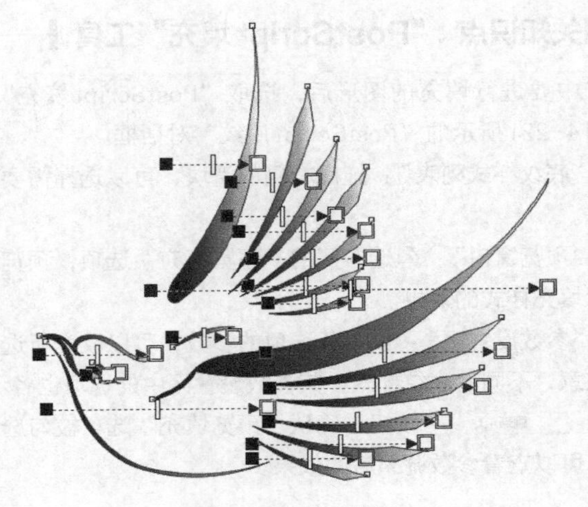

图 4-223 填充效果

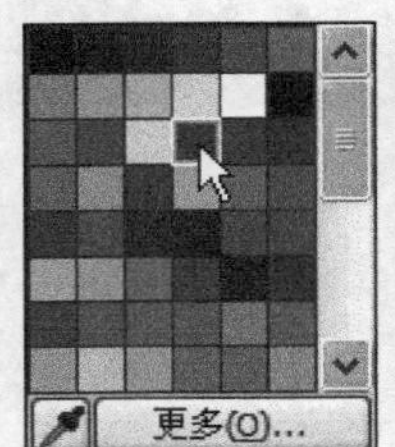

图 4-224 选择的颜色

图 4-225 修改颜色后的效果

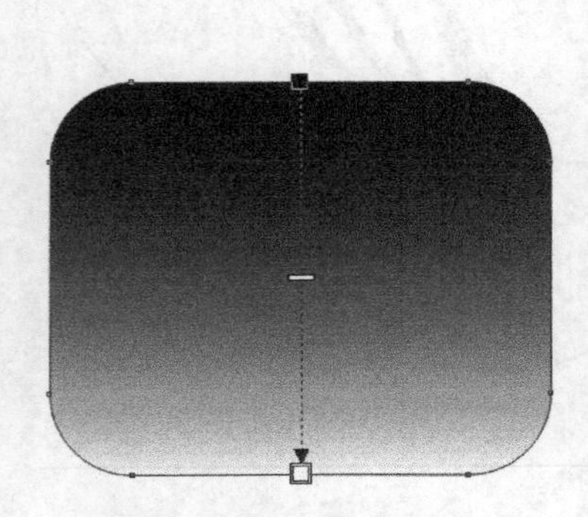

图 4-226 填充的渐变色

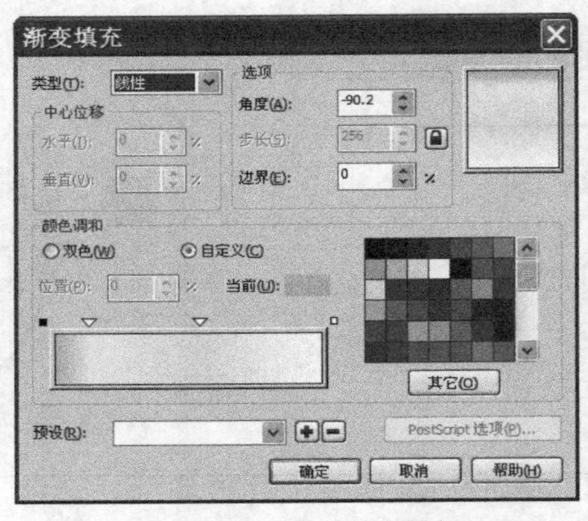

图 4-227 设置的渐变颜色

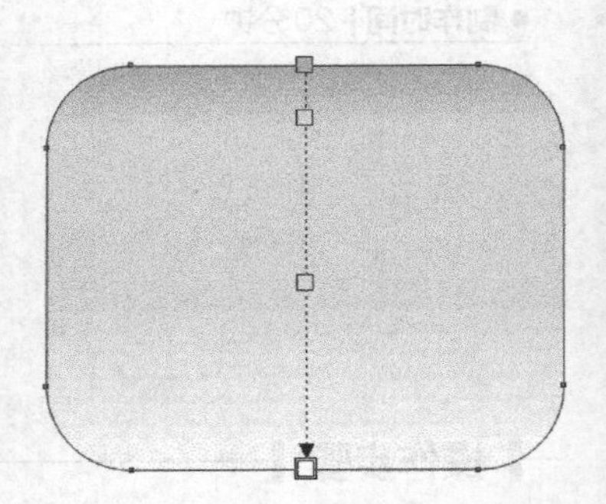

图 4-228 修改渐变色后的效果

06 单击属性栏中的按钮，然后选取工具，并框选上方的 4 个节点，单击属性栏中的按钮。

07 框选图 4-229 所示的节点，单击属性栏中的按钮，然后依次选择节点并按 Delete 键删除，保留图 4-230 所示的节点。

08 选择上方的节点，将其调整至图 4-231 所示的位置。

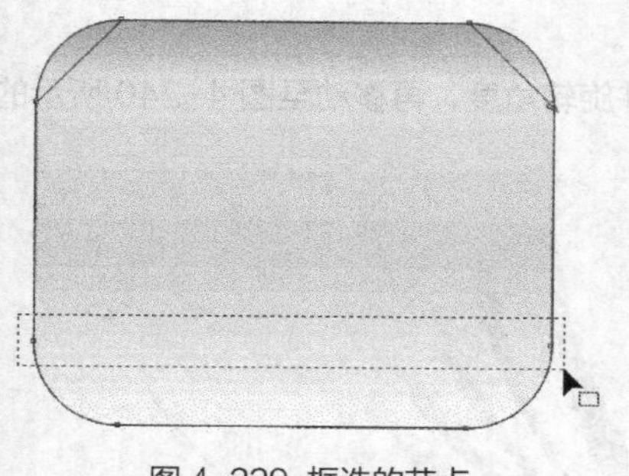

图 4-229 框选的节点

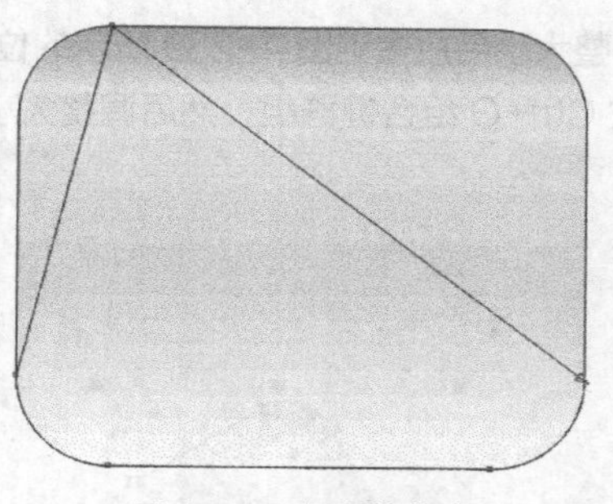

图 4-230 保留的节点

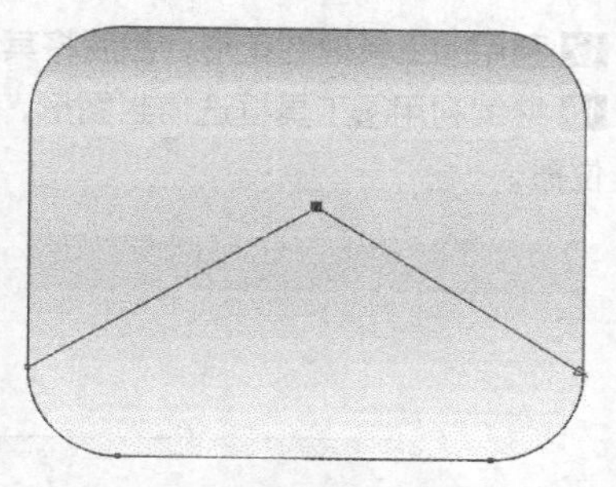

图 4-231 节点调整后的位置

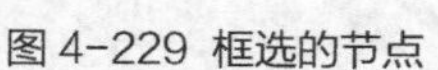

09 选取工具，将鼠标指针移动到中间的两个颜色控制点位置双击，将其删除，然后向下调整上方的颜色控制点，得到图 4-232 所示的效果。

10 将调整后的图形在垂直方向上向上镜像复制，再利用工具同时选中其与下方的圆角矩形。

11 执行“排列 / 对齐和分布 / 顶端对齐”命令，将其与下方的圆角矩形以顶端对齐，然后去除图形的填充色，效果如图 4-233 所示。

12 选取工具，设置属性栏中的参数，然后按住 Ctrl 键绘制出图 4-234 所示的多边形。

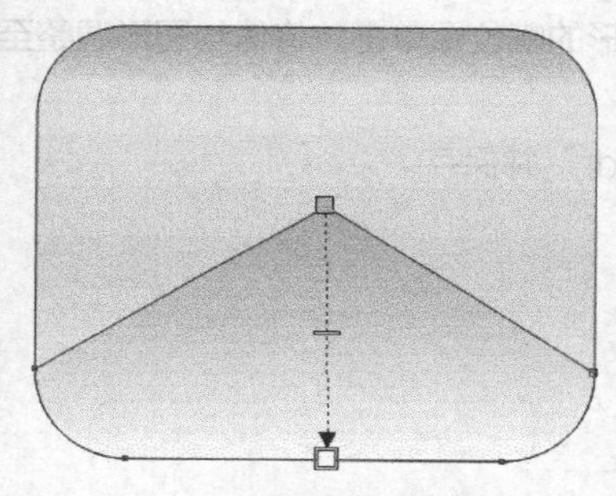

图 4-232 调整后的填充效果

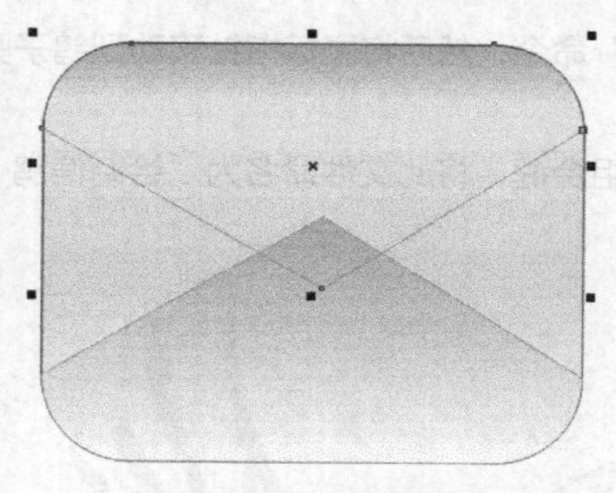

图 4-233 复制出的图形

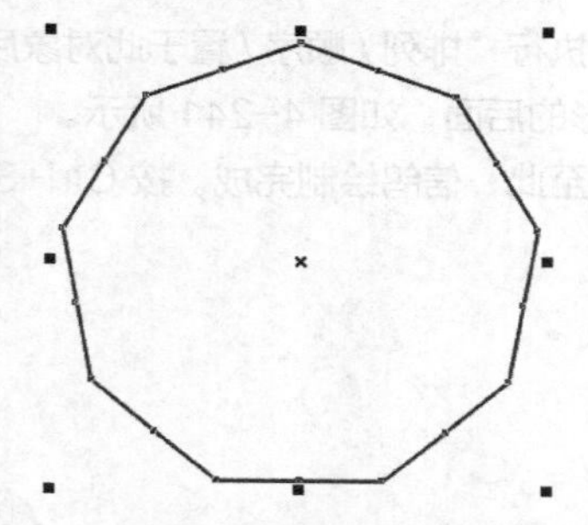

图 4-234 绘制的多边形

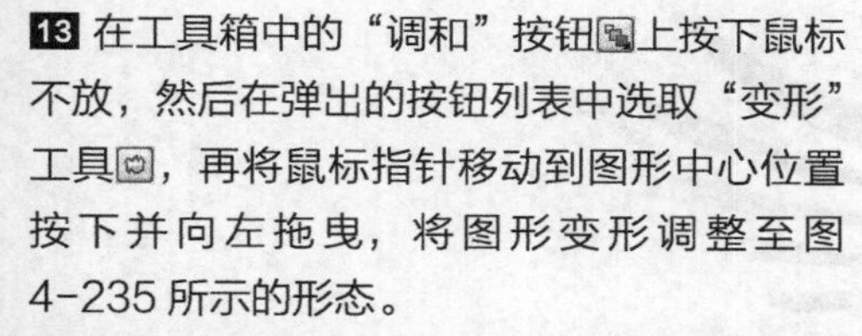

13 在工具箱中的“调和”按钮上按下鼠标不放，然后在弹出的按钮列表中选取“变形”工具，再将鼠标指针移动到图形中心位置按下并向左拖曳，将图形变形调整至图 4-235 所示的形态。

14 为图形填充洋红色（C:20,M:100）并去除外轮廓，然后将其以中心等比例缩放，并为复制出的图形设置白色的外轮廓，再去除填充色，如图 4-236 所示。

图 4-235 变形状态

图 4-236 复制出的图形

15 选择洋红色图形，再选取“阴影”工具，将鼠标指针移动到图形上方的中间位置按下并向左下方拖曳，为图形添加阴影效果。

16 依次设置属性栏中的选项参数，如图 4-237 所示，调整后的阴影效果如图 4-238 所示。

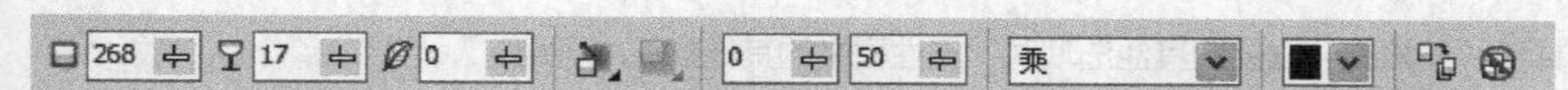

图 4-237 设置的参数

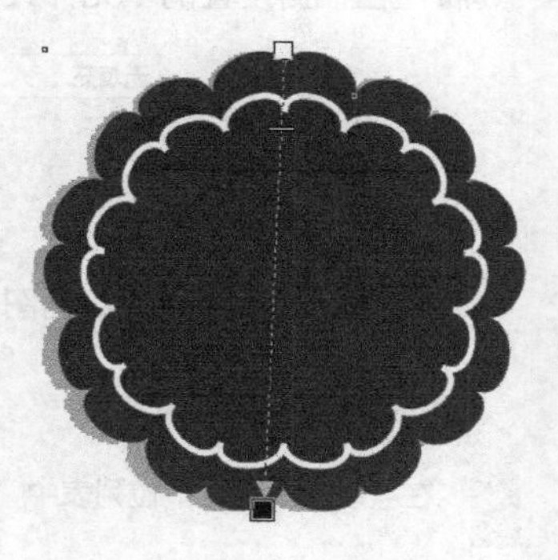

图 4-238 添加的阴影效果

17 利用工具框选花形，然后将其调整大小后放置到图 4-239 所示的位置。

18 继续利用工具框选信封图形，按 Ctrl+G 组合键群组，然后调整大小并旋转角度，再移动至图 4-240 所示的位置。

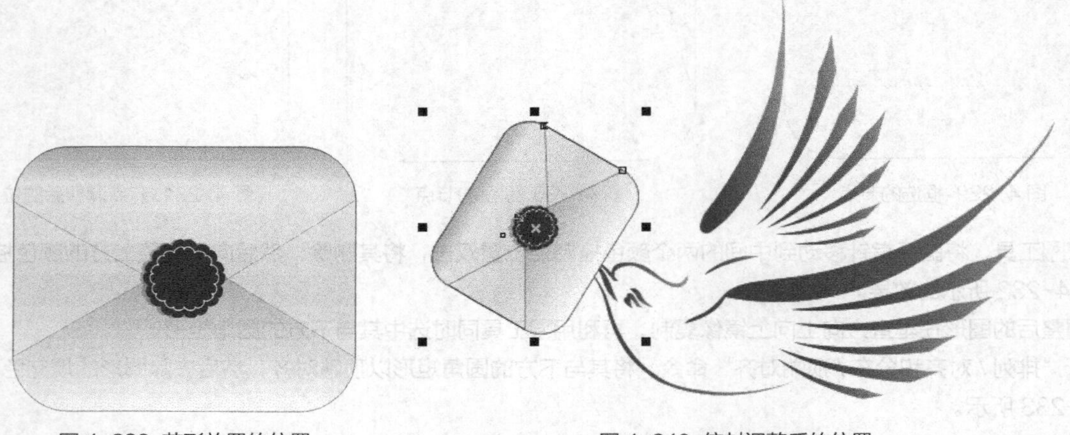

图 4-239 花形放置的位置　　图 4-240 信封调整后的位置

19 执行“排列 / 顺序 / 置于此对象后”命令，然后将鼠标指针移动到鸽子图形的嘴位置单击，将信封图形调整至嘴图形的后面，如图 4-241 所示。

20 至此，信鸽绘制完成。按 Ctrl+S 组合键，将此文件命名为“绘制信鸽 .cdr”并保存。

图 4-241 调整顺序后的效果

相关知识点：“交互式填充”工具

“交互式填充”工具包含填充工具组中所有填充工具的功能，利用该工具可以为图形设置各种填充效果，其属性栏根据设置的填充样式的不同而不同。默认状态下的属性栏如图 4-242 所示。

图 4-242“交互式填充”工具的属性栏

• “填充类型” 无填充：在此下拉列表中包括前面学过的所有填充效果，如“均匀填充”“线性”“辐射”“圆锥“正方形”“双色图样”“全色图样”“位图图样”“底纹填充”和“Postscript 填充”等。

提示

在“填充类型”下拉列表中，选择除“无填充”以外的其他选项时，属性栏中的其他参数才可用。

- “编辑填充”按钮：单击此按钮，弹出相应的填充对话框，通过设置对话框中的各选项，可以进一步编辑交互式填充的效果。
- “复制属性”按钮：单击此按钮，可以给一个图形复制另一个图形的填充属性。

实例总结

本实例通过绘制信鸽图形，学习了“交互式填充”工具的运用。该工具可以在不调用对话框的情况下对图形进行任何样式的填充，极大地提高了作图效率，希望读者能熟练运用。

实例 056 交互式网状填充工具——制作背景

学习目的

学习本实例，读者可以学习“交互式网状填充”工具的使用方法。

实例分析

- **素材路径** | 素材\第04章\插画.cdr
- **作品路径** | 作品\第04章\绘制背景.cdr
- **视频路径** | 视频\实例56.avi
- **知识功能** | “交互式网状填充”工具
- **制作时间** | 10分钟

操作步骤

01 新建文件，利用工具绘制矩形图形，然后为其填充浅蓝色（C:55,Y:10），并去除外轮廓。

02 选取工具，矩形图形中将显示出虚线网格，然后在属性栏中将“网格大小”选项的参数都设置为“4”，此时图形中显示的网格效果如图 4-243 所示。

03 将鼠标指针移动到图形的左上角位置按下并向右拖曳，框选上面的一排节点，如图 4-244 所示。

04 将鼠标指针移动到“调色板”中的“黄”色块上单击，将选择节点的颜色修改为黄色，如图 4-245 所示。

图 4-243 出现的网格

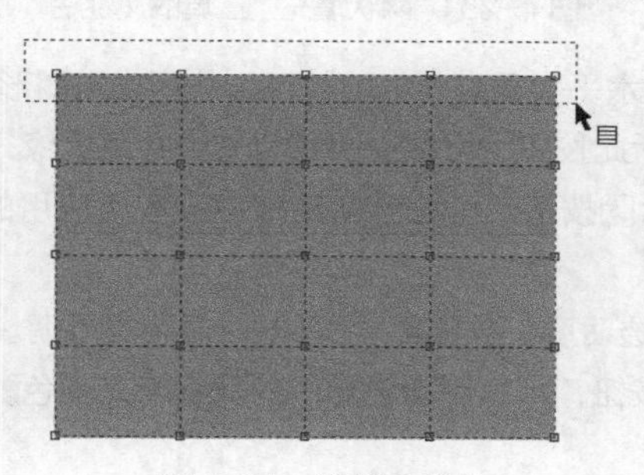

图 4-244 选择的节点

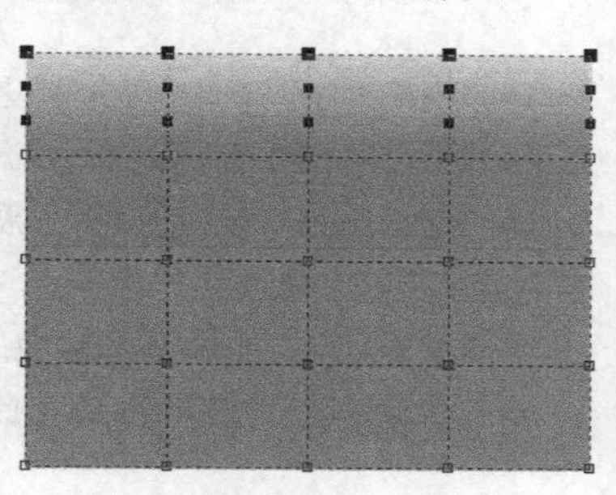

图 4-245 修改颜色后的效果

05 用与步骤 04 相同的方法，选中第四排节点，然后将鼠标指针移动到“调色板”中的“天蓝”色块上单击，将选择节点的颜色修改为天蓝色（C:100,M:20），如图 4-246 所示。

06 将第二排中间的节点框选，然后按住 Shift 键选择图 4-247 所示的节点，可以同时选中两个节点。

07 将鼠标指针移动到“调色板”中的“月光绿”色块上单击，将选择节点的颜色修改为月光绿色（C:20,Y:60），然后选中第二排中第四个节点，并将其颜色修改为淡黄色（Y:20），如图 4-248 所示。

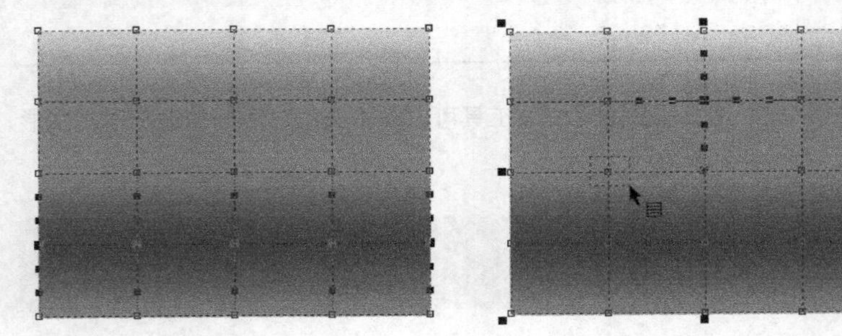

图 4-246 修改颜色后的效果

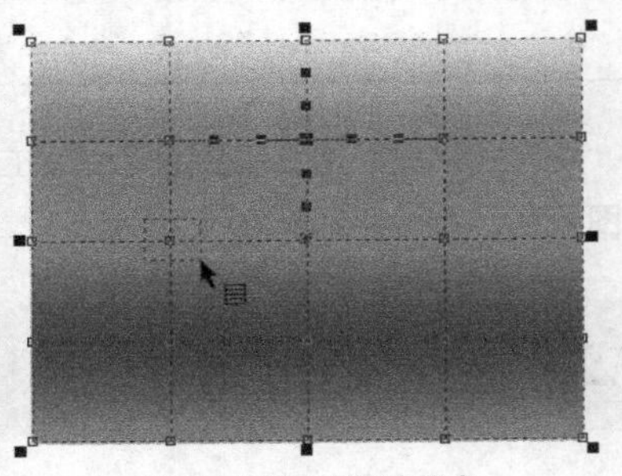

图 4-247 选择的节点

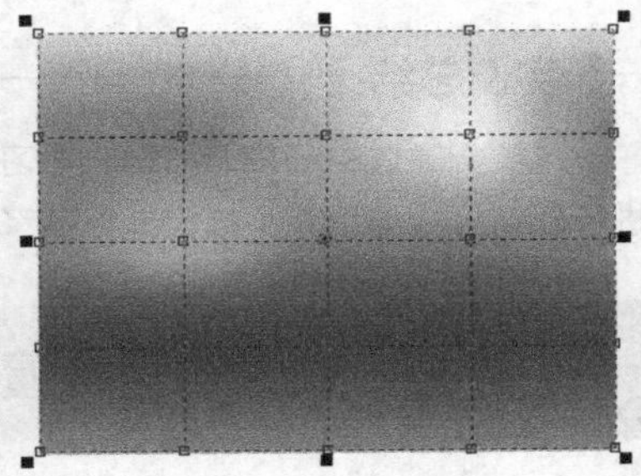

图 4-248 修改颜色后的效果

> **提示**
>
> 利用鼠标指针调整网格上的节点位置，可以改变图形的填充效果。就像利用“形状”工具调整图形一样，可以改变网格上节点的位置和利用控制手柄调整颜色混合效果，还可以添加、删除及选择多个节点来对填充的颜色进行调整。

08 依次选择节点并移动位置，对图形的填充进行调整，最终效果如图 4-249 所示。

09 执行“文件 / 导入”命令，导入资源文件中“素材 \ 第 06 章”目录下的“插画 .cdr”文件，调整大小后放置到图 4-250 所示的位置。

10 按 Ctrl+S 组合键，将文件命名为“绘制背景 .cdr”并保存。

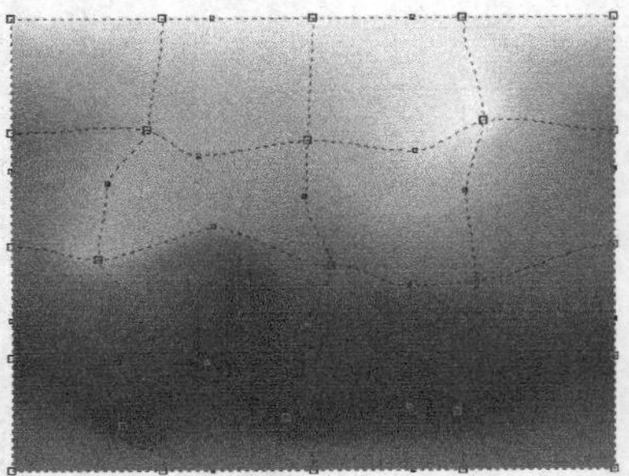

图 4-249 各节点调整后的位置

图 4-250 插画调整后放置的位置

相关知识点：“交互式网状填充”工具

“网状填充”工具通过设置不同的网格数量可以给图形填充不同颜色的混合效果。“网状填充”工具的属性栏如图 4-251 所示。

图 4-251“网状填充”工具的属性栏

- “网格大小”：可分别设置水平和垂直网格的数目，从而决定图形中网格的多少。
- “平滑网状颜色”按钮：激活此按钮，可减少网状填充中的硬边缘，使填充颜色的过渡更加柔和。
- “选择颜色”按钮：激活按钮，可在绘图窗口中吸取要应用的颜色；单击按钮，可在弹出的列表中选择要应用的颜色。
- “透明度”：设置颜色的透明度。数值为“0”时，颜色不透明。数值为“100”时，颜色完全透明。
- “清除网状”按钮：单击此按钮，可以删除图形中的网状填充颜色。

实例总结

“交互式网状填充”工具是一个操作性非常强的工具，灵活运用可以制作出很逼真的过渡效果。此工具一般用于绘制写实图形，读者要将其熟练掌握。

实例 057 智能填充工具——绘制标志

学习目的

通过本实例，读者可以学习标志的绘制方法，在绘制过程中会应用到工具、工具、工具、工具，以及如何对齐图形、如何合并图形等知识内容。

实例分析

- **作品路径** | 作品\第 04 章\地产标志 .cdr
- **视频路径** | 视频\实例 57.avi
- **知识功能** | 工具，工具，工具，工具，图形旋转角度、图形对齐、图形合并
- **制作时间** | 10 分钟

四房地产
SIFANG DICHAN

操作步骤

01 新建文件，选取工具，按住 Ctrl 键绘制一个正方形，然后设置属性栏中的参数，按 Enter 键，将图形变为圆角图形。

02 在属性栏中设置参数，按 Enter 键把图形设置成 100 mm 大小，然后选取工具，在图形中绘制一个椭圆图形，如图 4-252 所示。

03 在属性栏中设置参数，按 Enter 键确认椭圆图形的大小，再按键盘数字区中的 + 键，在原位置复制一个椭圆图形。

04 在属性栏中设置参数，按 Enter 键，旋转角度后的椭圆图形如图 4-253 所示。

05 按 Ctrl+A 组合键，把 3 个图形全部选择，单击属性栏中的“对齐与分布”按钮，在窗口右边出现“对齐与分布”对话框，单击对话框中的“水平居中对齐”按钮和“垂直居中对齐”按钮，把 3 个图形按照中心对齐。

06 选取“智能填充”工具，在属性栏中单击“填充选项”右边的“填充色”色块，在弹出的色板中选择红色。

07 将鼠标指针移动到图 4-254 所示的图形位置单击填充上红色。

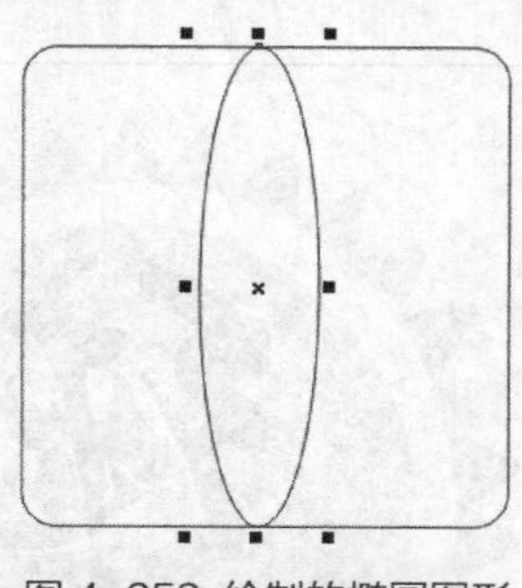

图 4-252 绘制的椭圆图形

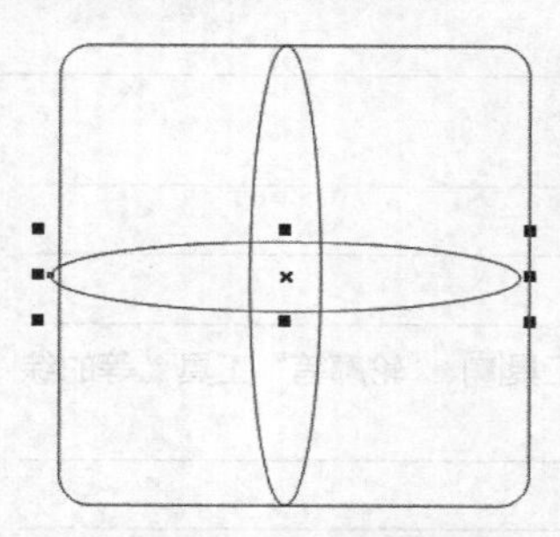

图 4-253 旋转角度后的椭圆

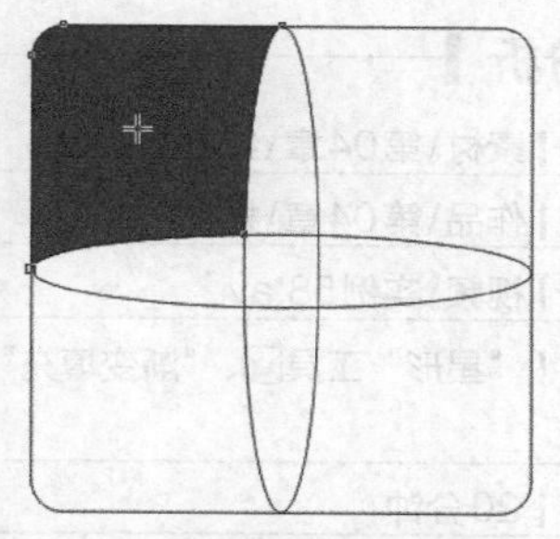

图 4-254 填充颜色

08 利用“智能填充”工具，分别给标志的其他 3 个角部分填充黄色、草绿色和蓝色，如图 4-255 所示。

09 选择工具，按住 Shift 键，选中两个椭圆图形，然后单击属性栏中的“合并”按钮把椭圆形合并生成图

4-256 所示的形状。

10 给合并后的椭圆图形填充上白色，然后同时选中所有图形去除图形的外轮廓。

11 选择“文字”工具，在图形下面输入文字，这样一个简单的标志设计完成，如图 4-257 所示。

12 按 Ctrl+S 组合键，将文件命名为“地产标志 .cdr”并保存。

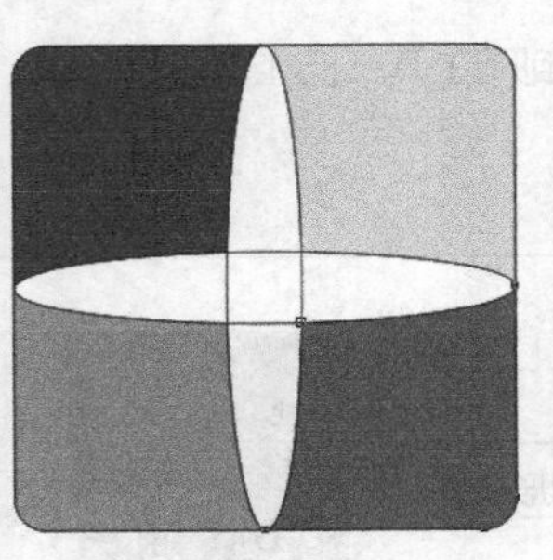

图 4-255 填充颜色

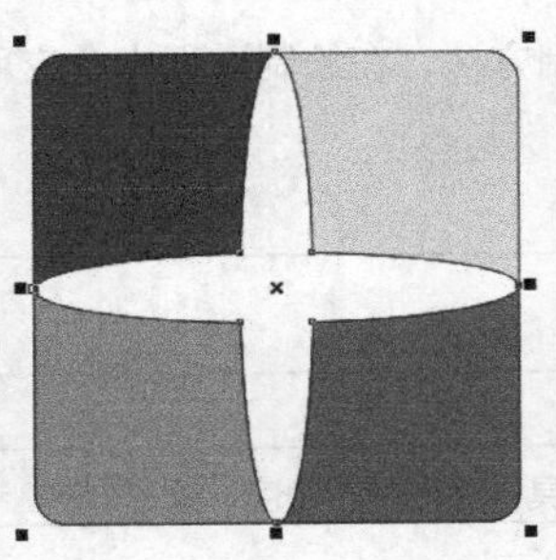

图 4-256 合并后的形状

图 4-257 设计完成的标志

相关知识点：“智能填充”工具

“智能填充”工具的属性栏如图 4-258 所示。

填充选项：指定　轮廓选项：指定　.2 mm

图 4-258“智能填充”工具的属性栏

- “填充选项”选项：包括“使用默认值”“指定”和“无填充”3个选项。选择“指定”选项时，单击右侧的颜色色块，可在弹出的颜色面板中选择填充颜色。
- “轮廓选项”选项：包括“使用默认值”“指定”和“无轮廓”3个选项。当选择“指定”选项时，可在右侧的“轮廓宽度”选项窗口中指定外轮廓线的粗细。单击最右侧的颜色色块，可在弹出的颜色选择面板中选择外轮廓的颜色。

实例总结

“智能填充”工具除了可以实现普通的图形颜色填充之外，还可以自动识别多个图形重叠的交叉区域，在填充过程中进行交叉区域的复制并填充得到新的图形。该工具在为复杂图形填色时可以起到事半功倍的作用。

实例 058 综合案例——制作标签

学习目的

学习锯齿状标签的制作方法及各工具的综合运用方法。

实例分析

- **素材路径** | 素材\第 04 章\红薯 .psd
- **作品路径** | 作品\第 04 章\标签 .cdr
- **视频路径** | 视频\实例 58.avi
- **知识功能** | “星形”工具、“渐变填充”工具、“轮廓笔”工具等的综合运用
- **制作时间** | 20 分钟

操作步骤

01 新建文件，选取工具箱中的“星形”工具，按住 Ctrl 键向右下方拖曳鼠标指针，绘制星形图形，然后修改属性栏中的参数，绘制的星形图形如图 4-259 所示。

02 单击工具箱中的“填充”工具，在弹出的按钮列表中选择“渐变填充”工具，弹出“渐变填充”对话框，选项和参数设置如图 4-260 所示。

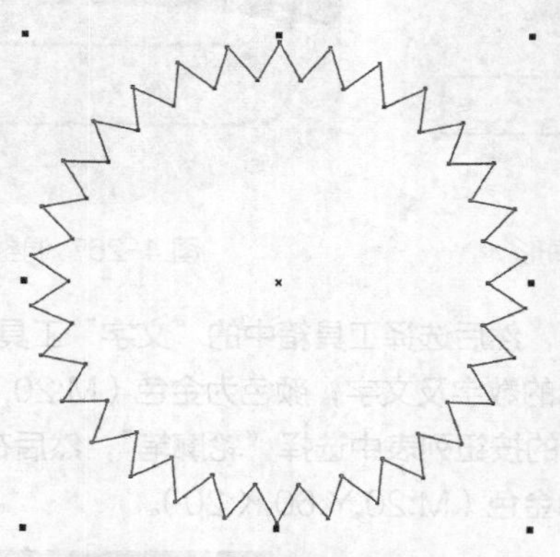

图 4-259 绘制的星形

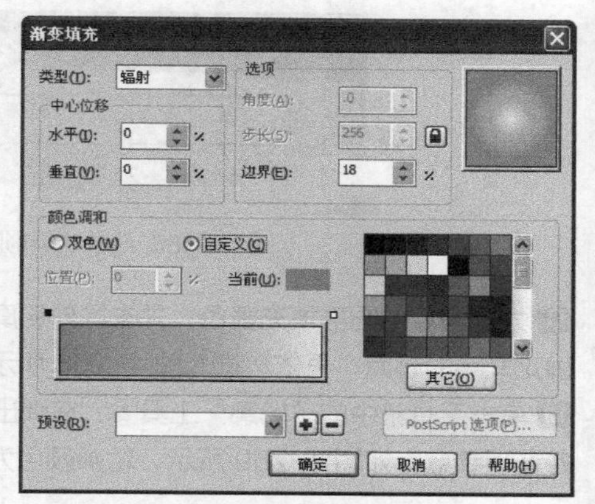

图 4-260“渐变填充”对话框

03 单击确定按钮，为星形图形填充渐变色，去除轮廓后的效果如图 4-261 所示。

04 选取工具，绘制圆形图形，然后单击工具箱中的“轮廓”工具，在弹出的按钮列表中选择“轮廓笔”，然后在弹出的“轮廓笔”对话框中设置各选项参数，如图 4-262 所示。

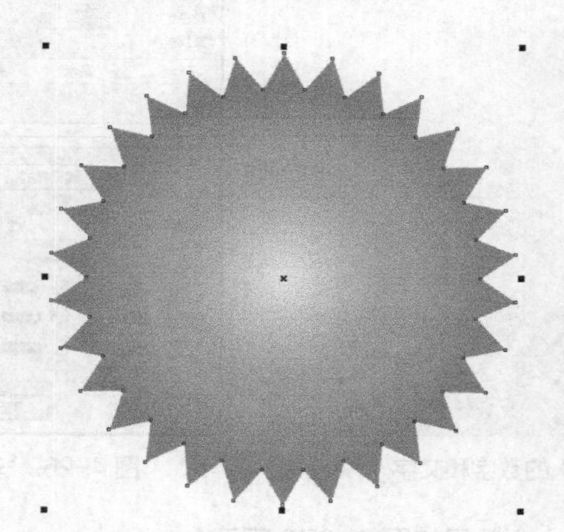

图 4-261 填充颜色后的效果

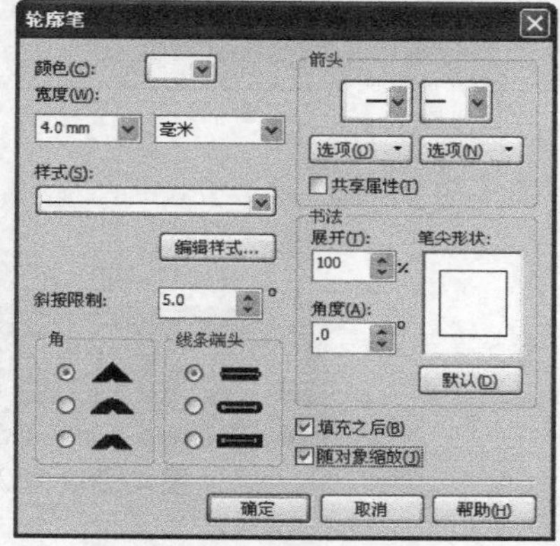

图 4-262“轮廓笔”对话框

05 单击确定按钮，设置轮廓后的圆形图形如图 4-263 所示。

06 按 Ctrl+I 组合键，在弹出的“导入”对话框中，将资源文件中“素材 \ 第 04 章”目录下名为“红薯 .psd”的文件导入，调整大小后放置到图 4-264 所示的位置。

07 选择工具箱中的“文字”工具，在页面中单击鼠标，确定文件输入位置，然后选择一种合适的输入法，输入“纯”字。

08 将文字的颜色修改为红色，字体修改为自己喜欢的字体，然后添加边缘为 1 mm 的白色边框，效果如图 4-265 所示。

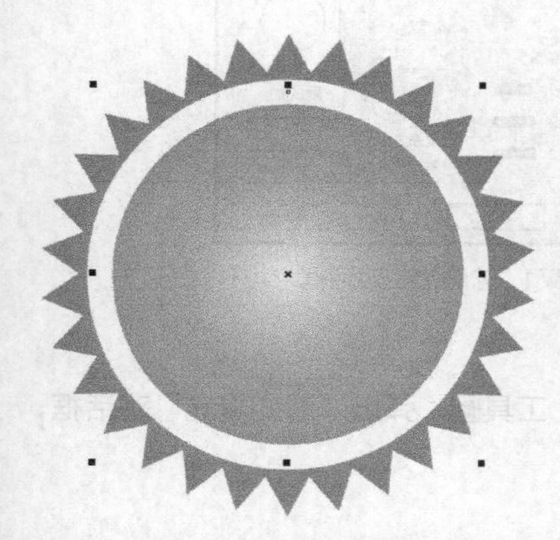

图 4-263 设置轮廓后的圆形图形

图 4-264 导入的图像

图 4-265 输入的文字

09 选取□工具，在“红薯”图像的下方绘制出图4-266所示的矩形图形。

10 选取工具，将鼠标指针移动到左上角的控制点上按下并向右拖曳，将矩形图形调整至图4-267所示的圆角矩形。

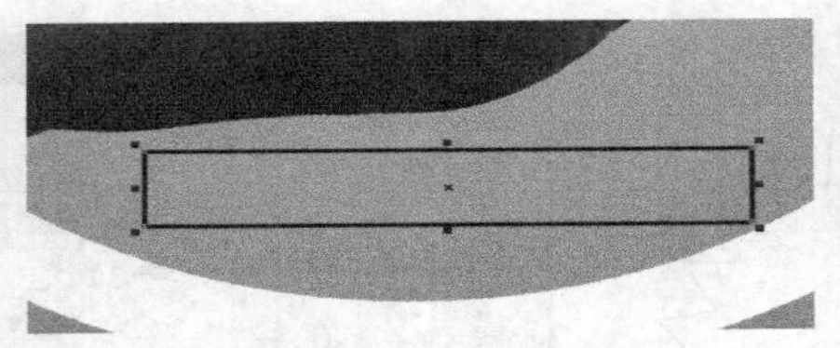

图4-266 绘制的矩形图形

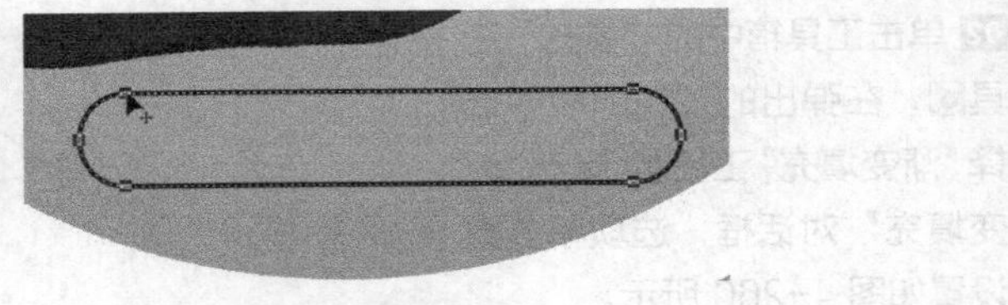

图4-267 调整圆角状态

11 为圆角矩形图形填充黄色，并去除外轮廓，然后选择工具箱中的“文字”工具字，在黄色圆角矩形的左侧单击，确定文字的起点，再依次输入图4-268所示的数字及文字，颜色为金色（M:20,Y:60,K:20）。

12 单击工具箱中的“轮廓”工具，在弹出的按钮列表中选择“轮廓笔”，然后在弹出的“轮廓笔”对话框中设置各选项参数，如图4-269所示，轮廓颜色为金色（M:20,Y:60,K:20）。

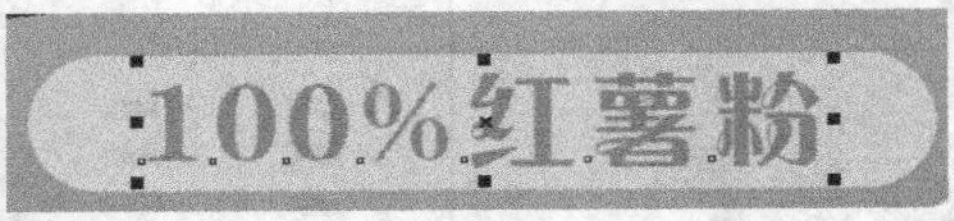

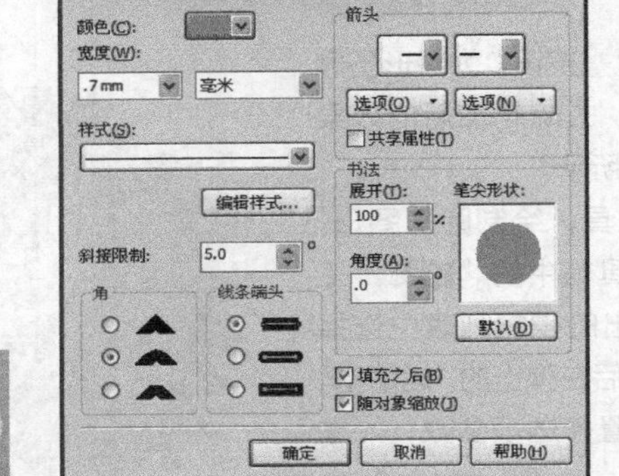

图4-268 输入的数字和文字

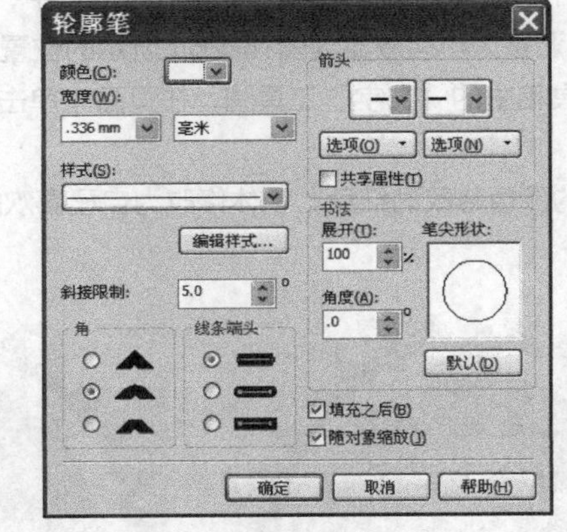

图4-269“轮廓笔”对话框

13 单击 确定 按钮，设置轮廓后的文字效果如图4-270所示。

14 依次按Ctrl+C组合键和Ctrl+V组合键，在原位置再复制出一组文字，然后选取“轮廓笔”工具，在弹出的“轮廓笔”对话框中设置各选项参数，如图4-271所示，轮廓颜色为白色。

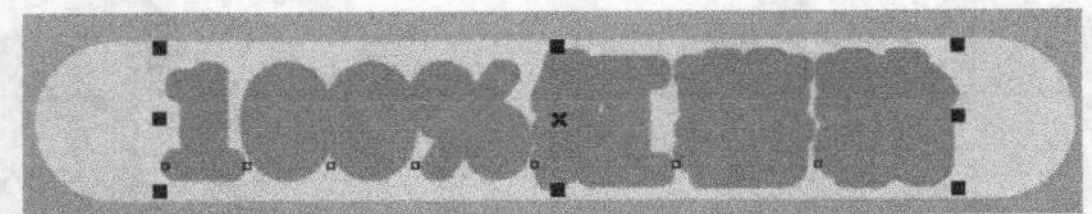

图4-270 添加轮廓后的效果

图4-271“轮廓笔”对话框

15 单击 确定 按钮，复制文字设置轮廓后的效果如图4-272所示。

16 单击工具箱中的“填充”工具，在弹出的按钮列表中选择“渐变填充”工具，弹出“渐变填充”对话框，选项和参数设置如图4-273所示。

图 4-272　设置轮廓后的效果

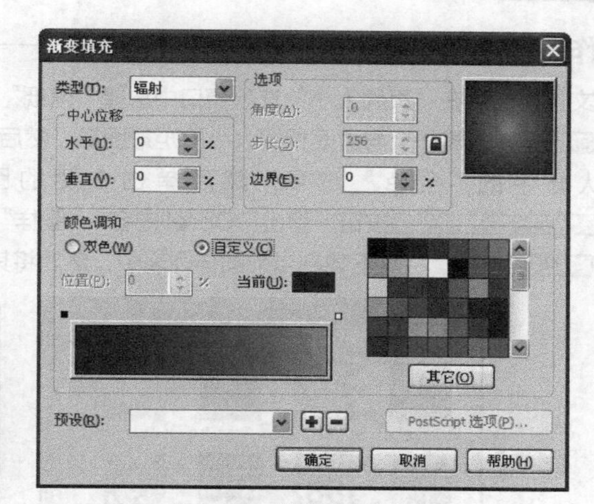

图 4-273　设置的渐变颜色

17 单击 确定 按钮，文字修改填充色后的效果如图 4-274 所示。

18 至此，标签制作完成，整体效果如图 4-275 所示，然后按 Ctrl+S 组合键，将此文件命名为“标签 .cdr”并保存。

图 4-274　文字修改填充色后的效果

图 4-275　制作的标签

实例总结

学习本实例，读者可以掌握制作标签的方法。重点掌握星形工具的灵活运用及为文字描两次边的具体操作方法。

实例 059　综合案例——设计信纸

学习目的

综合利用“矩形”工具、“图样填充”工具、“轮廓笔”工具和“基本形状”工具及移动复制操作，来设计信纸。

实例分析

- **作品路径** | 作品\第 04 章\信纸设计 .cdr
- **视频路径** | 实例 59.avi
- **知识功能** | 加载其他图样、“轮廓笔”工具的灵活运用
- **制作时间** | 20 分钟

操作步骤

01 新建文件，然后在“页面大小”选项窗口中选择“信纸”选项。

02 双击□工具，创建一个与页面相同大小的矩形图形，然后选取▩工具，弹出“图样填充”对话框。

03 确认选中的“全色”选项，然后单击右侧的图案按钮，在弹出的图样列表中单击下方的［更多...］按钮，弹出“Corel 内容 - 图样”对话框，选择图4-276所示的图案。

04 单击［下载］按钮，将其下载到当前图样列表中，然后将其选中，并设置选项参数，如图4-277所示。

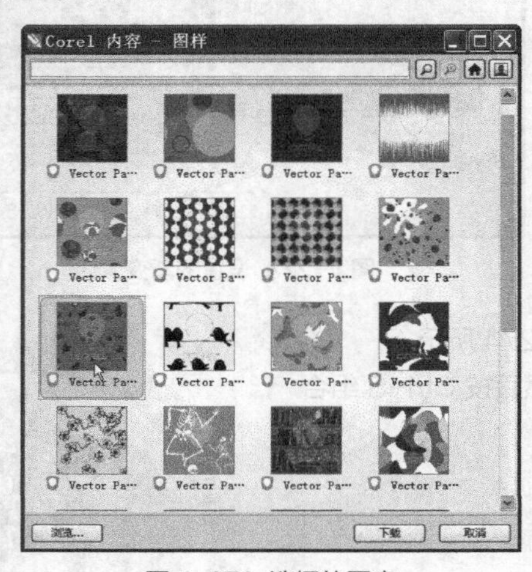

图4-276 选择的图案

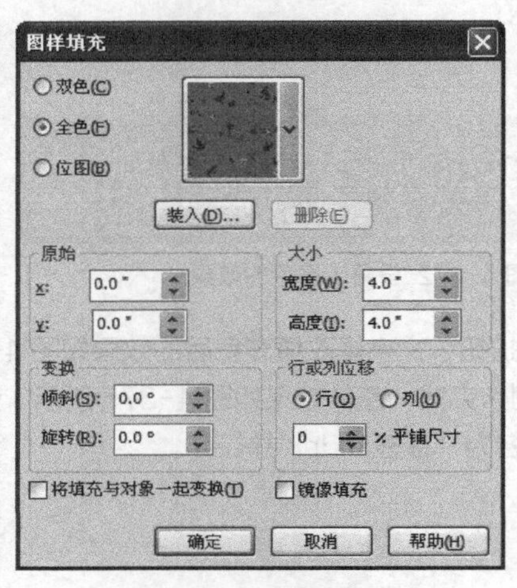

图4-277 设置的参数

05 单击［确定］按钮，填充图样后的图形效果如图4-278所示。

06 利用□工具，绘制一个白色无外轮廓的矩形图形，然后将属性栏中“圆角半径”选项的参数都设置为“10”，将矩形图形调整为圆角矩形图形，效果如图4-279所示。

图4-278 填充后的效果

图4-279 绘制的圆角矩形

07 选取工具，按住Ctrl键，绘制出图4-280所示的黑色直线。

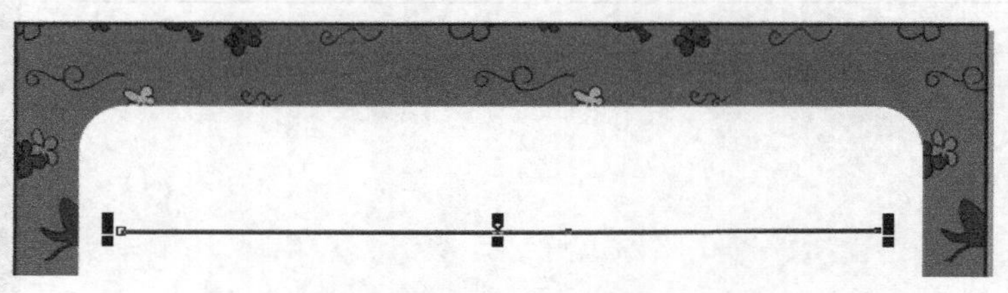
图4-280 绘制的黑色直线

08 单击工具，在弹出的列表中选择工具，弹出“轮廓笔”对话框，单击“样式”选项下方的线条样式按钮，在弹出的列表中选择图 4-281 所示的线条效果，然后设置各项参数，如图 4-282 所示。

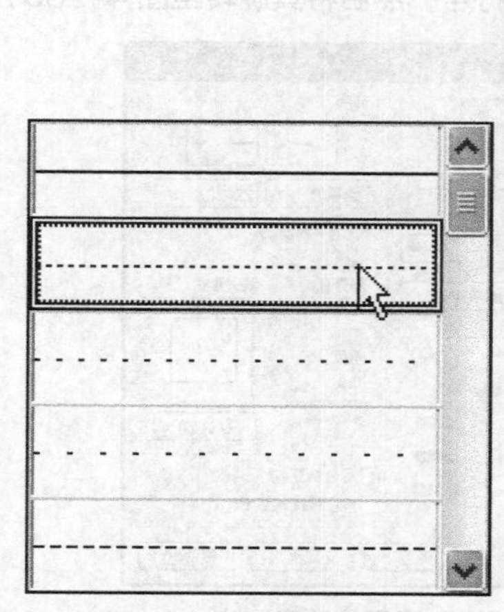

图 4-281　选择的线条样式

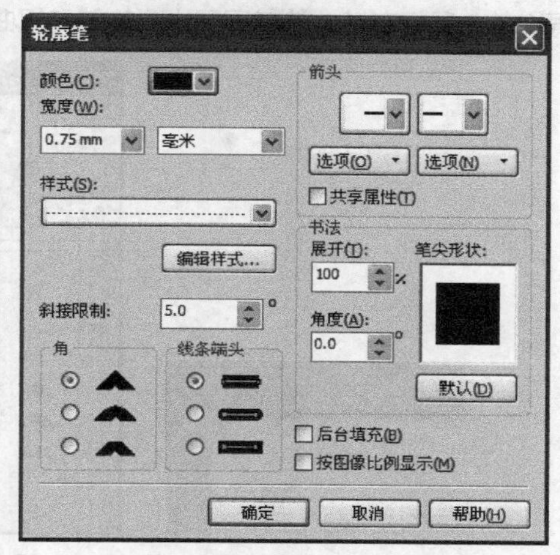

图 4-282　设置的参数

09 单击确定按钮，设置轮廓属性后的直线效果如图 4-283 所示。

图 4-283　设置轮廓属性后的直线效果

10 在直线上按住鼠标左键并向下拖曳鼠标，至合适位置时，在不释放鼠标左键的情况下单击鼠标右键，移动复制直线。

11 依次按 Ctrl+R 组合键，重复复制出图 4-284 所示的直线。

12 利用工具，在画面的左上方输入图 4-285 所示的绿色（C:95,M:50,Y:100,K:15）英文字母。

13 选取工具，单击属性栏中的按钮，在弹出的“完美形状选项”面板中选择图 4-286 所示的心形图形。

图 4-284　重复复制出的直线

图 4-285　输入的文字

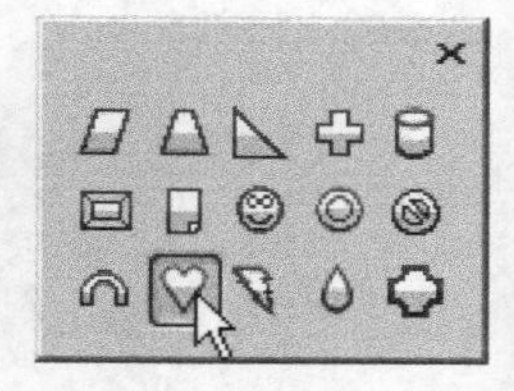

图 4-286　选择的心形图形

14 按住 Ctrl 键，在画面中按住左键并拖曳鼠标，绘制出图 4-287 所示的心形图形。

15 为心形图形填充粉红色（M:55），然后将轮廓颜色设置为白色，设置轮廓样式及宽度，如图 4-288 所示。

16 在心形图形上再次单击鼠标左键，使其周围出现旋转和扭曲符号，然后将其旋转至图 4-289 所示的形态。

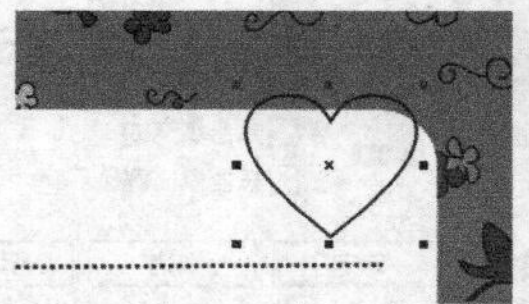

图 4-287 绘制的图形

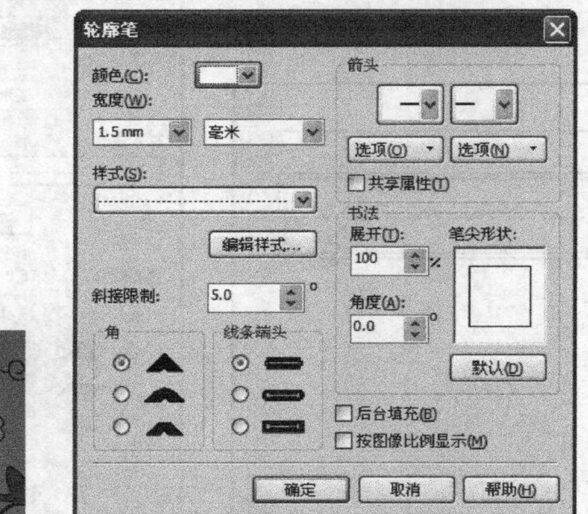

图 4-288 设置的轮廓属性

17 移动复制两个心形图形，并将复制出的图形调整不同的大小、角度及颜色后分别放置到图 4-290 所示的位置。

18 至此，信纸已设计完成。按 Ctrl+S 组合键，将文件命名为“信纸设计 .cdr”并保存。

图 4-289 旋转后的形态

图 4-290 复制的心形图形

实例总结

学习本实例，我们了解了添加其他图样的方法及设置虚线轮廓的方法。读者可以举一反三，制作出更好的作品。

第05章

效果工具

本章实例

效果工具主要包括“调和”工具、“轮廓图”工具、“扭曲”工具、“阴影”工具、“封套”工具、“立体化”工具和“透明度”工具。利用这些工具可以给图形进行调和、变形或添加轮廓、立体化、阴影及透明等效果，本章我们来具体讲解。

实例 060 调和工具——绘制蜡烛

学习目的

学习利用“调和”工具对图形进行直接调和。

实例分析

- **作品路径 |** 作品\第05章\蜡烛.cdr
- **视频路径 |** 视频\实例60.avi
- **知识功能 |** “调和”工具的使用
- **制作时间 |** 10分钟

操作步骤

01 新建文件，利用工具绘制出图5-1所示的椭圆形图形。

02 按Ctrl+Q组合键，将椭圆形转换为曲线图形，然后利用工具框选图5-2所示的节点。

03 单击属性栏中的按钮，将曲线段转换为直线，然后框选所有节点，依次单击和按钮，并将图形调整至图5-3所示的形态。

04 为图形填充红色并去除外轮廓，然后将其以中心等比例缩小复制，再将复制出图形的颜色修改为黄色，调整至图5-4所示的位置。

05 选取“调和”工具，将鼠标指针移动到红色图形上按下并向黄色图形上拖曳，状态如图5-5所示。

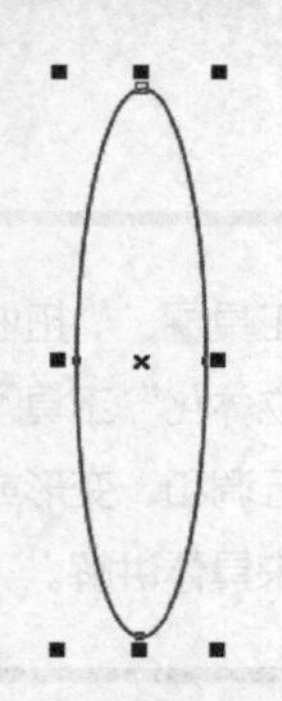

图5-1 绘制的椭圆形

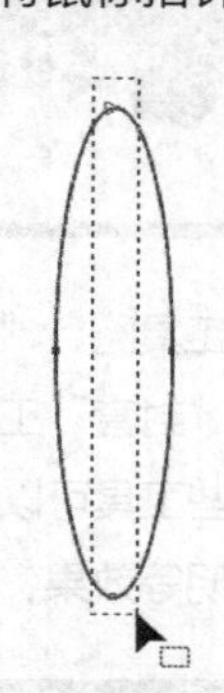

图5-2 选择节点状态

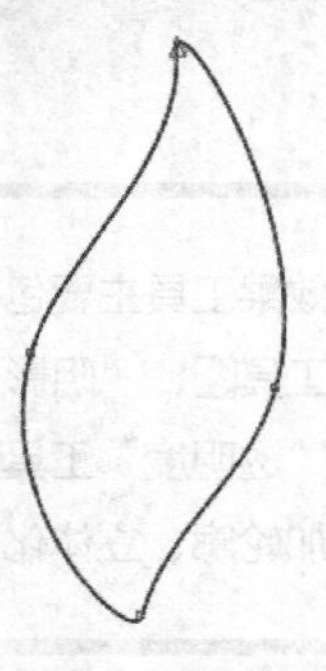

图5-3 调整后的形态

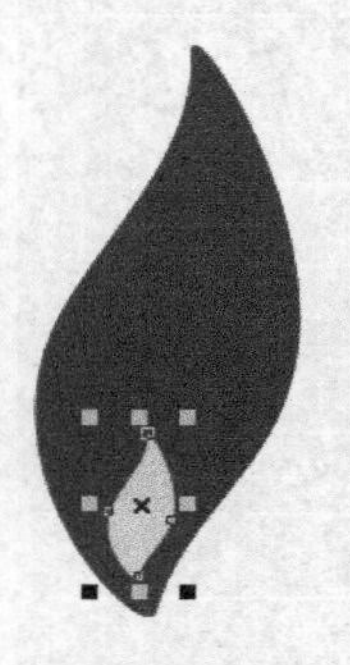

图5-4 复制图形调整后的位置

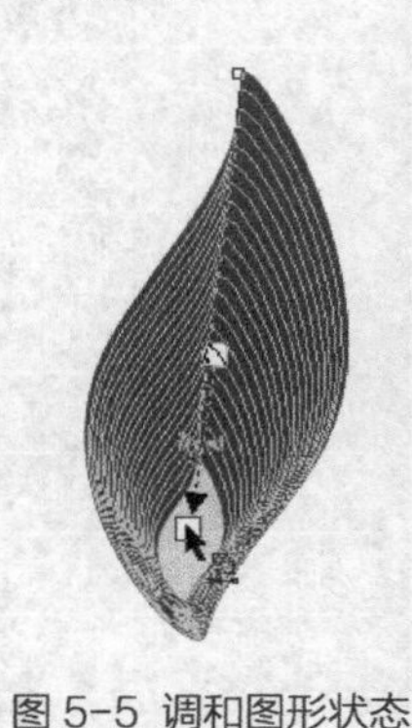

图5-5 调和图形状态

06 释放鼠标后，即可将两个图形进行调和，效果如图5-6所示。

07 设置属性栏中的参数 50 ，使调和图形中各图形的过渡更柔和，如图5-7所示。

08 利用和工具绘制出图5-8所示的图形，然后为其填充红色并去除外轮廓。

09 继续利用工具在红色图形上绘制出图5-9所示的长条矩形，填充色为白色，无外轮廓。

10 利用“调和”工具将两个图形进行调和，完成蜡烛的绘制，最终效果如图5-10所示。

11 利用工具选中蜡烛图形并向右移动复制两组，然后按 Ctrl+S 组合键，将此文件命名为“蜡烛 .cdr”并保存。

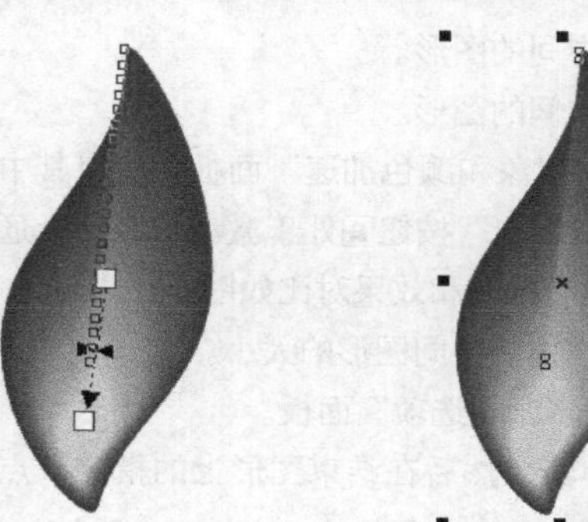

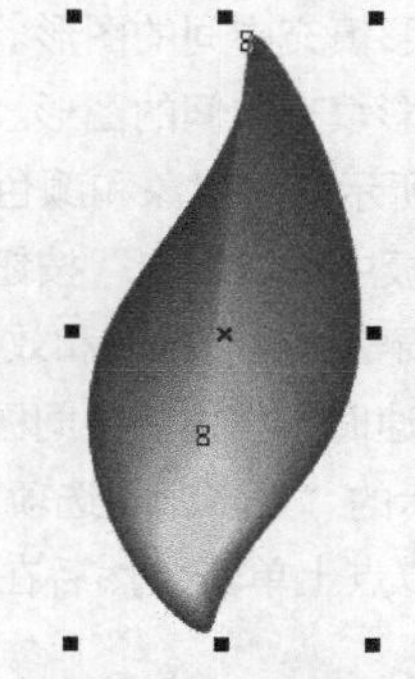

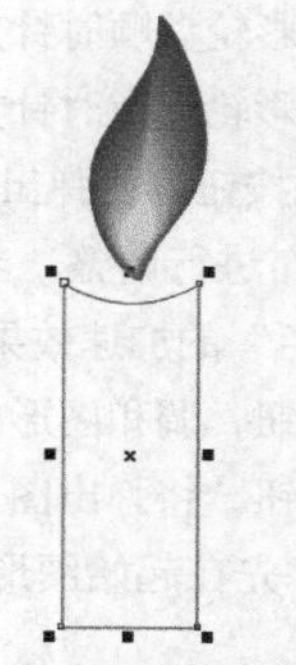

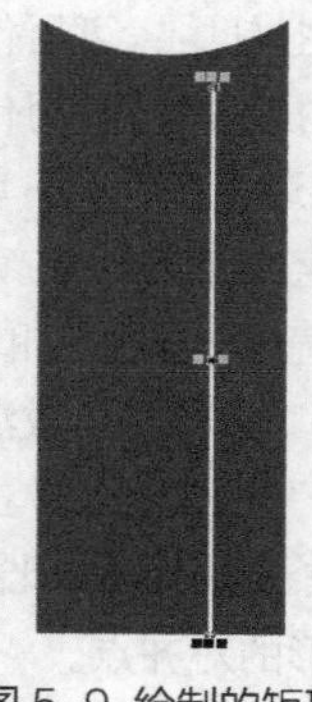

图 5-6 调和后的图形效果　图 5-7 增加调和步数后的效果　图 5-8 绘制的图形　图 5-9 绘制的矩形　图 5-10 绘制蜡烛

相关知识点：“调和”工具

利用“调和”工具可以将一个图形经过形状、大小和颜色的渐变过渡到另一个图形上，且在这两个图形之间形成一系列的中间图形，这些中间图形显示了两个原始图形经过形状、大小和颜色的调和过程，如图 5-11 所示。

图 5-11 由星形到心形的调和效果

“调和”工具的属性栏如图 5-12 所示。

图 5-12“调和”工具的属性栏

- “预设列表”：在此下拉列表中可选择软件预设的调和样式。
- “添加预设”按钮：单击此按钮，可保存当前制作的调和样式。
- “删除预设”按钮：单击此按钮，可删除当前选择的调和样式。
- “调和步长”按钮和“调和间距”按钮：只有创建了沿路径调和的图形后，这两个按钮才可用。主要用于确定图形在路径上是按指定的步数还是固定的间距进行调和。可在右侧“调和对象”选项的文本框中设置。
- “调和方向”：可以对调和后的中间图形进行旋转。当输入正值时，图形将逆时针旋转；当输入负值时，图形将顺时针旋转。
- “环绕调和”按钮：当设置了“调和方向”选项后，此按钮才可用。激活此按钮，可以在两个调和图形之间围绕调和的中心点旋转中间的图形。

原调和效果与设置“调和方向”参数及激活按钮后的调和效果对比如图 5-13 所示。

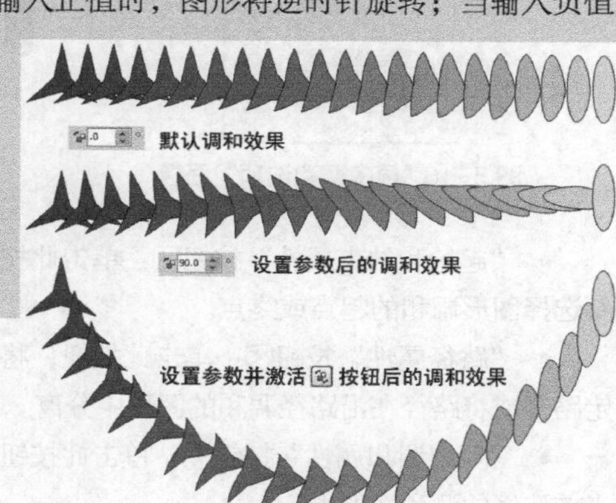

图 5-13 调和效果对比

● “直接调和”按钮：可用直接渐变的方式填充中间的图形。

● “顺时针调和”按钮：可用代表色彩轮盘顺时针方向的色彩填充中间的图形。

● “逆时针调和”按钮：可用代表色彩轮盘逆时针方向的色彩填充中间的图形。

● “对象和颜色加速”按钮：单击此按钮，将弹出图5-14所示的“对象和颜色加速”面板。拖曳其中的滑块位置，可对渐变路径中的图形或颜色分布进行调整。当选项面板中的“锁定”按钮处于激活状态时，通过拖曳滑块的位置将同时调整“对象”和“颜色”的加速效果。分别调整加速后的调和效果对比如图5-15所示。

● “调整加速大小”按钮：激活此按钮，调和图形的对象加速时，将影响中间图形的大小。

● “更多调和选项”按钮：单击此按钮，将弹出图5-16所示的“更多调和选项”面板。

● “映射节点”按钮：单击此按钮，先在起始图形的指定节点上单击，然后在结束图形上的指定节点上单击，可以调节调和图形的对齐点。

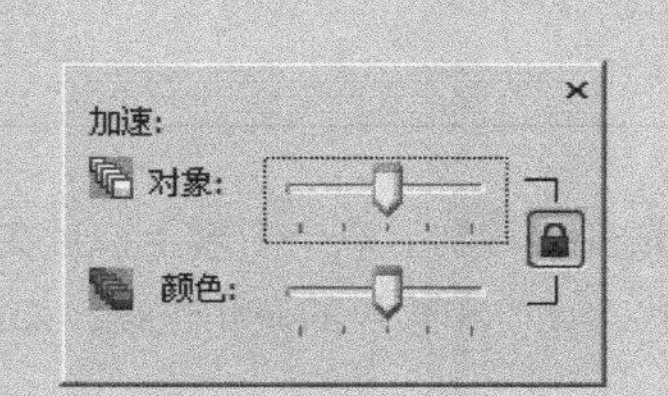

图5-14“对象和颜色加速”面板

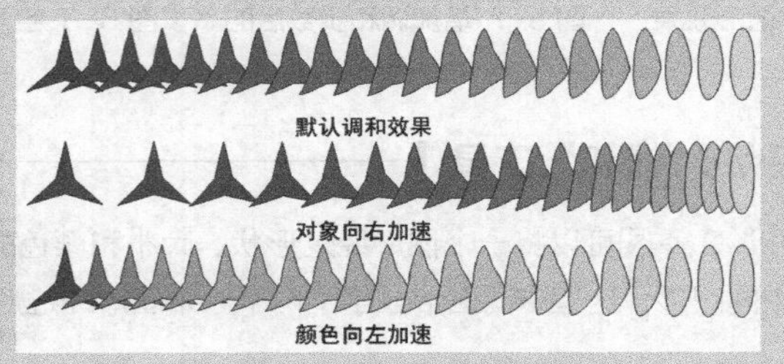

图5-15 加速效果对比

● “拆分”按钮：单击此按钮，然后在要拆分的图形上单击，可将该图形从调和图形中拆分出来。此时调整该图形的位置，会发现直接调和图形变为复合调和图形。

● “熔合始端”按钮和“熔合末端”按钮：按住Ctrl键单击复合调和图形中的某一直接调和图形，然后单击按钮或按钮，可将该段直接调和图形之前或之后的复合调和图形转换为直接调和图形。

● “沿全路径调和”：当选择手绘调和或沿路径调和的图形时，此选项才可用。勾选此复选项，可将沿路径排列的调和图形跟随整个路径排列。

● “旋转全部对象”：当选择手绘调和或沿路径调和的图形时，此选项才可用。勾选此复选项，沿路径排列的调和图形将跟随路径的形态旋转。不勾选与勾选该项时的调和效果对比如图5-17所示。

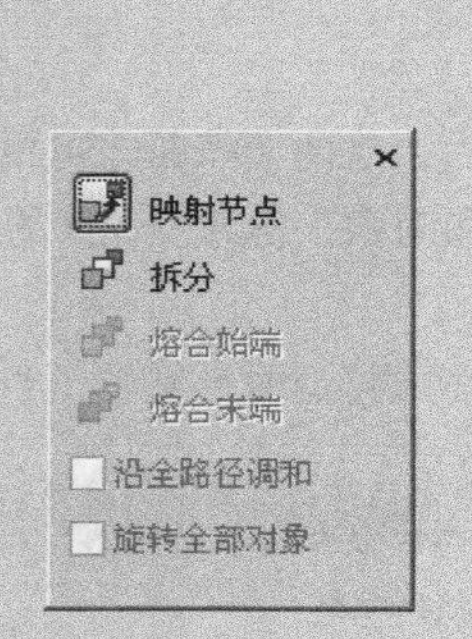

图5-16“更多调和选项”面板

图5-17 调和效果对比

● “起始和结束属性”按钮：单击此按钮，将弹出“起始和结束对象属性”的选项面板，在此面板中可以重新选择图形调和的起点或终点。

● “路径属性”按钮：单击此按钮，将弹出“路径属性”选项面板。在此面板中，可以为选择的调和图形指定路径或将路径在沿路径调和的图形中分离。

● “复制调和属性”按钮：单击此按钮，然后在其他的调和图形上单击，可以将单击的调和图形属性复制到当前选择的调和图形上。

● “清除调和”按钮：单击此按钮，可以清除当前选择调和图形的调和属性，恢复为原来单独的图形形态。

提示

工具栏中的许多功能在其他一些交互式工具的工具栏中也会出现，使用方法与“调和”工具的相同，在后面讲到其他交互式工具的属性栏时将不再介绍。

实例总结

学习本实例，读者可以初步了解“调和”工具的使用方法。

实例 061 逆时针调和——制作韵律线

学习目的

了解设置属性栏中的颜色选项对调和图形起到的作用。

实例分析

- **作品路径** | 作品\第05章\韵律线.cdr
- **视频路径** | 视频\实例61.avi
- **知识功能** | 逆时针调和图形
- **制作时间** | 10分钟

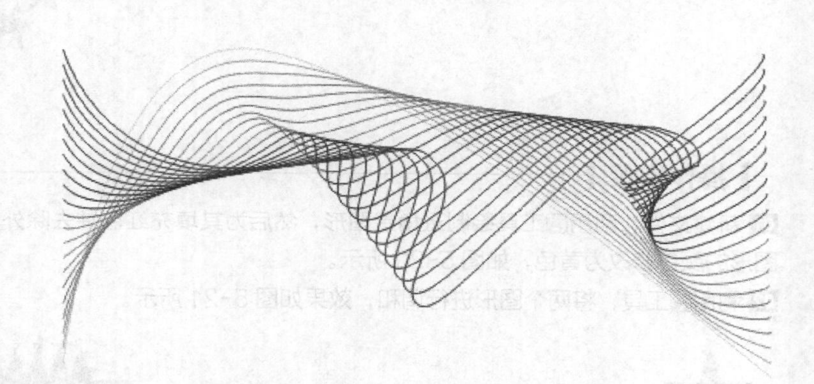

操作步骤

01 新建文件，利用和工具随意绘制出图 5-18 所示的两条线形。

02 将线形的颜色分别修改为黄色和红色，然后利用“调和”工具进行调和，效果如图 5-19 所示。

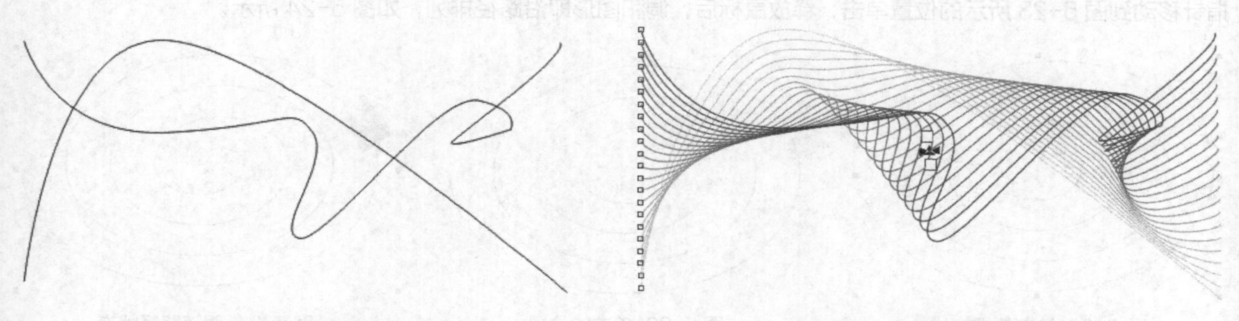

图 5-18 绘制的线形　　图 5-19 调和后的效果

03 单击属性栏中的“逆时针调和”按钮，线形的过渡颜色即发生变化。

04 按 Ctrl+S 组合键，将此文件命名为“韵律线 .cdr”并保存。

实例总结

图形调和后，通过单击属性栏中的“直接调和”按钮、“顺时针调和”按钮或“逆时针调和”按钮，可以改变过渡图形的颜色。

实例 062 沿路径调和——制作旋转飞出效果

学习目的

学习沿路径调和图形的方法。

实例分析

- **作品路径** | 作品\第05章\旋转飞出效果.cdr
- **视频路径** | 视频\实例62.avi
- **知识功能** | 沿路径调和图形的方法
- **制作时间** | 5分钟

操作步骤

01 新建文件，利用工具绘制五角星图形，然后为其填充红色并去除外轮廓，再将其向右移动复制，并将复制出图形的颜色修改为黄色，如图5-20所示。

02 利用工具，将两个图形进行调和，效果如图5-21所示。

图5-20 绘制的星形图形

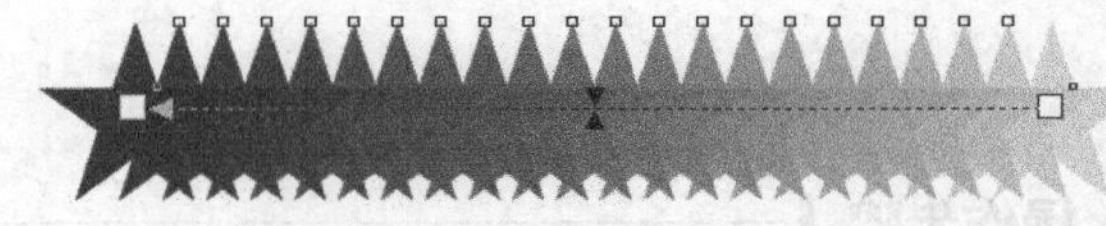

图5-21 调和图形

03 选取工具，绘制出图5-22所示的螺旋线。

04 选择调和图形，单击属性栏中的按钮，在弹出的“路径属性”选项面板中选择“新路径”命令，然后将鼠标指针移动到图5-23所示的位置单击，释放鼠标后，调和图形即沿路径排列，如图5-24所示。

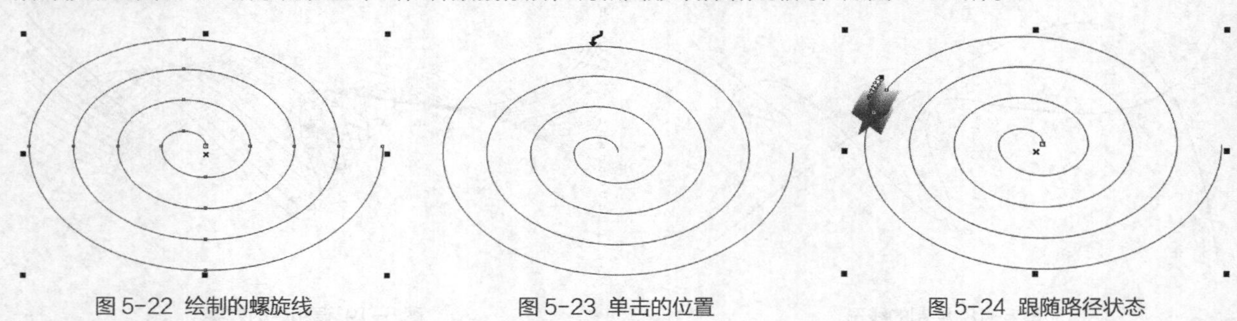

图5-22 绘制的螺旋线　图5-23 单击的位置　图5-24 跟随路径状态

05 单击属性栏中的按钮，在弹出的“更多调和选项”面板中选择“沿全路径调和”命令，此时的调和效果如图5-25所示。

06 单击属性栏中的按钮，在弹出的“起始和结束对象属性”的选项面板中选择“显示起点”命令，此时会选中中心点位置的黄色星形，然后将其缩小调整，效果如图5-26所示。

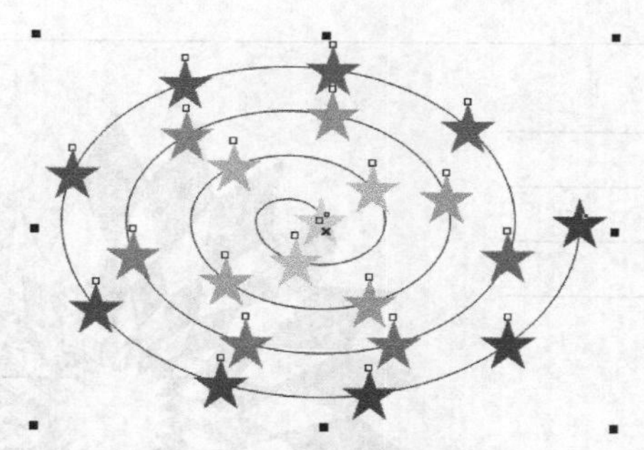

图 5-25　沿全路径调和效果

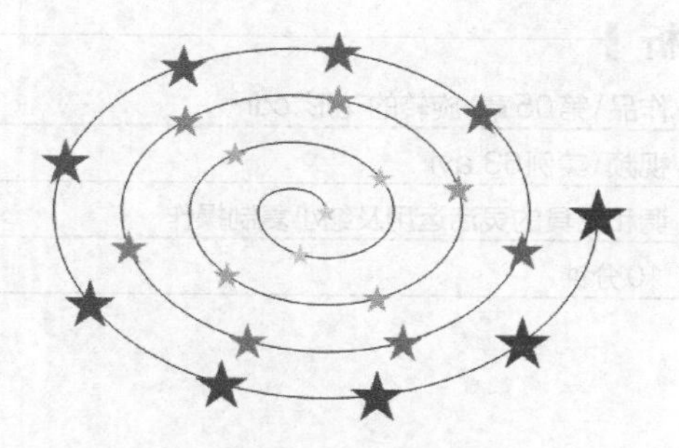

图 5-26　调整图形大小后的形态

07 利用工具再次选择调和图形，然后设置属性栏参数 120，调整混合步数后的效果如图 5-27 所示。

08 单击属性栏中的按钮，在弹出的“对象和颜色加速”面板中将滑块稍微向左滑动，如图 5-28 所示。

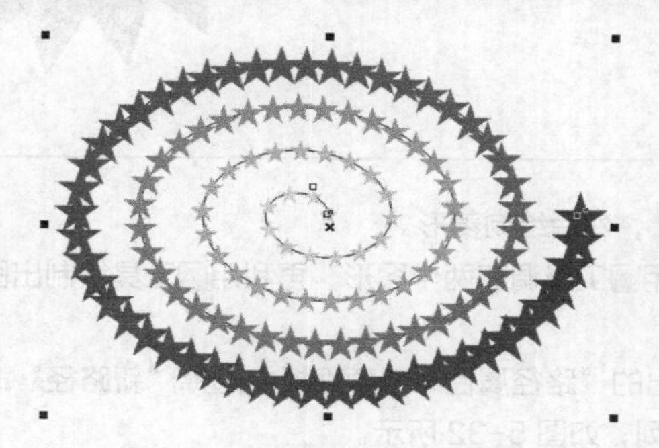

图 5-27　调整混合步数后的效果

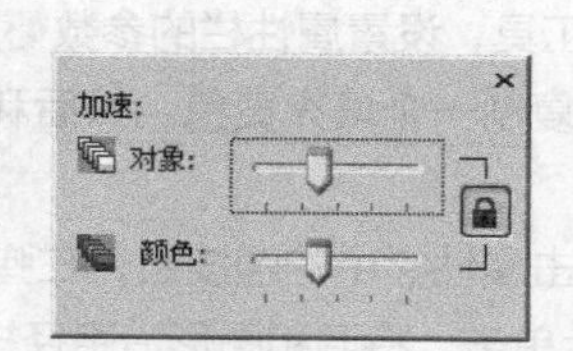

图 5-28“对象和颜色加速”面板

09 调整对象和颜色加速后的调和效果如图 5-29 所示。

10 单击属性栏中的按钮，在弹出的“更多调和选项”面板中选择“旋转全部对象”命令，然后在“调色板”右上角的上单击鼠标右键，去除图形的外轮廓，即隐藏作为路径的螺旋线，调和效果如图 5-30 所示。

11 按 Ctrl+S 组合键，将此文件命名为“旋转飞出效果 .cdr”并保存。

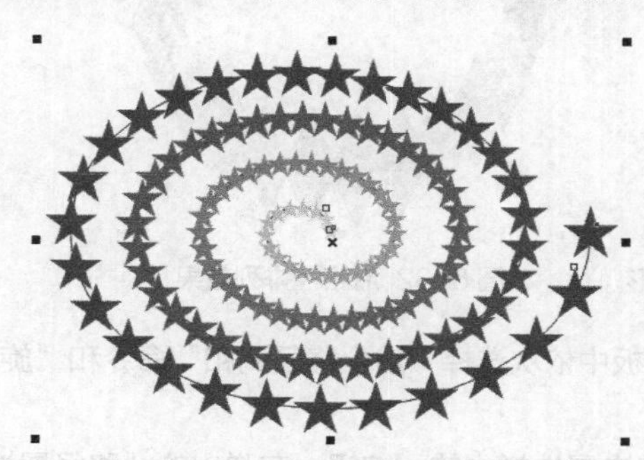

图 5-29　调整对象和颜色加速后的效果

图 5-30　最终效果

实例总结

本例灵活运用了属性栏中的各选项进行了实例操作。通过本实例，读者可更直接地了解各选项的功能及所产生的效果。

实例 063　沿路径调和——制作旋转的花形

学习目的

学习沿闭合路径调和图形的方法。

实例分析

- **作品路径** | 作品\第05章\旋转的花形.cdr
- **视频路径** | 视频\实例63.avi
- **知识功能** | 调和工具的灵活运用及缩小复制操作
- **制作时间** | 10分钟

操作步骤

01 新建文件，选取工具，设置属性栏的参数，然后绘制菱形。

02 为图形填充红色并复制一个填充黄色，然后利用工具调和两个图形，再利用工具绘制出图5-31所示的圆形图形。

03 选择调和图形，单击属性栏中的按钮，在弹出的“路径属性”选项面板中选择“新路径”命令，然后将鼠标指针移动到圆形图形上单击，将调和图形沿路径排列，如图5-32所示。

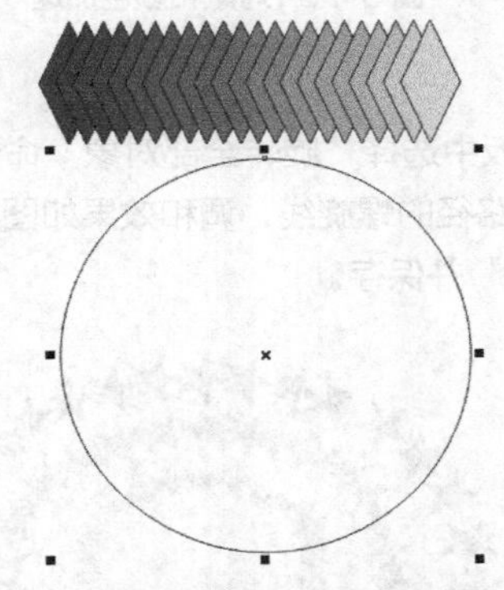

图5-31 制作的调和图形和绘制的圆形图形

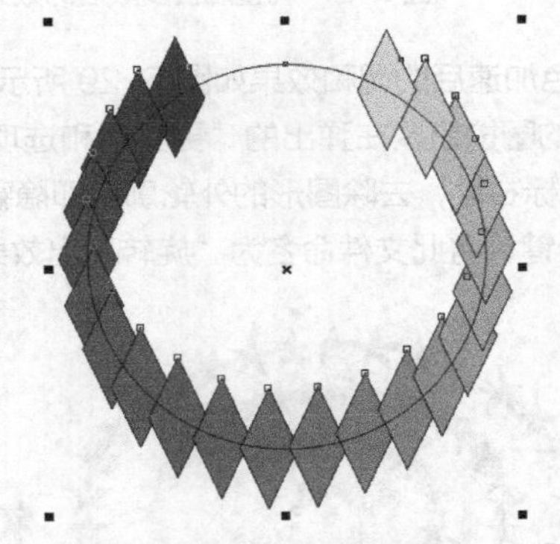

图5-32 沿路径排列效果

04 单击属性栏中的按钮，在弹出的“更多调和选项”面板中依次选择“沿全路径调和”命令和“旋转全部对象”命令，此时的调和效果如图5-33所示。

05 单击属性栏中的按钮，调整调和图形的颜色，然后单击属性栏中的按钮，在弹出的“路径属性”选项面板中选择“显示路径”命令，即只选择圆形路径，再去除图形的外轮廓。

06 选择调和图形，依次将其以中心等比例缩小复制，然后选择第二组调和图形，并单击属性栏中的按钮，调整调和图形的颜色，最终效果如图5-34所示。

07 按Ctrl+S组合键，将此文件命名为“旋转的花形.cdr”并保存。

图5-33 沿全路径调和后的效果

图5-34 最终效果

实例总结

学习本实例，读者可以进一步了解“调和”工具的功能，也可以灵活运用该工具可以制作出很多特殊效果。希望读者能充分发挥自己的想象力，制作出更有创意的作品。

实例 064 轮廓图工具——绘制标志

学习目的

学习“轮廓图”工具的运用。

实例分析

- **作品路径** | 作品\第05章\龙须沟标志.cdr
- **视频路径** | 视频\实例64.avi
- **知识功能** | “轮廓图”工具、“将轮廓转换为对象”命令
- **制作时间** | 10分钟

操作步骤

01 新建文件，利用和工具绘制出图 5-35 所示的图形。

02 选取工具，单击属性栏中的“填充类型”选项框，在弹出的列表中选择“辐射”，然后将后面的颜色分别设置为红色和黄色，再设置参数，此时的填充效果如图 5-36 所示。

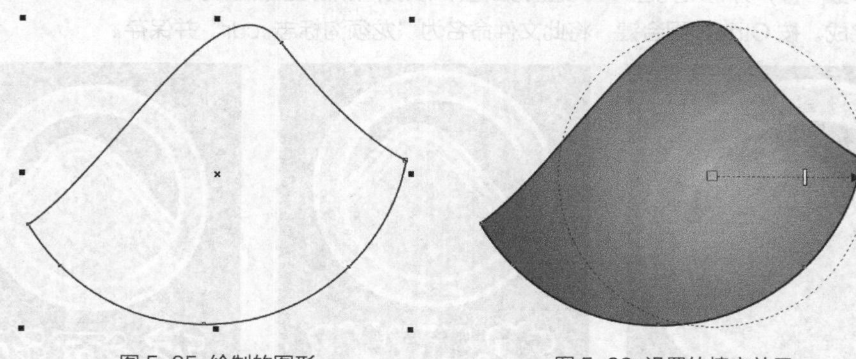

图 5-35 绘制的图形　　图 5-36 设置的填充效果

03 在工具箱中的“调和”工具上按下鼠标左键不放，在弹出的按钮列表中选择“轮廓图”工具，将鼠标指针移动到图形上按下并向上拖曳，为图形添加轮廓图效果，如图 5-37 所示。

04 设置属性栏的参数，调整后的轮廓图形如图 5-38 所示。

05 将图形的外轮廓设置为白色，并修改轮廓宽度，修改后的轮廓图形如图 5-39 所示。

06 利用工具绘制矩形图形，然后为其填充蓝色并去除外轮廓。

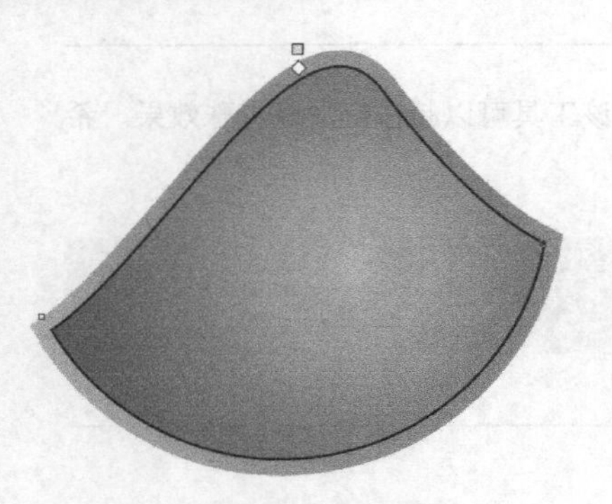

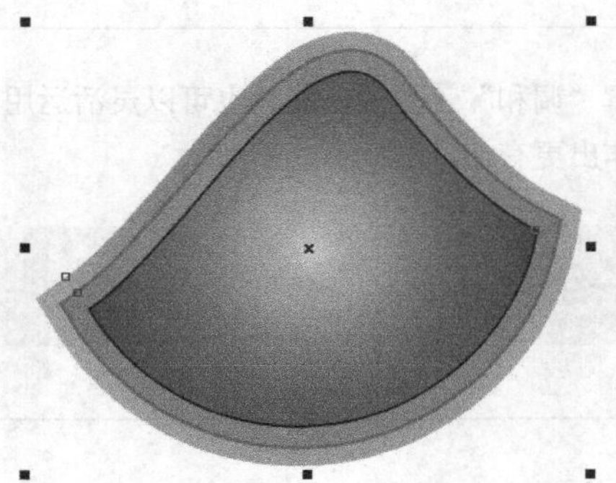

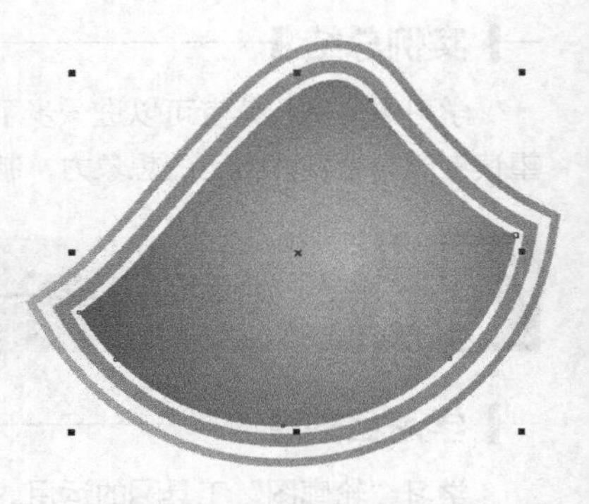

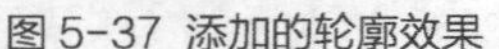

图5-37 添加的轮廓效果　　图5-38 设置轮廓属性后的效果　　图5-39 设置轮廓颜色和宽度后的效果

07 执行“排列/顺序/到图层后面”命令，将绘制的矩形图形调整至轮廓图形的后面，效果如图5-40所示。

08 利用工具绘制圆形图形，然后设置图5-41所示的轮廓宽度。

09 执行“排列/将轮廓转换为对象”命令，将轮廓转换为图形，然后利用“编辑/复制属性自”命令为其复制下面图形的渐变色，如图5-42所示。

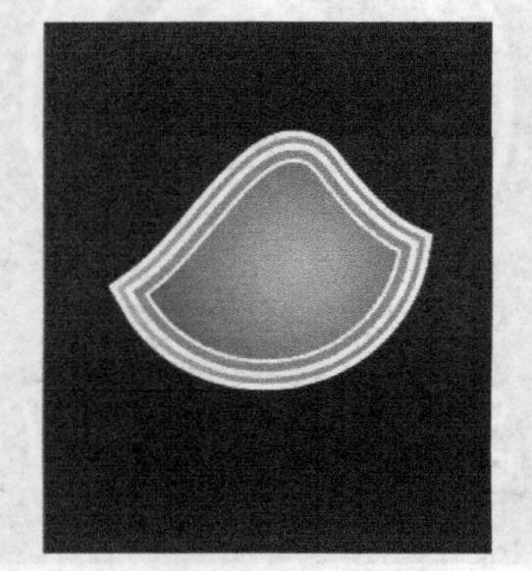

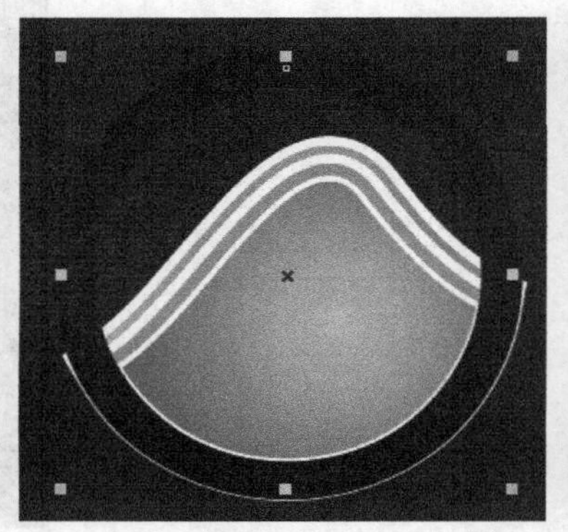

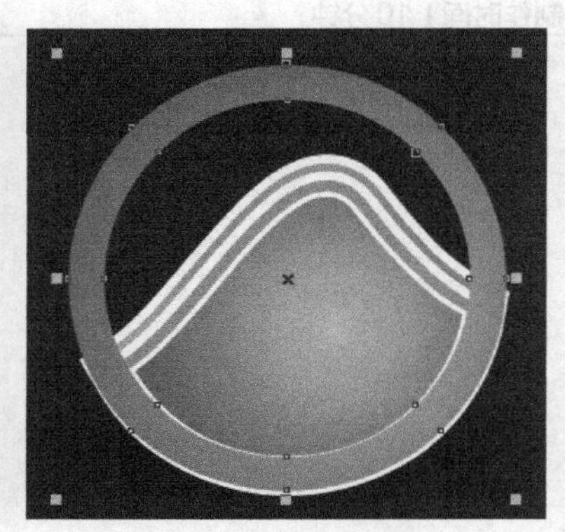

图5-40 绘制的矩形图形　　图5-41 绘制的圆形　　图5-42 复制的渐变色

10 为圆形图形添加白色的外轮廓，并设置图5-43所示的轮廓宽度。

11 利用工具在图形的下方输入黑色的“龙须沟”文字，然后选取工具，并将鼠标指针移动到文字上按下并向上拖曳，为其添加图5-44所示的外轮廓。

12 设置属性栏中的参数，并将填充色设置为白色，修改轮廓属性后的文字效果如图5-45所示。

13 至此，标志绘制完成。按Ctrl+S组合键，将此文件命名为“龙须沟标志.cdr”并保存。

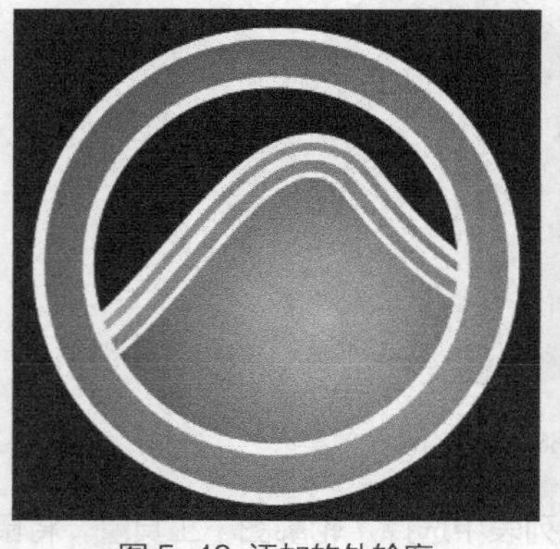

图5-43 添加的外轮廓　　图5-44 添加文字的外轮廓　　图5-45 最终的文字效果

相关知识点：“轮廓图”工具

“轮廓图”工具的工作原理与“调和”工具的相同，都是利用渐变的步数来使图形产生调和效果。但“调和”工具必须用于两个或两个以上的图形，而“轮廓图”工具只需要一个图形即可。

“轮廓图”工具▣的属性栏如图5-46所示。

图5-46“轮廓图”工具的属性栏

- “到中心”按钮▣：单击此按钮，可以产生使图形的轮廓由图形的外边缘逐步缩小至图形的中心的调和效果。
- “内部轮廓”按钮▣：单击此按钮，可以产生使图形的轮廓由图形的外边缘向内延伸的调和效果。
- “外部轮廓”按钮▣：单击此按钮，可以产生使图形的轮廓由图形的外边缘向外延伸的调和效果。
- “轮廓图步长”▣：用于设置生成轮廓数目的多少。数值越大，产生的层次越多。只有激活“内部轮廓”按钮▣和“外部轮廓”按钮▣时，此选项才可用。
- “轮廓图偏移”▣：用于设置轮廓与轮廓之间的距离。
- “轮廓图角”按钮▣：单击此按钮将弹出隐藏的按钮组，包括“斜接角”按钮▣、“圆角”按钮▣和“斜切角”按钮▣，其中▣和▣按钮的功能与“矩形”工具属性栏的▣和▣按钮的功能相同。注意，只有制作向外延伸的轮廓图时才能看出效果。
- “轮廓色”按钮▣：单击此按钮将弹出隐藏的按钮组，包括“线性轮廓色”按钮▣、“顺时针轮廓色”按钮▣和“逆时针轮廓色”按钮▣：这3个按钮的功能与“调和”工具属性栏中的“直接调和”“顺时针调和”和“逆时针调和”按钮的功能相同。
- “轮廓色”▣和“填充色”按钮▣：单击相应按钮，可在弹出的“颜色选项”面板中为轮廓图最后一个轮廓图形设置轮廓色或填充色。当在“颜色选项”面板中单击▣按钮时，可在弹出的“选择颜色”对话框中设置新的颜色。
- “最后一个填充挑选器”按钮▣：当添加轮廓图效果的图形为渐变填充时，此按钮才可用。单击此按钮，可在弹出的“颜色选项”面板中设置最后一个轮廓图形渐变填充的结束色。
- “对象和颜色加速”按钮▣：与“调和”工具属性栏中按钮的功能相同。

实例总结

学习本实例，读者可以了解“轮廓图”工具▣的应用。当为图形添加轮廓图样式后，在属性栏中还可以设置轮廓图的步长、偏移量及最后一个轮廓的轮廓色、填充色或结束色。

实例065 轮廓图工具——制作霓虹字

学习目的

学习利用“轮廓图”工具▣制作霓虹字。

实例分析

- **作品路径** | 作品\第05章\霓虹字.cdr
- **视频路径** | 视频\实例65.avi
- **知识功能** | “轮廓图”工具▣制作霓虹字的方法
- **制作时间** | 10分钟

操作步骤

01 新建文件，利用字工具输入图 5-47 所示的文字，然后为其添加黄色的外轮廓。

02 选取工具，为文字自左向右填充由黄色到红色的渐变色，如图 5-48 所示。

图 5-47 输入的文字

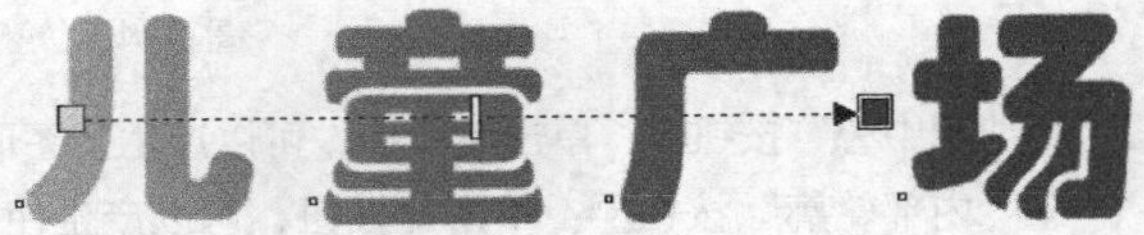

图 5-48 设置的颜色

03 选取工具，单击属性栏中的按钮，然后设置属性参数及轮廓图颜色，如图 5-49 所示。

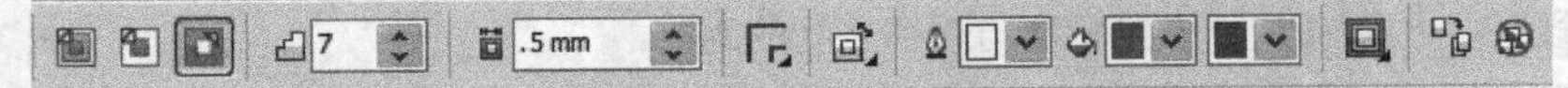

图 5-49 设置的属性参数

04 文字添加轮廓图后的效果如图 5-50 所示。

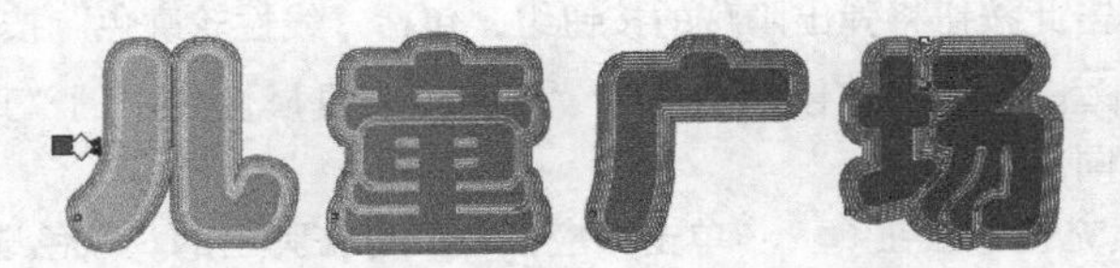

图 5-50 文字添加轮廓图后的效果

05 选取工具，并在属性栏中的“完美形状”选项窗口中选择心形图形，然后绘制心形图形，并设置图 5-51 所示的轮廓宽度。

06 执行“排列 / 将轮廓设置为对象”命令，将轮廓设置为图形，然后将其颜色修改为红色。

07 选取工具，并单击属性栏中的按钮，向中心缩放轮廓图，并设置填充颜色为白色，生成的轮廓图效果如图 5-52 所示。

08 将添加轮廓图后的图形复制一个并缩小，然后旋转放置到图 5-53 所示的位置。

图 5-51 设置的轮廓宽度

图 5-52 向中心排列的轮廓图效果

图 5-53 复制的图形

09 利用工具选中心形图形，然后调整大小后移动到图 5-54 所示的位置。

10 选取工具，并在属性栏中的“完美形状”选项窗口中选择图 5-55 所示的箭头图形。

图 5-54 图形放置的位置

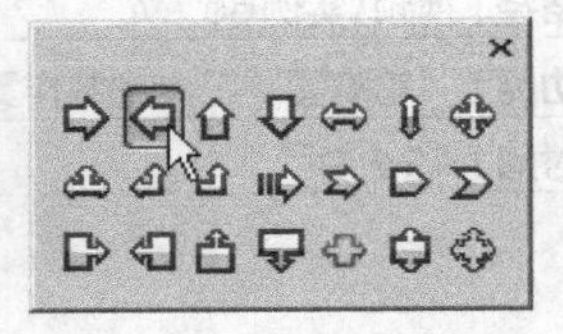

图 5-55 选择的箭头图形

11 沿图形及文字绘制出图 5-56 所示的箭头图形，然后利用工具调整图形的红点位置，将箭头图形调整至图 5-57 所示的形态。

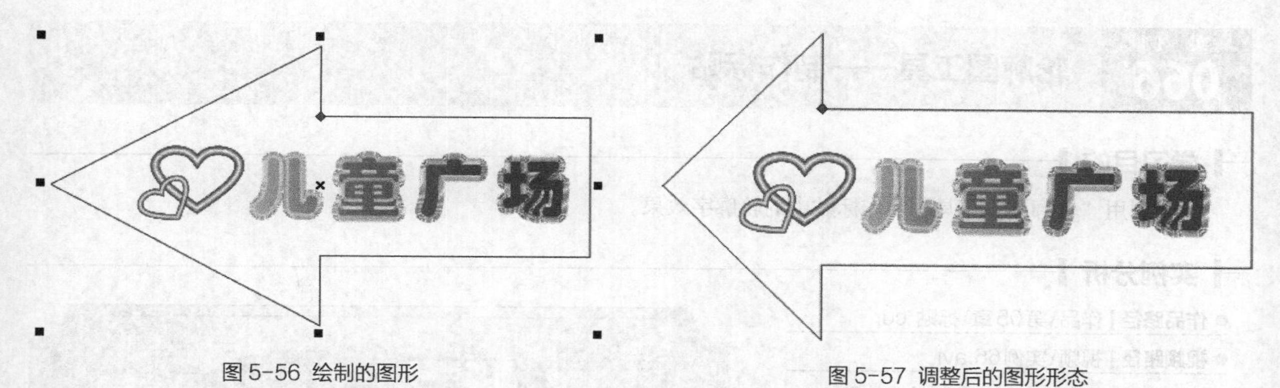

图 5-56 绘制的图形　　　　图 5-57 调整后的图形形态

12 将图形的轮廓颜色设置为蓝色，并设置图 5-58 所示的轮廓宽度。

13 执行“排列 / 将轮廓设置为对象”命令，将轮廓设置为图形，然后选取工具为其添加轮廓图效果。

14 单击属性栏中的按钮，并设置选项参数，设置填充颜色为黑色，调整后的轮廓图效果如图 5-59 所示。

图 5-58 设置的轮廓宽度　　　　图 5-59 设置轮廓图后的效果

提示

在利用工具选择箭头图形时，一定要单击图形的外边缘，以确保将轮廓图效果一同选择，否则将只会选择蓝色的箭头图形。

15 选择箭头图形，按键盘数字区中的 + 键，然后单击属性栏中的按钮，设置属性参数为，再将填充色设置为白色，复制图形调整后的效果如图 5-60 所示。

16 至此，霓虹字效果制作完成。按 Ctrl+S 组合键，将此文件命名为“霓虹字 .cdr”并保存。

图 5-60 复制图形调整后的效果

实例总结

本例制作的霓虹字，灵活运用了属性栏中的“到中心”按钮、“内部轮廓”按钮和“外部轮廓”按钮。读者通过对本实例的学习，能熟练掌握“轮廓图”工具的使用方法。

实例066 轮廓图工具——制作标贴

学习目的

学习利用“轮廓图”工具制作标贴中的轮廓字效果。

实例分析

- **作品路径** | 作品\第05章\标贴.cdr
- **视频路径** | 视频\实例66.avi
- **知识功能** | 设置不同填充色的轮廓效果
- **制作时间** | 10分钟

操作步骤

01 新建文件，选取工具，再单击属性栏中的按钮，在弹出的“完美形状”选项面板中选择图5-61所示的形状图形。

02 将鼠标光标移动到绘图窗口中拖曳，绘制出图5-62所示的图形。

03 选取工具，将鼠标指针移动到图形的位置按下并向左拖曳，将图形的倒角调小，状态如图5-63所示。

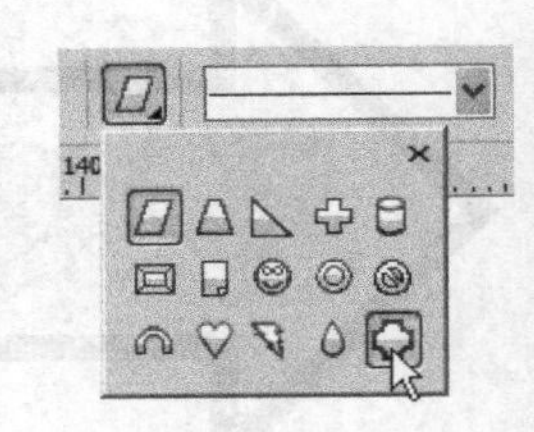
图5-61 选择的形状

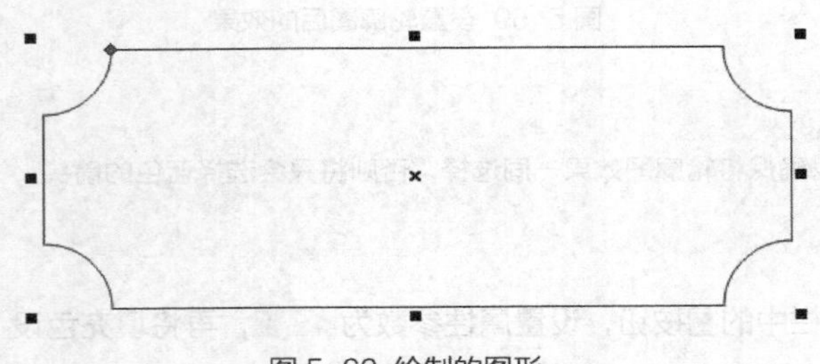
图5-62 绘制的图形

图5-63 调整倒角时的状态

04 将调整后图形的“轮廓宽度”设置为“2mm”，然后为其填充图5-64所示的渐变颜色，单击 确定 按钮，填充效果如图5-65所示。

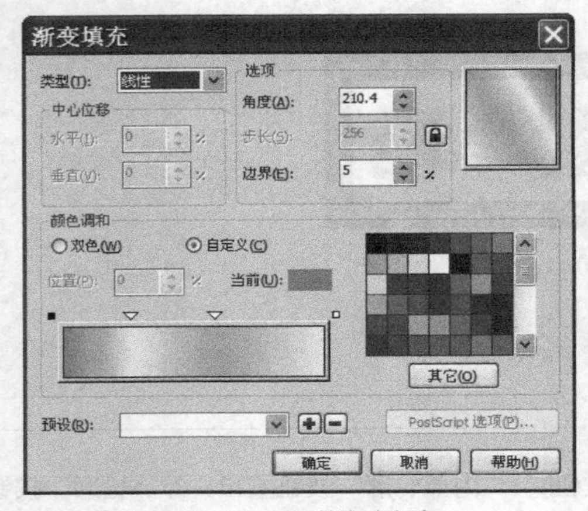

图5-64 设置的渐变颜色

图5-65 填充颜色后的效果

05 执行“排列 / 将轮廓转换为对象”命令，将图形外轮廓转换为对象，然后为其填充图 5-66 所示的渐变颜色，单击 确定 按钮，填充效果如图 5-67 所示。

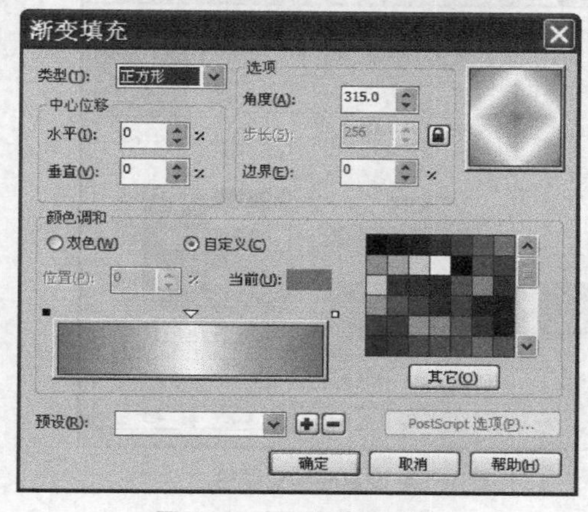

图 5-66 设置的渐变颜色

图 5-67 填充颜色后的效果

06 将鼠标光标移动到“调色板”的“黑”色块上单击鼠标右键，为图形再添加图 5-68 所示的黑色外轮廓。

图 5-68 添加的外轮廓

07 选取字工具，在图形中输入图 5-69 所示的黑色文字。

图 5-69 输入的文字

08 选取轮廓图工具，将鼠标光标移动到黑色文字的边缘按下并向外拖曳，为文字添加轮廓图效果。

09 设置属性栏参数 2 1.0 mm ，然后单击属性栏中的“填充色”色块，在弹出的面板中选择图 5-70 所示的颜色，调整后的轮廓效果如图 5-71 所示。

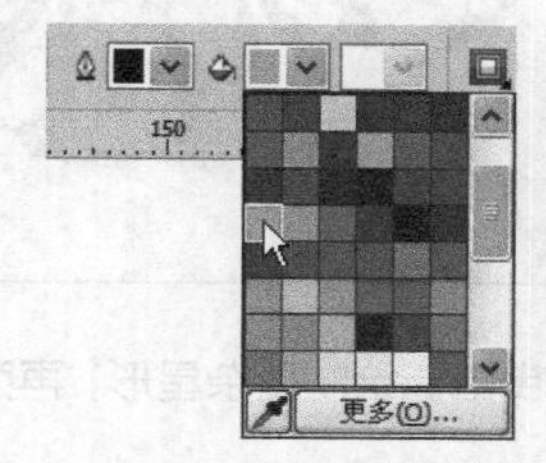

图 5-70 选择的颜色

图 5-71 调整后的轮廓效果

10 按 Ctrl+K 组合键，拆分轮廓效果与文字，然后单击属性栏中的取消群组按钮，取消轮廓图的群组。

11 选择黑色文字，为其填充图 5-72 所示的渐变颜色；然后选择最外侧的轮廓图形，将其颜色修改为金色（M:20,Y:60,K:20）；再选择中间的轮廓图形，为其填充图 5-73 所示的渐变颜色。

12 至此，标贴效果制作完成。按 Ctrl+S 组合键，将此文件命名为“标贴 .cdr”并保存。

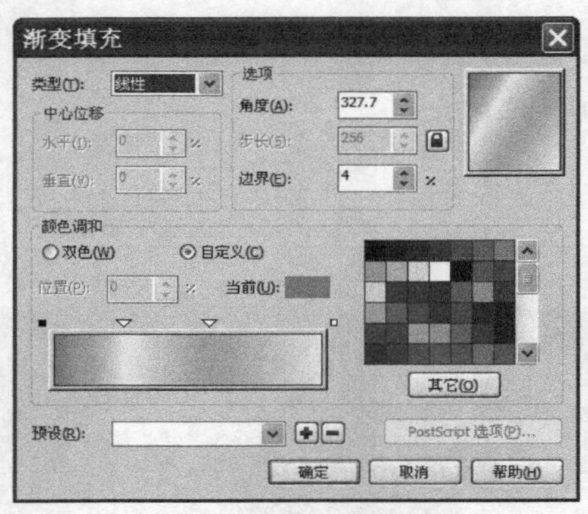

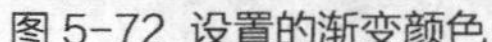

图 5-72 设置的渐变颜色

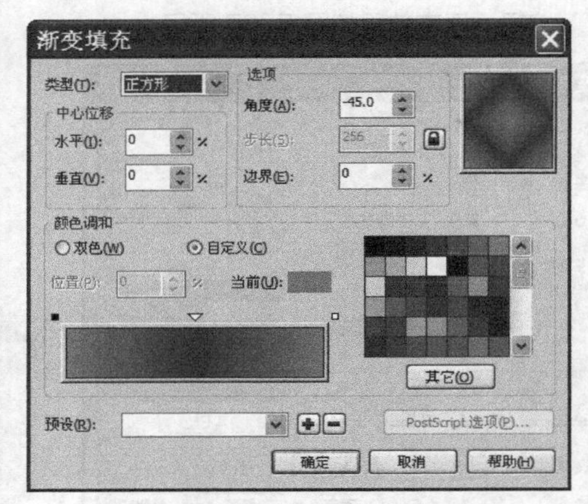

图 5-73 设置的渐变颜色

实例总结

本例制作的标贴，灵活运用了“轮廓图”工具，希望读者通过学习本实例，熟练掌握该工具的使用方法，且学会将轮廓图拆分再进行编辑的方法。

实例 067 推拉变形——制作花图案

学习目的

学习利用“变形”工具对图形进行推拉变形的方法。

实例分析

- **作品路径** | 作品\第05章\花图案.cdr
- **视频路径** | 视频\实例67.avi
- **知识功能** | 推拉变形操作
- **制作时间** | 10分钟

操作步骤

01 新建文件，选取工具，设置属性栏参数，然后按住 Ctrl 键拖曳鼠标绘制复杂星形，再为其填充青色，如图 5-74 所示。

02 选取“变形”工具，确认属性栏中激活的按钮，将鼠标指针放置到图形的中心位置按下并向左拖曳，对图形进行推拉变形，效果如图 5-75 所示。

03 去除图形的外轮廓，然后选取工具，并在属性栏中的“填充类型”选项框中选择“辐射”选项，再依次设置渐变颜色为酒绿色和绿色，图形效果如图 5-76 所示。

图 5-74　绘制的星形

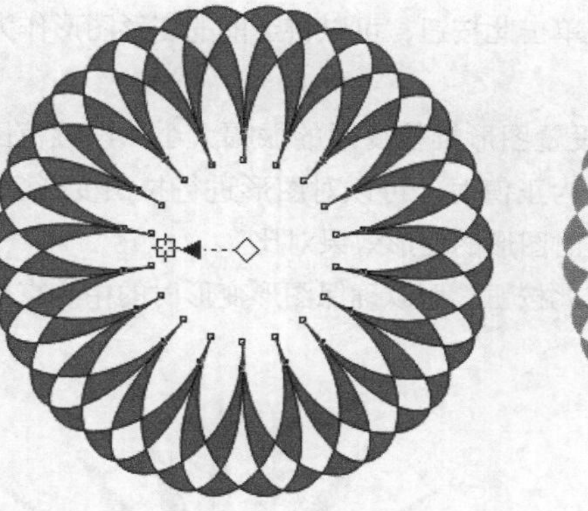

图 5-75　变形后的形态

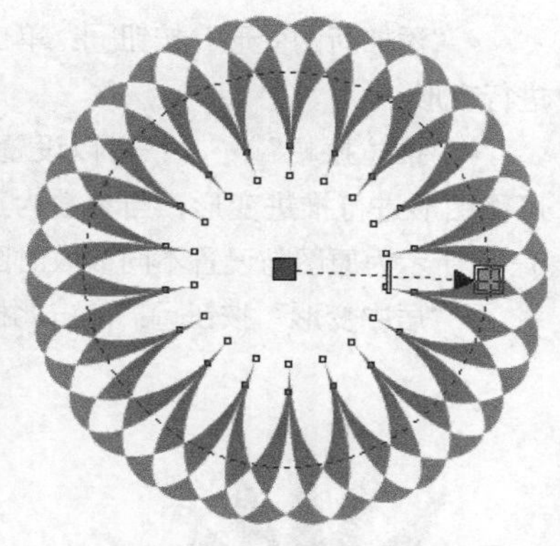

图 5-76　修改颜色后的效果

04 选取工具，设置属性栏选项及参数，如图 5-77 所示。

图 5-77　设置的选项及参数

05 将鼠标指针移动到图形的中心位置单击，添加图形并填色，如图 5-78 所示。

06 利用工具为图形填充由白色到黄色的辐射渐变色，如图 5-79 所示，然后修改图形的外轮廓为白色，并设置轮廓宽度，最终效果如图 5-80 所示。

07 按 Ctrl+S 组合键，将此文件命名为“花图案 .cdr”并保存。

图 5-78　添加的图形

图 5-79　设置渐变色后的效果

图 5-80　修改轮廓后的效果

相关知识点：推拉变形

推拉变形可以通过将图形向不同的方向拖曳，从而将图形边缘推进或拉出。具体操作为：选择图形，然后选取工具，激活属性栏中的按钮，再将鼠标指针移动到选择的图形上，按下鼠标左键并水平拖曳。当向左拖曳时，可以使图形边缘推向图形的中心，产生推进变形效果；当向右拖曳时，可以使图形边缘从中心拉开，产生拉出变形效果。拖曳到合适的位置后，释放鼠标左键即可完成图形的变形操作。

当激活工具属性栏中的按钮时，其相对应的属性栏如图 5-81 所示。

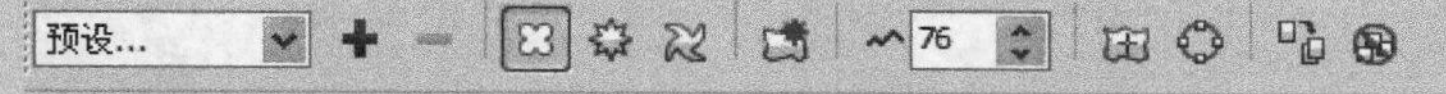

图 5-81　激活按钮时的属性栏

提示

因为图形最大的变形程度取决于“推拉振幅”值的大小，如果图形需要的变形程度超过了它的取值范围，则在图形的第一次变形后单击按钮，然后再对其进行第二次变形即可。

• “添加新的变形”按钮：单击此按钮，可以将当前的变形图形作为一个新的图形，从而可以再次对此图形进行变形。

• “推拉振幅”：可以设置图形推拉变形的振幅大小。设置范围为“-200 ~ 200”。当参数为负值时，可将图形进行推进变形；当参数为正值时，可以对图形进行拉出变形。此数值的绝对值越大，变形越明显，图5-82所示为原图与设置不同参数时图形的变形效果对比。

• “居中变形”按钮：单击此按钮，可以确保图形变形时的中心点位于图形中心。

原图　　参数为“30”　　参数为“-30”

图5-82 原图与设置不同参数时图形的变形效果对比

实例总结

学习本实例，读者可以初步了解“变形”工具中推拉变形的基本操作方法。

实例068 推拉变形——变形人物

学习目的

学习利用“变形”工具对图形进行推拉变形后产生另一种效果的方法。

实例分析

- **作品路径** | 作品\第05章\变形人物.cdr
- **视频路径** | 视频\实例68.avi
- **知识功能** | 推拉变形的另一种效果
- **制作时间** | 5分钟

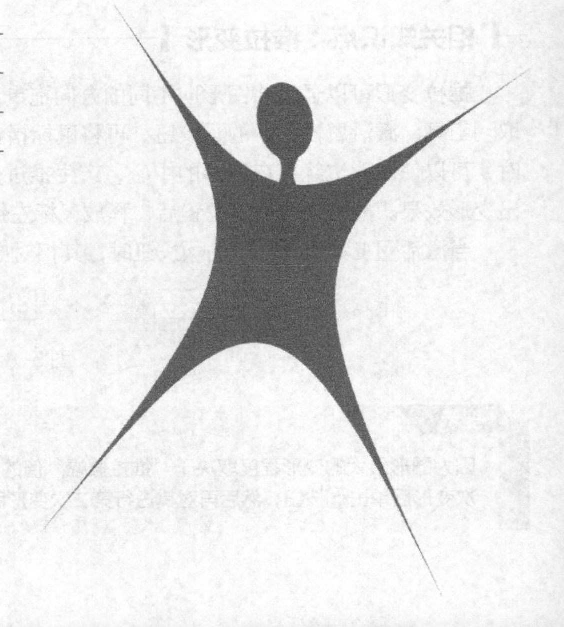

操作步骤

01 新建文件，利用□工具绘制图5-83所示的矩形图形，填充色为橘红色，无外轮廓。

02 选取“变形”工具，确认属性栏中激活的按钮，将鼠标指针放置到图形的中心位置按下并向右拖曳，对图形进行推拉变形，效果如图5-84所示。

> **提示**
>
> 利用工具对图形进行变形时，鼠标指针在拖曳时落下的位置不同，生成的效果也将不同，另外，拖曳鼠标的长度也将影响图形的变形程度，读者可自行随意操作一下，查看各种不同的效果。

03 单击工具箱中的按钮，确认图形的变形调整，然后设置属性栏中的参数350.0，旋转图形，如图5-85所示。

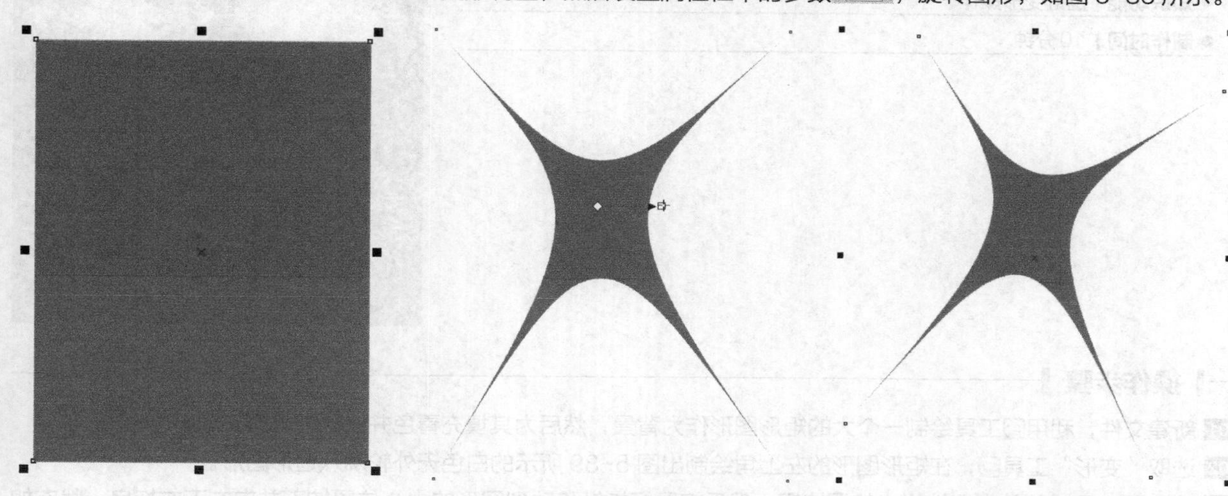

图5-83 绘制的矩形图形　　图5-84 变形后的形态　　图5-85 旋转后的形态

04 选取工具，在变形图形的上方绘制出图5-86所示的倾斜椭圆形，作为变形人物的头。

05 选取工具，绘制图5-87所示的图形，将变形图形与椭圆形相连，然后为其填充橘红色，并去除外轮廓，即可完成变形人物的绘制，如图5-88所示。

06 按Ctrl+S组合键，将此文件命名为“变形人物.cdr”并保存。

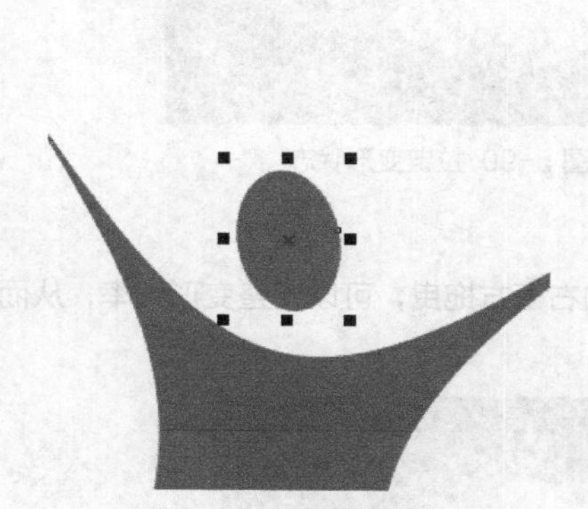

图5-86 绘制的椭圆形

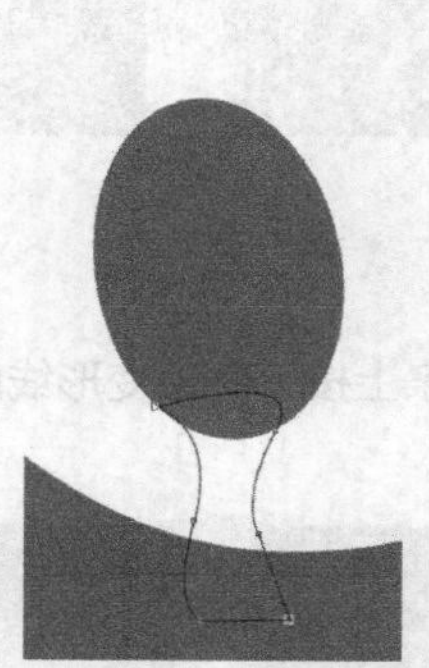

图5-87 绘制的图形

图5-88 完成的变形人物

实例总结

本例主要讲解了推拉变形的另一种效果，虽然做的变形人物有些抽象，但旨在讲解工具的运用。学习本实例，读者能够掌握推拉变形的操作方法，即当向左拖曳时，可以使图形边缘推向图形的中心，产生推进变形效果；当向右拖曳时，可以使图形边缘从中心拉开，产生拉出变形效果。

实例 069 拉链变形——绘制特殊效果的图形

学习目的

学习利用“变形”工具对图形进行拉链变形的方法。

实例分析

- **作品路径** | 作品\第05章\拉链变形.cdr
- **视频路径** | 视频\实例69.avi
- **知识功能** | 拉链变形操作
- **制作时间** | 10分钟

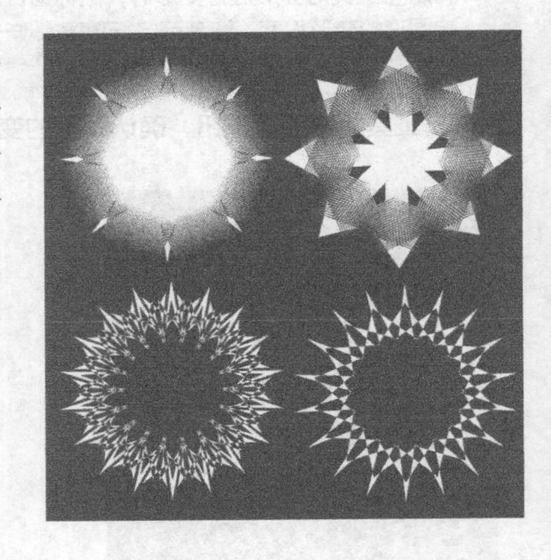

操作步骤

01 新建文件，利用工具绘制一个大的矩形图形作为背景，然后为其填充青色并去除外轮廓。

02 选取“变形”工具，在矩形图形的左上角绘制出图5-89所示的白色无外轮廓八边形图形。

03 选取工具，并单击属性栏中的按钮，然后将鼠标指针移动到图形的中心位置按下并向右下方拖曳，状态如图5-90所示。

图5-89 绘制的八边形

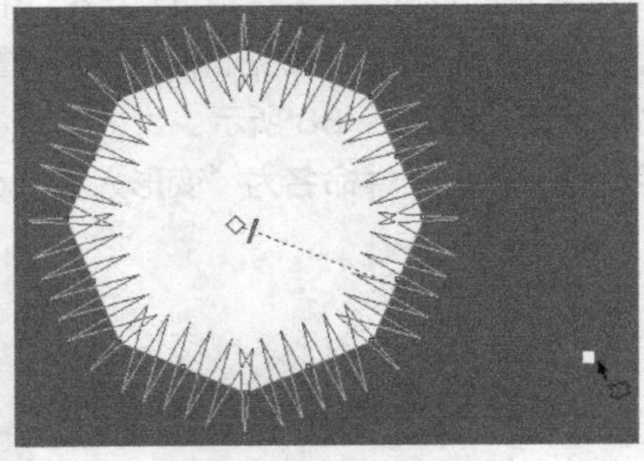

图5-90 拉链变形状态

04 释放鼠标后生成的变形效果如图5-91所示。

05 将鼠标指针移动到变形中心位置的矩形控制条上按下并沿变形线向右下方拖曳，可以调整变形频率，从而改变图形的变形效果，如图5-92所示。

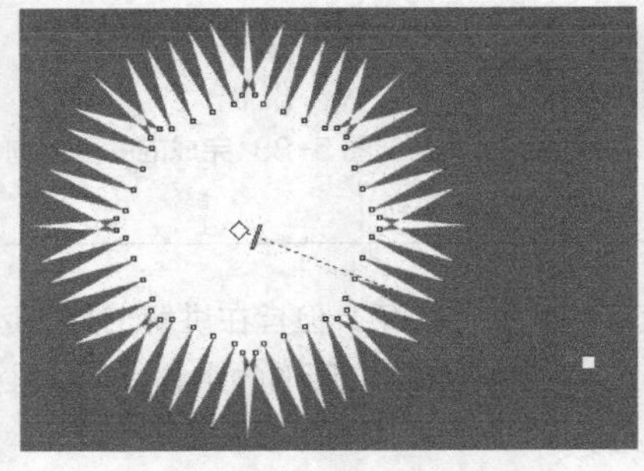

图5-91 图形变形后的效果

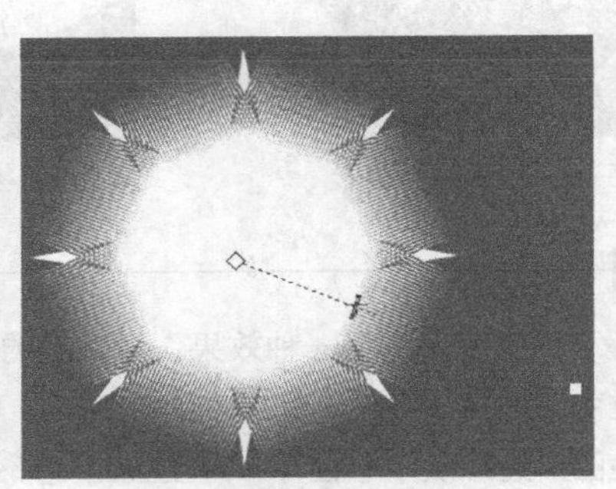

图5-92 调整变形效果

提示

利用调整矩形控制条的位置，可以改变图形变形频率，也可直接调整属性栏中的“拉链频率”参数。

06 利用工具再绘制一个白色的八边形图形，然后利用工具对图形的节点进行调整，将八边形图形调整为图 5-93 所示的星形。

07 选取工具，确认属性栏中激活的按钮，将鼠标指针移动到图形中心位置按下并向右拖曳，对图形进行变形，状态如图 5-94 所示。

08 在属性栏中修改参数，改变变形频率，调整后的变形效果如图 5-95 所示。

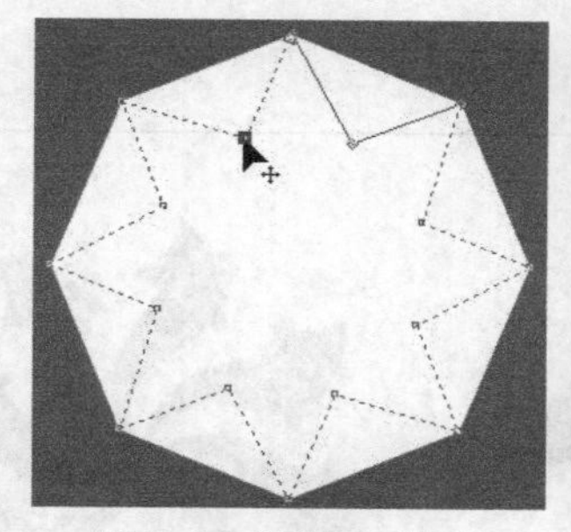

图 5-93　调整图形状态

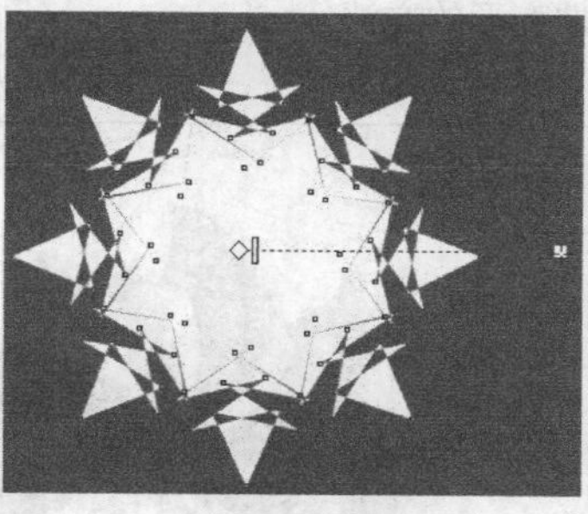

图 5-94　变形图形状态

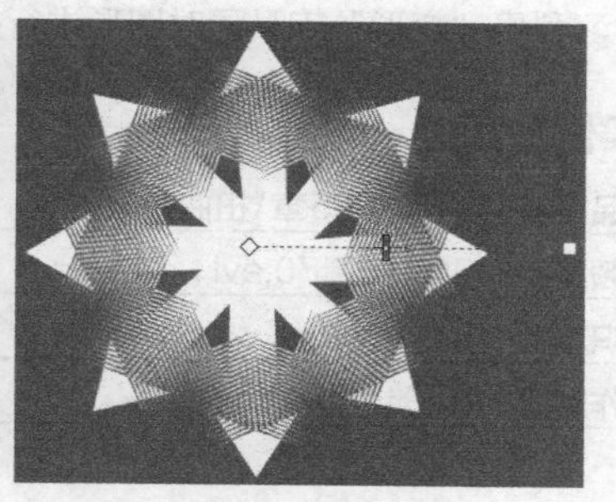

图 5-95　调整变形频率后的效果

09 利用工具，绘制如图 5-96 所示的复杂星形，填充色仍然为白色，无外轮廓。

10 利用工具对其进行变形，效果如图 5-97 所示。

11 将变形后的图形向右移动复制一组，然后调整变形频率，最终效果如图 5-98 所示。

12 按 Ctrl+S 组合键，将此文件命名为“拉链变形 .cdr”并保存。

图 5-96　绘制的复杂星形

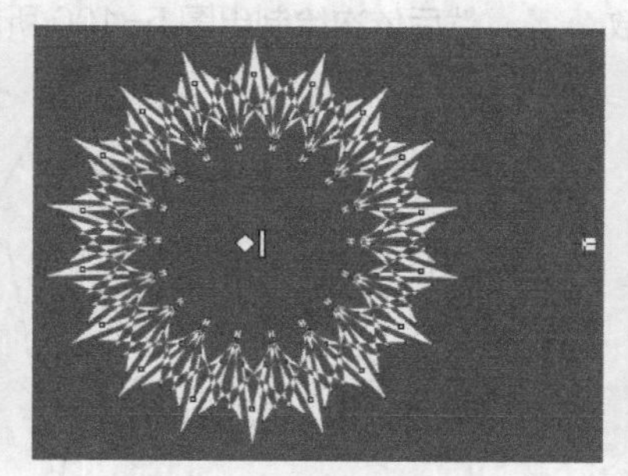

图 5-97　变形后的效果

图 5-98　调整变形频率后的效果

相关知识点：拉链变形

拉链变形可以将当前选择的图形边缘调整为带有尖锐的锯齿状轮廓效果。具体操作为：选择图形，然后选取工具，并激活属性栏中的按钮，再将鼠标指针移动到选择的图形上按下鼠标左键并拖曳，至合适位置后释放鼠标左键即可为选择的图形添加拉链变形效果。

当激活工具属性栏中的按钮时，其相对应的属性栏如图 5-99 所示。

图 5-99　激活按钮时的属性栏

- “拉链振幅”：用于设置图形的变形幅度，设置范围为 0 ~ 100。
- “拉链频率”：用于设置图形的变形频率，设置范围为 0 ~ 100。
- “随机变形”按钮：可以使当前选择的图形根据软件默认的方式进行随机性的变形。
- “平滑变形”按钮：可以使图形在拉链变形时产生的尖角变得平滑。
- “局部变形”按钮：可以使图形的局部产生拉链变形效果。

实例总结

本例主要讲解了拉链变形的操作方法，并着重介绍了设置不同的“拉链频率”值将生成不同的变形效果。读者可以充分发挥自己的想象力，对其他形状的图形进行变形，以得到更有创意的图形。

实例 070 扭曲变形——制作扭曲图形

学习目的

学习利用“变形”工具对图形进行扭曲变形的方法。

实例分析

- **作品路径** | 作品\第05章\扭曲效果.cdr
- **视频路径** | 视频\实例70.avi
- **知识功能** | 扭曲变形操作
- **制作时间** | 15分钟

操作步骤

01 新建文件，选取工具，设置属性栏参数，然后依次绘制出图5-100所示的三角形图形。

02 同时选中两个图形，按C键，将两个图形以水平中心对齐，再单击属性栏中的按钮，将两个图形合并为一个整体，如图5-101所示。

03 在选择的图形上再次单击，调出旋转和扭曲符号，然后将旋转中心向下调整至图5-102所示的位置。

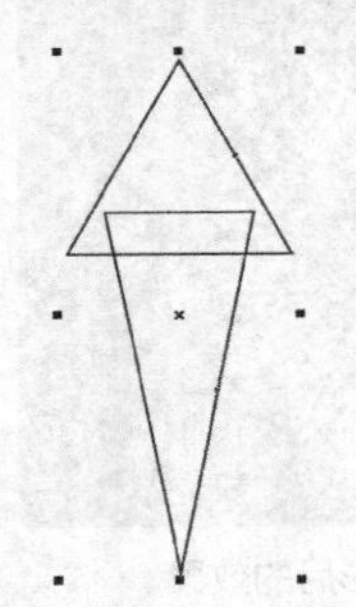

图5-100 绘制的三角形

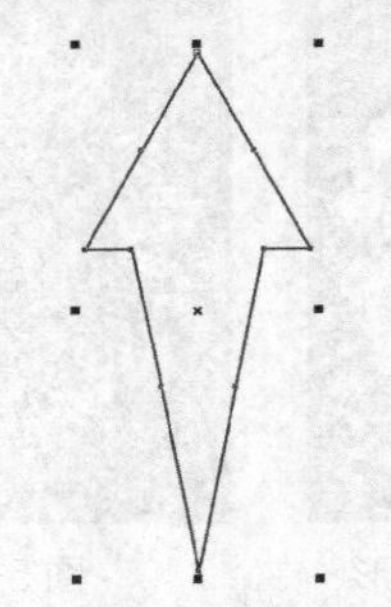

图5-101 合并后的形态

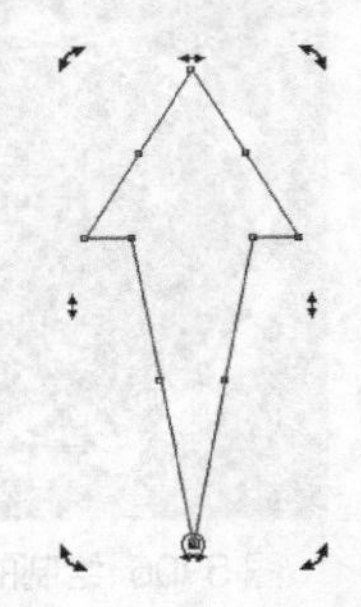

图5-102 旋转中心位置

04 用旋转复制图形操作，将图形依次旋转复制，最终效果如图5-103所示。

05 分别为各个图形填充不同的颜色，如图5-104所示。

06 利用工具框选所有图形，然后按Ctrl+G组合键群组。

07 选取“变形”工具，并单击属性栏中的按钮，再设置属性栏参数，图形扭曲变形后的效果如图5-105所示。

图5-103 旋转复制出的图形

图5-104 填充颜色后的效果

图5-105 扭曲变形效果

08 选取工具确认图形的变形操作，然后按键盘数字区中的 + 键，将图形再复制一组，并为其填充灰色（K:10），再设置属性栏参数 12.0，复制图形旋转后的形态如图 5-106 所示。

09 执行“排列 / 顺序 / 到图层后面”命令，将灰色图形调整至原图形的后面，然后利用工具将两个图形进行调和，效果如图 5-107 所示。

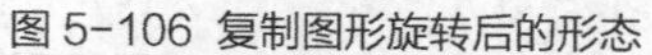

图 5-106 复制图形旋转后的形态

图 5-107 调和后的效果

10 选择上方图形，将其移动复制，然后选取工具，并单击属性栏中的按钮，去除复制出的图形的扭曲效果。

11 单击属性栏中的按钮，取消图形的群组，然后去除图形的外轮廓。

12 再次选取工具，并设置属性栏参数 50，此时图形扭曲变形后的效果如图 5-108 所示。

提示

由图 5-105 和图 5-108 所示，我们可以看出，图形是否群组，执行相同的扭曲变形后生成的效果并不相同，本例制作两种形态的扭曲图形，也是为了向读者展示这个原理。

13 选取工具确认图形的变形操作，然后按键盘数字区中的 + 键，将图形再复制一组，并为其填充灰色（K:10），然后旋转至图 5-109 所示的形态。

14 执行“排列 / 顺序 / 到图层后面”命令，将复制出的灰色图形调整到原图形的后面，效果如图 5-110 所示。

15 按 Ctrl+S 组合键，将此文件命名为“扭曲效果 .cdr”并保存。

图 5-108 各图形扭曲后的效果

图 5-109 复制图形旋转后的形态

图 5-110 调整堆叠顺序后的效果

相关知识点：扭曲变形

扭曲变形可以使图形绕其自身旋转，产生类似螺旋形效果。具体操作为：选择图形，然后选取工具，并激活属性栏中的按钮，再将鼠标指针移动到选择的图形上，按下鼠标左键确定变形的中心，然后拖曳鼠标指针绕变形中心旋转，释放鼠标左键后即可产生扭曲变形效果。

当激活工具属性栏中的按钮时，其相对应的属性栏如图 5-111 所示。

预设... 0 148

图 5-111 激活按钮时的属性栏

- “顺时针旋转”按钮和“逆时针旋转”按钮：设置图形变形时的旋转方向。单击按钮，可以使图形按顺时针方向旋转；单击按钮，可以使图形按逆时针方向旋转。

- “完全旋转”：用于设置图形绕旋转中心旋转的圈数，设置范围为“0 ~ 9”。图5-112所示为设置不同旋转圈数时图形的变形效果。
- “附加度数”：用于设置图形旋转的角度，设置范围为“0 ~ 359”。图5-113所示为设置不同旋转角度时图形的变形效果。

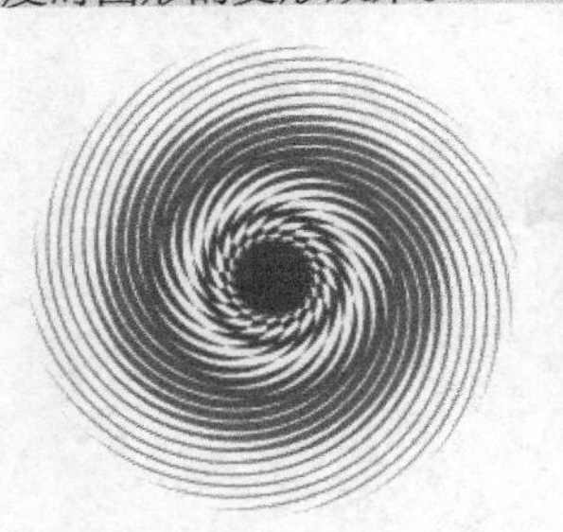
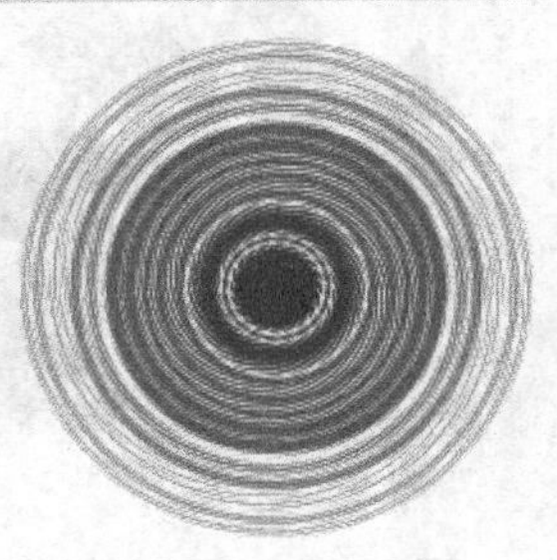

图 5-112 设置不同旋转圈数时的效果

图 5-113 设置不同旋转角度时的效果

实例总结

学习本实例，读者初步了解了“变形”工具中扭曲变形的基本操作。该操作非常简单，只需要先设置旋转方向，然后设置“完全旋转”值或“附加度数”值即可。需要注意的是，无论选择多少个图形，为其执行扭曲操作后，系统都会为每一个图形添加效果，且以该图形的中心为原点进行旋转。

实例 071 阴影工具——制作阴影

学习目的

学习利用“阴影”工具为对象添加阴影的方法。

实例分析

- **素材路径** | 素材\第05章\素材背景.cdr
- **作品路径** | 作品\第05章\阴影效果.cdr
- **视频路径** | 视频\实例71.avi
- **知识功能** | “阴影”工具
- **制作时间** | 10分钟

操作步骤

01 打开资源文件中的“素材\第05章\素材背景.cdr”文件，然后利用工具输入图5-114所示的文字。

图 5-114 输入的文字

02 将文字的颜色修改为红色，然后选取工具，再将鼠标指针移动到文字上按下并向上拖曳。

03 设置属性栏参数，并将属性栏中的“填充色”设置为黄色，添加的轮廓图效果如图 5-115 所示。

04 依次按 Ctrl+K 组合键和 Ctrl+U 组合键，将轮廓图拆分并取消群组，然后选择红色文字外面的图形，将其颜色修改为白色，如图 5-116 所示。

图 5-115 添加的轮廓图效果

图 5-116 修改颜色后的效果

05 选取工具，单击左上角的星星图形，然后按住 Shift 键依次单击右上角的星星图形和右下方的灯笼图形，再执行“顺序 / 排列 / 到图层前面”命令，将其调整至文字的上方，如图 5-117 所示。

06 选取最外侧的黄色图形，选取“阴影”工具，并将鼠标指针移动到文字上方的中间位置按下并向下拖曳，状态如图 5-118 所示。

图 5-117 调整堆叠顺序后的效果

图 5-118 添加阴影状态

07 释放鼠标后，即可为图形添加阴影效果，如图 5-119 所示。

08 设置属性栏的参数，调整后的阴影效果如图 5-120 所示。

图 5-119 添加的阴影效果

图 5-120 调整后的阴影效果

09 选择白色图形，用与上面相同的添加阴影的方法为其添加阴影效果，然后设置属性栏的参数，效果如图 5-121 所示。

图 5-121 设置参数后的阴影效果

10 用与以上相同的添加阴影的方法，分别为“灯笼”和“礼物”图形添加阴影，最终效果如图 5-122 所示。

图 5-122 添加阴影的最终效果

11 按 Ctrl+S 组合键，将此文件命名为“阴影效果 .cdr”并保存。

图 5-123 制作的阴影效果

相关知识点：“阴影”工具

利用“阴影”工具可以在选择的图形上添加两种情况的阴影。一种是将鼠标指针放置在图形的中心点上按下鼠标左键并拖曳产生的偏离阴影，另一种是将鼠标指针放置在除图形中心点以外的区域按下鼠标左键并拖曳产生的倾斜阴影。添加的阴影不同，属性栏中的可用参数也不同。应用阴影后的图形效果如图5-123所示。

“阴影”工具的属性栏如图5-124所示。

图 5-124“阴影”工具的属性栏

- “阴影偏移”：用于设置阴影与图形之间的偏移距离。当创建偏移阴影时，此选项才可用。
- “阴影角度”：用于调整阴影的角度，设置范围为“-360 ~ 360”。当创建倾斜阴影时，此选项才可用。
- “阴影的不透明度”：用于调整生成阴影的不透明度，设置范围为“0 ~ 100”。当为“0”时，生成的阴影完全透明；为“100”时，生成的阴影不透明。
- “阴影羽化”：用于调整生成阴影的羽化程度。数值越大，阴影边缘越虚化。
- “羽化方向”按钮：单击此按钮，将弹出图5-125所示的“羽化方向”选项面板，利用此面板可以为阴影选择羽化方向的样式。

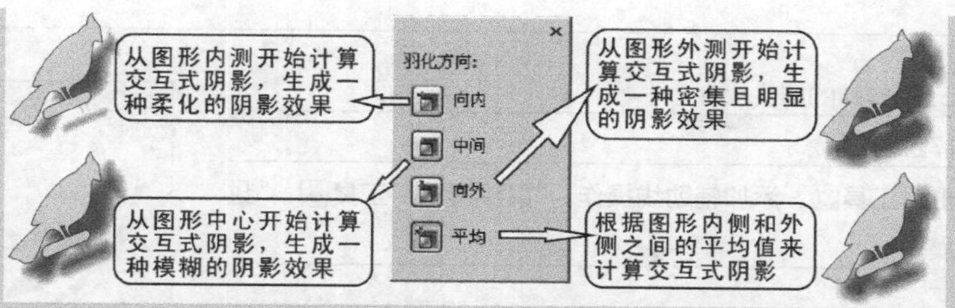

图5-125“羽化方向”选项面板

• “羽化边缘”按钮：当在“羽化方向”选项面板中选择除“平均”选项外的其他选项时，此按钮才可用。单击此按钮，将弹出图5-126所示的“羽化边缘”选项面板，利用此面板可以为阴影选择羽化边缘的样式。

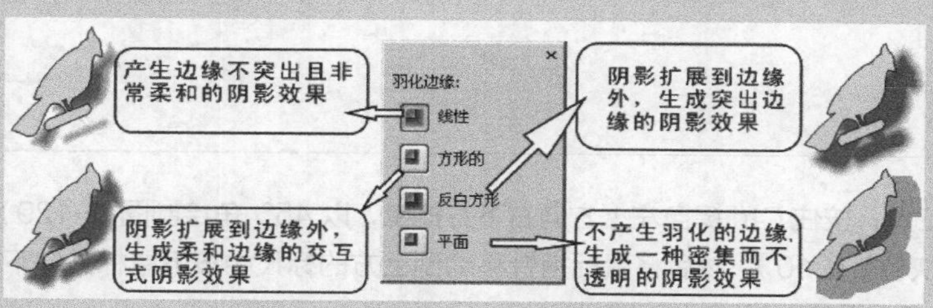

图5-126“羽化边缘”选项面板

• “阴影淡出”：用于设置阴影的淡出效果，设置范围为“0 ~ 100”。数值越大，阴影淡出的效果越明显。当创建倾斜阴影时，此选项才可用。图5-127所示为原图与调整“阴影淡出”参数后的阴影效果。

• “阴影延展”：用于设置阴影的延伸距离，设置范围为“0 ~ 100”。数值越大，阴影的延展距离越长。当创建倾斜阴影时，此选项才可用。图5-128所示为原图与调整“阴影延展”参数后的阴影效果。

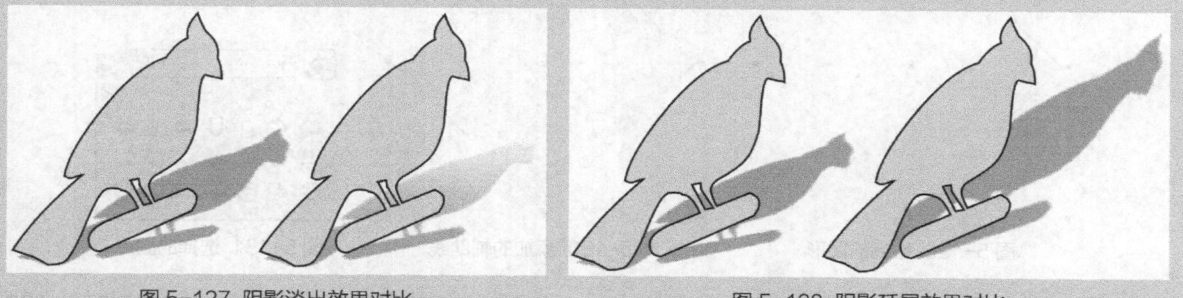
图5-127 阴影淡出效果对比　　图5-128 阴影延展效果对比

• “透明度操作”：用于设置阴影的透明度样式，其下包括“常规”“乘”“除”“颜色”和“叠加”等选项，选择不同的选项将产生不同的透明度效果。

• “阴影颜色”按钮：单击此按钮，可以在弹出的“颜色”选项面板中设置阴影的颜色。

实例总结

学习本实例，读者初步了解了“阴影”工具的使用方法。该工具除制作对象的投影外，还经常用于制作发光效果，希望读者注意。

实例072 封套工具——制作旋转的箭头

学习目的

学习利用“封套”工具对图形进行变形的方法。

实例分析

- **作品路径** | 作品\第05章\旋转的箭头.cdr
- **视频路径** | 视频\实例72.avi
- **知识功能** | “三点矩形”工具、添加辅助线操作、“箭头形状”工具、“封套”工具及旋转复制操作
- **制作时间** | 15分钟

操作步骤

01 新建文件，选取工具，按住 Ctrl 键自左上方向右下方拖曳，以45° 角绘制图 5-129 所示的图形。

02 为绘制的图形填充灰色（K:10），然后将鼠标指针移动到上方的标尺中按下鼠标并向下拖曳，至图形的中心位置时释放鼠标，添加一条水平辅助线。

03 用相同的添加辅助线方法，添加一条垂直辅助线，如图 5-130 所示。

04 选取工具，并在“箭头完美形状”选项面板中选择图 5-131 所示的图形。

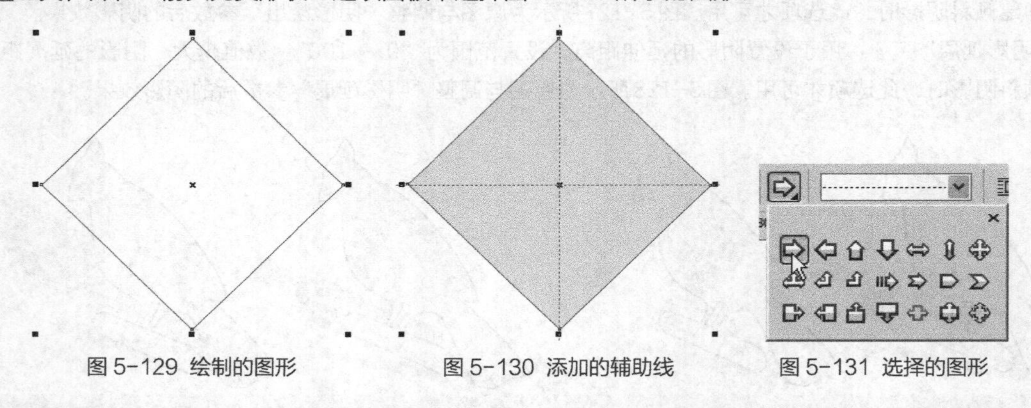

图 5-129 绘制的图形　　图 5-130 添加的辅助线　　图 5-131 选择的图形

05 依次拖曳鼠标绘制箭头图形，然后分别为其填充白色和深褐色，并去除外轮廓，调整大小后放置到图 5-132 所示的位置。

06 同时选中两个箭头图形并按 Ctrl+G 组合键群组。

07 选取“封套”工具，此时会在箭头图形的周围显示蓝色的变形框，如图 5-133 所示。

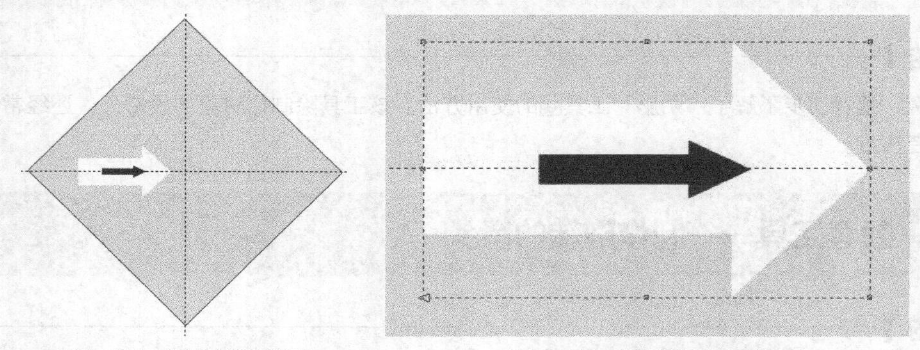

图 5-132 绘制的箭头图形　　图 5-133 显示的封套变形框

08 分别框选水平和垂直方向中间的控制点，按 Delete 键删除，然后用与调整图形相同的方法对变形框进行调整，效果如图 5-134 所示。

09 利用字工具输入深褐色的数字“01”，然后将其调整至图 5-135 所示的大小及位置。

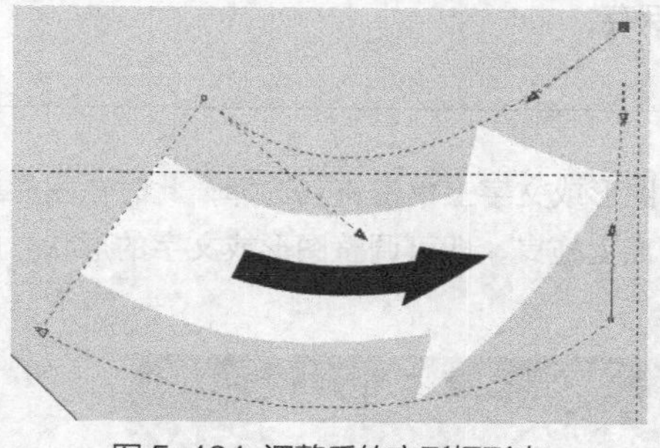

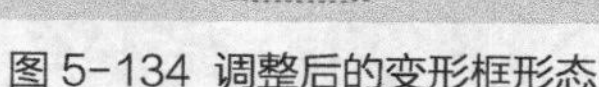

图 5-134 调整后的变形框形态

图 5-135 数字放置的位置

10 选择封套图形，然后利用阴影工具为其添加阴影效果，并设置属性栏参数，添加的阴影效果如图 5-136 所示。

11 利用选择工具框选箭头图形及数字，然后按 Ctrl+G 组合键群组，并在其上再次单击，将旋转中心调整至辅助线的交点位置。

12 依次旋转复制图形，然后执行“视图 / 辅助线”命令，隐藏辅助线，效果如图 5-137 所示。

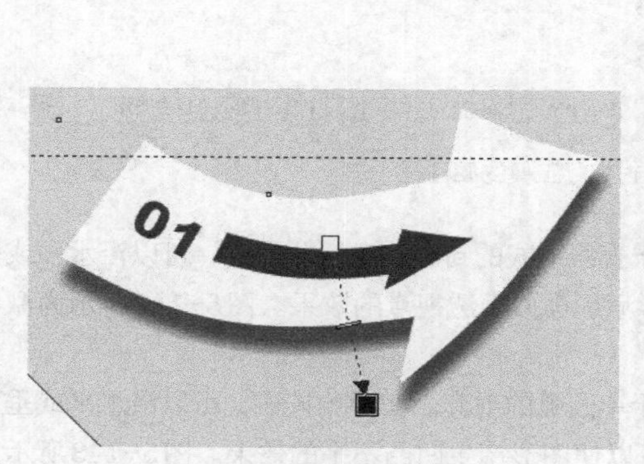

图 5-136 添加的阴影效果

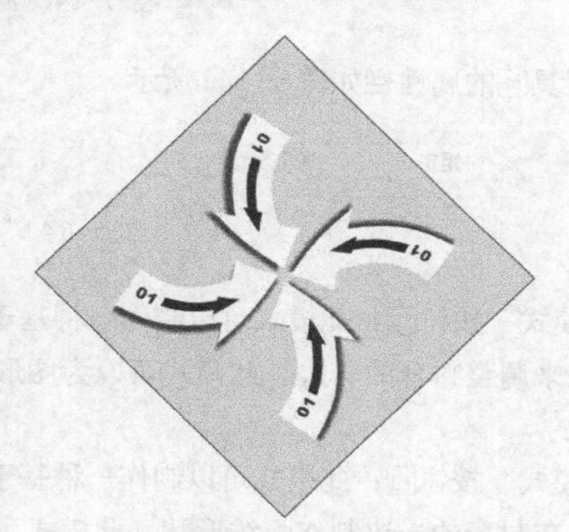

图 5-137 旋转复制出的图形

13 选择下方的复制图形，执行“排列 / 取消全部群组”命令，取消图形的群组，然后选中数字“01”及小箭头，修改其填充色为沙黄色，再将数字“01”修改为“02”，如图 5-138 所示。

14 用与步骤 13 相同的方法，依次对右侧和上方的复制图形进行修改，效果如图 5-139 所示。

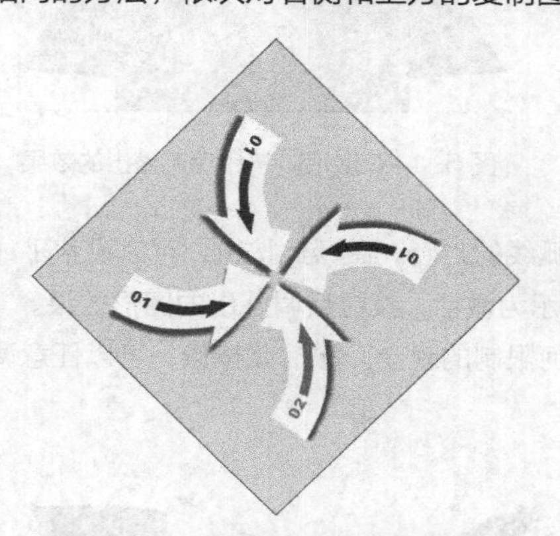

图 5-138 下方图形修改后的效果

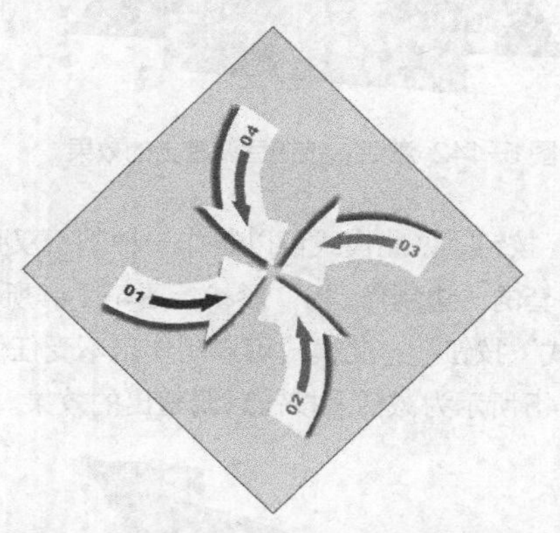

图 5-139 右侧和上方图形修改后的效果

提示

在修改右侧和上方复制图形中的数字时，要依次单击属性栏中的镜像按钮和镜像按钮，将数字镜像后才能得到正常的旋转效果。

15 双击工具箱中的工具，同时选中所有图形，然后转正，即可完成封套效果的制作。

16 按 Ctrl+S 组合键，将此文件命名为“旋转的箭头 .cdr”并保存。

相关知识点：“封套”工具

选取“封套”工具，在需要为其添加交互式封套效果的图形或文字上单击将其选择，此时在图形或文字的周围将显示带有控制点的蓝色虚线框，将鼠标指针移动到控制点上拖曳，即可调整图形或文字的形状。应用封套效果后的文字如图5-140所示。

图5-140 应用封套效果后的文字

“封套”工具的属性栏如图5-141所示。

图5-141“封套”工具的属性栏

- “直线模式”按钮：此模式可以制作一种基于直线形式的封套。激活此按钮，可以沿水平或垂直方向拖曳封套的控制点来调整封套的一边。此模式可以为图形添加类似于透视点的效果。图5-142所示为激活按钮后调整出的效果。
- “单弧模式”按钮：此模式可以制作一种基于单圆弧的封套。激活此按钮，可以沿水平或垂直方向拖曳封套的控制点，在封套的一边制作弧线形状。此模式可以使图形产生凹凸不平的效果。图5-143所示为激活按钮后调整出的效果。

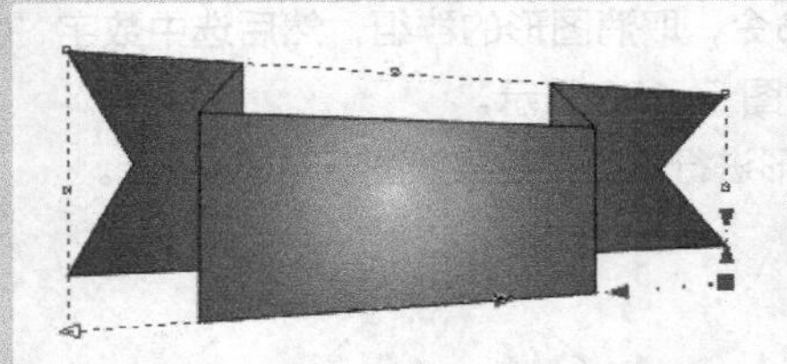

图5-142 激活按钮后调整出的效果

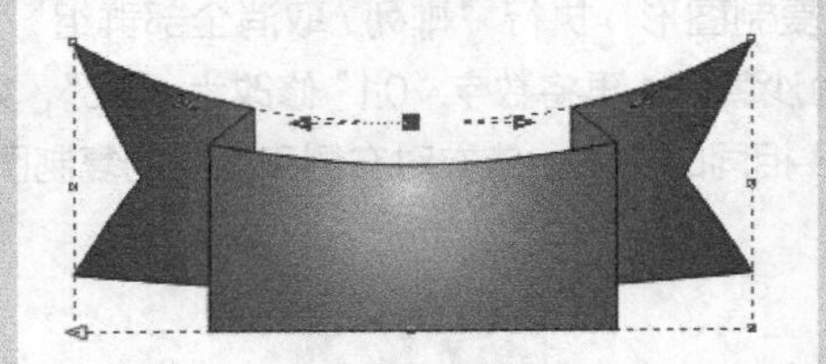

图5-143 激活按钮后调整出的效果

- “双弧模式”按钮：此模式可以制作一种基于双弧线的封套。激活此按钮，可以沿水平或垂直方向拖曳封套的控制点，在封套的一边制作“S”形状。图5-144所示为激活按钮后调整出的图形效果。
- “非强制模式”按钮：此模式可以制作出不受任何限制的封套。激活此按钮，可以任意调整选择的控制点和控制柄。图5-145所示为激活按钮后调整出的效果。

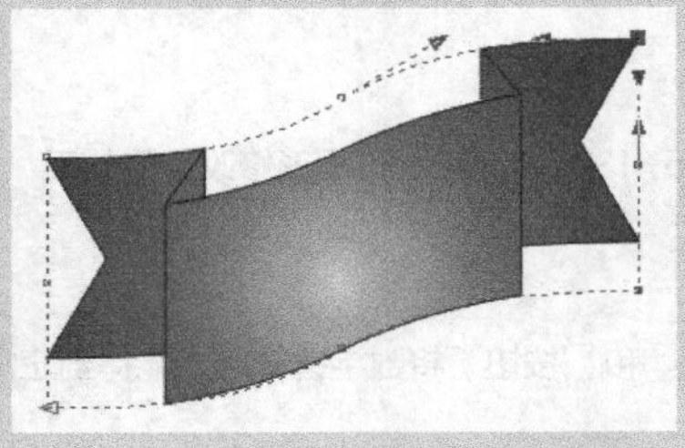

图5-144 激活按钮后调整出的效果

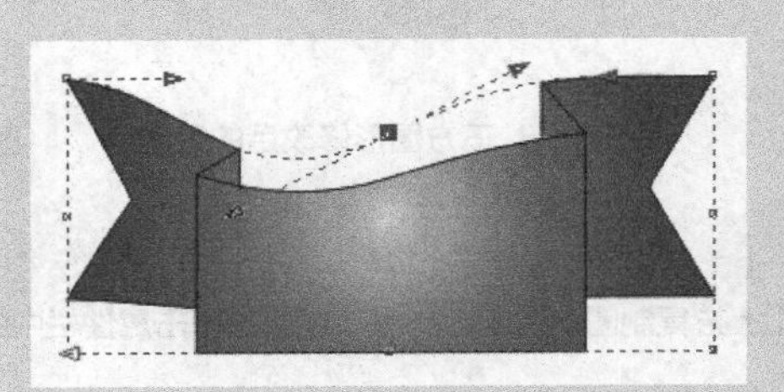

图5-145 激活按钮后调整出的效果

提示

当使用“直线模式”“单弧模式”或“双弧模式”对图形进行编辑时，按住 Ctrl 键，可以对图形中相对的节点一起进行同一方向的调节；按住 Shift 键，可以对图形中相对的节点一起进行反方向调节；按住 Ctrl+Shift 组合键，可以对图形 4 条边或 4 个角上的节点同时进行调节。

- “添加新封套”按钮：当对图形使用封套变形后，单击此按钮，可以再次为图形添加新封套，并进行编辑变形操作。
- “映射模式”自由变形：用于选择封套改变图形外观的模式。
- “保留线条”按钮：激活此按钮，为图形添加封套变形效果时，将保持图形中的直线不被转换为曲线。
- “创建封套自”按钮：单击此按钮，然后将鼠标指针移动到图形上单击，可将单击图形的形状添加新封套为选择的封套图形。

实例总结

通过本实例的学习，读者初步了解了“封套”工具的应用。“封套”工具与“形状”工具的功能相似，不同的是，“形状”工具用于调整曲线图形，而“封套”工具可以直接调整文字或群组的图形。

实例 073 立体化工具——制作立体效果字

学习目的

学习利用“立体化”工具制作立体效果字的方法。

实例分析

- **作品路径** | 作品\第 05 章\立体字.cdr
- **视频路径** | 视频\实例 73.avi
- **知识功能** | “封套”工具、“立体化”工具和“阴影”工具
- **制作时间** | 10 分钟

操作步骤

01 新建文件，利用工具输入图 5-146 所示的黑色文字。

02 选取“封套”工具，然后选中各边中间的控制点并删除，效果如图 5-147 所示。

年货大集　年货大集

图 5-146　输入的文字　　图 5-147　删除控制点后的效果

03 框选文字，选中 4 角的控制点，然后单击属性栏中的按钮，将曲线转换为直线性质，再分别调整各个控制点的位置，将文字变形至图 5-148 所示的透视形态。

04 将文字的颜色修改为橘红色，然后选取“立体化”工具，将鼠标指针移动到文字的中心位置按下并向下拖曳，状态如图 5-149 所示。

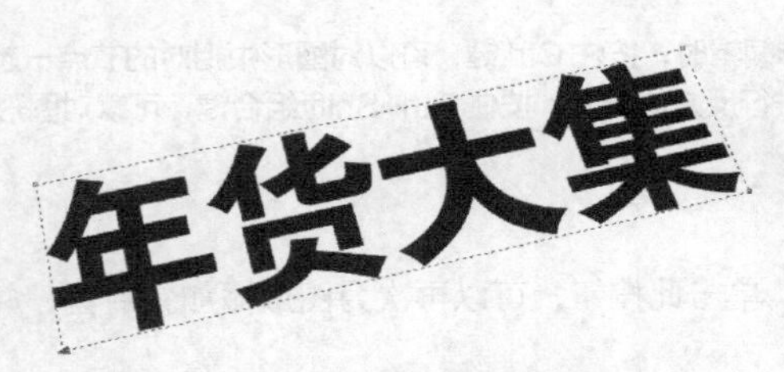

图 5-148 文字封套变形后的效果

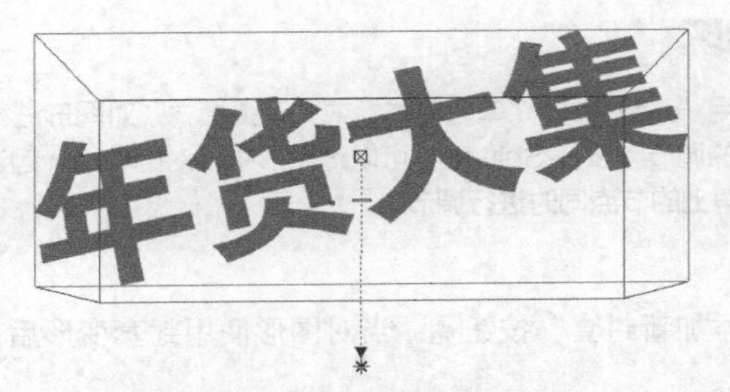

图 5-149 添加立体化效果时的状态

05 释放鼠标后，设置属性栏参数，再单击属性栏右侧的按钮，在弹出的“立体化颜色”选项面板中激活按钮，并将“从”选项的颜色设置为红色，“到”选项的颜色设置为黑色，调整后的立体化效果如图 5-150 所示。

06 按 Ctrl+I 组合键，将资源文件中“素材\第 05 章”目录下名为“年货大集 .cdr”的文件导入，然后执行“排列 / 顺序 / 到图层后面”命令，将其调整至立体字的后面。

07 选择立体字，调整大小后放置到图 5-151 所示的位置。

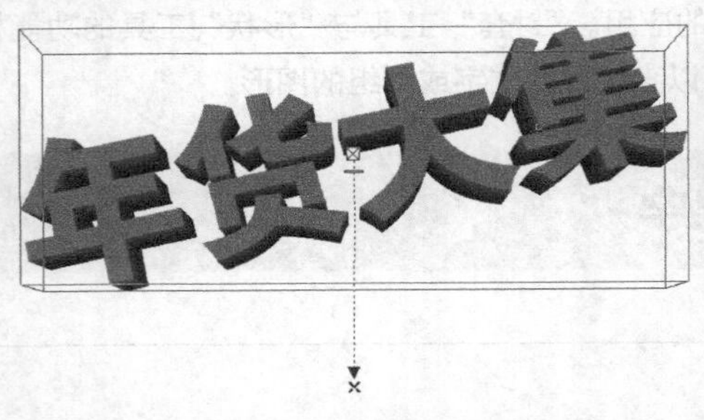

图 5-150 调整后的立体效果

图 5-151 立体效果字放置的位置

08 利用工具单击橘红色文字，然后按键盘数字区中的 + 键，将文字在原位置复制。

09 将复制出的文字稍微向上移动位置，并为其填充图 5-152 所示的渐变色。

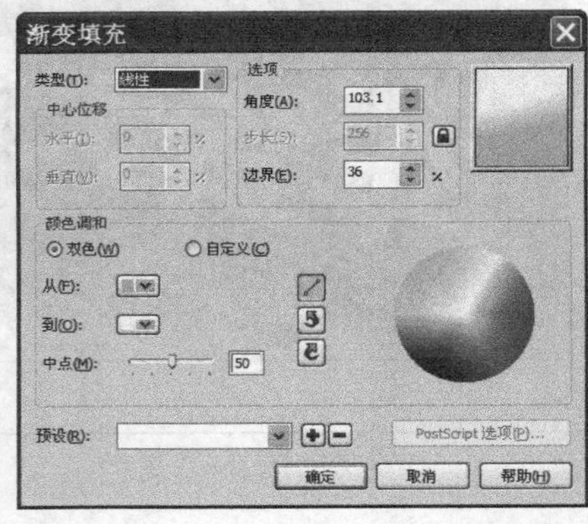

图 5-152 设置的渐变颜色及填充后的效果

10 选取“阴影”工具，将鼠标指针移动到文字的中心位置按下并向右拖曳，为文字添加阴影效果，然后设置属性栏参数，调整后的阴影效果如图 5-153 所示。

图 5-153 添加的阴影效果

11 至此，立体效果字制作完成。按Ctrl+S组合键，将此文件命名为“立体字.cdr”并保存。

相关知识点：“立体化”工具

利用“立体化”工具可以通过图形的形状向设置的消失点延伸，从而使二维图形产生逼真的三维立体效果。“立体化”工具的属性栏如图5-154所示。

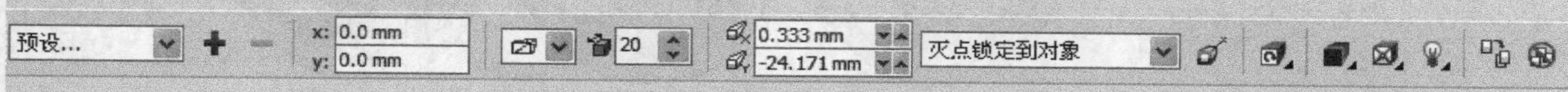

图5-154“立体化”工具的属性栏

一. 基本选项

• “立体化类型”：其下拉列表中包括预设的6种不同的立体化样式，当选择其中任意一种时，可以将选择的立体化图形变为与选择的立体化样式相同的立体效果。

• “深度”：用于设置立体化的立体深度，设置范围为“1 ~ 99”。数值越大立体化深度越大。图5-155所示为设置不同的“深度”参数时图形产生的立体化效果对比。

• “灭点坐标”：用于设置立体图形灭点的坐标位置。灭点是指图形各点延伸线向消失点处延伸的相交点，如图5-156所示。

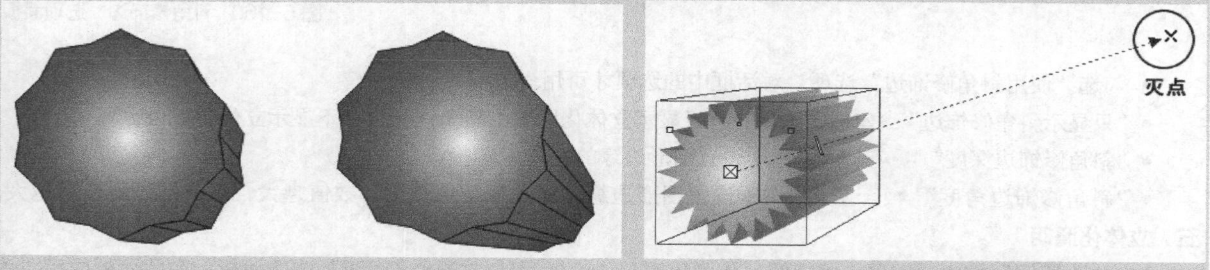

图5-155 设置不同参数时的立体化效果对比

图5-156 立体化的灭点

• “灭点属性”：更改灭点的锁定位置。

• “页面或对象灭点”按钮：不激活此按钮时，可以将灭点以立体化图形为参考，此时“灭点坐标”中的数值是相对于图形中心的距离。激活此按钮，可以将灭点以页面为参考，此时“灭点坐标”中的数值是相对于页面坐标原点的距离。

二. 立体化旋转

“立体化旋转”按钮：单击此按钮，将弹出图5-157所示的选项面板。移动鼠标指针到面板中，当鼠标指针变为形状时按下鼠标左键拖曳，旋转此面板中的数字按钮，可以调节立体图形的视图角度。

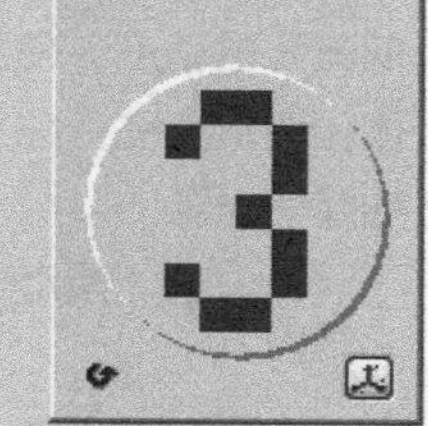

图5-157 选项面板

• 按钮：单击该按钮，可以将旋转后立体图形的视图角度恢复为未旋转时的形态。

• 按钮：单击该按钮，“立体的方向”面板将变为“旋转值”选项面板，通过设置“旋转值”面板中的“*X*”、“*Y*”和“*Z*”的参数，也可以调整立体化图形的视图角度。

三. 立体化颜色

“立体化颜色”按钮：单击此按钮，将弹出图5-158所示的“立体化颜色”选项面板。

• 使用“对象填充”按钮：激活该按钮，可把当前选择图形的填充色应用到整个立体化图形上。

• 使用“纯色”按钮：激活该按钮，可以通过单击下方的颜色色块，在弹出的“颜色”面板中设置任意的单色填充到立体化面上。

• 使用“递减的颜色”按钮：激活该按钮，可以分别设置下方颜色块的颜色，从而使立体化的面应用这两个颜色的渐变效果。

分别激活以上3种按钮时，设置立体化颜色后的效果如图5-159所示。

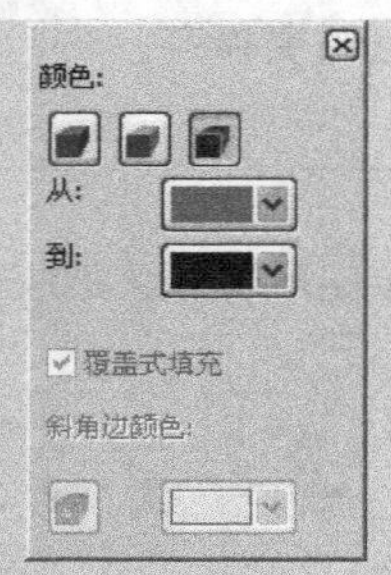

图 5-158 选项面板　　图 5-159 使用不同的颜色按钮时图形的立体化效果

四. 立体化倾斜

"立体化倾斜"按钮：单击此按钮，将弹出图5-160所示的"斜角修饰边"选项面板。利用此面板可以将立体变形后的图形边缘制作成斜角效果。

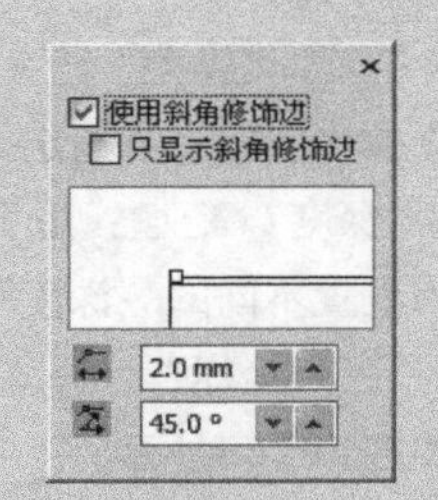

图 5-160"斜角修饰边"选项面板

- 勾选"使用斜角修饰边"选项，对话框中的选项才可用。
- "只显示斜角修饰边"：勾选此选项，将只显示立体化图形的斜角修饰边，不显示立体化效果。
- "斜角修饰边深度" 2.0 mm：用于设置图形边缘的斜角深度。
- "斜角修饰边角度" 45.0 °：用于设置图形边缘与斜角相切的角度。数值越大，生成的倾斜角就越大。

五. 立体化照明

"立体化照明"按钮：单击此按钮，将弹出图5-161所示的"立体化照明"选项面板。在此面板中可以为立体化图形添加光照效果和阴影，从而使立体化图形产生的立体效果更强。

- 单击面板中的、或按钮，可以在当前选择的立体化图形中应用1个、2个或3个光源。再次单击光源按钮，可以将其去除。另外，在预览窗口中拖曳光源按钮可以移动其位置。
- 拖曳"强度"选项下方的滑块，可以调整光源的强度。向左拖曳，可以降低光源的强度，使立体化图形变暗；向右拖曳，可以提高光源的光照强度，使立体化图形变亮。注意，每个光源都是单独调整的，在调整之前应先在预览窗口中选择好光源。
- 勾选"使用全色范围"选项，可以使阴影看起来更加逼真。

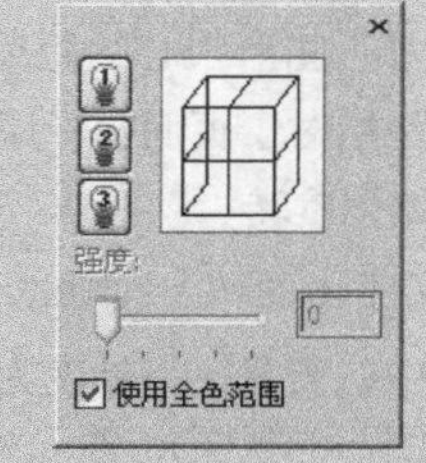

图 5-161"立体化照明"选项面板

实例总结

学习本实例，读者初步了解了"立体化"工具的使用方法。灵活运用该工具，可以制作出逼真的三维立体效果。

实例 074 透明度工具——标志设计

学习目的

学习"透明度"工具的应用方法。

实例分析

- **作品路径** | 作品\第05章\标志.cdr
- **视频路径** | 视频\实例74.avi
- **知识功能** | “透明度”工具的运用
- **制作时间** | 10分钟

操作步骤

01 新建文件，选取工具，按住 Ctrl 键向右下方拖曳鼠标指针，绘制圆形图形，然后为其填充紫色（C:20,M:40），并去除外轮廓。

02 将紫色图形等比例缩小复制，然后将复制出图形的颜色修改为酒绿色（C:40,Y:100），并移动至图 5-162 所示的位置。

03 选择“透明度”工具，然后单击属性栏中的选项，在弹出的列表中选择“标准”，图形设置透明后的效果如图 5-163 所示。

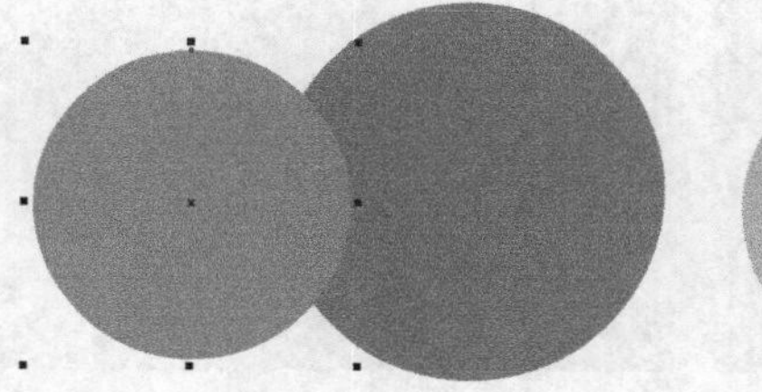

图 5-162　复制出的图形

图 5-163　设置透明后的效果

04 将酒绿色图形缩小复制，并将复制出的图形向左移动位置，再将颜色修改为天蓝色（C:100,M:20），并修改“透明度”工具属性栏中的参数，效果如图 5-164 所示。

05 选择设置透明效果后的两个圆形图形，并在水平方向上向右镜像复制，再将复制出的图形向右调整至图 5-165 所示的位置。

图 5-164　复制出的图形

图 5-165　镜像复制出的图形

06 利用和工具，依次在图形上绘制出图 5-166 所示的白色线形，注意各线形的轮廓宽度设置。

图 5-166　绘制的线形

07 利用字工具，在图形的下方输入图5-167所示的字母和数字，即可完成标志的设计。

08 按Ctrl+S组合键，将此文件命名为“标志.cdr”并保存。

EXPO2014 QINGDAO

图5-167 输入的字母及数字

相关知识点：“透明度”工具

利用“透明度”工具可以为矢量图形或位图图像添加各种各样的透明效果。

选取工具，在需要为其添加透明效果的图形上单击将其选中，然后在属性栏“透明度类型”中选择需要的透明度类型，即可为选中的图形添加透明效果。为文字添加的线性透明效果如图5-168所示。

图5-168 文字添加透明后的效果

“透明度”工具的属性栏，根据选择不同的透明度类型而显示不同的选项，默认状态下的属性栏如图5-169所示。

图5-169“透明度”工具的属性栏

- “透明度类型”：在此下拉列表中包括前面学过的各种填充效果，如“标准”“线性”“辐射”“圆锥”“正方形”“双色图样”“全色图样”“位图图样”和“底纹”等。

提示

在“透明度类型”选项中选择除“无”以外的其他选项时，属性栏中的参数才可用。需要注意的是，选择不同的选项，弹出的选项参数也各不相同。

- “编辑透明度”按钮：单击此按钮，将弹出相应的填充对话框，通过设置对话框中的选项和参数，可以制作出各种类型的透明效果。
- “透明度目标”：决定透明度是应用到对象的填充、对象轮廓还是同时应用到两者。
- “冻结透明度”按钮：激活此按钮，可以将图形的透明效果冻结。当移动该图形时，图形之间叠加产生的效果将不会发生改变。

提示

利用“透明度”工具为图形添加透明效果后，图形中将出现透明调整杆，通过调整其大小或位置，可以改变图形的透明效果。

实例总结

学习本实例，读者初步了解了“透明度”工具的应用。在特殊效果的制作过程中，该工具会经常用到，希望读者能将其熟练掌握。

实例 075 辐射透明——制作虚光效果

学习目的

学习利用“透明度”工具制作虚光效果的方法。

实例分析

- **作品路径** | 作品\第05章\虚光效果.cdr
- **视频路径** | 视频\实例75.avi
- **知识功能** | “透明度”工具的运用
- **制作时间** | 5分钟

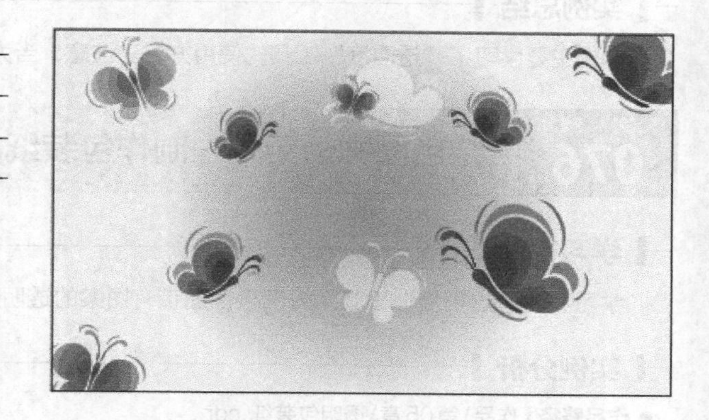

操作步骤

01 打开资源文件中“素材\第 05 章”目录下名为“蝴蝶 .cdr”的文件，然后利用工具选择矩形图形，并为其填充粉色（M:40）。

02 选择工具，然后在属性栏中将“透明度类型”选项设置为“辐射”，效果如图 5-170 所示。

03 单击属性栏中的按钮，弹出“渐变透明度”对话框，设置的渐变颜色，如图 5-171 所示。

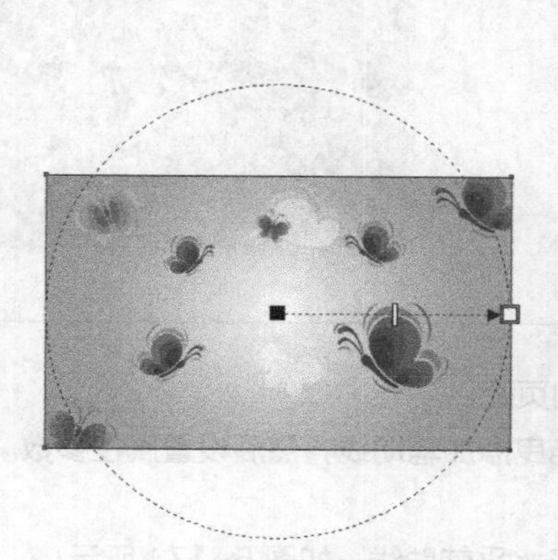

图 5-170　添加的透明度效果

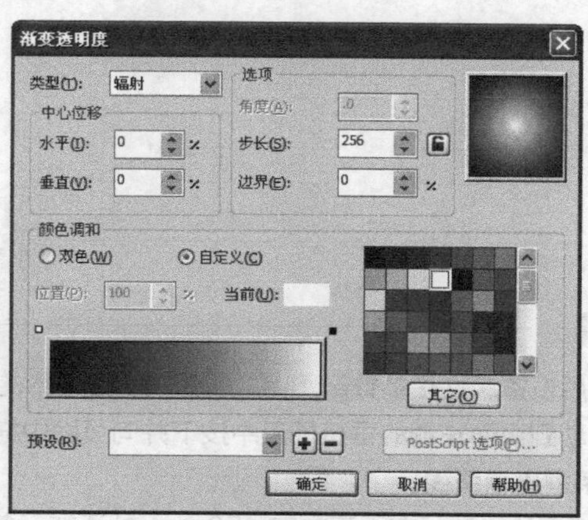

图 5-171　设置的渐变颜色

04 单击 确定 按钮，调整后的透明效果如图 5-172 所示。

05 将鼠标指针放置到透明框右侧的位置按下并向左拖曳，将透明框调小，调整后的透明效果如图 5-173 所示。

06 执行“文件 / 另存为”命令，将文件另命名为“虚光效果 .cdr”并保存。

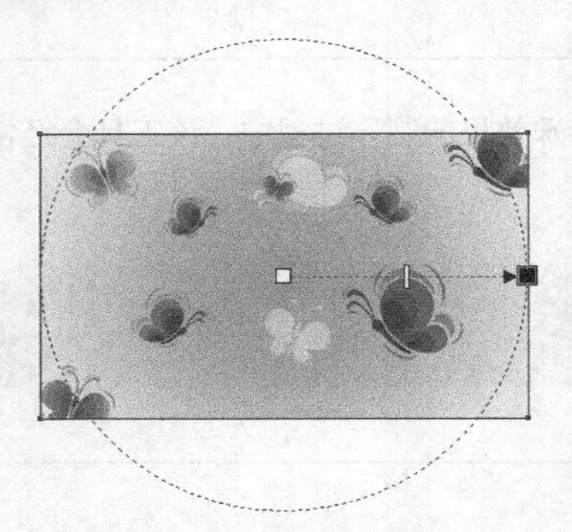
图 5-172 调整后的透明效果

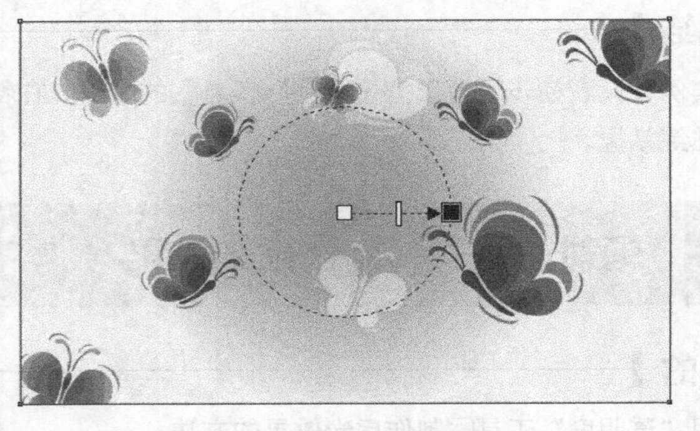
图 5-173 调整后的透明效果

实例总结

本例主要学习了“透明度”工具的使用方法。注意，当为白色的圆形图形应用该操作时，可制作透明泡泡效果。

实例 076 全色图样透明——制作包装纸

学习目的

学习利用“透明度”工具为图形添加带有图案的透明效果。

实例分析

- **作品路径** | 作品\第05章\透明包装纸.cdr
- **视频路径** | 视频\实例76.avi
- **知识功能** | “PostScript填充”工具和“透明度”工具的灵活运用
- **制作时间** | 10分钟

操作步骤

01 新建文件，然后设置属性栏参数，设置一个正方形的页面。

02 将鼠标指针移动到页面左侧的垂直标尺中按下并向页面中拖曳添加辅助线，然后设置属性参数 x: 150.0 mm，即在水平方向添加一条垂直辅助线。

03 用与步骤 02 相同的方法，在垂直方向 150 mm 处添加一条水平辅助线，如图 5-174 所示。

04 选取工具，按住 Ctrl 键，将鼠标指针移动到辅助线的交点位置按下并向右上方拖曳，至页面的右上角时释放鼠标，绘制一个正方形图形。

05 选取工具，在弹出的“PostScript 底纹”对话框中选择“辐条”选项，并设置参数，如图 5-175 所示。

图 5-174　添加的辅助线

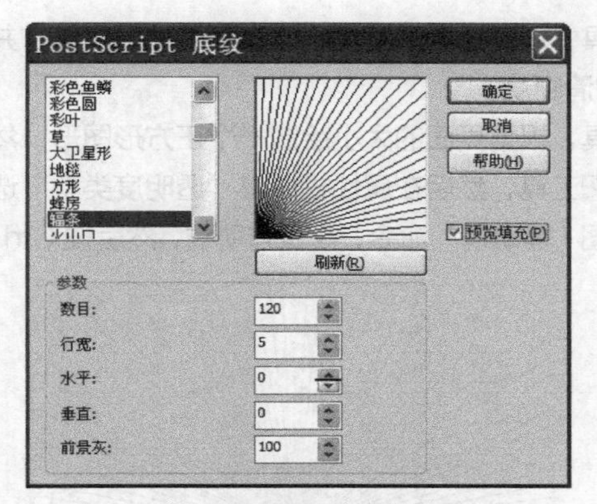

图 5-175 “PostScript 底纹”对话框

06 单击 确定 按钮，图形填充后的效果如图 5-176 所示。

07 将图形在水平方向上向左镜像复制，如图 5-177 所示。

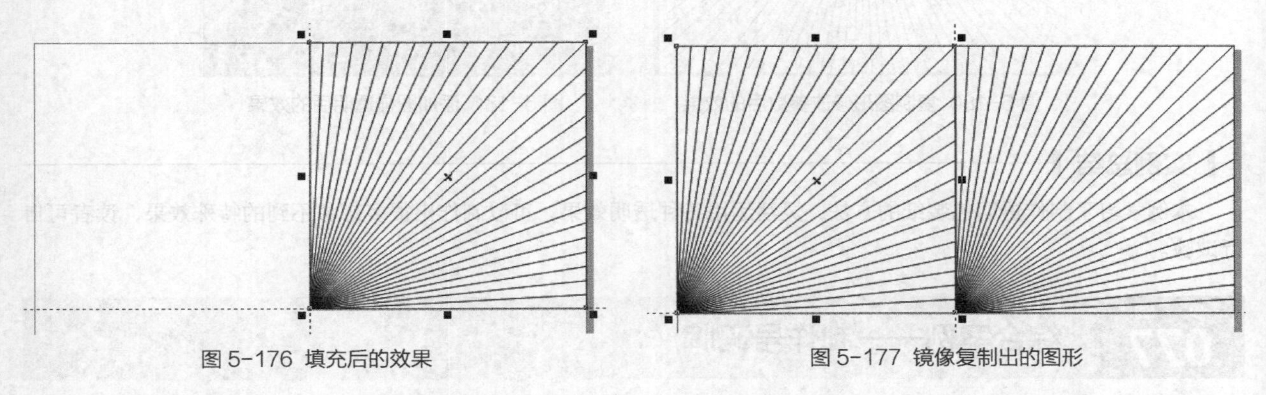

图 5-176　填充后的效果　　　　图 5-177　镜像复制出的图形

在镜像复制图形时，由于发射线是填充效果，且“PostScript 底纹”对话框中没有“跟随对象一起变化”选项，因此，镜像复制出的图形与原图形的填充效果一样。要想改变发射线的方向，只能在“PostScript 底纹”对话框中修改参数，下面我们来进行修改。

08 再次选取▦工具，在弹出的“PostScript 底纹”对话框中修改“水平”选项的参数，如图 5-178 所示。

09 单击 确定 按钮，修改后的填充效果如图 5-179 所示。

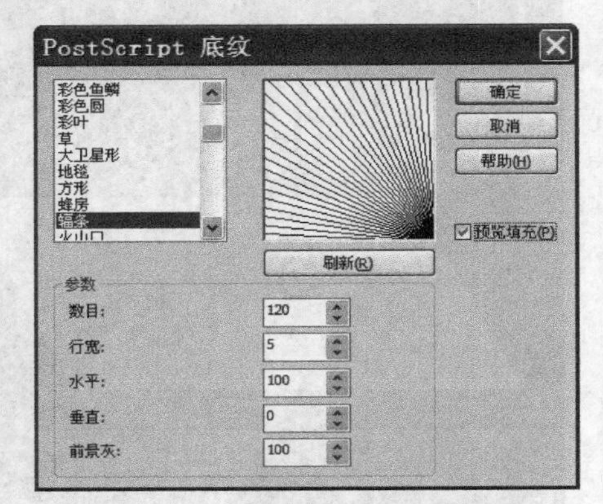

图 5-178　修改的参数

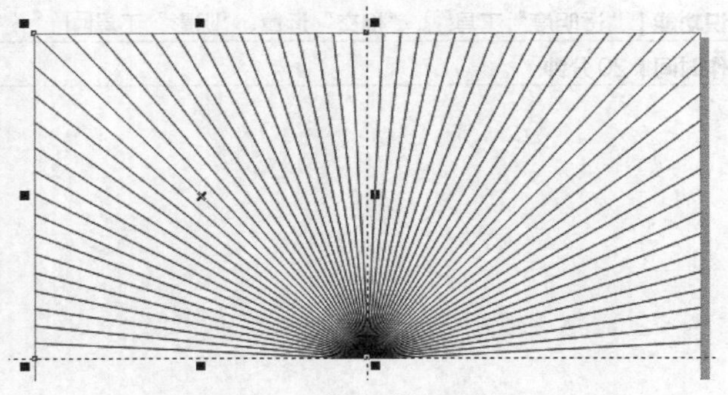

图 5-179　修改后的填充效果

10 双击↖工具，同时选中两个图形，然后去除外轮廓，并在垂直方向上向下镜像复制。

11 选择左下方的复制图形，选取▦工具，在弹出的“PostScript 底纹”对话框中将“水平”和“垂直”选项的参数都设置为“100”；选择右下方的复制图形，在“PostScript 底纹”对话框中将“垂直”选项的参数设置为“100”，修改后的填充效果如图 5-180 所示。

12 双击工具，同时选中所有图形，然后选取工具，并在属性栏中将“透明度类型”选项设置为“标准”，降低一下发射线的清晰度。

13 双击工具，根据页面的大小绘制一个正方形图形，然后为其填充洋红色。

14 再次选取工具，然后在属性栏中将“透明度类型”选项设置为“全色图样”，效果如图5-181所示。

15 执行“视图/辅助线”命令，隐藏辅助线，然后按Ctrl+S组合键，将此文件命名为“透明包装纸.cdr”并保存。

图5-180 复制图形修改参数后的效果

图5-181 添加图样透明后的效果

实例总结

本例学习了制作透明包装纸的方法，灵活运用各种透明效果，可以制作出很多想象不到的特殊效果，读者可自行试验。

实例077 综合案例——制作号码牌

学习目的

学习“透明度”工具、“阴影”工具与其他工具的综合运用。

实例分析

- **作品路径** | 作品\第05章\号码牌.cdr
- **视频路径** | 视频\实例77.avi
- **知识功能** | “透明度”工具、“相交”运算、“阴影”工具
- **制作时间** | 20分钟

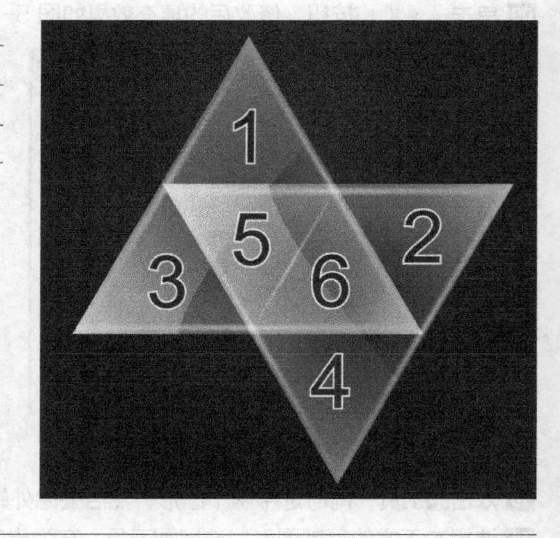

操作步骤

01 新建文件，利用工具绘制矩形图形，然后利用工具为其添加图5-182所示的渐变色。

02 选取工具，设置选项参数，然后绘制出图5-183所示的白色、无外轮廓三角形图形。

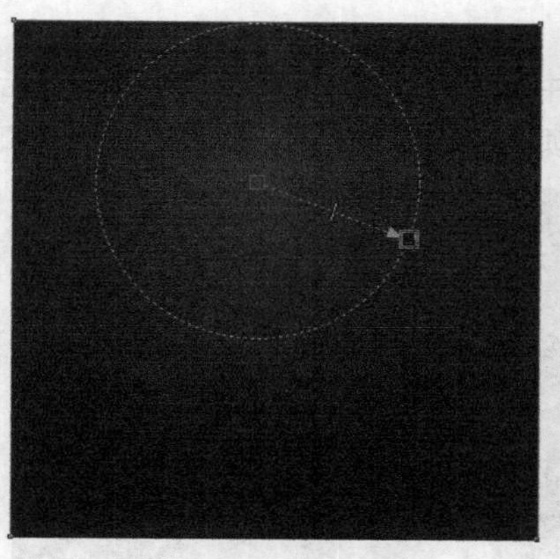

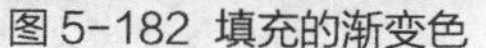

图 5-182 填充的渐变色

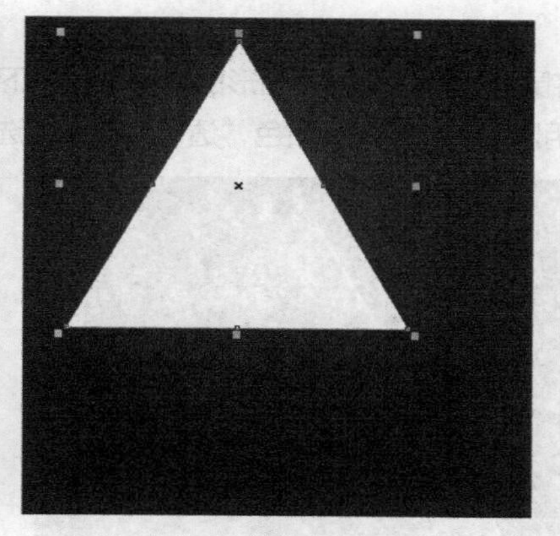

图 5-183 绘制的三角形图形

03 选取工具，然后在属性栏中将“透明度类型”选项设置为“辐射”，再将鼠标指针移动到白色的控制点上按下并拖曳，对透明效果进行调整，最终效果如图 5-184 所示。

04 利用工具绘制图形，然后为其填充白色并去除外轮廓，效果如图 5-185 所示。

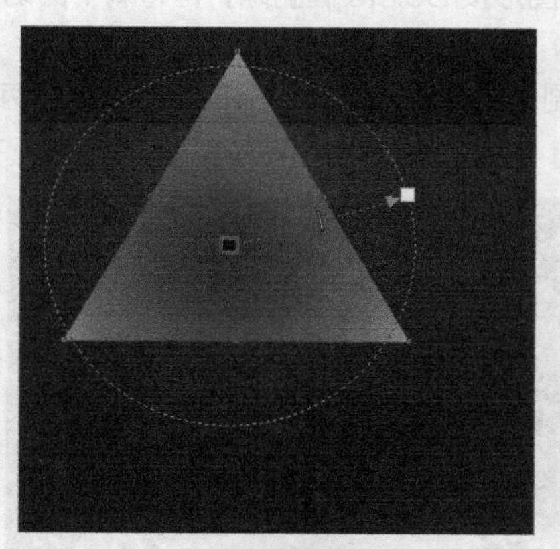

图 5-184 调整后的透明效果

图 5-185 绘制的图形

05 选取工具，按住 Shift 键单击三角形图形，然后单击属性栏中的按钮，将两个图形进行相交运算，并得到一个相交图形。

06 选中步骤 04 绘制的白色图形，按 Delete 键删除，生成的相交图形如图 5-186 所示。

07 选取工具，在属性栏中将“透明度类型”选项设置为“线性”，然后分别调整黑色控制点和白色控制点的位置，调整后的效果如图 5-187 所示。

图 5-186 相交运算后生成的图形

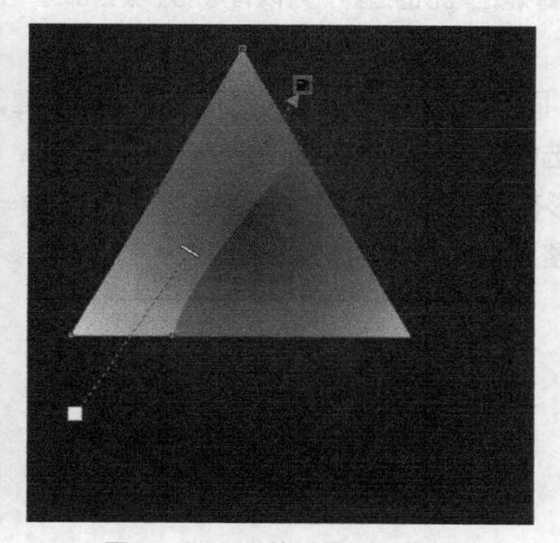

图 5-187 调整后的透明效果

08 选取工具，沿三角形的左侧边拖曳鼠标，绘制长条椭圆图形，然后为其填充白色并去除外轮廓，如图 5-188

所示。

09 选取工具，将鼠标指针移动到椭圆形的中心位置按下并向右下方拖曳，添加阴影效果，然后设置属性栏的参数，将“阴影颜色”设置为白色，“透明度操作”选项设置为“常规”，调整后的阴影效果如图5-189所示。

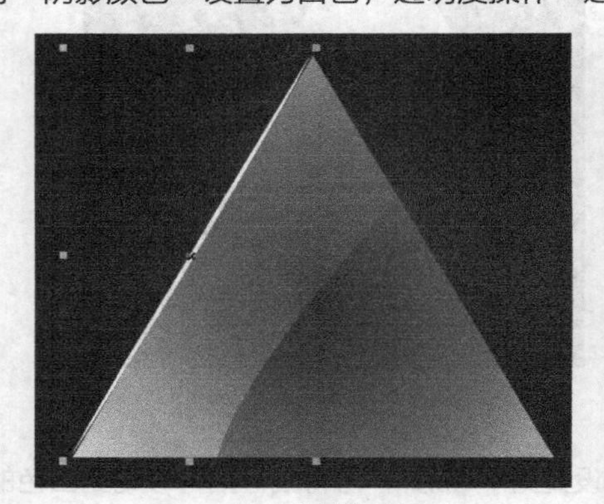

图5-188 绘制的椭圆形

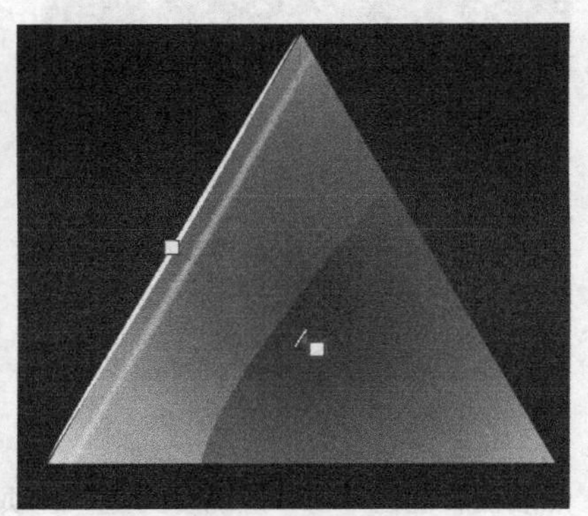

图5-189 添加的阴影效果

10 按Ctrl+K组合键，拆分阴影的群组，然后选中椭圆形图形按Delete键删除，再将剩下的阴影图形移动到图5-190所示的位置。

11 用旋转复制操作，依次将阴影图形旋转复制，并将复制出的图形分别放置至三角形的其他两个边位置，如图5-191所示。

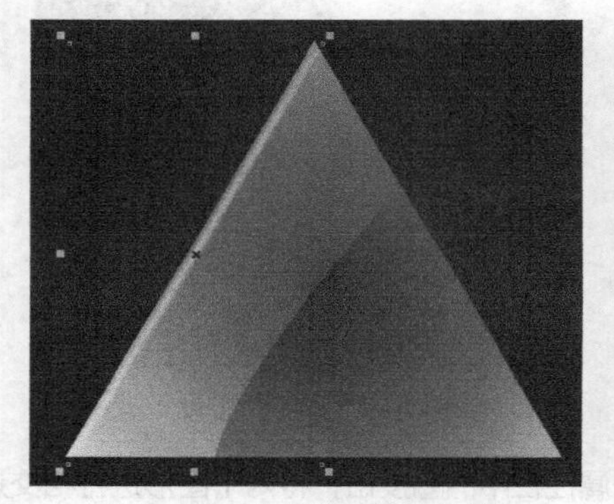

图5-190 阴影图形放置的位置

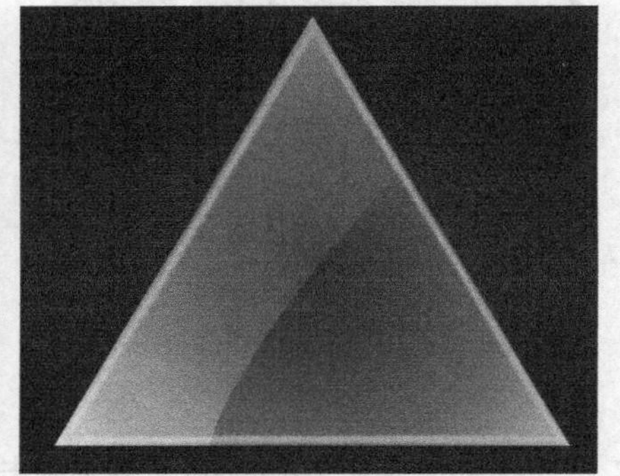

图5-191 复制图形放置的位置

提示

此处利用双击工具来选中图形，而不是利用框选的方式，原因是如果利用框选的方式，由于阴影图形没有明确的边界，在框选时也不好确定图形的边界，所以有可能不会全部选中需要的图形。

12 双击工具，同时选中所有图形，然后按住Shift键，单击最下方的矩形图形，同时选中除矩形外的其他图形。

13 将选中的图形在垂直方向上镜像复制，然后按Ctrl+G组合键群组，再将群组图形调整至图5-192所示的位置。

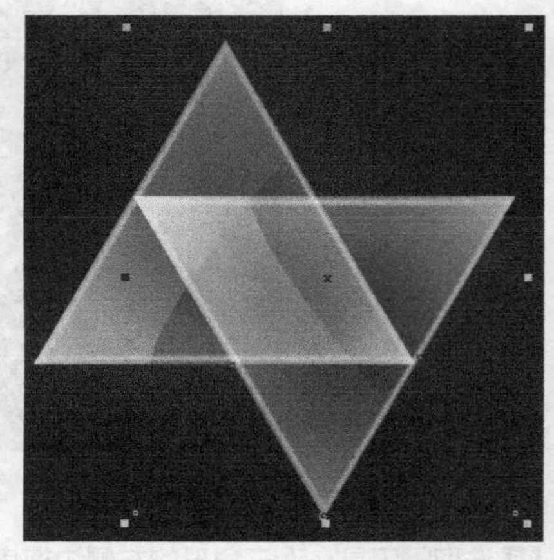

图5-192 镜像复制图形放置的位置

14 利用工具选择最左侧的阴影图形，然后将其移动复制，再将复制出的图形等比例缩小，放置到图 5-193 所示的位置。

15 利用工具，依次输入图 5-194 所示的数字，即可完成号码牌的制作。

16 按 Ctrl+S 组合键，将此文件命名为“号码牌 .cdr”并保存。

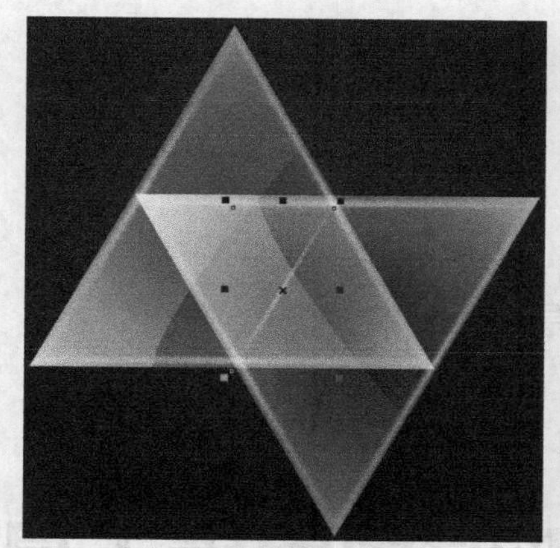

图 5-193 复制阴影图形放置的位置

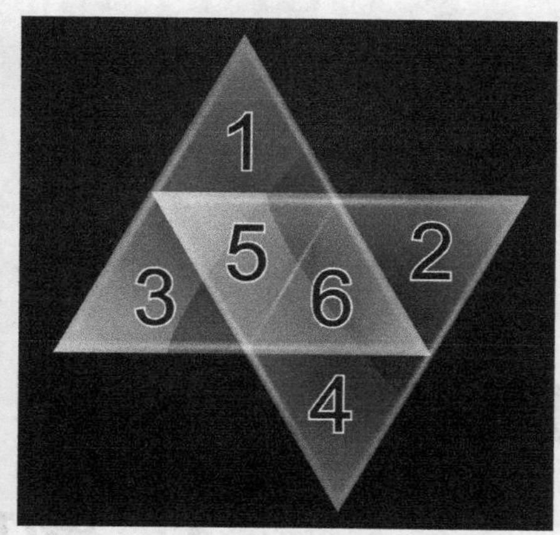

图 5-194 输入的数字

实例总结

学习本实例，读者初步了解了多个工具的综合运用方法。读者可以多到网上搜索一些好看的效果，试着用本章学习的工具进行制作。只有通过不断地模仿练习，才能在实际的工作过程中尽情发挥自己的想象力。

第06章

图形对象编辑工具

本章实例

涂抹笔刷工具——绘制圣诞树
粗糙笔刷工具——粉条包装
自由变换工具——制作箭头图形
变换命令——制作魔方展开效果
变换命令——制作边框效果
步长和重复命令——制作图案效果
涂抹工具——涂抹卡通太阳图形
转动工具——花边效果字
吸引工具——绘制图案
排斥工具——绘制图形
裁剪工具——裁切位图图像
刻刀工具——制作装饰画
橡皮擦工具——制作印章效果
虚拟段删除工具——绘制颜色环
度量工具——给平面图标注尺寸
造型命令——制作邮票效果
修整工具——标志设计
综合案例——制作标贴

对象编辑工具主要包括形状工具组、裁剪工具组、度量工具组及图形与图形之间的各个运算工具，本章讲解的工具都是辅助工具，但在实际工作过程中却起着重要的作用。希望读者在学习这一部分时能认真一些，结合实例进行演练操作，更加深刻地了解和掌握这部分内容。

实例 078　涂抹笔刷工具——绘制圣诞树

学习目的

学习“涂抹笔刷”工具的应用。

实例分析

- **作品路径** | 作品\第06章\圣诞树.cdr
- **视频路径** | 视频\实例78.avi
- **知识功能** | “涂抹笔刷”工具的运用
- **制作时间** | 15分钟

操作步骤

01 新建文件，利用和工具绘制树桩图形，然后为其填充褐色，并设置一个粗的轮廓宽度，如图 6-1 所示。

02 继续利用工具在树桩的上方绘制出图 6-2 所示的梯形，然后为其填充绿色，也设置一个粗一点的轮廓宽度。

03 选取“涂抹笔刷”工具，设置属性栏参数 90.0°，然后根据自己绘制图形的大小，设置一个合适的笔头，再将鼠标指针移动到梯形的左下角按下并向下拖曳，状态如图 6-3 所示。

> **提示**
>
> 在按下鼠标时，鼠标指针的中心一定要位于图形中，如果在图形以外，按下并拖曳会擦除图形。

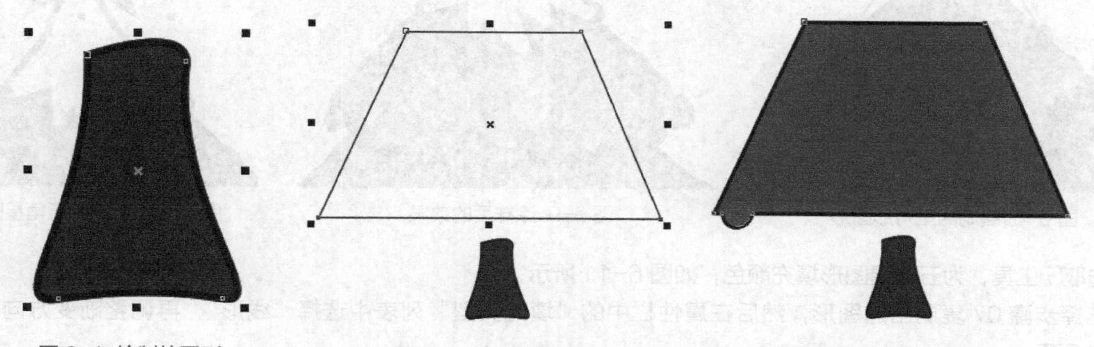

图 6-1　绘制的图形　　图 6-2　绘制的梯形　　图 6-3　涂抹状态

04 移动鼠标指针到图形左侧的中间位置按下并拖曳，状态如图 6-4 所示。

05 用与以上相同的涂沫方法，依次对图形进行涂抹，效果如图 6-5 所示。

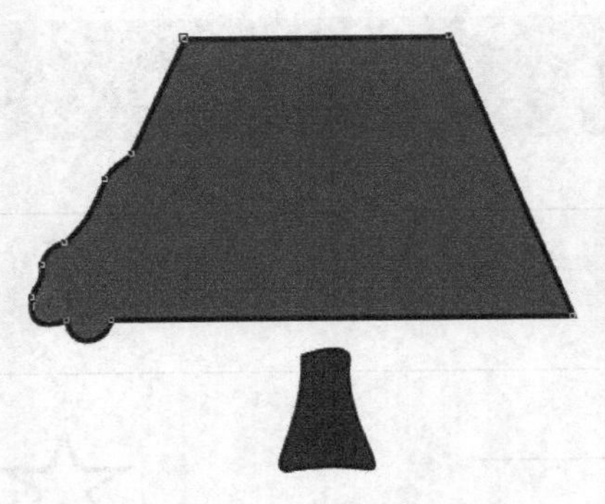

图 6-4 涂抹图形状态

图 6-5 图形涂抹后的效果

06 将涂抹后的图形缩小复制，然后将复制出的图形向上移动至图 6-6 所示的位置。

07 单击属性栏中的按钮，将复制出的图形在水平方向上镜像，然后将镜像后的图形再缩小复制，并调整复制出图形的位置，如图 6-7 所示。

图 6-6 复制出的图形

图 6-7 复制的图形调整后的位置

08 选取工具，在图形的上方绘制出图 6-8 所示的三角形图形，然后为其填充白色，并设置轮廓宽度。

09 利用工具对三角形图形进行涂抹，效果如图 6-9 所示。

10 选取工具，绘制图 6-10 所示的五角星图形。

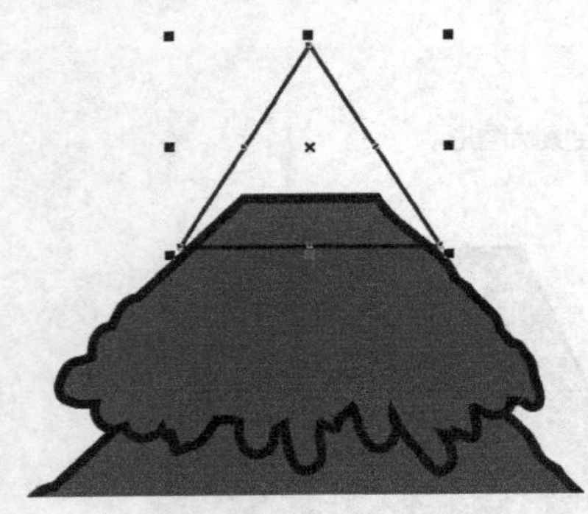

图 6-8 绘制的三角形图形

图 6-9 涂抹后的效果

图 6-10 绘制的五角星图形

11 选取工具，为五角星图形填充颜色，如图 6-11 所示。

12 选择步骤 07 复制出的图形，然后在属性栏中的“填充类型”列表中选择“线形”，再调整渐变方向，如图 6-12 所示。

13 利用工具、工具及移动复制操作，在“圣诞树”图形上依次绘制出图 6-13 所示的小球图形。

14 按 Ctrl+S 组合键，将此文件命名为“圣诞树 .cdr”并保存。

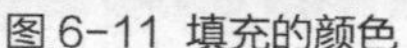

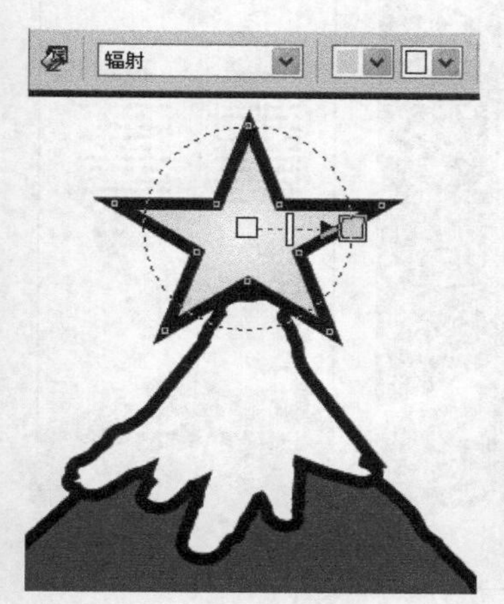

图 6-11 填充的颜色

图 6-12 调整后的渐变效果

图 6-13 绘制的小球图形

相关知识点："涂抹笔刷"工具

"涂抹笔刷"工具的属性栏如图 6-14 所示。

图 6-14"涂抹笔刷"工具的属性栏

- "笔尖大小"：用于设置涂抹笔刷的笔头大小。
- "笔压"：当计算机连接图形笔时，该按钮可用，根据笔压来更改涂抹效果的宽度。
- "水分浓度"：参数为正值时，可以使涂抹出的线条产生逐渐变细的效果；参数为负值时，可以使涂抹出的线条产生逐渐变粗的效果。
- "笔斜移"：用于设置涂抹笔刷的形状，设置范围在"15 ~ 90"之间。数值越大，涂抹笔刷越接近圆形。
- "笔方位"：用于设置涂抹笔刷的角度，设置范围在"0 ~ 359"之间。只有将涂抹笔刷设置为非圆形的形状时，设置笔刷的角度才能看出效果。

实例总结

学习本实例，读者初步了解了"涂抹笔刷"工具的应用。需要注意的是，将鼠标指针移动到选择的图形内部，按下鼠标左键并向外拖曳，可将图形向外涂抹。如将鼠标指针移动到图形的外部，按下鼠标左键并向内拖曳，可以在图形中擦除拖曳过的区域。

实例 079 粗糙笔刷工具——粉条包装

学习目的

学习粉条包装袋效果的制作方法及"粗糙笔刷"工具的灵活运用。

实例分析

- **素材路径** | 素材\第06章\粉条和红薯.cdr
- **作品路径** | 作品\第06章\粉条包装.cdr
- **视频路径** | 视频\实例79.avi
- **知识功能** | “粗糙笔刷”工具的灵活运用及“PowerClip内部”命令的使用
- **制作时间** | 30分钟

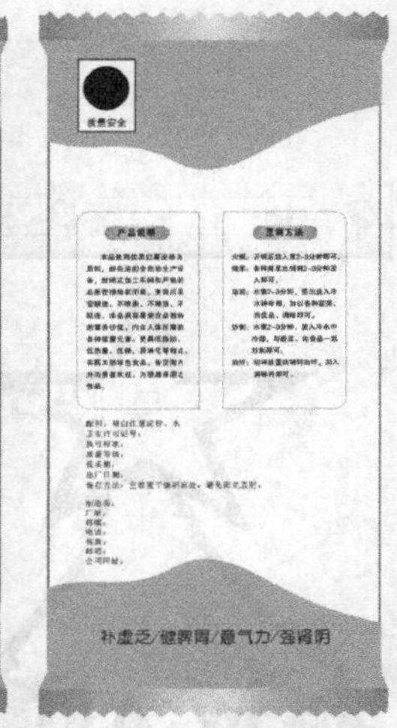

操作步骤

01 新建文件，选取工具箱中的“矩形”工具，在页面中拖曳鼠标绘制矩形，然后在属性栏中设置参数，调整后的矩形形态如图6-15所示。

02 按Ctrl+I组合键，将资源文件中“素材\第06章”目录下名为“粉条和红薯.cdr”的文件导入，如图6-16所示。

03 单击属性栏中的“取消群组”按钮，取消图形的群组，然后只选择粉条图形，并在其上单击鼠标右键，在弹出的右键菜单中选择最上方的“PowerClip内部”命令。

04 此时鼠标指针显示为➡状态，然后将其移动到绘制的矩形上单击，将粉条图形放置到绘制的矩形图形中，如图6-17所示。

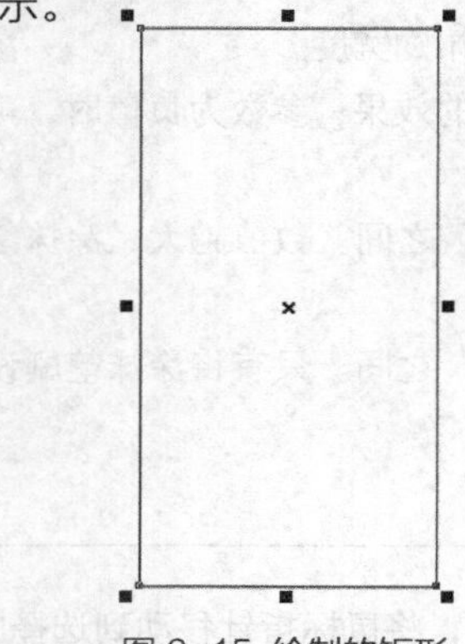

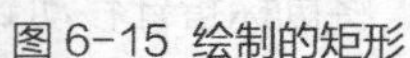

图6-15 绘制的矩形

图6-16 导入的图像

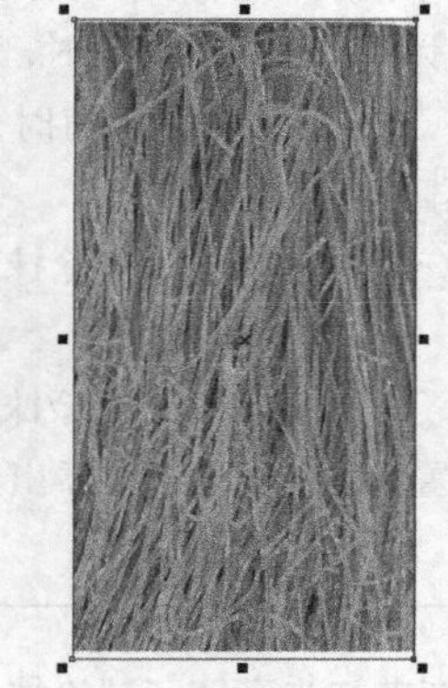

图6-17 放置到矩形中后的形态

05 灵活运用和工具，绘制出图6-18所示的白色无外轮廓图形。

06 将绘制的白色图形依次向上移动复制，并分别修改复制出图形的颜色为白黄色（Y:40）、浅黄色（Y:60）和深黄色（M:20,Y:100），如图6-19所示。

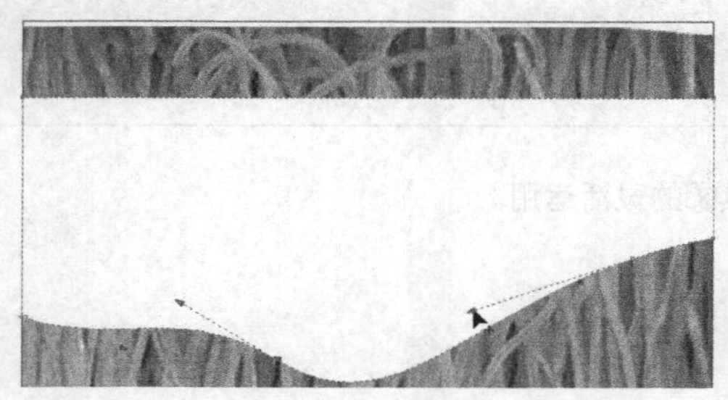

图6-18 绘制的图形

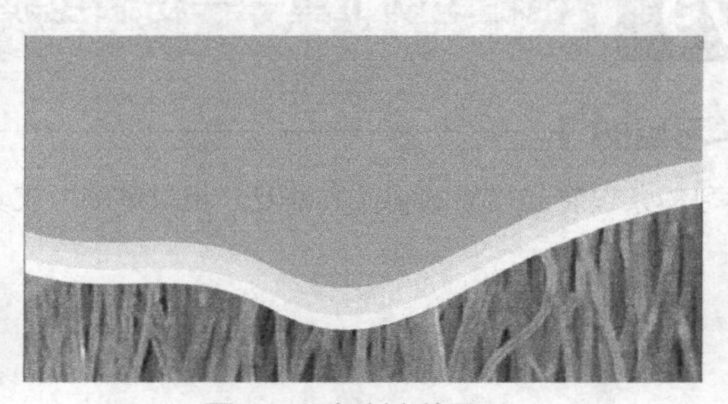

图6-19 复制出的图形

07 选取工具箱中的“形状”工具，将鼠标指针移动到图 6-20 所示的位置双击，添加一个控制点，然后移动鼠标指针至右侧的相对位置双击鼠标添加一个控制点。

08 分别调整该图形左上角和右上角的控制点位置，如图 6-21 所示。

图 6-20 鼠标指针放置的位置

图 6-21 控制点调整后的位置

09 利用工具在图形的上方再绘制出图 6-22 所示的矩形图形，然后利用工具为其填充由白黄色（Y:40）到浅橘红色（M:40,Y:80）的辐射渐变色，去除轮廓后的效果如图 6-23 所示。

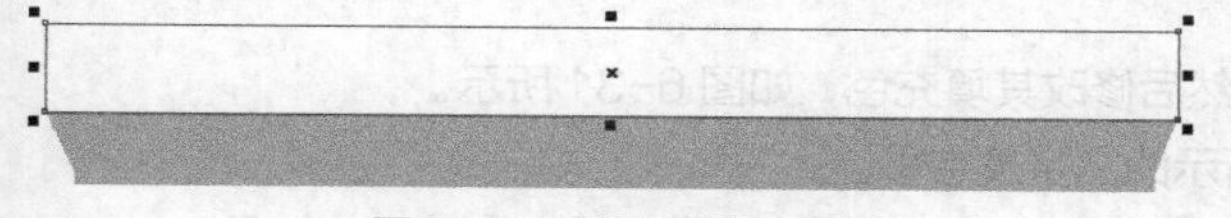

图 6-22 绘制的矩形图形

图 6-23 填充颜色后的效果

10 选取工具箱中的“粗糙笔刷”工具，然后设置属性栏中的选项参数，如图 6-24 所示。

图 6-24“粗糙笔刷”工具属性栏

11 将鼠标指针移动到图 6-25 所示的位置按下并匀速向右拖曳，对图形的边缘进行变形，效果如图 6-26 所示。

图 6-25 鼠标指针放置的位置

图 6-26 制作出的锯齿效果

12 同时选中步骤 05 ~ 步骤 11 绘制的图形，然后在垂直方向上向下镜像复制，再将复制出的图形向下调整至图 6-27 所示的位置。

13 将步骤 02 中导入的“红薯”图片调整大小后放置到复制出图形的上方位置，然后将第 4 章中制作的“标签.cdr”和第 5 章中制作的“龙须沟标志.cdr”文件导入。

14 按住 Ctrl 键单击“龙须沟标志”图形下方的蓝色图形，选中并按 Delete 键将其删除，然后分别选择导入的图形调整大小后，放置到图 6-28 所示的位置。

15 利用工具再绘制出图 6-29 所示的矩形图形。

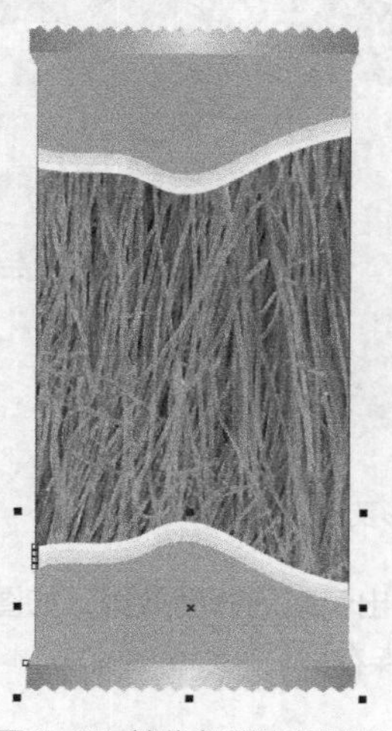

图 6-27 镜像复制出的图形

图 6-28 导入图形放置的位置

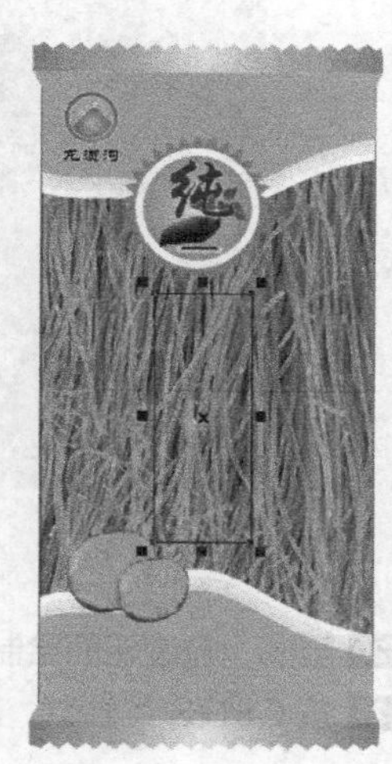

图 6-29 绘制的矩形图形

16 利用工具为绘制的矩形图形填充渐变色，并去除外轮廓，设置的渐变颜色及填充后的效果如图 6-30 所示。

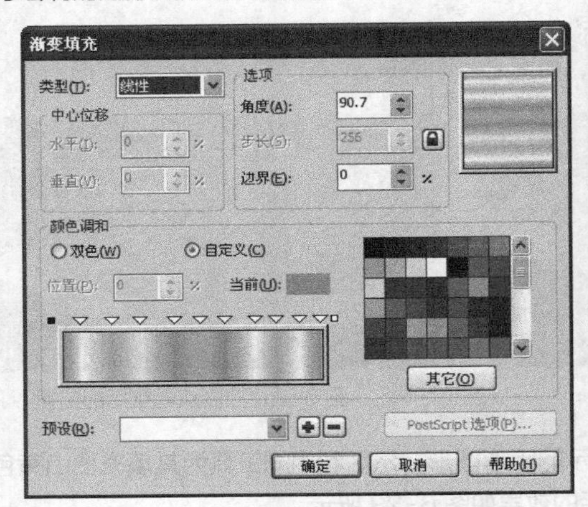

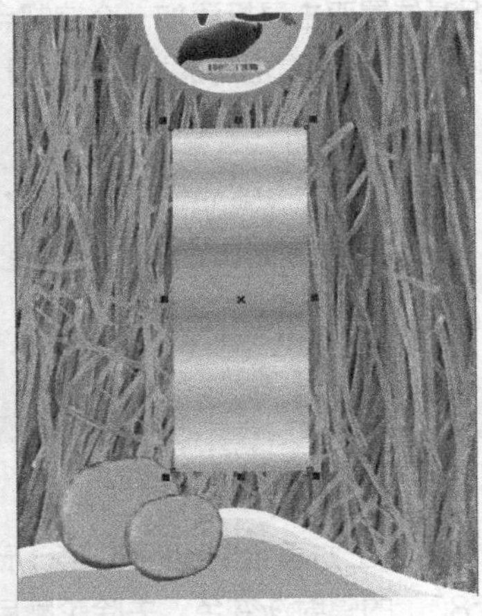

图 6-30 设置的渐变颜色及填充后的效果

17 按住 Shift+Alt 组合键，将矩形图形以中心缩小复制，然后修改其填充色，如图 6-31 所示。

18 利用工具在复制出的矩形图形上依次输入图 6-32 所示的文字及字母。

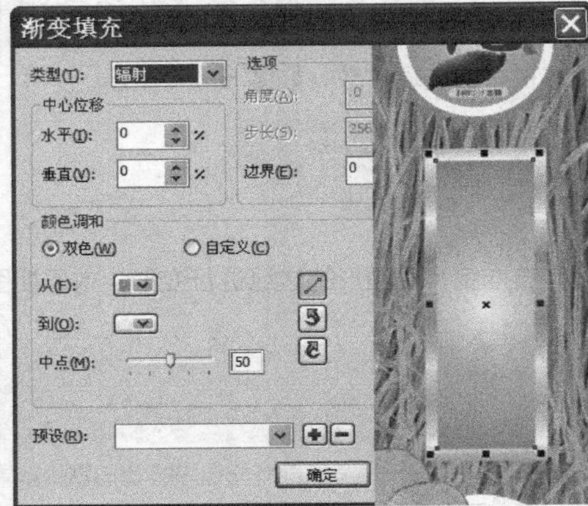

图 6-31 复制出的图形

图 6-32 输入的文字及字母

19 利用、和工具，以及前面学过的调整圆角图形方法，依次绘制图形并输入文字，最终效果如图 6-33 所示。

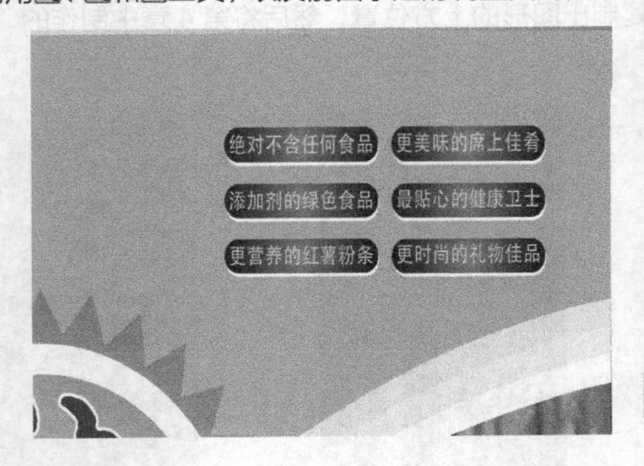

图 6-33 绘制的图形及输入的文字

20 至此，包装正面绘制完成，用相同的制作方法，再制作出包装的背面效果，如图 6-34 所示。

21 按 Ctrl+S 组合键，将文件命名为“粉条包装 .cdr”并保存。

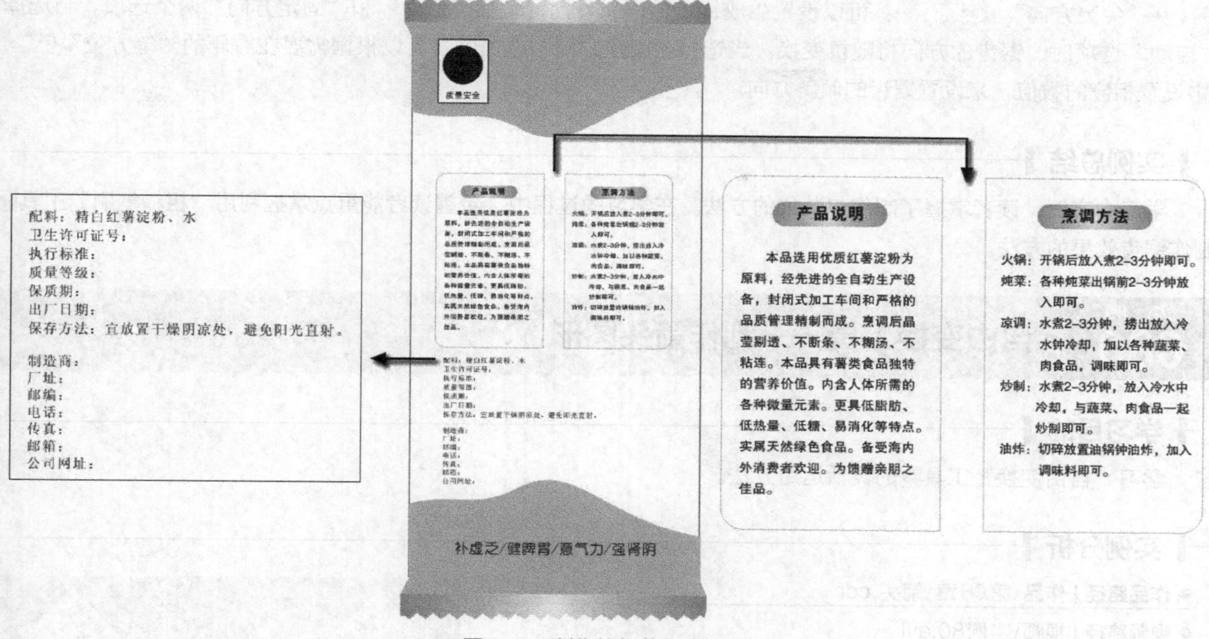

图 6-34 制作的包装背面效果

相关知识点："粗糙笔刷"工具

利用"粗糙笔刷"工具可使图形的边缘产生凹凸不平、类似锯齿的效果。具体操作为：选择曲线对象，然后选择工具，在属性栏中设置好笔头的大小、形状及角度后，将鼠标光标移动到选择的图形边缘，按下鼠标左键并沿图形边缘拖曳即可产生锯齿效果。

"粗糙笔刷"工具的属性栏如图 6-35 所示。

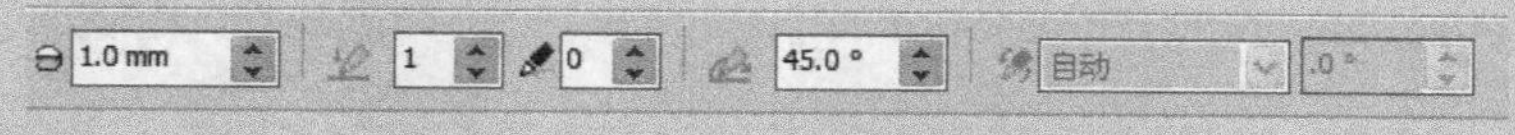

图 6-35"粗糙笔刷"工具的属性栏

- "笔尖大小"：用于设置粗糙笔刷的笔头大小。
- "尖突频率"：用于设置图形边缘生成锯齿的数量。数值小，生成的锯齿少。参数设置范围在"1 ~ 10"之间。
- "水分浓度"：用于设置拖曳鼠标光标时图形增加粗糙尖突的数量，参数设置范围在"－10 ~ 10"之间，数值越大，增加的尖突数量越多。
- "笔斜移"：用于设置产生锯齿的高度，参数设置范围在"0 ~ 90"之间，数值越小，生成锯齿的高度越高。图 6-36 所示为设置不同数值时图形边缘生成的锯齿状态。

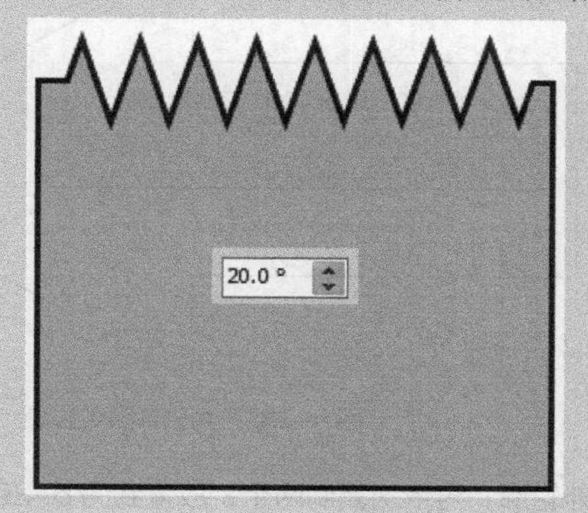

图 6-36 设置不同数值时生成的锯齿状态

• “尖突方向” 自动：可以设置生成锯齿的倾斜方向，包括“自动”和“固定方向”两个选项。当选择“自动”选项时，锯齿的方向将随机变换。当选择“固定方向”选项时，可以根据需要在右侧的“笔方位” .0° 中设置相应的数值，来设置锯齿的倾斜方向。

实例总结

学习本实例，读者掌握了制作包装袋的方法。在学习的过程中，希望读者能重点掌握利用“粗糙笔刷”工具制作锯齿效果的方法。

实例080 自由变换工具——制作箭头图形

学习目的

学习“自由变换”工具的灵活运用方法。

实例分析

- **作品路径** | 作品\第06章\箭头.cdr
- **视频路径** | 视频\实例80.avi
- **知识功能** | “自由变换”工具、“文字”工具及“阴影”工具的运用
- **制作时间** | 10分钟

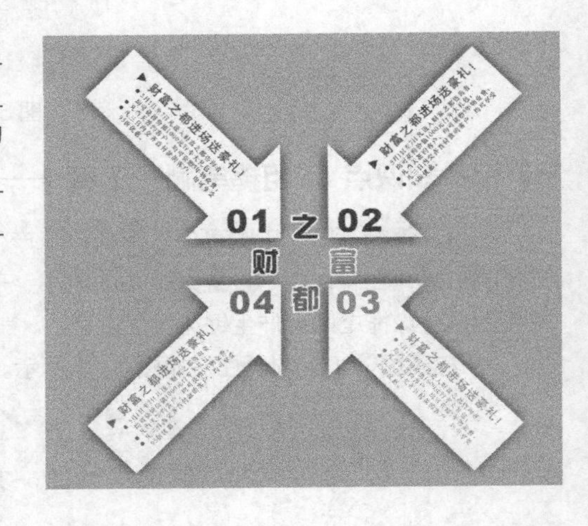

操作步骤

01 新建文件，利用工具绘制箭头图形，然后利用工具输入图6-37所示的文字，颜色为金色。

02 选取工具，设置属性栏参数3，然后绘制三角形图形。

03 设置属性栏参数270.0，然后为绘制的三角形图形填充与文字相同的颜色，并去除外轮廓，再调整大小后放置到图6-38所示的位置。

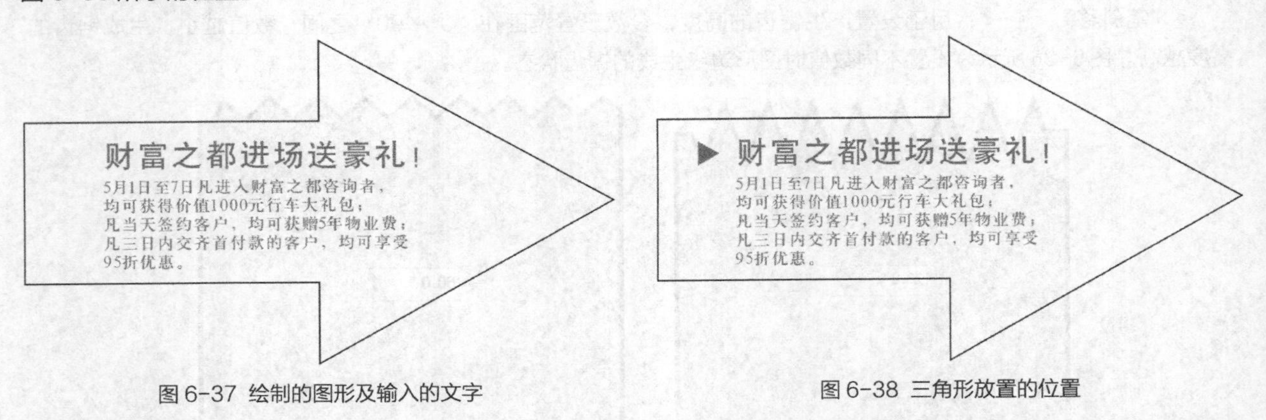

图6-37 绘制的图形及输入的文字　　图6-38 三角形放置的位置

04 利用工具绘制小圆形图形，然后为其填充金色并去除外轮廓，再依次复制两个，放置到图6-39所示的位置。

05 选取工具，然后对箭头图形进行调整，调整后的形态如图6-40所示。

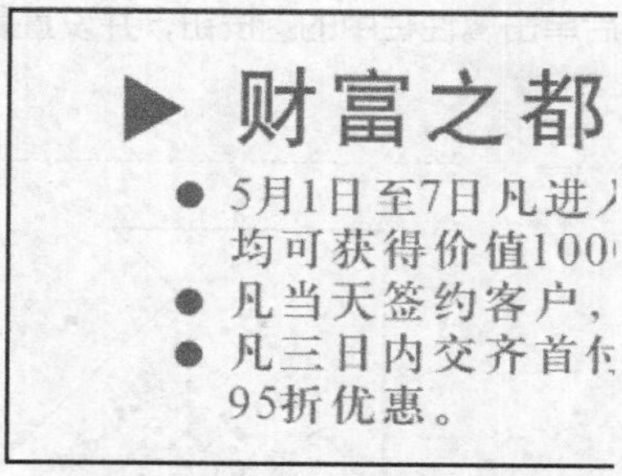

图 6-39 复制出的圆形图形 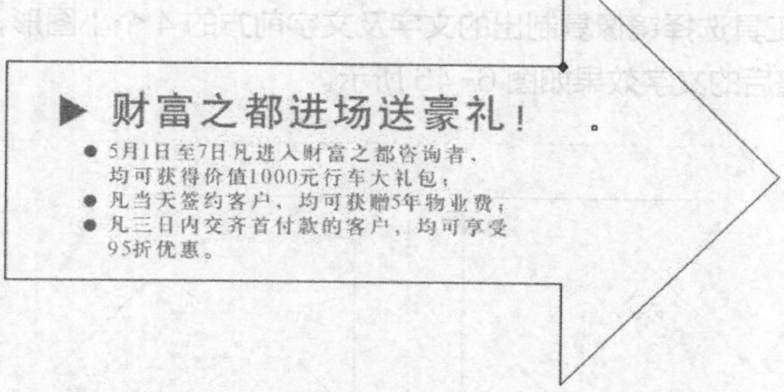　　　　图 6-40 箭头图形调整后的形态

06 双击工具，选择所有图形及文字，然后选取工具箱中的“自由变换”工具，确认属性栏中激活的“自由旋转”按钮，按住 Ctrl 键，将鼠标指针移动到图形的下方位置按下，并沿 45° 角的方向拖曳鼠标，状态如图 6-41 所示。

07 释放鼠标后，即可旋转选择的对象，如图 6-42 所示。

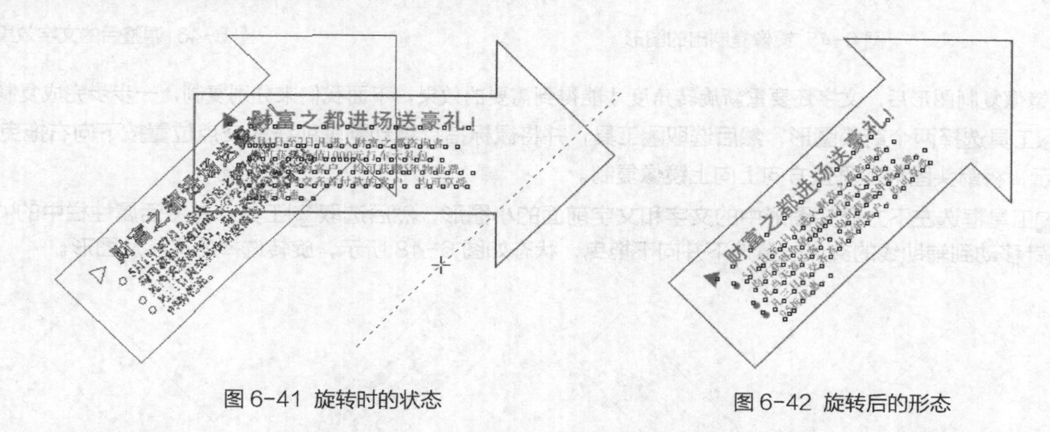

图 6-41 旋转时的状态　　　　图 6-42 旋转后的形态

下面我们来学习“自由变换”命令的其他功能，为了最终效果的精确性，首先在图形的周围添加图6-43所示的辅助线。

08 再次双击工具选择图形，然后选取工具，并激活属性栏中的“自由角度反射”按钮及最右侧的“应用到再制”按钮。

09 将鼠标指针移动到辅助线的交点位置按下并向下拖曳，状态如图 6-44 所示。

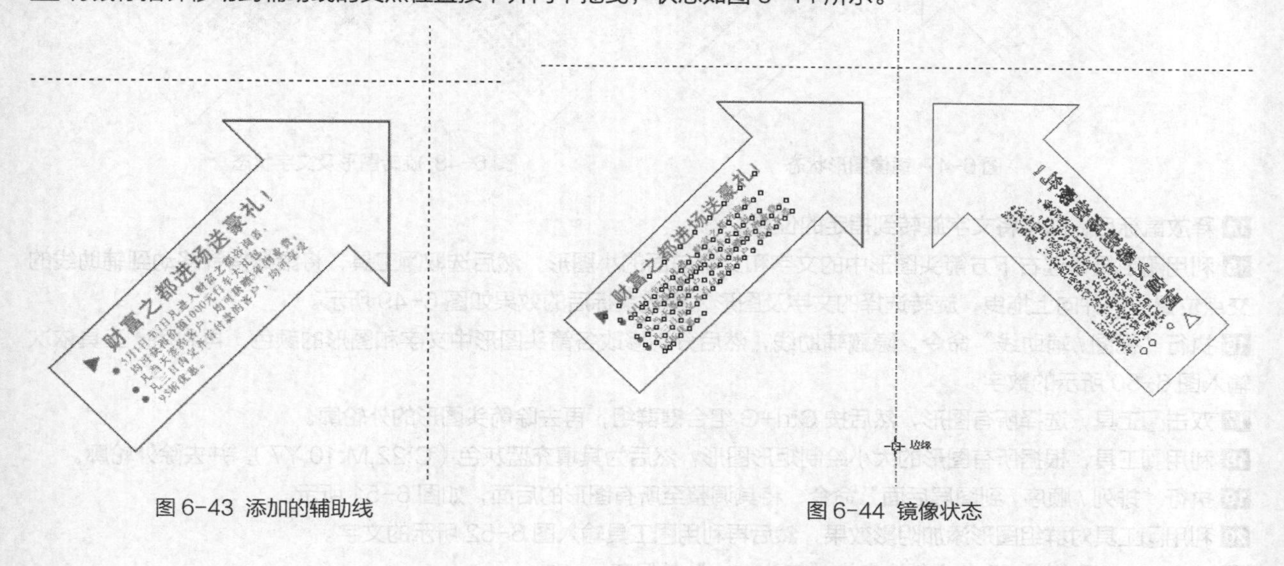

图 6-43 添加的辅助线　　　　图 6-44 镜像状态

10 释放鼠标后，即可同时复制一组选择的图形镜像，状态如图 6-45 所示。

11 利用工具选择镜像复制出的文字及文字前方的 4 个小图形，然后单击属性栏中的按钮，并设置属性栏参数 315.0，调整后的文字效果如图 6-46 所示。

图 6-45 镜像复制出的图形　　图 6-46 调整后的文字效果

以上镜像复制图形后，文字还要重新旋转角度才能得到需要的效果，下面我们来分别复制，一步步完成复制效果。

12 利用工具选择两个箭头图形，然后选取工具，并将鼠标指针移动到辅助线的交点位置按下向右拖曳，如图 6-47 所示，将箭头图形在垂直方向上向上镜像复制。

13 利用工具框选左下方箭头图形中的文字和文字前面的小图形，然后选取工具，并激活属性栏中的按钮，将鼠标指针移动到辅助线的交点位置按下并向下拖曳，状态如图 6-48 所示，旋转选择的文字及图形。

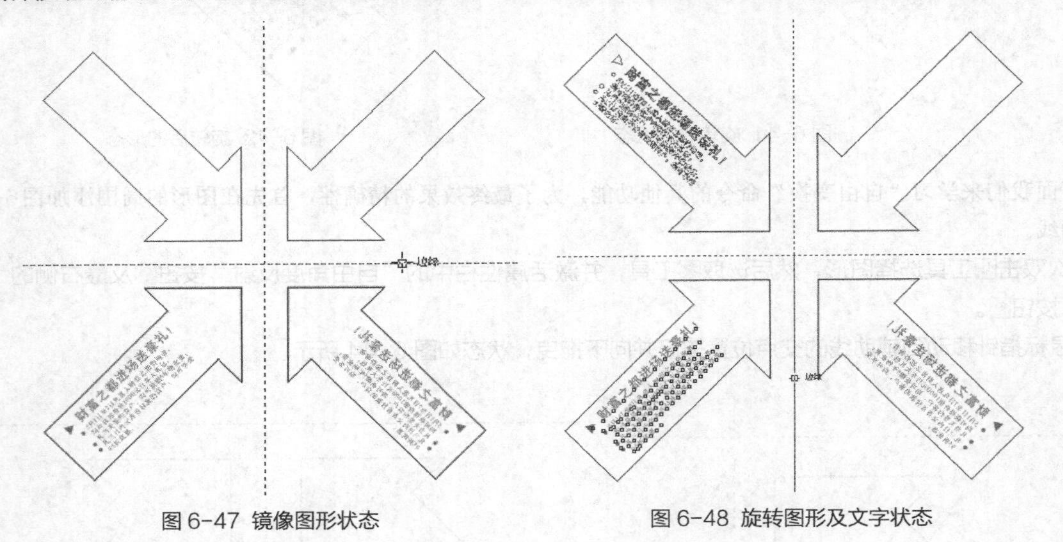

图 6-47 镜像图形状态　　图 6-48 旋转图形及文字状态

14 释放鼠标后，即可将文字旋转到指定的位置。

15 利用工具框选右下方箭头图形中的文字和文字前面的小图形，然后选取工具，将鼠标指针移动到辅助线的交点位置按下并向上拖曳，旋转选择的文字及图形，释放鼠标后的效果如图 6-49 所示。

16 执行“视图 / 辅助线”命令，隐藏辅助线，然后分别修改各箭头图形中文字和图形的颜色，再利用工具依次输入图 6-50 所示的数字。

17 双击工具，选择所有图形，然后按 Ctrl+G 组合键群组，再去除箭头图形的外轮廓。

18 利用工具，根据所有图形的大小绘制矩形图形，然后为其填充蓝灰色（C:22,M:10,Y7），并去除外轮廓。

19 执行“排列 / 顺序 / 到图层后面”命令，将其调整至所有图形的后面，如图 6-51 所示。

20 利用工具对群组图形添加阴影效果，然后再利用工具输入图 6-52 所示的文字。

21 按 Ctrl+S 组合键，将此文件命名为“箭头 .cdr”并保存。

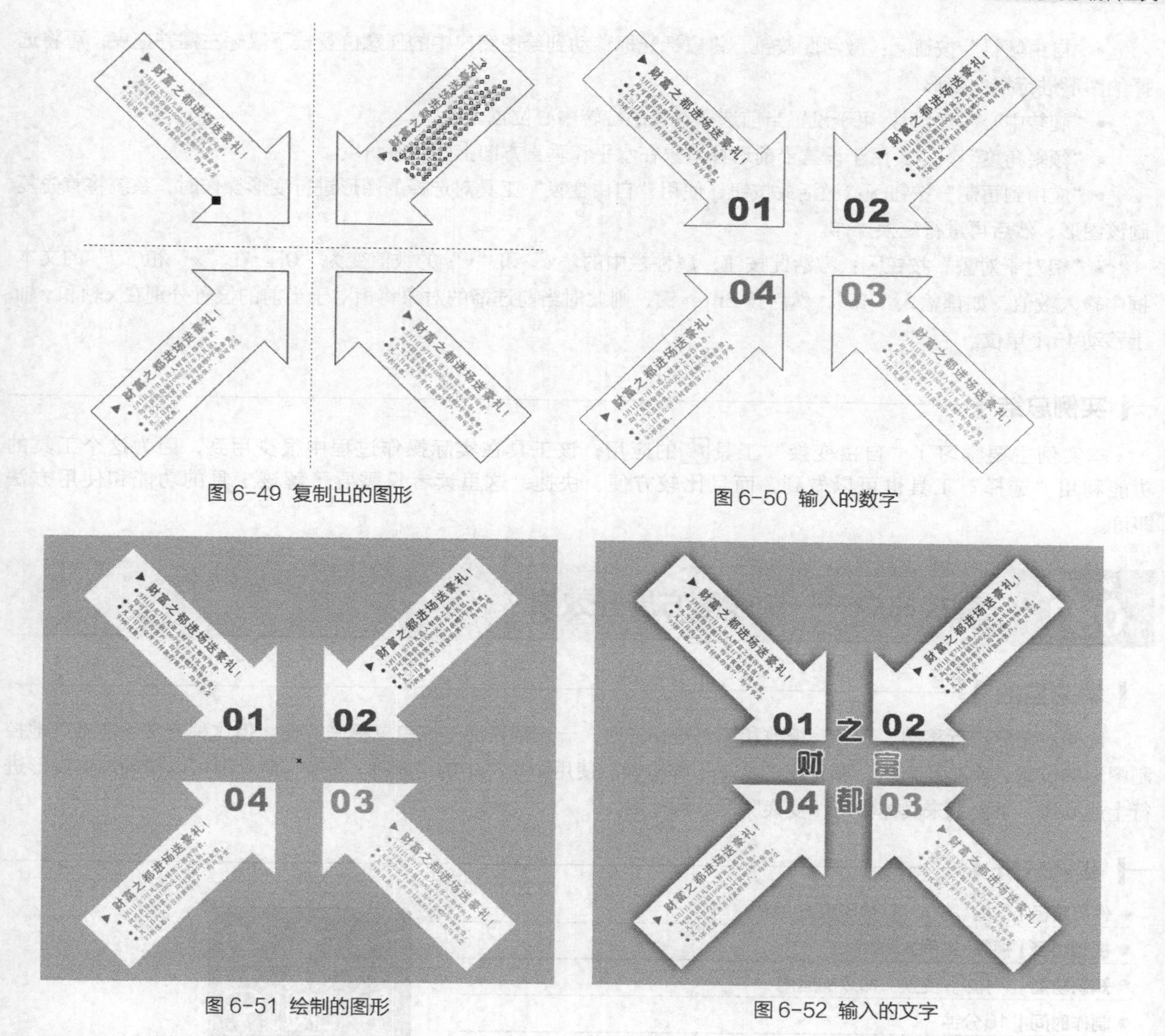

图 6-49 复制出的图形

图 6-50 输入的数字

图 6-51 绘制的图形

图 6-52 输入的文字

相关知识点："自由变换"工具

利用"自由变换"工具可以完成对图形的缩放变形、角度旋转、倾斜、镜像和再制等操作。具体操作为：选择对象，然后选择工具，在属性栏中设置好对象的变换方式，将鼠标光标移动到绘图窗口中的适当位置，按下鼠标左键并拖曳（此时该点将作为对象变换的锚点），即可对选择的对象进行指定的变换操作。

"自由变换"工具的属性栏如图 6-53 所示。

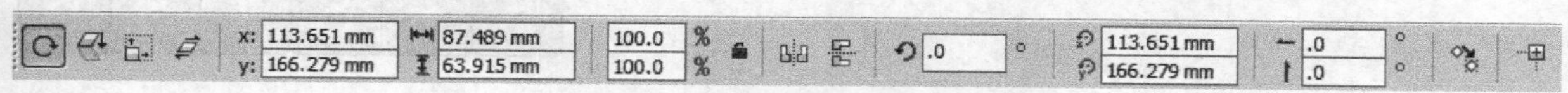

图 6-53"自由变换"工具的属性栏

- "自由旋转"按钮：激活此按钮，在绘图窗口中任意位置按下鼠标左键并拖曳，可将选择的图形以按下点为中心旋转。如按住 Ctrl 键拖曳，可将图形按 15° 角的倍数进行旋转。
- "自由角度反射"按钮：激活此按钮，将鼠标光标移动到绘图窗口中的任意位置按下鼠标左键并拖曳，可将选择的图形以鼠标单击的位置为锚点，鼠标移动的方向为镜像对称轴来对图形进行镜像。
- "自由缩放"按钮：激活此按钮，将鼠标光标移动到绘图窗口中的任意位置，按下鼠标左键并拖曳，可将选择的图形进行水平和垂直缩放。如按住 Ctrl 键向上拖曳，可等比例放大图形；按住 Ctrl 键向下拖曳，可等比例缩小图形。

- "自由倾斜"按钮：激活此按钮，将鼠标光标移动到绘图窗口中的任意位置按下鼠标左键并拖曳，可将选择的图形进行扭曲变形。
- "旋转中心"：用于设置当前选择对象的旋转中心位置。
- "倾斜角度"：用于设置当前选择对象在水平和垂直方向上的倾斜角度。
- "应用到再制"按钮：激活此按钮，使用"自由变换"工具对选择的图形进行变形操作时，系统将首先复制该图形，然后再进行变换操作。
- "相对于对象"按钮：激活此按钮，属性栏中的"x"和"y"的数值变为"0"。在"x"和"y"的文本框中输入数值，如都输入"45"，然后按Enter键，则此时当前选择的对象将相对于当前的位置分别在x轴和y轴上移动45个单位。

实例总结

本实例主要学习了"自由变换"工具的应用，该工具在实际操作过程中很少用到，因为这个工具的功能利用"选择"工具也可以做到，而且比较方便、快捷，这里读者只需要了解该工具的功能和使用方法即可。

实例081 变换命令——制作魔方展开效果

学习目的

前面对图形进行移动、旋转、缩放和倾斜等操作时，一般都是通过拖曳鼠标来实现，但这种方法不能准确地控制图形的位置、大小及角度，调整出的结果不够精确。使用菜单栏中的"排列/变换"命令则可以精确地对图形进行上述操作，下面就来具体学习"变换"命令的运用。

实例分析

- **作品路径** | 作品\第06章\数学魔方.cdr
- **视频路径** | 视频\实例81.avi
- **知识功能** | "排列/变换"命令的运用
- **制作时间** | 15分钟

操作步骤

01 新建文件，然后利用工具绘制一个圆角正方形图形，如图6-54所示。

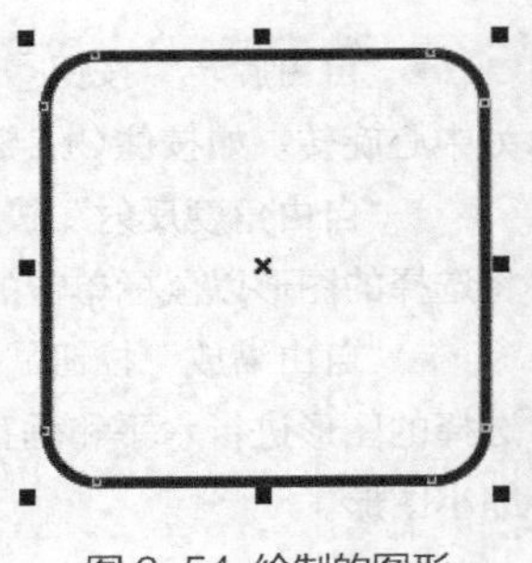

图6-54 绘制的图形

02 执行"排列 / 变换 / 大小"命令，在绘图窗口右边出现"转换"面板，然后将"H"和"垂直"选项的参数都设置为"50 mm"，如图 6-55 所示。

03 单击 应用 按钮，将绘制图形大小设置为"50 mm"，然后单击上方的 按钮，切换到"位置"转换面板。

04 将"x"选项设置为"53mm"，"y"选项设置为"0mm"，"副本"选项设置为"2"，如图 6-56 所示。

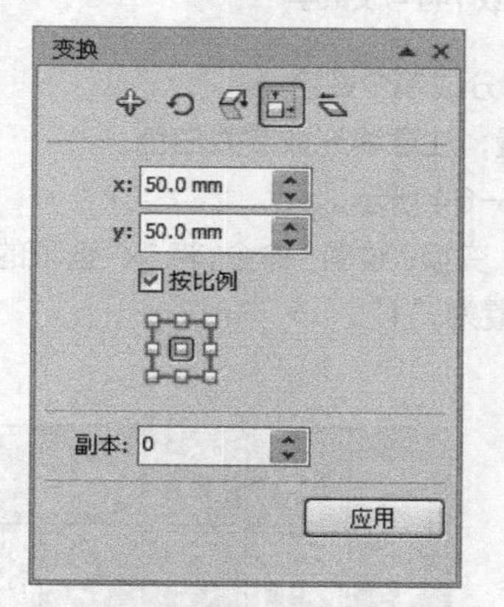

图 6-55　设置的图形大小参数

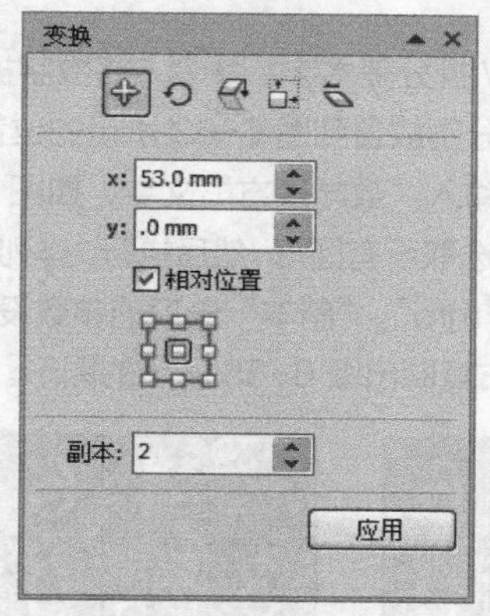

图 6-56　设置的位移及复制参数

05 单击 应用 按钮，即在水平方向上复制出两个圆角图形，且图形之间的距离为 53 mm，如图 6-57 所示。

06 利用 工具将 3 个圆角图形同时选择，然后在"变换"面板中将"x"选项的参数设置为"0"，"y"选项的参数设置为"53 mm"，如图 6-58 所示。

07 单击 应用 按钮，即在垂直方向上向上复制出两组圆角图形，如图 6-59 所示。

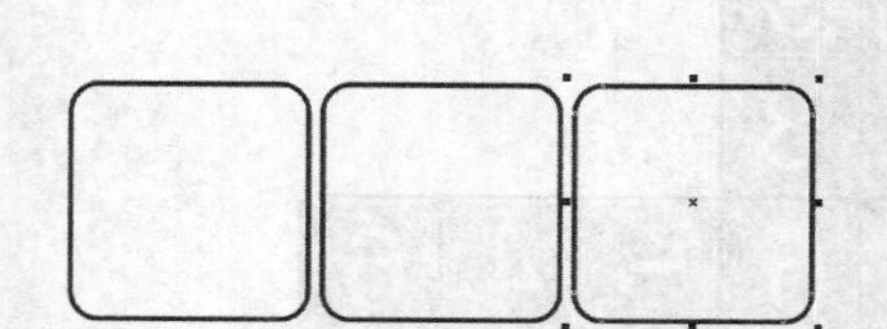
图 6-57　复制出的圆角图形

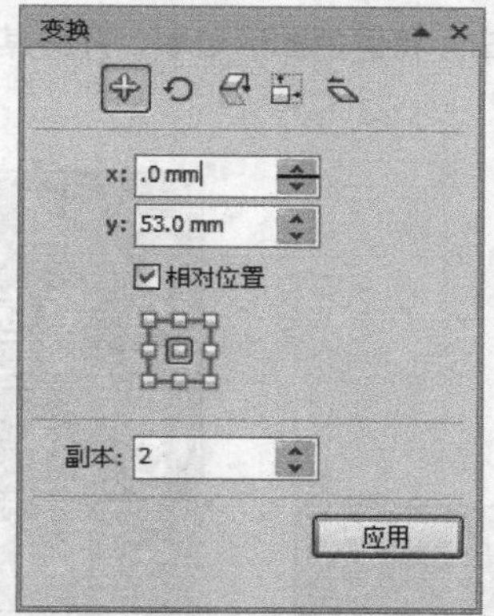

图 6-58　设置的垂直位移参数

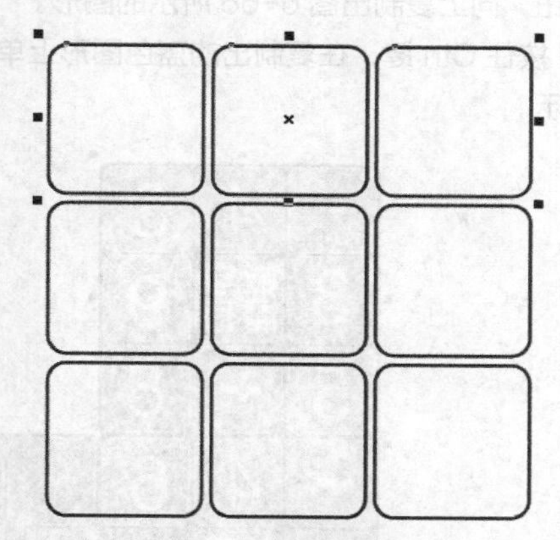
图 6-59　复制出的图形

08 全部选取圆角图形，然后为其填充蓝色（C:100），如图 6-60 所示。

09 执行"排列 / 群组"命令，群组图形，然后设置轮廓线为白色。

10 利用 工具绘制一个大小为"160mm"的圆角图形，并填充上黑色。

11 选取黑色圆角图形，执行"排列 / 顺序 / 到页面后面"命令，将黑色图形放置到蓝色图形的下面。

12 按 Ctrl+A 组合键，全部选择所有图形，然后依次按 C 键和 E 键，将选择的图形分别在水平和垂直方向上对齐，效果如图 6-61 所示。

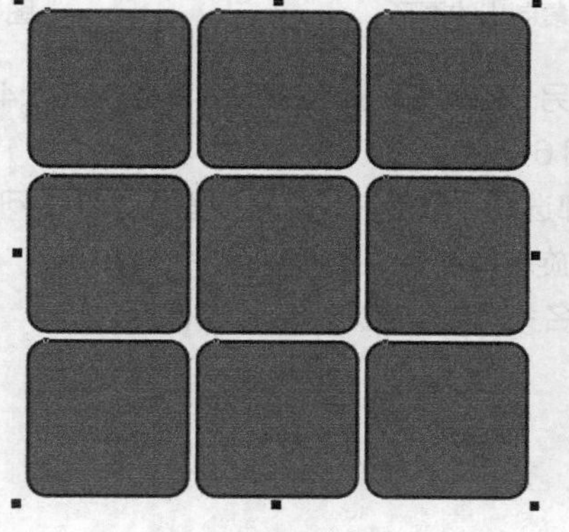
图 6-60　填充蓝色

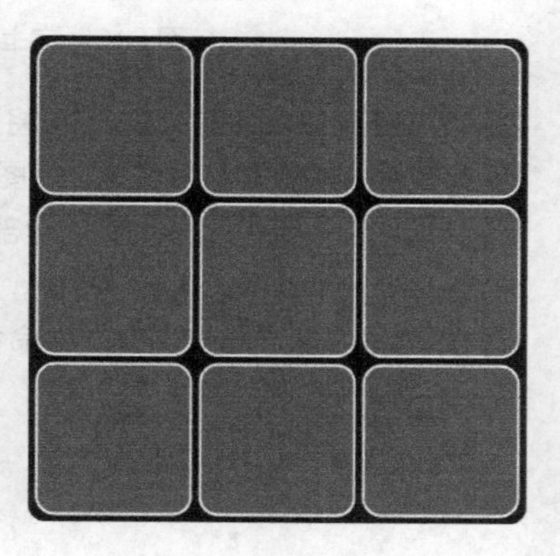
图 6-61　对齐后的图形

13 利用字工具，输入图 6-62 所示的数学符号和数字。

+ − × ÷123456789

图 6-62 输入的数学符号及数字

14 选取数字，执行“排列 / 拆分美术字”命令，将数字拆分成单个数字。

15 将数字及符号调整大小分别放置到图 6-63 所示的位置，注意填充数字为白色。

16 在中间一个蓝色方块内输入“数学魔方”文字，如图 6-64 所示。

17 按 Ctrl+A 组合键，全部选取所有图形，然后执行“排列 / 变换 / 位置”命令，将“x”选项的参数设置为“160 mm”，“y”选项的参数设置为“0 mm”，“副本”选项的参数设置为“1”。

18 单击 应用 按钮，向右复制出图 6-65 所示的图形。

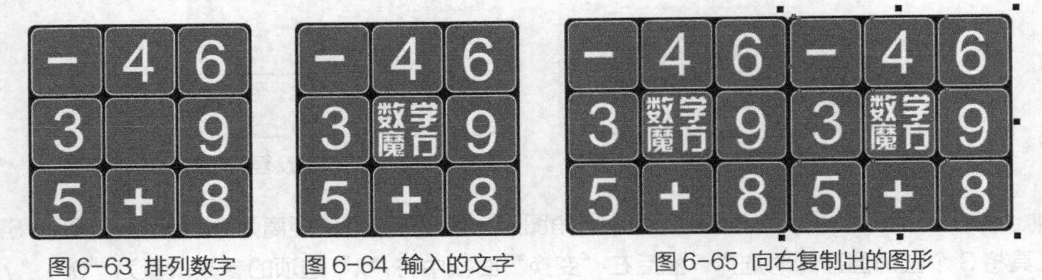

图 6-63 排列数字　图 6-64 输入的文字　图 6-65 向右复制出的图形

19 在“转换”面板中将“x”选项的参数设置为“-160 mm”，“y”选项的参数设置为“160 mm”，单击 应用 按钮，向上复制出图 6-66 所示的图形。

20 按住 Ctrl 键，在复制出的蓝色图形上单击，将蓝色图形选取，并将其颜色修改为洋红色（M:100），如图 6-67 所示。

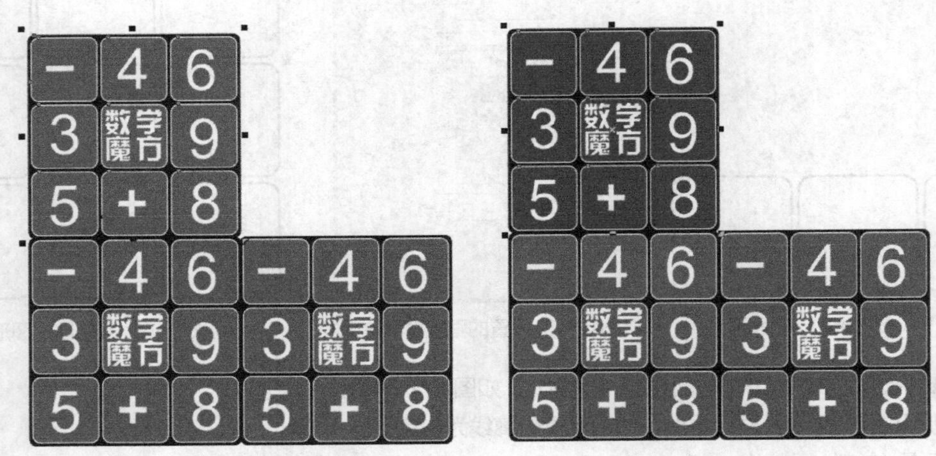

图 6-66 向上复制出的图形　图 6-67 填充洋红色

21 用与步骤 20 相同的方法，再将另一组图形的颜色修改为黄绿色（C:40,Y:100），如图 6-68 所示。

22 修改数字和数学符号位置，如图 6-69 所示。

23 将洋红色一组的图形和数字全部选取，然后在“变换”面板中单击按钮，打开“旋转”转换面板，修改选项参数 -90 °，单击 应用 按钮，旋转角度后的图形如图 6-70 所示。

24 按 Ctrl+S 组合键，将此文件命名为“数学魔方 .cdr”并保存。

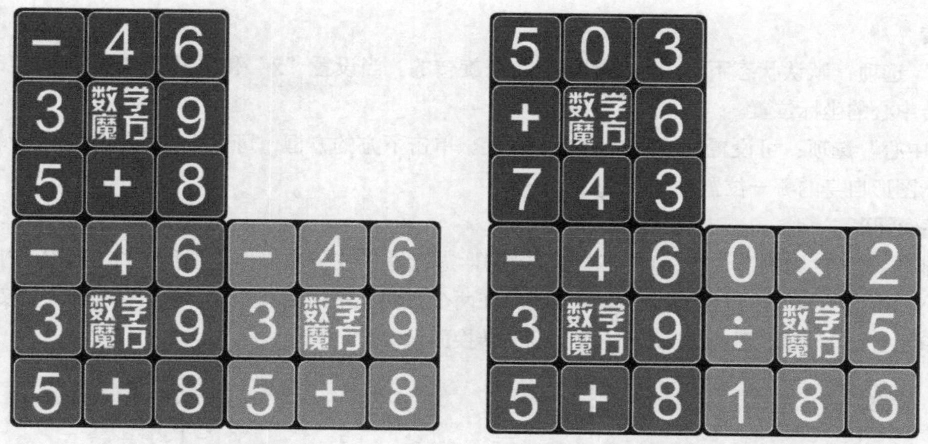

图 6-68 填充黄绿色　　　　图 6-69 修改数字和符号的位置

利用“效果/添加透视”命令，将绘制完成的图形调整透视制作成图6-71所示的立体魔方效果。制作方法参见请第8章实例121的“添加透视——制作立体魔方”内容。

图 6-70 旋转角度后的图形　　　　图 6-71 制作的魔方

相关知识点：“变换”命令

一. 变换图形的位置

利用“排列/变换/位置”命令，可以将图形相对于页面可打印区域的原点（0,0）位置移动，还可以相对于图形的当前位置来移动。（0,0）坐标的默认位置是绘图页面的左下角。执行“排列/变换/位置”命令（或按Alt+F7组合键），将弹出图6-72所示的“位置”转换面板。

- “x”选项：用于设置图形在水平方向上移动的距离。
- “y”选项：用于设置图形在垂直方向上移动的距离。
- “相对位置”选项：用于设置图形在位置变换时的相对关系，勾选此选项，单击下方的方框来设置图形移动时相对于自身的那一位置进行移动。

设置好相应的参数及选项后，单击 应用 按钮，即可将选择的图形移动至设置的位置。当在“副本”选项窗口中设置要复制的份数后，单击 应用 按钮，可以将其以设置的距离进行复制。

二. 旋转图形

利用“排列/变换/旋转”命令，可以精确地旋转图形的角度。在默认状态下，图形是围绕中心来旋转的，但也可以将其设置为围绕特定的坐标或围绕图形的相关点来进行旋转。执行“排列/变换/旋转”命令（或按Alt+F8组合键），弹出图6-73所示的“旋转”转换面板。

- “角度”选项：用于设置图形的旋转角度。参数为正值时，图形将按逆时针旋转；参数为负值时，图形将按顺时针旋转。

● “中心”选项：默认状态下，图形是围绕中心来旋转的。当设置“x”和“y”选项中的数值时，可以重新设置图形旋转中心的坐标位置。

● “相对中心”选项：可设置旋转中心的相对位置。单击下方的方框，可以设置所选图形在旋转变换时，旋转中心点位于图形自身的哪一位置。

三. 缩放和镜像图形

利用“排列 / 变换 / 比例”命令，可以对选择的图形进行缩放或镜像操作。图形的缩放可以按照设置的比例值来改变大小。图形的镜像可以是水平、垂直或同时在两个方向上来颠倒其外观。执行“排列 / 变换 / 比例”命令（或按Alt+F9组合键），弹出图6-74所示的“比例”转换面板。

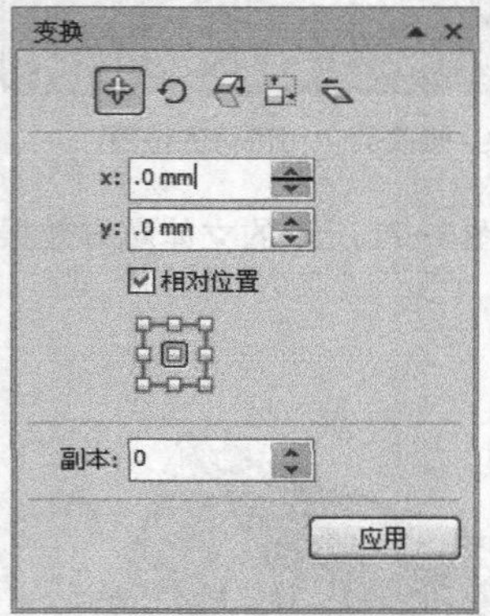

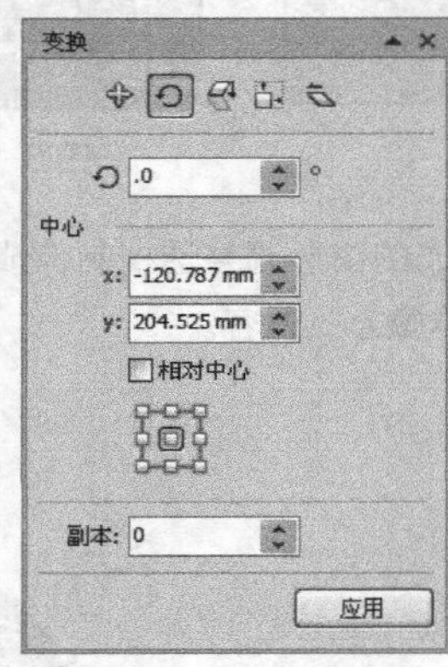

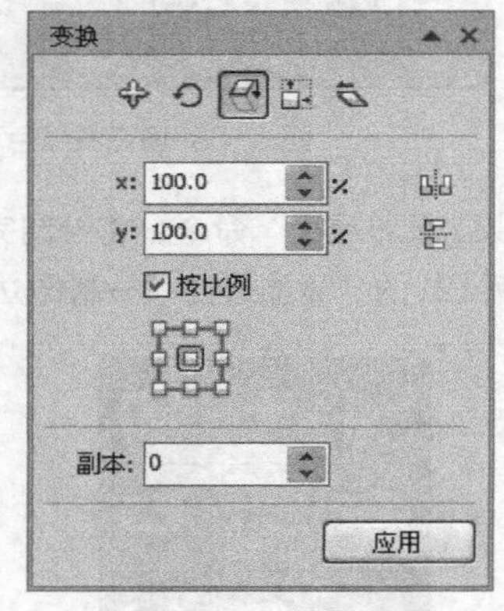

图 6-72“位置”转换面板　图 6-73“旋转”转换面板　图 6-74“比例”转换面板

● “x”和“y”选项：用于设置所选图形的水平和垂直缩放比例。

● “镜像”选项：激活按钮，选择的图形将在水平方向上镜像；激活按钮，选择的图形将在垂直方向上镜像；同时激活和按钮，选择的图形将分别在水平和垂直方向上镜像。

● “按比例”选项：设置是否等比例缩放。勾选选项，图形在缩放时将等比例缩放；取消勾选，图形可不等比例缩放。

● 单击下方的方框，可以设置所选图形在缩放或镜像变换时按图形自身的某一位置进行变换。

四. 调整图形大小

菜单栏中的“排列 / 变换 / 大小”命令相当于“排列 / 变换 / 比例”命令，这两种命令都能调整图形的大小。但“比例”命令是利用百分比来调整图形大小的，而“大小”命令是利用特定的度量值来改变图形大小的。执行“排列 / 变换 / 大小”命令（或按Alt+F10组合键），弹出图6-75所示的“大小”转换面板。

提示

在“x”和“y”文本框中输入数值，可以设置所选图形缩放后的宽度和高度。

五. 倾斜图形

利用“排列 / 变换 / 倾斜”命令，可以把选择的图形按照设置的度数倾斜。倾斜图形后可以使其产生景深感和速度感。执行“排列 / 变换 / 倾斜”命令，弹出图6-76所示的“倾斜”转换面板。

● “倾斜”选项：在“x”和“y”选项的文本框中输入数值，可以设置所选图形的倾斜角度。取值范围在“-75 ~ 75”之间。

● “使用锚点”选项：默认状态下，图形的倾斜中心是此图形的旋转中心。勾选此选项后，可单击下方的方框来设置图形的倾斜中心点。

图 6-75“大小”转换面板

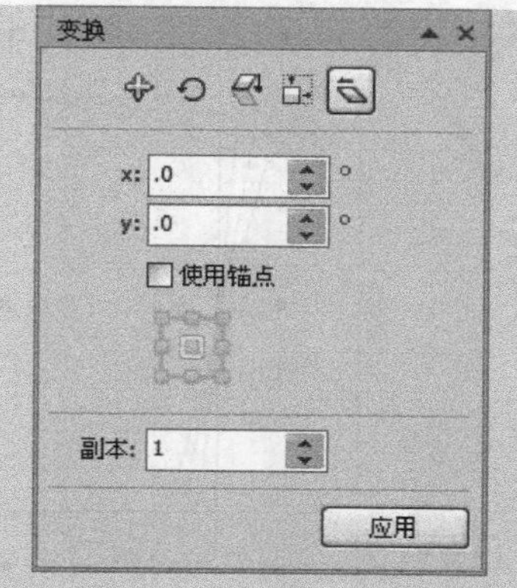

图 6-76“倾斜”转换面板

在“转换”面板中，分别单击上方的、、、或按钮，可以切换至各自的对话框中。另外，当为选择的图形应用了除“位置”变换外的其他变换后，执行“排列 / 清除变换”命令，可以清除图形应用的所有变形，使其恢复为原来的外观。

实例总结

学习本实例，读者初步了解了“变换”命令的应用。该命令可以精确地移动、缩放或镜像图形，而且可以一步复制出多个副本，所以读者一定要熟练掌握此命令。

实例 082　变换命令——制作边框效果

学习目的

学习“变换”命令的灵活运用方法。

实例分析

- **作品路径** | 作品\第 06 章\边框效果 .cdr
- **视频路径** | 视频\实例 82.avi
- **知识功能** | “变换”命令的灵活运用
- **制作时间** | 5 分钟

操作步骤

01 新建文件，利用工具绘制一个正方形图形，然后执行“排列 / 变换 / 旋转”命令，在弹出的“旋转”转换面板中设置选项参数，如图 6-77 所示。

02 单击 应用 按钮，正方形图形旋转出的效果如图 6-78 所示。

03 利用工具将所有图形框选，然后在“旋转”转换面板中再次设置选项参数，如图 6-79 所示。

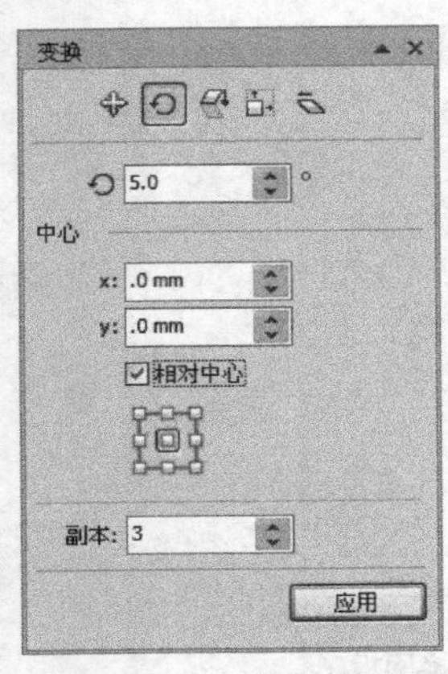

图 6-77 设置的选项参数

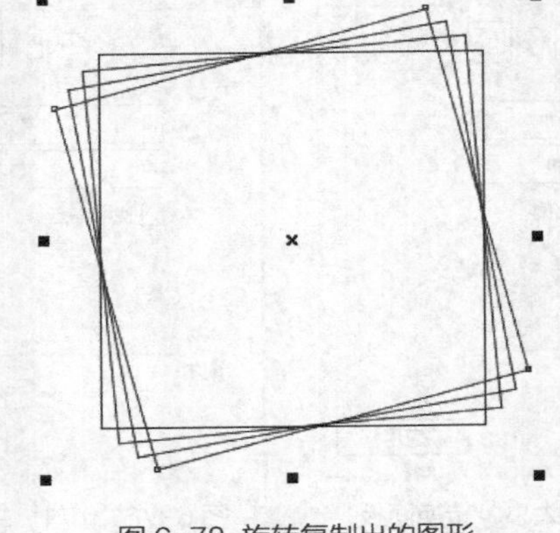

图 6-78 旋转复制出的图形

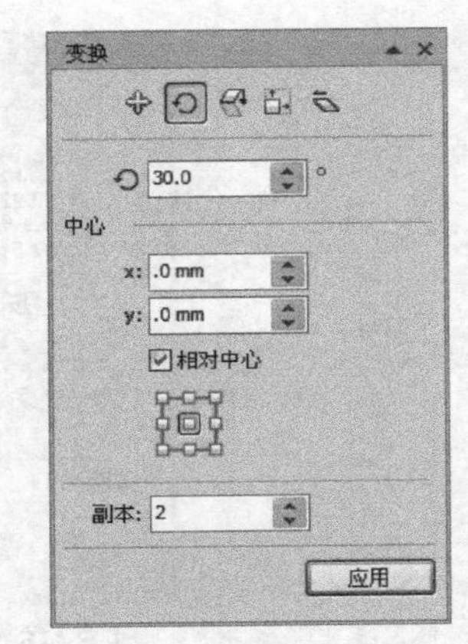

图 6-79 设置的选项参数

04 单击 应用 按钮，选择图形复制出的效果如图 6-80 所示。

05 选择所有图形，修改其颜色为洋红色，然后设置一个粗一点的轮廓宽度，即可完成边框效果的制作，效果如图 6-81 所示。

利用“效果 / 图框精确剪裁”命令，可以为边框图形中置入图像，效果如图6-82所示。置入方法参见第09章实例122的“图框精确剪裁——置入图像”内容。

06 按 Ctrl+S 组合键，将此文件命名为“边框效果 .cdr”并保存。

图 6-80 复制出的图形

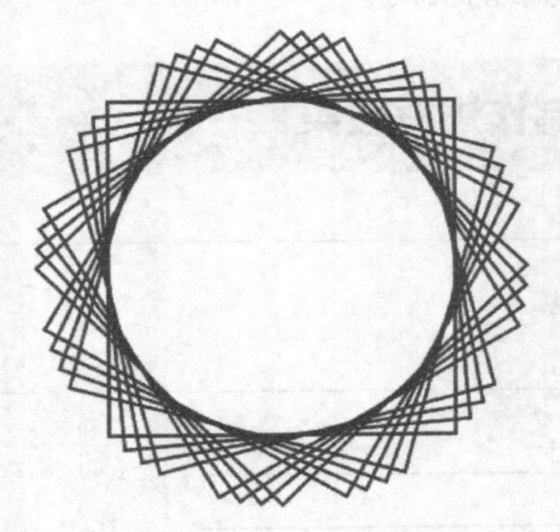

图 6-81 制作的边框效果

图 6-82 置入的图像

实例总结

学习本实例，读者可以进一步了解了“变换”命令的应用。该命令在重复复制操作中起着事半功倍的作用，可以大大提高作图效率，读者要学会灵活运用。

实例 083 步长和重复命令——制作图案效果

学习目的

上例我们学习了利用“变换”命令复制图形的方法，下面我们再来学习重复复制图形的其他方法，主要讲解“编辑 / 重复”命令及“编辑 / 步长和重复”命令。

实例分析

- **作品路径** | 作品\第06章\花布图案.cdr
- **视频路径** | 视频\实例83.avi
- **知识功能** | 学习重复复制图形的其他方法
- **制作时间** | 10分钟

操作步骤

01 新建文件。

02 选取工具，再单击属性栏中的按钮，在弹出的面板中选择图 6-83 所示的形状图形。

03 将鼠标指针移动到绘图窗口中拖曳，绘制出图 6-84 所示的图形。

04 在绘制的图形上再次单击，使其周围显示旋转和扭曲符号，然后将旋转中心向上调整至图 6-85 所示的位置。

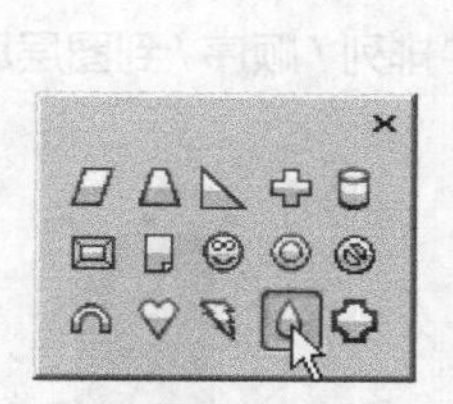

图 6-83 选择的形状

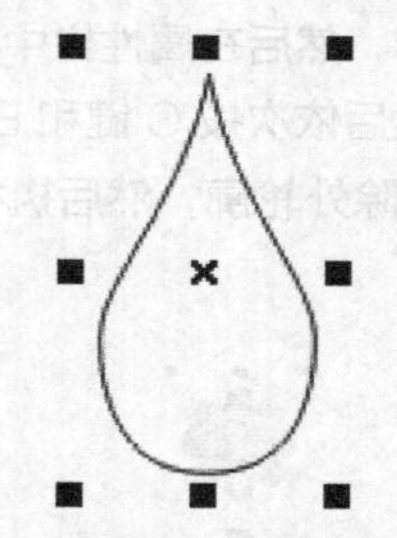

图 6-84 绘制的图形

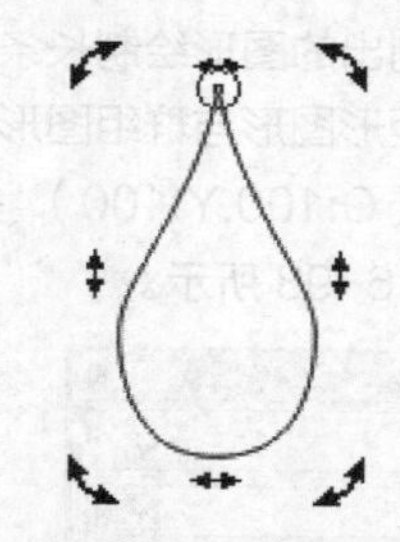

图 6-85 旋转中心位置

05 按住 Ctrl 键，将鼠标光标放置到左下角的旋转符号处按下并向右上方拖曳，当显示图 6-86 所示的形态时在不释放鼠标左键的情况下单击鼠标右键，旋转复制出的图形如图 6-87 所示。

06 执行“编辑 / 重复再制”命令（快捷键为 Ctrl+R 组合键），即可再次复制出一个图形，依次按 Ctrl+R 组合键重复复制图形，效果如图 6-88 所示。

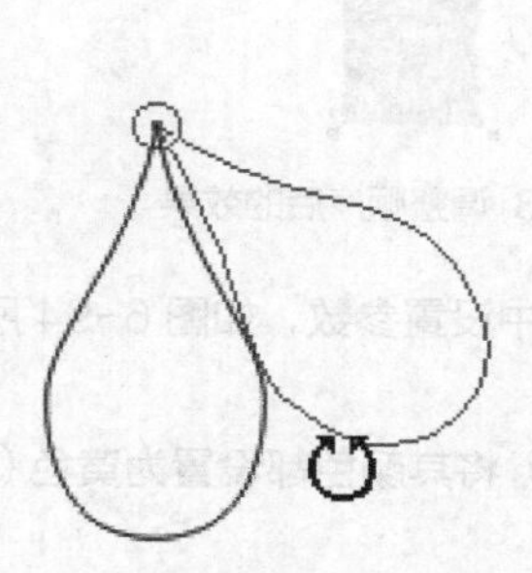

图 6-86 旋转图形状态

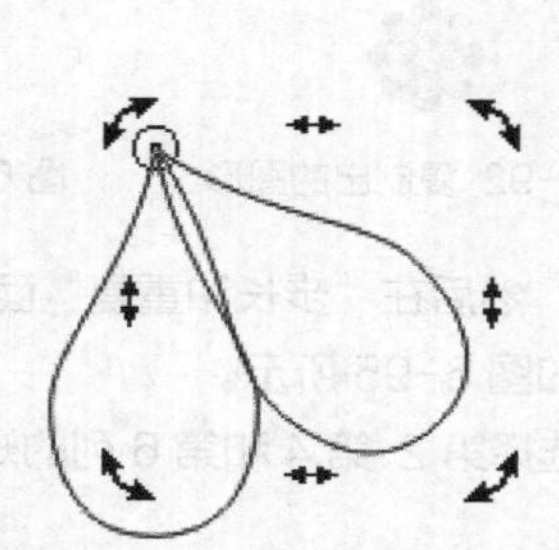

图 6-87 旋转复制出的图形

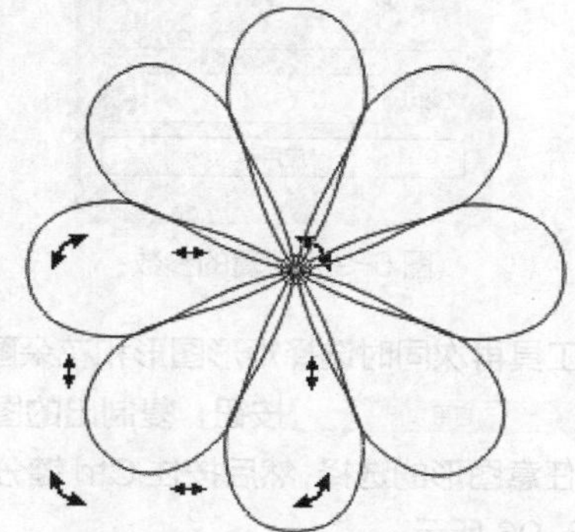

图 6-88 重复复制出的图形

07 利用工具将图形全部选择，然后按 Ctrl+G 组合键群组，再为其填充图 6-89 所示的渐变色。

08 单击 确定 按钮，然后去除图形的外轮廓，效果如图 6-90 所示。

09 在属性栏中将“对象大小”的参数都设置为“20 mm”。

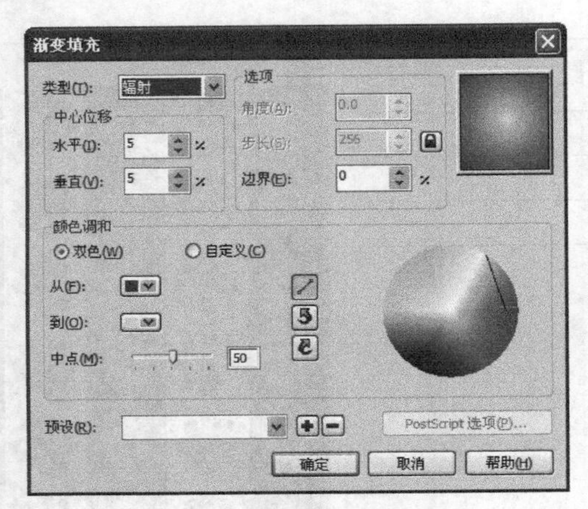

图 6-89 设置的渐变颜色

图 6-90 绘制出的花形

提示

调整图形的大小，目的是为了确定复制图形时的偏移距离。

10 执行“编辑 / 步长和重复”命令，弹出“步长和重复”面板，设置“垂直距离”和“份数”的参数，如图 6-91 所示。

11 单击 应用 按钮，复制出的图形如图 6-92 所示，然后全部选择图形，按 Ctrl+G 组合键群组。

12 利用工具，根据复制出的图形绘制长条矩形，然后在属性栏中将“对象大小”参数分别设置为。

13 利用工具全部选择矩形图形与群组图形，然后依次按 C 键和 E 键，将图形以中心对齐。

14 为矩形图形填充绿色（C:100,Y:100），并去除外轮廓，然后执行“排列 / 顺序 / 到图层后面”命令，将其调整至群组图形的后面，如图 6-93 所示。

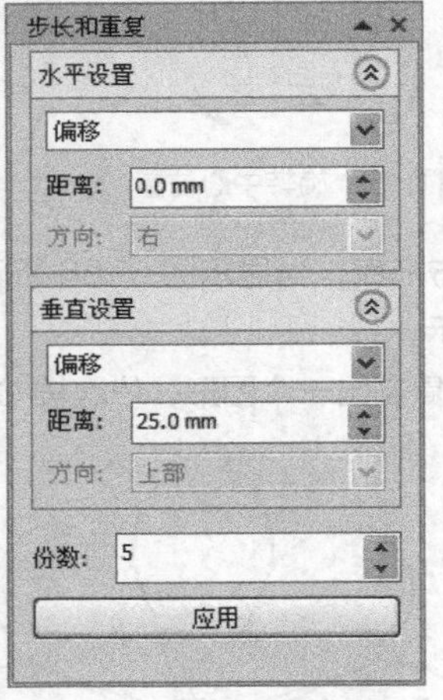

图 6-91 设置的参数

图 6-92 复制出的图形

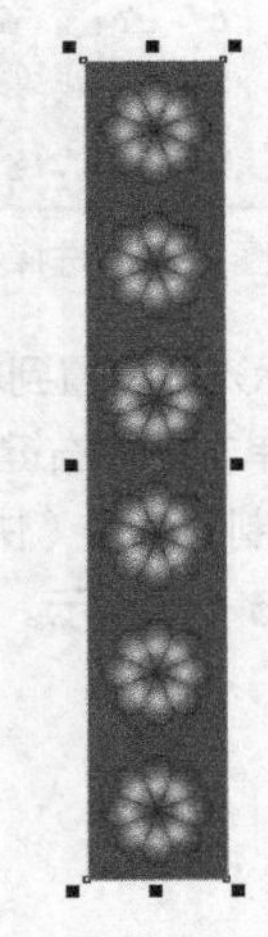
图 6-93 调整顺序后的效果

15 利用工具再次同时选择矩形图形和花朵图形，然后在“步长和重复”面板中设置参数，如图 6-94 所示。

16 单击 应用 按钮，复制出的图形如图 6-95 所示。

17 取消对任意图形的选择，然后按住 Ctrl 键分别选择第 2、第 4 和第 6 列的矩形，将其颜色都设置为黄色（Y:100），效果如图 6-96 所示。

18 按 Ctrl+S 组合键，将此文件命名为“花布图案 .cdr”并保存。

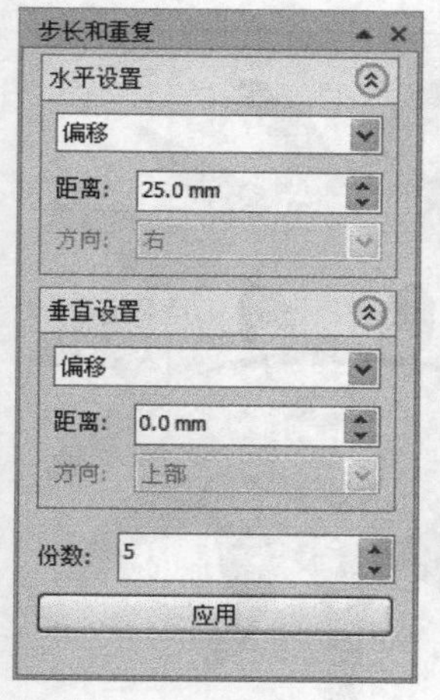

图 6-94　设置的参数

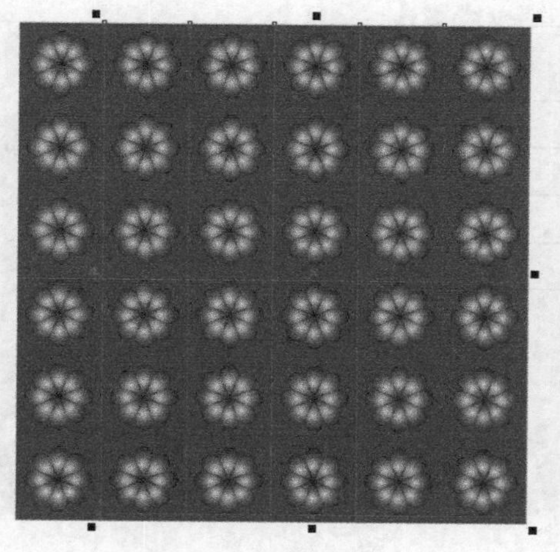

图 6-95　复制出的图形

图 6-96　修改颜色后的效果

相关知识点："步长和重复"命令

选取"步长和重复"命令，将弹出"步长和重复"面板，设置其中的选项，可将图形沿某一方向一次性复制多个，且具有相同的间距。

- "水平设置"和"垂直设置"选项：分别设置图形在水平方向或垂直方向的距离。

"偏移"选项：选择此选项，可以在下面的"距离"选项窗口中设置复制图形移动的距离，正值表示向右、向上偏移；负值表示向左、向下偏移。

"无偏移"选项：选择此选项，表示在水平或垂直方向上不产生距离偏移。

"对象间距"选项：选择此选项，除可以在下面的"距离"选项窗口中输入数值来设置原图形与复制图形之间的距离外，还可以设置图形的偏移方向。

- "份数"选项：设置图形复制的个数。

提示

"偏移"选项与"对象间距"选项相似，但选择"偏移"选项时，设置的"距离"值是指对象中心到副本对象中心的距离；而选择"对象间距"选项，设置的"距离"值是指两图形相邻边缘的距离。

实例总结

学习本实例，可以知道复制图形的方法有很多种，每个命令都有其自身的特点，读者只有熟练掌握它们的功能和使用方法，才能在工作过程中运用得得心应手。

实例 084　涂抹工具——涂抹卡通太阳图形

学习目的

学习"涂抹"工具的应用。该工具与前面讲解的"涂抹笔刷"工具有些相似，只是此工具具有渐隐的功能。

实例分析

● **素材路径** | 素材\第06章\卡通太阳.cdr

● **作品路径** | 作品\第06章\涂抹效果.cdr

● **视频路径** | 视频\实例84.avi

● **知识功能** | “涂抹”工具的应用

● **制作时间** | 5分钟

操作步骤

01 打开资源文件中“素材\第06章”目录下名为“卡通太阳.cdr”的文件，如图6-97所示。

02 选取工具箱中的“涂抹”工具，设置属性栏参数 10.0 mm 85，并激活右侧的“平滑涂抹”按钮。

03 将鼠标指针移动到橘红色图形上单击将其选择，然后将鼠标指针移动到该图形的左上方位置按下并向上拖曳，即可对图形进行涂抹，效果如图6-98所示。

04 用与步骤03相同的方法，依次涂抹橘红色图形的边缘，效果如图6-99所示。

图6-97 打开的文件

图6-98 涂抹效果

图6-99 整体涂抹后的效果

05 继续对橘红色图形涂抹出的位置进行涂抹，以得到自己比较理想的效果，如图6-100所示。

06 利用工具框选黄色的卡通图形将其选择，然后按住Shift键调整图形的大小，将其以中心等比例缩放，最终效果如图6-101所示。

图6-100 再次涂抹后的效果

图6-101 卡通图形缩放后的效果

07 执行“文件 / 另存为”命令，将此文件另命名为“涂抹效果 .cdr”并 保存。

相关知识点：“涂抹”工具

“涂抹”工具的属性栏如图 6-102 所示。

图 6-102“涂抹”工具的属性栏

- “笔尖半径” ：用于设置涂抹时的笔头大小。
- “压力” ：设置涂抹时的强度，数值越大，涂抹效果越强。
- “笔压” ：当计算机连接数字笔时，激活此按钮，可根据数字笔和写字板的压力来控制效果。
- “平滑涂抹” ：激活此按钮，在涂抹时，涂抹出的端点位置将生成平滑的效果。
- “尖状涂抹” ：激活此按钮，在涂抹时，涂抹出的端点位置将生成尖锐的效果。

实例总结

学习本实例，读者初步了解了“涂抹”工具的应用。该工具可以在原有图形的基础上涂抹出各种各样的奇特效果，前提是读者必须对最终要涂抹的效果胸有成竹，不能盲目进行涂抹。

实例 085　转动工具——花边效果字

学习目的

学习“转动”工具的应用方法。

实例分析

- **作品路径** | 作品\第 06 章\花边效果字 .cdr
- **视频路径** | 视频\实例 85.avi
- **知识功能** | “转动”工具的应用
- **制作时间** | 10 分钟

操作步骤

01 新建文件，利用工具输入“花”文字，然后将其颜色修改为红色，字体修改为“文鼎 CS 魏碑”，如图 6-103 所示。

02 执行“排列 / 转换为曲线”命令，将刚才输入的文字转换为曲线。

03 选取工具箱中的“转动”工具，设置属性栏参数 ，然后激活按钮，将鼠标指针移动到“花”字第一笔的左上方位置按下，此时鼠标指针内的图形会自动旋转，状态如图 6-104 所示。

图 6-103　输入的文字

图 6-104　转动状态

04 依次移动鼠标指针到其他位置按下，即可制作出图6-105所示的花边效果。

05 用与步骤04相同的方法，依次在其他笔画位置按下鼠标左键，对文字的边缘进行转动处理，最终效果如图6-106所示。

06 按Ctrl+S组合键，将此文件命名为“花边效果字.cdr”并保存。

图6-105 制作的花边　图6-106 制作的花边字效果

相关知识点：“转动”工具

“转动”工具的属性栏如图6-107所示。

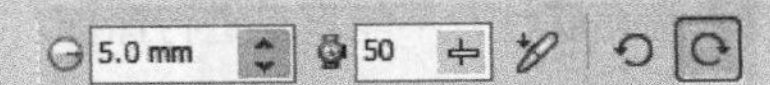

图6-107“转动”工具的属性栏

- “笔尖半径”：用于设置转动时的笔头大小。
- “速度”：设置转动的速度，数值越大，转动速度越快，且在最短的时间内生成的变形效果越明显。
- “逆时针转动”：激活此按钮，图形将沿逆时针转动。
- “顺时针转动”：激活此按钮，图形将沿顺时针转动。

实例总结

本实例通过花边效果字的制作，讲解了“转动”工具的应用方法。该工具的操作相当简单，只要在要变形的位置按住鼠标左键不放即可。按下鼠标的时间及鼠标指针所包含图形的多少，决定了图形的变形程度。

实例086 吸引工具——绘制图案

学习目的

通过绘制本实例图案，读者可以掌握“吸引”工具的使用方法。

实例分析

- **作品路径**｜作品\第06章\图案.cdr
- **视频路径**｜视频\实例86.avi
- **知识功能**｜“吸引”工具的运用
- **制作时间**｜10分钟

操作步骤

01 新建文件，利用工具，绘制一个红色长条矩形，如图 6-108 所示。

02 选取工具箱中的“吸引”工具，将吸引工具放置到矩形图形的左侧并按下鼠标，此时鼠标指针内的图形即向指针的中心点靠拢，如图 6-109 所示。

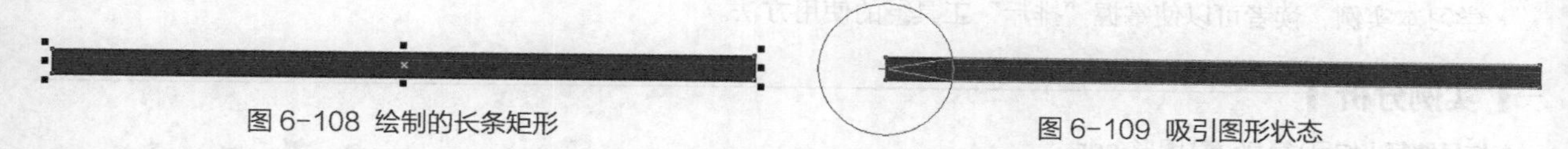

图 6-108 绘制的长条矩形　　图 6-109 吸引图形状态

提示

此处“吸引”工具的笔头大小一定要比矩形的宽度大，最好如图示给出的比例大小，否则要调整矩形的大小或“吸引”工具属性栏中的选项参数 10.0 mm 。

03 将鼠标指针移动到图形的右侧位置按下，对右侧进行吸引处理，效果如图 6-110 所示，然后移动鼠标至图形的中心位置按下，状态如图 6-111 所示。

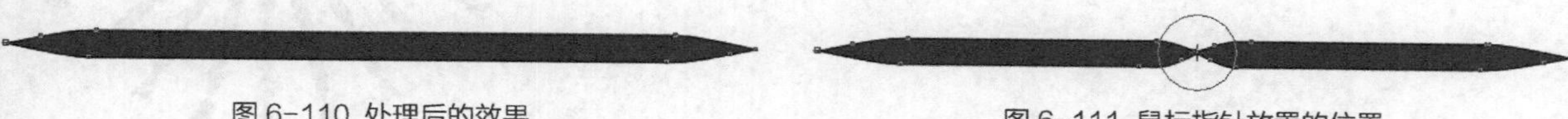

图 6-110 处理后的效果　　图 6-111 鼠标指针放置的位置

04 设置属性栏参数 5.0 mm 20 ，然后依次移动鼠标指针至两个吸引点的中间位置按下，将图形调整至图 6-112 所示的形态。

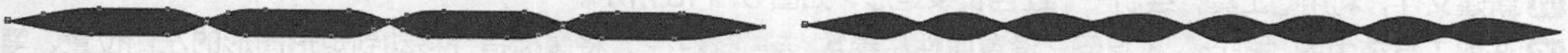

图 6-112 调整后的图形形态

05 将调整后的图形依次向下复制两组，并分别将其颜色修改为黄色和绿色，如图 6-113 所示。

06 同时选择所有图形，然后依次向下复制，制作出图 6-114 所示的图案效果。

07 按 Ctrl+S 组合键，将此文件命名为“图案 .cdr”并保存。

图 6-113 复制出的图形　　图 6-114 制作出的图案

相关知识点：“吸引”工具

“吸引”工具的属性栏中只有“笔尖半径” 5.0 mm 和“速度” 50 选项，这两个选项的功能和设置方法与“转动”工具中的相同，在此不再赘述。

实例总结

学习本实例，读者学习了“吸引”工具的使用，该工具的功能就是将鼠标指针内的图形向中心点聚拢，从而生成新的图形。当鼠标指针将图形全部包围时，按下鼠标，也可以理解为对图形进行缩小处理。

实例 087 排斥工具——绘制图形

学习目的

学习本实例，读者可以使掌握“排斥”工具的使用方法。

实例分析

- **作品路径** | 作品\第06章\图形.cdr
- **视频路径** | 视频\实例87.avi
- **知识功能** | “排斥”工具及“排列/变换/旋转”命令的运用
- **制作时间** | 10分钟

操作步骤

01 新建文件，利用工具，绘制一个红色长条矩形，如图6-115所示。

02 选取工具箱中的“排斥”工具，设置属性栏参数，将鼠标指针移动到矩形图形的左侧位置，笔头大小与矩形图形的显示比例如图6-116所示。

图6-115 绘制的长条矩形

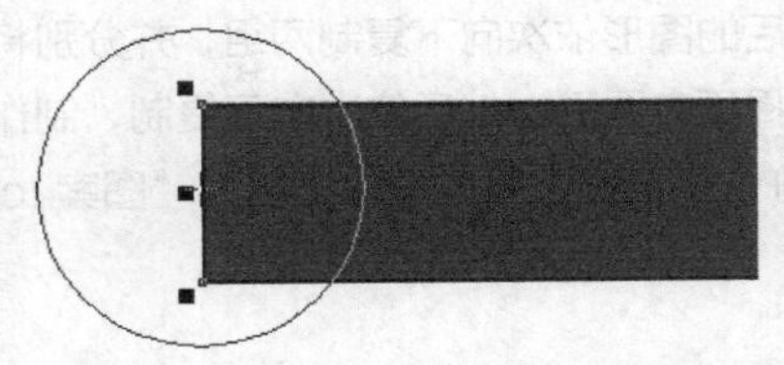

图6-116 笔头大小与矩形图形的显示比例

03 按下鼠标，停留片刻，图形即开始膨胀变形，状态如图6-117所示。

04 移动鼠标指针至矩形图形的右侧按下，对右侧位置进行处理，效果如图6-118所示。

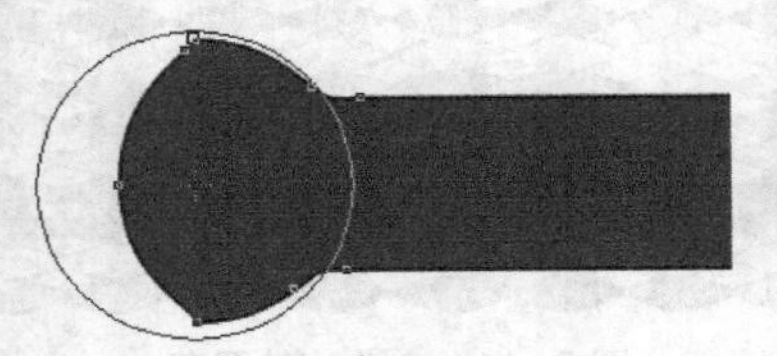

图6-117 膨胀变形状态

图6-118 处理后的效果

05 将鼠标指针移动到矩形图形中的中间位置按下，将此处进行膨胀处理，效果如图6-119所示。

06 依次在各膨胀点的中间位置按下鼠标，对图形进行膨胀处理，如图6-120所示。

图6-119 膨胀图形位置

图6-120 调整后的图形形态

07 修改属性栏参数，将鼠标指针移动到图6-121所示的位置，注意鼠标指针的中心位于图形外侧。

08 按下鼠标，生成的图形形态如图6-122所示。

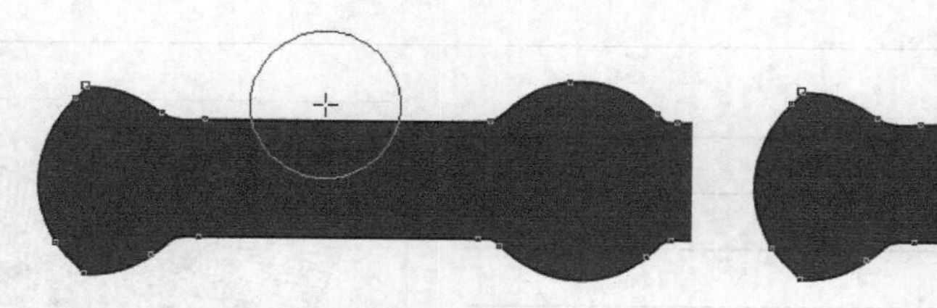

图 6-121　鼠标指针放置的位置　　图 6-122　生成的效果

09 依次移动鼠标到图形的其他位置进行变形处理，最终效果如图 6-123 所示。

图 6-123　变形后的图形效果

> **提示**
>
> “旋转”变换面板中“x”选项的参数不用设置，该处的参数是单击下方小方框后自动生成的。由于读者和本例绘制图形的大小不同，所以自动显示的参数也会不相同，但这并不会影响最终的效果。

10 将图形的外轮廓颜色修改为黄色，然后执行“排列 / 变换 / 旋转”命令，在弹出的“旋转”变换面板中设置选项参数，如图 6-124 所示。

11 单击 应用 按钮，旋转复制出的图形如图 6-125 所示。

12 按 Ctrl+S 组合键，将此文件命名为“图形 .cdr”并保存。

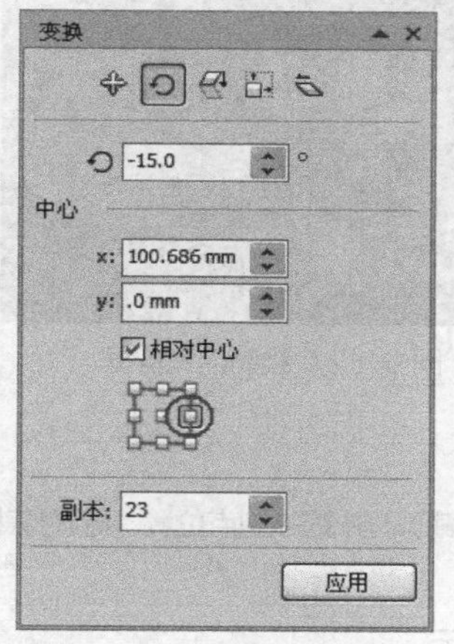

图 6-124　设置的选项参数

图 6-125　复制出的图形

实例总结

学习本实例，读者了解了“排斥”工具的应用。该工具可以将图形根据鼠标指针的大小自动膨胀；当鼠标指针位于图形外侧时，还可以挤压图形。这个功能与前面讲解的“涂抹笔刷”工具相似，只是“涂抹笔刷”工具需要拖曳或单击鼠标来完成，而“排斥”工具是在需要进行操作的位置按下鼠标不放，系统会自动进行处理。

实例 088　裁剪工具——裁切位图图像

学习目的

学习“裁剪”工具的应用方法。

实例分析

- **素材路径** | 素材\第06章\荷花.jpg
- **作品路径** | 作品\第06章\裁剪图像.cdr
- **视频路径** | 视频\实例88.avi
- **知识功能** | “裁剪”工具的运用
- **制作时间** | 10分钟

操作步骤

01 新建文件，然后按Ctrl+I组合键，将资源文件中“素材\第06章”目录下名为“荷花.jpg”的图像导入，如图6-126所示。

02 选取工具箱中的“裁剪”工具，按住Ctrl键，拖曳鼠标，绘制出图6-127所示的裁剪框。

图6-126 导入的图像

图6-127 绘制的裁剪框

> **提示**
> 将鼠标指针移动到裁剪框中按下并拖曳，可调整裁剪框的位置；调整裁剪框中的控制点位置，可调整裁剪框的大小。

03 在裁剪框中双击鼠标，即可确认图像的裁剪，如图6-128所示。

04 利用工具根据剩余图像的大小，再绘制一个裁剪框，然后设置属性栏的参数45.0°，旋转后的裁剪框形态如图6-129所示。

05 在裁剪框中双击鼠标，再次裁剪图像，效果如图6-130所示。

图6-128 裁剪后的图像

图6-129 裁剪框旋转后的形态

图6-130 再次裁剪后的效果

06 利用□工具绘制一个大的正方形图形，然后为其填充黄色，并将其调整至荷花图形的下方，如图 6-131 所示。

07 选取☆工具，设置属性栏参数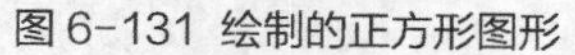，然后绘制星形图形，并将其颜色修改为红色，如图 6-132 所示。

图 6-131 绘制的正方形图形

图 6-132 绘制的星形图形

08 双击工具，同时选择所有图形，然后依次按 C 键 和 E 键，将图形以中心对齐。

09 选择星形图形，然后将其以中心等比例缩小复制，效果如图 6-133 所示。

10 选取工具，调和两个星形图形，效果如图 6-134 所示。

图 6-133 缩小复制出的星形

图 6-134 调和后的效果

11 单击属性栏中的按钮，在弹出的面板中选择“显示终点”命令，将小星形图形选择，然后在其上再次单击鼠标，使其周围显示旋转和扭曲符号，再设置属性栏参数 90.0，小星形图形旋转后的效果如图 6-135 所示。

12 再次单击属性栏中的按钮，在弹出的面板中选择“显示起点”命令，选择大星形图形，然后在其上再次单击鼠标，使其周围显示旋转和扭曲符号。

13 将鼠标指针移动到左上方的旋转符号上按下并向下拖曳，旋转图形，使调和图形内部变得与裁剪后的图像相平行，如图 6-136 所示。

14 选择调和图形，然后调整属性栏的参数 30，修改调和步数后的效果如图 6-137 所示。

15 按 Ctrl+S 组合键，将此文件命名为“裁剪图像 .cdr”并保存。

图 6-135 小星形图形旋转后的效果

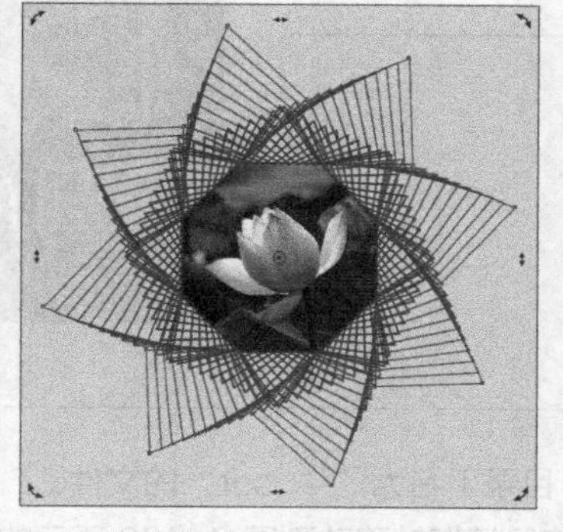

图 6-136 旋转大星形图形后的效果

图 6-137 修改后的效果

相关知识点：“裁剪”工具

利用工具可以完成对图像形状的裁剪，具体使用方法为：选择工具后，在绘图窗口中根据要保留的区域拖曳鼠标指针，绘制一个裁剪框，确认裁剪框的大小及位置后在裁剪框内双击，即可完成图像的裁剪，此时裁剪框以外的图像将被删除。

“裁剪”工具的属性栏如图6-138所示。

图6-138“裁剪”工具的属性栏

- “位置”选项：用于调整裁切框的位置。
- “大小”选项：用于调整裁切框的大小。
- “旋转角度”选项：用于设置裁切框的旋转角度。
- 清除裁剪选取框按钮：单击此按钮或按Esc键，可取消裁切框。

调整裁剪框的方法如下。

- 将鼠标光标放置在裁切框各边中间的控制点或角控制点处，当鼠标光标显示为“+”时，按下鼠标并拖曳，可调整裁切框的大小。
- 将鼠标光标放置在裁切框内，按下鼠标并拖曳，可调整裁切框的位置。
- 在裁切框内单击鼠标，裁切框的边角将显示旋转符号，将鼠标光标移动到各边角位置，当鼠标光标显示为旋转符号时，按下并拖曳，可旋转裁切框。

实例总结

本例主要学习了“裁剪”工具的应用，该工具可以对图像进行裁剪，可以很方便地去除不想要的图像，但唯一的缺憾是不能将裁剪框调整成圆滑的曲线形态。

实例 089 刻刀工具——制作装饰画

学习目的

学习“刻刀”工具的应用方法。

实例分析

- **素材路径** | 素材\第06章\牛.cdr
- **作品路径** | 作品\第06章\装饰画.cdr
- **视频路径** | 视频\实例89.avi
- **知识功能** | “刻刀”工具的运用
- **制作时间** | 15分钟

操作步骤

01 打开资源文件中“素材\第06章”目录下名为“牛.cdr”的文件。

02 选取工具箱中的“刻刀”工具，将鼠标指针移动到图6-139所示的位置按下并向右拖曳，至图形的右边缘时释放鼠标，即可将一个图形裁为两个图形，如图 6-140 所示。

图 6-139　鼠标放置的位置

图 6-140　分割出的图形

03 依次在图形上拖曳鼠标，将图形进行分割，效果如图 6-141 所示。

04 分别选择分割出的图形，为其填充不同的颜色，如图 6-142 所示。

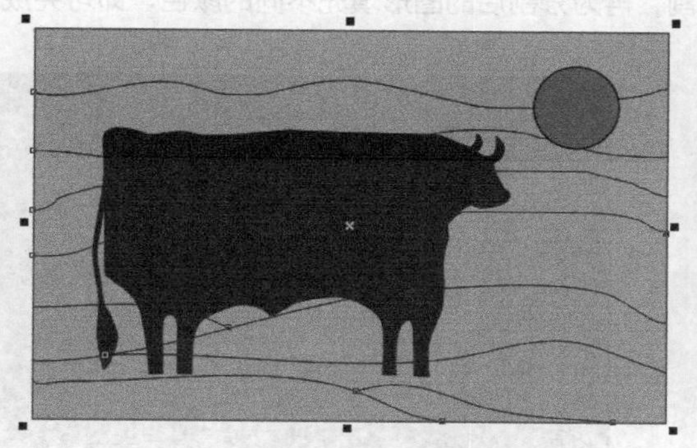

图 6-141　分割后的图形形态

图 6-142　填充的不同颜色

接下来我们对“牛”图形进行分割，为了使读者能看清分割效果，首先选择“牛”图形，为其添加白色外轮廓。

05 选取工具，将鼠标移动到图 6-143 所示的位置单击，然后向左下方移动鼠标，至图 6-144 所示的位置单击，可以直线的方式分割图形，如图 6-145 所示。

图 6-143　鼠标放置的位置

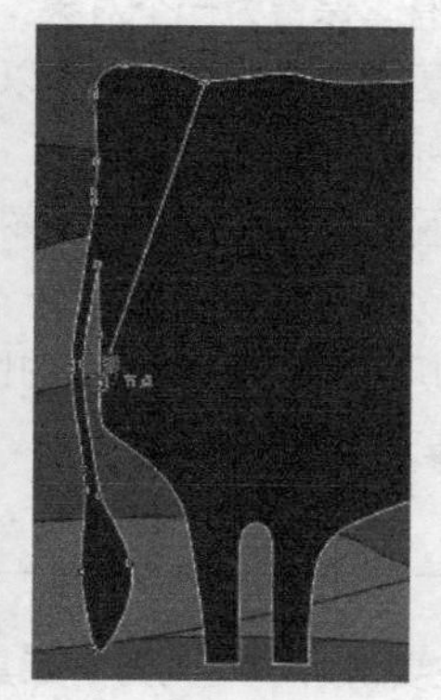

图 6-144　鼠标位置

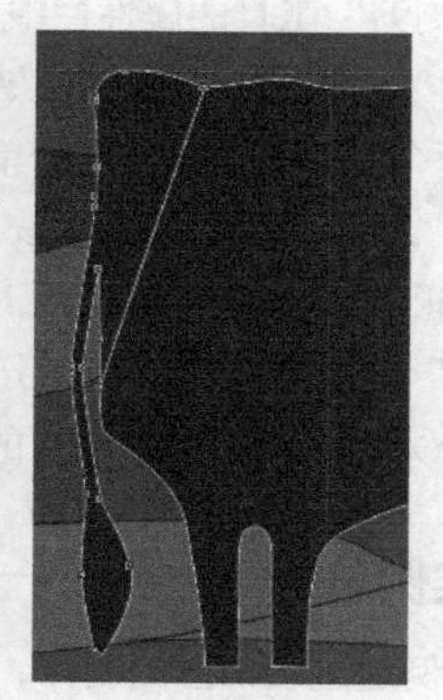

图 6-145　分割出的图形

06 用与步骤 05 相同的方法，依次对图形进行分割，分割后的效果如图 6-146 所示。

07 分别选择分割后的图形为其填充不同的颜色，然后利用工具框选“牛”图形，再单击属性栏中的“创建边界”按钮，为牛图形添加一个外轮廓。

08 将添加的外轮廓颜色修改为白色，并设大轮廓宽度，效果如图 6-147 所示。

图 6-146 分割后的效果

图 6-147 添加的外轮廓

09 执行“排列 / 顺序 / 置于此对象后”命令，然后将鼠标指针移动到“牛尾巴”下面的图形上单击，将牛图形的外轮廓调整至该图形的下面。

10 利用工具及移动复制操作，在“牛头”位置绘制出图 6-148 所示的白色无外轮廓椭圆形，作为“牛眼睛”。

11 用与以上相同的分割图形方法，对“太阳”图形进行分割，再为分割后的图形填充不同的颜色，即可完成装饰画的制作，如图 6-149 所示。

12 执行“文件 / 另存为”命令，将此文件另命名为“装饰画 .cdr”并保存。

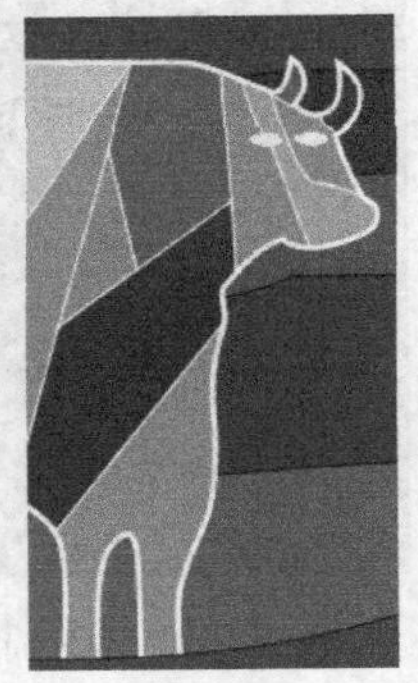

图 6-148 绘制的“牛眼睛”图形

图 6-149 制作完成的装饰画

相关知识点：“刻刀”工具

“刻刀”工具的属性栏中只有“保留为一个对象”按钮和“剪切时自动闭合”按钮。

- “保留为一个对象”按钮：单击此按钮，可以使分割后的两个图形成为一个整体。若不激活按钮，分割后的两个图形将会成为两个单独的对象。
- “剪切时自动闭合”按钮：单击此按钮，将图形分割后，图形将会以分割后的图形分别闭合成两个图形。

当和按钮同时激活时，分割后的图形仍为一个整体，并保留原来的填充属性。当执行菜单栏中的“排列 / 拆分”命令后，即可分离分割后的图形，分离后的图形为闭合图形；当和按钮都不激活时，分割后的图形为两个未闭合的图形，原来的填充属性将消失。

实例总结

本例通过装饰画的制作，主要讲解了“刻刀”工具的应用。需要注意的是，只有当鼠标光标显示为图标时单击图形的外轮廓，然后移动鼠标至图形另一端的外轮廓处单击才能分割图形。

实例 090 橡皮擦工具——制作印章效果

学习目的

学习“橡皮擦”工具的应用方法。

实例分析

- **作品路径** | 作品\第06章\印章.cdr
- **视频路径** | 视频\实例90.avi
- **知识功能** | “橡皮擦”工具的运用
- **制作时间** | 10分钟

操作步骤

01 新建文件，利用工具绘制矩形图形，然后设置轮廓宽度，并将其颜色修改为红色。

02 利用工具在矩形图形中输入图 6-150 所示的红色文字，选择的字体为“汉仪篆书繁”。

03 选择矩形图形，执行“排列 / 将轮廓转换为对象”命令，将轮廓图形转换为对象。

04 选取工具箱中的“橡皮擦”工具，设置一个较小的笔头大小，然后在图形的左上方拖曳鼠标，即可擦除图形，效果如图 6-151 所示。

05 用相同的擦除图形方法，依次对图形和文字进行擦除，即可完成印章的制作，如图 6-152 所示。

06 按 Ctrl+S 组合键，将此文件命名为“印章 .cdr”并保存。

图 6-150　输入的文字

图 6-151　擦除图形状态

图 6-152　制作的印章效果

相关知识点：“橡皮擦”工具

“橡皮擦”工具的属性栏如图 6-153 所示。

1.27 mm

图 6-153“橡皮擦”工具的属性栏

提示

按键盘中的（上方向）箭头，可以增大橡皮擦的厚度；按键盘中的（下方向）箭头，可以减小橡皮擦的厚度。

- “橡皮擦厚度”选项：用于设置橡皮擦笔头的大小。
- “减少节点”按钮：激活此按钮，在擦除图形时可以消除额外节点，以平滑擦除图形的边缘。

● “橡皮擦形状”按钮◎：设置橡皮擦的笔头形状。单击此按钮，“圆形”按钮◎将会变成“方形”按钮◎，此时擦除图形的笔头是方形的。再次单击◎按钮时，“方形”按钮将变成“圆形”按钮，此时擦除图形的笔头是圆形的。分别用圆形笔头和方形笔头擦除图形后的效果如图6-154所示。

图6-154 选择不同笔头擦除图形后的效果

实例总结

本例主要学习了“橡皮擦”工具的应用。“橡皮擦”工具主要用于擦除图形，除利用拖曳鼠标的方法擦除外，还可以将鼠标拖曳到选取的图形上单击，然后拖曳鼠标到合适的位置再次单击，对图形进行直线擦除。

实例 091 虚拟段删除工具——绘制颜色环

学习目的

进一步学习“变换”命令的运用，然后学习“虚拟段删除”工具的使用方法。

实例分析

- **作品路径** | 作品\第06章\颜色环.cdr
- **视频路径** | 视频\实例91.avi
- **知识功能** | “变换”命令、“虚拟段删除”工具及“智能填充”工具的灵活运用
- **制作时间** | 15分钟

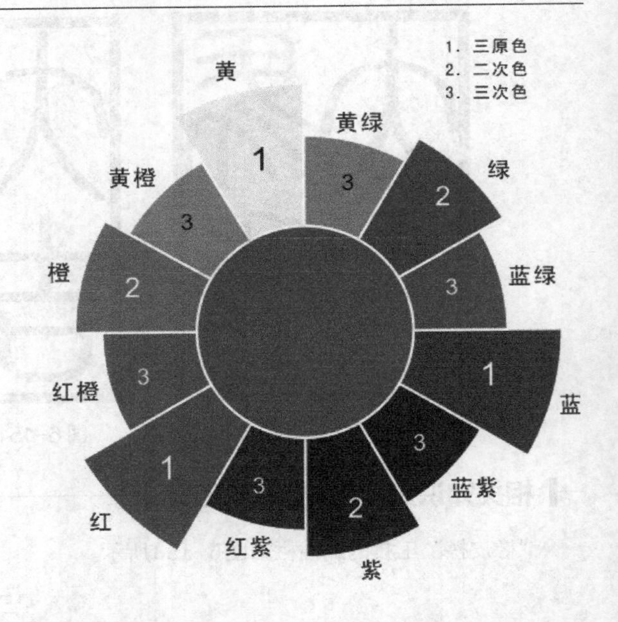

操作步骤

01 新建文件，利用工具，绘制一个圆形图形，然后执行“排列/变换/大小”命令，弹出“变换”面板，参数设置如图6-155所示，单击 应用 按钮，确定圆形大小。

02 在“变换”面板中重新设置参数，然后单击 应用 按钮，复制出的圆形如图6-156所示。

03 继续重新设置参数，单击 应用 按钮，复制出的圆形如图6-157所示。

04 再次重新设置参数，单击 应用 按钮，复制出的圆形如图6-158所示。

05 利用“手绘”工具，绘制一条垂直的线段，如图6-159所示。

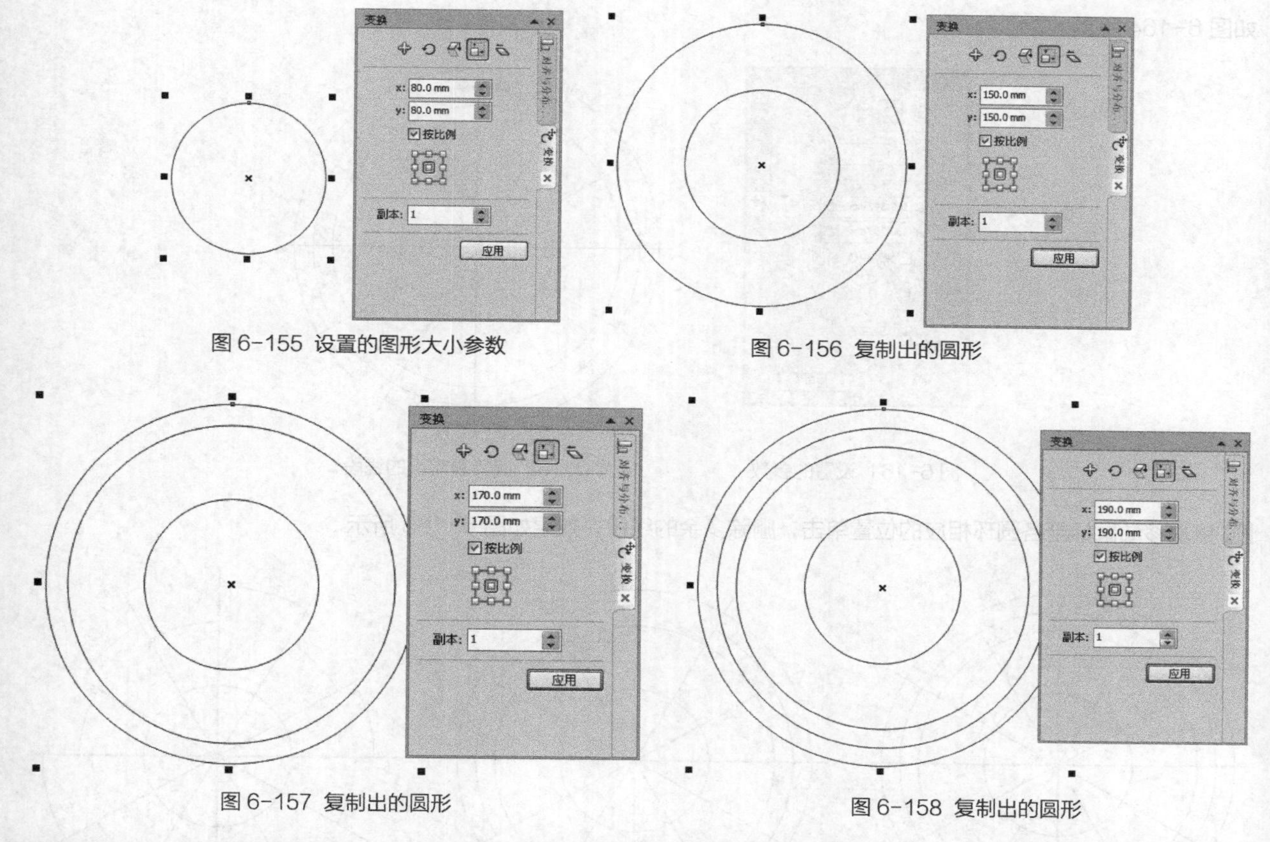

图 6-155　设置的图形大小参数

图 6-156　复制出的圆形

图 6-157　复制出的圆形

图 6-158　复制出的圆形

06 利用工具将所有圆形和线段框选，单击属性栏中的“对齐与分布”按钮，在弹出的“对齐与分布”面板中分别单击图 6-160 所示的两个按钮，把圆形和线段按照水平和垂直中心对齐。

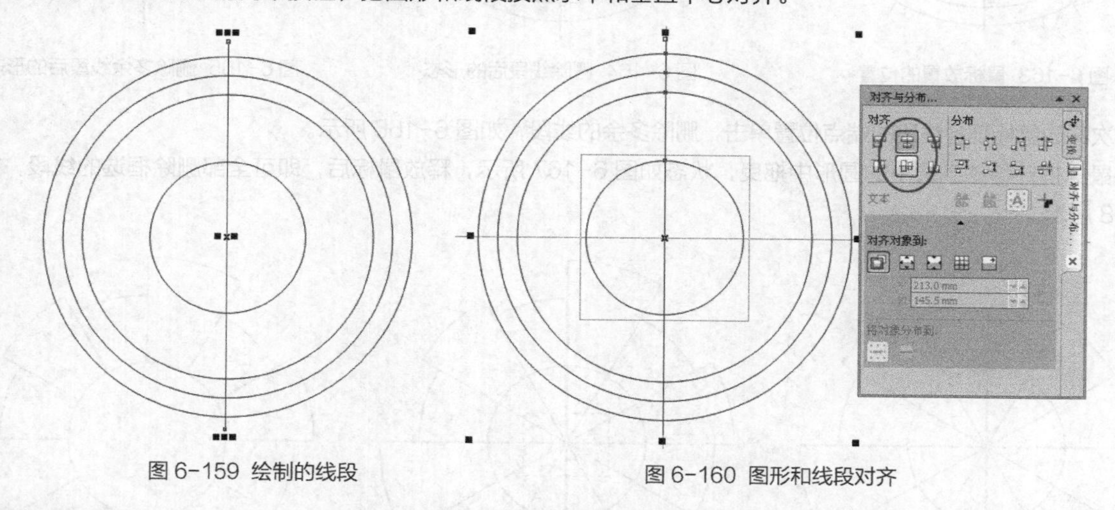

图 6-159　绘制的线段

图 6-160　图形和线段对齐

提示

在删除线段时，光标显示为形态时单击才可以删除线段。

07 只选择线段，执行“排列 / 变换 / 旋转”命令，弹出“旋转”变换面板，参数设置如图 6-161 所示，单击 应用 按钮，旋转复制出的线段如图 6-162 所示。

08 选取工具箱中的“虚拟段删除”工具，将鼠标指针移动到图 6-163 所示的位置单击，即可删除该处的线段，如图 6-164 所示。

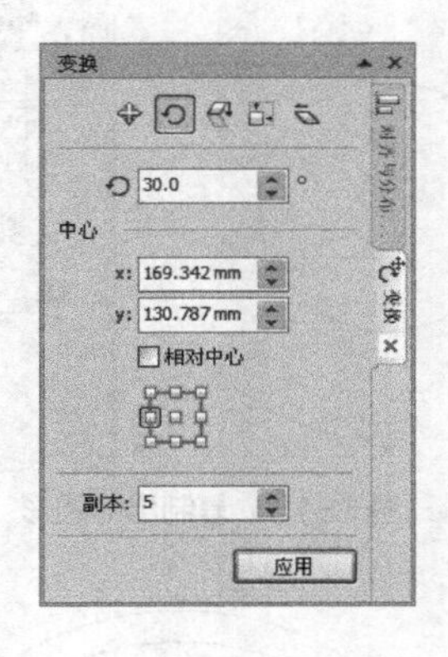

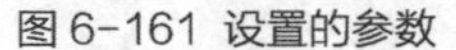
图 6-161 设置的参数

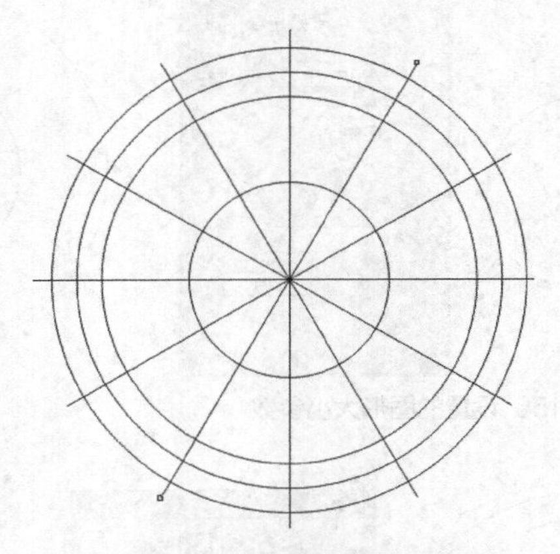
图 6-162 旋转复制出的线段

09 依次移动鼠标至各圆环相应的位置单击，删除多余的线段，效果如图 6-165 所示。

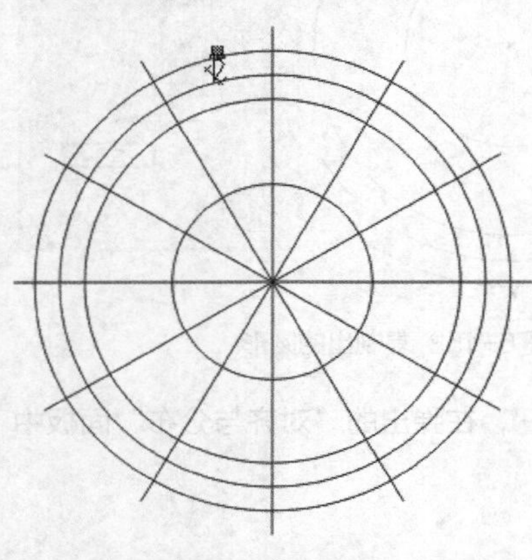
图 6-163 鼠标放置的位置

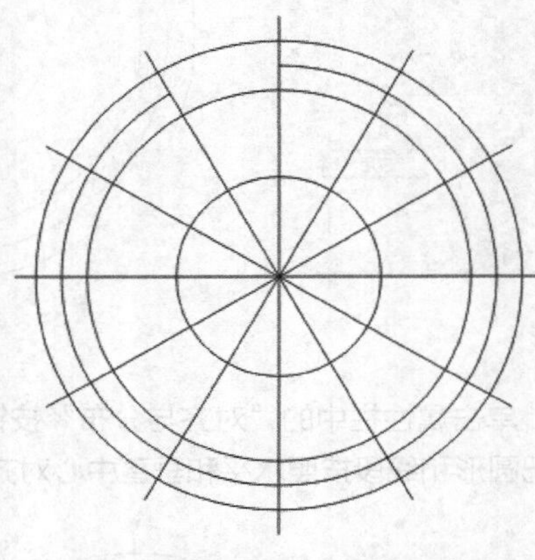
图 6-164 删除线段后的形态

图 6-165 删除多余线段后的形态

10 再次移动鼠标至各线段的端点位置单击，删除多余的线段，如图 6-166 所示。

11 将鼠标指针移动到最小的圆形中拖曳，状态如图 6-167 所示，释放鼠标后，即可全部删除框选的线段，如图 6-168 所示。

图 6-166 删除多余线后效果

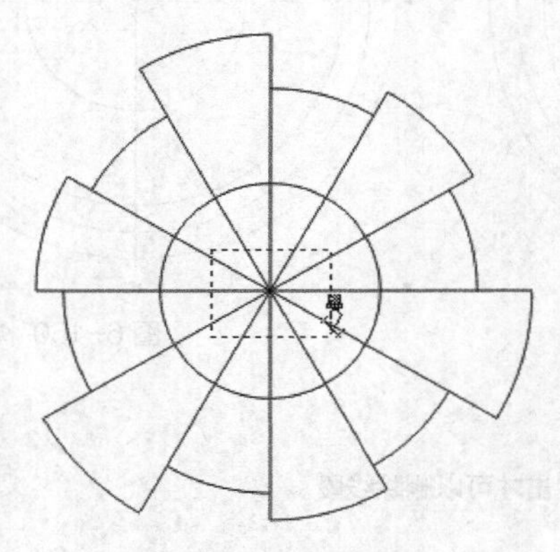
图 6-167 拖曳鼠标状态

图 6-168 删除后的效果

12 双击工具将所有线形选择，然后按 Ctrl+G 组合键群组。

13 选取“智能填充”工具，依次单击属性栏中的色块设置相应的颜色，然后分别为各图形填充，效果如图 6-169 所示。

14 按住 Alt 键单击图形的边缘，选择群组图形，然后按 Delete 键删除。

15 利用工具框选所有图形，然后将图形的外轮廓设置为白色，并设置轮廓宽度为“1.5 mm”。

16 利用工具输入文字并对文字进行移动复制操作，为每个颜色块添加上序号，如图 6-170 所示。

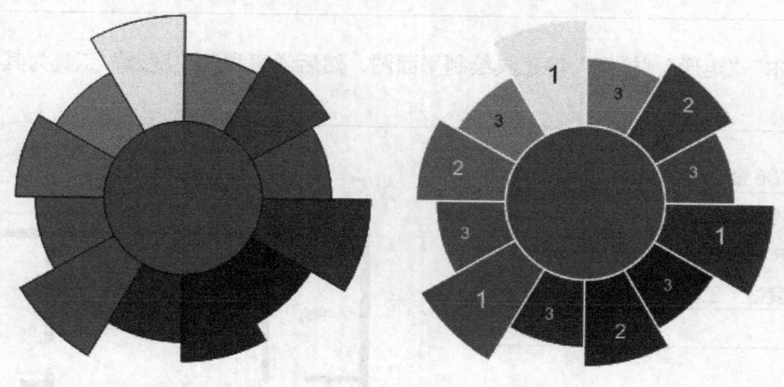

图 6-169　填充颜色后的效果　　图 6-170　标注的序号

17 继续利用工具，输入图 6-171 所示的文字，然后按 Ctrl+K 组合键，拆分文字。

18 分别选择拆分后的文字将其移动到颜色环相应的位置，再利用工具在图形的右上角输入图 6-172 所示的文字，即完成颜色环的制作。

19 按 Ctrl+S 组合键，将文件命名为“颜色环 .cdr”并保存。

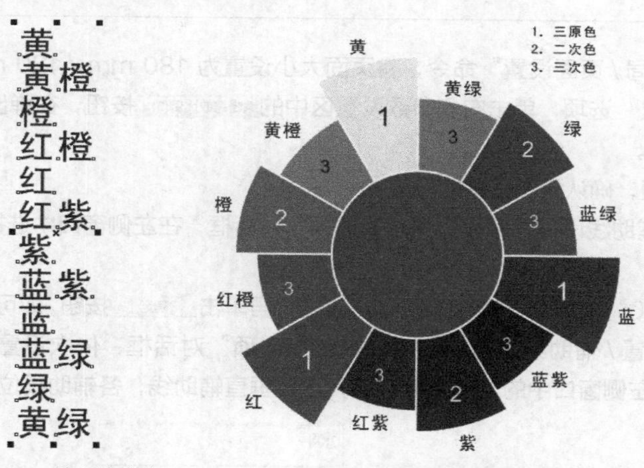

图 6-171　输入的文字　　图 6-172　制作的颜色环

相关知识点：“虚拟段删除”工具

“虚拟段删除”工具的功能是将图形中多余的线条删除，此工具没有属性栏。该工具的使用方法如下。

- 确认绘图窗口中有多个相交的图形，选取工具，将鼠标光标拖曳到想要删除的线段上，当鼠标光标显示为图标时单击，即可删除选定的线段。
- 当需要同时删除某一区域内的多个线段时，可以将鼠标光标拖曳到该区域内，按下鼠标左键并拖曳，将需要删除的线段框选，释放鼠标后即可删除框选的多个线段。

实例总结

通过本实例，读者学习了色环的绘制方法，复习和掌握了利用“变换”命令设置图形大小及旋转复制图形操作，同时还学习了“虚拟段删除”工具的使用方法。

实例 092 度量工具——给平面图标注尺寸

学习目的

学习利用“贝塞尔”“矩形”“椭圆”等工具绘制平面图，然后学习利用“度量”工具为其标注尺寸的方法。

实例分析

- **作品路径** | 作品\第06章\标注.cdr
- **视频路径** | 视频\实例92.avi
- **知识功能** | “贝塞尔”“矩形”和“椭圆”等工具的综合运用，以及各“度量”工具的使用方法
- **制作时间** | 10分钟

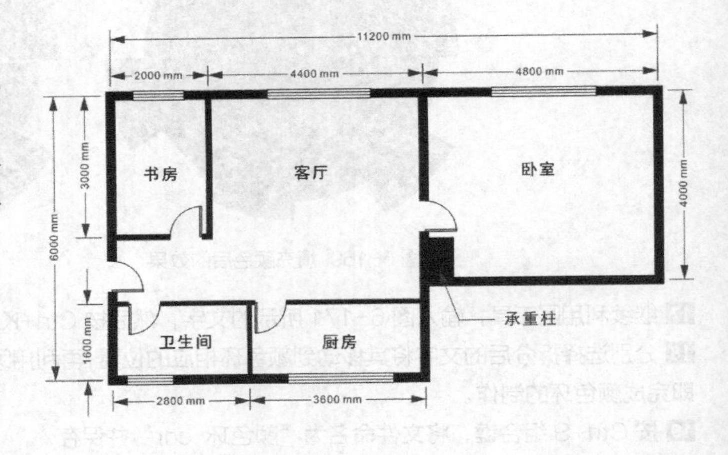

操作步骤

01 新建文件，执行“布局 / 页面设置”命令，将页面大小设置为 180 mm × 120 mm，然后在“选项”对话框左侧的选项栏中选取“标尺”选项，单击右侧参数设置区中的 编辑缩放比例(S)... 按钮，在弹出的“绘图比例”对话框中设置参数，如图 6-173 所示。

02 依次单击 确定 按钮，确认绘图比例的设置。

03 执行“视图 / 设置 / 辅助线设置”命令，弹出“选项”对话框，在左侧窗口中选择“水平”选项，即可显示设置水平辅助线的参数设置。

04 在文本框中输入“800”，然后单击右侧的 添加(A) 按钮，再单击 确定 按钮，即可在绘图窗口中添加一条辅助线。

05 再次执行“视图 / 设置 / 辅助线设置”命令，弹出“选项”对话框，依次设置水平辅助线参数值，分别单击 添加(A) 按钮；然后单击左侧窗口中的“垂直”选项，设置垂直辅助线，各辅助线位置的参数值如图 6-174 所示。

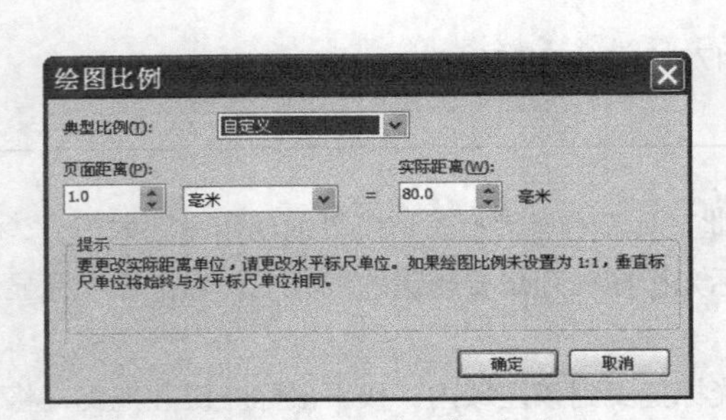

图 6-173“绘图比例”对话框

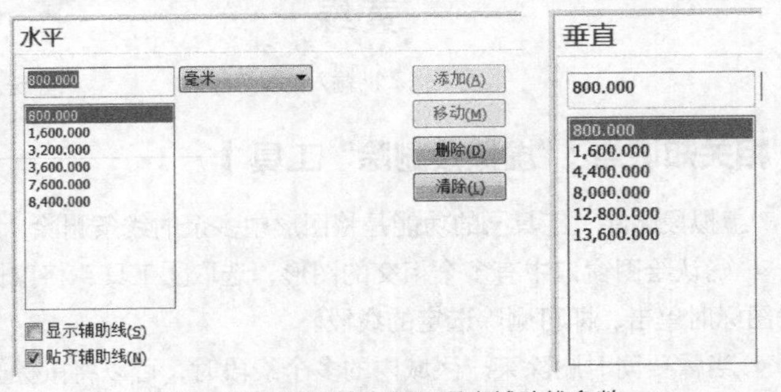

图 6-174 设置的水平和垂直辅助线参数

提示

在设置轮廓宽度时要将“轮廓笔”对话框中的“随对象缩放”选项勾选，以保证图形放大或缩小时其显示比例不变。除此之外，也可将绘制的线全部选择，然后执行“排列 / 将轮廓转换为对象”命令，将线转换为图形，这样在缩放图形时，边线也将会按比例进行变化。

06 单击 确定 按钮，即可显示添加的辅助线，利用工具沿添加的辅助线绘制出室内平面图的基本轮廓，如图

6-175 所示。

07 利用工具将平面图中承重墙的轮廓宽度设置为“240 mm”，其他墙体的轮廓宽度设置为“120 mm”，然后利用工具绘制出立柱图形，如图 6-176 所示。

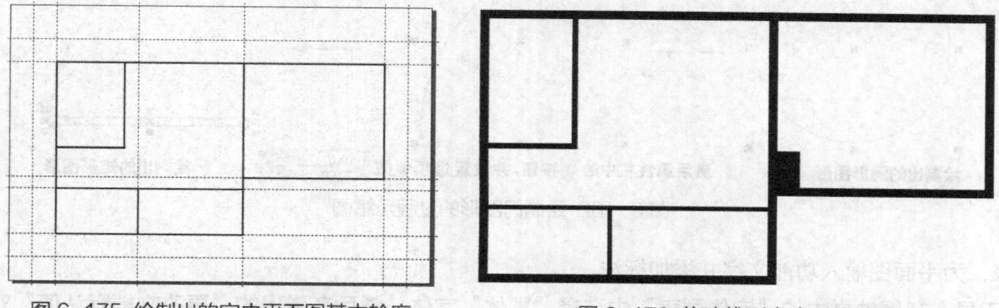

图 6-175　绘制出的室内平面图基本轮廓　　图 6-176　修改线形宽度后的效果

08 利用工具，在图形的上方绘制出图 6-177 所示的矩形图形，然后选取工具，将鼠标光标移动到矩形图形中的线形位置，当鼠标光标显示为图 6-178 所示的图标时单击，即可删除线段，修剪出图 6-179 所示的窗口。

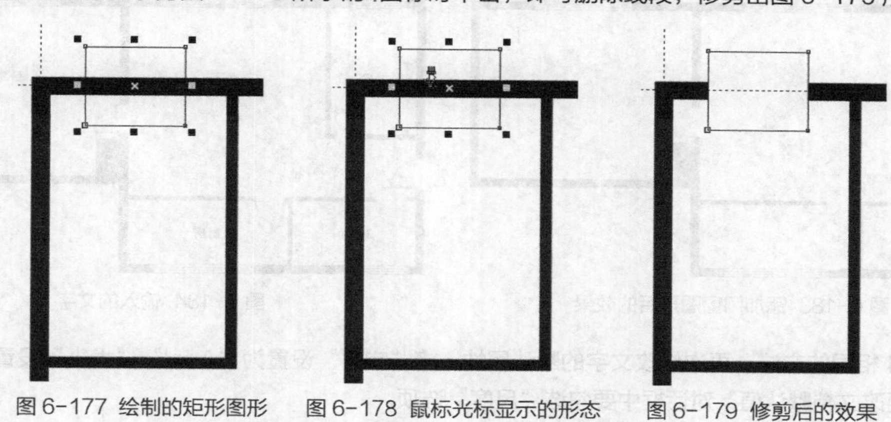

图 6-177　绘制的矩形图形　　图 6-178　鼠标光标显示的形态　　图 6-179　修剪后的效果

09 依次移动矩形图形的位置，并分别调整至合适的大小，对线形进行修剪，修剪出图 6-180 所示的门、窗豁口。

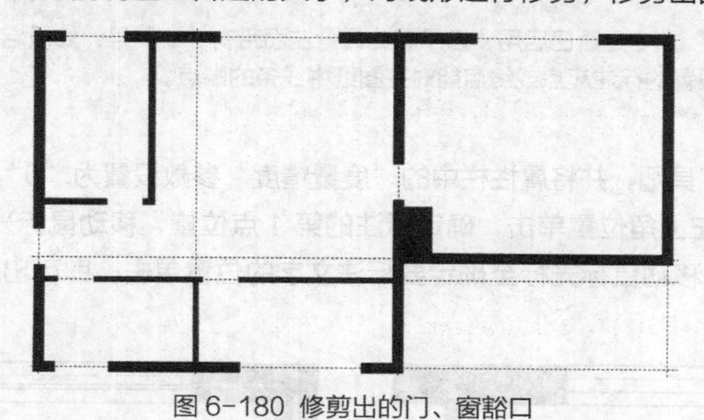

图 6-180　修剪出的门、窗豁口

10 执行“视图 / 辅助线”命令，隐藏页面中的辅助线。

下面分别来绘制窗户和门图形。

11 窗户图形的绘制过程示意图如图 6-181 所示。

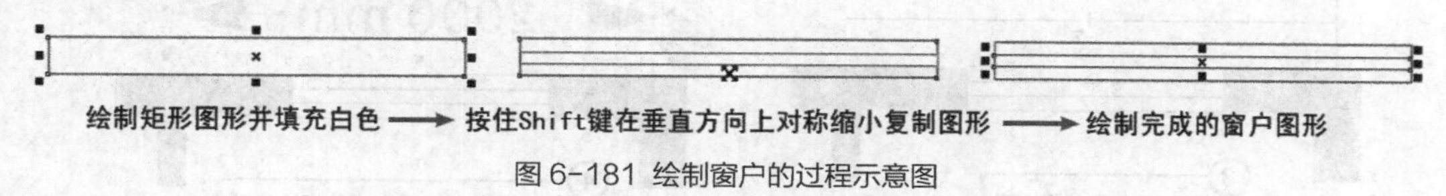

图 6-181　绘制窗户的过程示意图

12 门图形的绘制过程示意图如图 6-182 所示。

13 利用移动、移动复制及调整图形大小的方法，为修剪后的图形添加上门、窗图形，如图 6-183 所示。

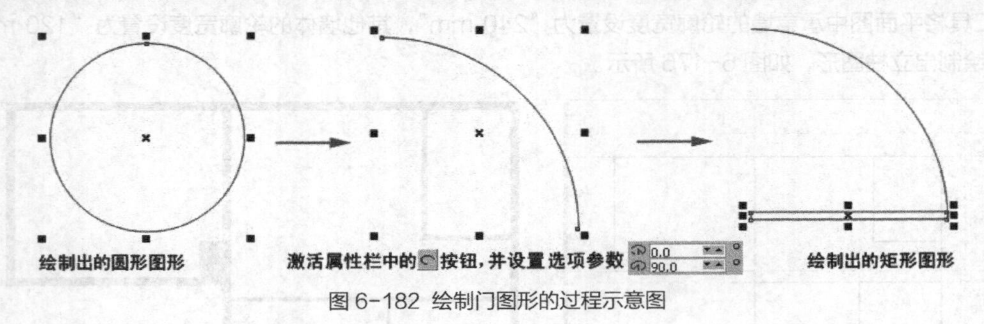

图 6-182 绘制门图形的过程示意图

接下来，为平面图输入功能文字并添加标注。

14 选取字工具，在属性栏中的“字体列表”中选择“黑体”字体，然后在弹出的“更改文档默认值”对话框中勾选“美术字”选项，再单击 确定 按钮。

15 用相同的修改默认值的方法，将文字的“大小”参数设置为“12 pt”，再依次输入图 6-184 所示的文字。

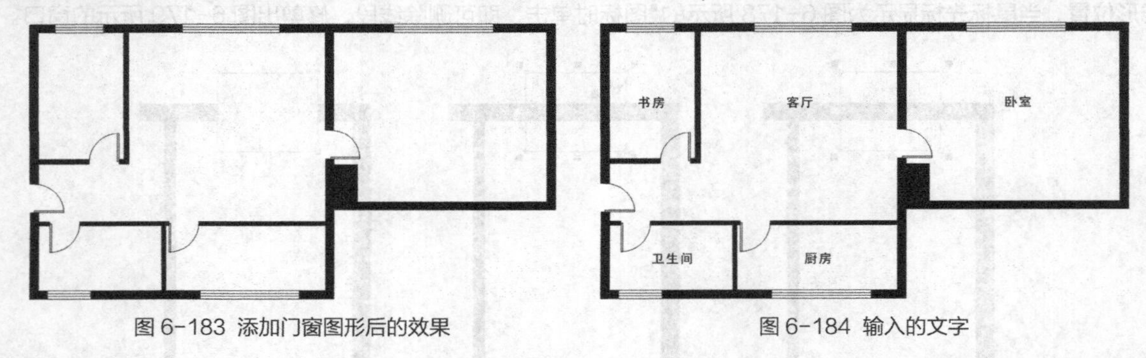

图 6-183 添加门窗图形后的效果　　　　图 6-184 输入的文字

16 用与步骤 14 相同的方法，再次修改文字的默认属性，将“字体”设置为“Arial”，“大小”设置为“8 pt”，注意在弹出的“更改文档默认值”对话框中要勾选“尺度”选项。

> **提示**
>
> 查看“视图 / 贴齐 / 贴齐对象”命令是否已启用，启用后此命令左面带有“√”号，如没启用，请执行此命令。启用此功能后，在添加标注时，会确保设置的标注起点或终点能对齐图纸中线条的端点。

17 选取“水平或垂直度量”工具，并将属性栏中的“度量精度”参数设置为“0”。

18 移动鼠标光标到平面图的左上角位置单击，确定标注的第 1 点位置，移动鼠标光标到该房间右上角位置单击，确定标注的第 2 点位置，然后移动鼠标光标至确定要标注文字的位置单击，即可出现标注的具体尺寸，其标注过程如图 6-185 所示。

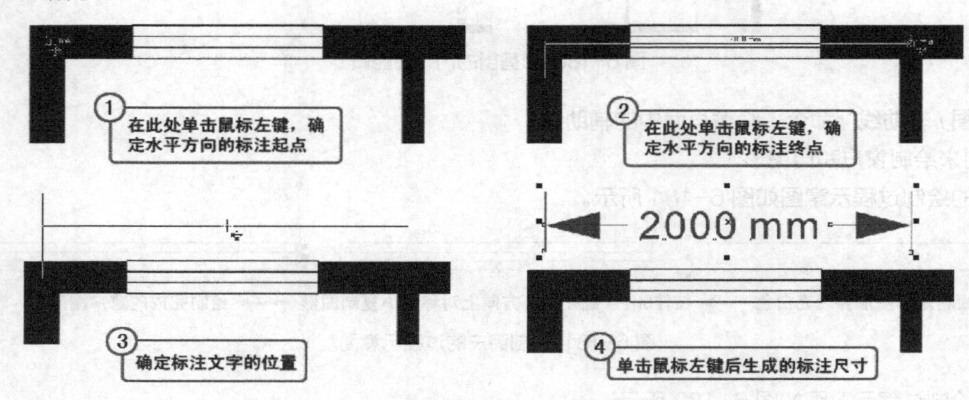

图 6-185 添加标注过程示意图

19 用与步骤 18 相同的标注方法，标注平面图中其他房间的尺寸，效果如图 6-186 所示。

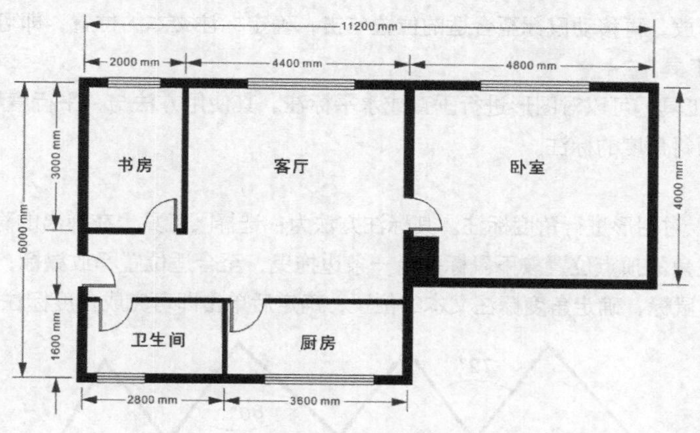

图 6-186　添加的标注

接下来，我们来学习一下引线标注的方法。

20 选取“三点标注”工具，将鼠标光标移动到要标注的位置按下并向下方拖曳，状态如图 6-187 所示。

21 至合适的位置后释放鼠标，即可确认第 1 段引线，再次移动鼠标确认第 2 段引线，状态如图 6-188 所示。

22 至合适的位置后单击鼠标，即可完成引线的绘制，且右侧会显示文字输入光标，如图 6-189 所示。

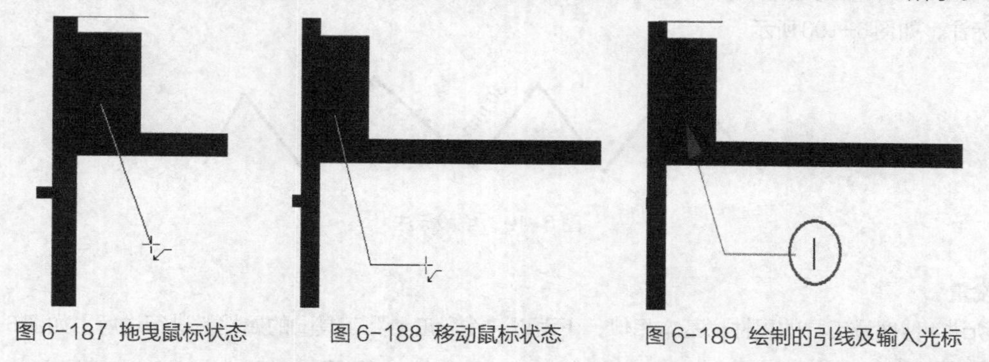

图 6-187　拖曳鼠标状态　　图 6-188　移动鼠标状态　　图 6-189　绘制的引线及输入光标

23 输入“承重柱”文字，如图 6-190 所示。然后利用工具单击输入的文字，即只选择文字，并在属性栏中将文字的“字体”设置为“黑体”，“大小”设置为“12 pt”，如图 6-191 所示。

24 按 Ctrl+S 组合键，将文件命名为“标注 .cdr”并保存。

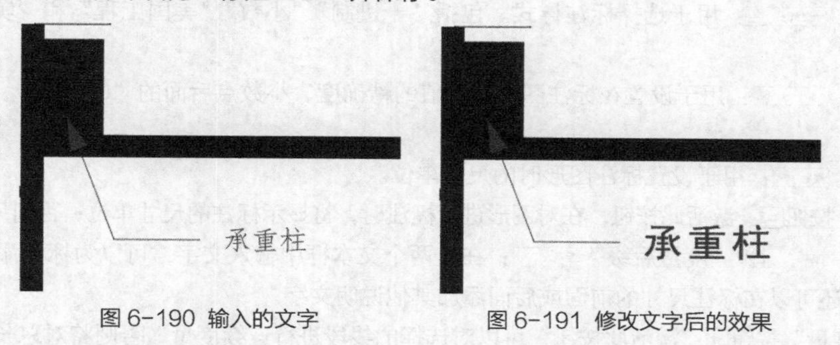

图 6-190　输入的文字　　图 6-191　修改文字后的效果

相关知识点：“度量”工具

利用度量工具可以在图纸绘制中测量尺寸并添加标注。在 CorelDRAW X6 中，度量工具组中主要包括“平行度量”工具、“水平或垂直度量”工具、“角度量”工具、“线段度量”工具和“三点标注”工具，下面来分别讲解其使用方法。

一. “平行度量”工具

“平行度量”工具可以对图形进行垂直、水平或任意斜向标注。其标注方法为：首先选择工具，在弹出的隐藏工具组中选择工具，将鼠标光标移动到要标注图形的合适位置按下鼠标，确定标注的起点，然后移动鼠标光标至标注的终点位置释放，再移动鼠标至合适的位置单击，确定标注文本的位置，即可完成标注操作。

二."水平或垂直度量"工具

"水平或垂直度量"工具可以对图形进行垂直或水平标注。其使用方法与"平行度量"工具的相同，区别仅在于此工具不能进行倾斜角度的标注。

三."角度量"工具

"角度量"工具可以对图形进行角度标注。其标注方法为：选择工具，在弹出的隐藏工具组中选择工具，将鼠标光标移动到要标注角的顶点位置按下鼠标并沿一条边拖曳，至合适位置释放鼠标；移动鼠标至角的另一边，至合适位置单击，再移动鼠标，确定角度标注文本的位置，确定后单击即可完成角度标注，如图6-192所示。

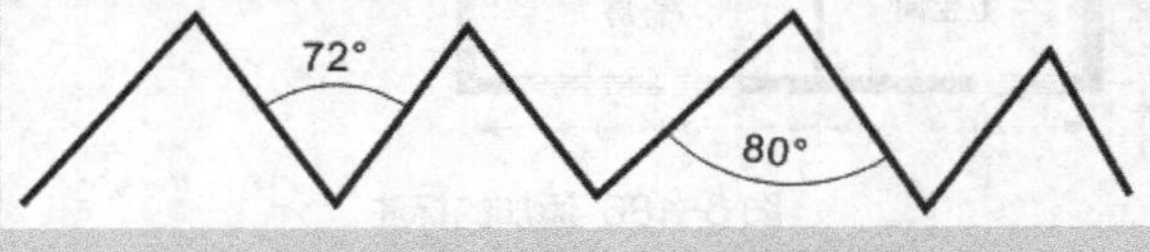

图6-192 角度标注

四."线段度量"工具

"线段度量"工具可以快捷地对线段或连续的线段进行一次性标注。具体使用方法为：选择工具，在弹出的隐藏工具组中选择工具，然后在要标注的线段上单击，再移动鼠标确定标注文本的位置，确定后单击，即可完成线段标注，如图6-193所示。

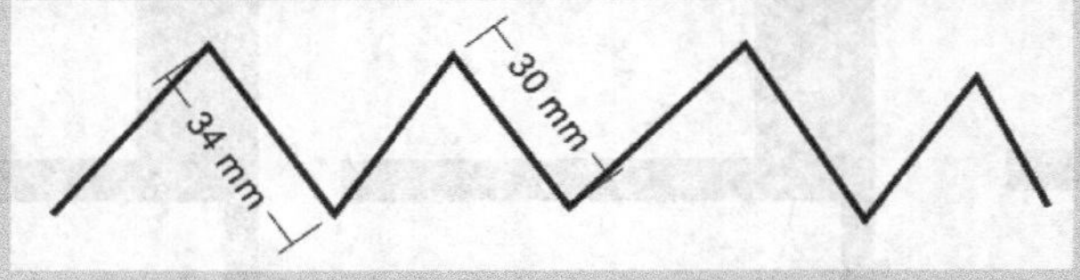

图6-193 线段标注

五. 属性设置

以上所讲4种度量工具的属性栏基本相似，下面以"线段度量"工具的属性栏进行讲解，如图6-194所示。

图6-194"线段度量"工具的属性栏

- "度量样式" 十进制：用于选择标注样式。包括"十进制""小数""美国工程"和"美国建筑学的"4个选项。
- "度量精度" 0.00：用于设置在标注图形时数值的精确度，小数点后面的"0"越多，表示对图形标注得越精确。
- "度量单位" 毫米：用于设置标注图形时的尺寸单位。
- "显示单位"按钮：激活此按钮，在对图形进行标注时，将显示标注的尺寸单位；否则只显示标注的尺寸。
- "度量前缀" 前缀:和"度量后缀" 后缀:：在这两个文本框中输入文字，可以为标注添加前缀和后缀，即除了标注尺寸外，还可以在标注尺寸的前面或后面添加其他说明文字。
- "自动连续度量"按钮：激活此按钮，可以对选择的线段进行连续度量，否则将对总长度进行标注，激活与不激活该按钮的标注效果对比如图6-195所示。

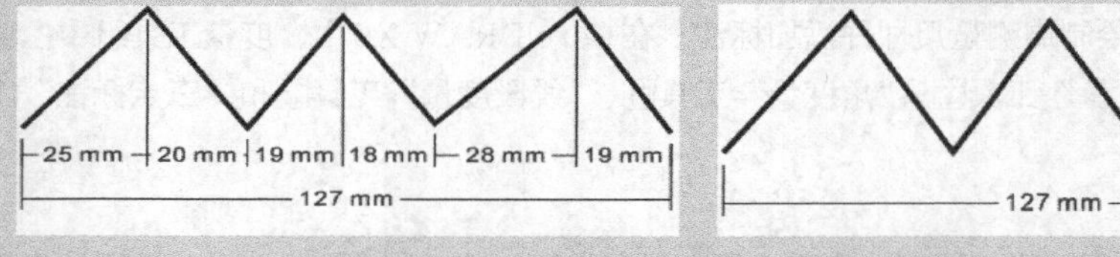

图6-195 效果对比

• “显示前导零”按钮：当标注尺寸小于1时，激活此按钮时将显示小数点前面的“0”；未激活此按钮时将不显示。

• “动态度量”按钮：当对图形进行修改时，激活此按钮时添加的标注尺寸也会随之变化；未激活此按钮时添加的标注尺寸不会随图形的调整而改变。

• “文本位置”按钮：单击此按钮，可以在弹出图6-196所示的“标注样式”选项面板中设置标注时文本所在的位置。

• “延伸线选项”按钮：单击此按钮，将弹出图6-197所示的“自定义延伸线”面板，在该面板中可以自定义标注两侧截止线离标注对象的距离和延伸出的距离。

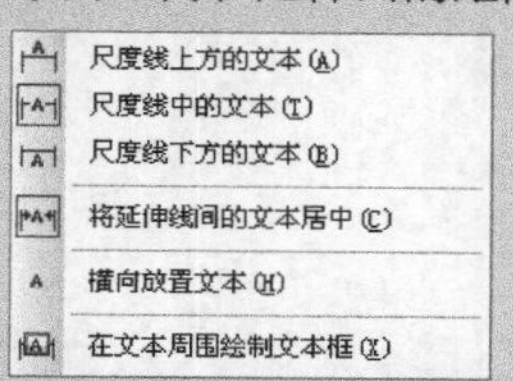

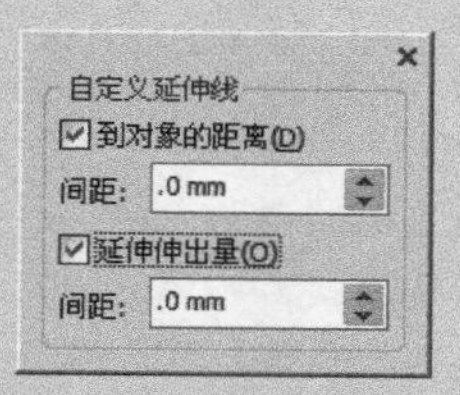

图 6-196“标注样式”选项面板　　图 6-197“自定义延伸线”面板

六.“三点标注”工具

“三点标注”工具可以对图形上的某一点或某一个地方以引线的形式进行标注，但标注线上的文本需要自己去填写。“三点标注”工具的使用方法为：选择工具，在弹出的隐藏工具组中选择工具，将鼠标光标移到要标注图形的标注点位置按下鼠标并拖曳，至合适位置后释放鼠标，确定第1段标记线；然后移动鼠标，至合适位置单击，确定第2段标记线，即标注的终点。此时，将出现插入光标闪烁符，输入说明文字，即可完成标记线标注。

提示

如果要制作一段标记线标注，可在确定第一段标记线的结束位置再单击鼠标，再输入说明文字即可。

“三点标注”工具的属性栏如图6-198所示。

图 6-198“3 点标注”工具的属性栏

• “起始箭头”：单击此按钮，可在弹出的面板中选择标注线起始处的箭头样式。
• “线条样式”：单击此按钮，可在弹出的列表中选择标注线的线条样式。
• “标注符号”：单击此按钮，可在弹出的列表中选择标注文本的边框样式。
• “间距”：用于设置标注文字距标记线终点的距离。
• “字符格式化”按钮：单击此按钮，将弹出“字符格式化”对话框，用于设置标注文字的字体和字号等属性。

实例总结

“度量”工具组中的各工具主要是对图形的尺寸、角度等进行标注或指示说明。希望读者能通过本实例的学习，掌握各工具的功能和使用方法。

实例 093　造型命令——制作邮票效果

学习目的

学习“排列/造型”命令的应用方法。

实例分析

- **素材路径** | 素材\第06章\陶艺.jpg
- **作品路径** | 作品\第06章\邮票效果.cdr
- **视频路径** | 视频\实例93.avi
- **知识功能** | “排列/造型”命令的应用
- **制作时间** | 10分钟

操作步骤

01 新建文件，利用□工具绘制出图6-199所示的矩形图形，然后利用○工具在矩形的左上角位置绘制一个小的圆形，再复制一个移动到矩形的右上角位置，如图6-200所示。

02 利用工具将两个小圆形进行调和，然后在属性栏中将“调和步长数”选项的参数设置为“13”，效果如图6-201所示。

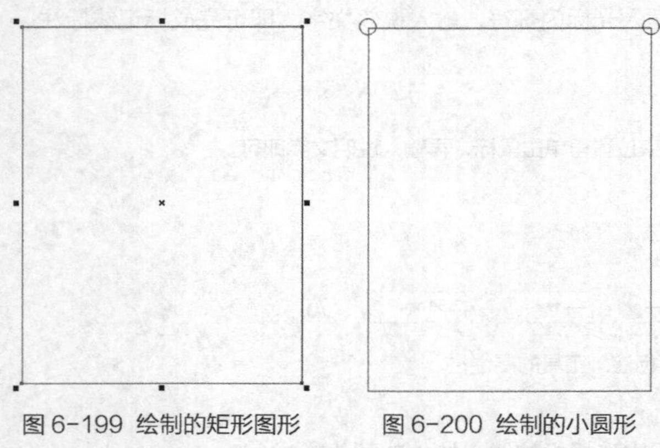

图6-199 绘制的矩形图形　图6-200 绘制的小圆形

图6-201 调和效果

03 复制调和圆形选取后，将复制出的图形放置到矩形图形的下边缘位置。

04 复制调和后的圆形，然后将复制出的图形旋转90°后放置到矩形图形的左边缘位置，如图6-202所示。

05 利用工具选取上方的单个圆形图形，然后将其向上移动至图6-203所示的位置。

06 选取左侧的调和图形，然后在属性栏中设置“调和步长数”选项的参数为“17”，再将修改后的调和图形向右移动复制，效果如图6-204所示。

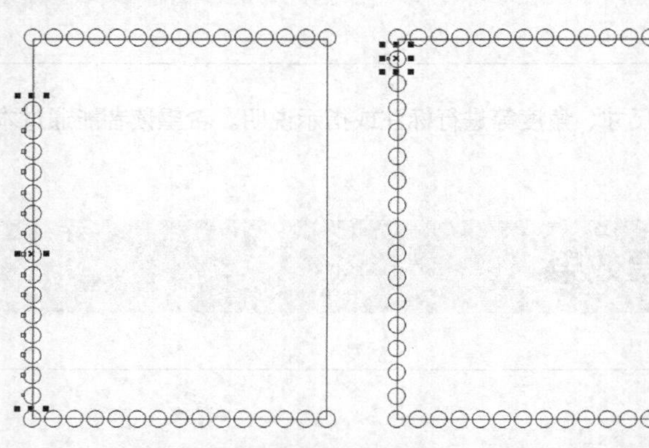

图6-202 复制图形放置的位置　图6-203 图形移动后的位置　图6-204 复制出的效果

07 利用工具将 4 组调和图形同时选择，然后执行“排列 / 拆分选定 12 对象”命令，将调和后的圆形拆分。注意，如果不执行此命令，将不能执行“修剪”命令。

08 执行“排列 / 造形 / 造型”命令，弹出“造型”对话框，如图 6-205 所示。

09 单击“造型”对话框中的选项窗口，在弹出的列表中选择“修剪”命令，然后单击修剪按钮，移动鼠标光标到矩形图形上如图 6-206 所示的位置单击左键，利用选取的圆形来修剪矩形，修剪后的图形形态如图 6-207 所示。

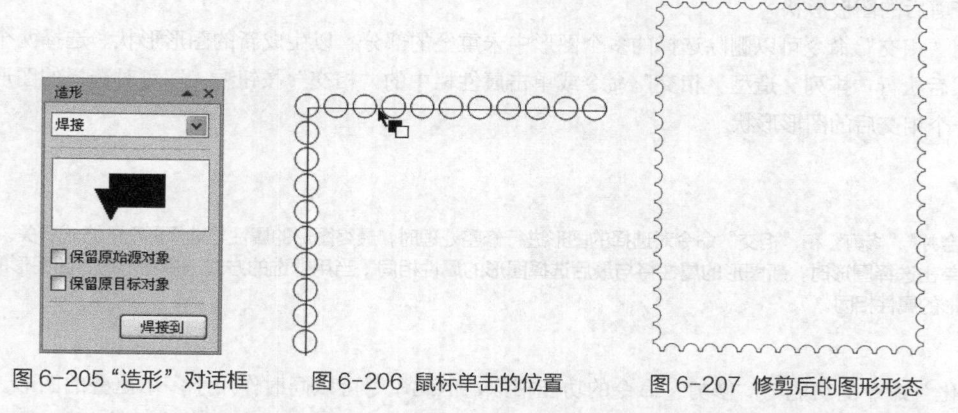

图 6-205“造形”对话框　　图 6-206 鼠标单击的位置　　图 6-207 修剪后的图形形态

10 按 Ctrl+I 组合键，将资源文件中“素材 \ 第 06 章”目录下名为“陶艺 .jpg”的图片导入，然后将其调整至图 6-208 所示的大小。

11 同时选取图片和修剪后的图形，然后依次按键盘中的 C 键和 E 键，居中对齐图片和修剪后的图形。

12 为图形填充白色，然后利用工具为图形添加阴影效果，再去除图形的外轮廓，制作的邮票效果如图 6-209 所示。

13 按 Ctrl+S 组合键，将此文件命名为“邮票效果 .cdr”并保存。

图 6-208 图片调整后的大小　　图 6-209 添加阴影后的效果

相关知识点：“排列 / 造型”命令

利用菜单栏中的“排列 / 造型”命令，可以将选择的多个图形进行合并或修剪等运算，从而生成新的图形。执行此命令将弹出图 6-210 所示的子菜单。

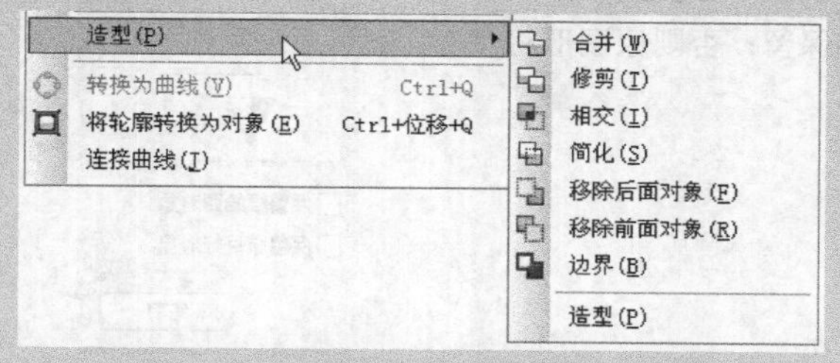

图 6-210“排列 / 造型”命令的子菜单

● 利用“合并”命令可以将选择的多个图形合并为一个整体，相当于多个图形相加运算后得到的图形形态。选择两个或两个以上的图形，然后执行“排列 / 造型 / 合并”命令或单击属性栏中的“合并”按钮，即可将选择的图形合并为一个整体图形。

● 利用“修剪”命令可以将选择的多个图形进行修剪运算，生成相减后的形态。选择两个或两个以上的图形，然后执行“排列 / 造型 / 修剪”命令或单击属性栏中的“修剪”按钮，即可对选择的图形进行修剪运算，产生一个修剪后的图形形状。

● 利用“相交”命令可以删除选择的多个图形中未重叠的部分，以生成新的图形形状。选择两个或两个以上的图形，然后执行“排列 / 造型 / 相交”命令或单击属性栏中的“相交”按钮，即可对选择的图形进行相交运算，产生一个相交后的图形形状。

提示

利用“合并”“修剪”和“相交”命令对选择的图形进行修整处理时，最终图形的属性与选择图形的方式有关。当按住 Shift 键依次单击选择图形时，新图形的属性将与最后选择图形的属性相同；当用框选的方式选择图形时，新图形的属性将与最下面图形的属性相同。

●“简化”命令的功能与“修剪”命令的功能相似，但此命令可以同时作用于多个重叠的图形。选择两个或两个以上的图形，然后执行“排列 / 造型 / 简化”命令或单击属性栏中的“简化”按钮，即可简化选择的图形。

● 利用“移除后面对象”命令可以减去后面的图形，以及前、后图形重叠的部分，只保留前面图形剩下的部分。新图形的属性与上方图形的属性相同。选择两个或两个以上的图形，然后执行“排列 / 造型 / 移除后面对象”命令或单击属性栏中的“移除后面对象”按钮，即可对选择的图形进行修剪，以生成新的图形形状。

● 利用“移除前面对象”命令可以减去前面的图形，以及前、后图形重叠的部分，只保留后面图形剩下的部分。新图形的属性与下方图形的属性相同。选择两个或两个以上的图形，然后执行“排列 / 造型 / 移除前面对象”命令或单击属性栏中的“移除前面对象”按钮，即可对选择的图形进行修剪，以生成新的图形形状。

● 利用“创建边界”命令可以快速地从选取的单个、多个或是群组对象边缘创建外轮廓。此命令与“合并”工具相似，但“创建边界”命令在生成新图形轮廓的同时不会破坏原图形。执行“排列 / 造型 / 边界”命令或单击属性栏中的“创建边界”按钮，即可对选择的图形描绘边缘，以生成新的图形。

● 执行“排列 / 造型 / 造型”命令，将弹出“造型”对话框，如图6-211所示。此对话框中的选项与上面讲解的命令相同，只是在利用此对话框执行“合并”“修剪”和“相交”命令时多了两个选项，用于设置在执行运算时保留来源对象或目标对象。

●“保留原始源对象”选项：指在绘图窗口中先选择的图形。勾选此选项，在执行“合并”“修剪”或“相交”命令时，来源对象将与目标对象运算生成一个新的图形形状，同时来源对象仍然存在。

●“保留原目标对象”选项：指在绘图窗口中后选择的图形。勾选此选项，在执行“合并”“修剪”或“相交”命令时，来源对象将与目标对象运算生成一个新的图形，同时目标对象仍然存在。

当选择“边界”命令时，“造型”对话框如图6-212所示。

●“放到选定对象后面”选项：勾选此选项，生成的边界图形将位于选择图形的后面；否则将位于选择图形的前面。

●“保留原对象”选项：勾选此选项，选择图形生成边界图形后，原图形将保留；否则原图形将删除。

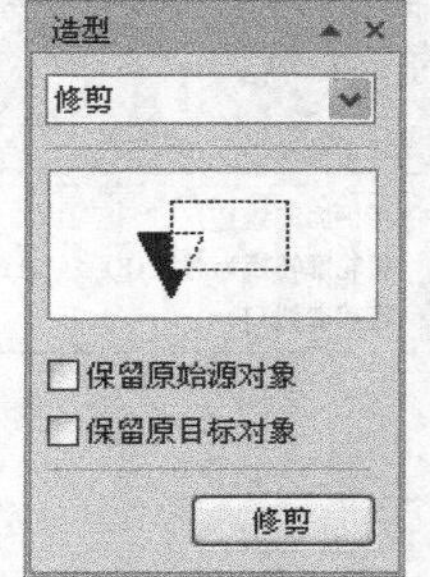

图6-211 “造型”对话框（1）

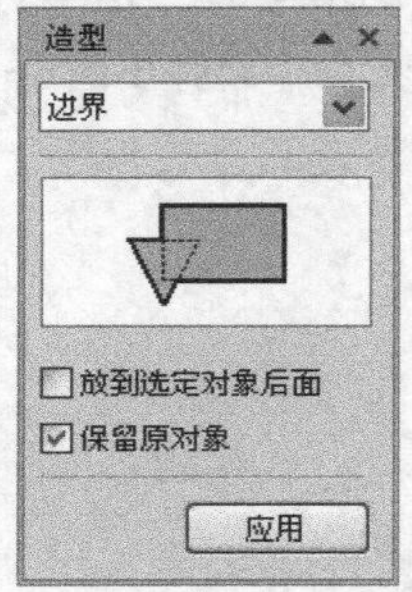

图6-212 “造型”对话框（2）

实例总结

学习本实例，读者初步了解了“造型”命令的应用。虽然只是运用了修剪命令，但属性栏中的各运算按钮相信大家都不陌生。在以后的工作过程中，如果在运算时需要保留原始对象或目标对象，读者能立刻想到利用“造型”对话框就可以了。

实例 094　修整工具——标志设计

学习目的

学习灵活运用属性栏中的运算按钮对图形进行合并、修剪等操作。

实例分析

- **作品路径** | 作品\第06章\标志.cdr
- **视频路径** | 视频\实例94.avi
- **知识功能** | “合并”命令、“修剪”命令和“移除前面对象”命令
- **制作时间** | 15分钟

操作步骤

01 新建文件，利用和工具绘制出图 6-213 所示的图形，然后为其填充蓝色并去除外轮廓。

02 将图形旋转 180° 并复制，效果如图 6-214 所示。

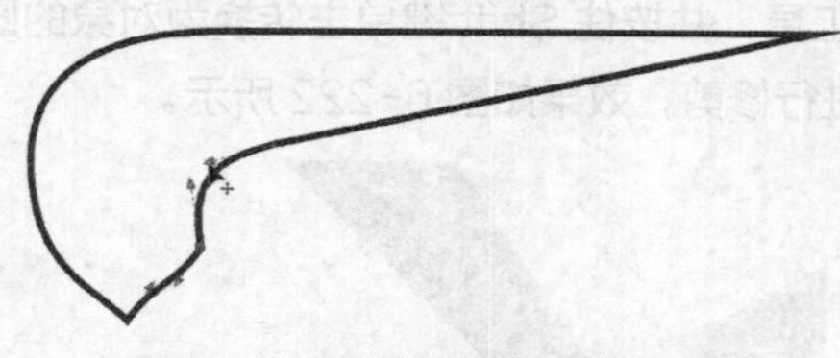

图 6-213　绘制的图形

图 6-214　旋转复制出的图形

03 将复制出的图形向左下方移动位置，如图 6-215 所示。

04 同时选择两个图形，然后单击属性栏中的“合并”按钮，将其合并为一个整体。

05 利用工具，绘制出图 6-216 所示的圆形图形。

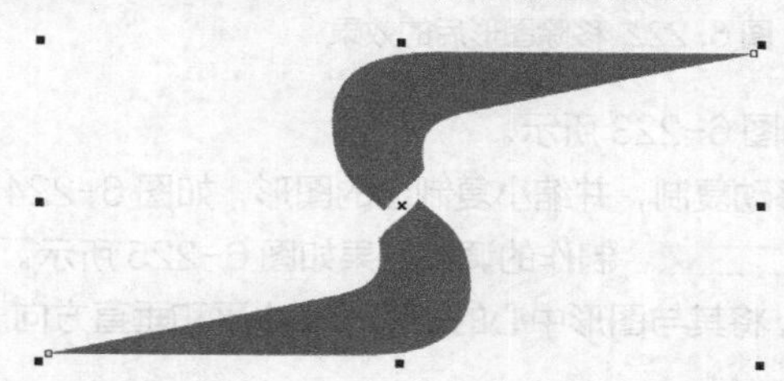

图 6-215　复制图形放置的位置

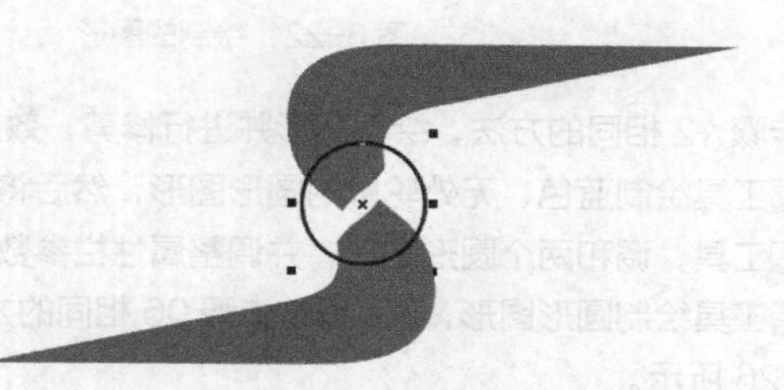

图 6-216　绘制的圆形图形

06 双击工具箱中的工具，同时选择绘制的图形，然后单击属性栏中的按钮，在弹出的“对齐与分布”对话框中依次单击按钮和按钮，将圆形图形与结合图形以中心对齐，效果如图 6-217 所示。

07 单击属性栏中的“修剪”按钮，对图形进行修剪。

08 选择圆形图形，修改属性栏参数，然后为缩小后的圆形图形填充蓝色并去除外轮廓，如图 6-218 所示。

图 6-217 对齐效果　　图 6-218 修剪后的效果

09 双击工具，同时选择绘制的图形，然后设置属性栏参数，图形旋转后的形态如图 6-219 所示。

10 利用工具根据旋转后图形的大小绘制圆形图形，然后将颜色设置为蓝色，并增加轮廓宽度，再用与步骤 06 相同的方法，将其与结合图形在水平和垂直方向居中对齐，如图 6-220 所示。

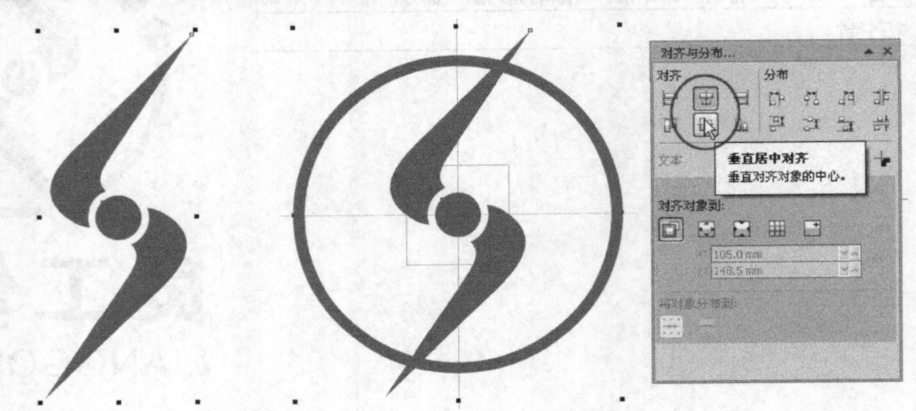

图 6-219 旋转后的形态　　图 6-220 绘制的圆形图形

11 选择圆形图形，执行“排列 / 将轮廓转换为对象”命令，将轮廓转换为对象图形。

12 利用工具绘制出图 6-221 所示的图形，然后选取工具，并按住 Shift 键单击转换为对象的圆形，再单击属性栏中的“移除前面对象”按钮，用绘制的图形对圆形进行修剪，效果如图 6-222 所示。

图 6-221 绘制的图形　　图 6-222 移除图形后的效果

13 用与步骤 12 相同的方法，绘制图形并进行修剪，效果如图 6-223 所示。

14 利用工具绘制蓝色、无外轮廓的圆形图形，然后将其移动复制，并缩小复制出的图形，如图 6-224 所示。

15 利用工具，调和两个圆形图形，并调整属性栏参数，制作的调和效果如图 6-225 所示。

16 利用工具绘制圆形图形，然后用与步骤 06 相同的方法，将其与图形中心的小圆形在水平和垂直方向居中对齐，如图 6-226 所示。

17 选择刚绘制的圆形图形，然后单击属性栏中的按钮，将圆形图形转换为弧线，并设置属性栏参数，调整后的线形效果如图 6-227 所示。

18 选择调和图形，单击属性栏中的按钮，在弹出的“路径属性”选项面板中选择“新路径”命令，然后将鼠标指针移动到弧线上单击，将调和图形沿弧线排列，如图 6-228 所示。

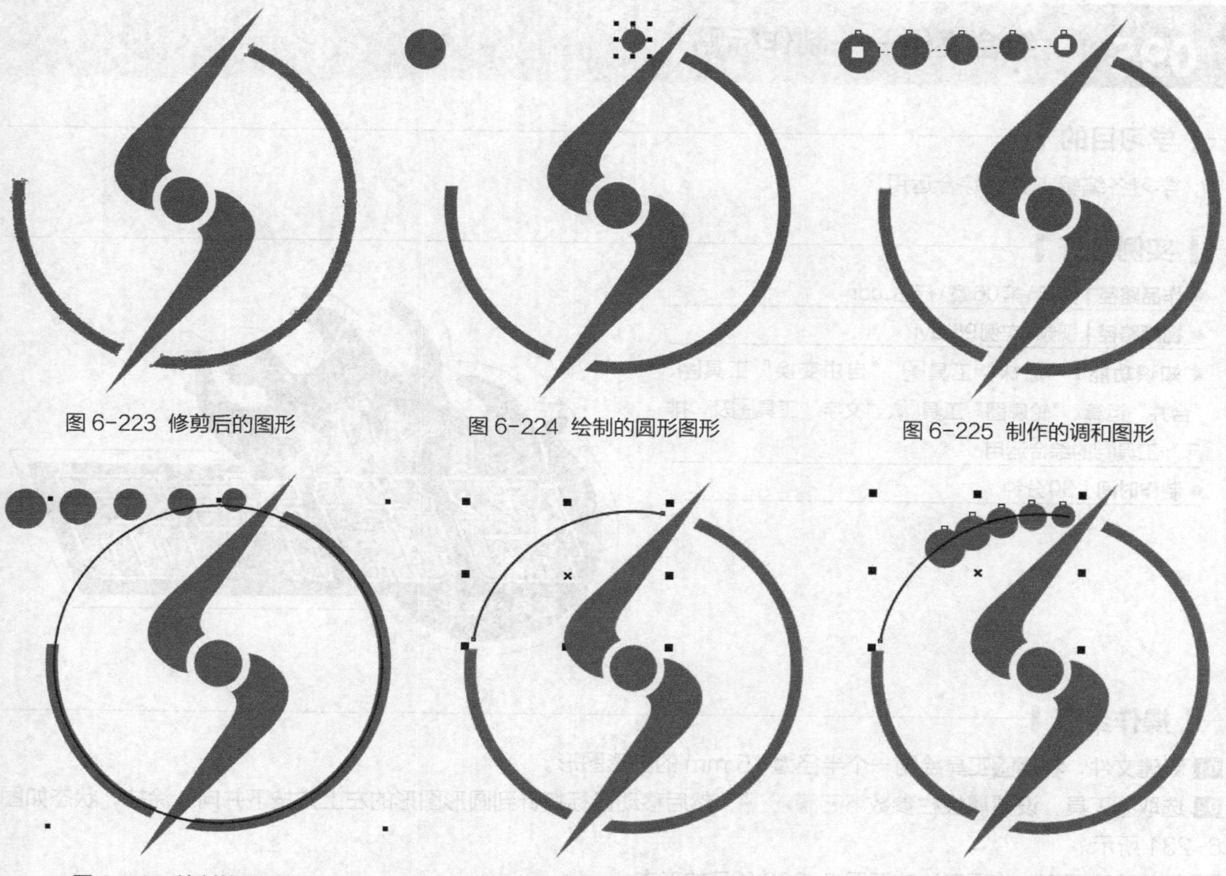

图 6-223 修剪后的图形　图 6-224 绘制的圆形图形　图 6-225 制作的调和图形

图 6-226 绘制的圆形图形　图 6-227 调整后的弧线形态　图 6-228 调和图形沿弧线排列

19 利用工具依次选择两端的圆形图形，分别调整其位置，使调和图形均匀地排列在弧线上，如图 6-229 所示。

20 选择弧线，在调色板的位置单击鼠标右键，隐藏弧线，然后将中心的小圆形修改为橘红色，并在图形下方输入图 6-230 所示的文字及字母。

21 按 Ctrl+S 组合键，将此文件命名为“良工仪器标志 .cdr”并保存。

图 6-229 调整后的调和图形　图 6-230 设计完成的标志

实例总结

本实例灵活运用了各运算按钮对图形进行合并和修剪操作。希望读者能通过学习本例，掌握这些按钮的使用方法。

实例095 综合案例——制作标贴

学习目的

学习各编辑工具的综合运用。

实例分析

- **作品路径** | 作品\第06章\标贴.cdr
- **视频路径** | 视频\实例95.avi
- **知识功能** | “涂抹”工具、“自由变换”工具、“合并”运算、“轮廓图”工具、“文字”工具及“排斥”工具的综合运用
- **制作时间** | 30分钟

操作步骤

01 新建文件，利用工具绘制一个半径为75 mm的圆形图形。

02 选取工具，设置属性栏参数，然后移动鼠标指针到圆形图形的左上方按下并向上涂抹，状态如图6-231所示。

03 继续涂抹图形，将图形涂沫至图6-232所示的形态。

04 设置属性栏参数，然后将鼠标指针移动到刚才涂抹出图形的中间位置按下并向下涂抹，状态如图6-233所示。

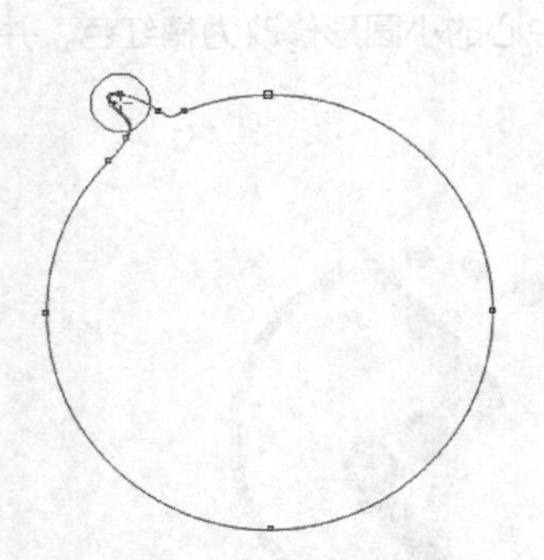

图6-231 涂抹图形状态

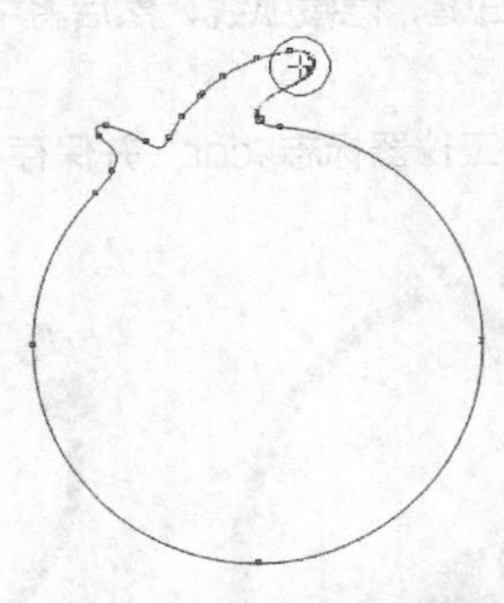

图6-232 涂抹图形状态

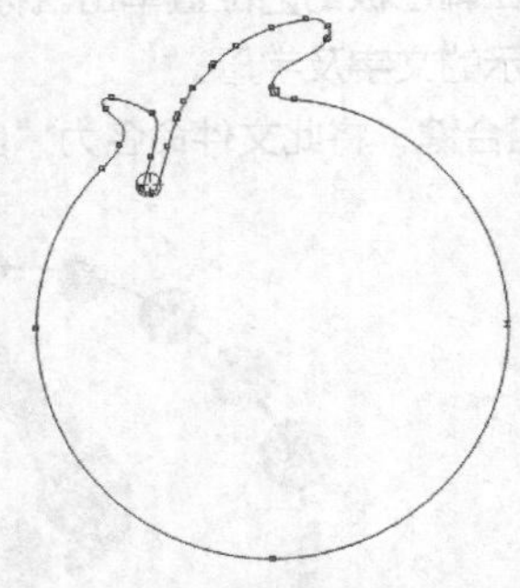

图6-233 涂抹图形状态

05 再次设置属性栏参数，然后对图形进行涂抹，如图6-234所示。

06 利用工具绘制圆角矩形图形，如图6-235所示。

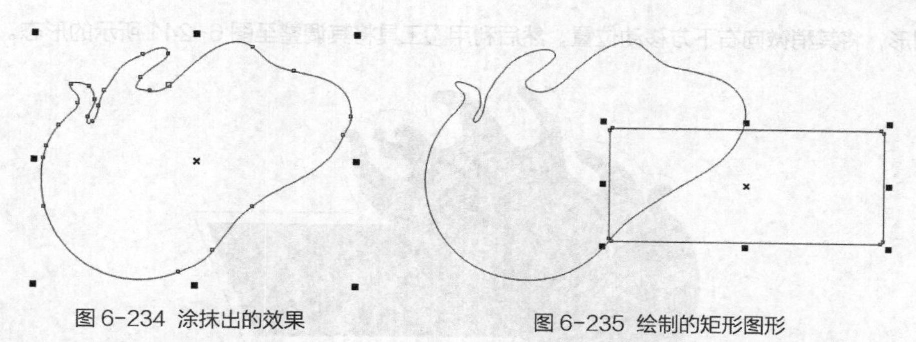

图 6-234　涂抹出的效果　　图 6-235　绘制的矩形图形

07 选取工具，激活属性栏中的按钮，然后将鼠标指针移动到矩形的下边缘位置按下并向右拖曳，倾斜矩形图形，如图 6-236 所示。

08 至合适位置后释放鼠标，然后利用工具同时选择两个图形，再单击属性栏中的按钮，合并两个图形，形态如图 6-237 所示。

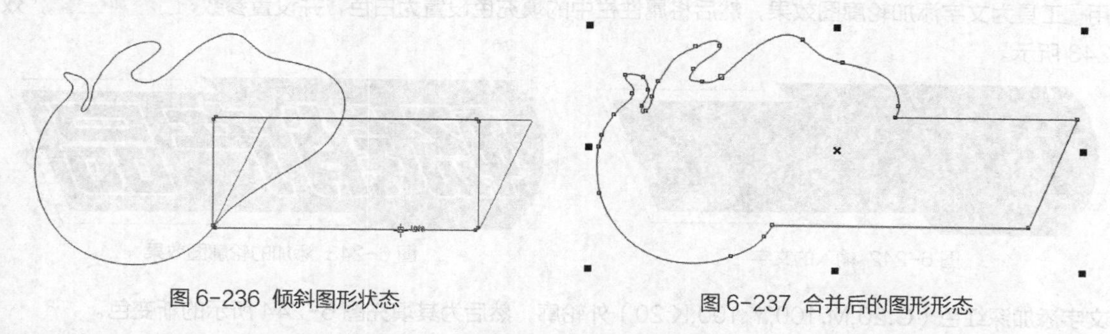

图 6-236　倾斜图形状态　　图 6-237　合并后的图形形态

09 继续利用工具对合并后的图形进行涂抹，最终效果如图 6-238 所示。

10 利用工具为图形填充由深红色（C:20,M:100,Y:100,K:20）到红色（M:100,Y:100）的线性渐变色，然后去除外轮廓，渐变效果如图 6-239 所示。

图 6-238　涂抹后的效果　　图 6-239　制作的渐变效果

11 选取工具，将鼠标指针移动到图形的上边缘位置按下并向上拖曳，为图形制作轮廓图效果，然后设置属性栏参数。

12 按 Ctrl+K 组合键，拆分轮廓图与图形，然后选择轮廓图形，为其添加黑色的外轮廓并去除填充色，效果如图 6-240 所示。

图 6-240　制作的轮廓效果

13 选择轮廓图形，将其稍微向右下方移动位置，然后利用工具将其调整至图 6-241 所示的形态。

图 6-241 调整后的轮廓效果

14 利用工具输入黑色文字，然后将其调整至图 6-242 所示的倾斜形态。

15 利用工具为文字添加轮廓图效果，然后将属性栏中的填充色设置为白色，并设置参数 1 1.0 mm，效果如图 6-243 所示。

图 6-242 输入的文字

图 6-243 添加的轮廓图效果

16 为文字添加深红色（C:20,M:100,Y:100,K:20）外轮廓，然后为其填充图 6-244 所示的渐变色。

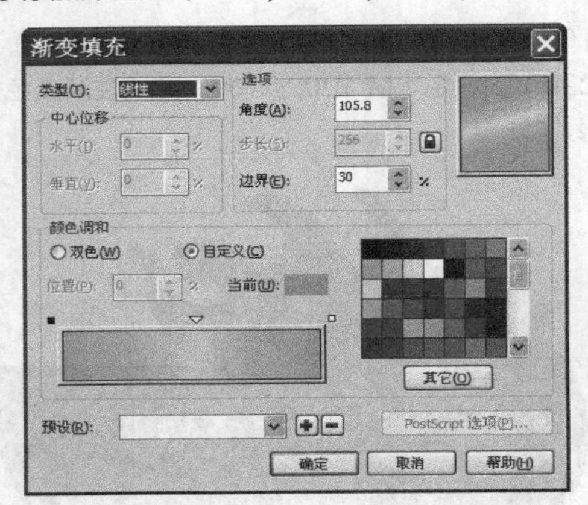

图 6-244 设置的渐变颜色及填充后的效果

接下来，我们来绘制皇冠图形。

17 利用工具绘制一个矩形图形，然后利用工具对其进行涂抹，效果如图 6-245 所示。

18 选取工具，设置合适大小的笔尖半径后，将鼠标指针移动到图形的左上角位置按下，膨胀处理此处的图形，效果如图 6-246 所示。

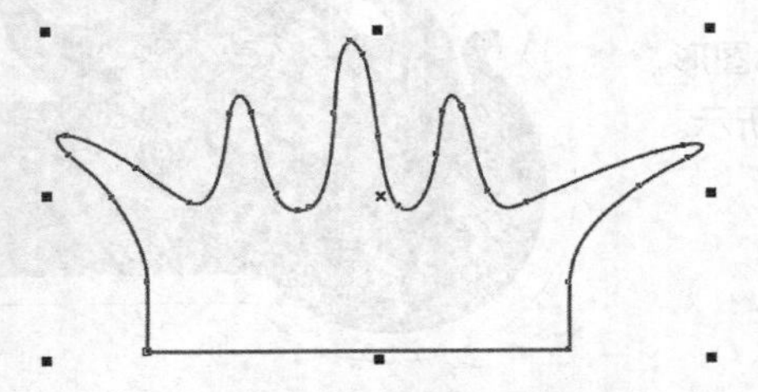

图 6-245 涂抹后的图形形态

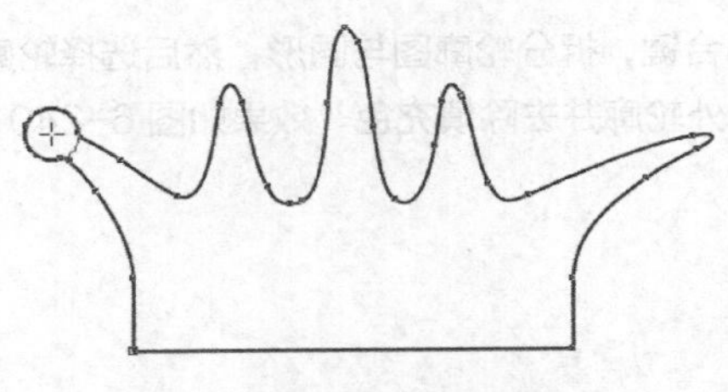

图 6-246 膨胀处理

19 依次将鼠标指针移动到其他涂抹出图形的端点位置按下并进行膨胀处理，效果如图 6-247 所示。

20 为图形填充与文字相同的渐变色，然后添加深红色外轮廓，如图 6-248 所示。

图 6-247　处理后的图形效果　　图 6-248　填充颜色后的效果

21 将皇冠图形调整大小后移动到图 6-249 所示的位置，然后利用工具为其添加轮廓图效果，设置属性栏参数及属性栏颜色，效果如图 6-250 所示。

图 6-249　调整大小后放置的位置

图 6-250　添加的轮廓图效果

22 利用工具绘制小椭圆形，然后为其填充图 6-251 所示的渐变色，再去除外轮廓。

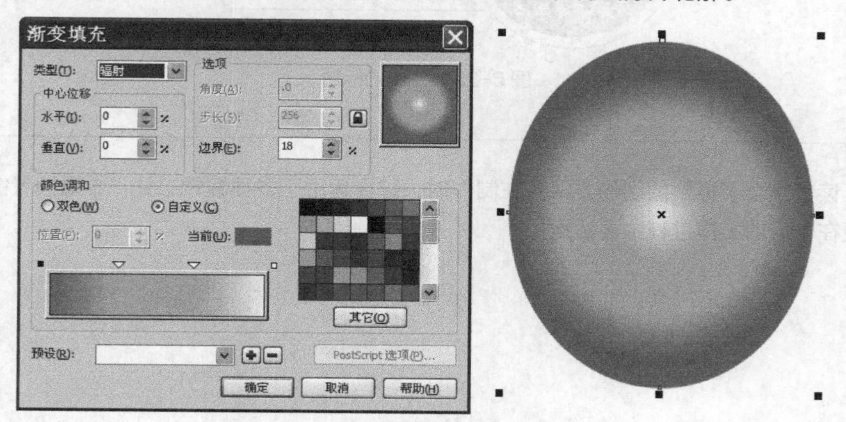

图 6-251　填充的渐变色及效果

23 将小椭圆形依次移动复制，随意放置到图形中，效果如图 6-252 所示。

图 6-252　复制出的图形

24 选取工具，设置合适的笔尖半径后，将鼠标指针移动到任一小图形上按下，可对该图形进行放大处理，如图 6-253 所示。

图 6-253 放大图形状态

25 利用工具依次对其他图形进行放大处理，然后利用工具在图形的左下方输入图 6-254 所示的文字，即可完成标贴图形的制作。

26 按 Ctrl+S 组合键，将此文件命名为“标贴 .cdr”并保存。

图 6-254 制作的标贴

实例总结

学习本实例，读者学会了标贴的制作方法。在制作时，综合运用了多种编辑工具，希望读者能熟练掌握各工具的使用方法，以便在今后的工作过程中灵活运用。

第07章

文本的输入与表格应用

本章实例

本章来学习文本工具和表格工具。在学习文本工具时，将主要讲解各种文字的输入方法与设置，文本转换，文本绕图，及利用形状工具对文字进行调整的方法。在学习表格工具时，将主要讲解表格的创建与编辑，以及表格的应用。

实例 096 文字的输入与编辑

学习目的

学习输入文字及编辑文字的方法。

实例分析

- **作品路径** | 作品\第07章\输入文字.cdr
- **视频路径** | 视频\实例96.avi
- **知识功能** | 文字的输入与编辑
- **制作时间** | 10分钟

操作步骤

01 新建一个横向的文件，然后按 Ctrl+I 组合键，将资源文件中“素材\第07章”目录下名为“山.jpg”的文件导入。

02 选取工具，根据导入图片的大小绘制矩形图形，如图7-1所示。

03 选取工具（快捷键为F8键），选择一种中文输入法，然后在绘图窗口中的任意位置单击，插入文本输入光标，接下来输入“安全就是生命”文字。

04 按Enter键另起一行，输入“责任重于泰山”文字，如图7-2所示。

图7-1 绘制的矩形

安全就是生命
责任重于泰山

图7-2 输入的文字

05 单击工具箱中的按钮，即可确认文字的输入。

06 将鼠标指针移动到“调色板”的“红”色上单击，可修改文字的颜色，单击属性栏中的宋体选项，在弹出的字体列表中选择“汉仪综艺体简”，修改文字的字体，此时的文字效果如图7-3所示。

07 单击属性栏中的24pt选项，在弹出的字号大小列表中选择“72 pt”，可调整文字的大小，然后将调整后的文字移动到图片上，如图7-4所示。

安全就是生命
责任重于泰山

图7-3 修改字体后的效果

图7-4 文字放置的位置

08 选取工具，将鼠标指针移动到“责”字的前面，当鼠标指针显示为输入符时单击鼠标，然后依次按空格键，将下面一行文字向后移动，效果如图7-5所示。

图7-5 第2行文字调整位置后的效果

09 单击属性栏中的按钮，在弹出的面板中设置行距参数，如图 7-6 所示，调整间距后的效果如图 7-7 所示。

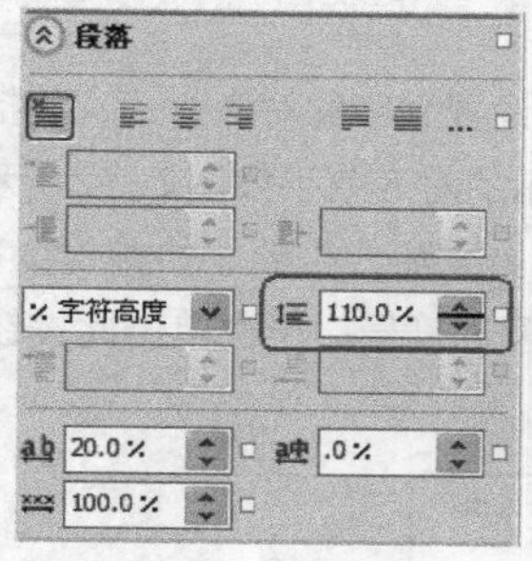

图 7-6 设置的行距参数

图 7-7 调整行距后的效果

10 选取工具，在弹出的“轮廓笔”对话框中，将轮廓宽度设置为“2.5 mm”，轮廓颜色设置为“白色”，然后勾选图 7-8 所示的选项。

11 单击 确定 按钮，文字添加外轮廓后的效果如图 7-9 所示。

12 按 Ctrl+S 组合键，将此文件命名为“输入文字 .cdr”并保存。

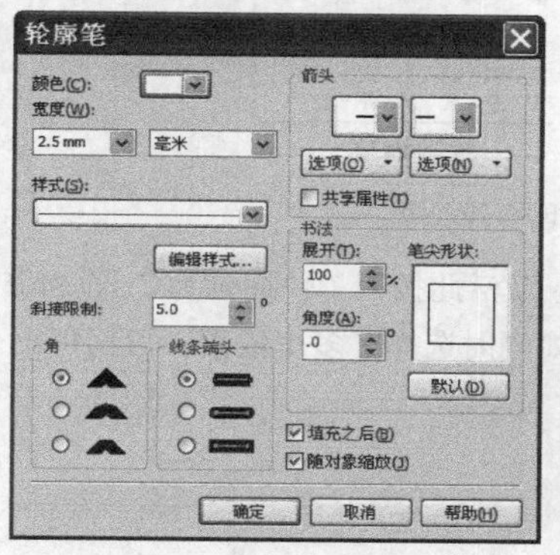

图 7-8“轮廓笔”对话框

图 7-9 添加外轮廓后的效果

相关知识点：“文本”工具的属性栏

“文本”工具的属性栏如图7-10所示。

图 7-10“文本”工具的属性栏

- “字体列表”选项：单击此选项，可以在弹出的下拉列表中选择需要的文字字体，选择文字设置不同字体后的效果如图7-11所示。
- “字体大小列表”选项：单击此选项，可以在弹出的下拉列表中选择需要的文字字号。当列表中没有需要的文字大小时，在文本框中直接输入需要的文字大小即可。
- “粗体”按钮：激活此按钮，可以加粗显示选择的文本。
- “斜体”按钮：激活此按钮，可以倾斜显示选择的文本。

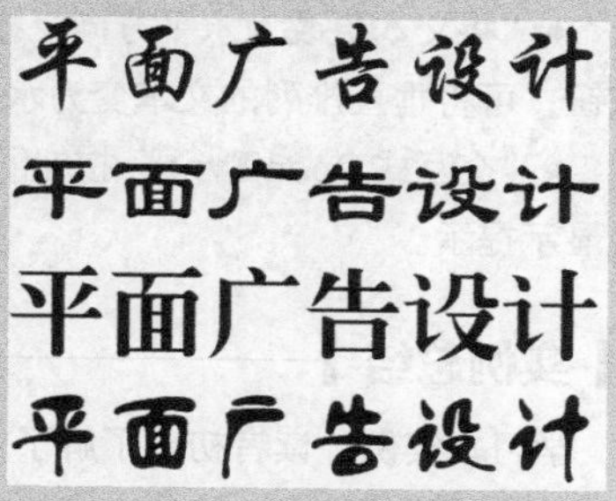

平面广告设计
平面广告设计
平面广告设计
平面广告设计

图 7-11 设置的各种字体效果

提示

“粗体”按钮和“斜体”按钮只适用于部分英文字体，即只有选择支持加粗和倾斜字体的文本时，这两个按钮才可用。

● “下划线”按钮：激活此按钮，可以在选择的横排文字下方或竖排文字左侧添加下划线，线的颜色与文字的相同。

● “文本对齐”按钮：单击此按钮，可在弹出的“对齐”选项面板中设置文字的对齐方式，包括左对齐、居中对齐、右对齐、全部调整和强制调整。选择不同的对齐方式时，文字显示的对齐效果如图7-12所示。

● “项目符号列表”按钮：当选择有文本框的文本时此按钮才可用。激活此按钮（快捷键为Ctrl+M组合键），可以在当前鼠标光标所在的段落或选择的所有段落前面添加默认的项目符号。再次单击此按钮，可隐藏添加的项目符号。

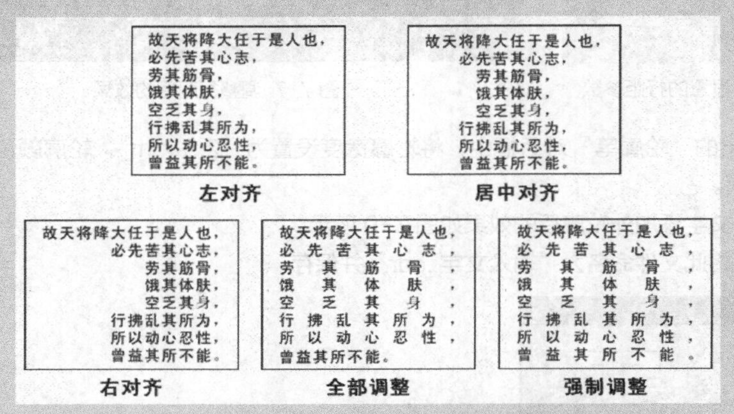

图7-12 选择不同的对齐方式时文字显示的对齐效果

● “首字下沉”按钮：当选择有文本框的文本时此按钮才可用。激活此按钮（快捷键为Ctrl+Shift+D组合键），可以将当前鼠标光标所在段落中的第一个字设置为下沉效果。如同时选择了多个段落，可将每一个段落前面的第一个字设置为下沉效果。再次单击此按钮，可以取消首字下沉。

提示

“项目符号列表”按钮和“首字下沉”按钮是相对于有文本框的文字设置的，如果选择没有文本框的文本，这两个按钮不可用。

● “文本属性”按钮：单击此按钮（快捷键为Ctrl+T组合键）将弹出“文本属性”面板，在此面板中可以设置文本的字体、字号、对齐方式、字符效果和字符偏移等选项。

● “编辑文本”按钮：单击此按钮（快捷键为Ctrl+Shift+T组合键）将弹出“编辑文本”对话框，在此对话框中可以对文本进行编辑，包括字体、字号、对齐方式、文本格式、查找替换和拼写检查等。

● “将文本更改为水平方向”按钮和“将文本更改为垂直方向”按钮：用于改变文本的排列方向。单击按钮，可将垂直排列的文本变为水平排列；单击按钮，可将水平排列的文本变为垂直排列。

● “交互式OpenType”按钮：当页面中有文字应用了某种交互功能时，激活此按钮，选择这样的文字时将会显示提示。

实例总结

学习本实例，读者初步了解了文本的输入方法及调整文本属性的方法。除了直接输入文字外，还可以在文本框中输入或沿路径输入，这些内容将在下面的案例中介绍。

实例 097 绘制文本框——制作标牌

学习目的

当作品中需要编排很多文字时，可以利用文本框来编辑文本。下面就来学习利用文本框输入及编辑文字的方法。

实例分析

- **素材路径** | 素材\第07章\展板背景.cdr
- **作品路径** | 作品\第07章\展板.cdr
- **视频路径** | 视频\实例97.avi
- **知识功能** | 利用文本框输入文字及编辑
- **制作时间** | 10分钟

操作步骤

01 打开资源文件中“素材\第 07 章”目录下名为“展板背景.cdr”的文件。

02 选取字工具，将鼠标指针移动到页面中拖曳，可以绘制一个文本框，然后选择合适的输入法，即可在绘制的文本框中输入文字，输入的文字如图 7-13 所示。

> **提示**
>
> 在输入文字的过程中，当输入的文字至文本框的边界时会自行换行，无需手动调整。

03 利用工具将文本框移动到展板背景上，如图 7-14 所示。

清清水，水清清，洗洗
小手讲卫生。手心手背
手指头，手腕都要洗干
净。小手小手洗一洗，
小手小手搓一搓，小手
小手擦一擦，小手小手
拍一拍，小手小手伸出
来，比比谁的小手白。

图 7-13　输入的文字

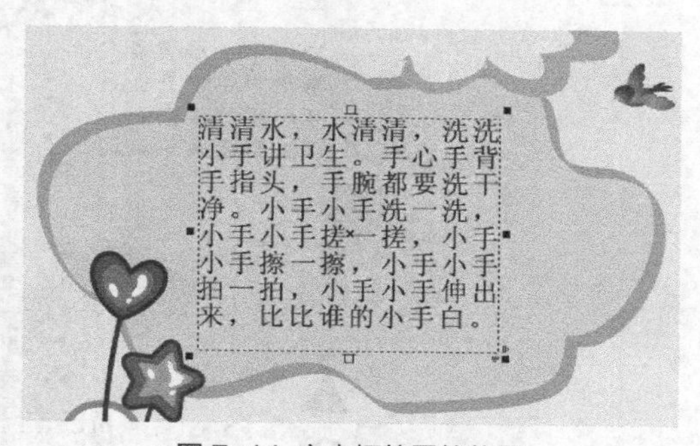

图 7-14　文本框放置的位置

04 在属性栏中将文字的字体设置为“方正经黑简体”，字号设置为“36pt”，调整文字字体和字号后的效果如图 7-15 所示。

> **提示**
>
> 由于文字字号调大，因此原来的文本框无法显示全部文字，此时文本框下方位置的□符号将显示为▣符号，表示还有隐藏的文本。

05 将鼠标指针移动到文本框右侧中间的控制点上按下并向右拖曳，可调整文本框的大小，如图 7-16 所示。

06 单击文本框下方的▣符号，将鼠标指针移动到图 7-17 所示的位置按下并向右下方拖曳，再绘制一个文本框，状态如图 7-18 所示。

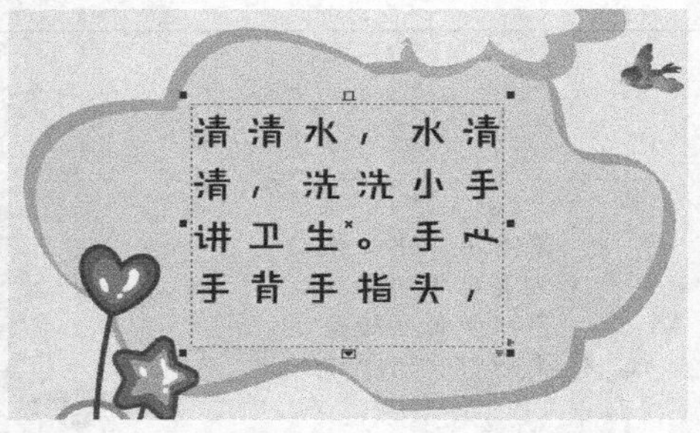

图 7-15 调整文字字体和字号后的效果

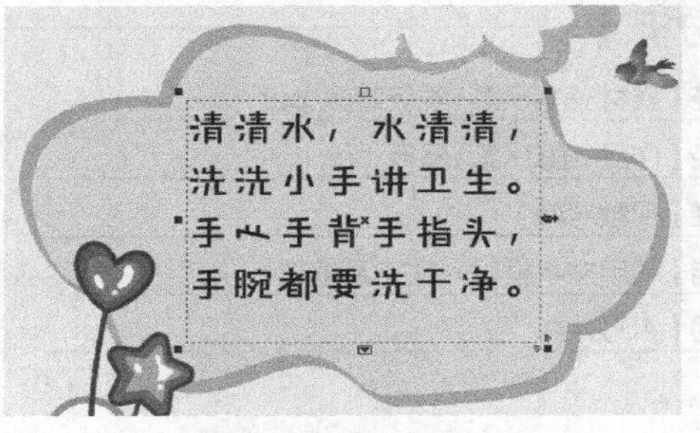

图 7-16 调整文本框的大小

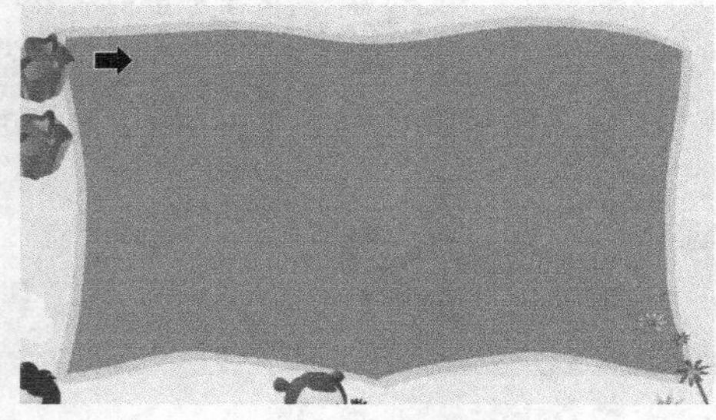

图 7-17 鼠标放置的位置

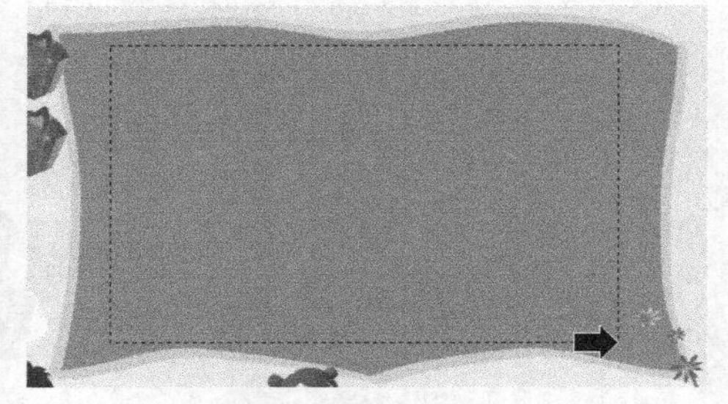

图 7-18 绘制的文本框

提示

单击文本框下方的▣符号后，将鼠标指针移动到图形以外，鼠标指针将显示为▣图标；将鼠标指针移动到图形上，鼠标指针将显示为➡图标，此时单击鼠标可将隐藏的文字置入图形中，并沿图形的形态进行排列；如拖曳鼠标，将沿新绘制的文本框进行排列。

07 释放鼠标后，隐藏的文字即在新绘制的文本框中显示，并在两个文本框之间显示蓝色的连接线，如图 7-19 所示。

08 执行“文件 / 另存为”命令，将此文件另命名为“展板 .cdr”并保存。

图 7-19 显示出的其他文字

相关知识点：编辑文本框

一. 将文本框中隐藏的文字完全显示的方法

● 将鼠标光标放置到文本框的任意一个控制点上，按住鼠标左键并向外拖曳，调整文本框的大小，即可显示全部隐藏的文字。

● 单击文本框下方的▣符号，然后将鼠标光标移动到合适的位置单击鼠标或拖曳鼠标绘制一个新的文本框，此时绘制的文本框中将显示超出了第一个文本框大小的那些文字，并在两个文本框之间显示蓝色的连接线。

● 重新设置文本的字号或执行“文本 / 段落文本框 / 使文本适合框架”命令，也可显示全部文本框中隐藏的文字。

提示

利用“使文本适合框架”命令显示隐藏的文字时，文本框的大小并没有改变，而是文字的大小发生了变化。

二. 固定文本框与可变文本框

文本框分为固定文本框和可变文本框两种，系统默认为固定文本框。

当使用固定文本框时，绘制的文本框大小决定了在文本框中能输入文字的多少，这种文本框一般应用于有区域限制的图像文件中。当使用可变文本框时，文本框的大小会随输入文字的多少而随时改变，这种文本框一般应用于没有区域限制的文件中。

执行“工具 / 选项”命令（快捷键为Ctrl+J组合键），在弹出的“选项”对话框左侧依次选取“工作区 / 文本 / 段落文本框”命令，然后在右侧的参数设置区中勾选“按文本缩放段落文本框”选项，单击 确定 按钮，即可将固定文本框设置为可变文本框。

实例总结

本例主要讲解了文本框的应用。使用文本框编辑文字的好处是文字能够根据文本框的大小自动换行，并能够迅速为文字增加制表位和项目符号等。

实例 098 置入与粘贴文字

学习目的

除上一节讲解的输入文字方法外，在实际的工作过程中，有时候需要置入外部的文字或复制粘贴其他程序中的文字。下面以实例的形式来讲解置入文字的方法。

实例分析

- **素材路径** | 素材\第 07 章\背景 .jpg、简介 .txt
- **视频路径** | 视频\实例 98.avi
- **知识功能** | “文件/导入”命令，“编辑/粘贴”命令
- **制作时间** | 5 分钟

操作步骤

01 新建文件，然后按 Ctrl+I 组合键，将资源文件中“素材 \ 第 07 章”目录下名为“背景 .jpg”的文件导入，如图 7-20 所示。

02 再次按 Ctrl+I 组合键，在弹出的“导入”对话框中，选择资源文件中“素材 \ 第 07 章”目录下名为“简介 .txt”的文件，单击 导入 按钮，将弹出图 7-21 所示的“导入 / 粘贴文本”对话框。

图 7-20　打开的文件

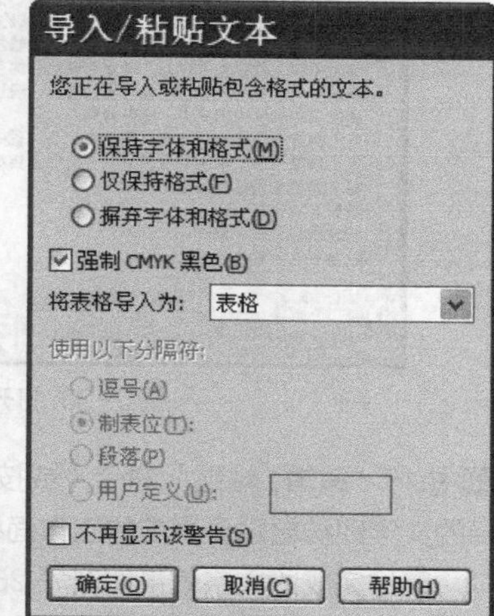

图 7-21“导入 / 粘贴文本”对话框

03 单击 确定(O) 按钮，当鼠标指针显示为带文件名称的图标时，单击鼠标，即可将文字置入到当前文件中，如图7-22所示。

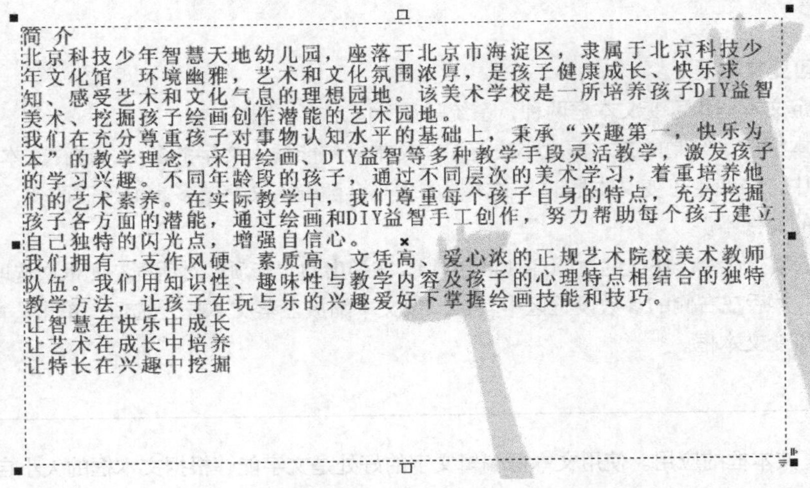

图7-22 置入的文字

> **提示**
>
> 用户置入的文字大多数会保持原有的样式，即如果原文字是自动换行的，当用户将其置入CorelDRAW中后，也会根据置入的文字框将其自动换行。

利用复制、粘贴的方法，也可以在其他软件程序的文件中复制需要的文字。下面来讲解在Word文档中复制文字的方法。

04 启动Word软件，然后打开“素材\第07章\简介.doc”文件，如图7-23所示。

05 按Ctrl+A组合键选中文字，然后执行“编辑/复制”命令（或按Ctrl+C组合键）。

06 切换到CorelDRAW X6软件，将其设置为工作状态。

07 选取字工具，在背景画面中绘制一个文字框，如图7-24所示。

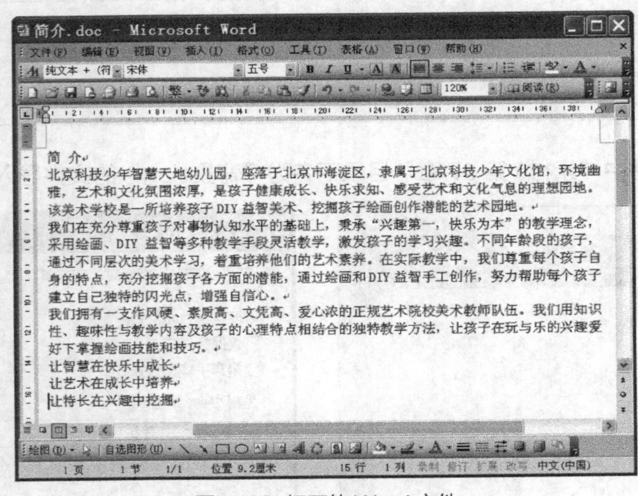

图7-23 打开的Word文件

图7-24 绘制的文字框

08 执行“编辑/粘贴”命令（或按Ctrl+V组合键），在弹出的“导入/粘贴文本”对话框中单击 确定(O) 按钮，选择的文字即被粘贴至当前的工作面板中，如图7-25所示。

编排完成的文字效果如图7-26所示，具体编排操作参见“实例99”。

图 7-25　粘贴入的文字

图 7-26　编排完成的文字效果

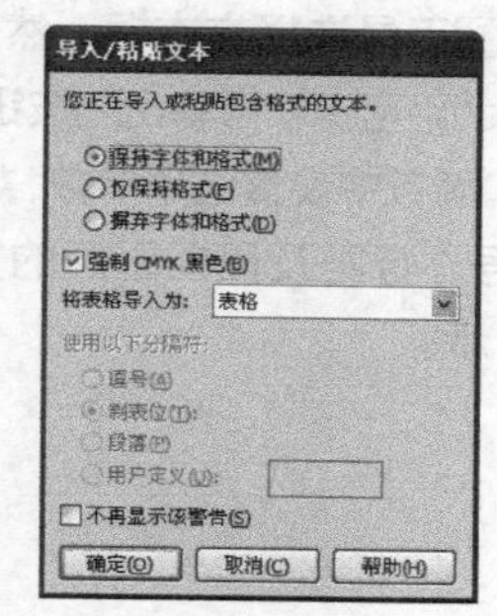

图 7-27“导入 / 粘贴文本”对话框

相关知识点：“导入 / 粘贴文本”对话框

灵活运用导入和粘贴文本的方法可以大大节省输入文字的时间。执行粘贴操作后，弹出的“导入/粘贴文本”对话框如图7-27所示。

- “保持字体和格式”选项：选中此选项，文本将以原系统的设置样式进行导入。
- “仅保持格式”选项：选中此选项，文本将以原系统的文字大小、当前系统的字体样式进行导入。
- “摒弃字体和格式”选项：选中此选项，文本将以当前系统的设置样式进行导入。
- “不再显示该警告”选项：勾选此选项，在以后导入文本文件时，系统将不再显示“导入/粘贴文本”对话框。若需要显示，可执行“工具／选项”命令，在弹出的“选项”对话框中，单击“工作区”下的“警告”选项，然后在右侧窗口中勾选“粘贴并导入文本”选项即可。

实例总结

学习本实例，读者可以掌握在CorelDRAW软件中置入文字的操作方法。该操作在编排文字内容比较多的海报、宣传册及说明书类的作品时比较常用。

实例 099　段落文本——幼儿园海报设计

学习目的

在编排说明书或文字内容较多的设计作品时，设置文字的段落属性是必要的工作。本实例来学习段落文本的编辑方法。

实例分析

- **作品路径** | 作品\第07章\幼儿园海报.cdr
- **视频路径** | 视频\实例99.avi
- **知识功能** | “文本属性”面板
- **制作时间** | 10分钟

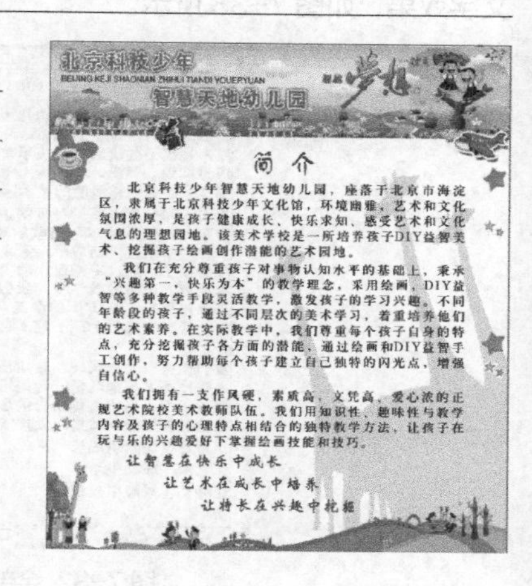

操作步骤

01 继续上一实例的操作。

02 利用工具选择文本框，然后在属性栏中设置字号大小20 pt，再单击按钮，在弹出的“文本属性”面板中设置选项参数，如图 7-28 所示，设置字号、行距及段前距后的文本效果，如图 7-29 所示。

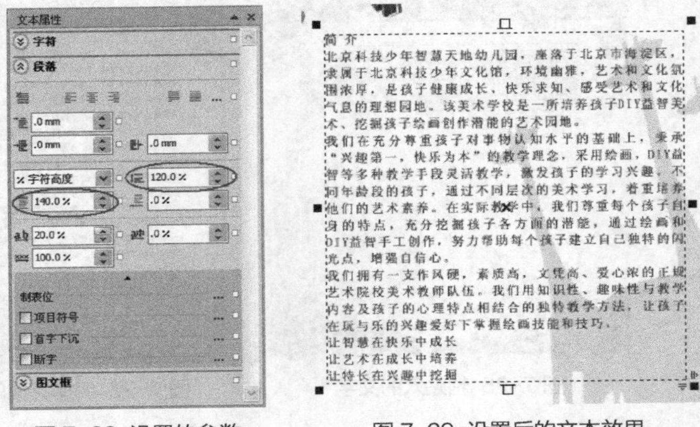

图 7-28 设置的参数

图 7-29 设置后的文本效果

03 选取工具，将鼠标指针移动到“简介”文字的后面按下并向左拖曳，选取“简介”两个字，如图 7-30 所示。

04 将文字的颜色修改为红色（M:100,Y:50），然后在属性栏中分别设置文字的字体与字号 汉仪舒同体简 36 pt，再在“文本属性”面板中单击按钮，居中放置设置后的文字，如图 7-31 所示。

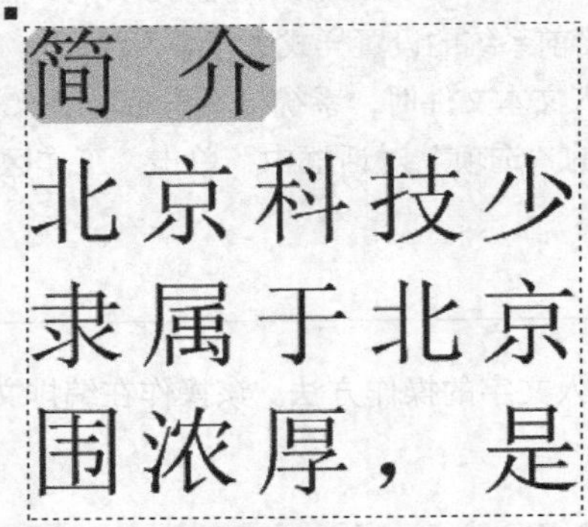

图 7-30 选择的文字

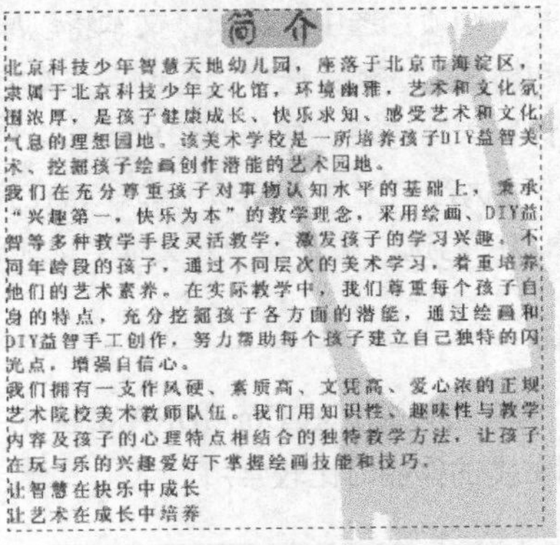

图 7-31 居中放置的文字

05 依次将鼠标指针放置在文本框左、右两边中间的控制点上按下并向外拖曳，拖宽文本框，使所有文字全部显示，如图 7-32 所示。

06 选取工具，将鼠标指针放置到第 2 行文字的前面按下并向下拖曳，一直拖到“技能和技巧”文字之后，全部选择这 3 个段落的文字。

07 将文字的字体设置为“汉仪中宋简”，然后在“文本属性”面板中，设置属性参数 15.0 mm，调整首行缩进后的文字效果，如图 7-33 所示。

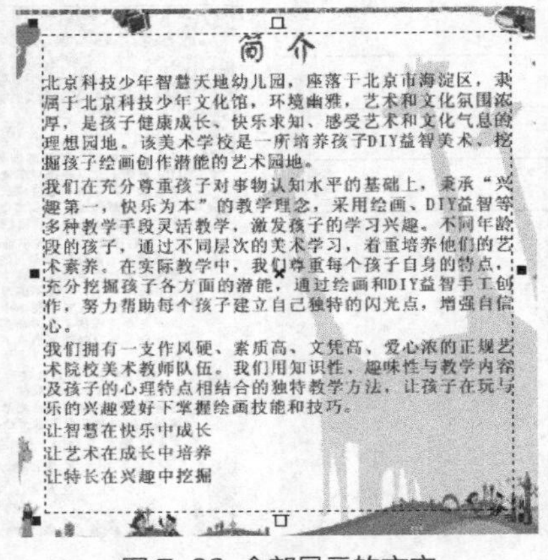

图 7-32 全部显示的文字

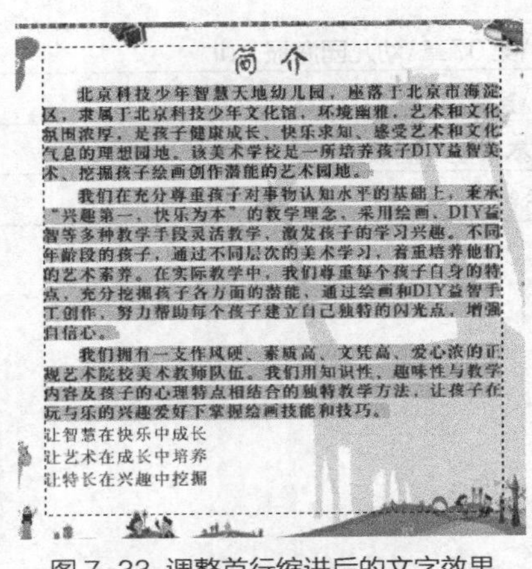

图 7-33 调整首行缩进后的文字效果

08 用与上面相同的选择文字方法，选择最后 3 行文字，然后将其颜色修改为红色（M:100,Y:50），再在属性栏中设置文字的字体和字号［汉仪雅黑简 / 24pt］，效果如图 7-34 所示。

09 在“文本属性”面板中，设置属性参数［15.0 mm］，调整首行缩进，然后将鼠标指针移动到倒数第 2 行的文字中单击，再设置属性参数［35.0 mm］。

10 鼠标指针移动到倒数第 1 行的文字中单击，再设置属性参数［55.0 mm］，调整后的文字效果如图 7-35 所示。

11 至此，海报编排完成。按 Ctrl+S 组合键，将此文件命名为“幼儿园海报 .cdr”并保存。

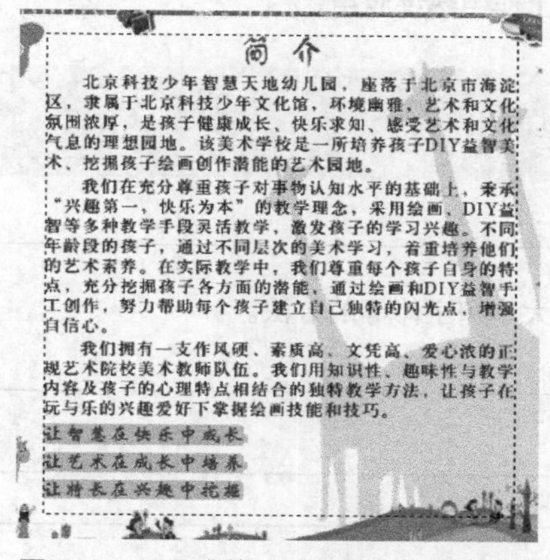

图 7-34　设置字体、字号及颜色后的效果

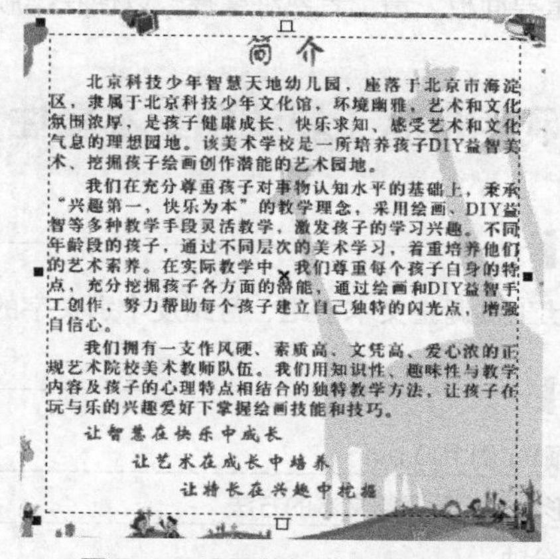

图 7-35　设置首行缩进后的效果

相关知识点：段落文本属性设置

一. 选择文本

在设置文字的属性之前，必须先选择需要设置属性的文字。选取［字］工具，将鼠标光标移动到要选择文字的前面单击，定位插入点，然后在插入点位置按住鼠标左键拖曳，拖曳至要选择文字的右侧时释放，即可选择一个或多个文字。

除以上选择文字的方法外，还有以下几种方法。

- 按住Shift键的同时，按键盘上的向右方向键或向左方向键。
- 在文本中要选择字符的起点位置单击，然后按住Shift键并移动鼠标光标至选择字符的终点位置单击，可选择某个范围内的字符。
- 利用［选择］工具，单击输入的文本可选择该文本中的所有文字。

二. 段落文本的对齐方式

在“文本属性”面板中“段落”选项下的对齐按钮与属性栏中的［对齐］按钮功能相同。

三. 段落缩进

“段落缩进”选项可以设置整个段落的缩进量，其中包括“首行缩进”［.0 mm］、“左行缩进”［.0 mm］、“右行缩进”［.0 mm］、“行距”［100.0 %］、“段前间距”［100.0 %］和“段后间距”［.0 %］几个选项，各功能分别如下。

- “首行缩进”选项：只对文字段落的首行文字进行缩进。此选项应用比较广泛。
- “左行缩进”选项：在此选项右侧的数值窗口中输入正值，表示文字左边界与文字框的距离。
- “右边缩进”选项：在此选项右侧的数值窗口中输入正值，表示文字右边界与文字框的距离。
- “行距”选项：设置行与行之间的距离。
- “段前间距”选项：用来设置段落前面的距离。
- “段后间距”选项：用来设置段落后面的距离。

四. 美术文本与段落文本的转换

在CorelDRAW软件中，直接输入的文本称之为美术文本；在文本框中输入的文本称之为段落文本，这两种文本可以互相转换，具体操作为：选择需要转换的文本，然后执行“文本/转换为段落文本”命令或“转换为美术字”命令（快捷键为Ctrl+F8组合键），即可对选择的文本进行转换。

提示

在将段落文本转换为美术文本时，段落文本中的文字必须呈全部显示的状态，否则将无法使用此命令。

实例总结

学习本实例，读者可以掌握段落文本的设置方法。在编辑文本时，“文本属性”面板是设置文字属性、对齐方式及缩进属性的重要面板，请读者熟练掌握，以便在排版工作中熟练应用。

实例 100 利用形状工具调整文本属性

学习目的

学习利用形状工具调整文本字距、行距及个别文字的大小和字体等的方法。

实例分析

- **视频路径** | 视频\实例100.avi
- **知识功能** | “形状”工具调整文本的方法
- **制作时间** | 10分钟

操作步骤

01 选择要进行调整的文字，然后选择工具，此时文字的下方将出现调整字距和调整行距的箭头。

02 将鼠标光标移动到调整字距箭头上，按住鼠标左键拖曳，即可调整文本的字距。向左拖曳调整字距箭头可以缩小字距；向右拖动调整字距箭头可以增加字距。增加字距后的效果如图7-36所示。

03 将鼠标光标移动到调整行距箭头上，按住鼠标左键拖曳，即可调整文本的行与行之间的距离。向上拖曳鼠标光标调整行距箭头可以缩小行距；向下拖曳鼠标光标调整行距箭头可以增加行距。增加行距后的效果如图7-37所示。

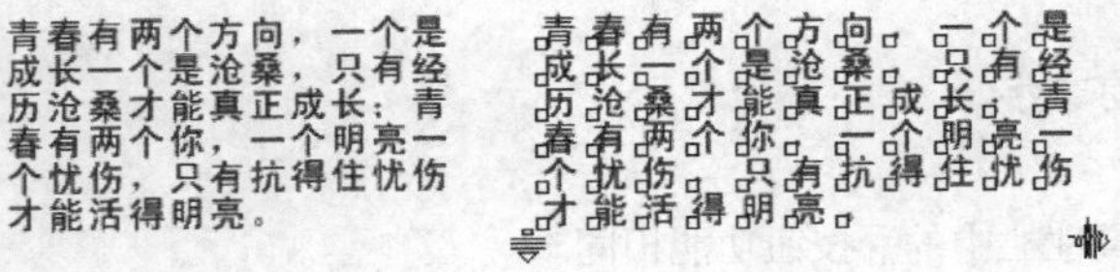

青春有两个方向，一个是
成长一个是沧桑，只有经
历沧桑才能真正成长；青
春有两个你，一个明亮一
个忧伤，只有抗得住忧伤
才能活得明亮。

图7-36 增加字距后的文本效果

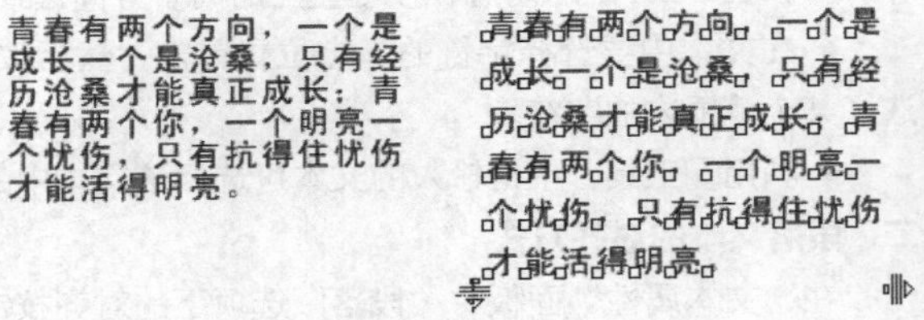

青春有两个方向，一个是
成长一个是沧桑，只有经
历沧桑才能真正成长；青
春有两个你，一个明亮一
个忧伤，只有抗得住忧伤
才能活得明亮。

图7-37 增加行距后的文本效果

利用工具可以很容易地选择整个文本中的某一个文字或多个文字。当文字被选择后，就可以对其进行一些属性设置。

04 选择输入的文本，然后选取工具，此时文本中每个字符的左下角会出现一个白色的小方形。

05 单击相应的白色小方形，即可选择相应的文字；如按住Shift键单击相应的白色小方形，可以增加选择的文字。另外，利用框选的方法也可以选择多个文字。选择文字后，下方的白色小方形将变为黑色小方形，如图7-38所示。

06 利用工具选择单个文字后，即可通过设置属性栏中的选项参数来调整单个文字的属性，如字体和字号等，如图7-39所示。

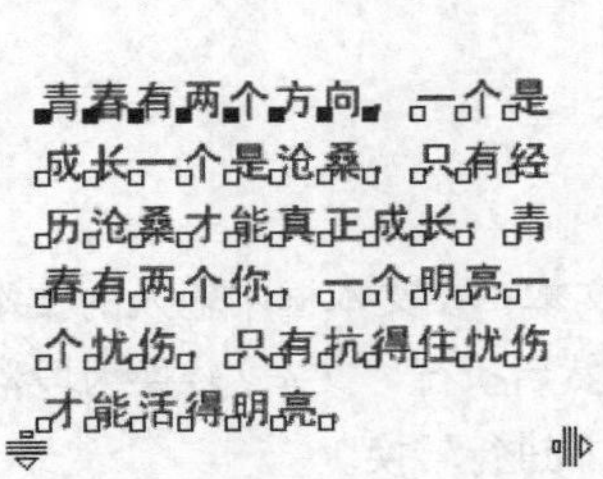

青春有两个方向，一个是
成长一个是沧桑，只有经
历沧桑才能真正成长，青
春有两个你，一个明亮一
个忧伤，只有抗得住忧伤
才能活得明亮。

图7-38 选择文字后的形态

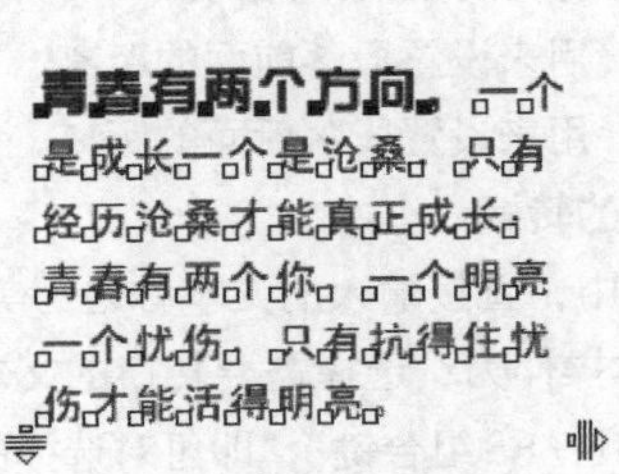

青春有两个方向，一个
是成长一个是沧桑，只有
经历沧桑才能真正成长，
青春有两个你，一个明亮
一个忧伤，只有抗得住忧
伤才能活得明亮。

图7-39 调整后的形态

实例总结

利用“形状”工具可以很方便地调整文本的字距和行距。另外，该工具选择单个文字的方法也非常灵活，希望读者将其掌握。

实例 101　文本转换为曲线——制作艺术字

学习目的

学习利用“形状”工具制作艺术字的方法。

实例分析

- **素材路径** | 素材\第07章\花纹.cdr
- **作品路径** | 作品\第07章\艺术字.cdr
- **视频路径** | 视频\实例101.avi
- **知识功能** | 掌握制作特殊效果字或艺术字的方法
- **制作时间** | 15分钟

操作步骤

01 新建文件，利用工具输入图 7-40 所示的文字，选用的字体为“方正粗活意简体”。

02 选取工具，在文字的下方按鼠标并向上拖曳，为文字填充渐变色，然后将属性栏中的颜色分别设置为洋红色（M:100）和蓝紫色（C:40,M:100），生成的文字效果如图 7-41 所示。

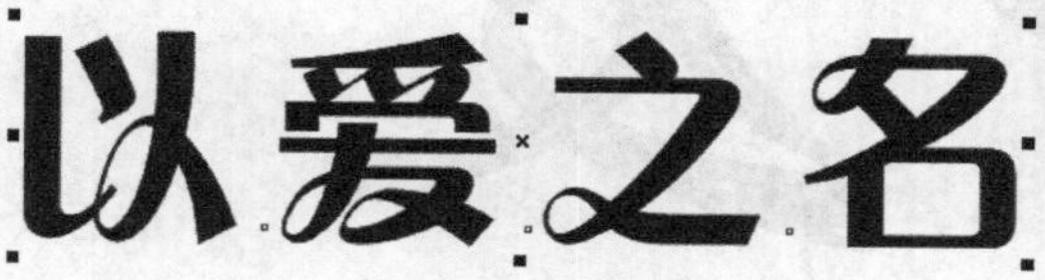

图 7-40　输入的文字

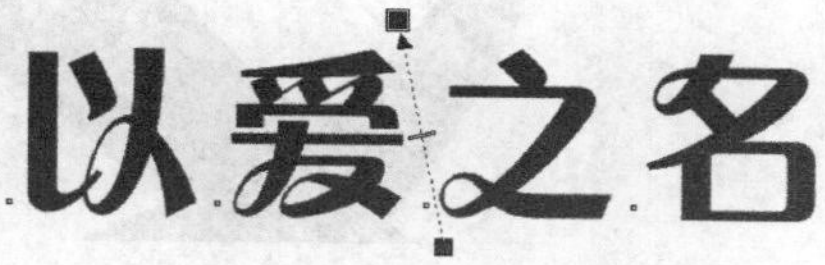

图 7-41　填充的渐变色

03 按 Ctrl+K 组合键，将输入的文字拆分为单个的文字，然后选择“爱”字，并将其字体修改为“方正大标宋简体”，如图 7-42 所示。

04 按 Ctrl+Q 组合键，将文字转换为曲线，然后选取工具，并框选图 7-43 所示的节点。

图 7-42　修改字体后的效果

图 7-43　框选节点状态

05 向左拖曳选择的节点，如图 7-44 所示，然后分别对各节点进行调整，效果如图 7-45 所示。

图 7-44　调整节点位置

图 7-45　调整后的形态

06 用与以上相同的调整方法，对“爱”字的最后一笔进行调整，最终效果如图 7-46 所示。

图 7-46 调整后的形态

07 利用工具，放大显示“爱”字中“又”部的右上角，然后利用工具框选图 7-47 所示的节点。

08 按 Delete 键，删除选择的节点，然后再次利用工具框选图 7-48 所示的节点。

图 7-47 选择的节点　　图 7-48 选择的节点

09 依次单击属性栏中的按钮和按钮，将选择节点间的线段转换为曲线，并将节点设置为对称节点，效果如图 7-49 所示。

10 用工具依次对各节点进行调整，如图 7-50 所示。

图 7-49 设置节点属性后的效果

图 7-50 各节点调整后的形态

11 利用工具，分别调整其他几个字的大小及位置，效果如图 7-51 所示。

12 按 Ctrl+I 组合键，将素材文件夹中“素材 \ 第 07 章”目录下名为“花纹 .cdr”的文件导入，调整大小后放置到图 7-52 所示的位置。

图 7-51 其他文字调整后放置的位置　　图 7-52 导入图形放置的位置

13 选择工具箱中的“基本形状”工具，然后单击属性栏中的“完美形状”按钮，在弹出的“完美形状”选项面板中选择图 7-53 所示的“心形”图形。

14 绘制心形图形，然后为其填充洋红色，如图 7-54 所示。

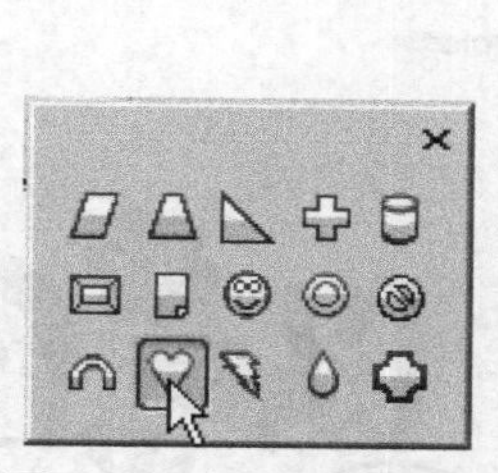
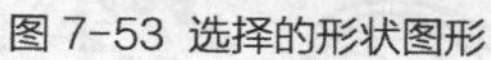
图 7-53 选择的形状图形

图 7-54 绘制的图形

15 按 Ctrl+Q 组合键，将心形图形转换为曲线图形，然后依次按 Ctrl+C 组合键和 Ctrl+V 组合键，将图形在原位置复制一个。

16 利用工具对复制出的图形进行缩小调整，状态如图 7-55 所示。

17 利用工具对缩小后的心形图形进行调整，最终形态如图 7-56 所示。

图 7-55 复制出的图形　　图 7-56 调整后的形态

18 利用工具同时选择两个心形图形，然后单击属性栏中的按钮，图形修剪后的形态如图 7-57 所示。

19 继续利用工具对修剪后的图形进行调整，状态如图 7-58 所示。

图 7-57 修剪后的图形形态　　图 7-58 调整图形状态

20 选取工具，按住 Shift 键单击“爱”字，将“爱”字与修剪后的心形图形同时选择，再单击属性栏中的按钮进行修剪。

21 选取工具，框选图 7-59 所示的节点，然后将选择的节点向右下方稍微移动，再选择左侧的两个节点向左上方稍微移动，移动后的形态如图 7-60 所示。

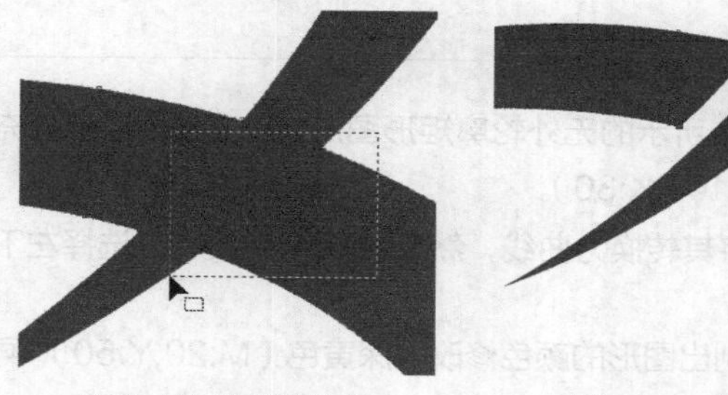
图 7-59 选择的节点

图 7-60 分别移动位置后的形态

22 利用工具选择导入的图形，按 Ctrl+U 组合键取消群组，然后选择花图形移动复制，再调整复制图形的大小，效果如图 7-61 所示。

23 利用工具输入图 7-62 所示的文本，即可完成艺术字的制作。

24 按 Ctrl+S 组合键，将此文件命名为“艺术字 .cdr”并保存。

图 7-61 复制出的花形

图 7-62 输入的文本

实例总结

学习本实例，读者了解了制作艺术字的方法。希望读者能将这种方法熟练掌握，在以后的实际工作过程中学以致用。

实例 102 直排文字——制作道旗

学习目的

学习直排文字及数字的输入与编辑。

实例分析

- **作品路径** | 作品\第 07 章\道旗 .cdr
- **视频路径** | 视频\实例 102.avi
- **知识功能** | “文字”工具的灵活运用
- **制作时间** | 10 分钟

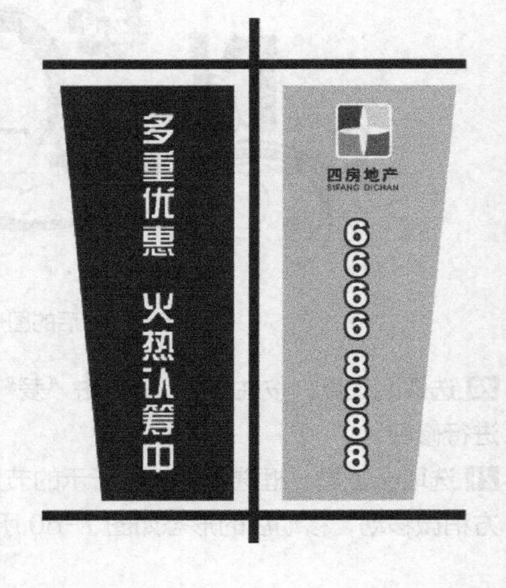

操作步骤

01 新建文件，利用工具依次绘制如图 7-63 所示的无外轮廓矩形图形，3 个长条矩形填充的颜色为黑色，中间的矩形填充的颜色为深红色（C:50,M:100,Y:100,K:30）。

02 选择深红色矩形图形，按 Ctrl+Q 组合键将其转换为曲线，然后选取工具，并选择左下角的控制点，再向右拖曳，将其调整至如图 7-64 所示的形态。

03 将调整后的图形向右镜像复制，然后将复制出图形的颜色修改为深黄色（M:20,Y:50），再调整至如图 7-65 所示的位置。

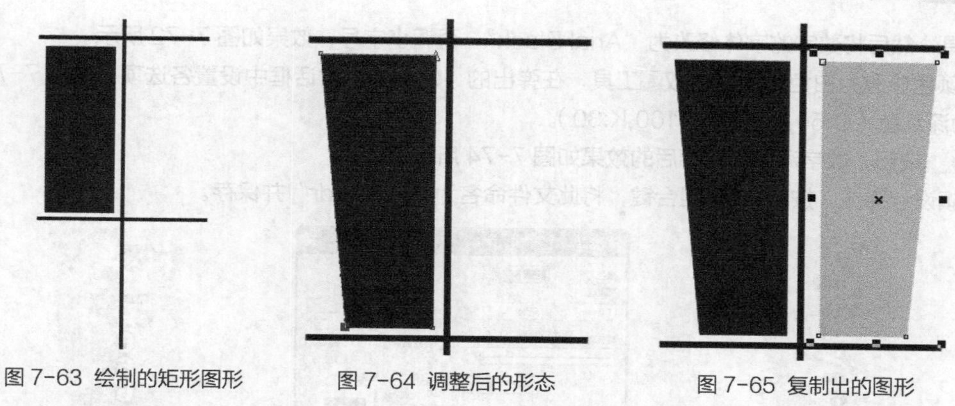

图 7-63 绘制的矩形图形　　图 7-64 调整后的形态　　图 7-65 复制出的图形

04 选取字工具，将鼠标指针移动到页面中单击，插入文本输入光标，然后单击属性栏中的按钮，将竖向文字输入光标转变为横向。

05 依次输入“多重优惠 火热认筹中”文字，文字即会竖向排列，设置文字的字体为“汉仪综艺体简”。

06 将输入的文字移动到深红色图形上，然后将其颜色修改为白色，如图 7-66 所示。

07 按 Ctrl+I 组合键，将资源文件中“作品 \ 第 04 章”中设计的“地产标志”文件置入，然后按 Ctrl+U 组合键，取消群组。

08 选择导入标志中的文字，然后将其颜色修改为深红色（C:50,M:100,Y:100,K:30）；选择标志图形，为其添加白色的外轮廓。

09 分别调整图形及文字的大小，然后将其移动到图 7-67 所示的位置。

10 选取字工具，在标志图形的下方输入图 7-68 所示的数字。

图 7-66 输入的文字

图 7-67 标志调整后放置的位置

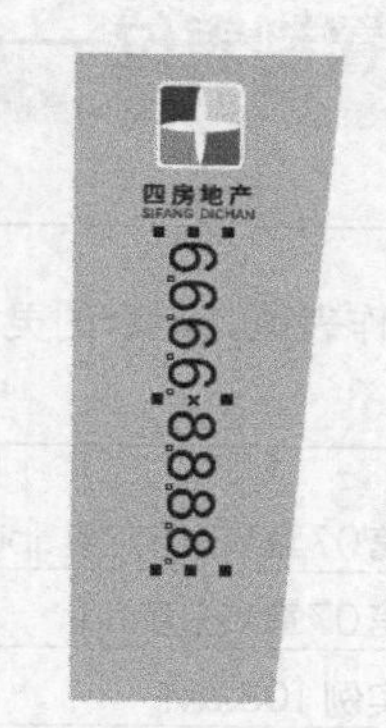

图 7-68 输入的数字

11 选取工具，然后框选输入的数字，状态如图 7-69 所示。

12 设置属性栏参数 90.0°，所选数字旋转后的形态如图 7-70 所示。

13 将鼠标指针移动到左下方的行距箭头≑上按下并向下拖曳，调整数字间的行距，效果如图 7-71 所示。

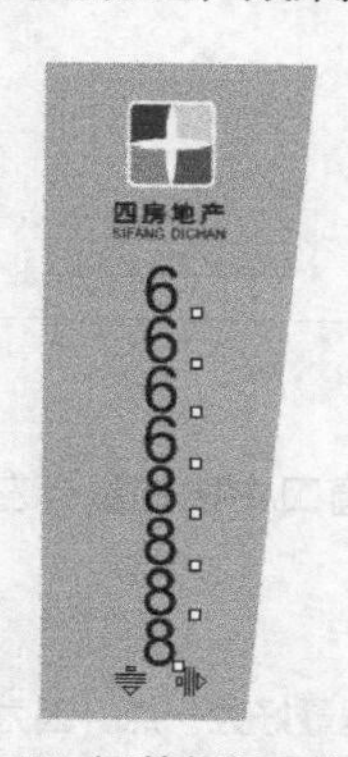

图 7-69 框选数字状态　　图 7-70 旋转后的效果　　图 7-71 调整行距后的效果

14 选取工具，然后将数字的字体修改为“Arial Black”，再调小字号，效果如图7-72所示。

15 将文字的颜色修改为白色，然后选取工具，在弹出的“轮廓笔”对话框中设置各选项，如图7-73所示，其中轮廓颜色为深红色（C:50,M:100,Y:100,K:30）。

16 单击 确定 按钮，数字添加外轮廓后的效果如图7-74所示。

17 至此，道旗设计完成。按Ctrl+S组合键，将此文件命名为“道旗.cdr”并保存。

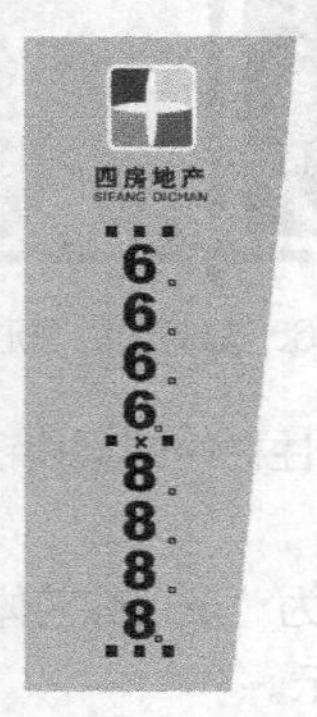

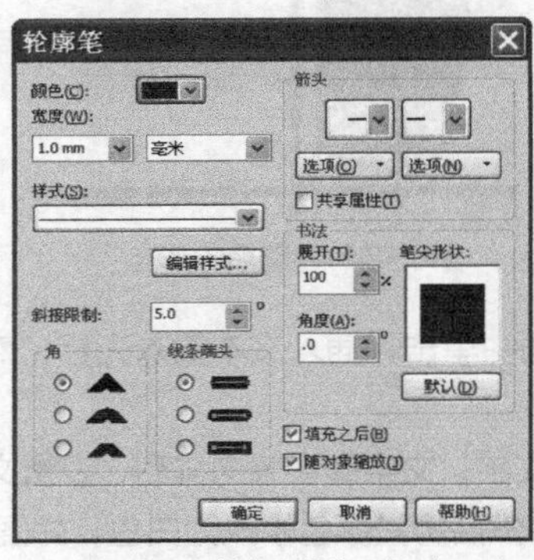

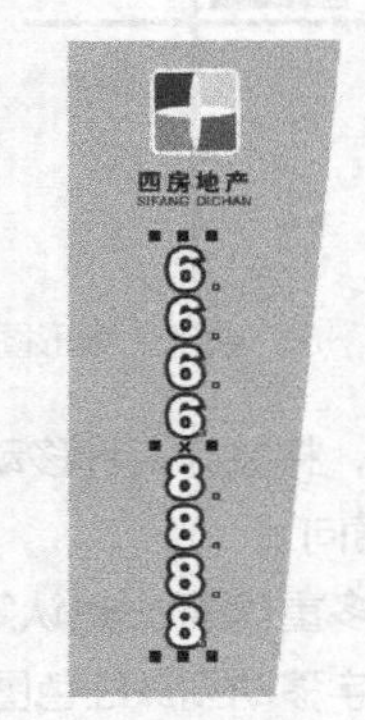

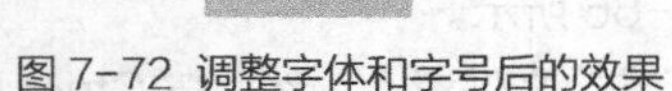

图7-72 调整字体和字号后的效果　　图7-73“轮廓笔”对话框　　图7-74 添加外轮廓后的效果

实例总结

学习本实例，读者学会了输入竖向文字的方法，其中调整数字的方法是本实例的重点，希望读者能将其掌握。

实例103 设置制表位——制作日历

学习目的

学习“文本/制作表位”命令的灵活运用方法。

实例分析

- **素材路径** | 素材\第07章\日历背景.jpg
- **作品路径** | 作品\第07章\日历.cdr
- **视频路径** | 视频\实例103.avi
- **知识功能** | “文本/制作表位”命令
- **制作时间** | 10分钟

操作步骤

01 新建文件。

02 选取工具，在绘图窗口中按住鼠标左键并拖曳，绘制一个段落文本框，并依次输入图7-75所示的段落文本。

> **提示**
>
> 此处绘制的段落文本框最好大一点，因为在下面的操作过程中，要对文字的字符和行间距进行调整，如果文本框不够大，输入的文本将无法全部显示。

03 利用工具选择输入的文字，然后将字体修改为“黑体”，字号可根据读者绘制的文本大小自行设置。

04 再次选取工具，并将文字输入光标分别插入到每个数字左侧，按 Tab 键在每个数字左侧输入一个 Tab 空格，效果如图 7-76 所示。

05 选取工具，确认 Tab 空格的设置，然后执行“文本 / 制表位”命令，在弹出的“制表位设置”对话框中单击全部移除(E)按钮，删除默认的所有制表位。

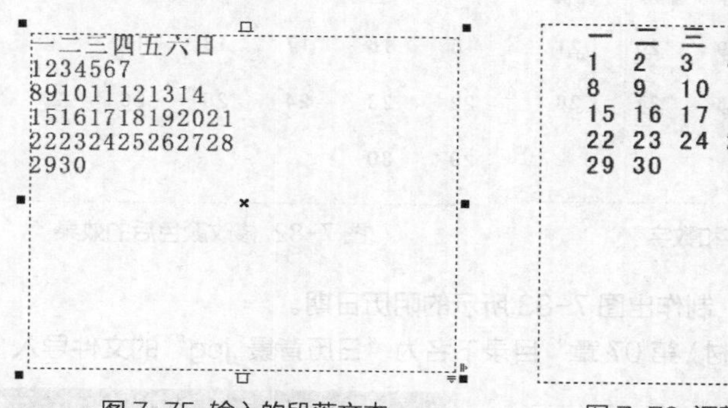

图 7-75　输入的段落文本

一	二	三	四	五	六	日
1	2	3	4	5	6	7
8	9	10	11	12	13	14
15	16	17	18	19	20	21
22	23	24	25	26	27	28
29	30					

图 7-76　调整后数字的排列形态

06 在“制表位位置”文本框中输入数值“0 mm”，单击添加(A)按钮，添加一个制表位，将数值再设置为“15 mm”，然后依次单击 6 次添加(A)按钮，此时的对话框形态如图 7-77 所示。

07 在“对齐”栏中单击，将出现按钮，单击此按钮，在弹出的对齐选项列表中选择“中”选项，然后用相同的方法将其他位置的对齐方式均设置为居中对齐，如图 7-78 所示。

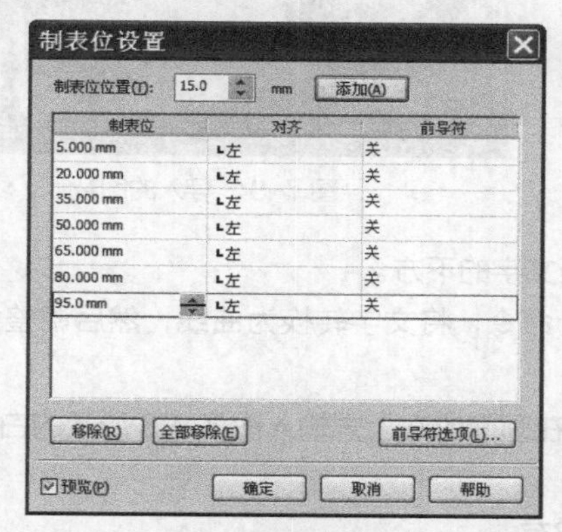

图 7-77　设置制表位位置后的对话框形态

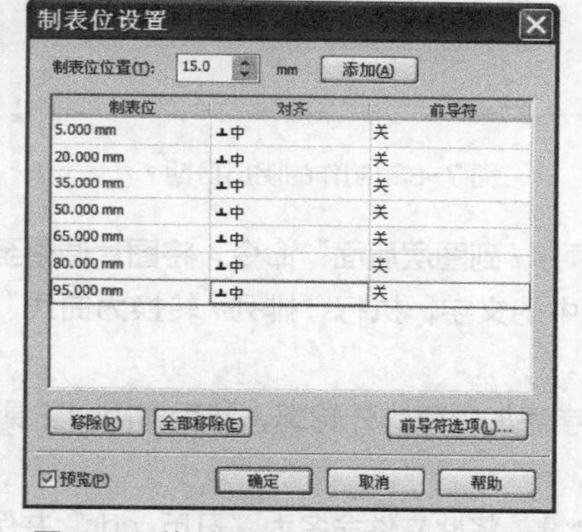

图 7-78　将对齐方式设置为“中”对齐

提示

如设置的文本框的宽度不够大，单击确定按钮后，文本框中将出现拥挤的效果，此时将文本框的宽度调大即可。

08 单击确定按钮，设置制表位后的段落文本如图 7-79 所示。

09 在“文本属性”面板中设置段前间距参数为250.0%，然后选取工具，再将鼠标指针放置到第 2 行中单击，并将段前间距参数设置为150.0%，调整间距后的效果如图 7-80 所示。

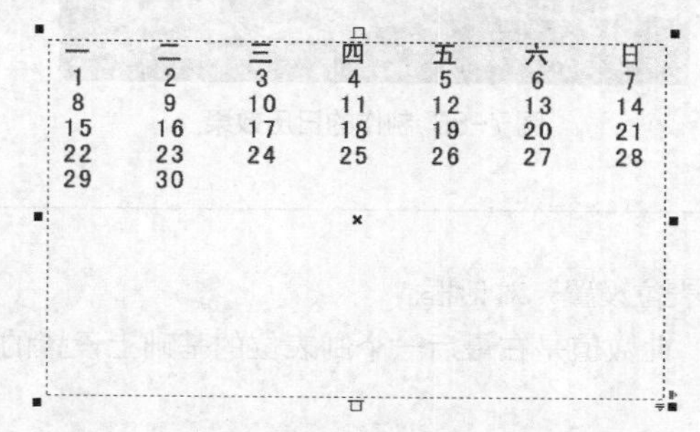

图 7-79　设置制表位位置后的段落文本

一	二	三	四	五	六	日
1	2	3	4	5	6	7
8	9	10	11	12	13	14
15	16	17	18	19	20	21
22	23	24	25	26	27	28
29	30					

图 7-80　调整行间距后的效果

10 选取工具，选择图 7-81 所示的文字和数字，然后将其颜色修改为青色（C:100）。

11 利用工具选择最右侧文字及数字，然后将颜色修改为红色（M:100,Y:100），如图 7-82 所示。

一	二	三	四	五	六	日
1	2	3	4	5	6	7
8	9	10	11	12	13	14
15	16	17	18	19	20	21
22	23	24	25	26	27	28
29	30					

图 7-81 选择的文字和数字

一	二	三	四	五	六	日
1	2	3	4	5	6	7
8	9	10	11	12	13	14
15	16	17	18	19	20	21
22	23	24	25	26	27	28
29	30					

图 7-82 修改颜色后的效果

12 用与步骤 02 ~步骤 11 相同的方法，制作出图 7-83 所示的阴历日期。

13 按 Ctrl+I 组合键，将资源文件中“素材\第 07 章”目录下名为“日历背景 .jpg”的文件导入，如图 7-84 所示。

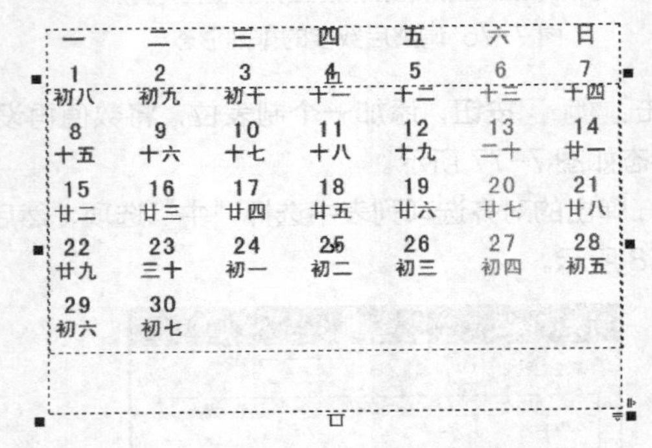

图 7-83 制作的阴历日期

图 7-84 导入的图片

14 执行“排列 / 顺序 / 到图层后面”命令，将图片调整至文字的下方。

15 全部选择画面中的文字，执行“排列 / 转换为曲线”命令，将文字转换为曲线，然后调整大小后，移动到图 7-85 所示的位置。

16 为转曲后的文字添加白色的外轮廓，然后利用工具在画面的右上方输入图 7-86 所示的白色字母和数字，字体为 Adobe Gothic Std B 。

17 按 Ctrl+S 组合键，将此文件命名为“日历 .cdr”并保存。

图 7-85 日历放置的位置

图 7-86 制作的日历效果

相关知识点：“文本 / 制表位”命令

执行“文本 / 制表位”命令，弹出图 7-87 所示的“制表位设置”对话框。

- “制表位位置”选项：用于设置添加制表位的位置。此数值是在最后一个制表位的基础上设置的。单击右侧的 添加(A) 按钮，可将此位置添加至制表位窗口的底部。

- 移除(R) 按钮：单击此按钮，可以删除选择的制表位。
- 全部移除(E) 按钮：单击此按钮，可以删除制表位列表中的全部制表位。
- 前导符选项(L)... 按钮：单击此按钮，将弹出“前导符设置”对话框，在此对话框中可选择制表位间显示的符号，并能设置各符号间的距离。
- “预览”选项：勾选此复选项，在“制表位设置”对话框中的设置可随时在绘图窗口中显示。
- 在制表位列表中制表位的参数上单击，当参数高亮显示时，输入新的数值，可以改变该制表位的位置。
- 在“对齐”列表中单击，当出现按钮时再单击，可以在弹出的下拉列表中改变该制表位的对齐方式，包括“左对齐”“右对齐”“居中对齐”和“十进制对齐”。

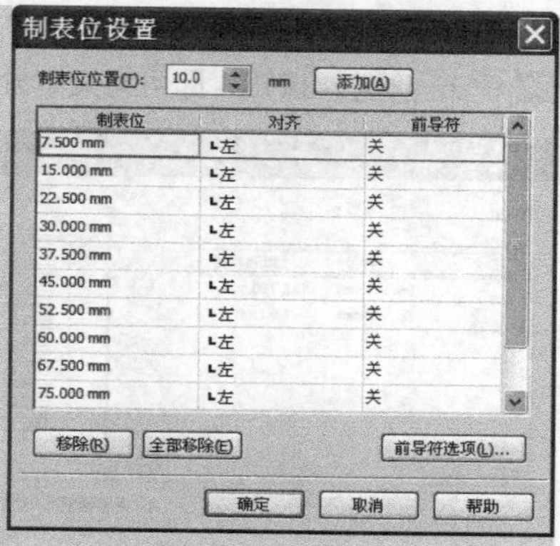

图 7-87“制表位设置”对话框

实例总结

利用制表位可以确保段落文本按照某种方式进行对齐，此功能主要用于设置类似日历中的日期、表格中的数据及索引目录的排列对齐等。注意，要使用此功能进行对齐的文本，每个对象之间必须先使用Tab键进行分隔，即在每个对象之前加入Tab空格。

实例 104　分栏应用

学习目的

学习段落文本的分栏调整方法。

实例分析

- **素材路径** | 素材\第 07 章\底图 .cdr、幼儿教师职责 .doc
- **作品路径** | 作品\第 07 章\分栏调整 .cdr
- **视频路径** | 视频\实例 104.avi
- **知识功能** | “文本 / 栏”命令
- **制作时间** | 10 分钟

操作步骤

01 打开资源文件中“素材\第 07 章”目录下名为“底图 .cdr”的文件。

02 按 Ctrl+I 组合键，将资源文件中“素材\第 07 章”目录下名为“幼儿教师职责 .doc”的文件导入，然后将文本框调整至图 7-88 所示的大小。

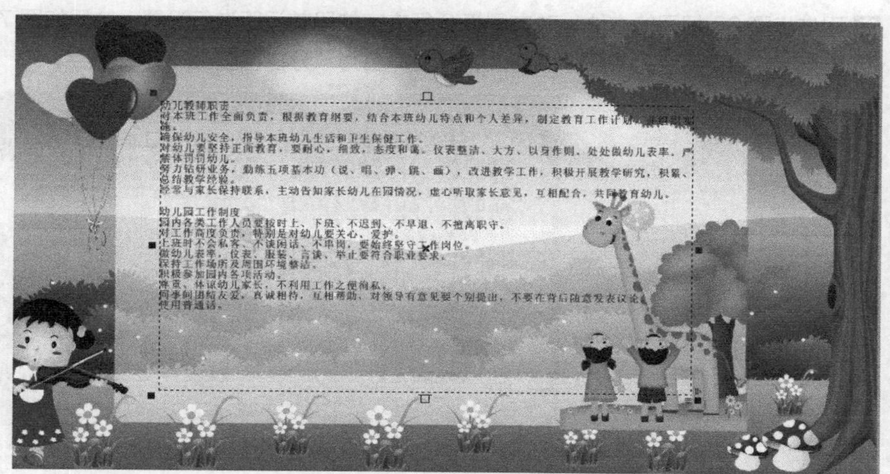

图 7-88　导入的文本及调整后的文本框

03 执行“文本 / 栏”命令，在弹出的“栏设置”对话框中，将栏数设置为“2”，如图 7-89 所示。

04 单击 确定 按钮，即可将文本分栏，效果如图 7-90 所示。

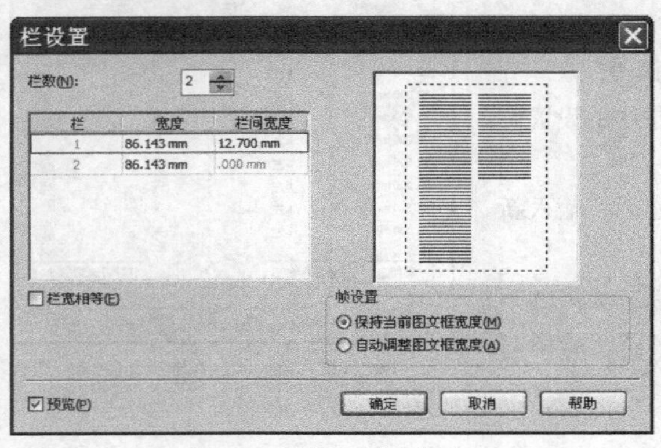

图 7-89“栏设置”对话框

图 7-90 分栏后的效果

05 将文字的字体设置为“汉仪中宋简”；字号设置为“14 pt”，然后在“文本属性”面板中将“字符间距”选项的参数设置为 .0% 。

06 利用字工具，依次选择“幼儿教师职责”和“幼儿园工作制度”文字，然后分别将其字体修改为“汉仪综艺体简”，字号设置为“20 pt”，颜色设置为蓝色（C:100,M:100），如图 7-91 所示。

07 选择文本框，然后在“文本属性”面板中将“行距”选项的参数设置为 120.0% ，再调整文本框的大小，使其完全显示所有的文本，如图 7-92 所示。

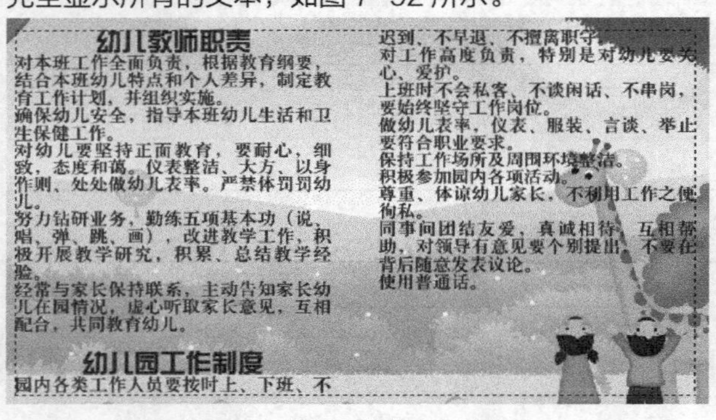

图 7-91 设置标题文字后的效果

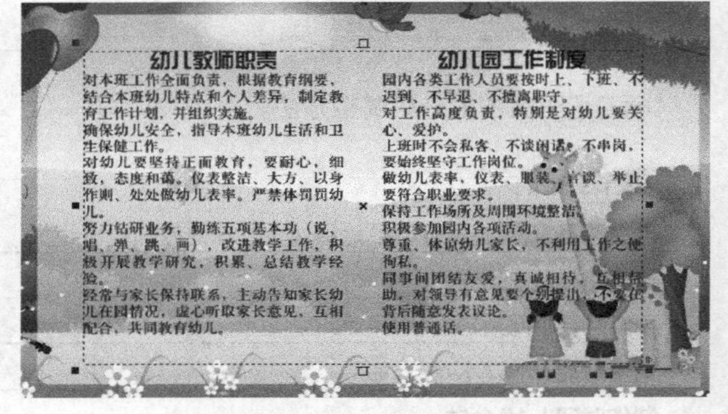

图 7-92 设置行距后的效果

08 选取字工具，将鼠标指针移动到左栏第 2 行文字中单击，然后在“文本属性”面板中将“段前间距”选项的参数设置为 150.0% 。

09 用与步骤 08 相同的方法，对右侧第 2 行文字的段前间距进行设置，效果如图 7-93 所示。

10 执行“文件 / 另存为”命令，将此文件另命名为“分栏调整 .cdr”并保存。

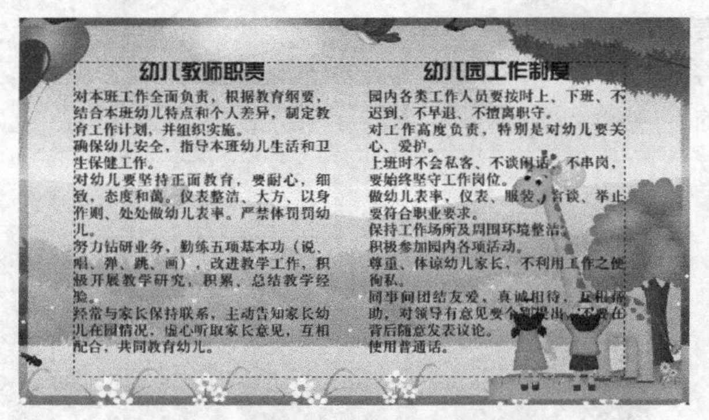

图 7-93 设置段前间距后的效果

相关知识点："文本 / 栏"命令

执行"文本 / 栏"命令，将弹出图 7-94 所示的"栏设置"对话框。

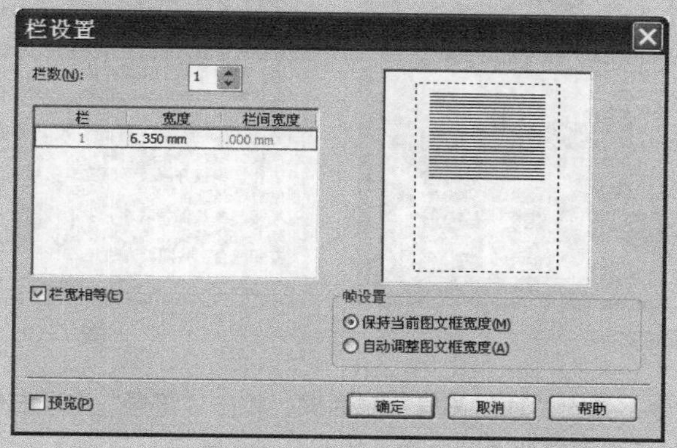

图 7-94"栏设置"对话框

- "栏数"选项：设置段落文本的分栏数目。在下方的列表中显示了分栏后的栏宽和栏间距。当"栏宽相等"复选项不被勾选时，在"宽度"和"栏间宽度"中单击，可以设置不同的栏宽和栏间宽度。
- "栏宽相等"选项：勾选此复选项，可以使分栏后的栏和栏之间的距离相同。
- "保持当前图文框宽度"选项：选中此单选项，可以保持分栏后文本框的宽度不变。
- "自动调整图文框宽度"选项：选中此单选项，当对段落文本进行分栏时，系统可以根据设置的栏宽自动调整文本框宽度。

实例总结

学习本实例，读者初步了解了"栏"命令的应用。在对类似报纸、产品说明书等具有大量文字的图形进行排版时，"栏"命令是经常要使用的，通过对"栏"命令的设置，可以使排列的文字更容易阅读，看起来也更美观。

实例 105 项目符号应用

学习目的

学习段落文本中项目符号的添加与编辑。

实例分析

- **作品路径** | 作品\第 07 章\项目符号应用.cdr
- **视频路径** | 视频\实例 105.avi
- **知识功能** | "文本 / 项目符号"命令
- **制作时间** | 10 分钟

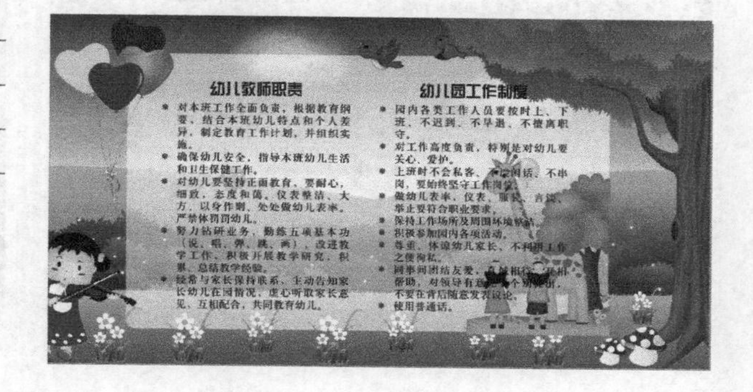

操作步骤

01 继续上一实例中的操作。

02 利用字工具选择图 7-95 所示的文字，然后单击属性栏中的按钮，即可为选择的文字添加项目符号，如图 7-96 所示。

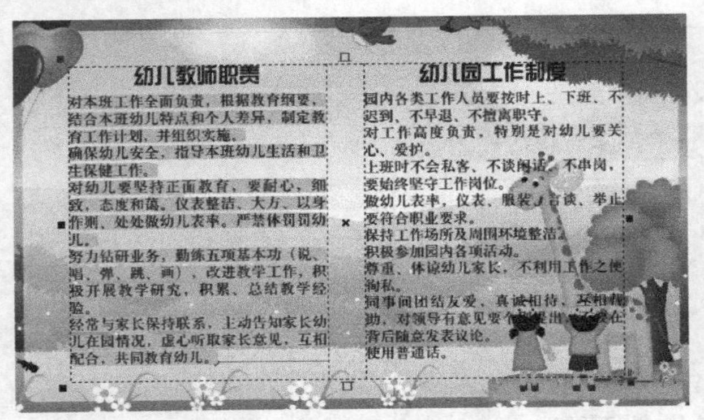

图 7-95 选择的文字

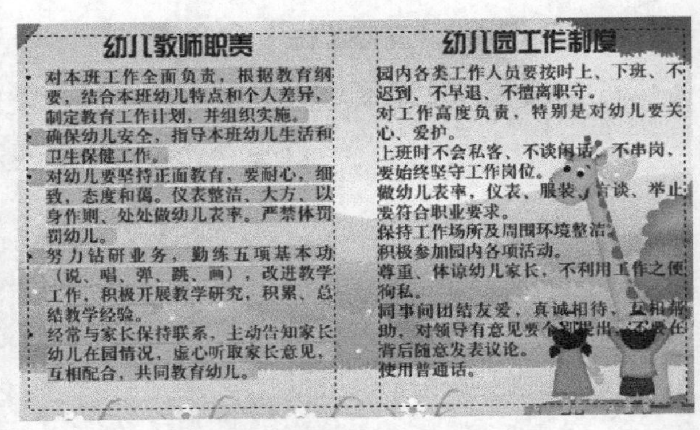

图 7-96 添加的项目符号

03 执行“文本 / 项目符号”命令，弹出“项目符号”对话框，单击“符号”选项右侧的 按钮，在弹出的符号列表中选择图 7-97 所示的符号，然后设置其他选项参数，如图 7-98 所示。

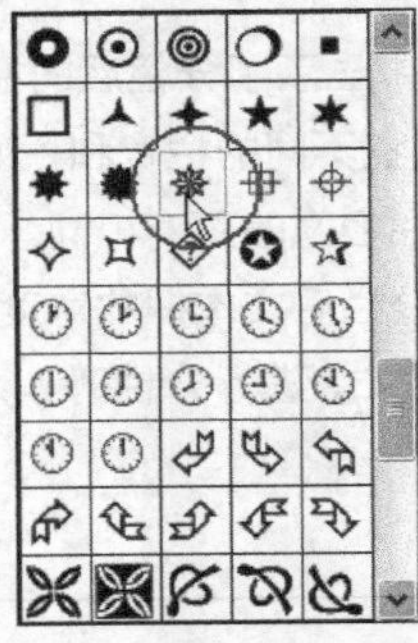

图 7-97 选择的项目符号

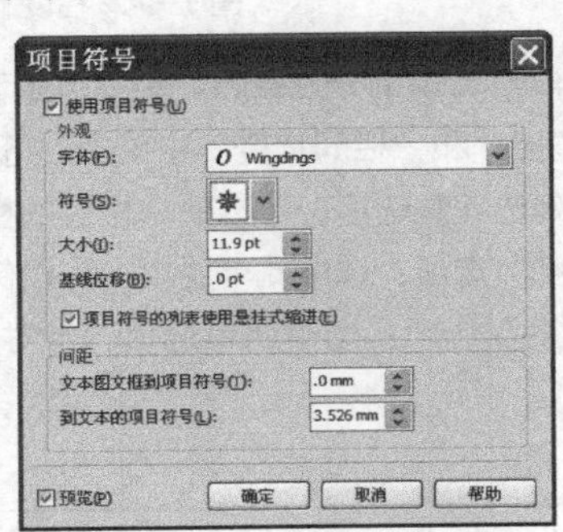

图 7-98“项目符号”对话框

提示

如果读者的文本框设置得过小，当修改项目符号后，文本框将不能完全显示文本，此时读者要随时调整文本框的大小。

04 单击 确定 按钮，修改后的项目符号如图 7-99 所示。

05 用以上相同的添加项目符号方法，为右侧文本添加项目符号，效果如图 7-100 所示。

06 执行“文件 / 另存为”命令，将此文件另命名为“项目符号应用 .cdr”并保存。

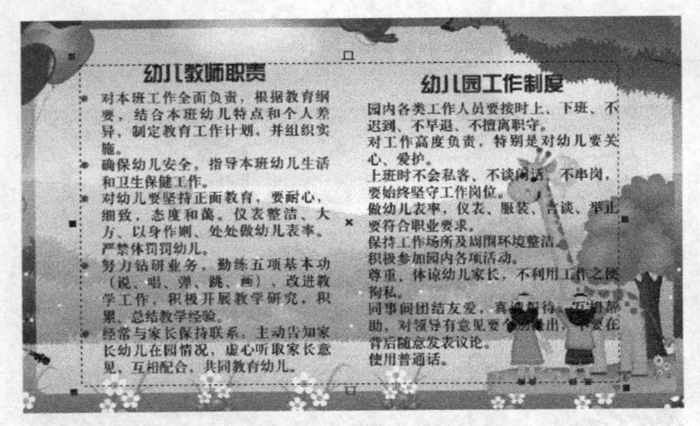

图 7-99 修改后的效果

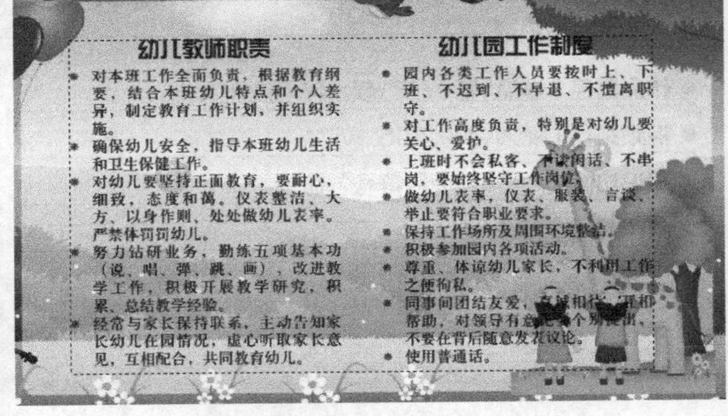

图 7-100 添加的项目符号

相关知识点：“文本 / 项目符号”命令

执行“文本 / 项目符号”命令，将弹出图 7-101 所示的“项目符号”对话框。

- “使用项目符号”命令：勾选此复选项，即可在选择的段落文本中添加项目符号，且下方的各选项才可用。
- “字体”选项：设置选择项目符号的字体。随着字体的改变，当前选择的项目符号也将随之改变。

- “符号”选项：单击右侧的倒三角按钮，可以在弹出的符号列表中选择想要添加的项目符号。
- “大小”选项：设置选择项目符号的大小。
- “基线位移”选项：设置项目符号在垂直方向上的偏移量。参数为正值时，项目符号向上偏移；参数为负值时，项目符号向下偏移。
- “项目符号的列表使用悬挂式缩进”选项：勾选此复选项，添加的项目符号将在整个段落文本中悬挂式缩进。不勾选与勾选此复选项时，添加的项目符号效果对比如图 7-102 所示。

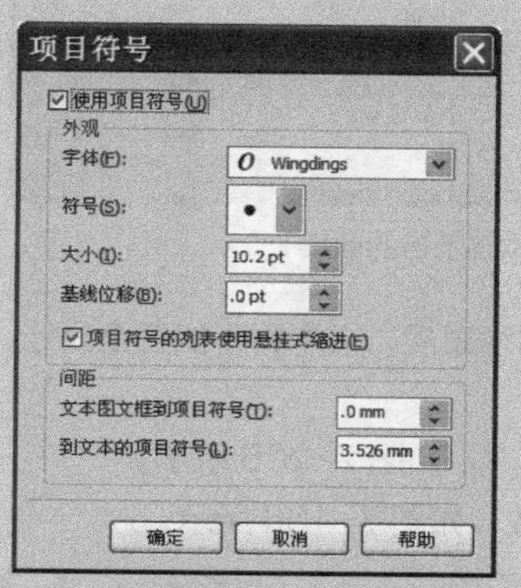

图 7-101“项目符号”对话框

幼儿教师职责

* 对本班工作全面负责，根据教育纲要，结合本班幼儿特点和个人差异，制定教育工作计划，并组织实施。
* 确保幼儿安全，指导本班幼儿生活和卫生保健工作。
* 对幼儿要坚持正面教育，要耐心，细致，态度和蔼。仪表整洁、大方、以身作则、处处做幼儿表率。严禁体罚幼儿。
* 努力钻研业务，勤练五项基本功（说、唱、弹、跳、画），改进教学工作，积极开展教学研究，积累、总结教学经验。
* 经常与家长保持联系，主动告知家长幼儿在园情况，虚心听取家长意见，互相配合，共同教育幼儿。

图 7-102 不同的样式对比效果

- “文本图文框到项目符号”选项：用于设置项目符号到文本框的距离。
- “到文本的项目符号”选项：用于设置项目符号到文本的距离。

实例总结

学习本实例，读者初步了解了“项目符号”命令的应用。在段落文本中添加项目符号，可以将一些没有顺序的段落文本内容排成统一的风格，使版面的排列井然有序。

实例 106 文本绕图——文字编排

学习目的

学习文本绕图的方法。

实例分析

- **作品路径** | 作品\第07章\文本绕排.cdr
- **视频路径** | 视频\实例106.avi
- **知识功能** | 文本绕图
- **制作时间** | 10分钟

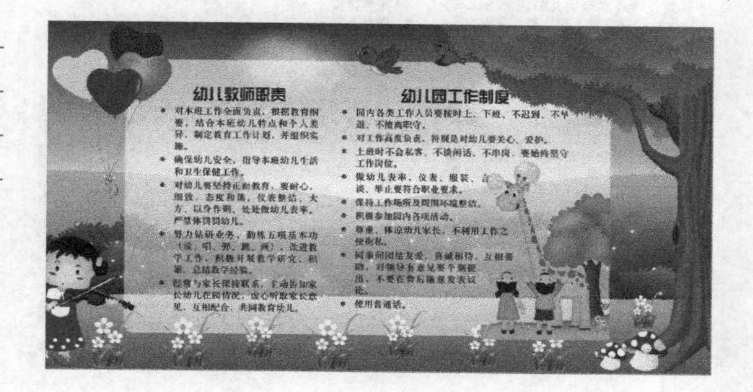

操作步骤

01 继续上一实例的操作。

02 利用工具选择“长颈鹿”图片，然后单击属性栏中的按钮，在弹出的“文本绕图”面板中选择图 7-103 所示的绕排方式，生成的绕图效果如图 7-104 所示。

图 7-103 选择的绕排方式

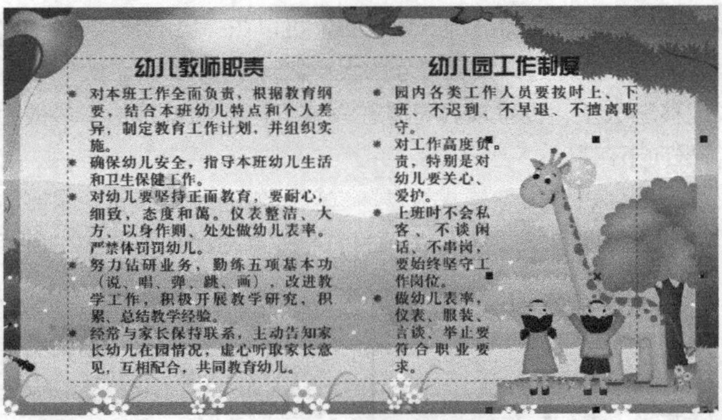

图 7-104 文本绕图后的效果

通过图示我们发现，由于之前设置的文本字号较大，因此设置文本绕图后，文本将不能完全显示，为了最终效果的美观，下面来进行调整。

03 利用字工具依次选择添加项目符号的文本，然后将其字号设置为 12pt ，如图 7-105 所示。

04 执行“文本 / 栏”命令，在弹出的“栏设置”对话框中设置选项参数，如图 7-106 所示。

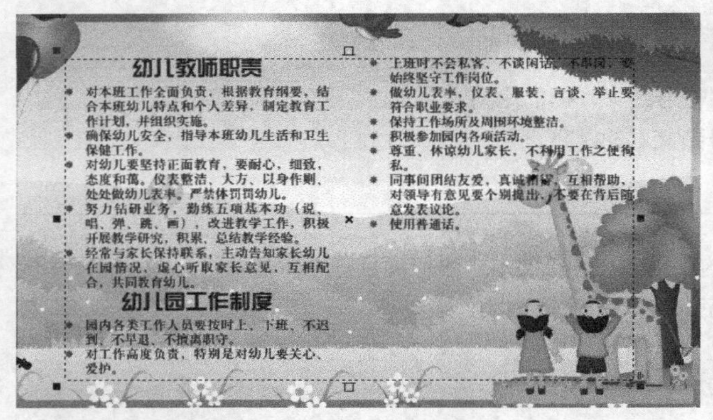

图 7-105 修改字号后的效果

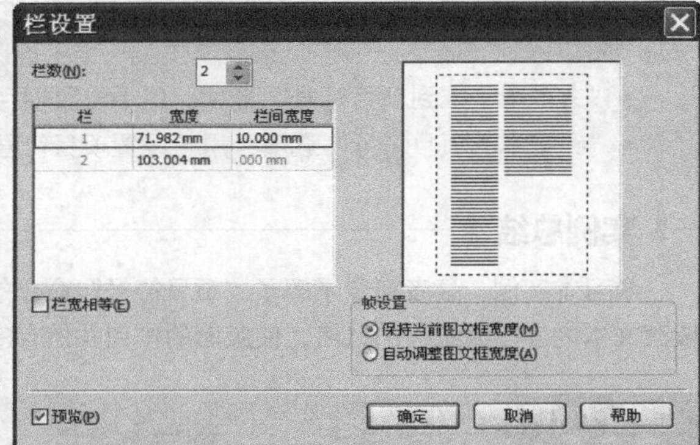

图 7-106“栏设置”对话框

05 单击 确定 按钮，重新分栏后的效果如图 7-107 所示。

06 利用字工具再次选择添加项目符号的文本，将其行距参数设置为 140.0% ，调整后的效果如图 7-108 所示。

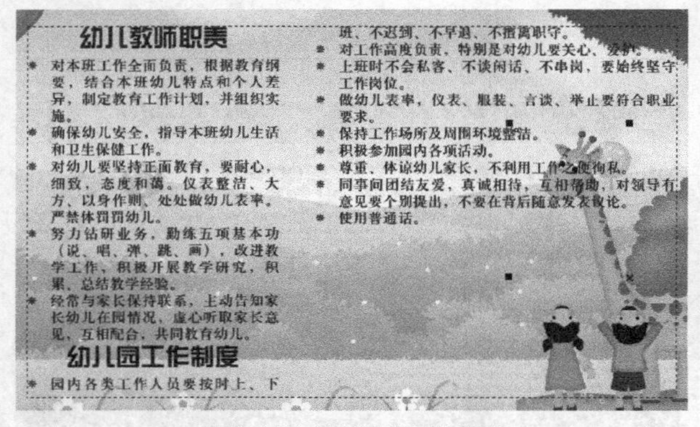

图 7-107 重新分栏后的效果

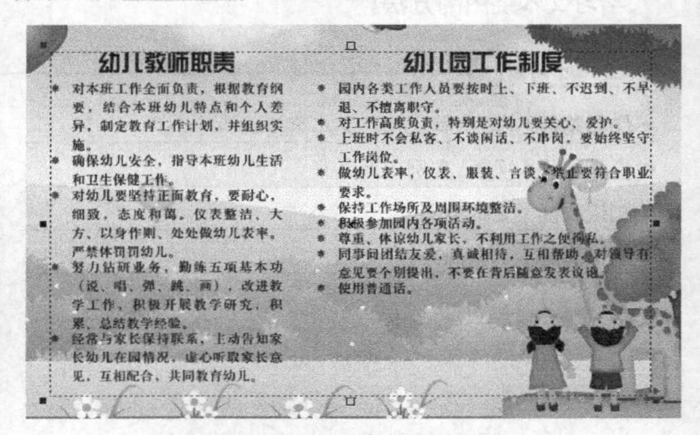

图 7-108 设置行距后的效果

07 利用工具再次选择“长颈鹿”图片，然后单击属性栏中的按钮，在弹出的“文本绕图”面板中选择“跨式文本”绕排方式，生成的绕图效果如图 7-109 所示。

08 单击属性栏中的按钮，取消图形的群组，然后选取工具，长颈鹿图形的边缘即显示蓝色边框。

09 将鼠标指针移动到蓝色边框上双击鼠标，即可在单击处添加一个控制点，如图 7-110 所示。

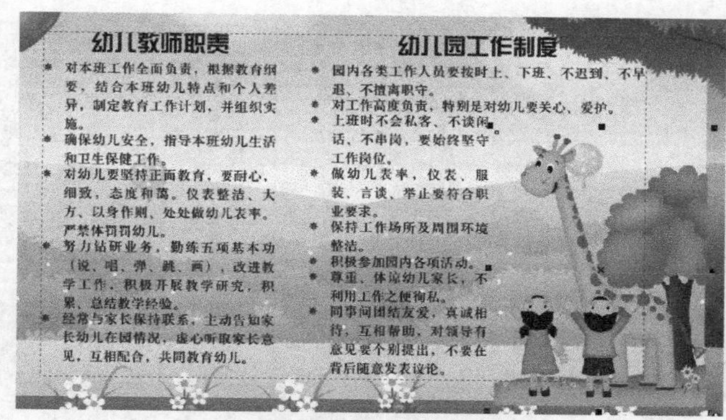

图 7-109 文本绕图后的效果

图 7-110 添加的控制点

10 在添加的控制点下方再添加一个控制点，然后将其向右调整，状态如图 7-111 所示。

11 用与以上相同的添加控制点再调整位置的方法，调整“长颈鹿”图片的边界，最终效果如图 7-112 所示。

12 执行“文件 / 另存为”命令，将此文件另命名为“文本绕排 .cdr”并保存。

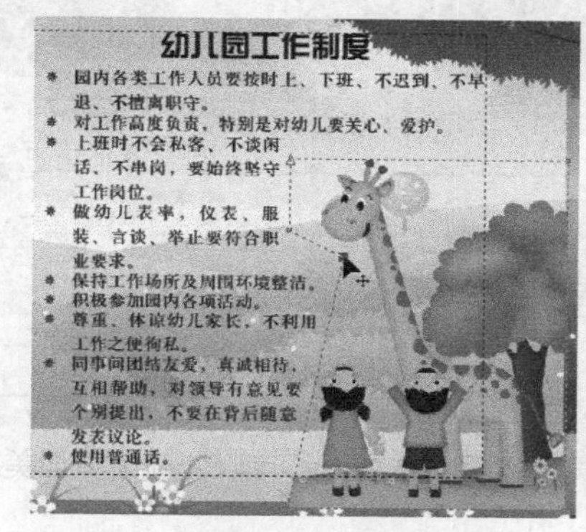

图 7-111 调整控制点时的状态

图 7-112 调整后的效果

相关知识点：文本绕图

选择要绕排的图片，然后单击属性栏中的按钮，弹出的“文本绕图”面板，如图7-113所示。

- 文本绕图主要有两种方式：一种是围绕图形的轮廓进行排列；另一种是围绕图形的边界框进行排列。在“轮廓”和“方形”选项中单击任一选项，即可设置文本绕图效果。
- 在“文本换行偏移”选项下方的文本框中输入数值，可以设置段落文本与图形之间的间距。
- 如要取消文本绕图，可单击“换行样式”选项面板中的“无”选项。

选择不同文本绕图样式后的效果如图7-114所示。

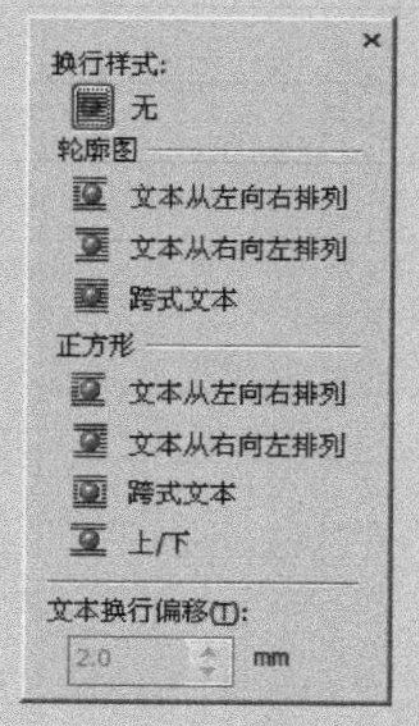

图 7-113“文本绕图”面板

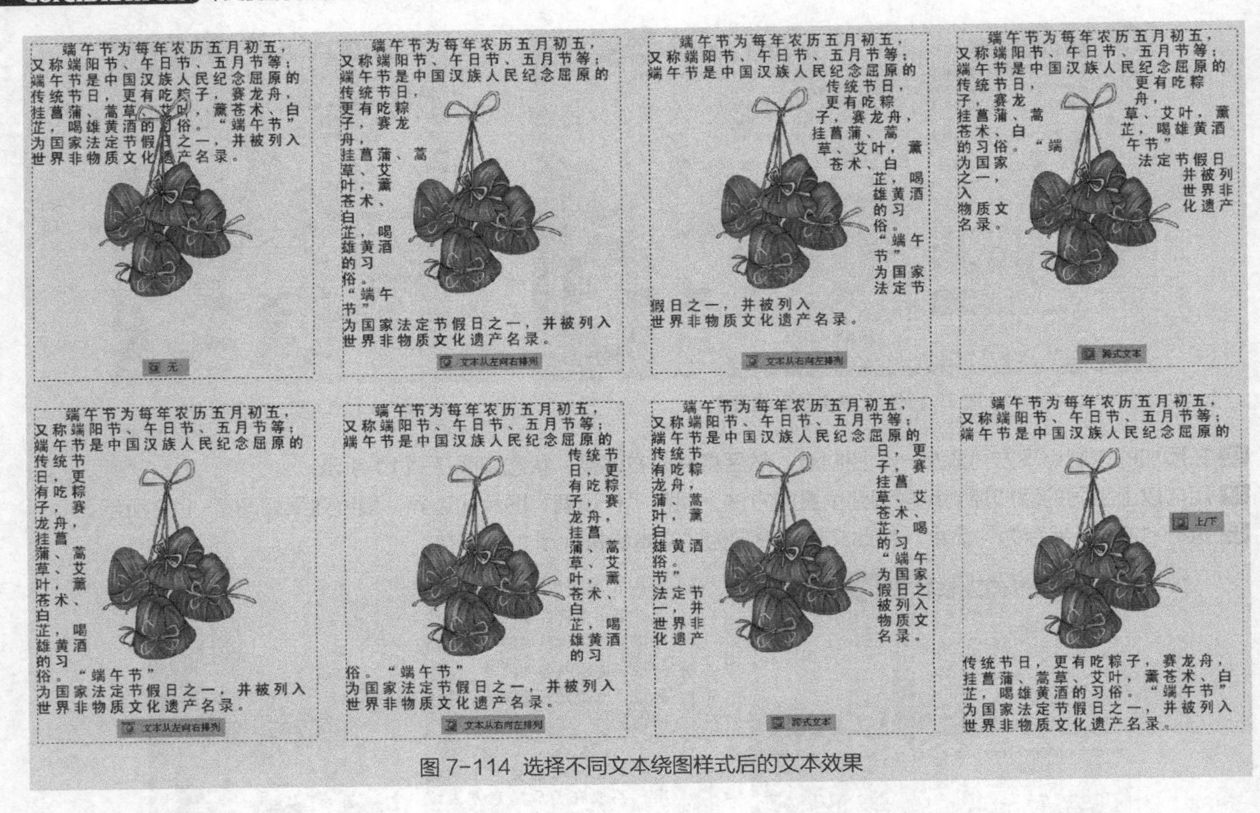

图 7-114 选择不同文本绕图样式后的文本效果

实例总结

学习本实例，读者掌握了文本绕图的方法。在CorelDRAW中灵活运用文本绕图，可以使画面更加美观。

实例 107 文本适配路径——标志设计

学习目的

当需要将文字沿特定的形状进行编辑时，可以采用文本适配路径或适配图形的方法进行编辑。本例我们来学习沿路径输入文字的方法。

实例分析

- **作品路径** | 作品\第07章\良工标志.cdr
- **视频路径** | 视频\实例107.avi
- **知识功能** | 沿路径输入文字
- **制作时间** | 10分钟

操作步骤

01 新建文件，利用◎工具绘制圆形图形，然后为其填充灰色（C:22,M:11,Y:15），并设置图 7-115 所示的外轮廓，轮廓颜色为深绿色（C:85,M:60,Y:65,K:20）。

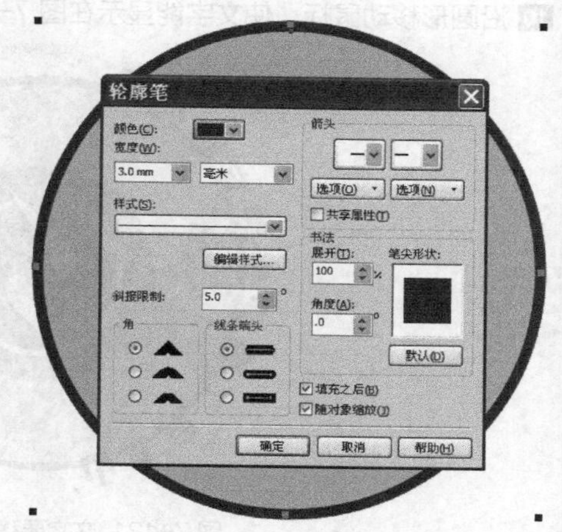

图 7-115　设置的外轮廓

02 将圆形图形以中心等比例缩小并复制，然后去除复制出的图形的外轮廓，再将图形的颜色修改为深绿色（C:85,M:60,Y:65,K:20），如图 7-116 所示。

03 按 Ctrl+I 组合键，将资源文件中“作品 \ 第 06 章”目录下名为“良工仪器标志 .cdr”的文件导入，然后按 Ctrl+U 组合键取消群组。

04 选择标志中的文字，按 Delete 键删除，然后将除圆形以外的图形都修改为白色，将圆形都修改为青色（C:60）。

05 将标志图形全部选择后群组，然后调整大小后放置到图 7-117 所示的位置。

06 选取字工具，将鼠标指针移动到图 7-118 所示的位置单击。

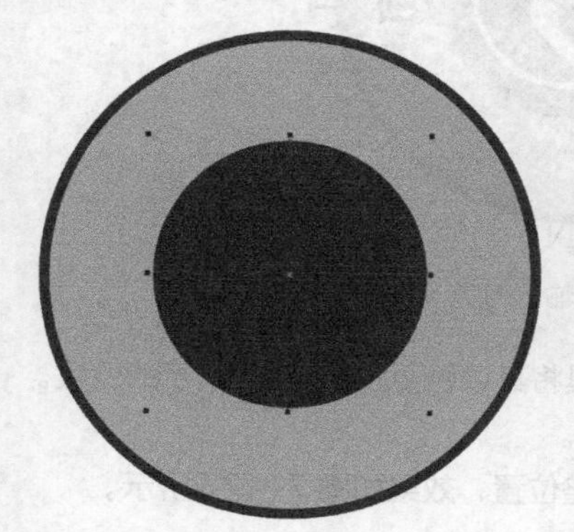

图 7-116　缩小复制出的图形

图 7-117　标志图形放置的位置

图 7-118　鼠标指针放置的位置

07 依次输入“山东良工精密仪器有限公司”文字，输入的文字即沿圆形排列，如图 7-119 所示。

08 利用字工具，选择输入的文字，然后将其字体修改为“黑体”，如图 7-120 所示。

图 7-119　输入的文字

图 7-120　修改字体后的效果

09 选取工具，确认文字的调整，然后将鼠标指针移动到文字上按下并向圆形中拖曳，状态如图 7-121 所示。

10 沿圆形移动鼠标，使文字能显示在图 7-122 所示的位置，确认后释放鼠标即可。

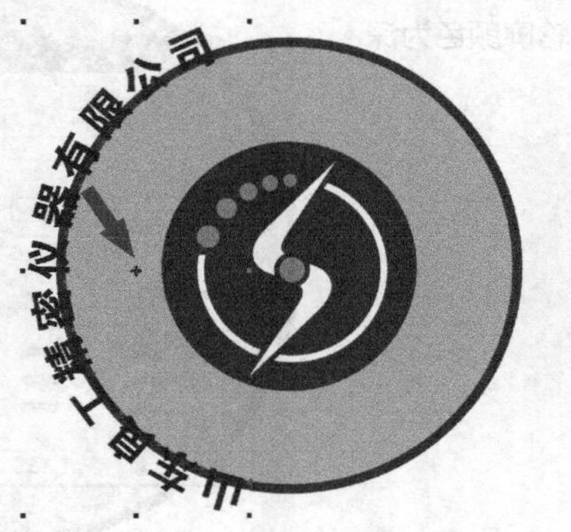

图 7-121 文字要移动的位置

图 7-122 调整文字状态

11 再次选取工具，将鼠标指针移动到图 7-123 所示的位置单击，插入文字输入符，然后依次输入图 7-124 所示的字母。

图 7-123 鼠标指针放置的位置

图 7-124 输入的字母

12 利用工具选择输入的字母，然后修改其字体和字号大小，再利用工具将其调整至图 7-125 所示的位置。

13 依次单击属性栏中的按钮和按钮，镜像字母，效果如图 7-126 所示。

14 至此，标志基本设计完成。利用工具，分别选择文字及字母，重新调整位置，效果如图 7-127 所示。

15 按 Ctrl+S 组合键，将此文件命名为“标志 .cdr”并保存。

图 7-125 调整后的字母位置

图 7-126 字母镜像后的效果

图 7-127 调整后的标志效果

相关知识点：文本适配路径

制作沿路径排列的文本除了本例讲解的方法外，还可以利用“文本适配路径”命令。

利用字工具输入文本，然后利用线形或绘图工具绘制作为路径的线形或图形，再利用工具同时选择文本与路径，执行“文本/使文本适合路径”命令，即可将文本适合至路径上。也可先只选择文本，然后执行“文本/使文本适合路径”命令，此时鼠标光标将显示为状态，将鼠标光标移动到要适合的路径上单击，即可将文本适合该路径。

文本适配路径后，此时的属性栏如图 7-128 所示。

图 7-128　文本适配路径时的属性栏

- “文本方向”选项：可在下拉列表中设置适配路径后的文字相对于路径的方向。
- “与路径的距离”选项：设置文本与路径之间的距离。参数为正值时，文本向外扩展；参数为负值时，文本向内收缩。
- “偏移”选项：设置文本在路径上偏移的位置。数值为正值时，文本按顺时针方向旋转偏移；数值为负值时，文本按逆时针方向旋转偏移。
- “镜像文本”选项：对文本进行镜像设置，单击按钮，可使文本在水平方向上镜像；单击按钮，可使文本在垂直方向上镜像。
- 贴齐标记按钮：单击此按钮，将弹出贴齐标记选项面板。选中“打开贴齐标记”选项，在调整路径中的文本与路径之间的距离时，会按照设置的“标记距离”参数自动捕捉文本与路径之间的距离。选中“关闭贴齐标记”选项，将关闭该功能。

实例总结

文本适配路径命令是将所输入的文本按指定的路径进行编辑处理，使其达到意想不到的艺术效果。使用的路径可以是闭合的图形也可以是未闭合的曲线。优点在于文字可以按任意形状排列，并且可以轻松地制作各种文本排列的艺术效果。

实例 108　表格工具——制作课程表

学习目的

本例通过制作一个课程表来详细讲解“表格”工具的应用。

实例分析

- **素材路径** | 素材\第 07 章\课程表底图.cdr
- **作品路径** | 作品\第 07 章\课程表.cdr
- **视频路径** | 视频\实例 108.avi
- **知识功能** | “表格”工具的运用
- **制作时间** | 10 分钟

课　程　表

	星期一	星期二	星期三	星期四	星期五
1	数学	英语	语文	数学	语文
2	英语	语文	数学	语文	英语
3	语文	数学	英语	自然	数学
4	美术	思想品德	自然	英语	体育
5	民防	健康	美术	海洋教育	信息技术
6	体育	音乐	体育	阅读	劳技
7	思想品德	体育	音乐	体育	品社
8	班会	活动	品社	写字	活动

操作步骤

01 打开资源文件中“素材 \ 第 07 章”目录下的“课程表底图 .cdr”文件。

02 选取▦工具，设置属性栏参数▦，然后将鼠标指针移动到底图上拖曳，绘制出图 7-129 所示的表格图形。

03 将鼠标指针移动到左边第 1 栏右边的竖线上，当鼠标指针显示为 ↔ 图标时，按下鼠标左键向左拖曳，调整表格大小，状态如图 7-130 所示。

图 7-129 创建的表格

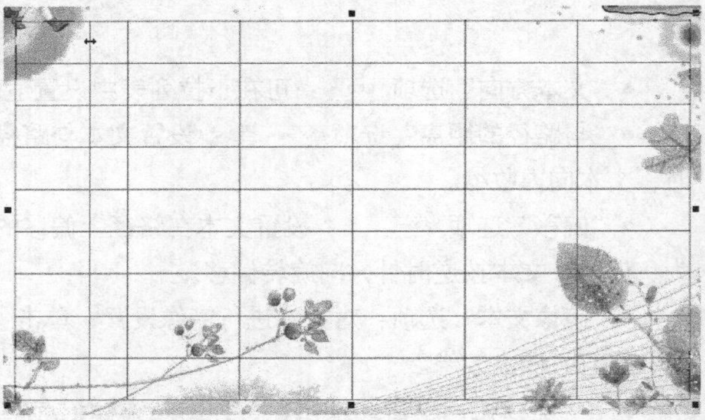

图 7-130 调整大小

04 将鼠标指针移动到图 7-131 所示的位置按下并向右下方拖曳，选择图 7-132 所示的单元格。

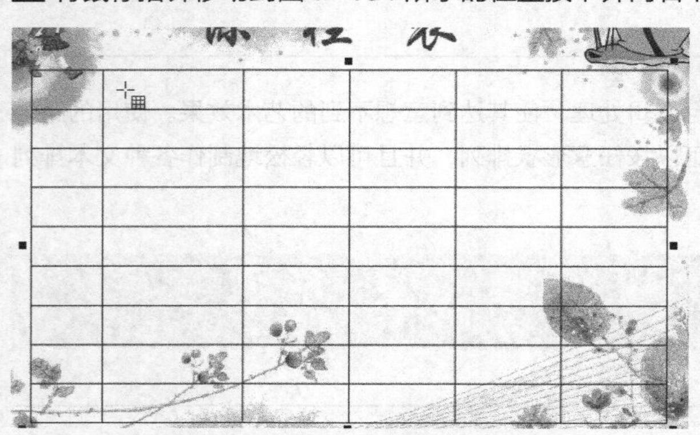

图 7-131 鼠标指针放置的位置

图 7-132 选择的单元格

05 执行“表格 / 分布 / 列均分”命令，将选择单元格的每一列都平均分布，效果如图 7-133 所示。

06 在属性栏中单击▦按钮，在下拉选项中选取“外部”选项，如图 7-134 所示。

图 7-133 平均分布列后的效果

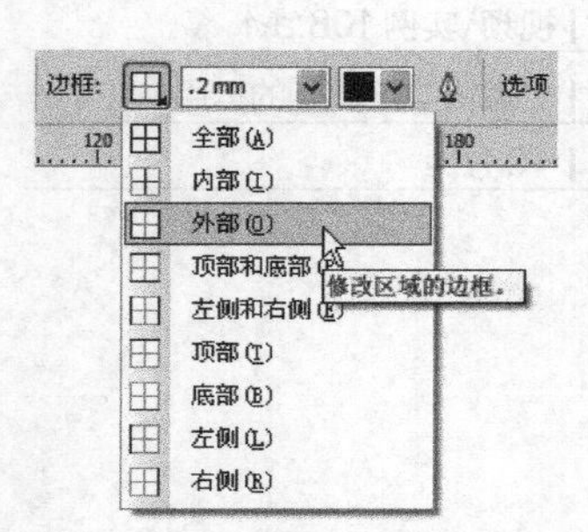

图 7-134 选取“外部”选项

07 在属性栏中单击 .2 mm 选项，在下拉列表中将线框的粗细设置为“1 mm”，效果如图 7-135 所示。

08 在属性栏中单击▦按钮，在下拉选项中选取“内部”选项，然后将表格内部的线框粗细设置为“0.75 mm”，效果如图 7-136 所示。

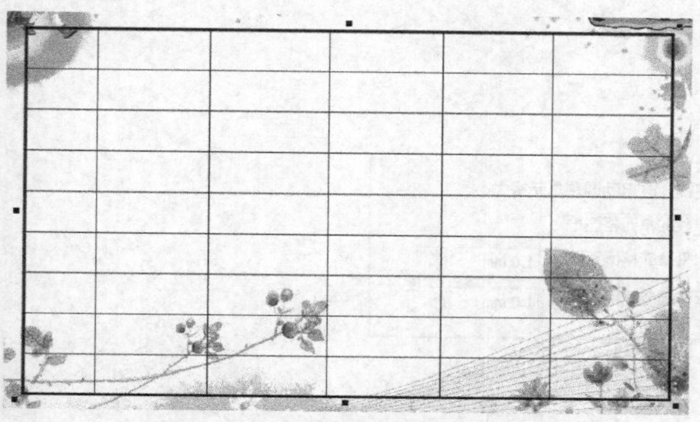

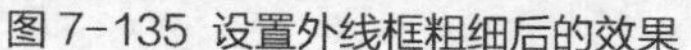

图 7-135 设置外线框粗细后的效果

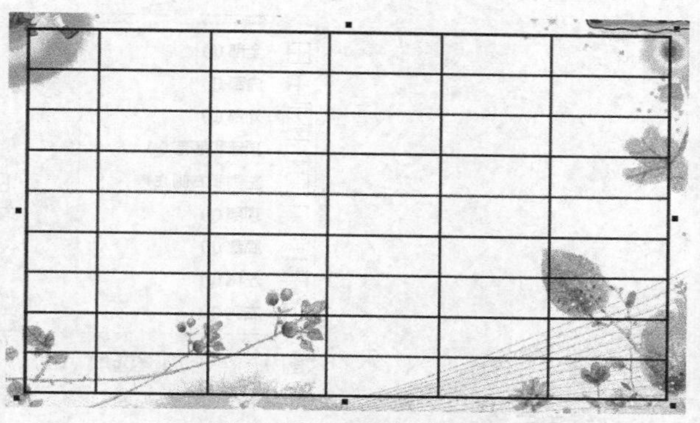

图 7-136 设置后的线框粗细

09 单击属性栏中“背景”选项右侧的按钮，在弹出的颜色列表中选择白色，为表格图形填充白色，效果如图 7-137 所示。

10 选取工具，在表格中依次输入图 7-138 所示的课程文字内容，即可完成课程表的绘制。

11 执行“文件 / 另存为”命令，将此文件另命名为“课程表 .cdr”并保存。

图 7-137 填充颜色后的效果

课 程 表

	星期一	星期二	星期三	星期四	星期五
1	数学	英语	语文	数学	语文
2	英语	语文	数学	语文	英语
3	语文	数学	英语	自然	数学
4	美术	思想品德	自然	英语	体育
5	民防	健康	美术	海洋教育	信息技术
6	体育	音乐	体育	阅读	劳技
7	思想品德	体育	音乐	体育	品社
8	班会	活动	品社	写字	活动

图 7-138 输入的文字内容

相关知识点：“表格”工具

“表格”工具的属性栏如图 7-139 所示。

图 7-139“表格”工具的属性栏

- “行数和列数”：用于设置绘制表格的行数和列数。
- “背景色”：单击该按钮，可在弹出的列表中选择颜色，为选择的表格添加背景色。当选择左上角的图标时，将取消背景色。
- “编辑填充”按钮：当为表格添加背景色后，此按钮才可用，单击此按钮，可在弹出的“均匀填充”对话框中编辑颜色。
- “边框”按钮：单击此按钮，将弹出图 7-140 所示的边框选项，用于选择表格的边框。
- “轮廓宽度”：用于设置边框的宽度。
- “边框颜色”：单击该色块，可在弹出的颜色列表中选择边框的颜色。
- “轮廓笔”按钮：单击此按钮，将弹出“轮廓笔”对话框，用于设置边框轮廓的其他属性，如将边框设置为虚线等。

- 选项按钮：单击此按钮将弹出图7-141所示的“选项”面板，用于设置单元格的属性。

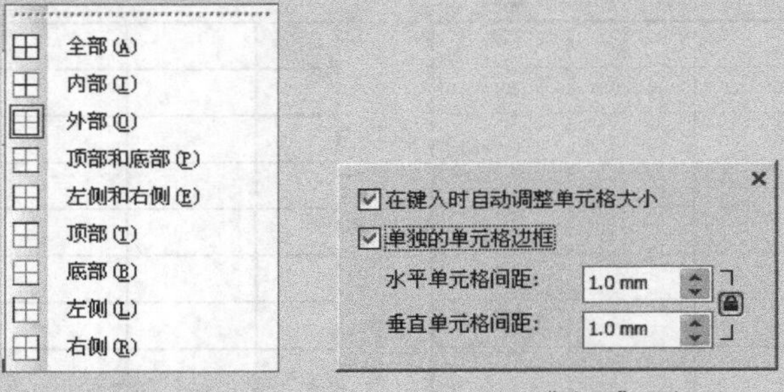

图7-140 边框选项　　图7-141“选项”面板

一. 选择单元格

选择单元格的具体操作为：确认绘制的表格图形处于选择状态且选择▦工具，将鼠标光标移动到要选择的单元格中，当鼠标光标显示为✢形状时单击，即可选中该单元格，如显示为✢形状时拖曳鼠标光标，可选中鼠标光标经过的单元格按行、按列。

- 将鼠标光标移动到表格的左侧，当鼠标光标显示为➡图标时单击可选中当前行，如按下鼠标左键拖曳，可选中相邻的行。
- 将鼠标光标移动到表格的上方，当鼠标光标显示为⬇图标时单击可选中当前列，如按下鼠标左键并拖曳，可选中相邻的列。

提示

将鼠标光标放置到表格图形的任意边线上，当鼠标光标显示为↕或↔形状时按下鼠标左键并拖曳，可调整整行或整列单元格的高度或宽度。

二. 选择单元格后的工具属性栏

当选择单元格后，“表格”工具的属性栏如图7-142所示。

图7-142“表格”工具的属性栏

- 页边距按钮：单击此按钮将弹出图7-86所示的设置页边距面板，用于设置表格中文字距当前单元格的距离。单击其中的🔒按钮使其显示为🔓状态，可分别在各文本框中输入不同的数值，以设置不同的页边距。
- “合并单元格”按钮：单击此按钮，可将选择的单元格合并为一个单元格。
- “水平拆分单元格”按钮：单击此按钮，可弹出“拆分单元格”对话框，设置数值后单击确定按钮，可将选择的单元格按设置的行数进行拆分。
- “垂直拆分单元格”按钮：单击此按钮，可弹出“拆分单元格”对话框，设置数值后单击确定按钮，可将选择的单元格按设置的列数进行拆分。
- “撤销合并”按钮：只有选择利用按钮合并过的单元格，此按钮才可用。单击此按钮，可将当前单元格还原为没合并之前的状态。

实例总结

学习本实例，读者初步了解了“表格”工具▦的应用。该工具主要用于绘制表格图形，绘制后还可以在属性栏中修改表格的行数、列数，以及进行单元格的合并和拆分等。

实例 109　表格工具——绘制工作表

学习目的

进一步学习“表格”工具的应用及“表格”菜单下各命令的使用方法。

实例分析

- **作品路径** | 作品\第07章\工作表.cdr
- **视频路径** | 视频\实例109.avi
- **知识功能** | “表格”工具▦以及“表格”菜单下的命令
- **制作时间** | 20分钟

XX公司业务部2013年工作成绩一览表					
姓名 地点	张三	李四	王五	钱六	陈七
上海展会					
成都博览会					
北京招商会					
西安展会					
香港贸易会					
大连交易会					

操作步骤

01 新建文件，执行“表格 / 创建新表格”命令，在弹出的“创建新表格”对话框中设置各选项参数，如图 7-143 所示。

02 单击 确定 按钮，生成的表格图形如图 7-144 所示。

图 7-143 设置的选项参数

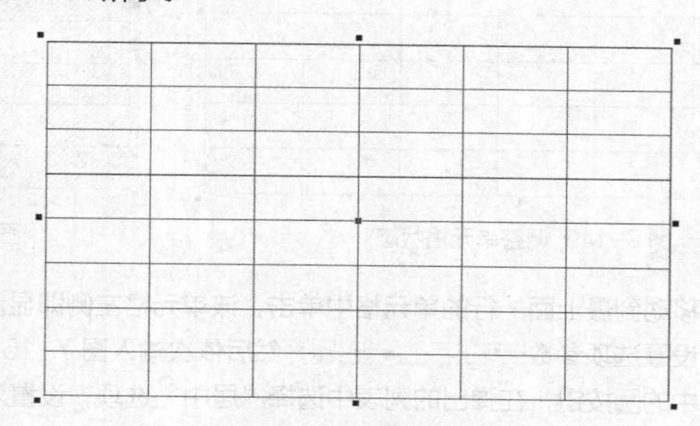

图 7-144 生成的表格

03 选取▦工具，将鼠标指针移动到左边第 1 栏右侧的竖线上，当鼠标指针显示为 ↔ 图标时，按下鼠标左键并向右拖动，状态如图 7-145 所示。

04 将鼠标指针移动到第 2 列上方第 1 个单元格中按下鼠标并向右下方拖曳，至右下角的单元格释放鼠标。

05 执行“表格 / 分布 / 列均分”命令，平均分布选择的单元格的每一列，效果如图 7-146 所示。

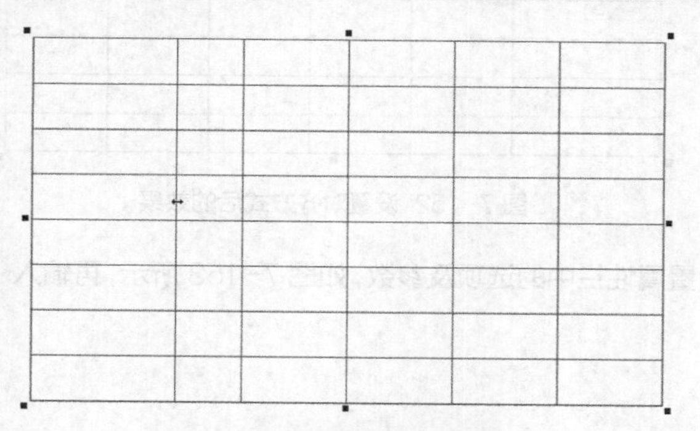

图 7-145 调整单元格大小状态

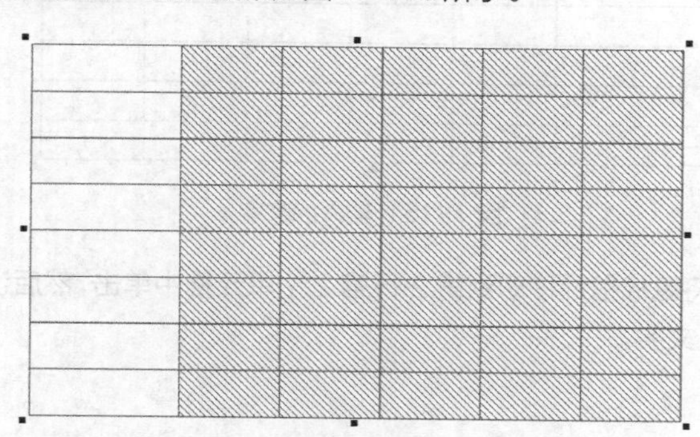

图 7-146 平均分布列后的单元格效果

06 将鼠标指针移动到图7-147所示的位置单击，将第1行的单元格选择，然后单击属性栏中的按钮，将选择的单元格合并为一个单元格，如图7-148所示。

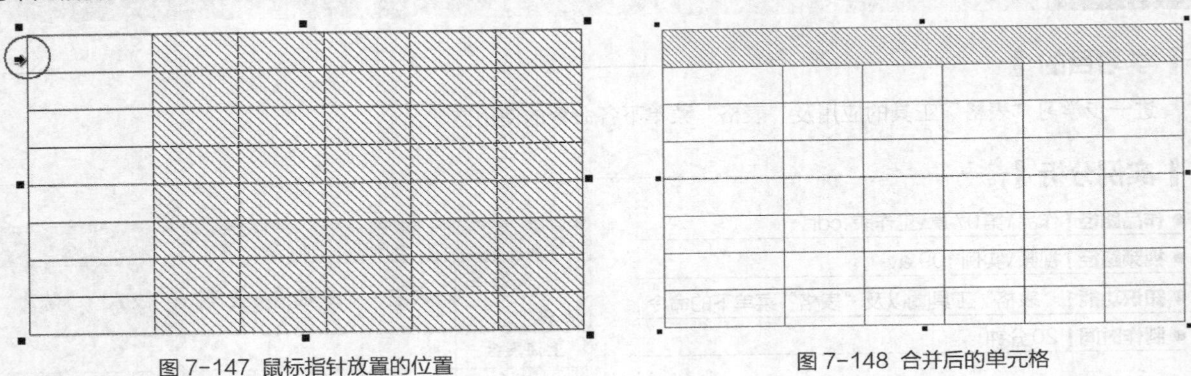

图7-147 鼠标指针放置的位置　　图7-148 合并后的单元格

07 将鼠标指针放置到第2行下方的横线上，当鼠标指针显示为↕图标时，按下鼠标并向下拖曳，状态如图7-149所示。

08 将鼠标指针移动到第3行的左侧，当鼠标指针显示为➡图标时，按下并向下拖曳，全部选择下方的单元格。

09 执行"表格/分布/行均分"命令，平均分布选择的单元格的每一行，效果如图7-150所示。

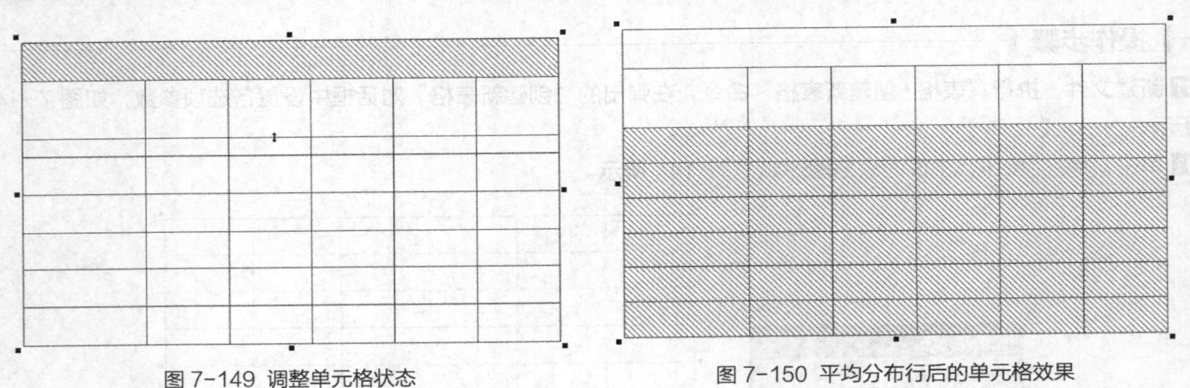

图7-149 调整单元格状态　　图7-150 平均分布行后的单元格效果

10 将鼠标指针移动到最上面一行的单元格中单击，该单元格左侧即显示文本输入符。

11 在属性栏中设置选项参数，然后依次输入图7-151所示的文字。

12 单击属性栏中的按钮，在弹出的列表中选择"居中"选项，设置对齐方式后的效果如图7-152所示。

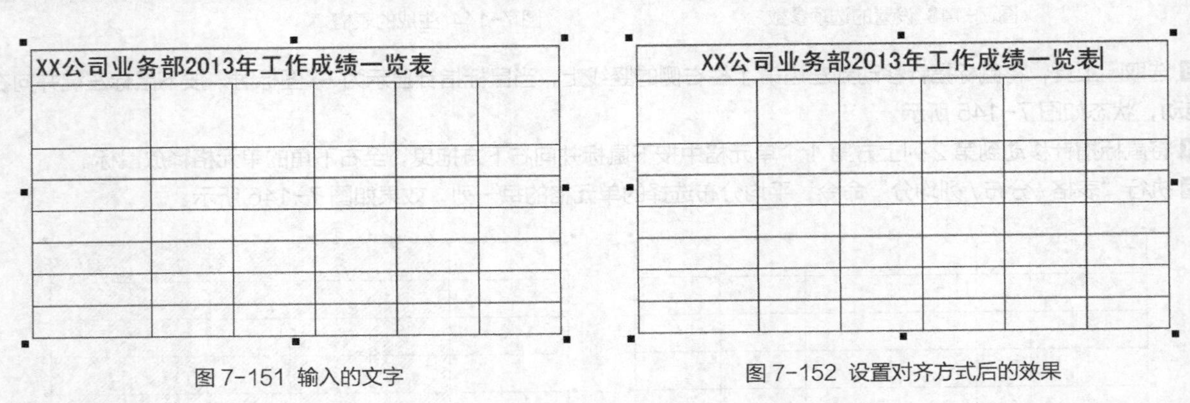

图7-151 输入的文字　　图7-152 设置对齐方式后的效果

13 将鼠标指针移动到第2行第2个单元格中单击，然后设置属性栏中的选项及参数，如图7-153所示，再输入"张三"文字。

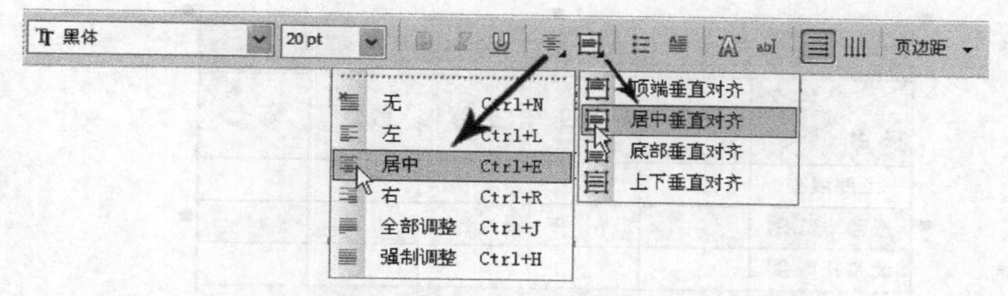

图 7-153 设置的选项参数

14 用与步骤 13 相同的方法，依次在其他单元格中单击并设置选项参数，然后分别输入图 7-154 所示的文字。

15 在第 2 行第 1 个单元格中输入图 7-155 所示的文字。

XX公司业务部2013年工作成绩一览表					
	张三	李四	王五	钱六	陈七
上海展会					
成都博览会					
北京招商会					
西安展会					
香港贸易会					
大连交易会					

图 7-154 输入的文字

XX公司业务	
姓名 地点	张三
上海展会	
成都博览会	
北京招商会	
西安展会	
香港贸易会	
大连交易会	

图 7-155 输入的文字

16 单击属性栏中的按钮，在弹出的列表中选择“上下垂直对齐”选项，然后将鼠标指针移动到“姓名”文字中单击，再单击属性栏中的按钮，在弹出的列表中选择“右”选项，设置后的文字效果如图 7-156 所示。

17 选取工具，在第 2 行第 1 个单元格中绘制出图 7-157 所示的斜线。

18 再次选取工具，然后将鼠标指针移动到第 2 行单元格左侧，当鼠标指针显示为➡图标时单击选择第 1 行。

19 单击属性栏中“背景”选项右侧的按钮，在弹出的颜色列表中选择酒绿色，即将第 1 行单元格的背景设置为酒绿色。

20 将鼠标指针移动到第 2 行单元格左侧，当鼠标指针显示为➡图标时单击将第 2 行选择，然后按住 Ctrl 键，依次在第 4、第 6、第 8 行的左侧单击，将其同时选择，如图 7-158 所示。

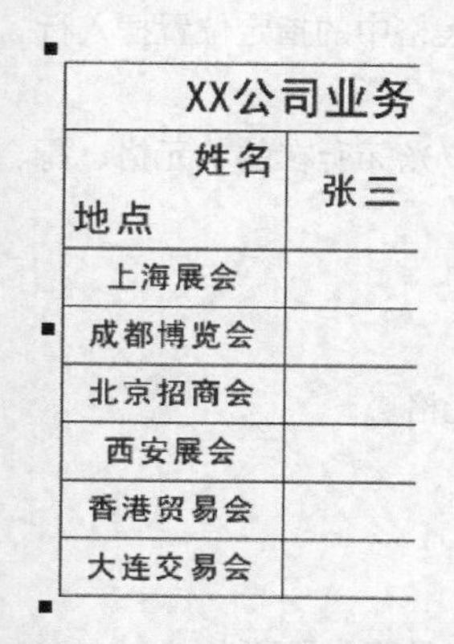

XX公司业务	
姓名 地点	张三
上海展会	
成都博览会	
北京招商会	
西安展会	
香港贸易会	
大连交易会	

图 7-156 文字对齐后的效果

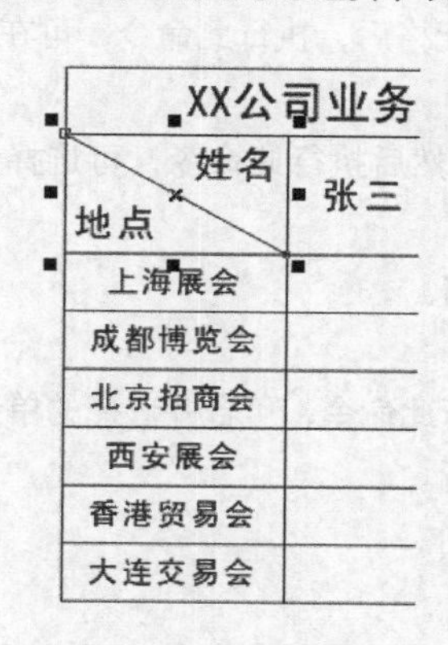

XX公司业务	
姓名 地点	张三
上海展会	
成都博览会	
北京招商会	
西安展会	
香港贸易会	
大连交易会	

图 7-157 绘制的斜线

XX公司业务部2013年工作成绩一览表					
姓名 地点	张三	李四	王五	钱六	陈七
上海展会					
成都博览会					
北京招商会					
西安展会					
香港贸易会					
大连交易会					

图 7-158 选择的单元格

21 单击属性栏中“背景”选项右侧的按钮，在弹出的颜色列表中单击 更多(O)... 按钮，然后在弹出的“选择颜色”对话框中将颜色设置为朦胧绿色（C:15,Y:20），单击 确定 按钮，设置颜色后的效果如图 7-159 所示。

22 用相同的设置颜色方法，将第 3、第 5、第 7 行的单元格背景设置为淡绿色（C: 5,Y:10）。

XX公司业务部2013年工作成绩一览表					
姓名 / 地点	张三	李四	王五	钱六	陈七
上海展会					
成都博览会					
北京招商会					
西安展会					
香港贸易会					
大连交易会					

图 7-159 设置的背景颜色

23 选择第 1 行中的文字，然后将其颜色修改为白色，即可完成工作表的制作，如图 7-160 所示。

24 按 Ctrl+S 组合键，将此文件命名为“工作表 .cdr”并保存。

XX公司业务部2013年工作成绩一览表					
姓名 / 地点	张三	李四	王五	钱六	陈七
上海展会					
成都博览会					
北京招商会					
西安展会					
香港贸易会					
大连交易会					

图 7-160 制作的工作表

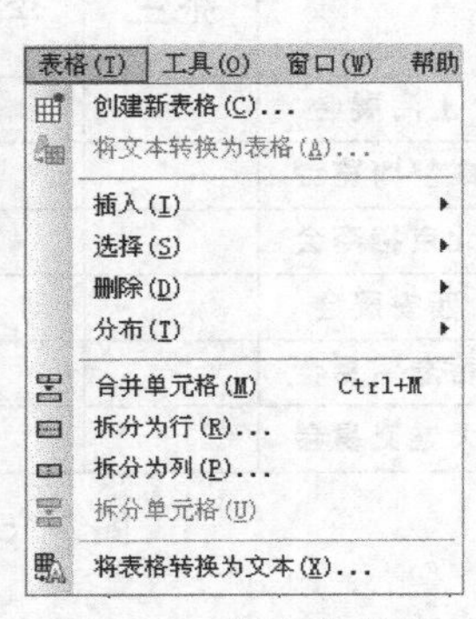

图 7-161“表格”菜单

相关知识点：“表格”菜单

“表格”菜单如图7-161所示。

- “创建新表格”命令：弹出“创建新表格”对话框，设置好要创建表格的行数、列数、行高和列宽后，单击 确定 按钮，即可按照设置的参数新建表格。
- “将文本转换为表格”命令：可将当前选择的文本创建为表格，在创建时可选择以“逗号”“制表位”或“段落”等分隔列。
- “插入”命令：利用工具选择表格中的行、列或单元格后，执行此命令，可在表格中的指定位置插入行、列或单元格。
- “选择”命令：在任意单元格中插入文本输入光标，然后执行此命令，可选择该光标所在的单元格、行、列或整个网格。
- “删除”命令：可删除表格中的指定行、列或整个网格。
- “分布”命令：用于平均分布表格中的各行或各列。
- “合并单元格”命令：选择连续的多个单元格后，执行此命令，可合并选择的单元格。
- “拆分为行”命令：可将当前选择的单元格拆分为多行。
- “拆分为列”命令：可将当前选择的单元格拆分为多列。
- “拆分单元格”命令：可拆分当前选择的单元格。
- “将表格转换为文本”命令：选择有文字内容的表格图形，执行此命令，可将表格转换为段落文本。

实例总结

学习本实例，读者进一步学习了表格的应用。对于表格的合并与拆分等操作，CorelDRAW软件与Word软件中的操作一样，相信读者并不陌生。另外，在绘制表格之前，读者一定先计算好需要的行数和列数，这样在下面的编辑过程中，可以用尽量少的操作步骤来制作最终需要的表格效果。

实例 110　综合案例——宣传单正面设计

学习目的

灵活运用“文字”工具制作各种特殊效果的文字。

实例分析

- **素材路径** | 素材\第07章\竹子.jpg、卡通.psd
- **作品路径** | 作品\第07章\宣传单正面.cdr
- **视频路径** | 视频\实例110.avi
- **知识功能** | “文字”工具的灵活运用
- **制作时间** | 30分钟

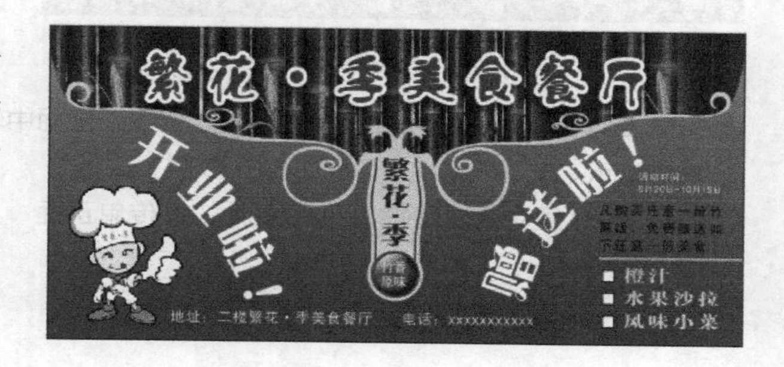

操作步骤

01 新建文件，利用工具绘制矩形图形，然后为其自上向下填充由黄色到绿色的线性渐变色，再利用和工具，依次绘制出图 7-162 所示的黄色和绿色图形。

02 继续利用和工具，绘制出图 7-163 所示的白色图形。

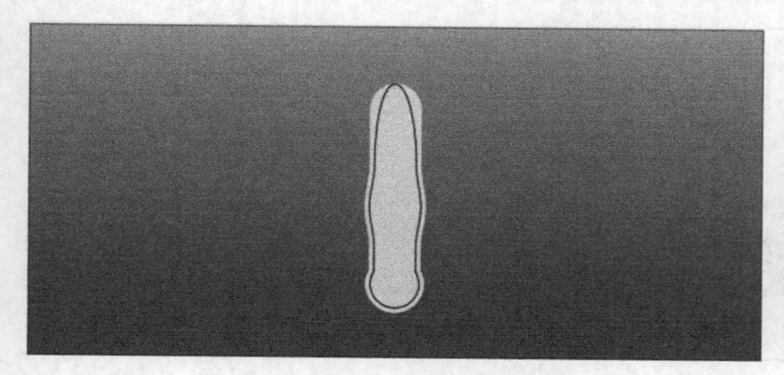

图 7-162　绘制的图形

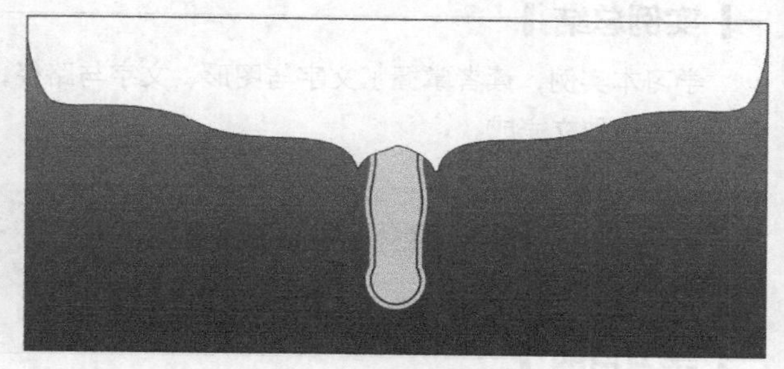

图 7-163　绘制的图形

03 按 Ctrl+I 组合键，将资源文件中“素材\第 07 章”目录下名为“竹子 .jpg”的文件导入，然后将其缩小调整，使调整后的宽度与绘制矩形的宽度相同。

04 在竹子图片上单击鼠标右键，在弹出的右键菜单中选择“PowerClip 内部”命令，然后将鼠标指针移动到图 7-164 所示的位置单击，将竹子图形置入绘制的白色图形中。

05 去除图形外轮廓后的效果如图 7-165 所示。

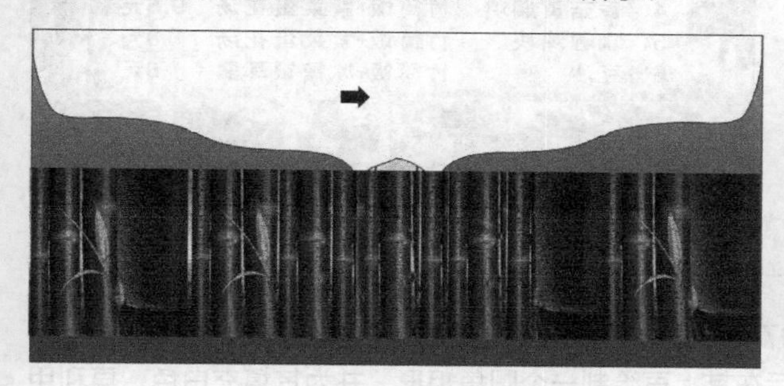

图 7-164　鼠标指针单击的位置

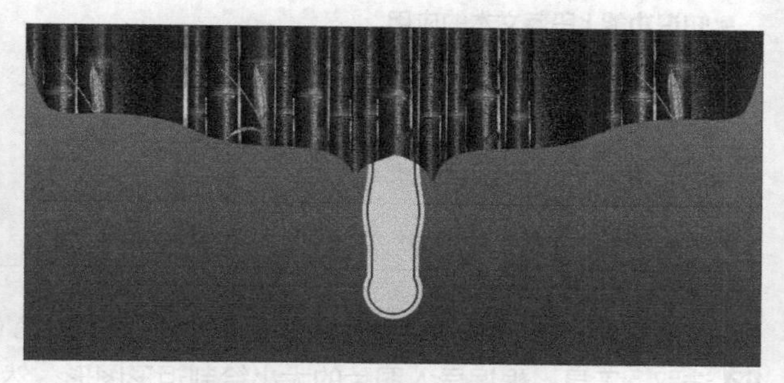

图 7-165　置入图形后的效果

06 继续利用和工具，绘制出图 7-166 所示的黄色图形，然后将资源文件中“素材\第 07 章”目录下名为“卡通 .psd”的图片导入，再在黄色图形的下方绘制图 7-167 所示的圆形图形。

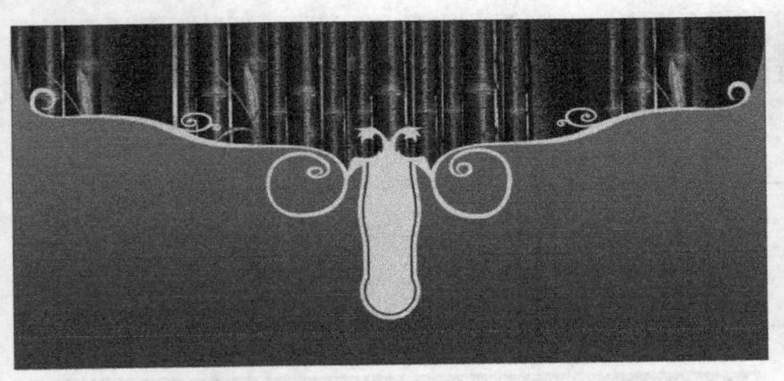

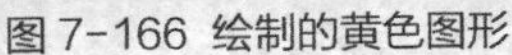

图 7-166 绘制的黄色图形

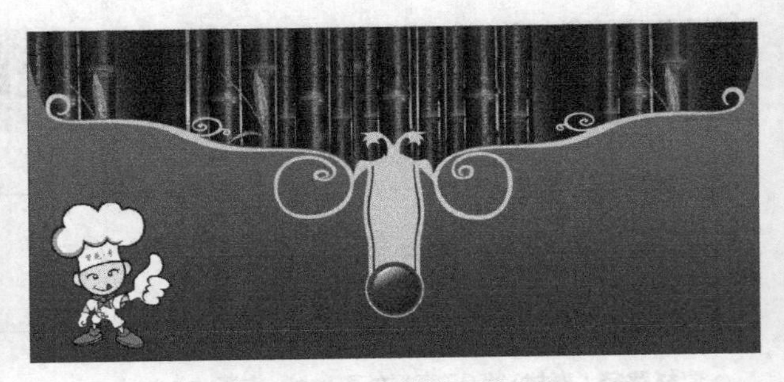

图 7-167 绘制的圆形图形

07 用本章学习的输入文字并编辑的方法，依次在画面中输入文字，即可完成宣传单正面的设计，最终效果如图 7-168 所示。

08 按 Ctrl+S 组合键，将此文件命名为“宣传单正面 .cdr”并保存。

图 7-168 输入的文字

实例总结

学习本实例，读者掌握了文字与图形、文字与路径，以及文字与图片的绕排操作方法。本实例的综合性很强，希望读者能独立完成。

实例 111 综合案例——宣传单背面设计

学习目的

巩固学习段落文本的应用。

实例分析

- **素材路径** | 素材\第 07 章\竹子背景 .jpg
- **作品路径** | 作品\第 07 章\标志 .cdr
- **视频路径** | 视频\实例 111.avi
- **知识功能** | 段落文本的应用
- **制作时间** | 10 分钟

操作步骤

01 新建文件，按 Ctrl+I 组合键将资源文件中“素材 \ 第 07 章”目录下名为“竹子背景 .jpg”的文件导入。

02 选取□工具，根据导入图片的大小绘制矩形图形，然后在其上再绘制一个圆角矩形，并为其填充白色，再利用□工具为其添加透明效果，如图 7-169 所示。

03 选取字工具，在页面中拖曳鼠标，绘制一个与圆角矩形差不多大小的文本框，然后依次输入图 7-170 所示的文字。

图 7-169 绘制的矩形

1、鸽蛋红烧肉竹筒饭+西红柿蛋汤　10元
2、糖醋里脊竹筒饭+冰糖银耳羹　10元
3、鱼香肉丝竹筒饭+西红柿蛋汤　10元
4、香菇黄焖鸡竹筒饭+紫菜蛋花汤　9.5元
5、咖喱鸡块竹筒饭+紫菜蛋花汤　9元
6、豆沙竹筒饭+冰糖银耳羹　8元

图 7-170 输入的文字

04 执行“文本 / 制表位”命令，在弹出的“制表位设置”面板中将“制表位位置”选项的参数设置为“70 mm”，然后单击添加(A)按钮，再单击确定按钮，确认制表位的设置。

05 将鼠标指针依次放置到各行“竹”字的前面单击插入输入符，然后分别按 Tab 键，以图 7-171 所示的方式对齐。注意，如果文本框的宽度太小，要将文本框拖大，以完全显示整行文字。

06 单击属性栏中的按钮，在弹出的列表中选择“强制对齐”选项，文本对齐后的效果如图 7-172 所示。

1、鸽蛋红烧肉	竹筒饭+西红柿蛋汤	10元
2、糖醋里脊	竹筒饭+冰糖银耳羹	10元
3、鱼香肉丝	竹筒饭+西红柿蛋汤	10元
4、香菇黄焖鸡	竹筒饭+紫菜蛋花汤	9.5元
5、咖喱鸡块	竹筒饭+紫菜蛋花汤	9元
6、豆沙	竹筒饭+冰糖银耳羹	8元

图 7-171 对齐后的形态

1、鸽蛋红烧肉	竹筒饭+西红柿蛋汤	10元
2、糖醋里脊	竹筒饭+冰糖银耳羹	10元
3、鱼香肉丝	竹筒饭+西红柿蛋汤	10元
4、香菇黄焖鸡	竹筒饭+紫菜蛋花汤	9.5元
5、咖喱鸡块	竹筒饭+紫菜蛋花汤	9元
6、豆沙	竹筒饭+冰糖银耳羹	8元

图 7-172 强制对齐后的效果

07 选取工具，框选图 7-173 所示的数字，然后将其字体设置为“Arial”，再框选右侧的价格文本，修改字体为“Arial”，并将其颜色修改为红色，如图 7-174 所示。

1、鸽蛋红烧肉	竹筒饭+西红柿蛋汤	10元
2、糖醋里脊	竹筒饭+冰糖银耳羹	10元
3、鱼香肉丝	竹筒饭+西红柿蛋汤	10元
4、香菇黄焖鸡	竹筒饭+紫菜蛋花汤	9.5元
5、咖喱鸡块	竹筒饭+紫菜蛋花汤	9元
6、豆沙	竹筒饭+冰糖银耳羹	8元

图 7-173 框选的数字

1、鸽蛋红烧肉	竹筒饭+西红柿蛋汤	10元
2、糖醋里脊	竹筒饭+冰糖银耳羹	10元
3、鱼香肉丝	竹筒饭+西红柿蛋汤	10元
4、香菇黄焖鸡	竹筒饭+紫菜蛋花汤	9.5元
5、咖喱鸡块	竹筒饭+紫菜蛋花汤	9元
6、豆沙	竹筒饭+冰糖银耳羹	8元

图 7-174 修改后的效果

08 再次选取工具，将鼠标指针移动到左下方的上按下并向下拖曳，调整文本的行间距，效果如图 7-175 所示。

09 执行“排列 / 转换为曲线”命令，将调整后的文字转换为曲线，然后移动到圆角矩形上，并调整至适合图形的大小，如图 7-176 所示。

10 至此，宣传单背面制作完成。按 Ctrl+S 组合键，将此文件命名为“宣传单背面 .cdr”并保存。

1、鸽蛋红烧肉	竹筒饭+西红柿蛋汤	10元
2、糖醋里脊	竹筒饭+冰糖银耳羹	10元
3、鱼香肉丝	竹筒饭+西红柿蛋汤	10元
4、香菇黄焖鸡	竹筒饭+紫菜蛋花汤	9.5元
5、咖喱鸡块	竹筒饭+紫菜蛋花汤	9元
6、豆沙	竹筒饭+冰糖银耳羹	8元

图 7-175 调整行距后的效果

图 7-176 调整后的效果

实例总结

学习本实例，读者进一步练习了段落文本的应用方法。希望读者能完全掌握本例学习的调整方法，以便在今后的实际工作过程中灵活运用。另外，文字工具是比较重要的工具，读者要掌握各种特殊文字的输入和制作方法，以便在排版工作中熟练应用。

第08章 对象的排列、组合与透视变形

本章实例

本章来讲解CorelDRAW X6中一些常用的菜单命令，包括对象的排列操作、组合命令，效果菜单下的“透镜”和“添加透视”，以及“图框精确剪裁”等命令。这些命令是工作过程中最基本、最常用的，将这些命令熟练掌握也是进行图形绘制及效果制作的关键。

实例 112 对齐与分布对象

学习目的

在实际工作过程中，经常需要将文件中的多个对象进行对齐与分布操作，如果只是靠参考线来对齐对象，很难精准地进行排列，且需要对齐的对象如果较多的话，工作量也会很大，而利用“排列 / 对齐和分布”命令会使该工作变得轻松快捷。本实例来学习把多个对象对齐和分布的操作方法。

实例分析

- **素材路径 |** 素材\第08章\对齐与分布.cdr
- **视频路径 |** 视频\实例112.avi
- **知识功能 |** “排列/对齐和分布”命令
- **制作时间 |** 10分钟

操作步骤

01 将资源文件中“素材\第 08 章”目录下名为“对齐与分布 .cdr”的文件打开，如图 8-1 所示。

02 按 Ctrl+A 组合键，选择所有图形，然后执行“排列 / 对齐与分布 / 左对齐”命令，选择的图形即沿左边缘对齐，如图 8-2 所示。

03 执行“排列 / 对齐与分布 / 右对齐”命令，选择的图形即沿右边缘对齐，如图 8-3 所示。

04 执行“排列 / 对齐与分布 / 垂直居中对齐”命令，选择的图形即沿垂直中心对齐，如图 8-4 所示。

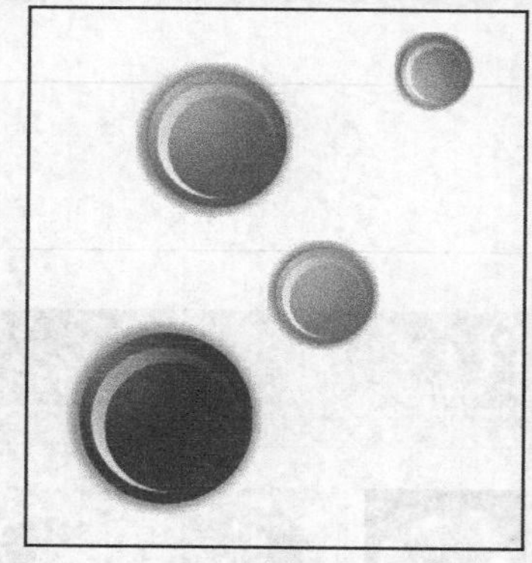

图 8-1 打开的文件

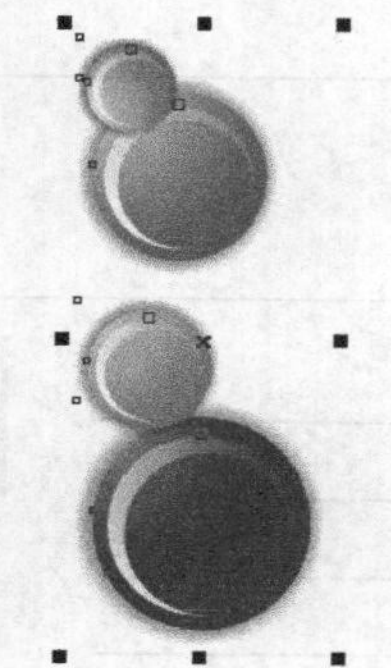
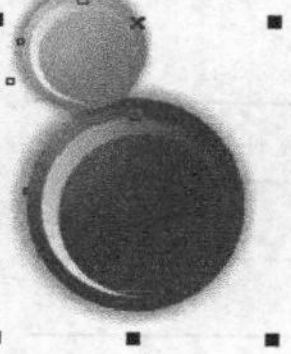

图 8-2 沿左边缘对齐

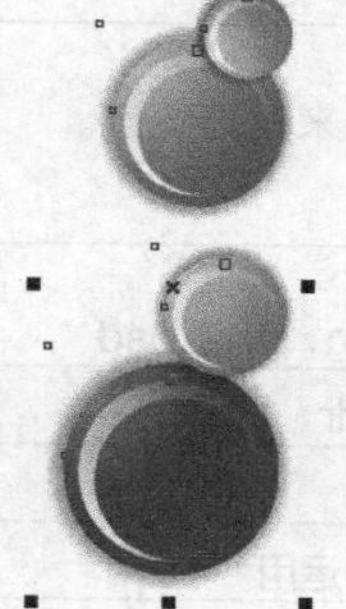

图 8-3 沿右边缘对齐

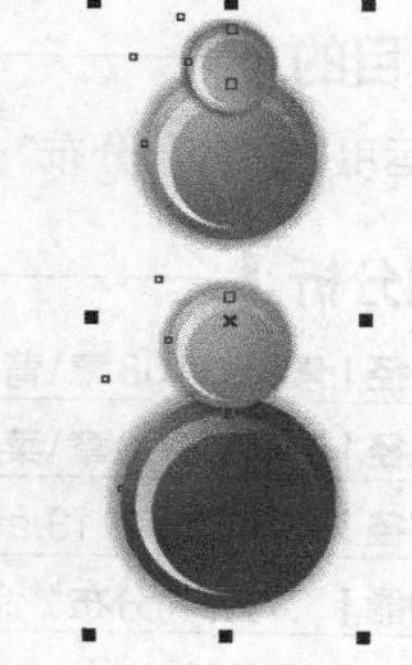

图 8-4 沿垂直中心对齐

05 按 Ctrl+Z 组合键，恢复图片位置。

06 执行“排列 / 对齐与分布 / 顶端对齐”命令，选择的图形即沿上边缘对齐，如图 8-5 所示。

07 执行“排列 / 对齐与分布 / 底端对齐”命令，选择的图形即沿下边缘对齐，如图 8-6 所示。

08 执行“排列 / 对齐与分布 / 水平直居中对齐”命令，选择的图形即沿水平中心对齐，如图 8-7 所示。

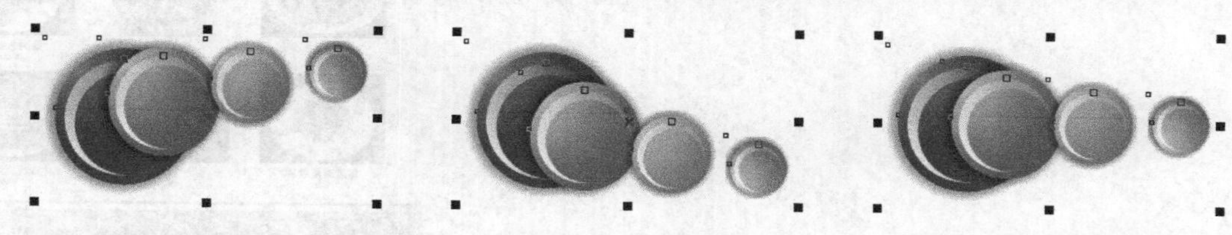

图 8-5 沿上边缘对齐　　图 8-6 沿下边缘对齐　　图 8-7 沿水平中心对齐

09 再次按 Ctrl+Z 组合键，恢复图片位置。

10 执行“排列 / 对齐与分布 / 对齐与分布”命令，将弹出“对齐与分布”选项对话框，分别单击右侧的分布按钮，各图形的排列位置如图 8-8 所示。

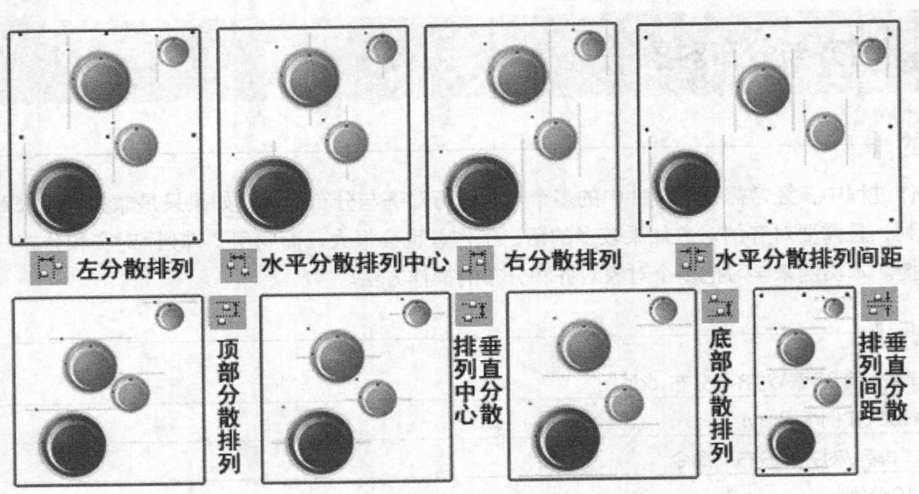

图 8-8 选择图形分布后的效果

实例总结

学习本实例，读者掌握了对象的对齐与分布操作方法。在“对齐与分布”选项对话框中还有另外一些按钮，读者可以参见“实例19”中的相关知识点。

实例 113 对齐与分布——设计菜谱

学习目的

灵活运用“对齐与分布”命令来设计菜谱。

实例分析

- **素材路径** | 素材\第08章\背景.jpg，菜谱.psd
- **作品路径** | 作品\第08章\菜谱.cdr
- **视频路径** | 视频\实例113.avi
- **知识功能** | “对齐与分布”命令的运用
- **制作时间** | 30分钟

操作步骤

01 新建文件，双击▭工具，创建一个与页面相同大小的矩形。

02 选择◪工具，按住Ctrl键，将鼠标指针移动到矩形的右下角位置，按下鼠标左键并向上拖曳，为矩形由下至上填充交互式线性渐变色。

03 单击属性栏中的按钮，在弹出的“颜色”面板中选择“浅黄”色，设置起始颜色后的效果如图 8-9 所示。

04 去除矩形图形的外轮廓，然后按 Ctrl+I 组合键，将资源文件中“素材 \ 第 08 章”目录下名为“背景 .jpg”的图片导入，然后将其“对象大小的宽度”设置为“210 mm”。

05 按住 Shift 键单击矩形图形将其与导入的图像同时选择，然后单击属性栏中的按钮，在弹出的“对齐与分布”选项对话框中单击按钮和按钮，图像与矩形图形对齐后的效果如图 8-10 所示。

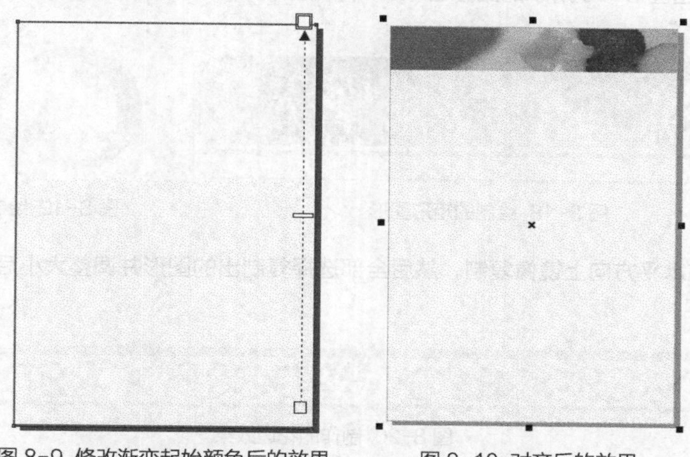

图 8-9　修改渐变起始颜色后的效果　　图 8-10　对齐后的效果

06 选取工具，并单击属性栏中的按钮，在弹出的面板中选择图 8-11 所示的形状。

07 在绘图窗口中拖曳鼠标绘制出图 8-12 所示的同心圆图形，然后选取工具，并将鼠标光标放置到位置按下并向上拖曳，调小同心圆的宽度，效果如图 8-13 所示。

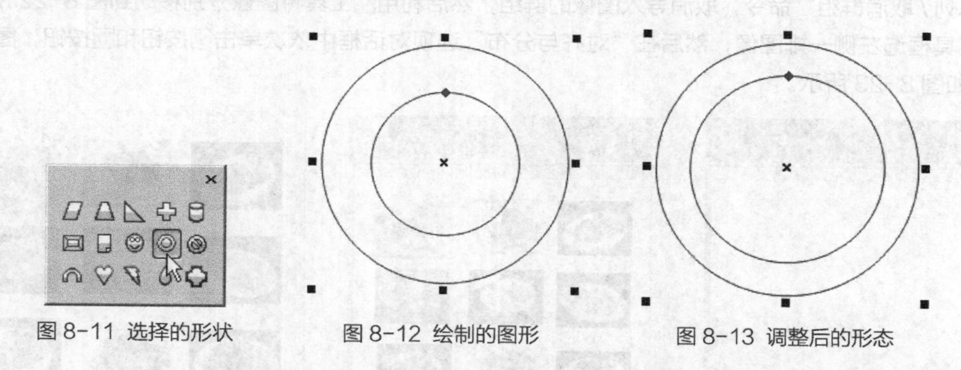

图 8-11　选择的形状　　图 8-12　绘制的图形　　图 8-13　调整后的形态

08 为绘制的图形填充白色并去除外轮廓，然后将其调整至合适的大小后移动到图像上，并依次复制出图 8-14 所示的图形。

09 利用工具全部选择同心圆图形，然后选取工具，并在属性栏中将“透明度类型”选项设置为“标准”，设置透明后的效果如图 8-15 所示。

图 8-14　复制出的图形

图 8-15　设置透明后的效果

10 利用工具输入图 8-16 所示的文字。

11 执行“排列 / 拆分美术字”命令，将文字拆分为单独的文字，然后将文字依次修改为白色并调整大小，分别移动到图 8-17 所示的位置。

食尚煮意

图 8-16 输入的文字

图 8-17 文字调整后放置的位置

12 利用工具，在图像下方依次绘制出图 8-18 所示的浅绿色（C:35,Y:90）无外轮廓矩形图形。

13 利用和工具绘制出图 8-19 所示的浅绿色（C:35,Y:90）无外轮廓图形。

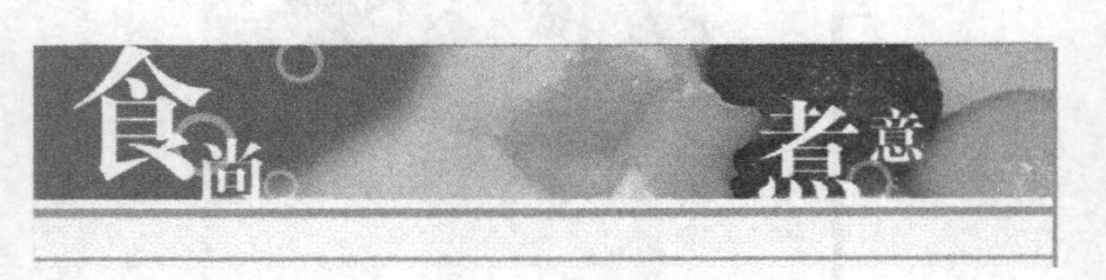

图 8-18 绘制的矩形图形

图 8-19 绘制的图形

14 将绘制的图形依次在水平方向上镜像复制，然后全部选择复制出的图形并调整大小后移动到图 8-20 所示的位置，制作花边效果。

图 8-20 制作的花边效果

15 继续利用工具，在画面的下方绘制出如图 8-21 所示的绿色（C:60,Y:100）无外轮廓矩形图形。

16 按 Ctrl+I 组合键，将资源文件中“素材 \ 第 08 章”目录下名为“菜谱 .psd”的图片导入，然后将属性栏中的“缩放因子”选项设置为“60%”。

17 执行“排列 / 取消群组”命令，取消导入图像的群组，然后利用工具将图像分别移动到图 8-22 所示的位置。

18 利用工具框选左侧一排图像，然后在“对齐与分布”选项对话框中依次单击按钮和按钮，图像对齐和分布后的效果如图 8-23 所示。

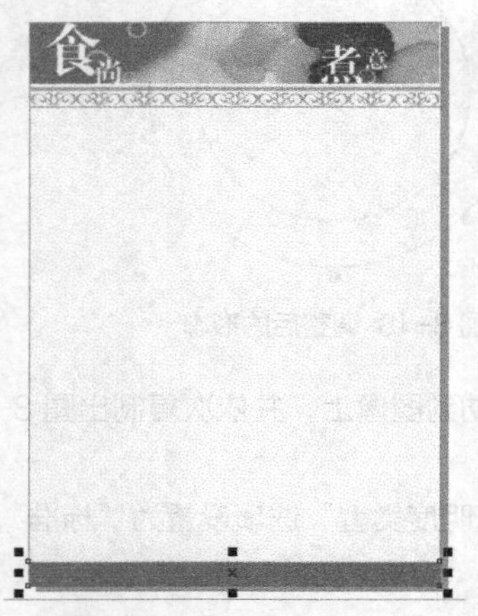

图 8-21 绘制的矩形图形

图 8-22 图像放置的位置

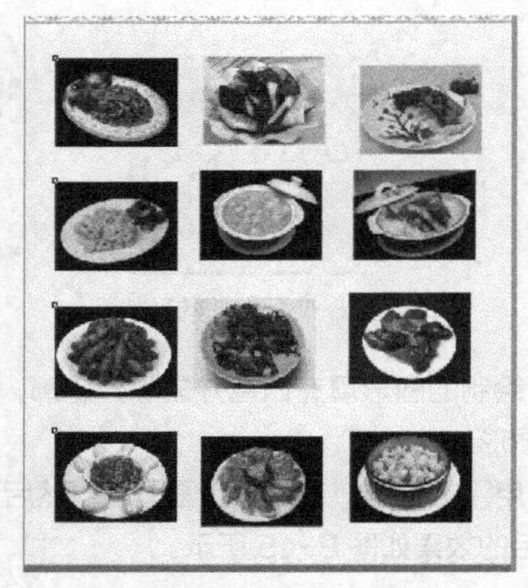

图 8-23 对齐和分布后的效果

提示

在 CorelDRAW 中图形的对齐方式取决于选择图形的顺序，它是用最后选择的图形为基准来对齐的，其他所有图形都要与最后选择的图形对齐。因此，此处选取图像时不能用框选的方式，一定用步骤给出的方法，否则左侧已对齐和分布的操作也将毫无意义。

19 利用工具框选图 8-24 所示的图像，然后按住 Shift 键，单击左上角的图像，选取最上一排图像。

20 在“对齐与分布”选项对话框中依次单击按钮和按钮，图像对齐和分布后的效果如图 8-25 所示。

21 用与步骤 19 ~步骤 20 相同的方法，分别将第 2 排、第 3 排和第 4 排图像对齐并分布，效果如图 8-26 所示。

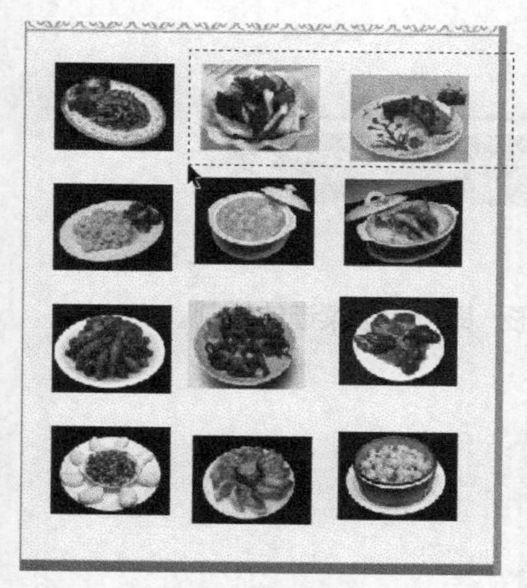

图 8-24　选择的图像

图 8-25　第一排对齐和分布后的效果

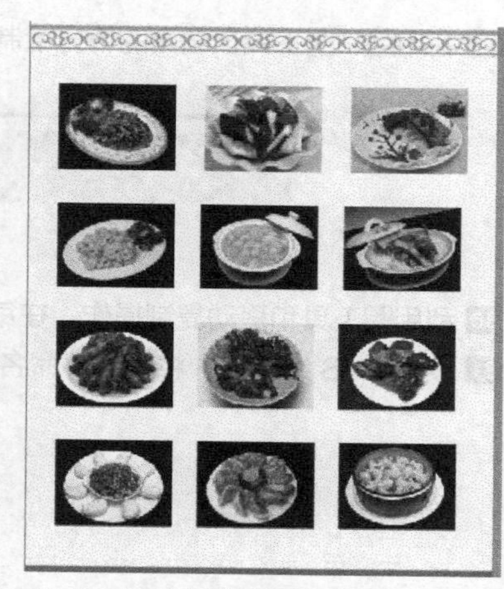

图 8-26　其他排对齐和分布后的效果

22 利用工具框选图 8-27 所示的图像，然后按住 Shift 键，单击第 2 列最上方的图像，将第 2 列图像选取。

23 在“对齐与分布”选项对话框中依次单击按钮和按钮，将第 2 列图像对齐并分布。

24 用与步骤 22 ~ 步骤 23 相同的方法，将第 3 列图像对齐并分布，效果如图 8-28 所示。

25 利用工具，输入图 8-29 所示的黑色文字，注意要单击属性栏中的按钮，在弹出的列表中选择“居中”选项。

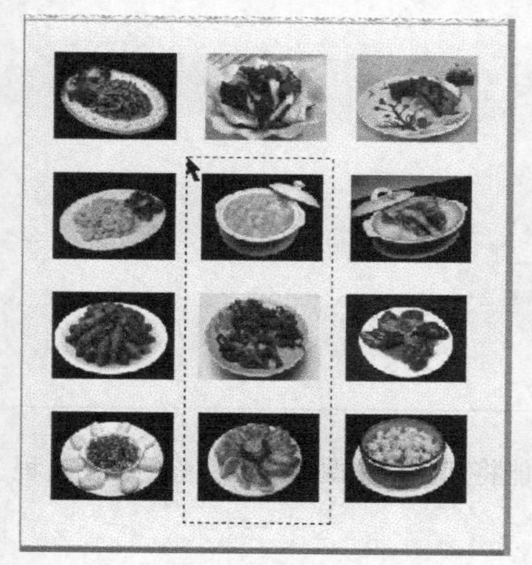

图 8-27　框选的图像

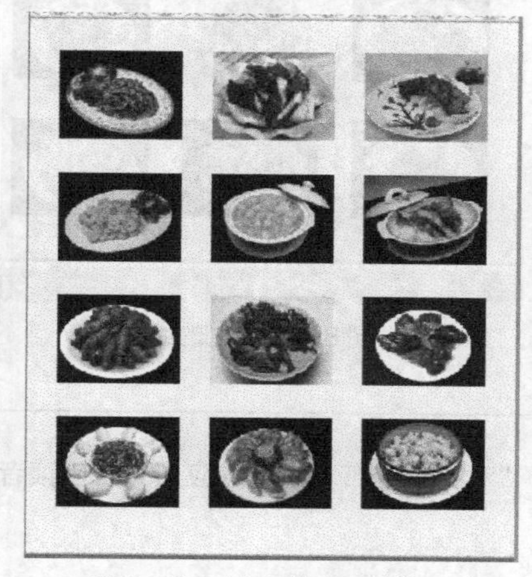

图 8-28　对齐和分布后的效果

图 8-29　输入的文字

26 按住 Shift 键单击上方的图像，然后在“对齐与分布”选项对话框中单击按钮，将文字与图像以垂直中心对齐。

27 灵活运用移动复制操作和“重复”命令将文字依次向下移动复制，效果如图 8-30 所示。

28 全部选择文字，然后向右移动复制，再利用工具对文字信息进行修改，最终效果如图 8-31 所示。

图 8-30　复制的文字

图 8-31　修改后的文字信息

29 利用□和字工具在画面的下方绘制矩形图形并输入图 8-32 所示的文字。

食尚煮意快餐店　地址：开发区美食街69号　电话：0000-00000000

图 8-32 绘制的矩形图形及输入的文字

30 利用工具和移动复制操作，在每列图像的中间绘制出图 8-33 所示的线形，即可完成菜谱的绘制。

31 按 Ctrl+S 组合键，将此文件命名为“菜谱 .cdr”并保存。

图 8-33 绘制的线形

实例总结

学习本实例，读者进一步练习了“对齐与分布”命令的应用，希望读者能将其完全掌握，以在实际的作图过程中灵活运用。

实例 114　排列对象

学习目的

对象的排列顺序是由绘制图形时的先后顺序决定的，后绘制的图形处于先绘制图形的上方，如绘制的图形有重叠的部分，后绘制的图形将覆盖到先绘制的图形。下面通过案例的形式来向读者介绍如何排列对象的前后顺序。

实例分析

- **素材路径 |** 素材\第 08 章\排列图形位置 .cdr
- **视频路径 |** 视频\实例 114.avi
- **知识功能 |** “排列 / 顺序”命令
- **制作时间 |** 5 分钟

操作步骤

01 打开资源文件中“素材 \ 第 08 章”目录下名为“排列图形位置 .cdr”的文件，如图 8-34 所示。

02 利用工具将绿色圆形选择，执行“排列 / 顺序 / 向前一层”命令（快捷键为 Ctrl+PageUp 组合键），可以将其向前移动一层，即调整至红色圆形的前面，如图 8-35 所示。

03 利用工具选择红色圆形，执行“排列 / 顺序 / 向后一层”命令（快捷键为 Ctrl+PageDown 组合键），可以将其向后移动一层，即调整至灰色圆形的后面，如图 8-36 所示。

图 8-34　打开的文件

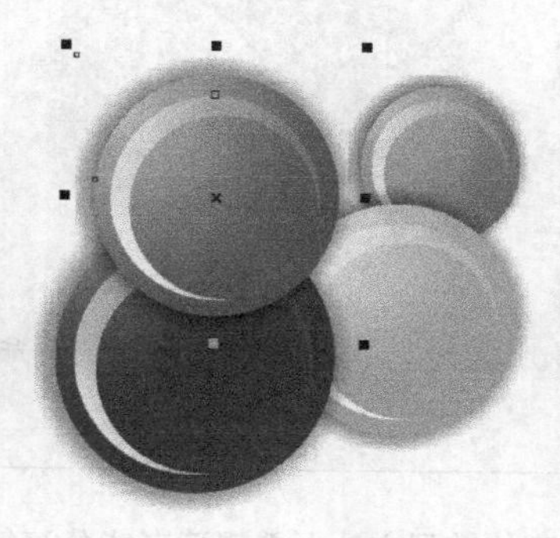
图 8-35　向前移动一层

图 8-36　向后移动一层

04 执行“排列 / 顺序 / 到图层前面”命令，可将选择的红色圆形调整至所有图形的前面，如图 8-37 所示。

05 选择灰色圆形，执行“排列 / 顺序 / 置于此对象前”命令，此时鼠标指针显示为黑色箭头，如图 8-38 所示。

06 将鼠标指针移动到红色图形上单击，即可将灰色图形调整至红色圆形的前面，如图 8-39 所示。

图 8-37　调整红色圆形到图层前面

图 8-38　鼠标指针显示的状态

图 8-39　调整灰色图形置于红色圆形前面

相关知识点：“排列 / 顺序”命令

当绘制很多图形，且图形间有堆叠状态时，后绘制的图形将遮挡先绘制的图形。利用菜单栏中的“排列 / 顺序”命令，可以重新排列图形之间的堆叠顺序，执行此命令，弹出的子菜单如图 8-40 所示。

- “到页面前面”和“到页面后面”命令：可以将选择的图形移动到当前页面所有图形的上面或下面。
- “到图层前面”和“到图层后面”命令：可以将选择的图形调整到当前层所有图形的上面或后面。

提示

如果当前文件只有一个图层，选取“到页面前面或后面”命令与“到图层前面或后面”命令功能相同；但如果有很多个图层，“到页面前面或后面”命令可以将选择的图形移动到所有图层的前面或后面，而“到图层前面或后面”命令只能将选择图形移动到当前层所有图层的前面或后面。

- “向前一层”和“向后一层”命令：可以将选择的图形向前或向后移动一个位置。
- “置于此对象前”和“置于此对象后”命令：可将所选的图形移动到指定图形的前面或后面。
- “逆序”命令：可以将当前选择的一组图形的堆叠顺序进行反方向颠倒排列。图 8-41 所示为原图与使用此命令后，图形的堆叠顺序对比。

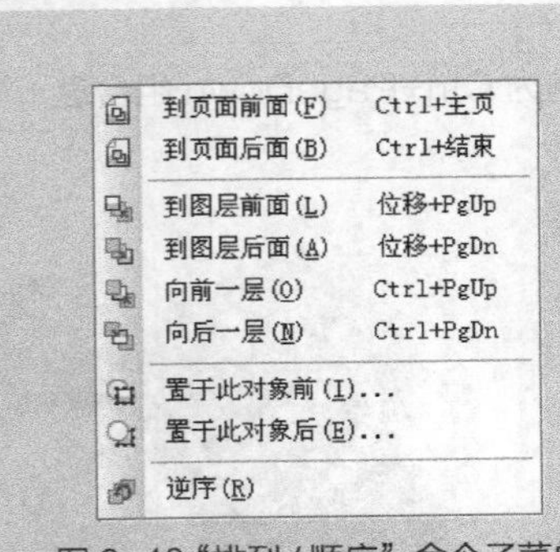

图 8-40“排列 / 顺序”命令子菜单

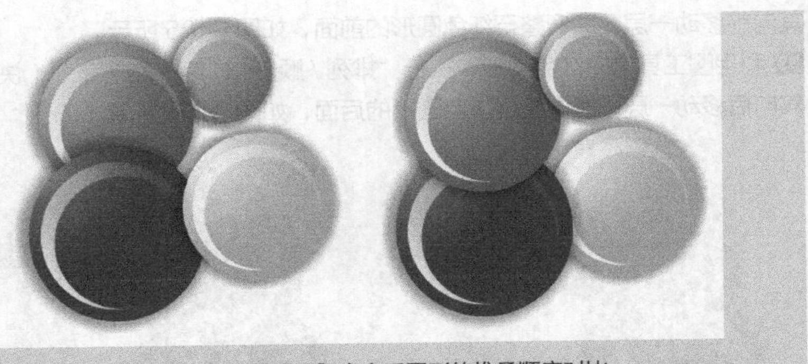
图 8-41 使用“逆序”命令后图形的堆叠顺序对比

实例总结

学习本实例，读者掌握了对象前后顺序的排列方法，希望读者能分清每一个命令的具体功能，以便灵活运用。

实例 115 排列对象——制作竹编效果

学习目的

灵活运用图像的排列操作来制作竹编效果。

实例分析

- **作品路径** | 作品\第 08 章\竹编效果 .cdr
- **视频路径** | 视频\实例 115.avi
- **知识功能** | “排列 / 造形 / 修剪”命令、“排列 / 顺序 / 置于此对象前”命令
- **制作时间** | 10 分钟

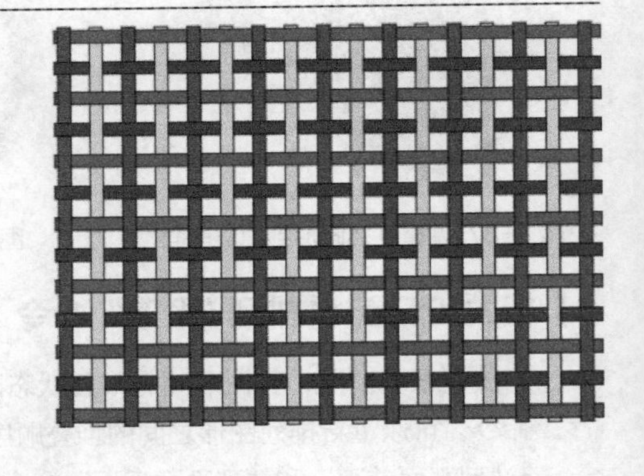

操作步骤

01 新建文件，利用□工具绘制绿色的长条矩形，然后依次将其在水平方向移动复制，效果如图 8-42 所示。

02 全部选择绘制的矩形图形，按 Ctrl+G 组合键群组，然后再次向右移动复制，并将复制出的图形的颜色修改为黄色，如图 8-43 所示。

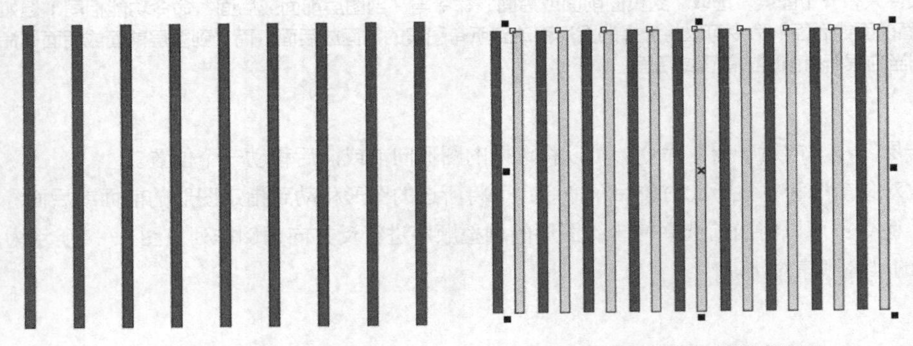
图 8-42 复制出的绿色图形　　图 8-43 复制出的黄色图形

03 按键盘数字区中的 + 键，将黄色图形在原位置再复制一组，然后将复制出的图形的颜色修改为青色。

04 设置属性栏中的参数 90.0 ，将青色图形逆时针旋转 90°，形态如图 8-44 所示。

05 按 Esc 键，取消图形的选择，然后选取工具，并按住 Ctrl 键，单击最上方的青色矩形将其选择，如图 8-45 所示。

提示

当图形群组后，利用工具选择图形，按住 Ctrl 键的同时单击，可选择单击处的单个图形，此时图形的周围显示圆点选择框。

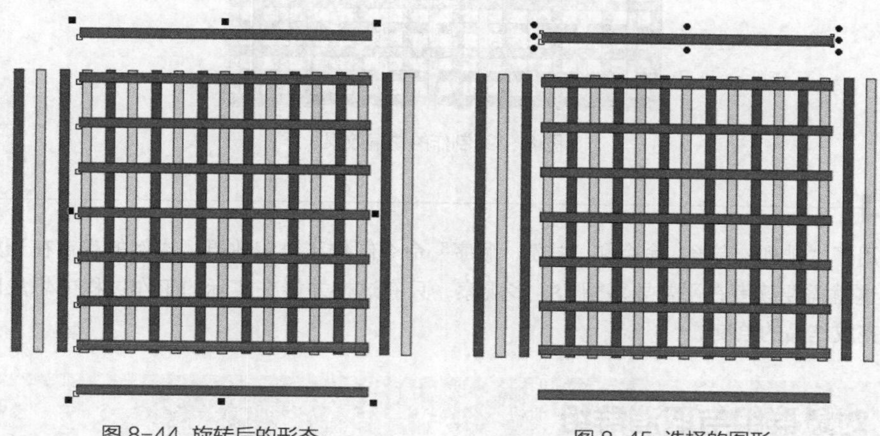

图 8-44　旋转后的形态　　图 8-45　选择的图形

06 按 Delete 键将选择的图形删除，然后按住 Ctrl 键，单击下方的矩形图形将其选择，再按 Delete 键删除。

07 选择青色群组图形，将其宽度调整至与下方的图形对齐，如图 8-46 所示，然后将其向下移动复制一组，再将复制出的图形的颜色修改为红色，如图 8-47 所示。

08 用与步骤 05 相同的选择单个图形的方法，将红色图形中最下方的矩形图形选择并按 Delete 键删除。

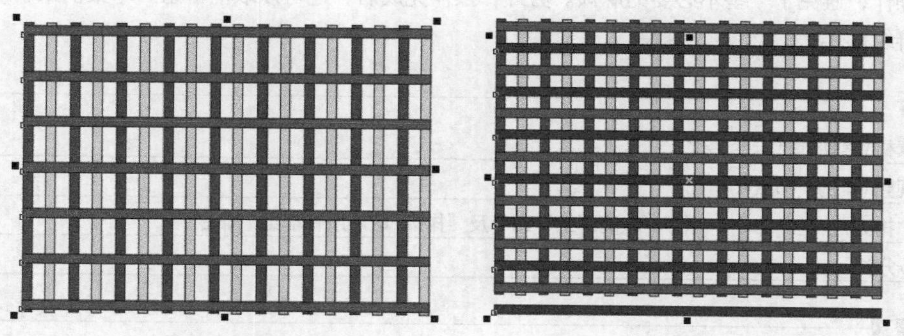

图 8-46　青色图形调整宽度后的效果　　图 8-47　复制出的红色图形

09 选择黄色群组图形，然后按住 Shift 键单击红色群组图形，将两组图形同时选择，再执行“排列 / 造形 / 修剪”命令，用黄色图形对红色图形进行修剪，效果如图 8-48 所示。

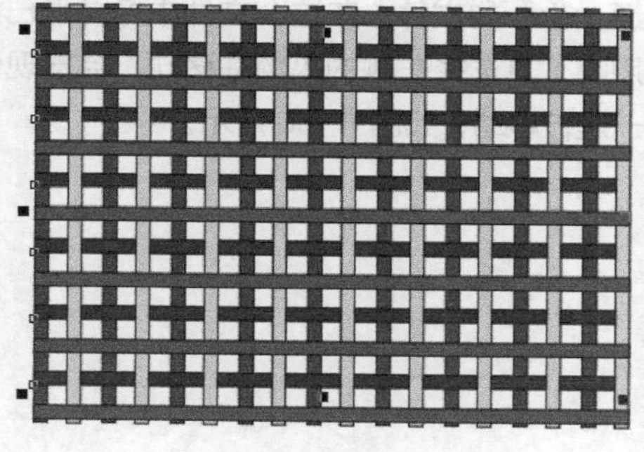

图 8-48　修剪后的效果

10 选择绿色群组图形，然后执行“排列 / 顺序 / 置于此对象前”命令，再将鼠标指针移动到青色群组图形上单击，将绿色图形调整至青色图形的前面，即可完成竹编效果，如图 8-49 所示。

11 按 Ctrl+S 组合键，将此文件命名为“竹编效果 .cdr”并保存。

图 8-49 制作的竹编效果

实例总结

本例灵活运用了“排列 / 造形”命令和“排列 / 顺序”命令制作了竹编效果。本例的难点在于如何分清每组图形的前后位置，这就需要读者在平常要多留心、多观察，只有这样才能在实际的工作过程中想象出图形的最终效果，并能顺利地完成作品的绘制。

实例 116 对象群组与取消群组

学习目的

在实际工作过程中，经常需要将其中一部分对象进行整体移动、缩放、旋转和扭曲等操作，如果对每一个对象都单独进行这些操作，不仅浪费时间，而且还不好控制。而利用菜单栏中的“排列 / 群组”命令可以先将这些对象组合，再进行操作，避免了一些不必要的麻烦。另外，操作完成后，还可以取消群组。本案例来学习如何群组对象和取消对象的群组操作。

实例分析

- **素材路径 |** 素材\第08章\卡通.cdr
- **视频路径 |** 视频\实例116.avi
- **知识功能 |** “排列/群组”命令、“排列/取消群组”命令及“排列/取消所有群组”命令
- **制作时间 |** 5分钟

操作步骤

01 打开资源文件中“素材 \ 第 08 章”目录下名为“卡通 .cdr”的文件。在这个文件中各图形已经群组，利用工具选择左侧的人物并移动，会发现两个人物会一起被移动，如图 8-50 所示。

图 8-50 移动人物状态

02 执行“排列 / 取消群组”命令或单击属性栏中的按钮，可取消群组，此时利用工具移动中间人物的头发，发现人物的头部与身体已经分离了，如图 8-51 所示。

03 按 Ctrl+Z 组合键恢复图形的位置移动，然后框选左侧的两个人物，执行“排列 / 群组”命令或单击属性栏中的按钮，即可将两个人物再重新群组。

04 图形群组后，执行“排列 / 取消所有群组”命令或单击属性栏中的按钮，可以将多次嵌套的群组图形一次分离为单个图形，如图 8-52 所示。

图 8-51 移动人物头部　　图 8-52 取消所有群组后的状态

05 利用工具移动中间人物头部，移动的会是一个单独的图形，如图 8-53 所示。

图 8-53 移动图形位置

实例总结

学习本实例，读者掌握了对象的群组与取消群组操作。在实际工作过程中，灵活运用这些命令，可以使最终的作品看起来整齐而易于调整。

实例 117 对象的合并与拆分

学习目的

“群组”和“合并”命令都是将多个图形合并为一个整体的命令，但两者组合后的图形有所不同。“群组”命令只是将图形简单地组合到一起，其图形本身的形状和样式并不会发生变化；而“合并”命令是将图形链接为一个整体，其所有的属性都会发生变化，并且图形和图形的重叠部分将会变为透空状态。本例来学习利用“合并”和“拆分”命令制作两组花图案。

实例分析

- **作品路径** | 作品\第08章\花图案.cdr
- **视频路径** | 视频\实例117.avi
- **知识功能** | “排列/合并”命令、“排列/拆分”命令
- **制作时间** | 10分钟

操作步骤

01 新建文件，利用工具绘制椭圆形图形，然后为其填充从红色到黄色的辐射渐变色，如图 8-54 所示。

02 去除图形的外轮廓，然后执行“排列 / 变换 / 旋转”命令，在弹出的“变换”对话框中设置选项参数，如图 8-55 所示。

03 单击 应用 按钮，图形旋转复制出的效果如图 8-56 所示。

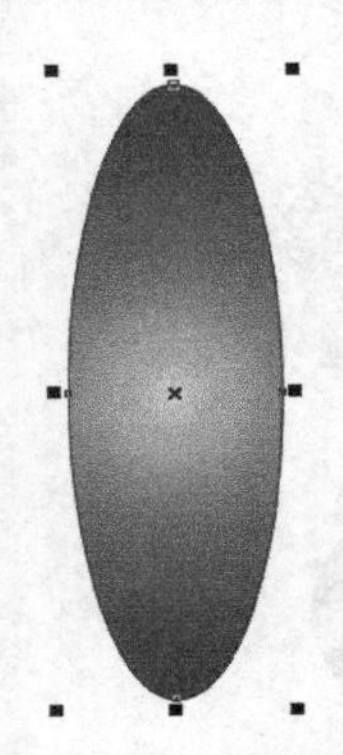

图 8-54 绘制的椭圆形

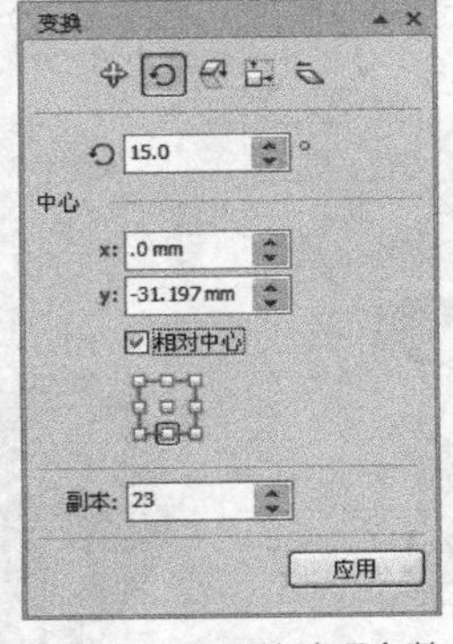

图 8-55 设置的选项参数

图 8-56 旋转复制出的图形

04 双击工具箱中的按钮，全部选择所有图形，然后执行“排列 / 合并”命令或单击属性栏中的按钮，将图形合并为一个整体，如图 8-57 所示。

05 移动复制出一组合并后的图形，然后执行“排列 / 拆分”命令或单击属性栏中的按钮，将其拆分为合并之前的形态。

06 选取工具，并单击属性栏中的 无 选项，在弹出的列表中选择“辐射”，为选择图形添加透明度，效果如图 8-58 所示。

07 按 Ctrl+S 组合键，将此文件命名为“花图案 .cdr”并保存。

图 8-57 合并后的效果

图 8-58 设置透明后的效果

实例总结

学习本实例，读者了解了“合并”和“拆分”命令的运用，灵活运用“合并”命令可以实现很多意想不到的效果。

实例 118 锁定与解锁对象

学习目的

利用锁定功能，可以使工作页面中的任何一个对象处于不可选择状态，在此状态下除解锁操作外，无法对锁定的对象进行任何操作。本案例来学习锁定对象和解锁对象的操作方法。

实例分析

- **素材路径** | 素材\第08章\风景画.cdr
- **视频路径** | 视频\实例118.avi
- **知识功能** | “锁定对象”命令、“解锁对象”命令及“对所有对象解锁”命令
- **制作时间** | 5分钟

操作步骤

01 打开资源文件中“素材\第 08 章”目录下名为“风景画 .cdr”的文件，如图 8-59 所示。

图 8-59 打开的文件

在这个文件中，如果想利用工具全部选择苹果树中的苹果，读者所想到的最简单的办法应该是框选操作；但如果只选择外面一圈苹果，再利用框选的方法就不太好操作，如果利用按住Shift键加选择的方法又太烦琐，此时就可以灵活运用对象的锁定功能。

02 选取工具，按住 Shift 键依次单击中间的 3 个苹果图形，将其选择，如图 8-60 所示。

03 执行“排列 / 锁定对象”命令，即可锁定选择的对象，此时锁定图形的周围显示图 8-61 所示的图标。

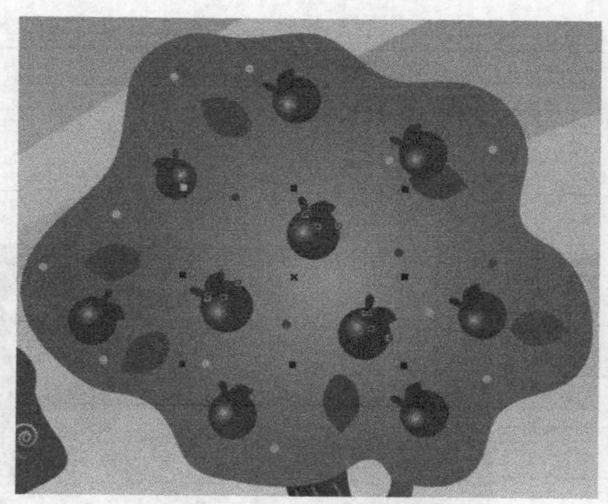

图 8-60 选择的图形

图 8-61 锁定后的效果

04 再次利用工具框选所有苹果图形，状态如图 8-62 所示，释放鼠标后，即可选择需要的苹果图形，如图 8-63 所示。

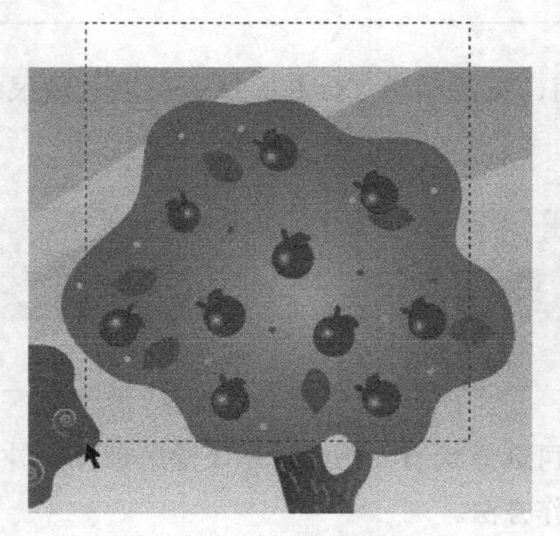

图 8-62 框选图形状态

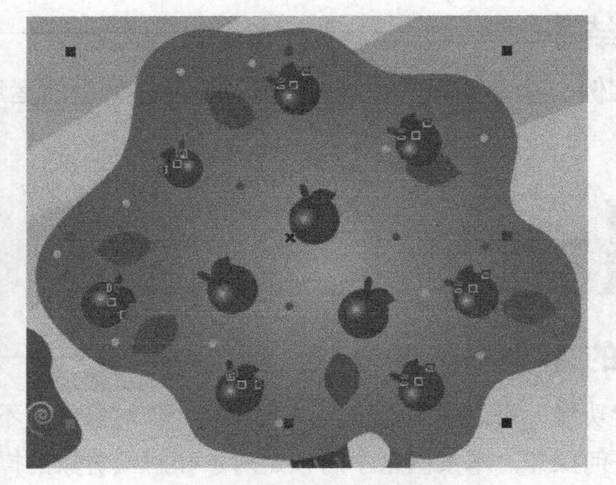

图 8-63 选择的苹果图形

05 利用工具选择锁定对象中其中的任意一个图形，如图 8-64 所示，执行“排列 / 解锁对象”命令，即可取消该图形的锁定，显示为选择状态，如图 8-65 所示。

06 执行“排列 / 对所有对象解锁”命令，可一次性解锁所有锁定的对象，如图 8-66 所示。

图 8-64 选择的锁定对象

图 8-65 解锁后显示的对象

图 8-66 全部解锁后的图形

实例总结

学习本实例，读者掌握了对象的锁定与解锁操作方法。灵活掌握好对象的锁定命令，可以给设计工作带来很大的方便，希望读者熟练掌握该命令。

实例 119 斜角——制作倒角效果

学习目的

“斜角”命令可以为图形和美术文本等对象制作倒角效果，下面我们来具体学习。

实例分析

- **素材路径 |** 素材\第 08 章\新年背景 .jpg
- **作品路径 |** 作品\第 08 章\斜角应用 .cdr
- **视频路径 |** 视频\实例 119.avi
- **知识功能 |** “效果 / 斜角”命令及“透明度”工具
- **制作时间 |** 10 分钟

操作步骤

01 新建文件，选取☆工具，设置属性栏参数☆5 ▲53，然后按住 Ctrl 键拖曳鼠标绘制五角星图形，再为其填充黄色，如图 8-67 所示。

02 执行“效果 / 斜角”命令，弹出“斜角”对话框，选中“到中心”选项，然后将“阴影颜色”设置为红色；“光源颜色”设置为黄色，其他选项参数如图 8-68 所示。

03 单击[应用]按钮，五角星图形添加斜角后的效果如图 8-69 所示。

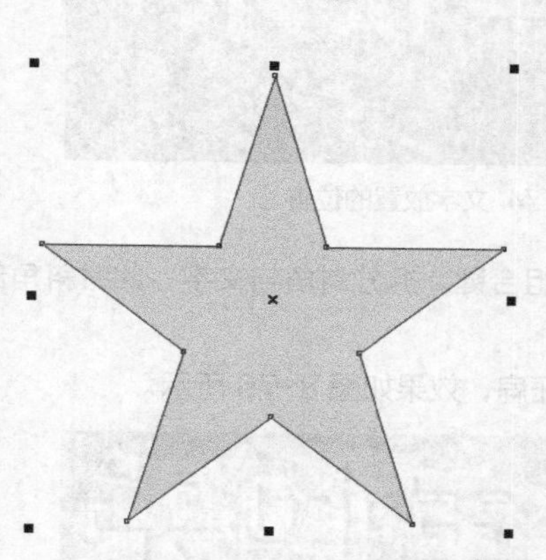

图 8-67　绘制的五角星图形

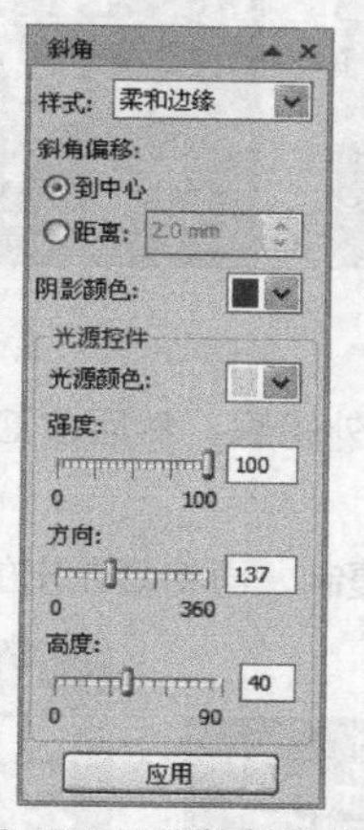

图 8-68　设置的斜角参数

图 8-69　制作的斜角效果

> **提示**
>
> 为图形添加斜角效果后，还可以为其添加封套和变形效果，但不能为其添加阴影和透明效果。另外，可随时执行“排列 / 拆分”命令分离斜角与原图形，或利用“效果 / 清除效果”命令清除效果。

04 利用字工具输入图 8-70 所示的黑色文字，选用的字体是“汉仪粗黑简”。

05 利用形状工具调整文字的字间距，使其紧密一些，效果如图 8-71 所示。

图 8-70　输入的文字

图 8-71　调整字间距后的效果

06 将文字的颜色修改为黄色，然后在“斜角”对话框中选中“距离”选项，并将参数设置为“2.0 mm”，再将“阴影颜色”修改为黑色，单击[应用]按钮，生成的倒角效果如图 8-72 所示。

图 8-72　生成的倒角效果

07 按 Ctrl+I 组合键将资源文件中“素材 \ 第 08 章”目录下名为“新年背景 .jpg”的文件导入，然后执行“排列 / 顺序 / 到图层后面”命令，将其调整至星形和文字的后面。

08 选择星形图形，为其添加黄色的外轮廓，调整大小后移动到图 8-73 所示的位置，再选择文字，调整大小后放置到图 8-74 所示的位置。

图 8-73 星形图形放置的位置

图 8-74 文字放置的位置

09 为文字添加图 8-75 所示的浅黄色（Y:20）外轮廓，然后按 Ctrl+K 组合键，拆分斜角与文字，此时斜角部分的文字将自动转换为位图。

10 选择斜角图形，将其在垂直方向上向下镜像复制，再将复制出的文字压扁，效果如图 8-76 所示。

图 8-75 添加的外轮廓

图 8-76 复制出的效果

11 选取工具，将鼠标指针移动到文字上方按下并向下拖曳，为复制出的文字添加图 8-77 所示的透明效果。

12 选择上方的倒角图形，然后利用工具为其添加图 8-78 所示的透明效果。

图 8-77 设置透明度后的效果

图 8-78 设置透明度后的效果

提示

星光效果的制作方法请参见实例 130 的“模糊——制作星光效果”内容。

13 依次在文字的周围添加图 8-79 所示的星光效果，即可完成倒角字的制作。

14 按 Ctrl+S 组合键，将此文件命名为“斜角应用 .cdr”并保存。

图 8-79 添加的星光图形

相关知识点：“斜角”命令

选择图形，执行“效果/斜角”命令，将弹出图8-80所示的“斜角”对话框。

- “样式”选项：用于设置生成斜角的样式，包括“柔和边缘”和“浮雕”两个选项。
- “斜角偏移”选项：选中“到中心”选项，可使生成的倒角效果直接到图形各边的中心位置；选中“距离”选项，可在右侧的文本框中设置倒角的宽度。
- “阴影颜色”：单击右侧的按钮，可在弹出的颜色列表中选择光照后生成阴影的颜色。
- “光源颜色”：单击右侧的按钮，在弹出的颜色列表中选择光照的颜色。
- “强度”选项：用于设置光照的强度，数值越大，光照越强。
- “方向”选项：用于设置光照的方向。
- “高度”选项：用于设置灯光与图形的位置，数值越大，灯光越靠前。
- 应用 按钮：单击此按钮，在“斜角”面板中设置的参数才能应用于选择的对象上。

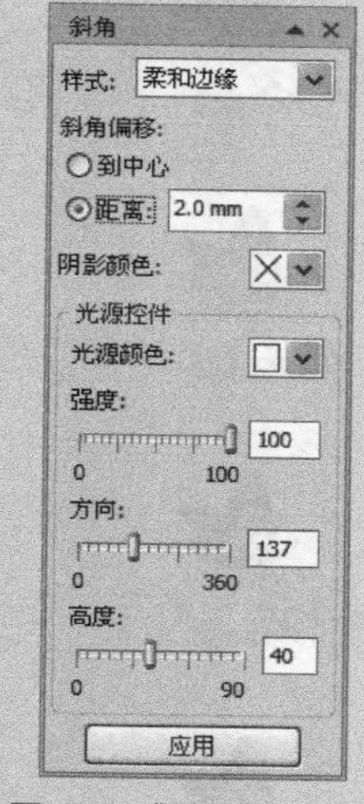

图 8-80“斜角”对话框

实例总结

学习本实例，读者初步了解了“斜角”命令的应用。需要注意的是，在制作斜角效果之前，首先要为图形填充颜色，只有有填充色的图形才能运用此命令。

实例 120　透镜——制作放大镜效果

学习目的

利用“透镜”命令可以改变位于透镜下面的图形或图像的显示方式，而不会改变其原有的属性。本实例灵活运用“透镜”命令来制作放大镜效果。

实例分析

- **素材路径 |** 素材\第08章\蝴蝶.jpg，放大镜.cdr
- **作品路径 |** 作品\第08章\放大镜效果.cdr
- **视频路径 |** 视频\实例120.avi
- **知识功能 |** “透镜”命令
- **制作时间 |** 5分钟

操作步骤

01 新建文件，然后将资源文件中“素材\第08章”目录下名为“蝴蝶.jpg”的文件导入，再将其依次复制，效果如图8-81所示。

图 8-81 复制出的图形

02 按 Ctrl+I 组合键，将资源文件中“素材 \ 第 08 章”目录下名为“放大镜 .cdr”的文件导入，然后将其调整至图 8-82 所示的大小及位置。

03 选取工具，然后按住 Ctrl 键单击放大镜中作为镜片的椭圆形，将其选择，再执行“效果 / 透效果”命令，弹出图 8-83 所示的“透镜”面板。

图 8-82 放大镜调整后的大小及位置

图 8-83 “透镜”面板

04 单击 无透镜效果 选项，在弹出的列表中选择“放大”，然后单击 应用 按钮，此时画面中出现的放大效果如图 8-84 所示。

图 8-84 出现的放大效果

05 将“数量”值设置为“3”，按 Enter 键确认，然后选择放大镜图形并移动位置，使下方的图像正好位于镜片的中心，如图 8-85 所示。

06 按 Ctrl+S 组合键，将文件命名为“放大镜效果 .cdr”并保存。

图 8-85 制作完成的放大镜效果

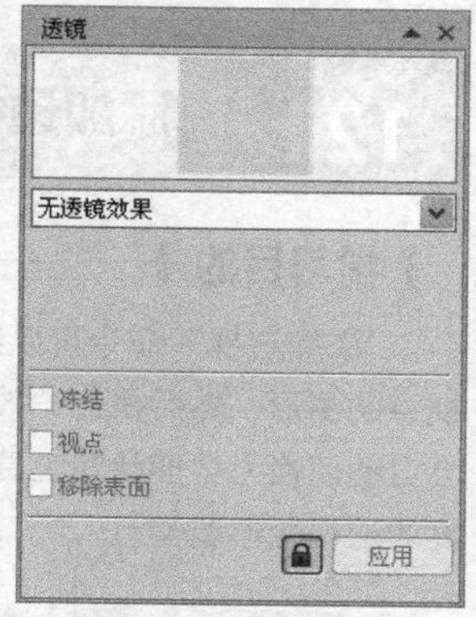

图 8-86“透镜”面板

相关知识点：“透镜”命令

“透镜”面板如图 8-86 所示，其中各选项和按钮的含义分别如下。

- 无透镜效果：单击此选项，可在弹出的列表中选择透镜效果。图形应用不同的透镜样式时，产生的特殊效果对比如图8-87所示。
- “冻结”选项：可以固定透镜中当前的内容。当再移动透镜图形时，不会改变其显示的内容。
- “视点”选项：可以在不移动透镜的前提下只显示透镜下面图形的一部分。

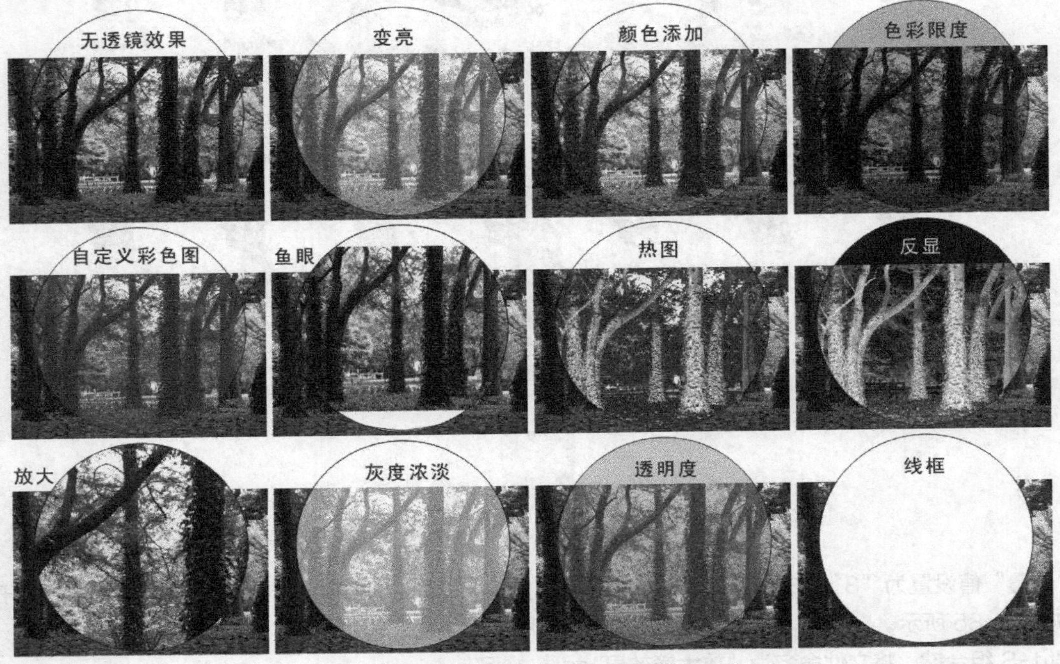

图8-87 应用不同透镜样式后的图形效果对比

- “移除表面”选项：透镜只显示它覆盖其他图形的区域，而不显示透镜所覆盖的空白区域。
- 按钮：单击此按钮，该按钮将显示为状态，且前面的应用按钮即变为可用。单击应用按钮，可将设置的透镜效果添加到图形或图像中。在按钮上单击使其显示状态。所设置的透镜效果将直接添加到图形或图像中，无须再单击应用按钮。

实例总结

学习本实例，读者初步了解了“透镜”命令的应用。课下读者可自行设置其他选项来查看效果，以便在今后需要时能准确找到相应的选项。

实例121 添加透视——制作立体魔方

学习目的

“添加透视”命令可以给矢量图形制作各种形式的透视形态。该命令的使用方法非常简单，首先选择要添加透视点的图形，然后执行“效果/添加透视”命令，此时在选择的图形上会出现红色的虚线网格，且当前使用的工具会自动切换为“形状”工具。将鼠标光标移动到网格的角控制点上，按住鼠标左键拖曳，即可对图形进行任意角度的透视变形调整。

提示

需要注意的是，“添加透视”命令不能对位图图像进行透视变形。

下面以实例的形式来讲解“添加透视”命令的应用。

实例分析

● **作品路径** | 作品\第 08 章\立体魔方 .cdr

● **视频路径** | 视频\实例 121.avi

● **知识功能** | “效果 / 添加透视”命令

● **制作时间** | 10 分钟

操作步骤

01 打开资源文件中“作品 \ 第 06 章”目录下名为“数学魔方 .cdr”的文件，如图 8-88 所示。

02 利用工具分别把不同颜色的一组图形和数字选取后执行“排列 / 群组”命令，把这 3 组图形分别群组。因为后面要给图形和数字一起添加透视，图形和数字不群组就无法执行“效果 / 添加透视”命令。

03 先选取洋红色一组图形，执行“效果 / 添加透视”命令，在图形周围出现透视变形框，如图 8-89 所示。

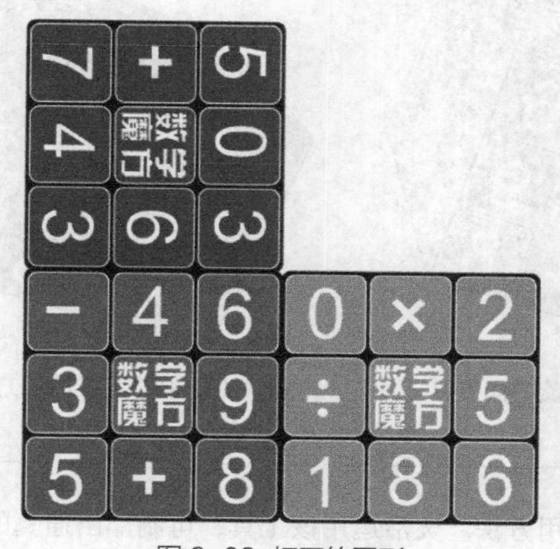

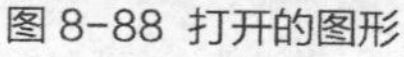
图 8-88 打开的图形

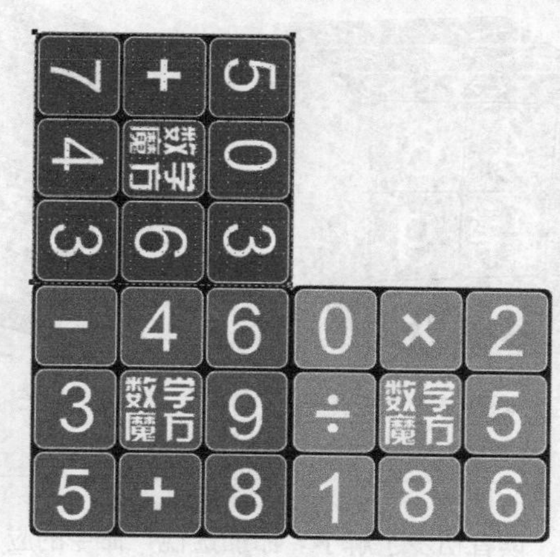

图 8-89 添加透视变形框

04 先拖动右上角的透视点，状态如图 8-90 所示，再拖动左上角的透视点，状态如图 8-91 所示。

图 8-90 调整右上角的透视点

图 8-91 调整左上角的透视点

05 选取黄绿色图形，然后调整透视变形，状态如图 8-92 所示。

06 调整黄绿色图形右下角的透视点，调整后的效果如图 8-93 所示。

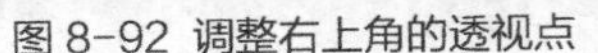

图 8-92 调整右上角的透视点

图 8-93 调整右上角的透视点

07 选取蓝色图形，调整左下角的透视点，状态如图 8-94 所示。

08 按 Ctrl+A 组合键，全部选取所有图形，然后在图形上单击，出现旋转扭曲符号，然后旋转图形的角度，如图 8-95 所示。

09 选取工具，再适当调整一下每个角度上图形的透视，这样带有透视效果的立体魔方就制作完成了，最终效果如图 8-96 所示。

10 执行“文件 / 另存为”命令，将此文件另命名为“立体魔方 .cdr”并保存。

图 8-94 调整左下角的透视点

图 8-95 旋转角度

图 8-96 制作完成的魔方效果

实例总结

学习本实例，读者初步了解了“添加透视”命令的应用方法。灵活运用该工具，可制作出逼真的立体效果。

实例 122 图框精确剪裁——置入图像

学习目的

利用“图框精确剪裁”命令可以将图形或图像放置在指定的容器中，并可以对其进行提取或编辑，容器可以是图形也可以是文字。下面以实例的形式来具体讲解。

实例分析

- **素材路径** | 素材\第08章\海豚.jpg
- **作品路径** | 作品\第08章\置入图像.cdr
- **视频路径** | 视频\实例122.avi
- **知识功能** | “效果/图框精确剪裁/置于图文框内部”命令及“效果/图框精确剪裁/编辑 PowerClip”命令
- **制作时间** | 10分钟

操作步骤

01 打开资源文件中“作品 \ 第 06 章”目录下名为“边框效果 .cdr”的文件，如图 8-97 所示。

02 选取工具，在属性栏中设置任意一种填充颜色，然后将鼠标指针移动到边框的中心位置单击，为边框的中心部位填充颜色，即生成一个新的图形。

03 按 Ctrl+I 组合键，将资源文件中“素材 \ 第 08 章”目录下名为“海豚 .jpg”的文件导入。

04 执行“效果 / 图框精确剪裁 / 置于图文框内部”命令，然后将鼠标指针移动到图 8-98 所示的图形上。

05 单击鼠标，即可将导入的图片置于单击的图形中，如图 8-99 所示。

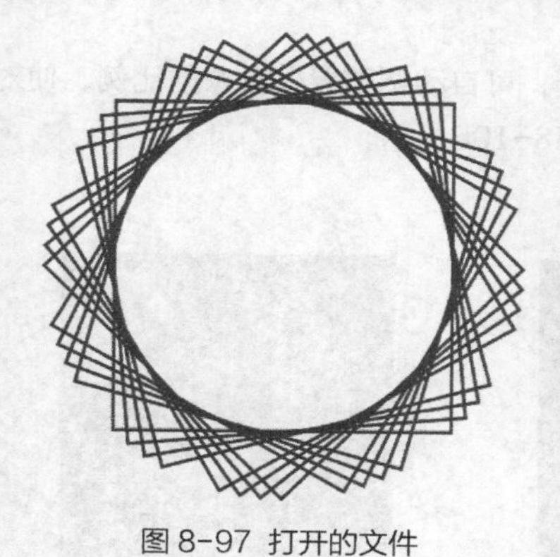

图 8-97 打开的文件

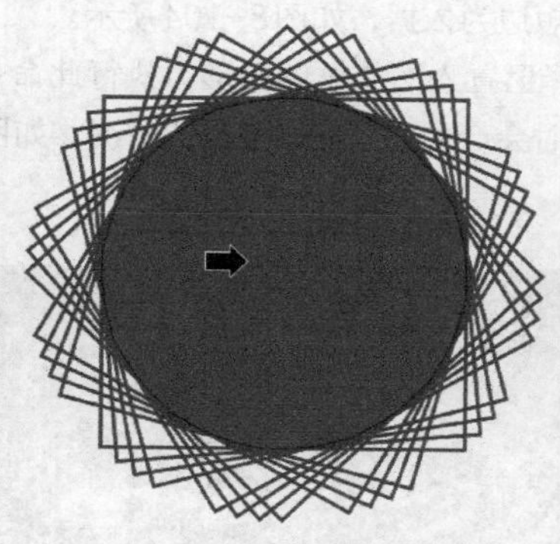

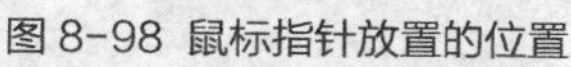

图 8-98 鼠标指针放置的位置

图 8-99 置于图形中的效果

从图 8-99 中我们发现，置于图形中的海豚并没显示出我们想要的效果，下面来对其进行修改。

06 执行“效果 / 图框精确剪裁 / 编辑 PowerClip”命令，此时精确剪裁容器内的图形将显示在绘图窗口中，其他图形将隐藏。

07 调整海豚图片的大小及位置，如图 8-100 所示，然后执行“效果 / 图框精确剪裁 / 结束编辑”命令，或单击下方的“结束编辑”按钮，即可完成图像的编辑，效果如图 8-101 所示。

08 执行“文件 / 另存为”命令，将此文件另命名为“置入图像 .cdr”并保存。

图 8-100 海豚图片调整后的大小及位置

图 8-101 置入图像效果

相关知识点：“图框精确剪裁”命令

执行“效果 / 图框精确剪裁”命令将弹出图 8-102 所示的子菜单。

- “置于图文框内部”命令：可以将选择的图形或图像置入指定的图文框中。
- “提取内容”命令：选择已置入图文框的图形，执行此命令，可将置入图文框中的对象提取出来，还原未置入时的状态。
- “编辑 PowerClip”命令：选择已置入图文框的图形，执行此命令，可转换到置入对象的编辑状态，图文框以外的图形将被隐藏。
- “结束编辑”命令：当置入对象处于编辑状态时，此命令才可用，执行此命令，可完成图像的编辑。

图 8-102“效果 / 图框精确剪裁”命令的子菜单

- “创建空PowerClip图文框”命令：选择任意图形或文字，执行此命令，可将其转换为图文框。
- “锁定PowerClip的内容”命令：选择已置入图文框的图形，执行此命令，可锁定置入的对象，此时再调整图文框，图文框中的对象将不会跟随图文框变动。
- “内容居中”命令：选择已置入图文框的图形，执行此命令，可将置入的对象与图文框以中心对齐。
- “按比例调整内容”命令：选择已置入图文框的图形，执行此命令，可自动调整置入对象的比例，使其在图文框中完全显示，如图8-103所示。
- “按比例填充框”命令：选择已置入图文框的图形，执行此命令，可自动调整置入对象的比例，使其覆盖整个图文框，此时缩放比例会以对象的短边为依据，如图8-104所示。
- “延展内容以填充框”命令：选择已置入图文框的图形，执行此命令，可自动调整置入对象的比例，使对象通过缩放与图文框的大小相匹配，此时会产生不等比例缩放的情况，如图8-105所示。

图8-103 按比例调整内容后的效果　　图8-104 按比例填充框后的效果　　图8-105 延展内容以填充框的效果

> **提示**
>
> 选择已置入图文框的图形，其下方会显示一组按钮，单击按钮与执行“编辑 PowerClip”命令的功能相同；单击按钮，可选择置入图文框中的对象；单击按钮与执行“提取内容”命令的功能相同；单击按钮与执行“锁定PowerClip 的内容”命令的功能相同。

实例总结

学习本实例，读者初步了解了“图框精确剪裁”命令的应用。该命令与Photoshop中的蒙版相似，灵活运用可制作出各种特殊的效果。

实例123 图框精确剪裁——制作POP广告

学习目的

灵活运用“图框精确剪裁”命令制作商场内吊挂的POP广告。

实例分析

- **素材路径** | 素材\第08章\广告画面.cdr
- **作品路径** | 作品\第08章\POP广告.cdr
- **视频路径** | 视频\实例123.avi
- **知识功能** | “图框精确剪裁”命令
- **制作时间** | 10分钟

操作步骤

01 新建文件，并将页面设置为横向，然后利用□工具绘制图 8-106 所示的矩形图形。

02 执行“效果 / 图框精确剪裁 / 创建空 PowerClip 图文框”命令，将矩形图形转换为图文框。

03 执行“效果 / 图框精确剪裁 / 编辑内容”命令，转换到编辑模式下，然后按 Ctrl+I 组合键，将资源文件中“素材 \ 第 08 章”目录下名为“广告画面 .cdr”的文件导入。

04 执行“排列 / 取消群组”命令，取消导入图像的群组，然后选择下方的发射光线图形，并将其缩放至图 8-107 所示的大小。

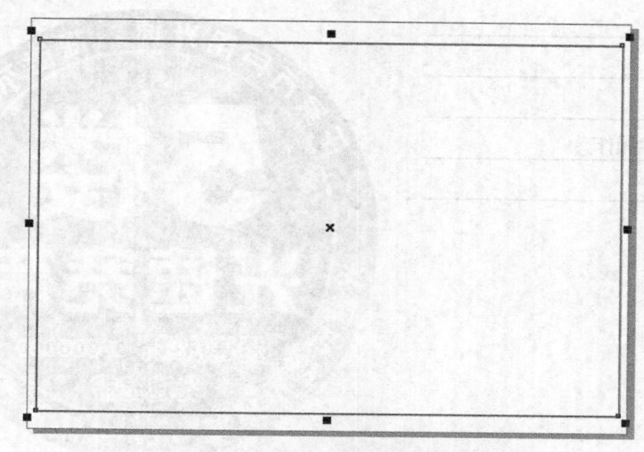

图 8-106 绘制的矩形图形

图 8-107 调整后的大小

05 选取绿色的“椰子”图像，然后依次将其移动复制并调整大小，效果如图 8-108 所示。

06 选择左上角的两个“椰子”图像，然后单击属性栏中的□按钮，将其在垂直方向上镜像。

07 同时选取复制出的 3 个“椰子”图像，然后单击□按钮，并在属性栏中将“透明类型”设置为“标准”；“开始透明度”设置为“80”，效果如图 8-109 所示。

08 执行“效果 / 图框精确剪裁 / 结束编辑”命令或单击下方的□按钮，即可完成内容的编辑。至此，POP 广告制作完成。

09 按 Ctrl+S 组合键，将此文件命名为“POP 广告 .cdr”并保存。

图 8-108 复制出的“椰子”图像

图 8-109 设置透明度后的效果

实例总结

本例主要讲解了“效果 / 图框精确剪裁 / 创建空PowerClip图文框”命令的运用，因此在制作过程中将绘制的内容作为素材直接导入，相信读者完全可以独立绘制出这些图形，有兴趣的读者也可以取消对这些图形的群组，以查看每个图形的形态。

实例 124 综合案例——设计楼层宣传帖

学习目的

灵活运用“图框精确剪裁”命令，结合沿路径输入文字等操作，来制作楼层宣传帖效果。

实例分析

- **素材路径** | 素材\第08章\建筑.cdr
- **作品路径** | 作品\第08章\楼层宣传帖.cdr
- **视频路径** | 视频\实例124.avi
- **知识功能** | “图框精确剪裁”命令及沿路径输入文字操作
- **制作时间** | 20分钟

操作步骤

01 新建文件，利用工具绘制矩形图形。

02 选取工具，并单击属性栏中的 选项，在弹出的列表中选择“辐射”，然后将右侧的填充色分别设置为海军蓝（C:100,M:70）和冰蓝色（C:60,M:20），再调整颜色控制柄的形态，如图8-110所示。

03 按Ctrl+I组合键，将资源文件中“素材\第08章”目录下名为“建筑.cdr”的文件导入，调整大小后放置到图8-111所示的位置。

图8-110 为绘制的矩形填充的渐变色

图8-111 导入的图形

04 选取工具，根据导入图形的位置绘制出图8-112所示的圆形图形。

05 利用工具单击导入的图形，然后按住Shift键单击下方的矩形图形，同时选择两个图形。

06 执行“效果/图框精确剪裁/置于图文框内部”命令，然后将鼠标指针移动到圆形图形上单击，将选择的图形置入圆形图形中，如图8-113所示。

提示

在置入图形时，如果页面中已经存在需要置入的对象，当绘制作为图文框的图形时尽量按最终效果的位置进行绘制，这样将对象置入图文框后就不用再编辑对象的位置了。

图 8-112　绘制的圆形图形

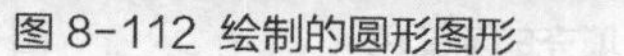

图 8-113　置入图文框后的效果

07 继续利用工具绘制圆形图形，然后将其与作为图文框的图形以中心对齐，如图 8-114 所示。

08 为绘制的圆形图形填充蓝色（C:100,M:80），并去除外轮廓，然后选择作为图文框的圆形图形，并为其添加图 8-115 所示的白色外轮廓。

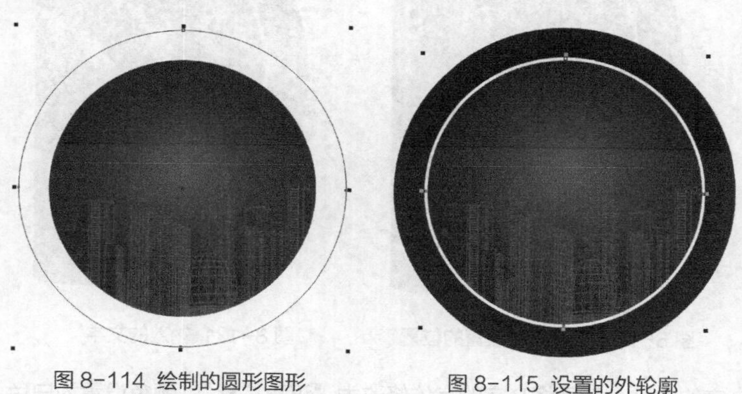

图 8-114　绘制的圆形图形　　　　图 8-115　设置的外轮廓

09 执行“排列 / 将轮廓转换为对象”命令，将添加的外轮廓设置为对象图形，然后利用工具为其填充图 8-116 所示的渐变色。

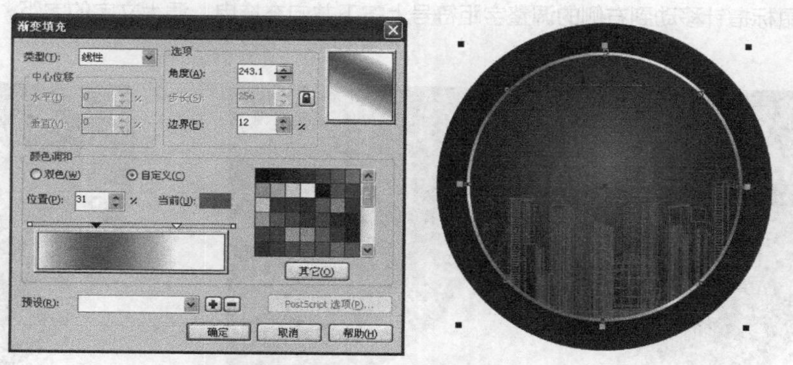

图 8-116　设置的渐变颜色及填充后的效果

10 选取工具，在圆形图形的左下方依次单击鼠标，绘制出图 8-117 所示的图形。

11 选取工具，按住 Shift 键单击最外面的圆形图形，将其与绘制的不规则图形同时选择，然后单击属性栏中的按钮，将两个图形进行相交运算。

12 利用工具，为相交后生成的图形填充图 8-118 所示的线性渐变色。

13 用与步骤 10 ~ 步骤 12 相同的方法，修剪出右下角的图形，并为其填充图 8-119 所示的渐变色。

图 8-117 绘制的图形　　图 8-118 填充的渐变色　　图 8-119 修剪出的图形

14 选取字工具，将鼠标指针移动到图 8-120 所示的位置单击，然后依次输入“光速网络不掉线”文字，如图 8-121 所示。

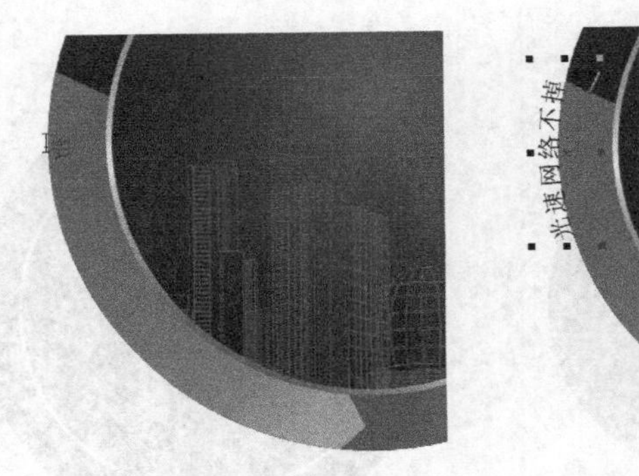

图 8-120 鼠标指针放置的位置　　图 8-121 输入的文字

15 选取工具，确认文字的输入，然后将文字的字体修改为“汉真广标”，颜色设置为白色。

16 选择文字并向图形内拖曳，状态如图 8-122 所示。

17 释放鼠标后，依次单击属性栏中的按钮和按钮，镜像文字，再调大文字的字号，效果如图 8-123 所示。

18 选取工具，将鼠标指针移动到右侧的调整字距符号上按下并向右拖曳，调大文字的字距，效果如图 8-124 所示。

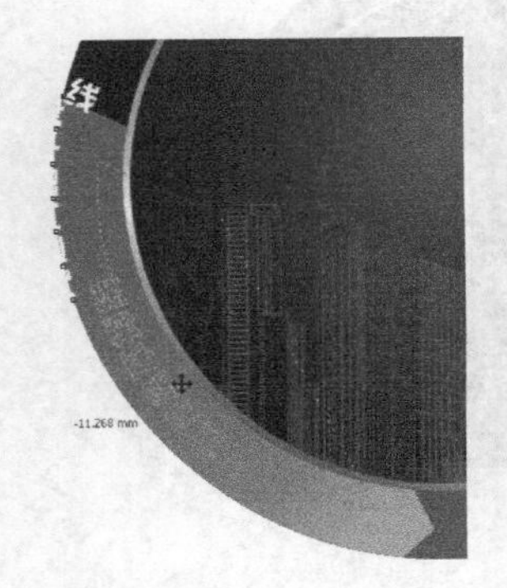

图 8-122 调整文字位置时的状态　　图 8-123 文字镜像并调整大小后的效果　　图 8-124 调整字距后的效果

19 用与步骤 14 ~ 步骤 18 相同的方法，依次在文字的右侧和上方输入图 8-125 所示的沿路径排列文字。

20 利用字工具在圆形图形中依次输入图 8-126 所示的文字，即可完成楼层宣传帖的制作。

21 按 Ctrl+S 组合键，将此文件命名为“楼层宣传帖 .cdr”并保存。

图 8-125 输入的沿路径排列文字　　图 8-126 制作的楼层宣传帖

实例总结

本例主要运用“图框精确剪裁”命令和沿路径输入文字操作制作了楼层宣传帖，用到的命令都非常简单，读者要重点学习并熟练掌握。

实例 125 综合案例——设计网站条

学习目的

本实例来设计下图所示的网站条。该案例中的素材内容很多，虽然看起来比较复杂，但并没有操作上的技术难度，只要读者理清思路，认真仔细地制作，相信都能够完成该作品。

实例分析

- **素材路径** | 素材\第08章\海报01.jpg、海报02.jpg、海报03.jpg、海报04.jpg、人物剪影.psd及胶片.cdr
- **作品路径** | 作品\第08章\网站条.cdr
- **视频路径** | 视频\实例125.avi
- **知识功能** | 各种工具和命令的综合运用
- **制作时间** | 40分钟

操作步骤

01 新建文件，利用□工具绘制矩形图形，然后利用“效果 / 图框精确剪裁 / 创建空 PowerClip 图文框”命令将其设置为图文框。

02 选择矩形，单击下方左侧的□按钮，进入编辑模式，然后再次绘制一个大的矩形，并为其填充渐变色。

03 利用□工具，在矩形的右侧依次绘制出图 8-127 所示的圆形图形。

图 8-127 绘制的矩形及圆形

04 按 Ctrl+I 组合键，将资源文件中“素材\第 08 章”目录下名为“海报 01.jpg”“海报 02.jpg”“海报 03.jpg”和“海报 04.jpg”的文件导入，并分别置入绘制的圆形图形中，如图 8-128 所示。

图 8-128 置入图像后的效果

05 设置圆形的外轮廓为白色，并设置轮廓宽度，然后按 Ctrl+I 组合键，将资源文件中“素材\第 08 章”目录下名为“人物剪影 .psd”的文件导入，调整大小后放置到图 8-129 所示的位置。

图 8-129 导入的图像

06 按 Ctrl+I 组合键，将资源文件中“素材\第 08 章”目录下名为“胶片 .cdr”的文件导入，并按 Ctrl+U 组合键取消群组，然后分别将各图形调整大小后放置到合适的位置，再分别为胶片图形添加阴影效果，如图 8-130 所示。

图 8-130 图形调整后的形态及位置

07 单击按钮，完成编辑操作，然后利用工具输入文字，并利用“图框剪裁命令”命令为文字置入浅蓝色块，制作出图 8-131 所示的文字效果。

图 8-131　输入的文字

08 选择“即日起持会员卡观影”文字，利用“效果 / 添加透视”命令将其透视变形，即可完成网站条的制作，最终效果如图 8-132 所示。

图 8-132　制作完成的网站条

实例总结

本例在置入图形的基础上又置入了一次图像，可见利用“图框精确剪裁”命令可以多次嵌套图形，希望读者能掌握这种作图方法，并在实际工作过程中灵活运用。

第 09 章

位图的编辑

本章实例

本章来讲解CorelDRAW软件中处理位图的各种命令，主要包括“调整”命令和“位图”菜单下的命令。灵活运用“位图”下的命令可以将图像制作出各种滤镜效果。本章通过12个案例来学习和了解这些命令。另外，需要注意的是，要想为矢量图应用“位图”命令，必须先将矢量图转换为位图。

实例 126 调整图像颜色

学习目的

学习利用“调合曲线”命令来调亮暗色调的图像，图像调亮前后的效果对比如图所示。

实例分析

- **素材路径** | 素材\第09章\长城.jpg
- **作品路径** | 作品\第09章\色调调整.cdr
- **视频路径** | 视频\实例126.avi
- **知识功能** | “效果/调整/调合曲线”命令
- **制作时间** | 5分钟

操作步骤

01 新建文件，然后将资源文件中“素材\第 09 章”目录下名为“长城 .jpg”的文件导入。

02 执行“效果 / 调整 / 调合曲线”命令，弹出的“调合曲线”对话框，单击🔒按钮将其激活，即可在预览窗口中随时观察位图图像调整后的颜色效果。而不必每次都单击 预览 按钮。

03 将鼠标光标移动到左侧窗口中的线形上单击，添加控制点，然后将其调整至图 9-1 所示的位置，对图像进行提亮调整，此时的画面效果如图 9-2 所示。

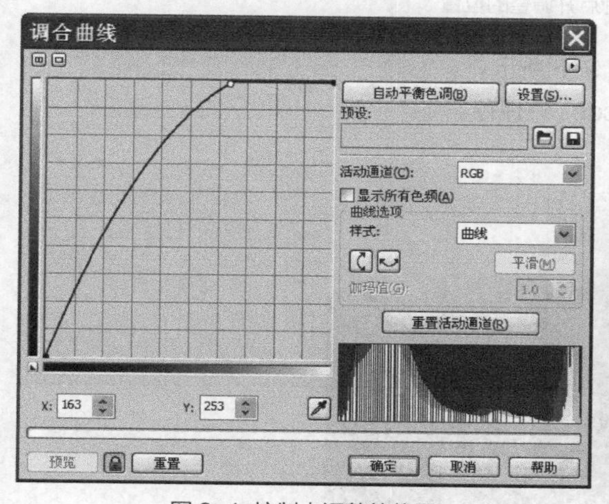

图 9-1 控制点调整的位置

图 9-2 调亮后的图像效果

图像调亮后，下面利用调整通道的方法，使图像的颜色更饱满一些。

04 在“调合曲线”对话框中单击“活动通道”选项右侧的窗口，在弹出的下拉列表中选择“绿”通道，然后添加控制点并调整至图 9-3 所示的位置，将画面的整体色调调整为绿色调，如图 9-4 所示。

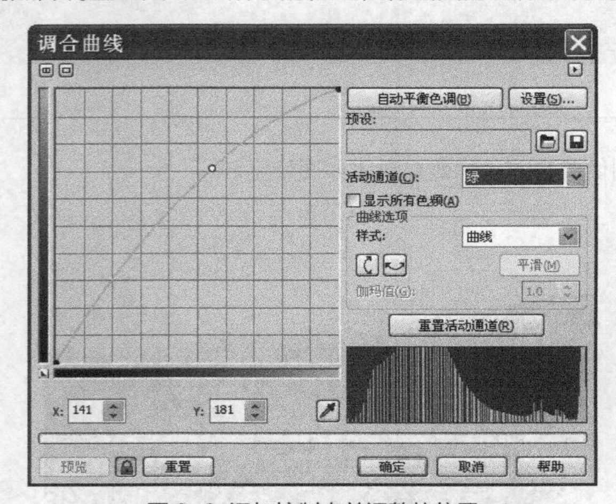

图 9-3 添加控制点并调整的位置

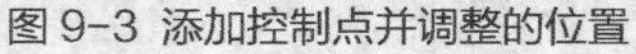

图 9-4 调整的绿色调

05 再次单击“活动通道”选项右侧的窗口，在弹出的下拉列表中依次选择“红”通道和“蓝”通道，并分别添加控制点调整位置，如图 9-5 所示。

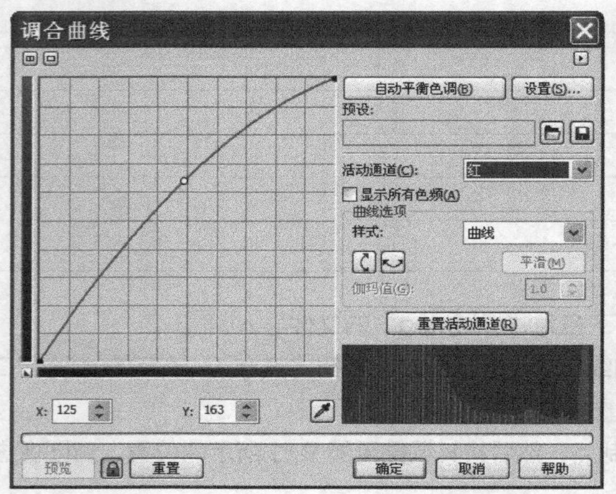

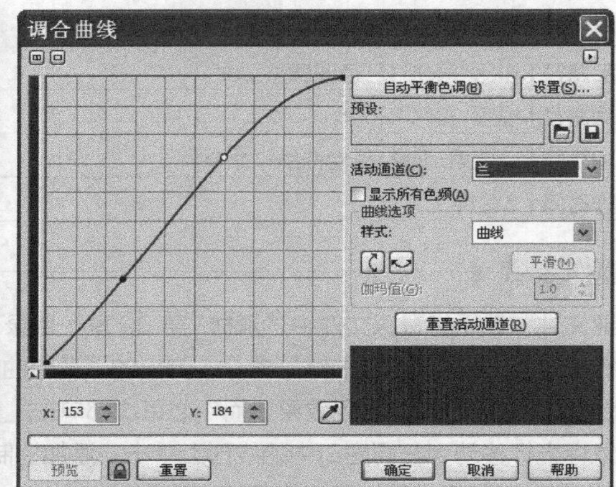

图 9-5 添加控制点并调整的位置

06 单击 确定 按钮，即可完成对图像的调整，效果如图 9-6 所示。

07 按 Ctrl+S 组合键，将调整的图像命名为“色调调整 .cdr”并保存。

图 9-6 调整后的图像效果

实例总结

学习本实例，读者初步了解了“调合曲线”命令的应用。“调合曲线”命令可以改变图像中单个像素的值，以此来精确修改图像局部的颜色。在调整图像的过程中，如不小心对话框关闭了，可随时执行“效果/调整/调合曲线”命令调出对话框。另外，调整图像的颜色并不是一步就可完成的，这需要在调整过程中不断地调试，才能得到最终的效果。

实例 127　替换图像颜色

学习目的

学习利用“替换颜色”命令来修改位图图像中某一部分的颜色。图像替换颜色前后的对比效果如图所示。

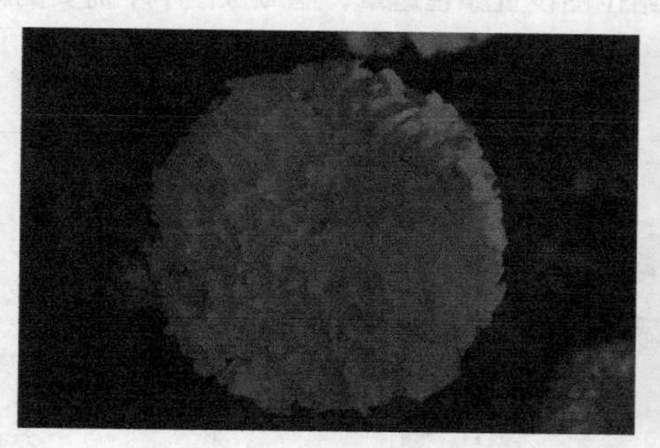

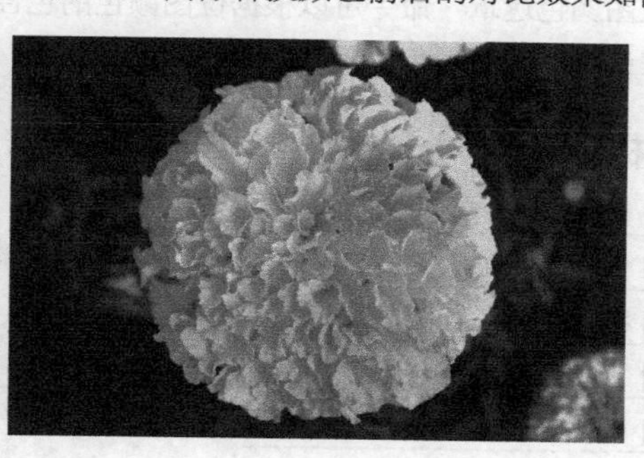

实例分析

- **素材路径** | 素材\第09章\红花.cdr
- **作品路径** | 作品\第09章\替换颜色.cdr
- **视频路径** | 视频\实例127.avi
- **知识功能** | “效果/调整/替换颜色”命令
- **制作时间** | 5分钟

操作步骤

01 新建图形，然后将资源文件中“图库\第09章”目录下名为“红花.jpg”的图片导入。

02 执行“效果/调整/替换颜色”命令，在弹出的“替换颜色”对话框中单击按钮，将鼠标光标移动到图片中的红花颜色处吸取要替换的颜色。

03 在“替换颜色”对话框中单击“新建颜色”选项右侧的色块，在弹出的“颜色”列表中选择“黄”颜色，然后设置各选项参数，如图 9-7 所示。

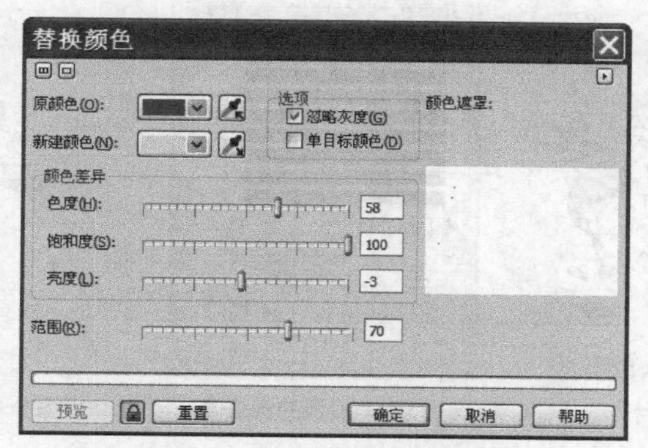

图 9-7“替换颜色”对话框

04 单击 确定 按钮，即可修改图片中的花颜色。

05 按 Ctrl+S 组合键，将此文件命名为“替换颜色.cdr”并保存。

实例总结

学习本实例，读者初步了解了“替换颜色”命令的应用。“替换颜色”命令可以将一种新的颜色替换图像中所选的颜色，对于选择的新颜色还可以通过“色度”“饱和度”和“亮度”选项进行进一步的设置。

实例 128 位图颜色遮罩命令运用

学习目的

利用“位图颜色遮罩”命令可以根据位图颜色的色性给位图设置颜色遮罩，隐藏位图中不需要的颜色。下面以实例的形式来讲解“位图颜色遮罩”命令的使用。

实例分析

- **素材路径** | 素材\第09章\卡通.jpg
- **作品路径** | 作品\第09章\颜色遮罩.cdr
- **视频路径** | 视频\实例128.avi
- **知识功能** | “位图/位图颜色遮罩”命令
- **制作时间** | 5分钟

操作步骤

01 新建文件，然后将资源文件中“素材\第09章”目录下名为“卡通.jpg”的文件导入，如图9-8所示。

02 执行“位图/位图颜色遮罩”命令，弹出“位图颜色遮罩”面板，单击按钮，然后将鼠标光标移动到图片的蓝色位置单击吸取颜色。

03 在“位图颜色遮罩”面板中调整“容限”选项的参数，如图9-9所示。

04 单击 应用 按钮，即可隐藏吸取的颜色范围，如图9-10所示。

05 按Ctrl+S组合键，将此文件命名为“颜色遮罩.cdr”并保存。

图9-8 导入的图片

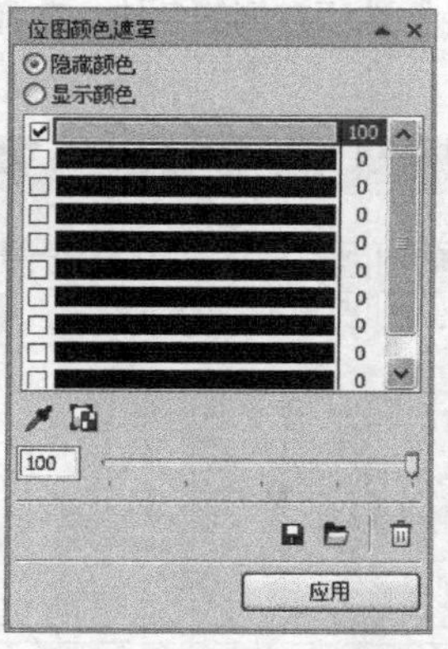

图9-9 设置的容限值

图9-10 隐藏颜色后的效果

相关知识点：“位图颜色遮罩”命令

执行“位图/位图颜色遮罩”命令，将弹出图9-11所示的“位图颜色遮罩”面板。

- “隐藏颜色”选项：可以隐藏位图中选择的颜色。
- “显示颜色”选项：可以显示位图中选择的颜色，并隐藏其他所有未选择的颜色。

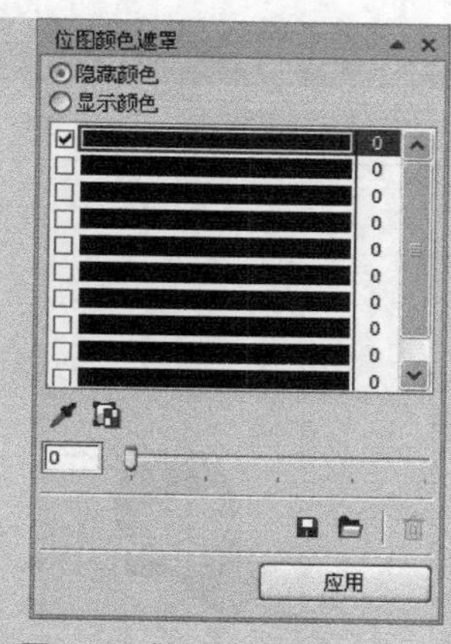

图 9-11“位图颜色遮罩”面板

- “颜色选择”按钮：勾选一个颜色选择框，然后单击此按钮，将鼠标光标移动到位图中的目标颜色上单击，可以吸取需要隐藏或显示的颜色。选择的颜色将显示在选择的颜色框中。
- “编辑颜色”按钮：单击此按钮，可在弹出的“选择颜色”对话框中设置要隐藏或显示的颜色。
- 选项：用于设置在吸取颜色时的颜色范围。
- “保存遮罩”按钮：单击此按钮，可在弹出的“另存为”对话框中保存当前设置的颜色遮罩。
- “打开遮罩”按钮：单击此按钮，可在弹出的“打开”对话框中打开已经保存在磁盘中的遮罩。
- “移除遮罩”按钮：单击此按钮，可以删除当前位图中添加的颜色遮罩，使其恢复为原来的图像显示效果。
- 单击 应用 按钮，可将设置的颜色在位图中显示或隐藏。

实例总结

学习本实例，读者可以掌握“位图颜色遮罩”命令的应用。利用此命令可以在位图中隐藏多达10种选择的颜色。位图中被隐藏的颜色并没有在位图中删除，而是变为了完全透明。此外，隐藏位图中的颜色，可以加快屏幕上渲染对象的速度。

实例 129　位图转换为矢量图

学习目的

利用“位图/轮廓描摹”命令可以将位图转换为矢量图，位图图像转化为矢量图后，就可以对其进行所有矢量性质的形状调整和颜色填充。

实例分析

- **作品路径** | 作品\第09章\转矢量图.cdr
- **视频路径** | 视频\实例129.avi
- **知识功能** | “位图/轮廓描摹”命令
- **制作时间** | 10分钟

操作步骤

01 继续上一实例的操作。

02 选择位图颜色遮罩后的图像，然后执行“位图/轮廓描摹/高质量图像”命令，在弹出的“PowerTRACE”对话框中设置各选项，如图 9-12 所示。

03 单击 确定 按钮，即可将位图转换为矢量图，单击属性栏中的按钮，取消图形群组，即会发现选择的图像已转换成了一个个图形，如图 9-13 所示。

04 灵活运用工具为各个图形填色，效果如图 9-14 所示。

05 执行“文件/另存为”命令，将文件另存为“转矢量图.cdr”并保存。

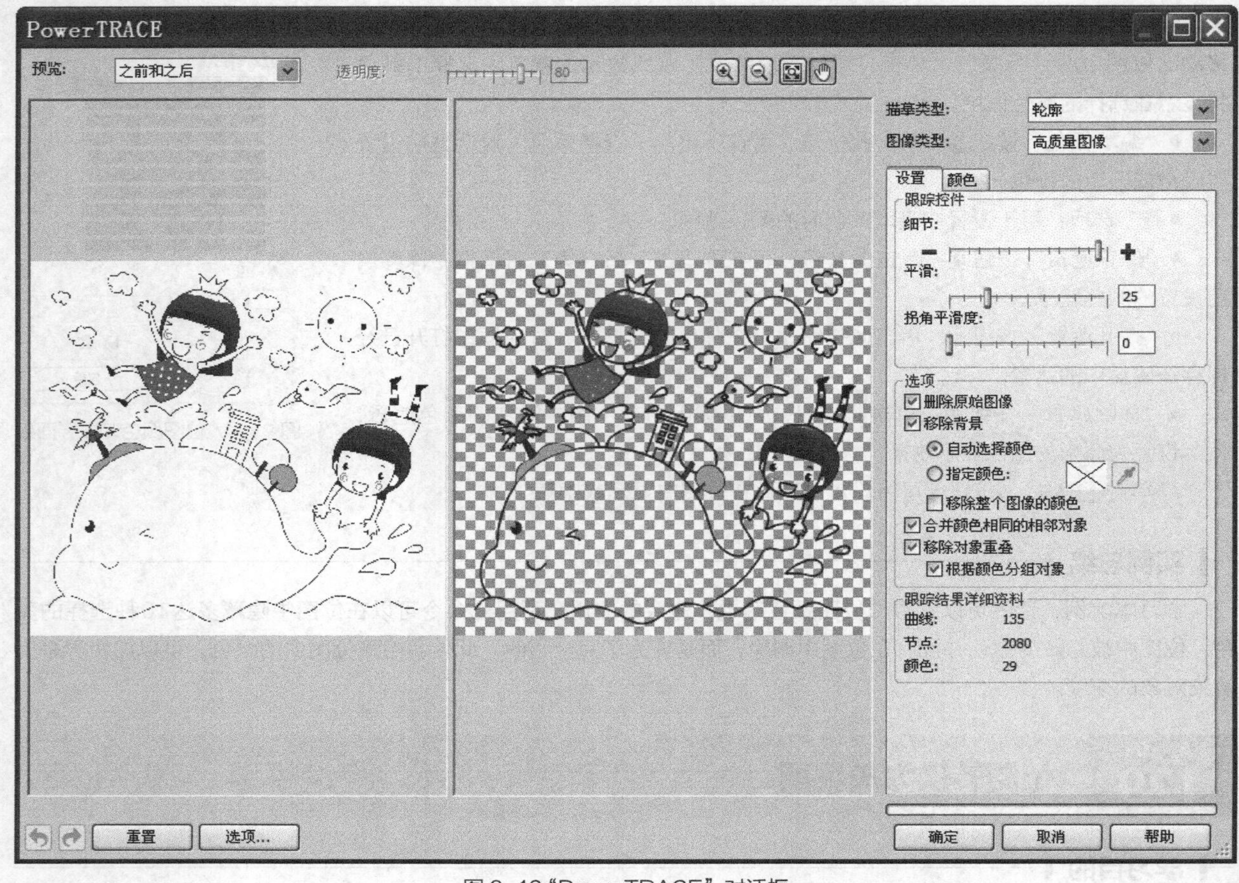

图 9-12“PowerTRACE”对话框

图 9-13 转换为矢量图的的效果

图 9-14 填色后的效果

相关知识点：描摹位图

描摹位图的命令主要有3种：一是“快速描摹”命令，该命令可用系统预设的选项参数快速对位图图像进行描摹，适用于要求不高的位图描摹；二是“中心线描摹”命令，该命令可用未填充的封闭和开放曲线（笔触）描摹位图，适用于描摹技术图解、地图、线条画和拼版等；三是“轮廓描摹”命令，该命令使用无轮廓的曲线对象进行描摹图像，适用于描摹剪贴画、徽标和相片图像。

选择要矢量化的位图图像后，执行“位图 / 轮廓描摹 / 高质量图像”命令，将弹出“PowerTRACE”对话框。在“PowerTRACE”对话框中，左边是效果预览区，右边是选项及参数设置区。

- “描摹类型”选项：用于设置图像的描摹方式。
- “图像类型”选项：用于设置图像的描摹品质。
- “细节”选项：设置保留原图像的程度。数值越大，图形失真越小，质量越高。

- “平滑”选项：设置生成图形的平滑程度。数值越大，图形边缘越光滑。
- “拐角平滑度”选项：该滑块与“平滑”滑块一起使用可以控制拐角的外观。数值越大，拐角越平滑。
- “删除原始图像”选项：勾选此复选项，系统会将原始图像矢量化；反之会将原始图像复制然后进行矢量化。
- “移除背景”选项：用于设置移除背景颜色的方式和设置移除的背景颜色。
- “移除整个图像的颜色”选项：从整个图像中移除背景颜色。
- “合并颜色相同的相邻对象”选项：勾选此复选项，将合并颜色相同的相邻像素。
- “移除对象重叠”选项：勾选此复选项，将保留通过重叠对象隐藏的对象区域。
- “根据颜色分组对象”选项：当“移除对象重叠”复选框处于选择状态时，该复选框才可用。
- “跟踪结果详细资料”栏：显示描绘成矢量图形后的细节报告。
- “颜色”选项卡：其下显示矢量化后图形的所有颜色及颜色值。其中的“颜色模式”选项用于设置生成图形的颜色模式，包括“CMYK”“RGB”“灰度”和“黑白”等模式；“颜色数”选项，用于设置生成图形的颜色数量，数值越大，图形越细腻。

实例总结

学习本实例，读者掌握了将位图转换为矢量图的方法。将位图矢量化后，图像即具有矢量图的所有特性，可以对其形状进行调整，或填充渐变色、图案及添加透视点等，希望读者能完全掌握该命令的使用方法。

实例 130　模糊——制作星光效果

学习目的

学习运用“转换为位图”命令和“高斯式模糊”命令制作星光效果的方法。

实例分析

- **作品路径** | 作品\第 09 章\星光效果.cdr
- **视频路径** | 视频\实例 130.avi
- **知识功能** | “位图/转换为位图”命令和“位图/模糊/高斯式模糊”命令
- **制作时间** | 10 分钟

操作步骤

01 新建文件，然后利用□工具绘制一个蓝色（C:100,M:80）的矩形图形。

> **提示**
>
> 因为绘制的星光图形为白色，直接在页面上制作的话，看不出效果，因此需要先绘制一个其他颜色的图形来衬托一下。

02 选取☆工具，在蓝色图形上绘制一个星形，然后在属性栏中将“点数或边数”选项设置为“4”，“锐度”选项的参数设置为“85”。

03 为绘制的图形填充白色并去除外轮廓，效果如图 9-15 所示。

04 按 Alt+F8 组合键调出“变换”对话框，选项和参数设置如图 9-16 所示。单击 应用 按钮，复制出的图形如图 9-17 所示。

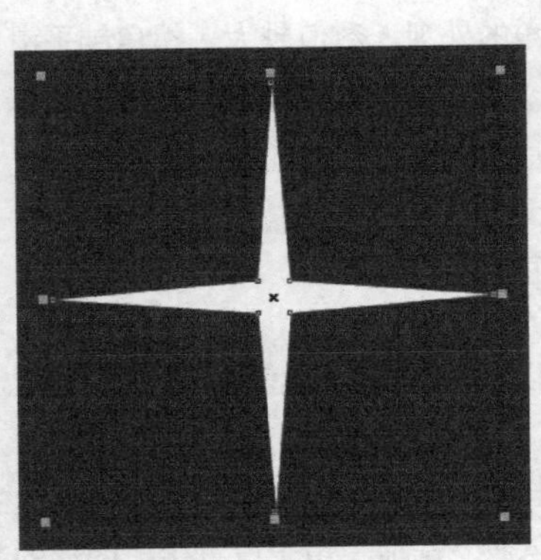

图 9-15 绘制的图形

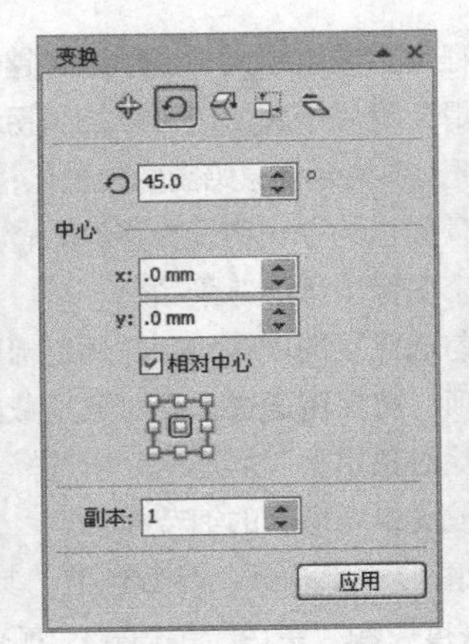

图 9-16 设置的参数

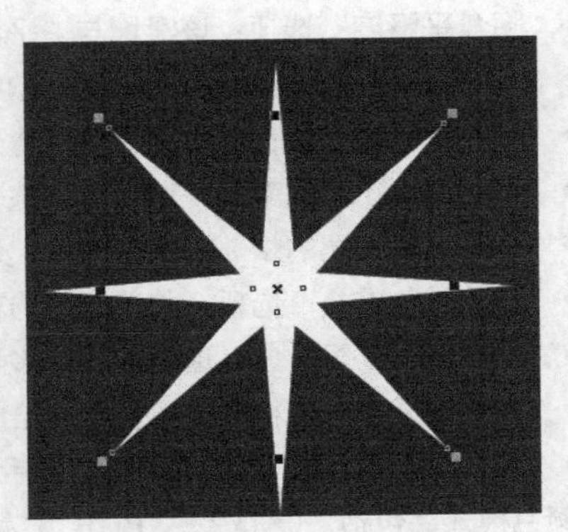

图 9-17 旋转复制出的图形

05 按住 Shift 键，在图形变换框右下角的控制点上按住鼠标左键不放，并往左上方拖曳，至合适位置后释放鼠标左键，缩小调整复制出的星形，如图 9-18 所示。

06 利用工具选中两个白色星形，执行“位图 / 转换为位图”命令，在弹出的“转换为位图”对话框中设置选项和参数，如图 9-19 所示。

图 9-18 缩小后的图形

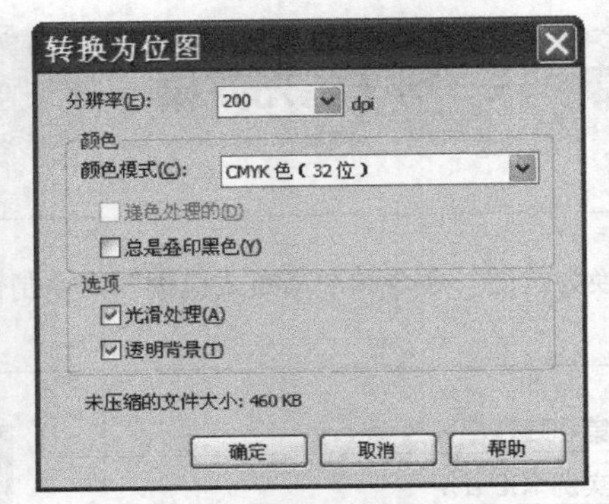

图 9-19“转换为位图”对话框

> **提示**
>
> 在“高斯式模糊”对话框中设置“半径”选项的参数与绘制图形的大小有关，如果图形绘制得较大，此处只有设置较大的选项参数才能看出模糊效果。

07 单击 确定 按钮，将图形转换为位图，然后执行“位图 / 模糊 / 高斯式模糊”命令，弹出“高斯式模糊”对话框，参数设置如图 9-20 所示。

08 单击 确定 按钮，然后利用工具，绘制一个圆形图形，并用与将星形转换为位图的相同方法将圆形转换为位图，效果如图 9-21 所示。

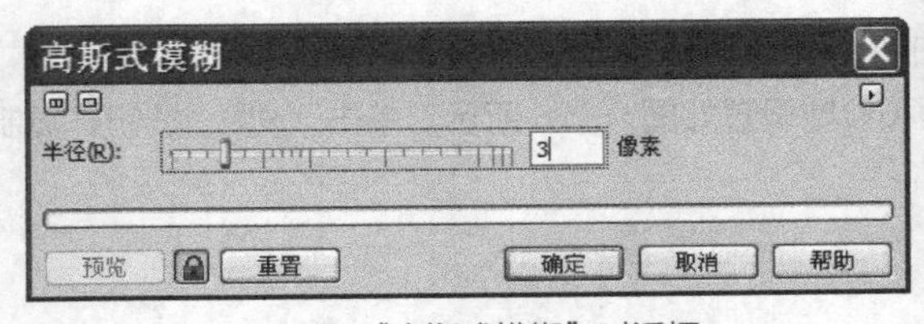

图 9-20“高斯式模糊”对话框

图 9-21 转换为位图后的圆形

09 利用与模糊星形的相同方法给圆形添加高斯式模糊效果，模糊后的图形效果如图 9-22 所示。

10 选取 3 个高斯模糊图形，按 Ctrl+G 组合键群组，即完成单个星光的制作。

11 按 Ctrl+I 组合键，将资源文件中“素材 \ 第 09 章”目录下名为“新年快乐 .cdr”的文件导入，然后利用复制图形和调整图形大小的方法将群组星形复制几份，并调整其大小和位置，最终效果如图 9-23 所示。

12 按 Ctrl+S 组合键，将此文件命名为“星光效果 .cdr”并保存。

图 9-22 模糊后的图形

图 9-23 添加的星光效果

相关知识点：“转换为位图”命令

“转换为位图”命令可以将矢量图形转换为位图。选择需要转换的位图，执行“位图 / 转换为位图”命令，弹出的“转换为位图”对话框，如图 9-24 所示。

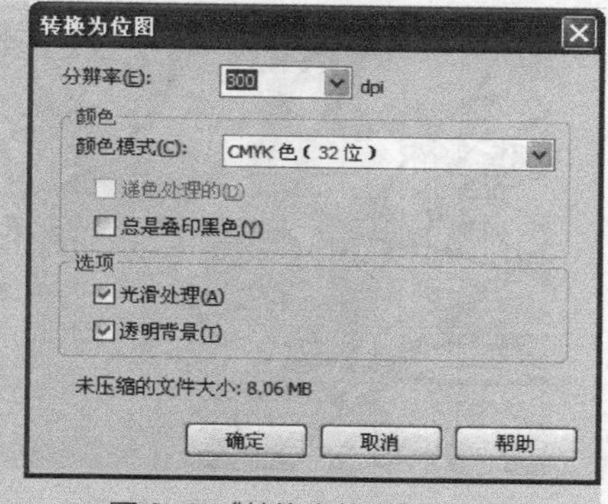

图 9-24 “转换为位图”对话框

- “分辨率”选项：设置矢量图转换为位图后的清晰程度。在此下拉列表中选择转换成位图的分辨率，也可直接输入。
- “颜色模式”选项：设置矢量图转换成位图后的颜色模式。
- “递色处理的”选项：模拟数目比可用颜色更多的颜色。此选项可用于使用 256 色或更少颜色的图像。
- “总是叠印黑色”选项：勾选此复选项，矢量图中的黑色转换成位图后，黑色就被设置了叠印。当印刷输出后，图像或文字的边缘就不会因为套版不准而出现露白或显露其他颜色的现象。
- “光滑处理”选项：可以去除图像边缘的锯齿，使图像边缘变得平滑。
- “透明背景”选项：可以使转换为位图后的图像背景透明。

实例总结

本例主要学习了将矢量图形转换为位图后的应用。当将矢量图转换成位图后，使用“位图”菜单中的命令，可以为其添加各种类型的艺术效果，但不能够再对其形状进行编辑调整，针对矢量图使用的各种填充功能也不可再用，希望读者注意。

实例 131 缩放——制作发射光线效果

学习目的

学习利用“位图 / 模糊 / 缩放”命令将图像制作成有发射光线效果的图像。

实例分析

- **素材路径** | 素材\第09章\樱花.jpg
- **作品路径** | 作品\第09章\发射光线效果.cdr
- **视频路径** | 视频\实例131.avi
- **知识功能** | “位图/模糊/缩放”命令
- **制作时间** | 5分钟

操作步骤

01 新建文件，然后将资源文件中“图库\第 09 讲”目录下名为“樱花 .jpg”的图片文件导入，如图 9-25 所示。

02 执行“位图 / 模糊 / 缩放”命令，在弹出的“缩放”对话框中设置选项参数，如图 9-26 所示。

03 单击 确定 按钮，即可完成发射光线效果的制作。

04 按 Ctrl+S 组合键，将此文件命名为“发射光线效果 .cdr”并保存。

图 9-25 导入的文件

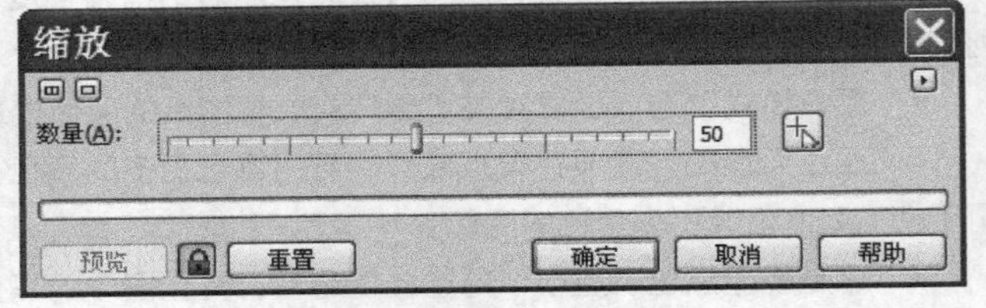

图 9-26 设置的缩放参数

实例总结

本例主要学习利用“位图 / 模糊 / 缩放”命令制作向外扩散图像的方法。默认情况下，执行“缩放”命令后，图像会从中心位置开始向外扩散；激活“缩放”对话框中的按钮，然后将鼠标指针移动到图像的任意位置单击，可将单击处设置为扩散图像的中心。

实例 132 天气滤镜——制作天气效果

学习目的

学习利用“位图 / 创造性 / 天气”命令来制作下雪、下雨和雾等天气的效果。

实例分析

- **素材路径** | 素材\第09章\海边.cdr
- **作品路径** | 作品\第09章\天气效果.cdr
- **视频路径** | 视频\实例132.avi
- **知识功能** | “位图/创造性/天气”命令
- **制作时间** | 10分钟

操作步骤

01 新建文件，然后按 Ctrl+I 组合键，将资源文件中“素材 \ 第 09 章”目录下名为“海边 .jpg”的文件导入，如图 9-27 所示。

02 用移动复制图形的方法，将导入的图片依次向右移动复制两组，以备用于设置其他天气效果。

03 选择第 1 个图形，执行“位图 / 创造性 / 天气”命令，在弹出的“天气”对话框中选中“雪”选项，并设置各项参数，如图 9-28 所示。

图 9-27　导入的图片

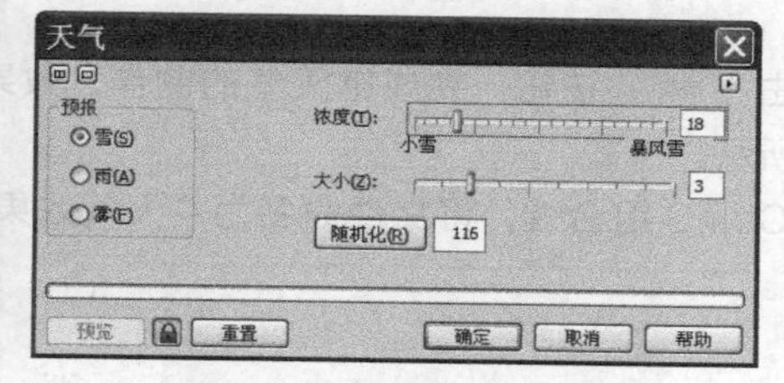

图 9-28　设置的“雪”参数

> **提示**
>
> 在“天气”对话框中，“浓度”选项决定选择天气的强度大小；“大小”选项决定所选天气效果的浓度；单击 随机化(R) 按钮，可以使所选择的气候随机变化。

04 单击 确定 按钮，完成雪天气的制作，效果如图 9-29 所示。

05 选择第 2 个图形，然后再次执行“位图 / 创造性 / 天气”命令，在弹出的“天气”对话框中选中“雨”选项，并设置各项参数，如图 9-30 所示。

图 9-29　制作的雪天气

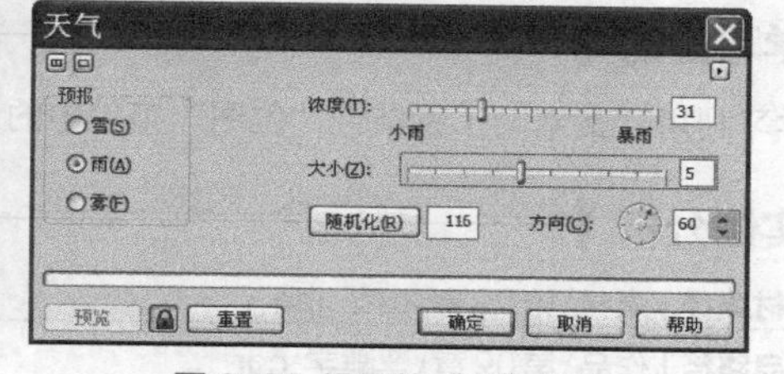

图 9-30　设置的“雨”参数

06 单击 确定 按钮，完成雨天气的制作，效果如图 9-31 所示。

07 选择第 3 个图形，然后继续执行“位图 / 创造性 / 天气”命令，在弹出的“天气”对话框中选中“雾”选项，并设置各项参数，如图 9-32 所示。

图 9-31 制作的雨天气

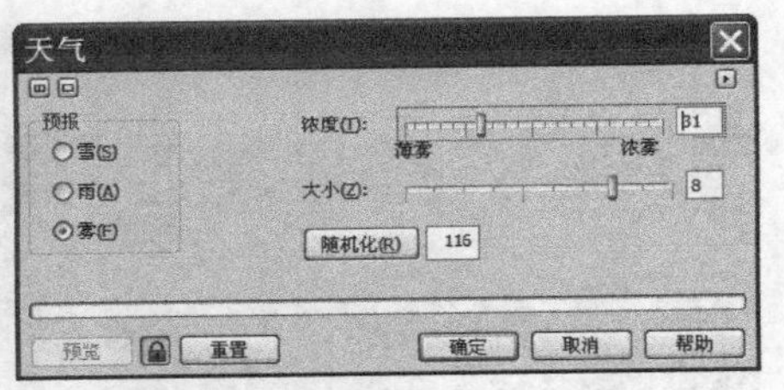

图 9-32 设置的“雾”参数

08 单击 确定 按钮，完成雾天气的制作，效果如图 9-33 所示。

09 按 Ctrl+S 组合键，将文件命名为“天气效果 .cdr”并保存。

图 9-33 制作的雾天气

实例总结

本例学习了运用“位图 / 创造性 / 天气”命令制作各种天气效果的方法，这种方法既简单又快捷，希望读者能掌握。

实例 133 浮雕——制作图案浮雕字效果

学习目的

学习利用“文本”工具结合“位图”菜单中的“转换为位图”和“浮雕”命令来制作图案浮雕字效果。

实例分析

- **素材路径** | 素材\第09章\山花.jpg
- **作品路径** | 作品\第09章\浮雕字.cdr
- **视频路径** | 视频\实例133.avi
- **知识功能** | “位图/转换为位图”命令及“位图/三组效果/浮雕”命令
- **制作时间** | 10分钟

操作步骤

01 新建文件，利用工具输入图 9-34 所示的文字。

02 按 Ctrl+I 组合键，将资源文件中“素材 \ 第 09 章”目录下名为“山花 .jpg”的文件导入，然后执行“排列 / 顺序 / 到图层后面”命令，将其调整至文字的下方。

03 将导入的图像根据输入的文字调整大小，为了看清图示效果，可以将文字的颜色修改为白色，效果如图 9-35 所示。

图 9-34 输入的文字

图 9-35 导入图像调整后的大小

04 选择调整大小后的图像，按键盘数字区中的 + 键，将其在原位置复制，然后执行“效果 / 图框精确剪裁 / 置于图文框内部”命令，再将鼠标指针移动到文字上单击，将复制出的图像置入文字中。

05 为文字添加黑色的外轮廓，然后选择外部的图像，并利用工具为其添加透明效果，如图 9-36 所示。

06 选择置入图像的文字，执行“位图 / 转换为位图”命令，在弹出的“转换为位图”对话框中将“分辨率”选项设置为“100 dpi”，然后单击 确定 按钮。

07 执行“位图 / 三维效果 / 浮雕”命令，在弹出的“浮雕”对话框中设置选项参数，如图 9-37 所示。

图 9-36 设置透明后的效果

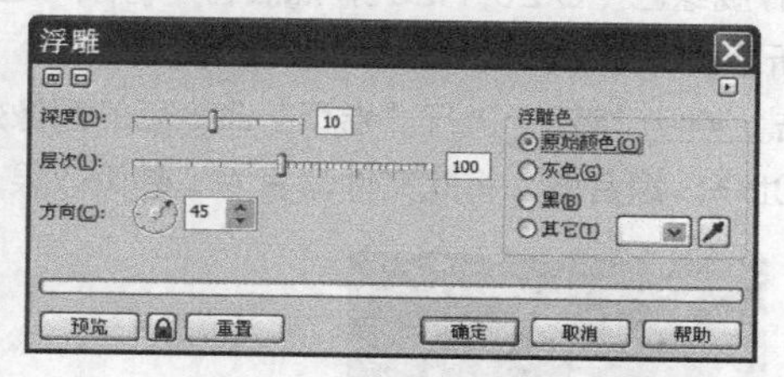

图 9-37“浮雕”对话框

08 单击 确定 按钮，即可完成图案浮雕字的制作，效果如图 9-38 所示。

09 按 Ctrl+S 组合键，将此文件命名为“浮雕字 .cdr”并保存。

图 9-38 制作的图案浮雕字

实例总结

学习本实例，读者学习了“浮雕”命令的应用。“浮雕”命令可以使位图图像产生浮雕效果，通过控制光源的方向还可以控制图像的光照区和阴影区，并可以设置生成的浮雕颜色。

实例 134 卷页——制作卷页效果

学习目的

学习利用“位图 / 三维效果 / 卷页”命令制作图像的卷页效果。

实例分析

- **素材路径** | 素材\第09章\大树.jpg
- **作品路径** | 作品\第09章\卷页效果.cdr
- **视频路径** | 视频\实例134.avi
- **知识功能** | “位图/三维效果/卷页”命令
- **制作时间** | 10分钟

操作步骤

01 新建文件，然后按 Ctrl+I 组合键，将资源文件中“素材\第 09 章”目录下名为“大树 .jpg”的文件导入，如图 9-39 所示。

02 执行“位图 / 三维效果 / 卷页”命令，弹出“卷页”对话框，单击“卷曲”选项右侧的色块，在弹出的颜色列表中选择朦胧绿色（C:20,Y:20），然后将“背景”选项右侧的颜色设置为灰色（C:8,M:6），其他选项参数设置如图 9-40 所示。

03 单击 确定 按钮，执行“卷页”命令后的图像效果如图 9-41 所示。

04 按 Ctrl+S 组合键，将此文件命名为“卷页效果 .cdr”并保存。

图 9-39 导入的图片

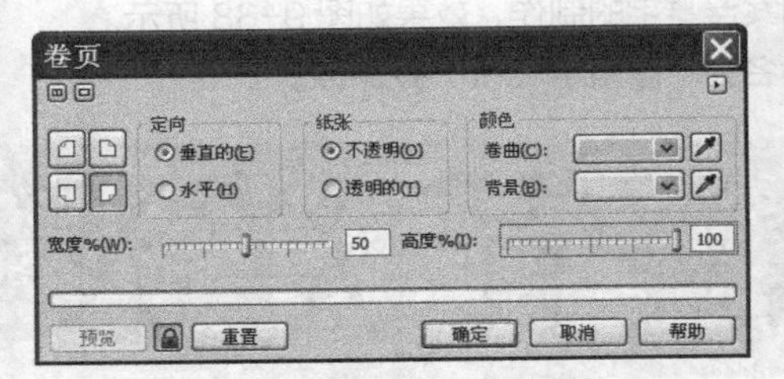

图 9-40 设置的卷页参数

图 9-41 制作的卷页效果

实例总结

学习本实例，读者学习了卷页效果的制作。灵活运用“卷页”命令可以使图像产生有一角卷起的特殊效果。在“卷页”对话框中单击相应的按钮，可以选择对哪个角进行卷页。

实例 135 艺术笔触——制作水彩画效果

学习目的

学习利用“位图 / 艺术笔触 / 水彩画”命令将导入的素材图片制作成水彩画效果的图像。

实例分析

- **素材路径** | 素材\第09章\风景.jpg
- **作品路径** | 作品\第09章\水彩画效果.cdr
- **视频路径** | 视频\实例135.avi
- **知识功能** | “位图/艺术笔触/水彩画”命令
- **制作时间** | 5分钟

操作步骤

01 新建文件，然后按 Ctrl+I 组合键，将资源文件中“素材\第 09 章”目录下名为“风景.jpg”的文件导入，如图 9-42 所示。

图 9-42　导入的图片

02 执行“位图/艺术笔触/水彩画”命令，在弹出的“水彩画”对话框中设置选项参数，如图 9-43 所示。

03 单击［确定］按钮，即可将导入的图像制作成水彩画效果的图像。

04 按 Ctrl+S 组合键，将此文件命名为“水彩画效果.cdr”并保存。

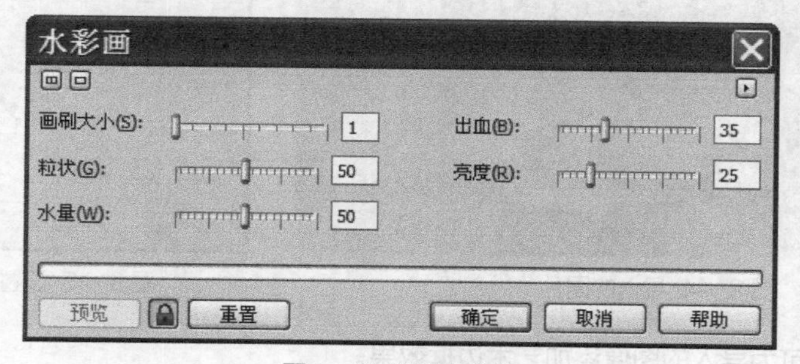

图 9-43　设置的参数

实例总结

本例主要学习利用“位图/艺术笔触/水彩画”命令制作水彩画效果。“位图/艺术笔触”菜单下的子命令可以通过模仿传统的绘图效果，使图像产生类似于画笔绘制出的各种艺术特效。读者可以选择一幅图片，然后执行其他“艺术笔触”命令，以观察得到的不同效果。

实例 136 框架——制作艺术边框

学习目的

灵活运用“位图/创造性/框架”命令为导入的素材图片添加艺术边框。

实例分析

- **素材路径** | 素材\第09章\美女.jpg
- **作品路径** | 作品\第09章\艺术边框.cdr
- **视频路径** | 视频\实例136.avi
- **知识功能** | “位图/创造性/框架”命令
- **制作时间** | 5分钟

操作步骤

01 新建文件，然后按 Ctrl+I 组合键，将资源文件中“素材\第09章”目录下名为“美女.jpg”的文件导入，如图9-44所示。

02 执行“位图/创造性/框架”命令，在弹出的“框架”对话框中选择“修改”选项卡，然后设置各选项参数，如图9-45所示。

图9-44 导入的图片

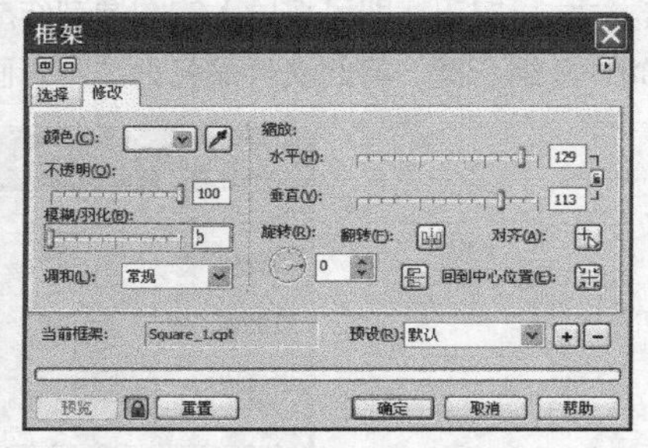

图9-45 设置的选项参数

03 单击 确定 按钮，即可为导入的图像添加艺术边框效果。

04 按 Ctrl+I 组合键，再次导入“美女.jpg”文件，然后执行“位图/创造性/框架”命令，在弹出的“框架”对话框中单击边框预览窗口右侧的倒三角按钮，在弹出的边框列表中选择图9-46所示的边框。

05 单击“修改”选项卡，并设置选项参数，如图9-47所示。

06 单击🔒按钮，图像生成的边框效果如图9-48所示，如果再将“模糊/羽化”选项参数设置为“10”，生成的图像效果如图9-49所示。

07 将“模糊/羽化”选项参数设置为“0”，单击 确定 按钮，完成第2种边框的制作。

08 按 Ctrl+S 组合键，将此文件命名为“艺术边框.cdr”并保存。

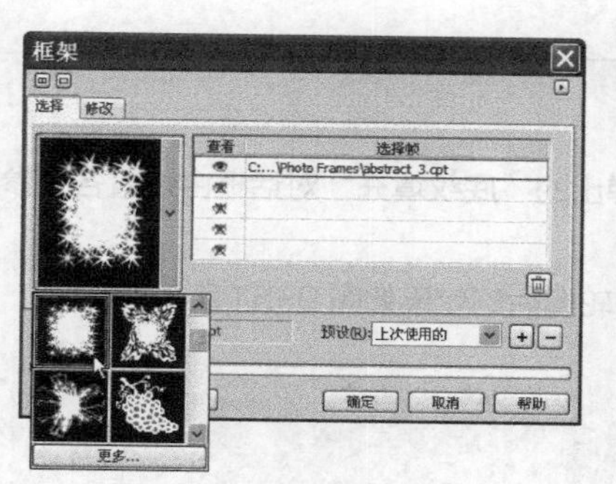

图 9-46 选择的边框

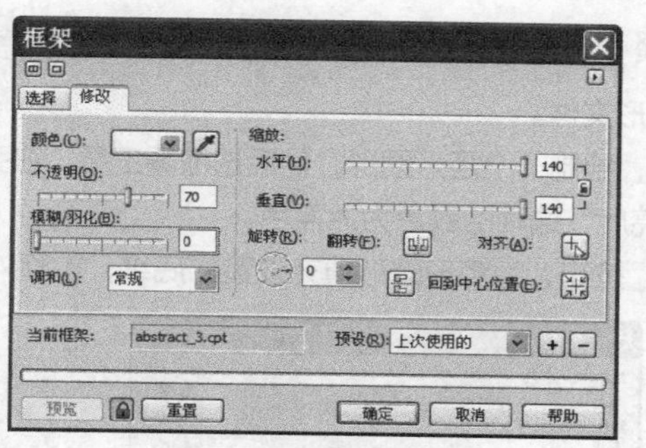

图 9-47 设置的选项参数

图 9-48 生成的边框效果

图 9-49 边框模糊后的效果

实例总结

本例主要学习了制作边框效果的方法，在“边框”列表中选择不同的选项，生成的艺术边框也各不相同。

实例 137 综合案例——制作旋涡效果

学习目的

利用“矩形”工具和“底纹填充”工具，以及“位图”菜单中的各种命令，来制作旋涡效果。

实例分析

- **作品路径** | 作品\第09章\旋涡效果.cdr
- **视频路径** | 视频\实例137.avi
- **知识功能** | “底纹填充”工具，以及位图菜单下的“挤远/挤近”命令、“旋涡”命令和图像颜色调整命令
- **制作时间** | 15分钟

操作步骤

01 新建一个图形文件。

02 利用□工具，绘制一个矩形图形，然后选取▩工具，在弹出的“底纹填充”对话框中设置各项参数，如图 9-50 所示，其中“亮度”选项的颜色为冰蓝色。

03 单击 确定 按钮，为矩形图形填充设置的底纹，去除外轮廓后的效果如图 9-51 所示。

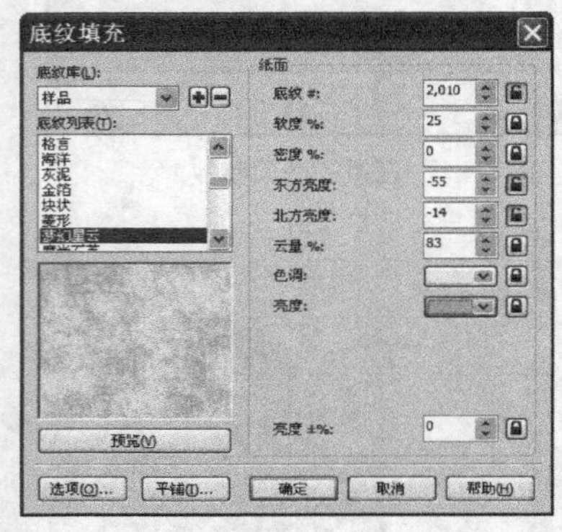

图 9-50“底纹填充”对话框

图 9-51 填充底纹后的图形效果

04 执行“位图 / 转换为位图”命令，在弹出的“转换为位图”对话框中将“分辨率”选项设置为“200 dpi”，然后单击 确定 按钮，将图形转换为位图图像。

05 执行“位图 / 三维效果 / 挤远 / 挤近”命令，在弹出的“挤远 / 挤近”对话框中设置参数，如图 9-52 所示。

06 单击 确定 按钮，执行“挤远 / 挤近”命令后的图像效果如图 9-53 所示。

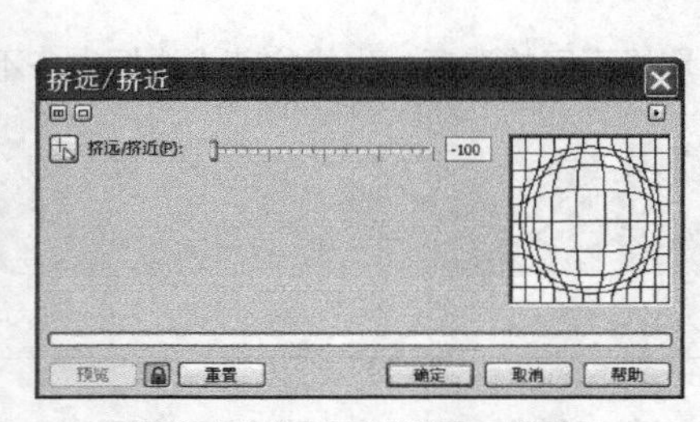

图 9-52“挤远 / 挤近”对话框

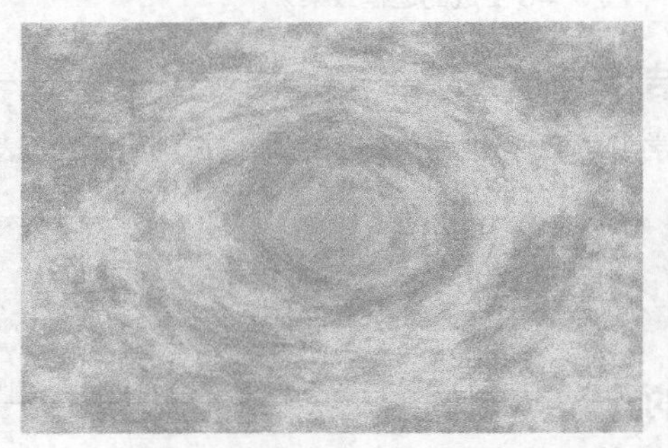

图 9-53 执行“挤远 / 挤近”命令后的图像效果

07 执行“位图 / 扭曲 / 旋涡”命令，在弹出的“旋涡”对话框中设置参数，如图 9-54 所示。

08 单击 确定 按钮，执行“旋涡”命令后的图像效果如图 9-55 所示。

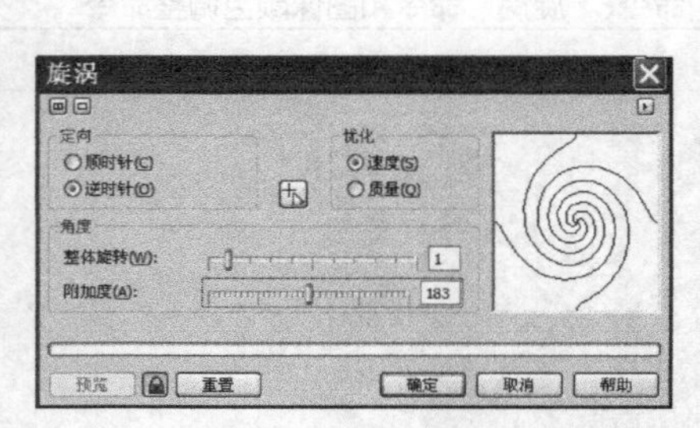

图 9-54“旋涡”对话框

图 9-55 执行“旋涡”命令后的图像效果

09 执行“效果 / 调整 / 颜色平衡”命令，在弹出的“颜色平衡”对话框中设置参数，如图 9-56 所示。

10 单击 确定 按钮，调整颜色后的图像效果如图 9-57 所示。

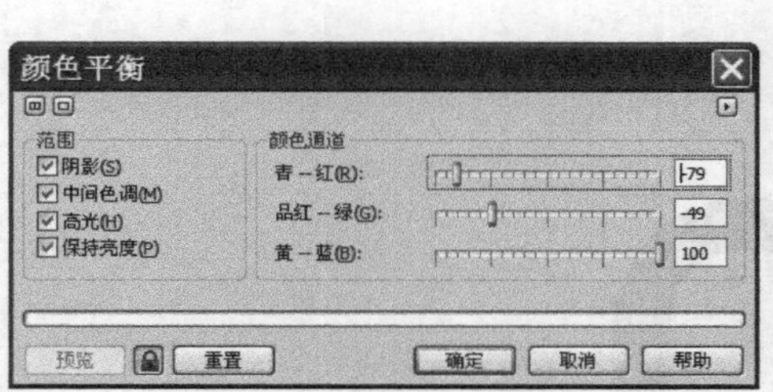

图 9-56 设置的颜色参数

图 9-57 调整颜色后的效果

11 执行“效果 / 调整”菜单下的“亮度 / 对比度 / 强度”命令，在弹出的“亮度 / 对比度 / 强度”对话框中设置参数，如图 9-58 所示。

12 单击 确定 按钮，调整后的图像颜色如图 9-59 所示。

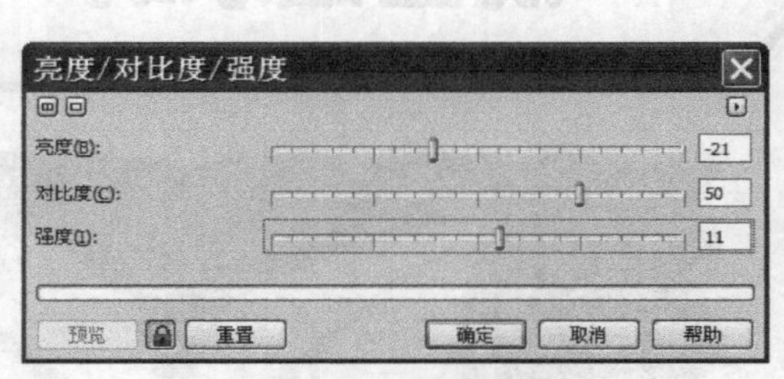

图 9-58 设置的颜色参数

图 9-59 调整颜色后的效果

13 利用工具及移动复制操作，依次复制出图 9-60 所示的白色圆形图形，然后将其全部选择并群组。

14 利用工具为群组后的白色圆形图形制作透明效果，即可完成旋涡效果的制作，如图 9-61 所示。

15 按 Ctrl+S 组合键，将文件命名为“旋涡效果 .cdr”并保存。

图 9-60 绘制的圆形图形

图 9-61 设置透明度后的效果

实例总结

本实例学习了旋涡效果的制作方法，在制作过程中灵活运用了多种位图命令，课下读者也可以尝试运用其他命令进行效果制作。对每个命令的了解，可以帮助读者更全面地了解位图命令，并能使读者制作出一些更精彩的图像艺术效果。

第10章 VI设计——企业识别基础系统

本章实例

- 绘制VI手册图版
- 设置多页面VI图版
- 绘制标志
- 绘制标志坐标网格
- 标准字体设计
- 中英文字体组合设计
- 企业标志组合
- 品牌标志禁用范例
- 标准色与辅助色设计
- 辅助底纹设计
- 辅助图形绘制
- 中文印刷字体规范

VI是英文（Visual Identity），通译为视觉识别。它将企业的经营观念与精神文化整体传达系统（特别是视觉传达系统）传达给企业周围的团体和个人，反映企业内部的自我认识和公众对企业的外部认识，也就是将现代设计观念与企业管理理论结合起来，突出企业精神，使消费者对企业产生形象统一的认同感。

VI手册的设计分为两部分，分别为基础系统和应用系统。基础系统的设计一般包括VI图版、标志、标准字体、企业标志标准组合、企业标准色及辅助色等，应用系统设计一般包括文化办公用品、礼品、服装、标牌、宣传品、交通工具、连锁店及建筑物等。

实例 138 绘制VI手册图版

学习目的

VI手册图版是VI手册的标准版式，所有VI视觉识别系统中的元素都要排放到VI图版中进行印制装订成手册。本实例通过绘制“红叶服饰”VI手册图版，帮助读者掌握绘制方法。

实例分析

- **作品路径** | 作品\第10章\红叶服饰VI_基础部分.cdr
- **视频路径** | 视频\实例138.avi
- **知识功能** | 辅助线的设置方法、VI图版的设计方法、VI图版中基本元素的处理和编排方法
- **制作时间** | 30分钟

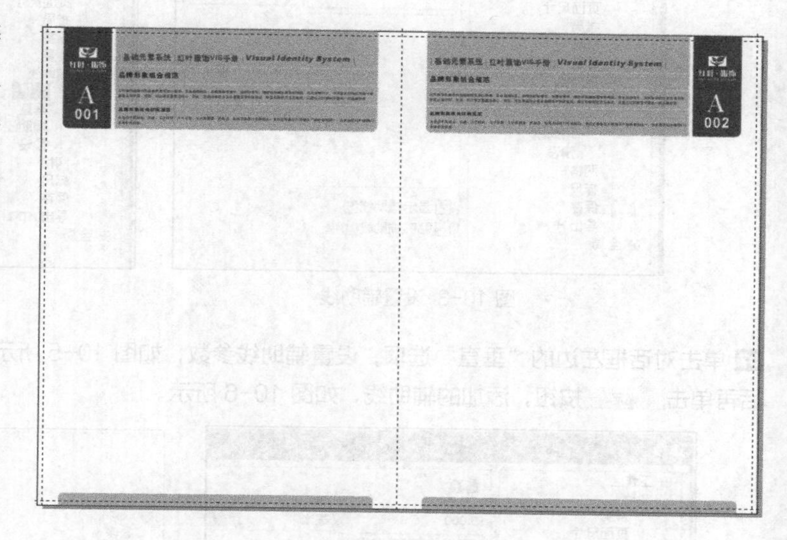

操作步骤

01 启动 CorelDRAW X6 软件，按 Ctrl+N 组合键，弹出“创建新文档”对话框，参数设置如图 10-1 所示，单击 确定 按钮创建图形文件。

02 双击工具箱中的□工具，根据页面大小添加页面边框。

03 执行“视图 / 设置 / 辅助线设置”命令，弹出“选项”对话框，如图 10-2 所示。

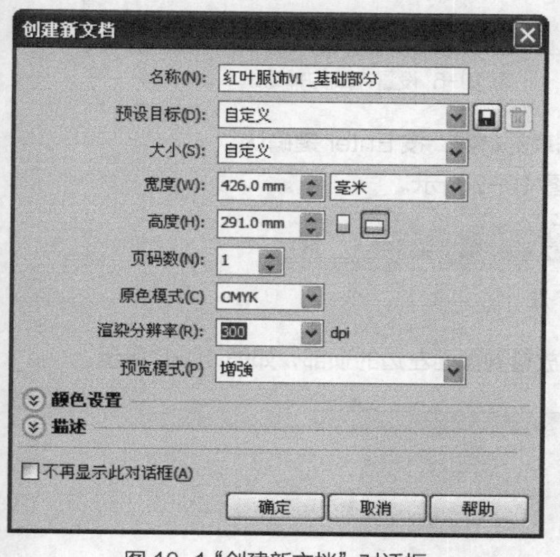

图 10-1“创建新文档”对话框

图 10-2“选项”对话框

04 单击对话框左边的“水平”选项，在右边的参数设置中设置为 3 毫米，如图 10-3 所示。

05 单击 添加(A) 按钮，即可在文件的底边距离边缘 3 毫米的位置添加一条水平的辅助线。

06 再设置一条在 288 毫米位置的辅助线，如图 10-4 所示，单击 添加(A) 按钮。

提示

此处设置的 3 毫米是文件印刷输出后进行裁切的标线，即出血线。文件在印刷完成后都要进行成品尺寸的裁切，有时会出现因纸张堆叠不是非常整齐或因设计文件时文件边缘有图像，裁切后会出现误差，很容易出现文件边缘留白的情况，所以设计文件时会在文件每个边缘多增加 3 毫米，以便弥补成品因裁切出现的误差。

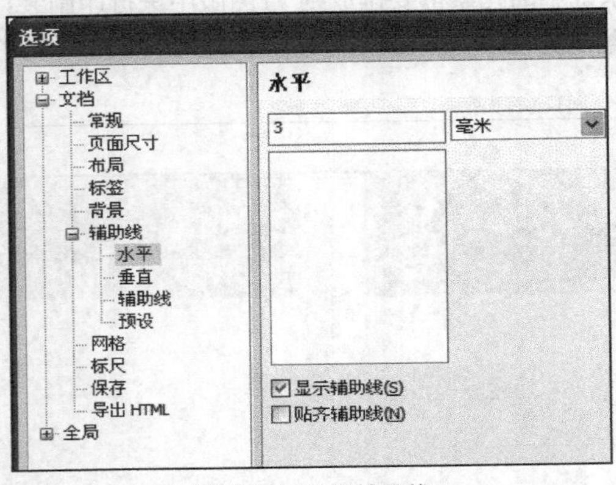

图 10-3 设置辅助线

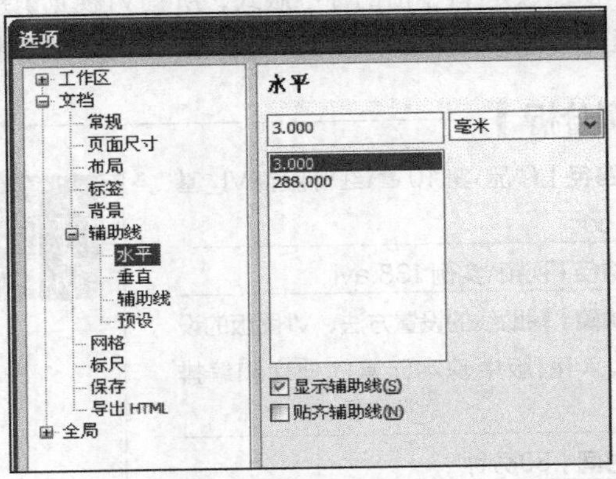

图 10-4 设置辅助线

07 单击对话框左边的“垂直”选项，设置辅助线参数，如图 10-5 所示。设置辅助线参数后单击 添加(A) 按钮，然后再单击 确定 按钮，添加的辅助线，如图 10-6 所示。

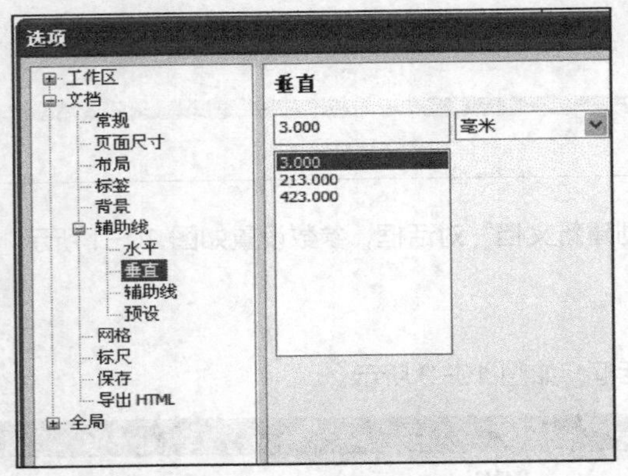

图 10-5 设置垂直辅助线

图 10-6 设置完成的辅助线

08 利用工具在页面中绘制一个矩形，然后设置属性栏中选项的参数，按 Enter 键确认。

09 在属性栏中激活“圆角”按钮，再设置右边选项和参数，如图 10-7 所示。

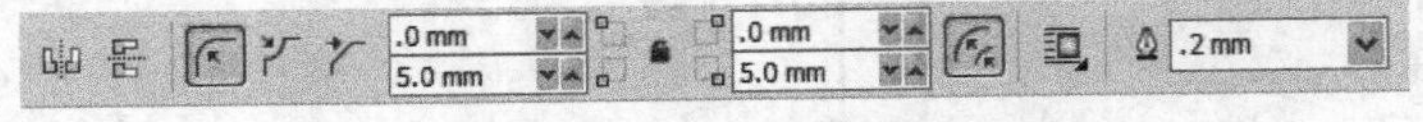

图 10-7 设置选项和参数

10 给图形填充上黄色（M:20,Y:100），去除黑色轮廓线后把图形放置到页面左边的顶部，如图 10-8 所示。

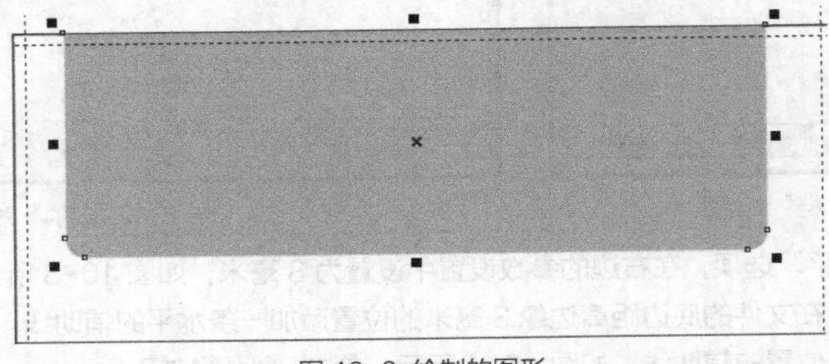

图 10-8 绘制的图形

11 利用□工具绘制一个矩形，如图 10-9 所示。

12 同时选择黄色矩形和刚绘制的矩形，然后单击属性栏中的“修剪”按钮□，修剪后的形状如图 10-10 所示。

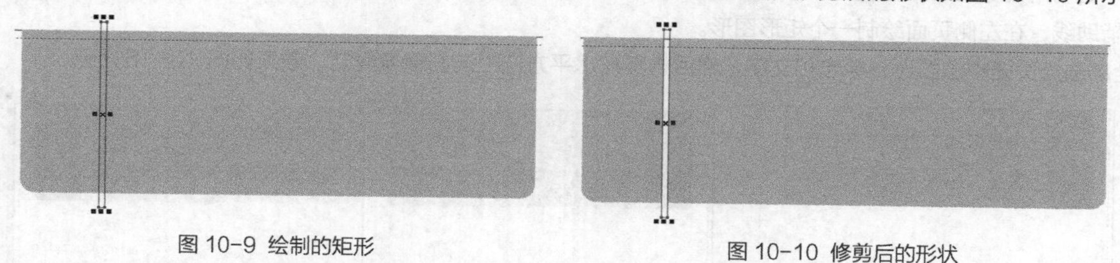

图 10-9　绘制的矩形

图 10-10　修剪后的形状

提示

此处我们将红叶服饰的标志作为素材进行调用。在下面的案例讲解过程中，会对标志的设计方法进行详细的介绍。

13 删除小矩形，然后单击属性栏中的“拆分”按钮□，拆分图形，然后把左边的图形填充上橘红色（M:90,Y:100），如图 10-11 所示。

14 将资源文件中“素材 \ 第 10 章”目录下名为“红叶服饰标志 .cdr”的文件导入，并将其颜色修改为浅黄色（Y:20），然后将标志调整大小后放置到图 10-12 所示的位置。

15 利用□工具在标志的下面输入图 10-13 所示的字母和数字。

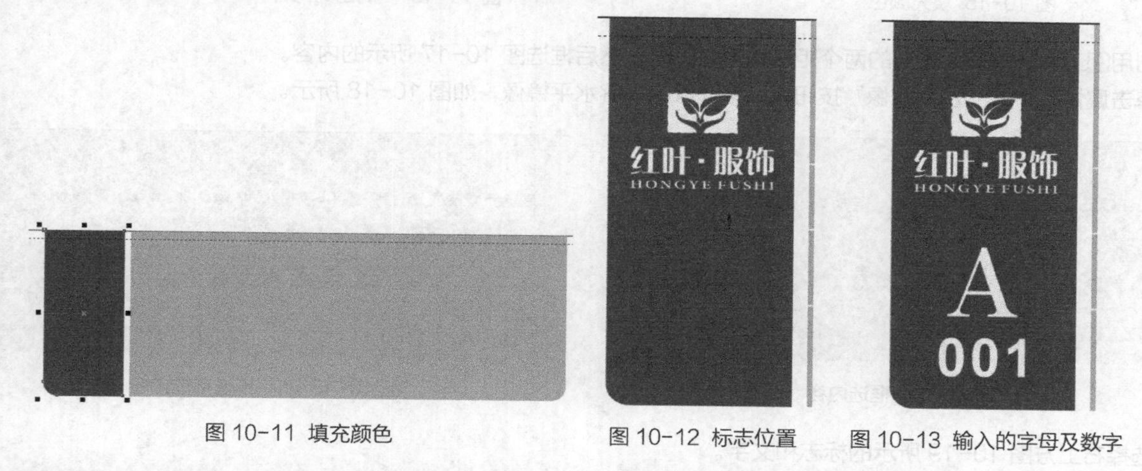

图 10-11　填充颜色

红叶·服饰
HONGYE FUSHI

图 10-12　标志位置

红叶·服饰
HONGYE FUSHI
A
001

图 10-13　输入的字母及数字

16 利用□工具及“手绘”工具□在右边的黄色图形上面输入文字内容并绘制线段，如图 10-14 所示。

| 基础元素系统 | 红叶服饰VIS手册 | Visual Identity System |
品牌形象组合规范
红叶服饰品牌识别系统的基本设计要素，是由品牌标志、品牌名称标准字、品牌标准色、辅助色及辅助图形所构成。有关品牌对外、对内视觉的传达沟通与形象的认知识别、使用，均以基本要素为核心，因此，在应用表现上务必遵循本手册所规划，限定的使用方法及格式，以建立红叶服饰完整统一的品牌形象。
品牌形象组合应用规范
为适应不同场合、环境、工艺材料、尺寸范围、文化等需要，把标志、标准字体进行多种组合，使视觉形象在不同情况下始终保持统一。该页面是红叶服饰VIS手册标准图版。

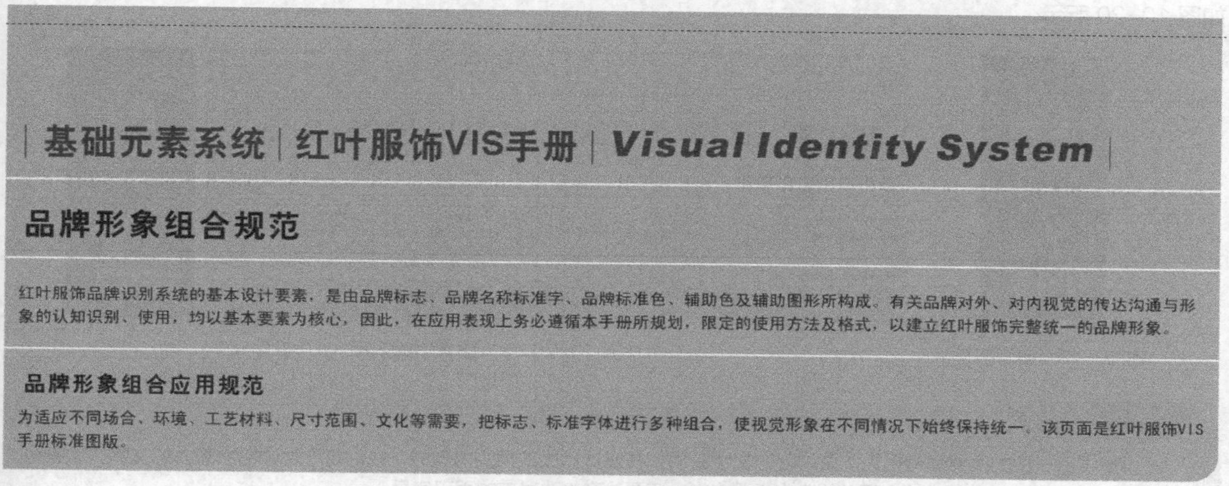

图 10-14　输入的文字及绘制的线段

17 在页面的下边缘再绘制一个黄色的圆角矩形，如图 10-15 所示。

下面利用镜像复制操作复制出右侧页面中的图版。为了能精确定位右侧图形的位置，可先利用□工具，根据添加的辅助线，在左侧页面绘制一个矩形图形。

18 全部选择页面中的图形、标志和文字，然后将其在水平方向上向右镜像复制，效果如图 10-16 所示。

图 10-15 填充颜色

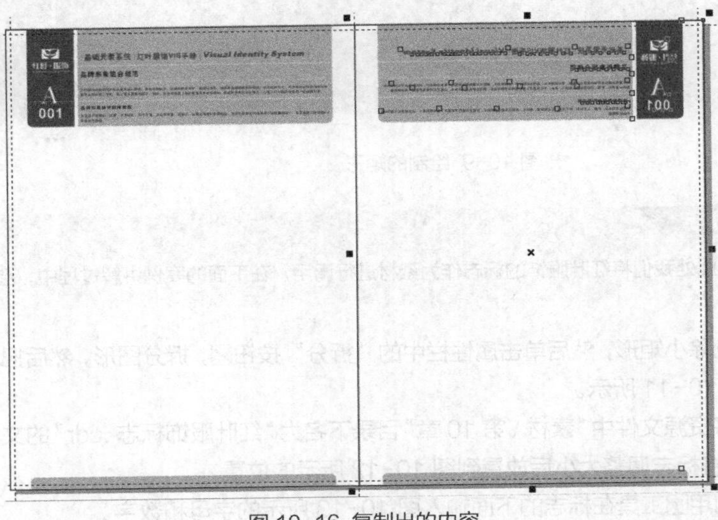

图 10-16 复制出的内容

19 利用工具选择作为辅助的两个矩形图形并删除，然后框选图 10-17 所示的内容。

20 单击属性栏中的“水平镜像”按钮，将选取的内容水平镜像，如图 10-18 所示。

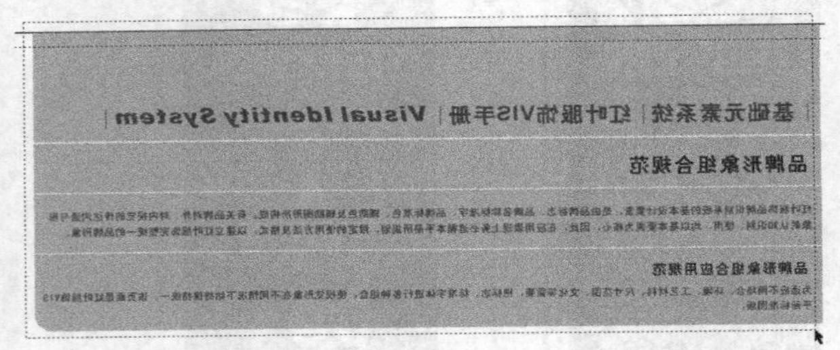

图 10-17 框选内容

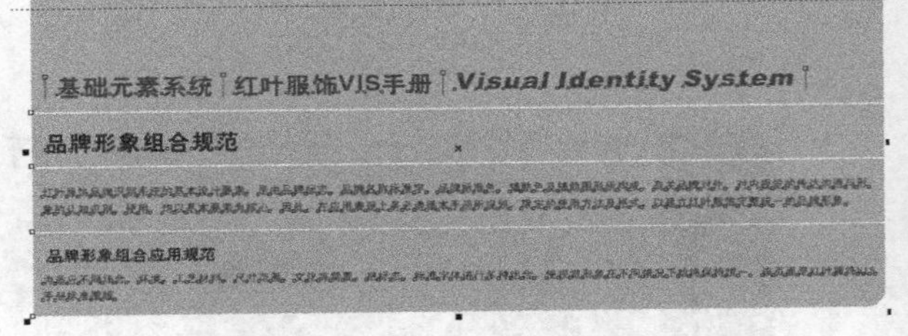

图 10-18 水平镜像后的内容

21 选择右上方图 10-19 所示的标志和文字。

22 单击属性栏中的“水平镜像”按钮，水平镜像选取的内容，然后利用工具将数字“001”修改为“002”，如图 10-20 所示。

图 10-19 选择的内容

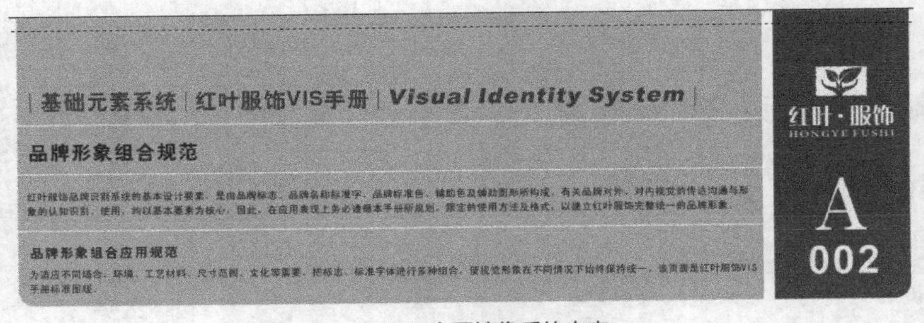

图 10-20 水平镜像后的内容

提示

VI 手册中每一页的顶部都有相关本页内容的文字说明，在设计后面的项目内容时，我们将不再介绍所输入的文字，读者可以根据 VI 手册的设计要求输入相关的文字说明内容，还要注意修改对应的页码序号。

23 至此，VI 手册图版设计完成，整体效果如图 10-21 所示。

24 按 Ctrl+S 组合键，将此文件命名为“红叶服饰 VI _ 基础部分 .cdr”并保存。

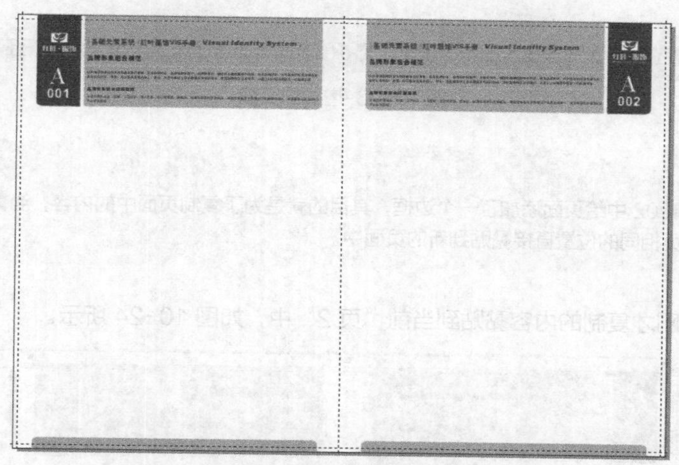

图 10-21 设计完成的 VI 手册图版

实例总结

通过本案例，读者学习了设计 VI 图版的方法，要注意掌握在 VI 图版中所包含的基本元素，以及这些元素在版面中位置的编排和处理方法。

实例 139　设置多页面VI图版

学习目的

本例学习如何把设计的图版内容复制黏贴到多个页面中作为通用 VI 图版，以及如何插入页面和跳转到其他页面的方法。

实例分析

- **作品路径 |** 作品\第 10 章\红叶服饰 VI_ 基础部分 .cdr
- **视频路径 |** 视频\实例 139.avi
- **知识功能 |** “布局 / 插入页面”命令、“布局 / 转到某页”命令
- **制作时间 |** 10分钟

操作步骤

01 打开资源文件中的“作品 \ 第 10 章 \ 红叶服饰 VI_ 基础部分 .cdr”文件。

02 按 Ctrl+A 组合键，选择所有内容。

03 按 Ctrl+C 组合键，复制所选内容。

04 执行“布局 / 插入页面”命令，弹出“插入页面”对话框，参数设置如图 10-22 所示。

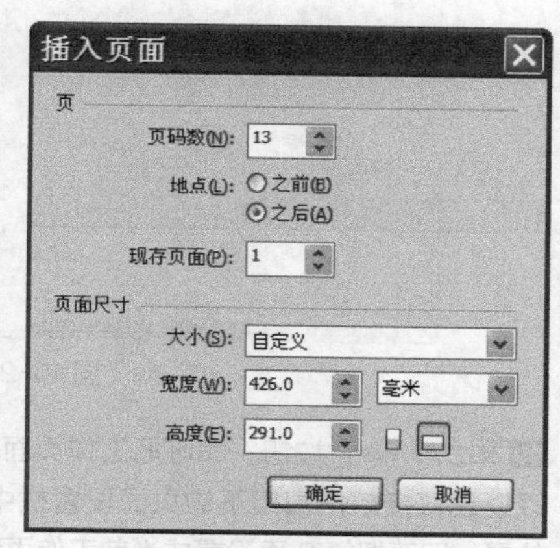

图 10-22“插入页面”对话框

05 单击 确定 按钮，即可在“页 1”之后增加 13 个页面，将鼠标指针放置在页面控制栏右侧的位置向右拖曳，即可全部显示添加的页面，如图 10-23 所示。

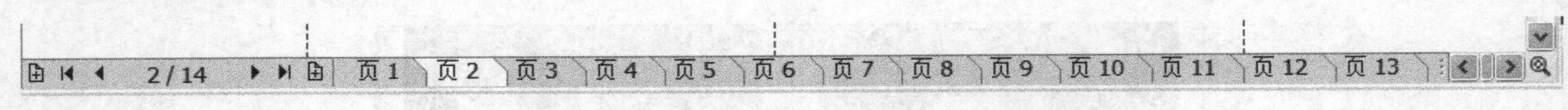

图 10-23 增加的页面

提示

在上一个实例的操作步骤 02 中给页面添加了一个边框，其目的就是为了复制页面中的内容，当黏贴到其他页面中后，所复制的内容会保持与第 1 页相同的位置直接黏贴到新的页面中。

06 按 Ctrl+V 组合键，把刚才复制的内容黏贴到当前“页 2”中，如图 10-24 所示。

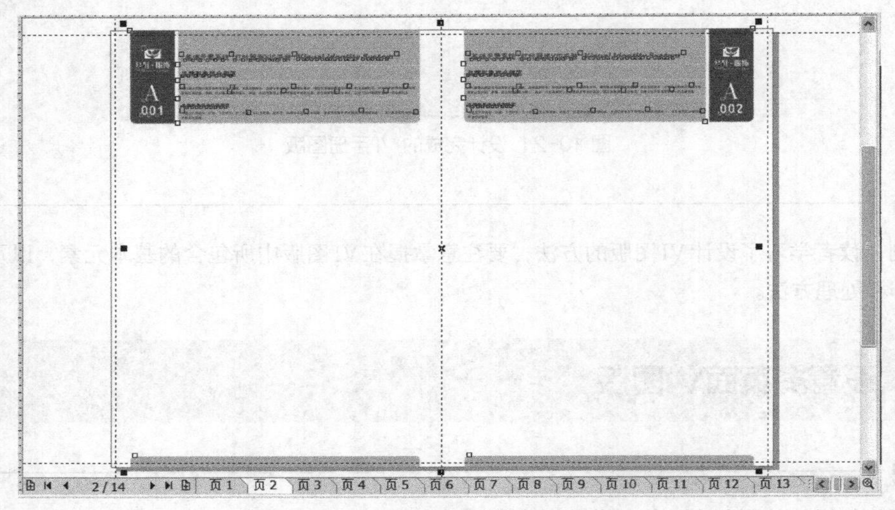

图 10-24 复制的内容

07 利用字工具把页码数字修改为“003”和“004”，如图 10-25 所示。

08 执行“布局 / 转到某页”命令，弹出“转到某页”对话框，参数设置如图 10-26 所示。

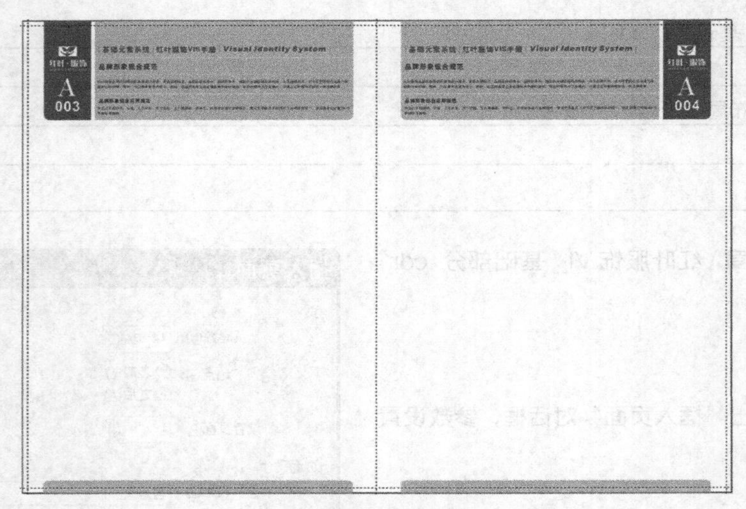

图 10-25 修改页码

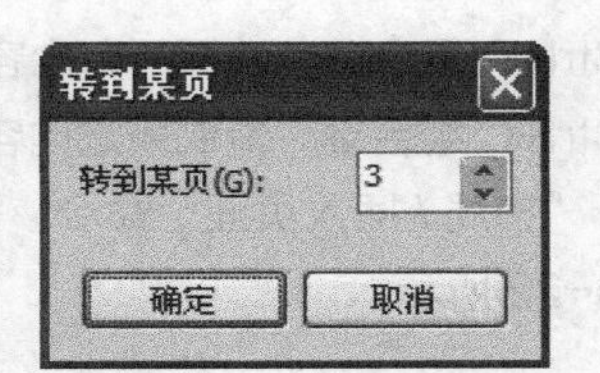

图 10-26“转到某页”对话框

09 单击 确定 按钮，即可把工作页面转到第 3 页，也可以通过直接单击窗口下边页面设置栏中图 10-27 所示的位置，即可把第 3 页设置成当前工作页面。

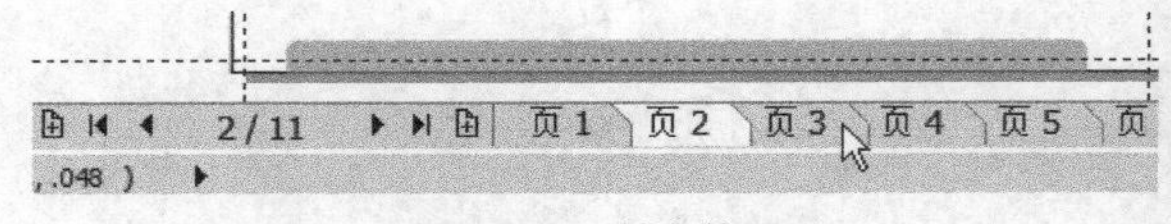

图 10-27 单击位置

10 按 Ctrl+V 组合键，把刚才复制的内容黏贴到“页 3”中，然后修改页码。

11 单击第 4 页，然后直接按 Ctrl+V 组合键，把复制的设计内容黏贴到第 4 页中并修改页码。

12 按照顺序再分别单击后面的页面，分别把复制的内容黏贴到其他页面中。因为 VI 手册每一页的基本元素相同，这样在设计其他相关内容时，只修改相关的页码和文字标注内容就可以。

13 至此，VI 手册图版添加页面完成。按 Ctrl+S 组合键，保存文件。

实例总结

学习本案例，读者掌握了增加页面、跳转工作页面及把一个页面中的素材内容复制黏贴到多个页面中的方法。

实例 140　绘制标志

学习目的

从广义上讲，标志是标志和商标的统称，包括了企业、集团、政府机关、团体、会议和活动等的标志和产品的商标。商标是商品的记号、标记，但标志并不一定都是商标。区分标志是不是商标主要取决于用途：如果标志应用于商品贸易中表示商品的品牌和质量等特征，那么这个标志就是商标；否则，它就是标志。一个企业只能有一个标志，但根据产品的不同种类却可以有多个商标。

实例通过绘制“红叶服饰”标志，帮助读者了解标志绘制的一般方法。

实例分析

- **作品路径** | 作品\第 10 章\红叶服饰 VI_ 基础部分 .cdr
- **视频路径** | 视频\实例 140.avi
- **知识功能** | “贝塞尔”工具、“形状”工具、“转换为曲线”按钮、“缩放”工具、“涂抹”工具、“合并”按钮及“修剪”按钮
- **制作时间** | 30 分钟

操作步骤

01 打开资源文件中的“作品\第 10 章\红叶服饰 VI_ 基础部分 .cdr”文件。

02 单击页面控制栏中的 页 2 ，将“页 2”设置为工作页面。

03 选取“贝塞尔”工具，绘制图 10-28 所示的图形。

04 选取“形状”工具，按下鼠标左键框选图形，单击属性栏中的“转换为曲线”按钮，将图形中选取的锚点转换成曲线，然后利用工具把图形调整成图 10-29 所示的形状。

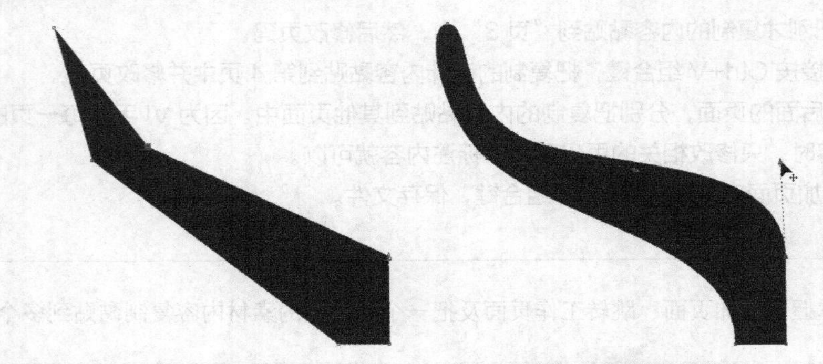

图 10-28 绘制的图形　　图 10-29 调整后的形态

05 选取“选择”工具，将鼠标指针放置在左边中间的变换控制点上，按住 Ctrl 键，向右拖动鼠标指针，当把图形镜像翻转后在不释放鼠标左键的同时再单击鼠标右键，此时在鼠标指针的右下方会出现符号，如图 10-30 所示。

06 同时释放键盘按键和鼠标，水平镜像复制出的图形如图 10-31 所示。

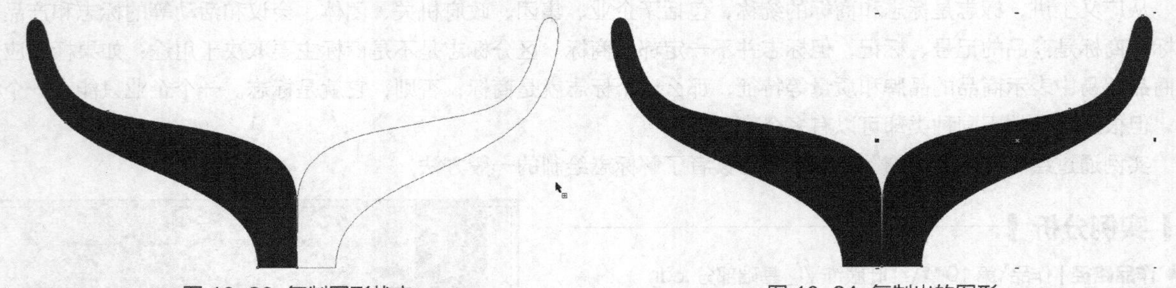

图 10-30 复制图形状态　　图 10-31 复制出的图形

07 利用“缩放”工具把图形放大显示后可以看到左右两个图形的连接位置有一个空隙，如图 10-32 所示。

08 按键盘中向左的方向键一次，这样左右两个图形就完全相接了。

09 利用“选择”工具选择两个图形，然后单击属性栏中的“合并”按钮，合并两个图形，如图 10-33 所示。

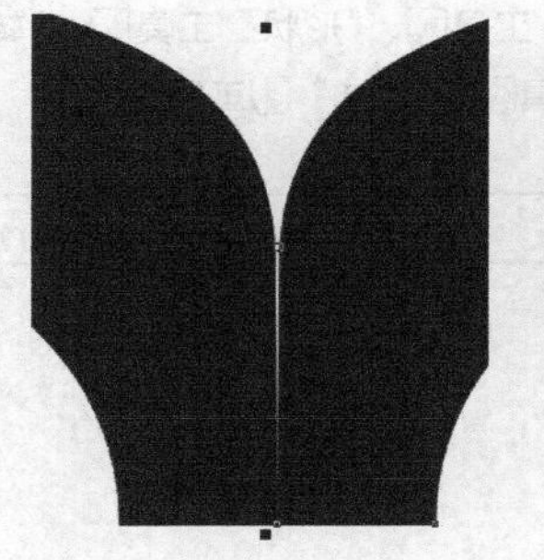

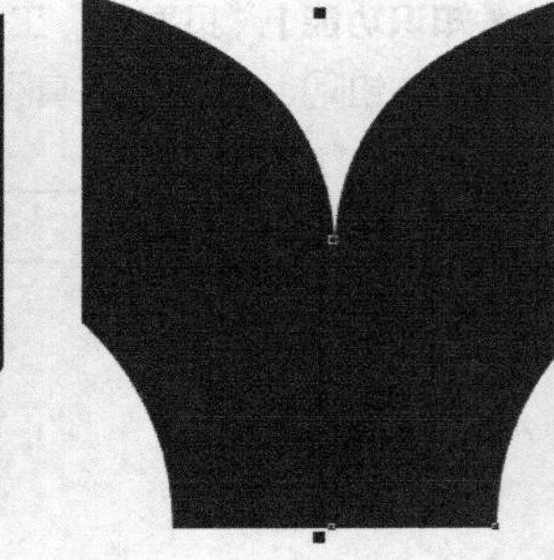

图 10-32 留有空隙　　图 10-33 合并后的图形

10 在窗口左边的标尺上按下鼠标左键，在两个图形的中间位置添加一条辅助线，如图 10-34 所示。

11 利用“贝塞尔”工具和“形状”工具，绘制调整出图 10-35 所示的叶子图形。

图 10-34 添加的辅助线　　图 10-35 绘制的叶子图形

12 利用水平镜像复制操作，复制出右边的叶子图形，如图 10-36 所示。

13 利用“形状”工具调大右边的叶子图形，如图 10-37 所示。

图 10-36　复制出的叶子图形　　图 10-37　调大叶子

14 选择左右两个叶子图形，然后单击属性栏中的“合并”按钮，合并两个叶子图形。

15 利用工具绘制一个矩形，填充颜色为橘红色（M:90,Y:100），然后选择“涂抹”工具，在属性栏中设置参数，如图 10-38 所示。

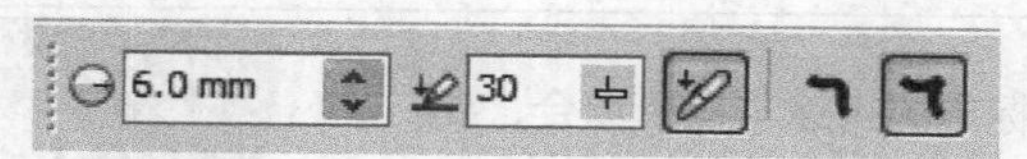

图 10-38　参数设置

16 在矩形图形的左上边缘位置按下鼠标左键向右拖动，此时图形边缘得到变形效果，如图 10-39 所示。

17 利用“涂抹”工具涂抹矩形的 4 个边缘，得到图 10-40 所示的变形效果。

图 10-39　变形图形

图 10-40　变形后的图形

18 选择矩形，执行“排列 / 顺序 / 到图层后面”命令，把矩形图形调整到树叶和手图形的后面。

19 把树叶和手图形放置到矩形图形上边，如图 10-41 所示。

20 按住 Shift 键，选择树叶和后面的矩形，然后单击属性栏中的“修剪”按钮，用树叶图形修剪后面的矩形，然后删除黑色树叶。

21 再选择手图形和下面的矩形同样进行修剪，然后再选择手图形并删除，修剪后的图形形态如图 10-42 所示。

图 10-41　图形放置的位置

图 10-42　修剪后的图形

22 利用“文字”工具输入“标志释义”的文字内容，如图 10-43 所示。

23 至此，标志绘制完成，按 Ctrl+S 组合键，保存文件。

标志释义

标志采用刚刚冒出土壤的嫩芽为元素进行设计，体现了红叶服饰在行业内占有领先地位，下面是一双张开的双手，寓意红叶服饰集团全体员工的凝聚力和向心力，标志的轮廓采用了一个具有不规则边缘的矩形，象征了服饰行业布匹信息。标志采用红色，体现了红叶服饰主题，象征了企业红红火火的业绩。标志整体设计简单，大方、易识别。

图 10-43 “标志释义”文字内容

实例总结

本实例主要讲述了红叶服饰标志图形的绘制方法。在绘制过程中，主要学习了水平镜像复制图形，合并图形、修剪图形，以及利用“涂抹”工具给图形进行变形操作的方法。

实例 141 绘制标志坐标网格

学习目的

在设计标志时，要充分考虑标志的用途与应用场合，要适合不同位置的放置，放大后不能出现空洞，缩小后不会感觉拥挤，所以在制作时要严格按照标志坐标制图的要求来进行设计。学习本实例，读者可以学习如何绘制 VI 手册中标志标准制图的坐标网格。

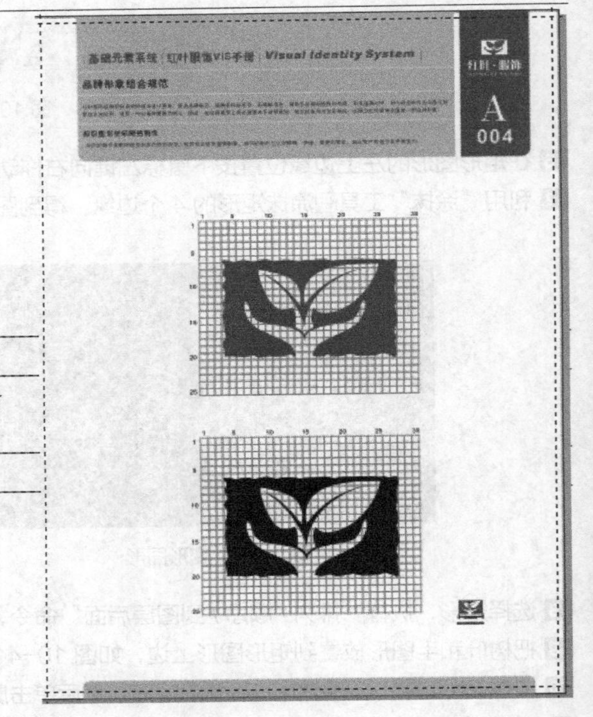

实例分析

- **作品路径** | 作品\第 10 章\红叶服饰 VI_ 基础部分 .cdr
- **视频路径** | 视频\实例 141.avi
- **知识功能** | “表格”工具、“排列/群组”命令、“排列/锁定对象”命令及“排列/解锁对象”命令
- **制作时间** | 10 分钟

操作步骤

01 打开资源文件中的“作品\第 10 章\红叶服饰 VI_ 基础部分 .cdr”文件。

02 单击页面控制栏中的，将“页 2”设置为工作页面。

03 选取“表格”工具，将属性栏中的参数分别设置为“30”和“25”，然后在“页 2”右边绘制表格图形。

04 选取工具，将属性栏中的值分别设置为“90 mm”和“75 mm”，这样每一个小方格图形的宽和高都是“3 mm”的正方形，将线形设置为灰色（K:20）。

05 利用工具在表格图形的上方和左侧每隔 5 个小方格标记上数字，如图 10-44 所示。

06 全部选择表格图形及输入的数字，然后执行“排列 / 群组”命令，群组网格和文字。

07 全部选择表格图形及输入的数字，然后执行“排列 / 锁定对象”命令，锁定以保护对象使其不再被编辑。

08 选择“页 2”左边的标志后移动复制到页面右边的表格上面并调整大小，如图 10-45 所示。

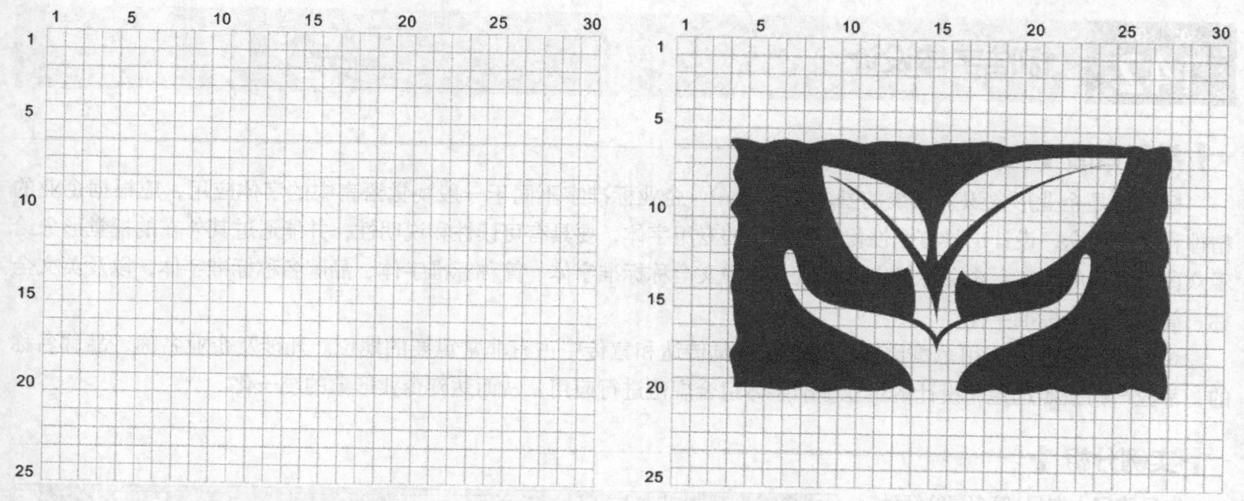

图 10-44　输入的数字　　　　图 10-45　复制出的表格

09 选择表格图形，执行“排列 / 解锁对象”命令，将锁定位置的表格解锁。

10 利用移动复制操作将表格和图形向下移动复制，然后把复制标志的颜色填充成黑色，如图 10-46 所示。

11 复制红色标志，在属性栏中设置标志的宽度为 10 mm，然后放置在页面的右下角位置。

12 利用工具绘制线段，然后利用工具标注上最小使用范围文字，如图 10-47 所示。

13 至此，标志坐标网格绘制完成，按 Ctrl+S 组合键，保存文件。

图 10-46　复制出的标志填充黑色

图 10-47　添加的标注

实例总结

学习本实例，读者掌握了如何绘制 VI 手册中标志标准制图的坐标网格。该实例中把绘制的网格进行位置锁定的目的，需要读者理解并掌握。

实例 142 标准字体设计

学习目的

标准字是企业形象识别系统的基本要素之一。企业标准字不同于一般视觉语言中的字体应用，应根据企业的精神和文化理念，设计出具有个性化和艺术化的专用字体，要具有可读性和说明性，并能通过其外在的视觉形象给观众留下深刻的印象。企业标准字体一般分为中文全称标准字体、简称标准字体、品牌名称标准字体，以及英文全称、简称和品牌标准字体。

企业标准字体的应用范围比较广泛，在视觉传达和宣传中占有非常重要的地位。凡涉及企业名称、品牌名称的，都应严格按照选定和设计的企业标准字体组合规范进行应用，从而达到企业形象的统一化。

实例分析

- **作品路径** | 作品\第10章\红叶服饰VI_基础部分.cdr
- **视频路径** | 视频\实例142.avi
- **知识功能** | “网格”工具、“文字”工具及移动复制操作
- **制作时间** | 20分钟

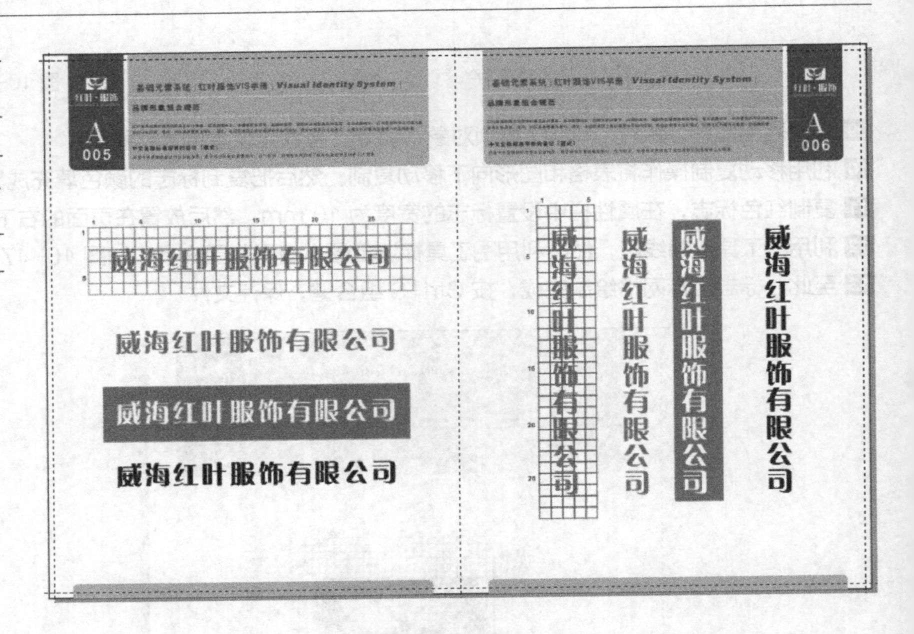

操作步骤

01 打开资源文件中的“作品\第10章\红叶服饰VI_基础部分.cdr”文件。

02 单击页面控制栏中的页3，将“页3”设置为工作页面。

03 选取“表格”工具，将属性栏中的参数分别设置为“6”和“28”，然后在“页3”左边绘制表格图形。

04 选取工具，将属性栏中的值分别设置为“168 mm”和“36 mm”，并将线形设置为灰色（K:20）。

05 利用工具在表格图形的上方和左侧每隔5个小方格标记上数字，如图10-48所示。

06 继续利用工具，在表格图形上输入图10-49所示的文字，选用的字体为“方正粗倩简体”，颜色为秋橘红（M:60,Y:80）。

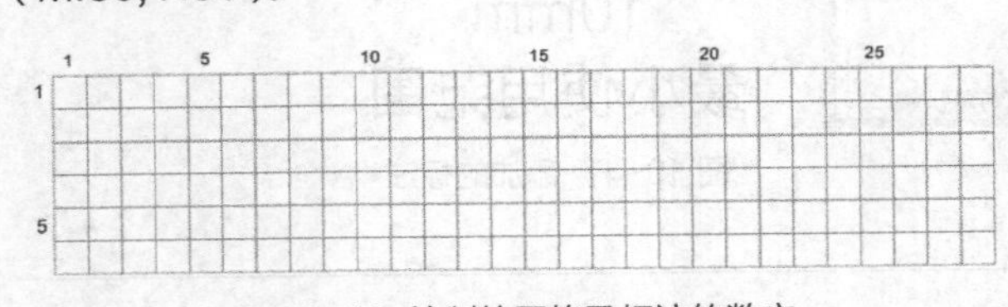

图10-48 绘制的网格及标注的数字

图10-49 输入的文字

07 依次向下移动复制3组输入的文字，然后将最下方文字的颜色修改为黑色，倒数第2行文字的颜色修改为白色，并绘制一个秋橘红色（M:60,Y:80）的矩形图形调整至文字下方，如图10-50所示。

08 用与以上相同的方法，制作出竖向文字效果，输入文字后，单击属性栏中的▥按钮即可，效果如图 10-51 所示。

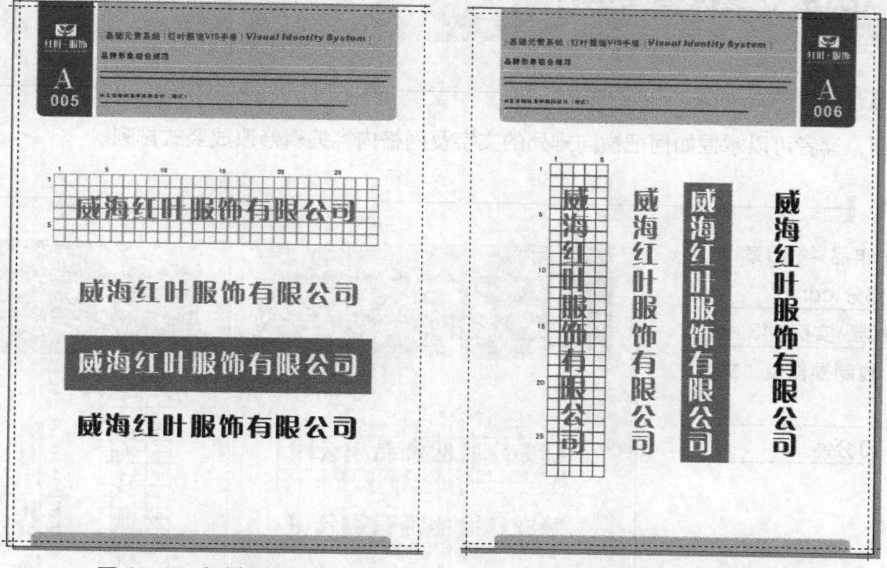

图 10-50　复制出的文字　　　　图 10-51　制作的竖向文字

09 至此，中文全称标准字体制作完成，单击页面控制栏中的 页 4 ，将“页 4”设置为工作页面，然后用与以上相同的制作方法，制作出图 10-52 所示的中文简称标准字效果。

10 按 Ctrl+S 组合键，保存文件。

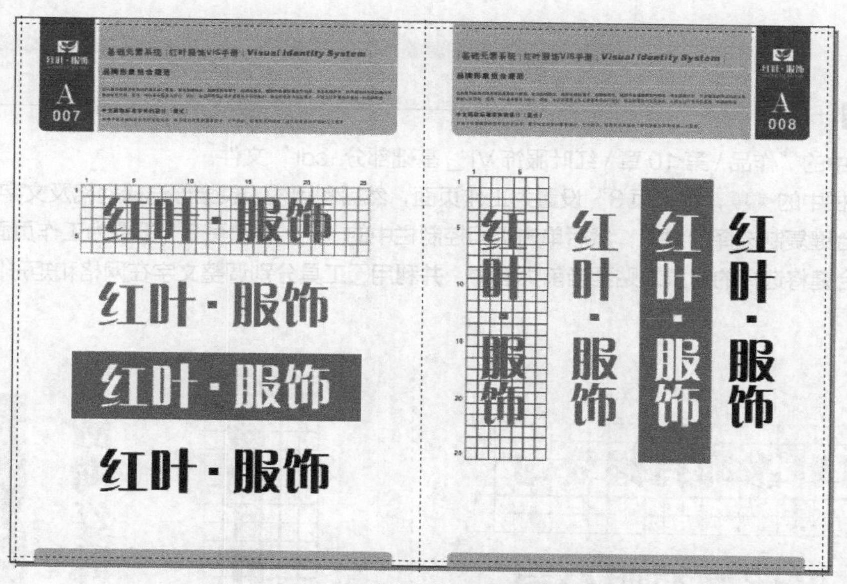

图 10-52　制作的中文简称标准字

实例总结

本例选用了一种特殊的字体作为企业的标准字。但一般的企业标准字都是在计算机系统字体的基础上通过变形归纳后演变而来，具体操作是利用“形状”工具对已有的文字形态进行再调整。如果是具有历史文化传统的企业，可采用大众认可的企业专用书法字体，以体现企业的历史性和文化性。

实例 143 中英文字体组合设计

学习目的

学习本实例，读者可以掌握如何把横向排列的文字及网格内容编辑修改成竖式排列。

实例分析

- **作品路径** | 作品\第10章\红叶服饰VI_基础部分.cdr
- **视频路径** | 视频\实例143.avi
- **知识功能** | 复制操作及“文字”工具字
- **制作时间** | 10分钟

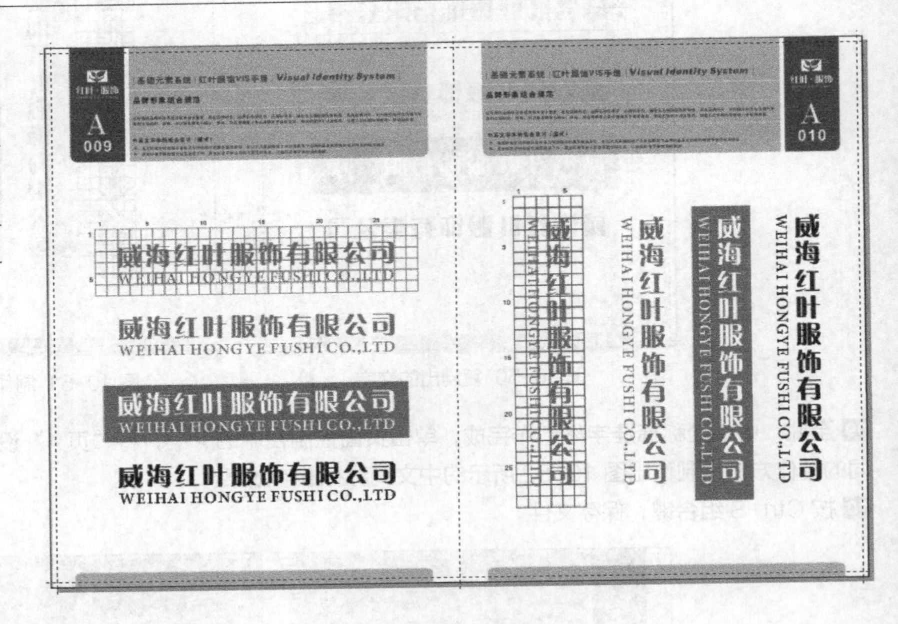

操作步骤

01 打开资源文件中的“作品\第10章\红叶服饰VI_基础部分.cdr”文件。

02 单击页面控制栏中的页3，将“页3”设置为工作页面，然后利用工具全部选择网格及文字。

03 按Ctrl+C组合键复制选择的对象，然后单击页面控制栏中的页5，将“页5”设置为工作页面。

04 按Ctrl+V组合键将选择的对象黏贴至当前页面中，并利用工具分别调整文字在网格和矩形图形中的位置，如图10-53所示。

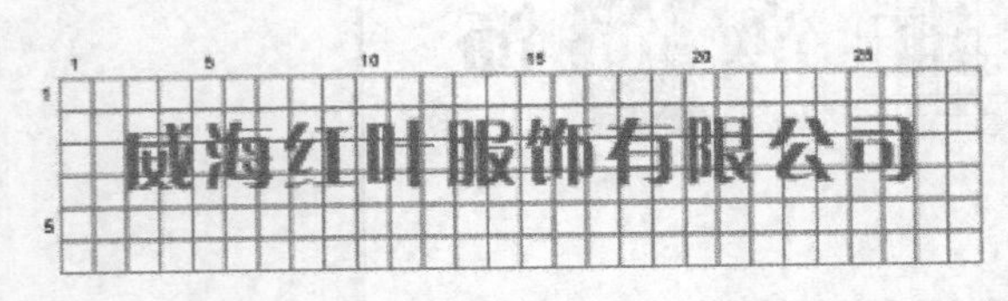

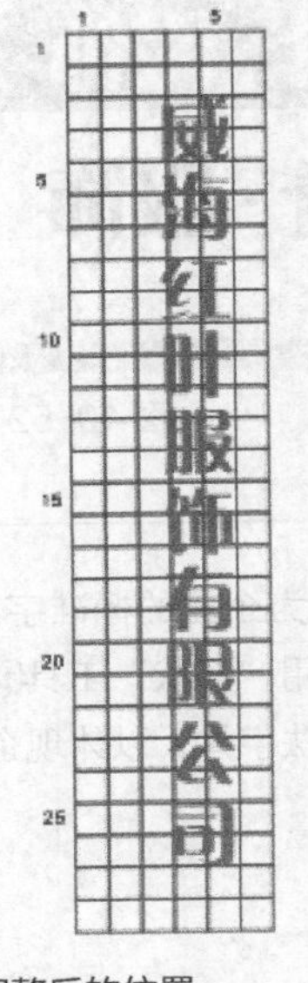

图10-53 复制的文字调整后的位置

05 利用字工具及移动复制操作，分别在文字的下方输入相应英文字母，最终效果如图 10-54 所示。

图 10-54 输入的英文字母

06 用与以上相同的方法，将“页 4”的内容复制到“页 6”中，然后调整文字位置，并添加图 10-55 所示的英文字母。

07 按 Ctrl+S 组合键，将此文件保存。

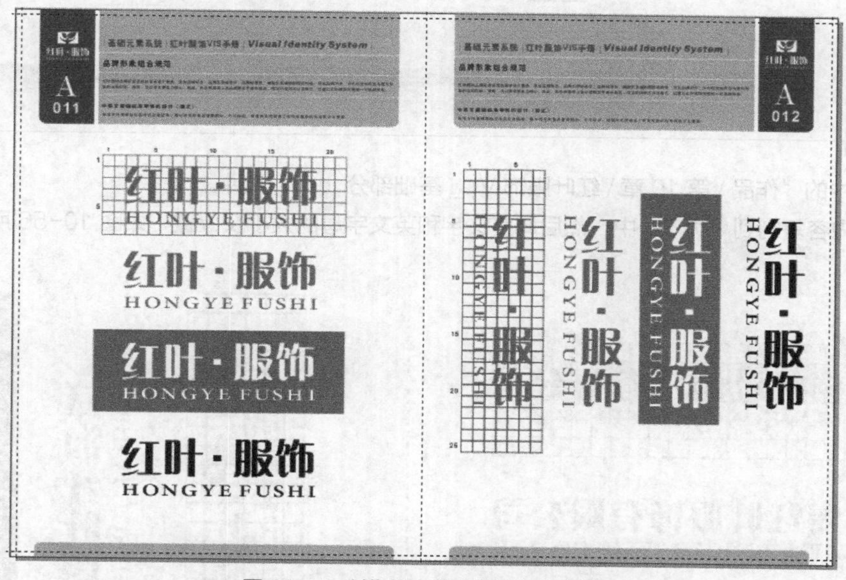

图 10-55 制作的中英文简称标准字体

实例总结

本实例主要运用了复制操作及“文字”工具，制作了企业中英文字体组合。在以后的基础系统设计中，读者要学习灵活运用移动复制的操作。

实例 144 企业标志组合

学习目的

企业在进行用品、产品包装、连锁店、服装及交通运输等方面的标志设计时，除了运用单独的标志及标准字外，标志和标准字组合的运用是非常重要的组合形式，本实例来学习企业标志组合的制作方法。

实例分析

- **作品路径** | 作品\第 10 章\红叶服饰 VI _ 基础部分 .cdr
- **视频路径** | 视频\实例 144.avi
- **知识功能** | 了解企业标志标准组合的形式
- **制作时间** | 10 分钟

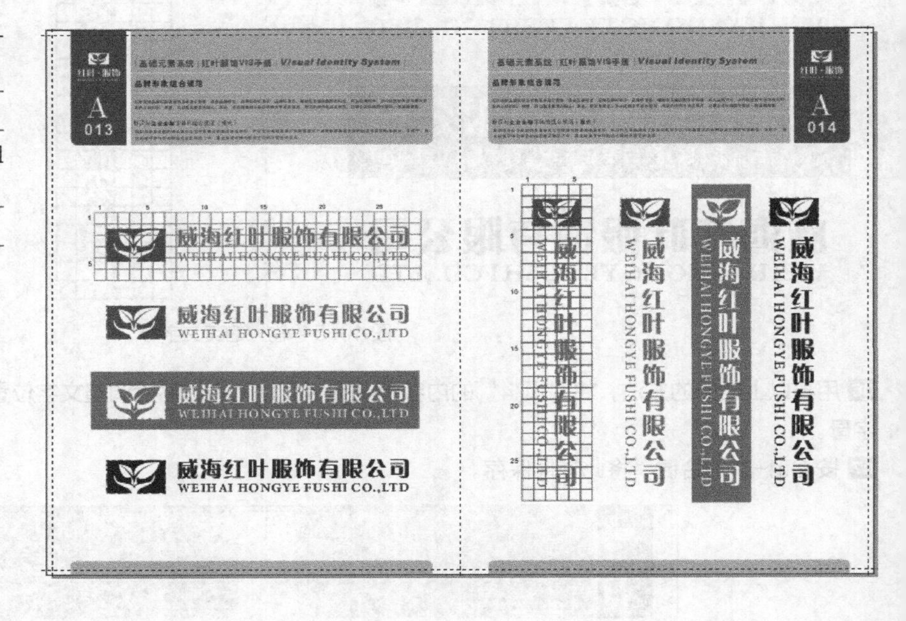

操作步骤

01 打开资源文件中的“作品 \ 第 10 章 \ 红叶服饰 VI _ 基础部分 .cdr”文件。

02 将“页 5”的内容复制到“页 7”中，然后调整文字和英文字母的大小及位置，如图 10-56 所示。

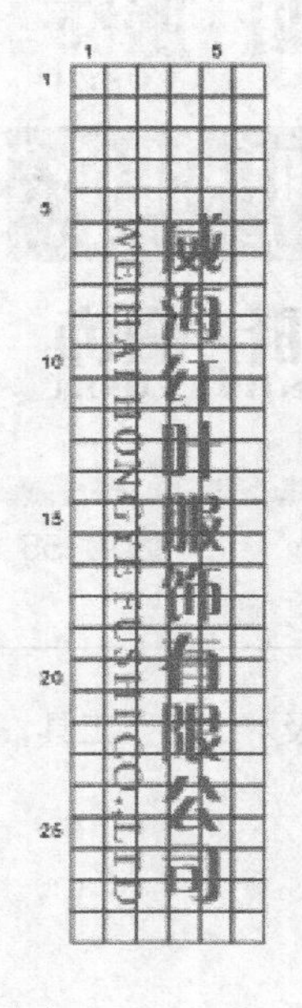

图 10-56 调整后的文字

03 依次单击页面控制栏左侧的◀按钮，将“页 2”设置为当前页，选择标志图形，按 Ctrl+C 组合键复制。

04 依次单击页面控制栏右侧的▶按钮，将“页 7”设置为当前页，然后按 Ctrl+V 组合键将复制的标志图形粘贴至当前页面中。

05 调整标志图形的大小及位置，然后依次复制，制作出图 10-57 所示的标志组合效果。

图 10-57　制作的标志组合

06 将“页 6”的内容复制到“页 8”中，然后调整文字和英文字母的大小及位置，再依次复制标志图形，制作出图 10-58 所示的简称标志组合。

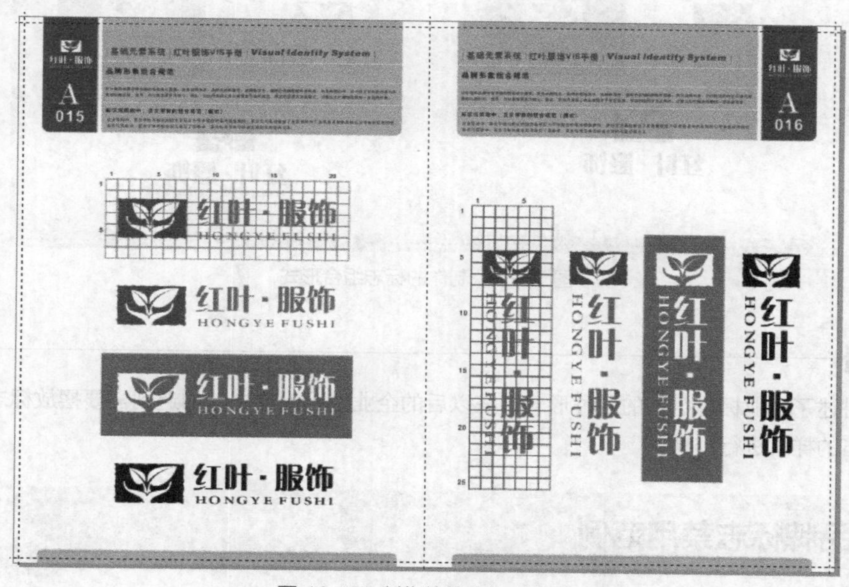

图 10-58　制作的简称标志组合

07 用与以上相同的制作方法，分别在“页 9”和“页 10”中进行调整，制作出图 10-59 所示的标志组合。

08 按 Ctrl+S 组合键，将此文件保存。

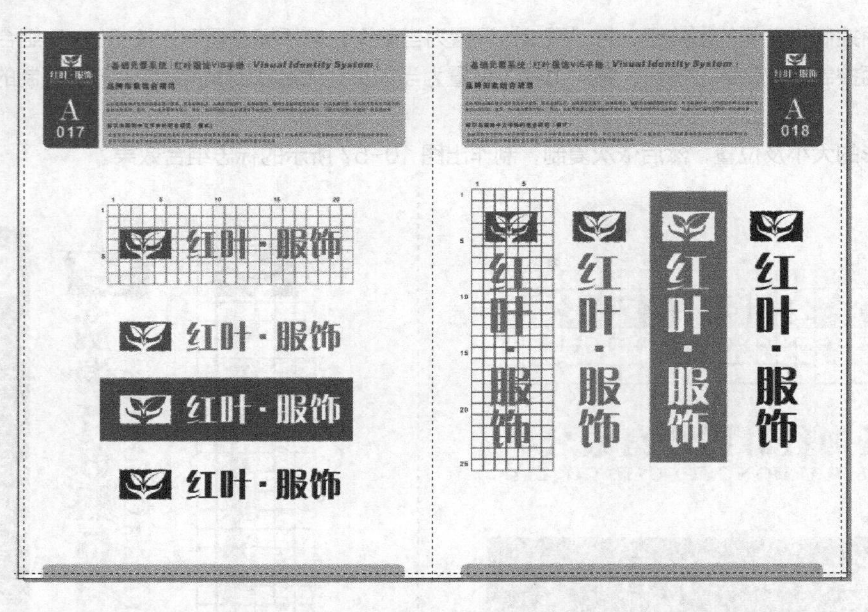

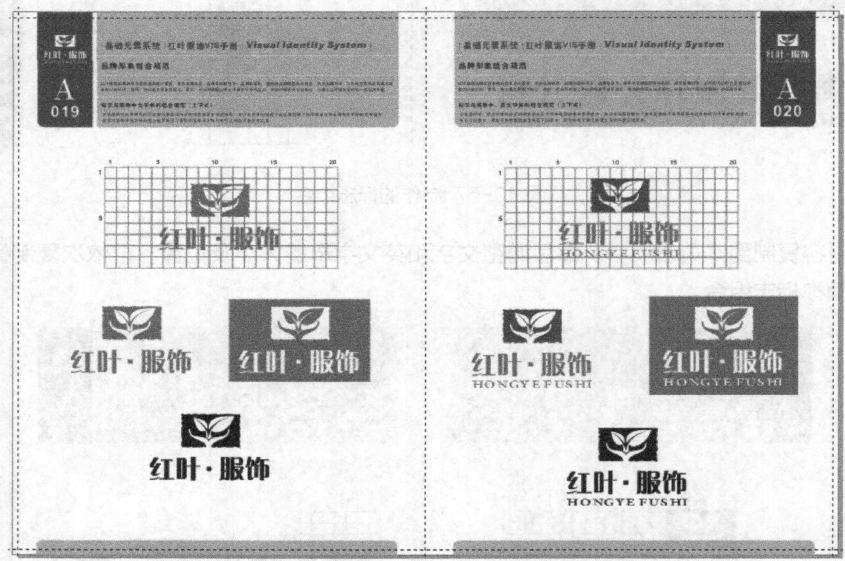

图 10-59 制作的标志组合形式

实例总结

本实例主要讲述了企业标志组合的各种形式，在以后的企业用品设计中，如遇到需要摆放标志组合的地方，一定要根据本例给出的样式进行排列。

实例 145 品牌标志禁用范例

学习目的

本实例来学习企业品牌标志的禁用范例。

实例分析

- **作品路径** | 作品\第 10 章\红叶服饰 VI_ 基础部分 .cdr
- **视频路径** | 视频\实例 145.avi
- **知识功能** | 了解企业品牌标志的禁用范例
- **制作时间** | 10 分钟

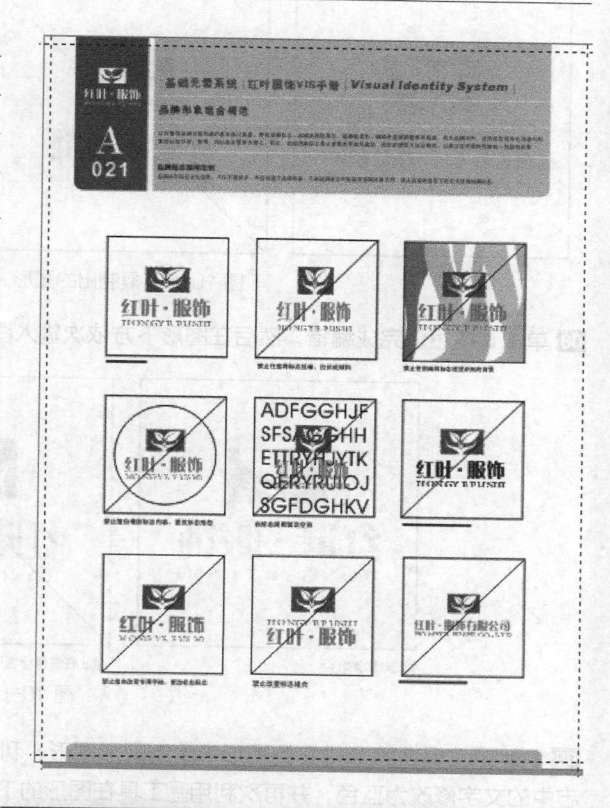

操作步骤

01 打开资源文件中的“作品\第 10 章\红叶服饰 VI_ 基础部分 .cdr”文件。

02 单击页面控制栏中的 页10 ，将“页 10”设置为工作页面，然后框选图 10-60 所示的标志组合。

03 按 Ctrl+C 组合键复制选择的图形，然后将“页 11”设置为工作页面，按 Ctrl+V 组合键粘贴，再按 Ctrl+G 组合键群组。

04 将标志组合调整合适的大小后，利用□工具绘制出图 10-61 所示的矩形外框。

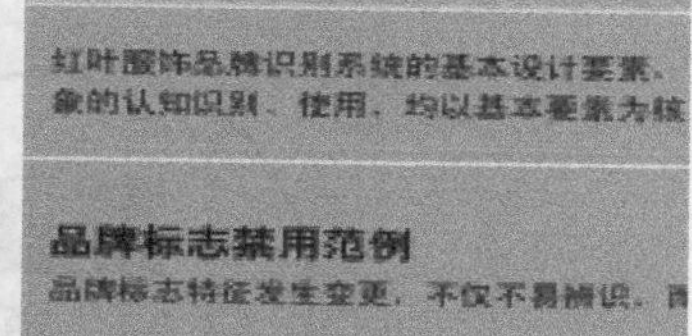

图 10-60 框选的标志组合

图 10-61 绘制的外框绘制的外框

05 选择标志及外框图形并向右移动复制两组，然后将中间一组标志图形在水平方向上压缩，再分别在矩形的斜角位置绘制出图 10-62 所示的斜线。

06 将 3 组图形同时选择，并向下移动复制两组，以备后用。

07 选择第一排最右侧的矩形图形，利用“效果 / 图框精确剪裁 / 创建空 PowerClip 图文框”命令，将其转换为图文框，然后在编辑模式下随意绘制一些图形，如图 10-63 所示。

图 10-62 复制出的图形

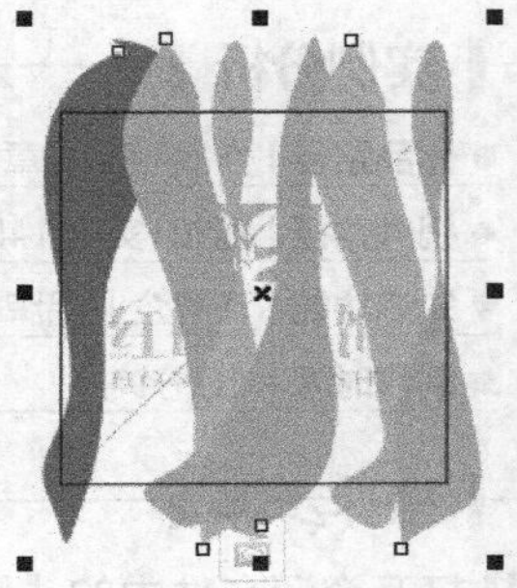

图 10-63 绘制的图形

08 单击按钮，完成编辑，然后在图形下方依次输入图 10-64 所示的文字。

标志标准组合

禁止任意将标志压扁、拉长或倾斜

禁止使用减弱标志视觉识别的背景

图 10-64 输入的文字

09 利用工具在第 2 排左侧图形中绘制圆形图形，利用工具在中间的图形中随意输入英文字母，然后将右侧标志中的文字修改为蓝色，并再次利用工具在图形的下方输入图 10-65 所示的文字。

禁止擅自增加标志内容，更改标志形态

在标志周围留足空间

禁止随意改变标志颜色

图 10-65 修改的第 2 排图形

接下来，调整最后一排的标志图形。

10 选择左侧标志中的文字，将其字体修改为“方正综艺简体”；再将中间标志图形中的文字与字母位置颠倒；然后将最右侧标志文字和字母改为企业全称，最后在文字下方输入提示文字，如图 10-66 所示。

11 按 Ctrl+S 组合键，将此文件保存。

禁止擅自改变专用字体，更改标志形态

禁止改变标志组合

禁止任意改变标志名称

图 10-66 修改的第 3 排图形

实例总结

本实例主要讲述了品牌标志禁用范例，即在设计过程中不允许出现的案例，此处只列举了这些，以提示读者标志组合一经确认就不能再随意更改，希望读者注意。

实例 146 标准色与辅助色设计

学习目的

用于企业的色彩有标准色和辅助色之分。标准色是根据企业的行业特点和经营理念选定的，一般选用1 ~ 2种颜色，最多不超过3种。企业标准色彩一经确定，应在企业用品、产品包装、连锁店、服装和交通运输等方面应用。企业标准色定位准确，不仅能够树立企业的视觉形象，还可以区别于其他企业，并体现出企业的理念和情感。

企业的辅助色彩是企业标准色运用过程中的补充色，在设计时要充分考虑到辅助色应与标准色有较强的内在联系性，并能体现企业特征及企业文化。

通过学习本实例，读者可以掌握企业标准色与辅助色的设计方法。

实例分析

- **作品路径** | 作品\第10章\红叶服饰VI_基础部分.cdr
- **视频路径** | 视频\实例146.avi
- **知识功能** | “矩形”工具、“渐变填充”工具、“调和”工具及“文字”工具
- **制作时间** | 20分钟

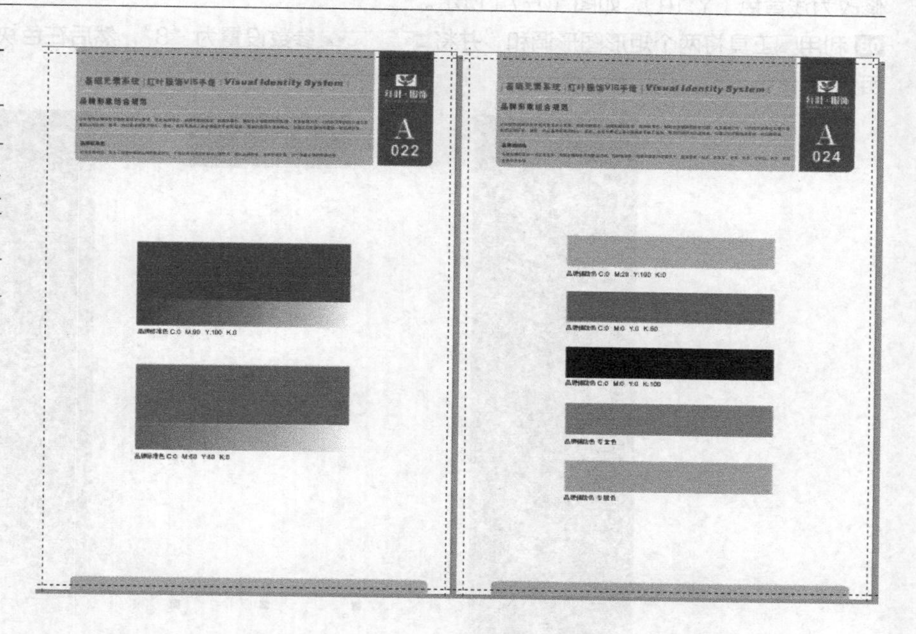

操作步骤

01 打开资源文件中的“作品 \ 第 10 章 \ 红叶服饰 VI_ 基础部分 .cdr”文件。

02 将“页 11”设置为工作页面，然后利用工具在右侧页面中绘制一个红色（M:90,Y:100）、无外轮廓的矩形图形，再将鼠标指针移动到上方中间的控制点上按下并向下拖曳，状态如图 10-67 所示。

03 在不释放鼠标左键的情况下单击鼠标右键，将矩形图形缩小复制，然后为复制出的图形填充由红色到白色的线性渐变色，并利用工具在其下方输入图 10-68 所示的文字。

图 10-67 拖曳鼠标状态

品牌标准色 C:0　M:90　Y:100　K:0

图 10-68 复制的图形并输入文字

04 用与以上相同的方法，制作出图 10-69 所示的标准色色块。

图 10-69 制作的标准色色块

下面来绘制标准色的过渡色阶。

05 单击页面控制栏中的▶按钮，将“页 12”设置为工作页面。

06 利用□工具在左侧页面中绘制一个红色（M:90,Y:100）、无外轮廓的矩形图形，然后依次将其向下镜像复制，效果如图 10-70 所示。

07 选择除第一个和最后一个矩形图形外的其他图形，按 Delete 键删除，然后选择最下方的矩形图形，将其颜色修改为浅黄色（Y:10），如图 10-71 所示。

08 利用工具将两个矩形图形调和，并将参数设置为“8”，然后在色块右侧依次输入图 10-72 所示的百分数。

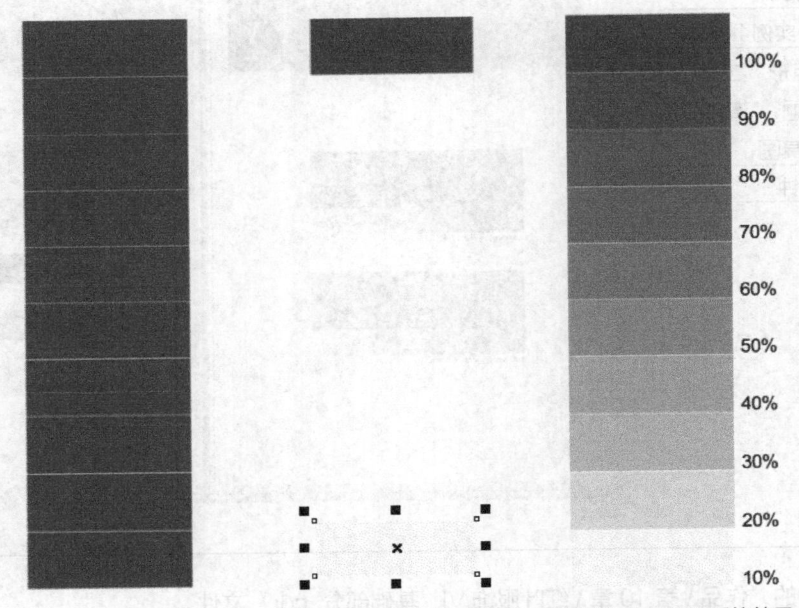

图 10-70 复制出的图形 图 10-71 修改图形颜色 图 10-72 调和后的效果

09 将色块与百分数数字全部选择并向右移动复制，然后将最上方色块的颜色修改为秋橘红色（M:60,Y:80），最下方色块设置为浅汾色（M:6,Y:8），效果如图 10-73 所示。

10 继续利用□和字工具，在右侧页面中依次绘制无外轮廓的矩形，并分别填充颜色，再在其下方输入色值，制作出图 10-74 所示的辅助色。

11 单击页面控制栏中的页 10，将“页 10”设置为工作页面，然后框选图 10-75 所示的标志组合。

12 按 Ctrl+C 组合键复制选择的图形，然后将“页 13”设置为工作页面，并按 Ctrl+V 组合键粘贴，再按 Ctrl+G 组合键群组。

13 在标志组合下方输入“K:100”说明颜色，然后将标志与颜色说明同时选择并依次复制，再分别修改标志的颜色及下方的说明数字，如图 10-76 所示。

14 至此，企业标准色及辅助色等已经制作完成，按 Ctrl+S 组合键，将此文件保存。

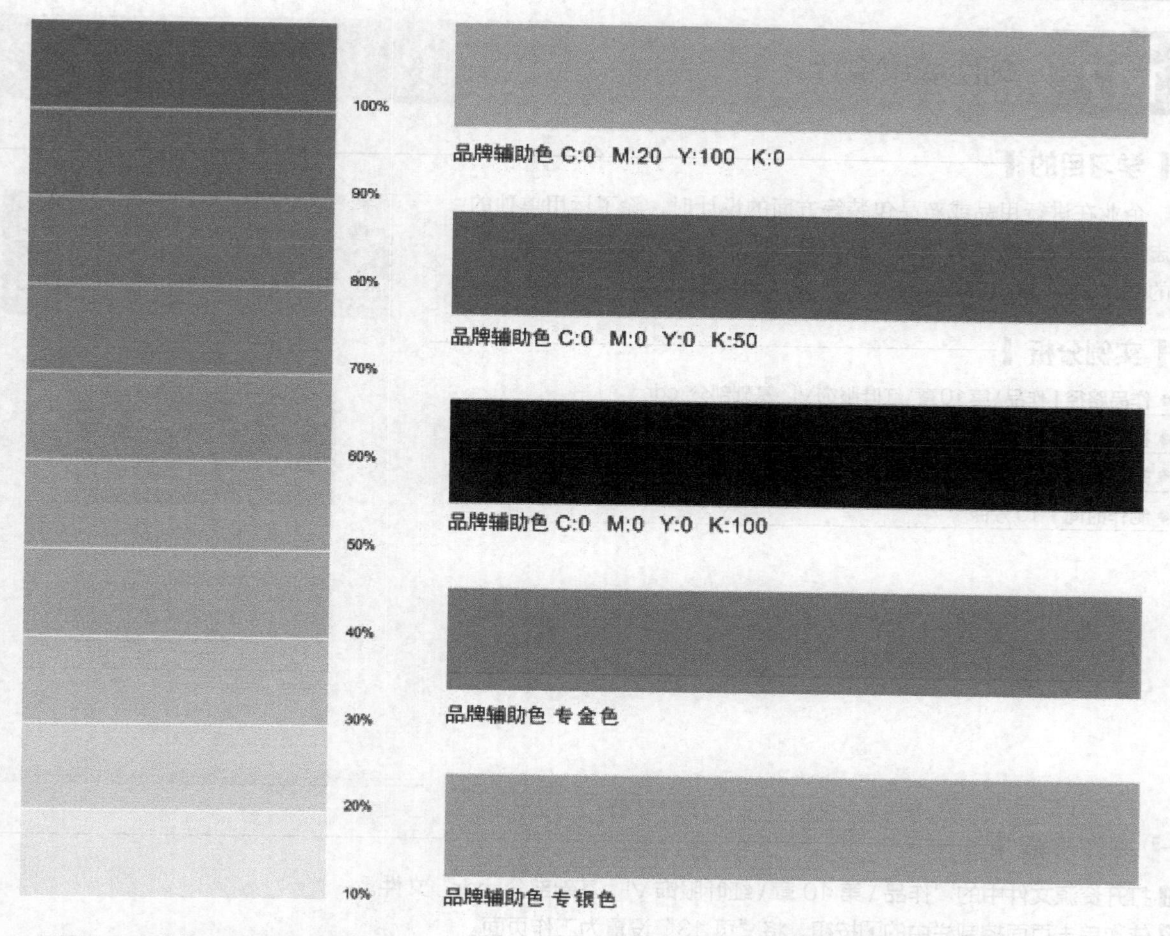

图 10-73　制作的过渡色效果

图 10-74　制作的辅助色

图 10-75　选择的标志组合

图 10-76　制作出的标志明度使用规范

实例总结

本实例主要讲述了企业标准色与辅助色的制作方法，在制作过程中读者需要注意每一个色块不同颜色参数的比例设置。

实例 147 辅助底纹设计

学习目的

企业在进行用品或产品包装等方面的设计时，除了运用单独的标志组合外，还经常需要制作标志底纹，本实例来学习企业辅助底纹的制作。

实例分析

- **作品路径** | 作品\第10章\红叶服饰VI_基础部分.cdr
- **视频路径** | 视频\实例147.avi
- **知识功能** | 了解企业辅助底纹的制作方法
- **制作时间** | 10分钟

操作步骤

01 打开资源文件中的“作品\第10章\红叶服饰VI_基础部分.cdr”文件。

02 依次单击页面控制栏中的▶按钮，将“页13”设置为工作页面。

03 利用□工具在右侧页面绘制矩形图形，然后执行“效果/图框精确剪裁/创建空PowerClip图文框”命令，将其转换为图文框。

04 单击下方的按钮，转换到编辑模式下，然后继续利用□工具，绘制出图10-77所示的红色（M:90,Y:100）矩形图形。

05 依次单击页面控制栏中的◀按钮，将“页8”设置为工作页面，然后框选图10-78所示的标志组合，注意不要选择下方的矩形图形。

图10-77 绘制的矩形图形

图10-78 框选的标志组合

06 按Ctrl+C组合键将选择的图形复制，然后将“页13”设置为工作页面，并按Ctrl+V组合键粘贴，再按Ctrl+G组合键群组。

07 调整标志组合的大小，然后依次复制，如图 10-79 所示。

图 10-79 复制出的图形

08 将复制出的标志全部选择，设置属性栏中的参数 15.0 ，然后调整图形的位置，如图 10-80 所示。

图 10-80 旋转后放置的位置

09 单击按钮，完成图像的编辑，制作的底纹效果如图 10-81 所示。

10 向下移动复制一组底纹图形，然后单击下方的按钮，转换到编辑模式下，再将矩形图形的颜色修改为深黄色（M:20,Y:100）。

11 单击按钮，即可制作出另一组底纹效果。按 Ctrl+S 组合键，将此文件保存。

图 10-81 制作的底纹效果

实例总结

本实例主要讲述了企业辅助底纹的制作方法，在制作过程中主要用到了“图框精确剪裁”命令及重复复制操作，希望读者在以后的工作过程中也能熟练运用。

实例 148 辅助图形绘制

学习目的

辅助图形在企业视觉形象宣传中起着非常重要的作用。当辅助图形确定后，在设计一些宣传物品时，就可以优先考虑运用这些图形。本实例来学习企业辅助图形的绘制方法。

实例分析

- **作品路径** | 作品\第10章\红叶服饰VI_基础部分.cdr
- **视频路径** | 视频\实例148.avi
- **知识功能** | “贝塞尔”工具和“形状”工具
- **制作时间** | 10分钟

操作步骤

01 打开资源文件中的“作品\第10章\红叶服饰VI_基础部分.cdr”文件。

02 单击页面控制栏中的按钮，将此文件中的最后一页“页14”设置为工作页面。

03 用与绘制标志图形的相同方法，利用“贝塞尔”工具和“形状”工具在左侧页面中绘制叶子图形，即可完成辅助图形的绘制。

04 按Ctrl+S组合键，将此文件保存。

实例总结

本实例主要学习了企业辅助图形的方法。在设计企业辅助图形时，要注意与企业标志的联系性。希望读者能通过本实例的学习，发挥自己的创造能力，根据不同的企业形象设计出更加贴合企业的辅助图形。

实例 149 中文印刷字体规范

学习目的

企业在进行宣传品等的印刷设计时，为了突出效果，经常会根据需要用到多种字体，本实例就来对这些印刷字体进行规范。

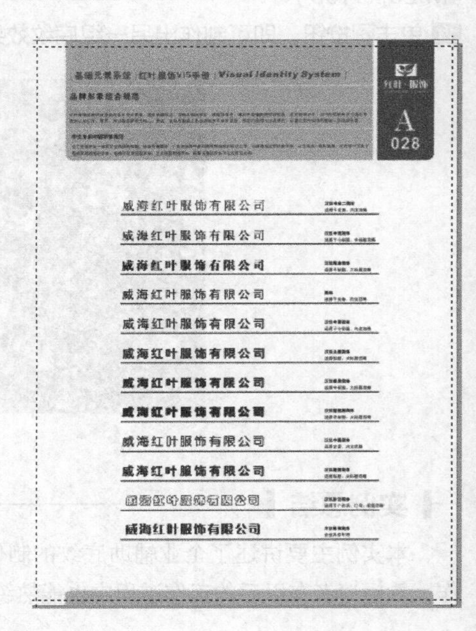

实例分析

- **作品路径** | 作品\第10章\红叶服饰VI_基础部分.cdr
- **视频路径** | 视频\实例149.avi
- **知识功能** | “文字”工具及文字字体的修改
- **制作时间** | 10分钟

操作步骤

01 打开资源文件中的“作品\第 10 章\红叶服饰 VI _ 基础部分 .cdr”文件。

02 单击页面控制栏中的按钮，将此文件中的最后一页“页 14”设置为工作页面。

03 利用工具在右侧页面中输入文字，然后利用“手绘”工具在其下方绘制一条直线，效果如图 10-82 所示。

威海红叶服饰有限公司　　汉仪书宋二简体
适用于文章、内文范畴

图 10-82 输入的文字及绘制的直线

04 同时选择输入的文字及直线并依次向下复制，然后分别修改文字的字体及适用于的范畴，即可完成中文印刷字体的规范。

05 按 Ctrl+S 组合键，将此文件保存。至此，企业 VI 的基础系统设计完成。

提示

具体的字体设置及使用范畴，读者可参见作品，也可以按照自己的意愿进行指定。

实例总结

本实例主要讲述了中文印刷字体的规范，在进行宣传单、报纸广告或说明书等的设计时，要严格按照本例给出的使用规范来进行设计，以保持企业一致的文化风格和形象。

第11章 VI设计——企业识别应用系统（1）

本章实例

- 名片设计
- 信封设计
- 信纸设计
- 传真纸设计
- 办公用品设计
- 广告笔设计
- 活页夹设计
- 文件袋与档案袋设计
- 纸制笔记本设计
- 请柬设计
- 应聘登记表绘制
- 顾客满意度调查表绘制

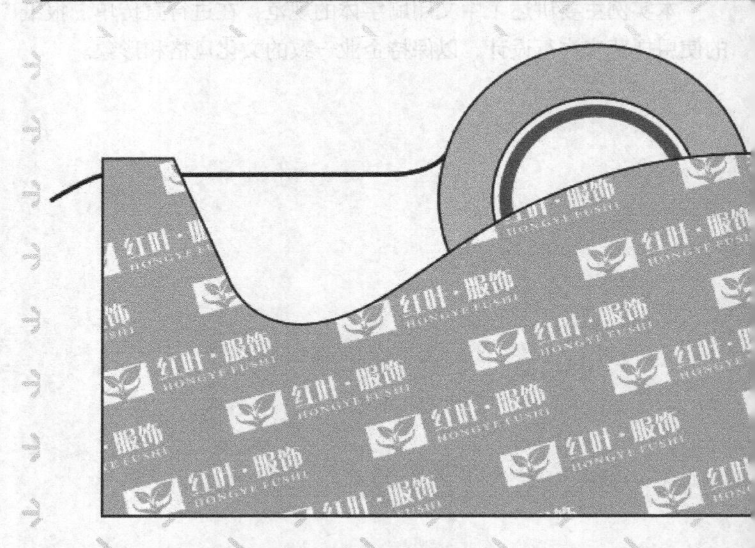

企业识别应用系统设计即是对基本要素在各种媒体上的应用的具体而明确的规定。当企业视觉识别最基本要素，如标志、标准字和标准色等被确定后，就要从事这些要素的精细化作业，开发各应用项目。本章我们先来设计应用系统中的办公用品。

实例 150 名片设计

学习目的

名片是新朋友互相认识、自我介绍最快、最有效的方法，交换名片也是商业交往的第一个标准官式动作。下面就来学习名片的设计方法。

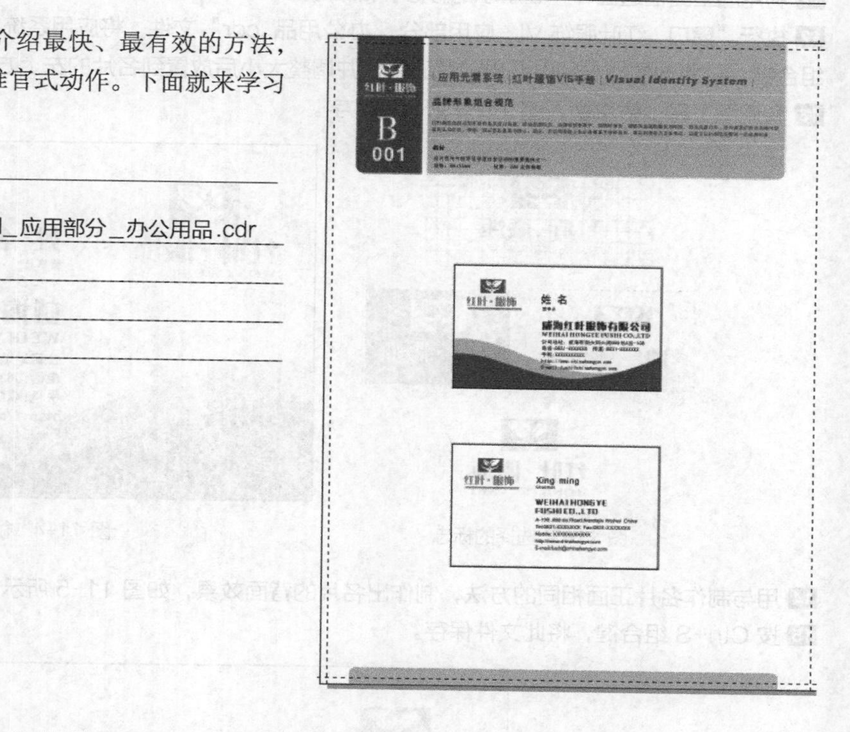

实例分析

- **作品路径** | 作品\第 11 章\红叶服饰 VI_ 应用部分 _ 办公用品 .cdr
- **视频路径** | 视频\实例 150.avi
- **知识功能** | 学习名片的设计方法
- **制作时间** | 20 分钟

操作步骤

01 打开资源文件中“作品 \ 第 10 章”目录下的“红叶服饰 VI _ 基础部分 .cdr”文件，然后执行“文件 / 另存为”命令，在弹出的“保存绘图”对话框中，设置新的路径“作品 \ 第 11 章”，再将此文件另命名为“红叶服饰 VI_ 应用部分 _ 办公用品 .cdr”并保存。

02 执行“布局 / 删除页面”命令，在弹出的“删除页面”对话框中设置选项参数，如图 11-1 所示。

03 单击 确定 按钮，将除第 1 页外的所有页面删除。

04 利用字工具将页面上方的两个字母“A”都修改为“B”，然后双击工具，全部选择所有图形，再按 Ctrl+C 组合键复制。

05 依次单击 5 次页面控制栏右侧的按钮添加页面，然后分别将“页 2”～“页 6”设置为工作页面，并按 Ctrl+V 组合键粘贴复制的图版。

06 单击页面控制栏左侧的按钮，将“页 1”设置为工作页面，然后利用工具，绘制矩形图形，并在属性栏中设置参数大小 90.0 mm / 55.0 mm。

07 执行“效果 / 图框精确剪裁 / 创建空 PowerClip 图文框”命令，将矩形图形转换为图文框。

08 执行“效果 / 图框精确剪裁 / 编辑 PowerClip”命令，转换到编辑模式下，然后利用和工具依次绘制出图 11-2 所示的红色（M:90,Y:100）和深黄色（M:20,Y:100）的无外轮廓图形。

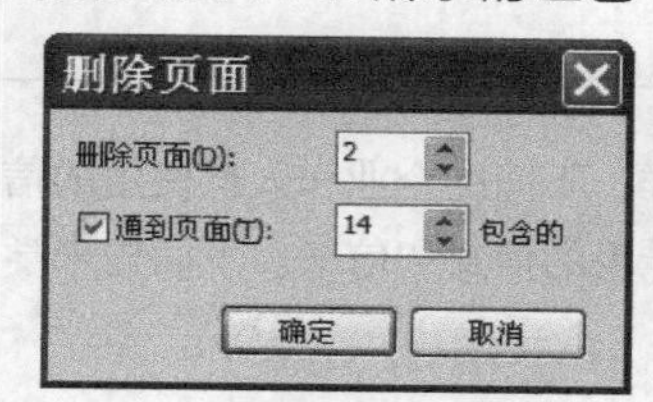

图 11-1 设置的选项参数

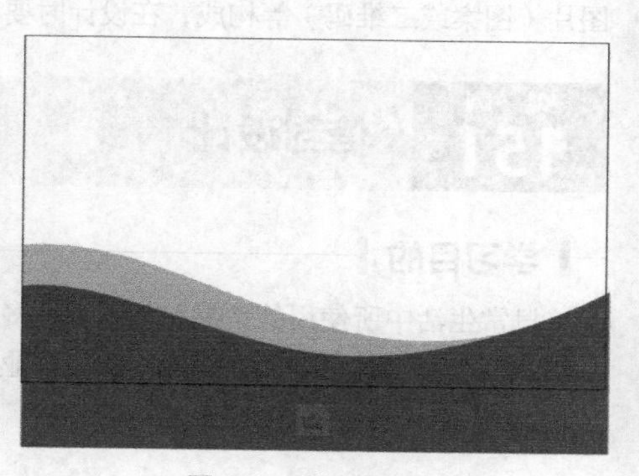

图 11-2 绘制的图形

09 单击下方的按钮，完成图形的编辑。

10 再次打开资源文件中的“作品 \ 第 10 章 \ 红叶服饰 VI _ 基础部分 .cdr”文件，利用“布局 / 转到某页”命令将“页 10”设置为工作页面。

11 利用工具框选图 11-3 所示的标志，然后按 Ctrl+C 组合键将其复制。

12 执行“窗口 / 红叶服饰 VI_ 应用部分 _ 办公用品 .cdr”文件，将应用系统文件设置为工作状态，然后按 Ctrl+V 组合键，将复制的标志粘贴至当前页面中，并调整大小后放置到名片的左上方。

13 利用工具，依次输入图 11-4 所示的文字。

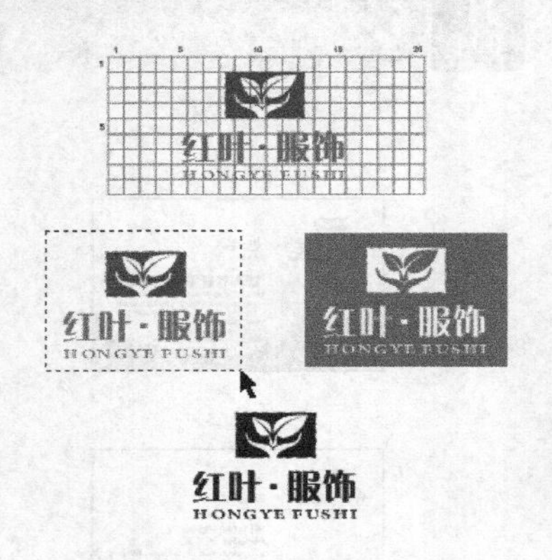

红叶 · 服饰
HONGYE FUSHI

图 11-3 选择的标志

红叶 · 服饰
HONGYE FUSHI
姓 名
董事长
威海红叶服饰有限公司
WEIHAI HONGYE FUSHI CO.,LTD
公司地址：威海市南大街六路888号A区-108
电话：0631-XXXXXXX 传真：0631-XXXXXXX
手机：XXXXXXXXXXX
http://www.chinahongye.com
E-mail:fushi@chinahongye.com

图 11-4 输入的文字

14 用与制作名片正面相同的方法，制作出名片的背面效果，如图 11-5 所示。

15 按 Ctrl+S 组合键，将此文件保存。

红叶 · 服饰
HONGYE FUSHI
Xing ming
Chairman
WEIHAI HONGYE
FUSHI CO.,LTD
A-108 ,888 six Road,Nandajie Weihai China
Tel:0631-XXXXXXX Fax:0631-XXXXXXX
Mobile: XXXXXXXXXXX
http://www.chinahongye.com
E-mail:fushi@chinahongye.com

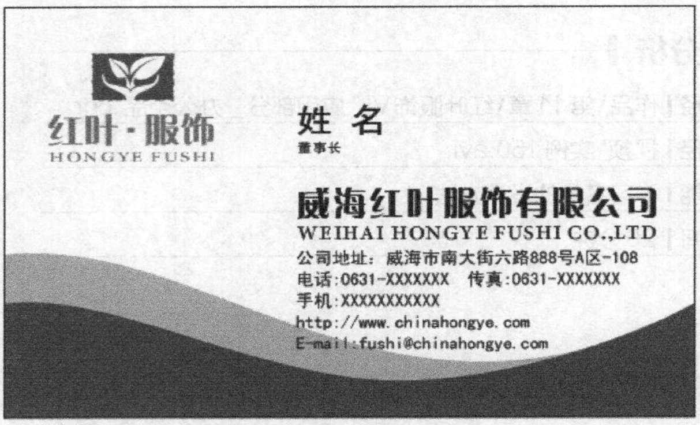

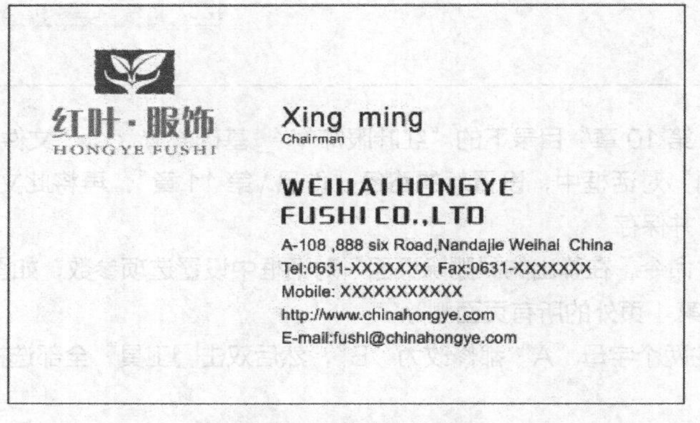

图 11-5 制作的名片背面

实例总结

学习本实例，读者初步了解了名片的制作方法。名片的主体是名片上所提供的信息，主要由单位标志、文字和图片（图案或二维码）等构成，在设计时要注意内容应距离名片边缘远一些，以免在裁切时将其裁剪掉。

实例 151 信封设计

学习目的

日常生活中所使用的信封和信纸多种多样，不同的企业和人群使用的信封和信纸类型也不相同；而作为企业或集团，可以根据其自身的性质设计制作企业专用的信封和信纸。下面先来学习信封的设计方法。

实例分析

- **作品路径** | 作品\第 11 章\红叶服饰VI_应用部分_办公用品.cdr
- **视频路径** | 视频\实例 151.avi
- **知识功能** | 学习信封的设计方法
- **制作时间** | 15分钟

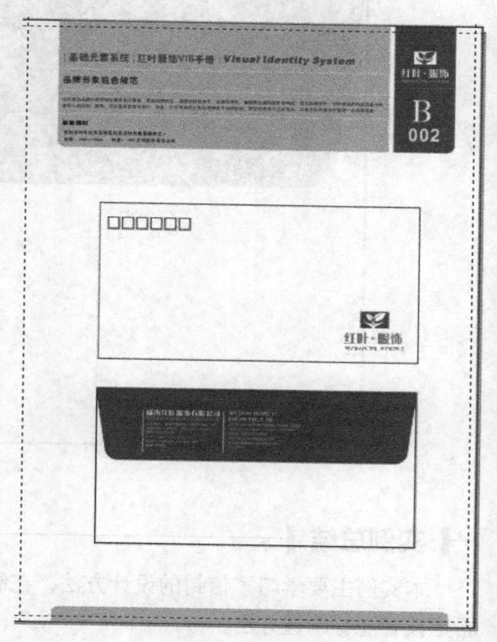

操作步骤

01 打开资源文件中的“作品\第 11 章\红叶服饰 VI_应用部分_办公用品 .cdr”文件。

02 灵活运用工具及复制操作制作出信封的正面效果，如图 11-6 所示。

03 继续利用工具绘制出图 11-7 所示的两个矩形图形。

图 11-6　制作的信封正面效果

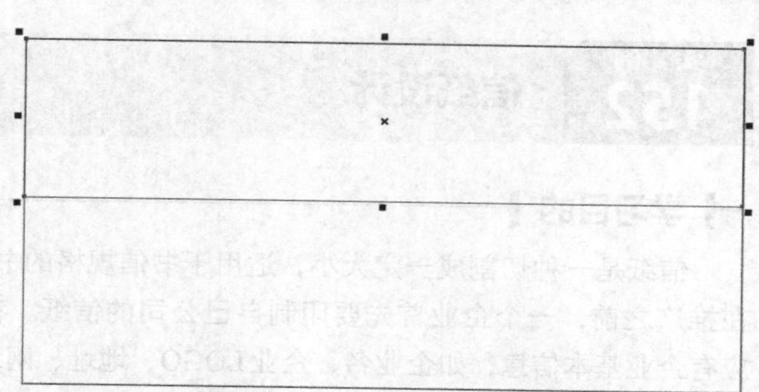

图 11-7　绘制的矩形图形

04 选择小矩形图形，激活属性栏中的按钮，然后设置属性栏参数，将矩形下方的两个角设置为圆角。

05 单击按钮将矩形图形转换为曲线图形，然后利用工具框选图 11-8 所示的节点。

06 激活属性栏中的按钮，然后将鼠标指针移动到左侧选择的节点上按下并向右拖曳，此时右侧两个节点会自动向左进行调整，如图 11-9 所示。

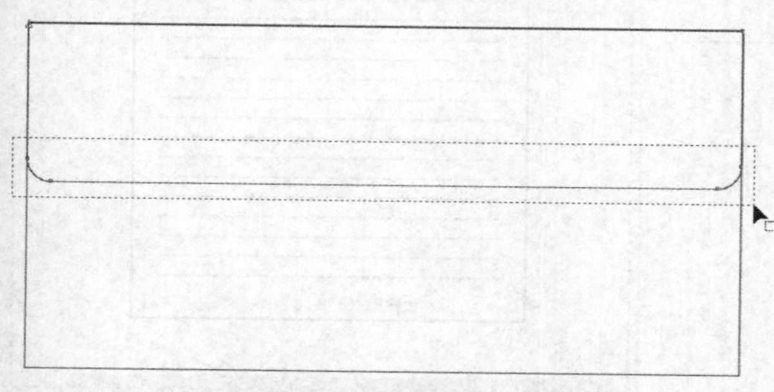

图 11-8　选择的节点

图 11-9　调整节点状态

07 至合适位置后释放鼠标，然后为其填充红色（M:90,Y:100）。

08 利用移动复制操作将名片中输入的文字分别移动复制到红色图形上，然后将其颜色修改为白色，并添加“邮编”，再绘制两条竖线，即可完成信封背面的制作，如图 11-10 所示。

09 按 Ctrl+S 组合键，将此文件保存。

图 11-10 绘制的信封背面

实例总结

本实例主要学习了信封的设计方法，在制作过程中要灵活运用复制操作，这可以在很大程度上提高工作效率，希望读者能够掌握方法。

实例 152 信纸设计

学习目的

信纸是一种切割成一定大小，适用于书信规格的书写纸张。在推广之前，一个企业首先要印制自己公司的信纸。在信纸上应有企业基本信息，如企业名、企业LOGO、地址、网址及电话等。下面就来学习信纸的设计方法。

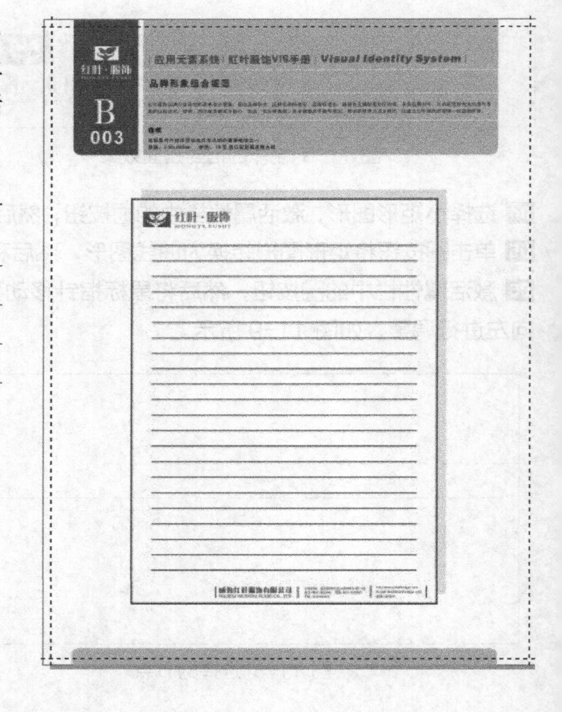

实例分析

- **作品路径** | 作品\第 11 章\红叶服饰 VI_ 应用部分 _ 办公用品 .cdr
- **视频路径** | 视频\实例 152.avi
- **知识功能** | 学习信纸的设计方法
- **制作时间** | 15 分钟

操作步骤

01 打开资源文件中的“作品 \ 第 11 章 \ 红叶服饰 VI_ 应用部分 _ 办公用品 .cdr”文件。

02 将“页 2”设置为工作页面，然后利用工具在左侧页面中绘制一个灰色（Y:10）、无外轮廓的矩形图形。

03 将灰色矩形在原位置复制，然后将复制图形的颜色修改为白色，并添加黑色的外轮廓，再稍微移动至图 11-11

所示的位置。

04 打开资源文件中的“作品 \ 第 10 章 \ 红叶服饰 VI _ 基础部分 .cdr”文件，利用“布局 / 转到某页”命令将“页 8”设置为工作页面。

05 利用工具框选图 11-12 所示的标识组合，然后按 Ctrl+C 组合键将其复制。

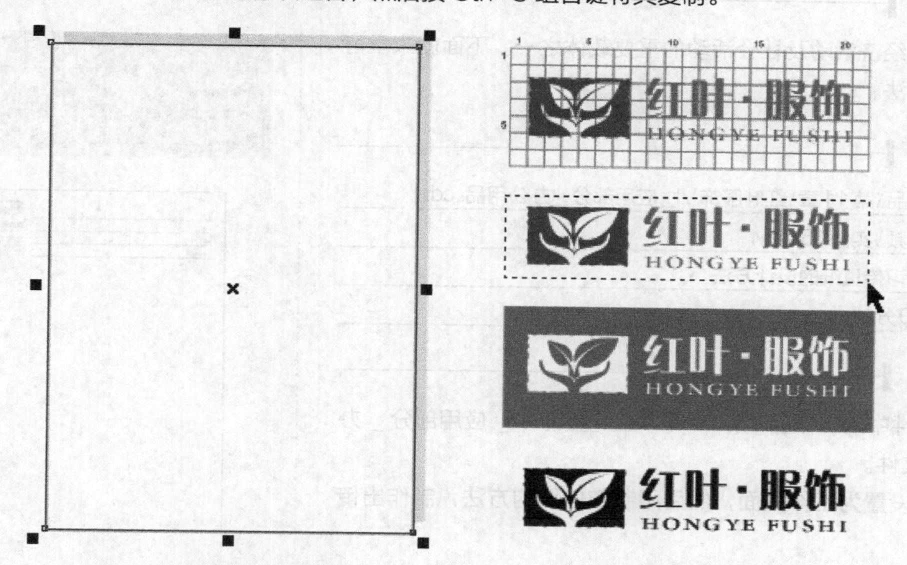

图 11-11　复制出的矩形图形　　　　图 11-12　选择的标志组合

06 执行“窗口 / 红叶服饰 VI_ 应用部分 _ 办公用品 .cdr”，将应用系统文件设置为工作状态，然后按 Ctrl+V 组合键，将复制的标志组合粘贴至当前页面中，并调整大小后放置到信纸的左上方。

07 利用工具在标志组合的下方自左向右绘制一条直线，然后在属性栏中设置线条样式，如图 11-13 所示。

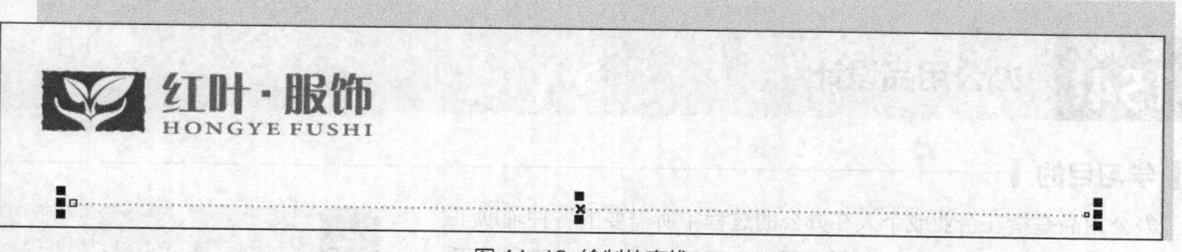

图 11-13　绘制的直线

08 将直线向下移动复制，然后利用工具将两条直线进行调和，即可制作出信纸中的横线。

09 灵活运用复制操作，将“信封”背面的文字粘贴至信纸文件的右下方，然后调整文字的颜色为红色（M:90,Y:100），并重新调整摆放位置，如图 11-14 所示。

10 至此，信纸制作完成，按 Ctrl+S 组合键，将此文件保存。

威海红叶服饰有限公司
WEIHAI HONGYE FUSHI CO.,LTD
公司地址：威海市南大街六路888号A区-108
电话：0631-XXXXXXX　传真：0631-XXXXXXX
手机：XXXXXXXXXXX
http://www.chinahongye.com
E-mail:fushi@chinahongye.com
邮编：264200

图 11-14　复制的文字

实例总结

本例主要学习了信纸的制作方法。有了信纸之后，企业可以将信纸作为礼品发放给员工，一般情况下员工用不到的信纸都会赠送给家人或朋友使用，这样一传十，十传百，无形之中就扩大了企业的知名度。

实例 153 传真纸设计

学习目的

传真是对外经济活动及社会活动的重要载体之一。下面就来学习传真纸的设计方法。

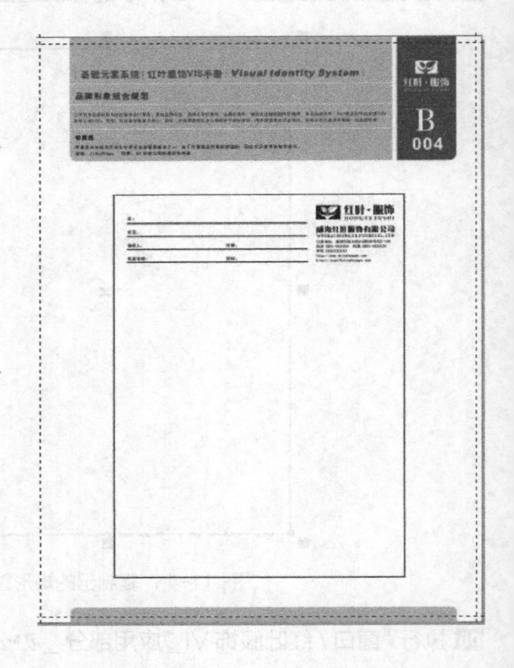

实例分析

- **作品路径** | 作品\第11章\红叶服饰VI_应用部分_办公用品.cdr
- **视频路径** | 视频\实例153.avi
- **知识功能** | 学习传真纸的设计方法
- **制作时间** | 10分钟

操作步骤

01 打开资源文件中的“作品\第11章\红叶服饰VI_应用部分_办公用品.cdr”文件。

02 将“页2”设置为工作页面，然后用制作信纸的方法，制作出传真纸的样式。

03 按Ctrl+S组合键，将此文件保存。

实例总结

由于传真纸是传真机传递的，因此它只需要设计成单色即可。在设计时，也要体现企业的基本信息，并要有明确的收件人信息。

实例 154 办公用品设计

学习目的

办公用品是指在企业或个人在办公的过程中所需要的各种辅助工具，它涵盖的种类非常广泛，下面主要来学习订书机、胶带座和美工刀的设计方法。

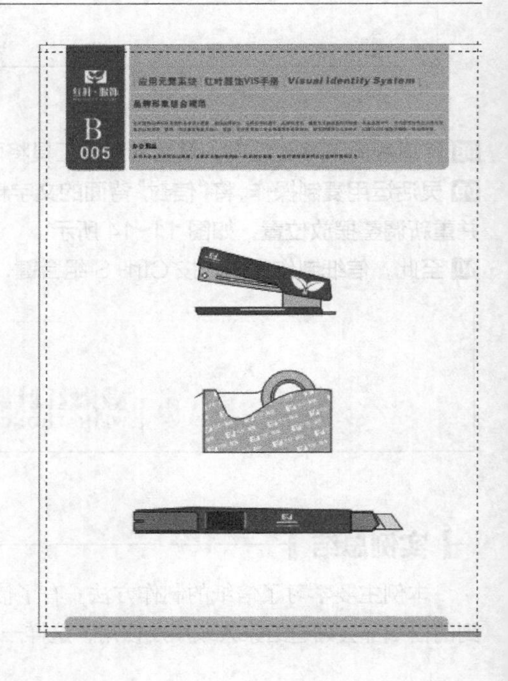

实例分析

- **作品路径** | 作品\第11章\红叶服饰VI_应用部分_办公用品.cdr
- **视频路径** | 视频\实例154.avi
- **知识功能** | 学习订书机、胶带座和美工刀的设计方法
- **制作时间** | 30分钟

操作步骤

01 打开资源文件中的“作品 \ 第 11 章 \ 红叶服饰 VI_ 应用部分 _ 办公用品 .cdr”文件。

02 将“页 3”设置为工作页面，然后利用和工具在左侧页面中依次绘制出图 11-15 所示的图形。

03 灵活运用复制操作，将“红叶服饰 VI _ 基础部分 .cdr”文件中的素材复制到当前文件中，制作的订书机效果如图 11-16 所示。

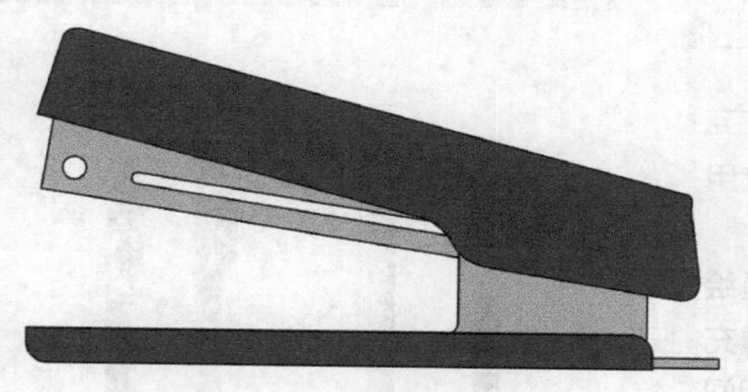

图 11-15 绘制的图形

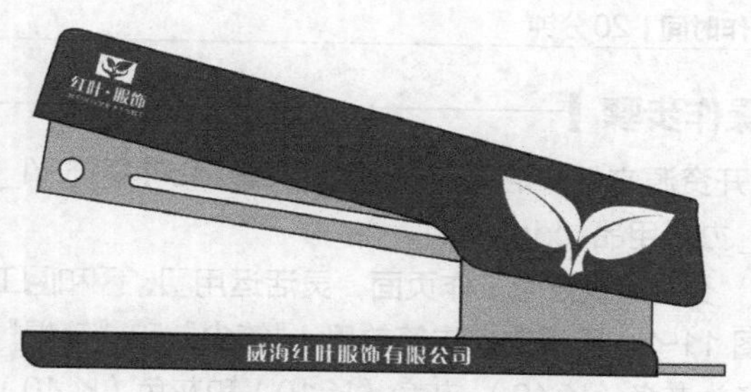

图 11-16 制作的订书机效果

04 继续利用、和工具依次绘制出图 11-17 所示的图形。

05 复制“红叶服饰 VI _ 基础部分 .cdr”文件中“页 13”右下方的黄色辅助底纹，然后将其置入“胶带座”图形中，如图 11-18 所示，即可完成胶带座的制作。

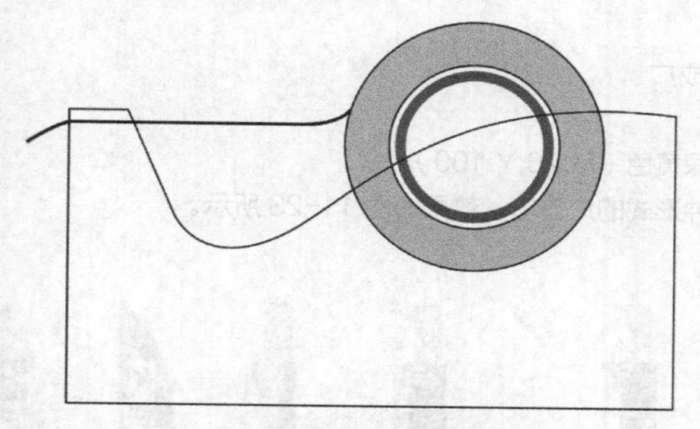

图 11-17 绘制的图形

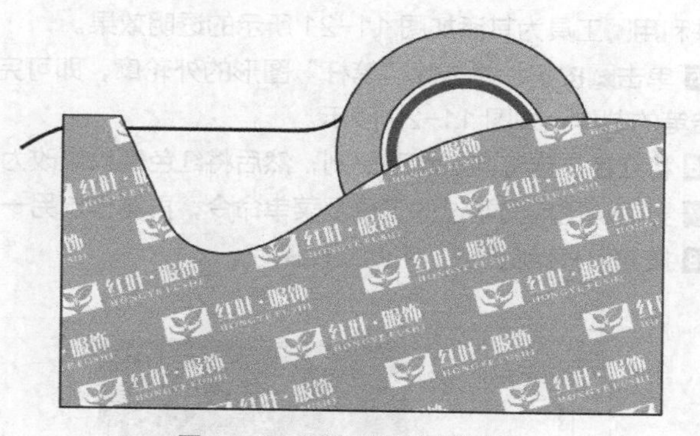

图 11-18 制作的胶带座效果

06 灵活运用前面学过的工具绘制出图 11-19 所示的美工刀。

07 按 Ctrl+S 组合键，将此文件保存。

图 11-19 绘制的美工刀

实例总结

本实例主要学习了订书机、胶带座和美工刀的设计方法。但这类办公用品的种类还有很多，课下读者也可以自己动手再绘制几种，如胶棒、削笔刀、票夹和笔筒等。

实例 155　广告笔设计

学习目的

广告笔，顾名思义是能够起到广告宣传效果的笔。而今，这种广告笔越来越多的是作为礼品出现在各种公共场所和机构的，其最重要的是作为企业广告宣传和推广产品的促销礼品。下面就来学习广告笔的设计方法。

实例分析

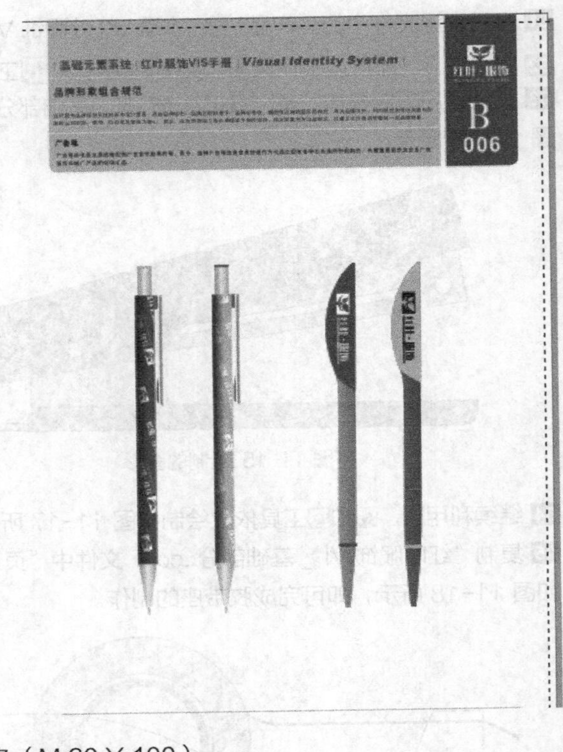

- **作品路径** | 作品\第11章\红叶服饰VI_应用部分_办公用品.cdr
- **视频路径** | 视频\实例155.avi
- **知识功能** | 学习广告笔的设计方法
- **制作时间** | 20分钟

操作步骤

01 打开资源文件中的“作品\第11章\红叶服饰VI_应用部分_办公用品.cdr”文件。

02 将“页3”设置为工作页面，灵活运用、和工具绘制出图11-20所示的广告笔效果，“笔尖”和“笔帽”填充的颜色为灰色（K:40）、灰色（K:10）和灰色（K:40）相间的渐变色。

03 复制“红叶服饰VI_基础部分.cdr”文件中“页13”右侧的红色辅助底纹，然后将其置入作为“笔杆”的矩形图形中。

04 在编辑图框模式下绘制与笔杆图形相同大小的黑色矩形，并利用工具为其添加图11-21所示的透明效果。

05 单击按钮，并去除“笔杆”图形的外轮廓，即可完成广告笔的制作，如图11-22所示。

06 将红色广告笔向右移动复制，然后将红色底纹修改为深黄色（M:20,Y:100）。

07 灵活运用前面学过的工具及菜单命令，再制作出另一种形式的广告笔，效果如图11-23所示。

08 按Ctrl+S组合键，将此文件保存。

图11-20 绘制的图形　图11-21 置入的底纹及绘制的黑色图形

图11-22 制作的广告笔效果

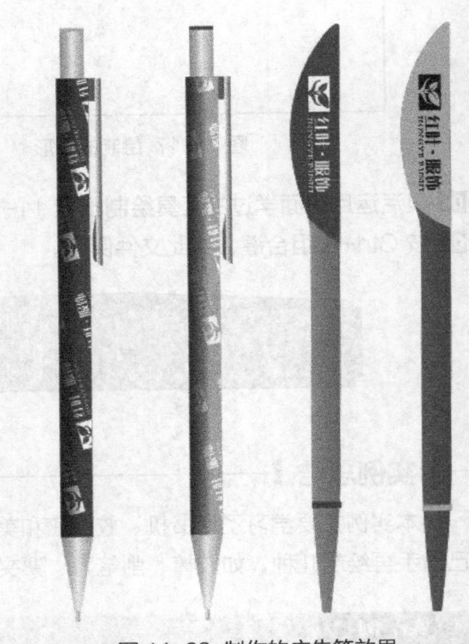

图11-23 制作的广告笔效果

实例总结

学习本实例，读者掌握了广告笔的绘制方法。在绘制过程中，运用“渐变填充”工具及“透明度”工具制作广告笔高光与阴影区域的方法是本例的重点，希望读者能将其完全掌握，并在实际工作过程中灵活运用。

实例 156 活页夹设计

学习目的

活页夹是日常工作和学习中最常用的文具用品之一，种类很多用来固定纸张。下面来学习一种最简单的活页夹的设计方法。

实例分析

- **作品路径** | 作品\第 11 章\红叶服饰 VI_应用部分_办公用品 .cdr
- **视频路径** | 视频\实例 156.avi
- **知识功能** | 学习活页夹的设计方法
- **制作时间** | 10 分钟

操作步骤

本例给出的活页夹的制作方法非常简单，读者可打开资源文件中的“作品\第 11 章\红叶服饰 VI_应用部分_办公用品 .cdr”文件，将“页 4”设置为工作页面，然后用前面学过的工具及菜单命令即可自行动手制作。选用的标志组合，可直接调用资源文件中“素材\第 11 章”目录下的“红叶服饰标志 .cdr”文件。

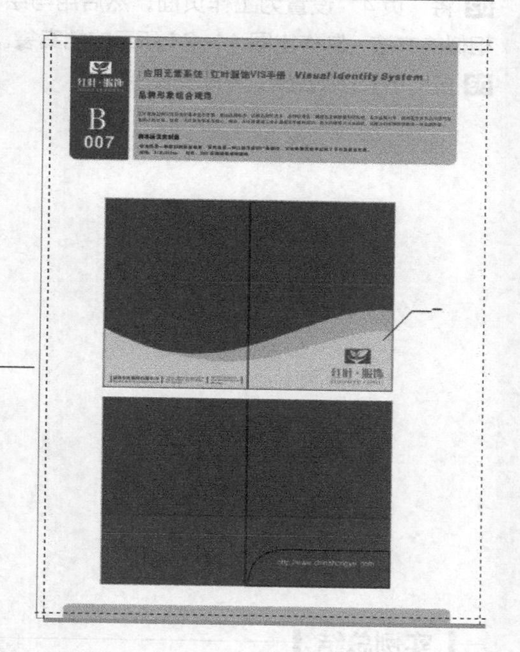

实例总结

在为活页夹的封底输入文字时，可灵活运用复制操作，即复制信纸图形下方的文字。另外，通过本案例的制作，读者要学会制作物品的展开效果。

实例 157 文件袋与档案袋设计

学习目的

和其他用品一样，公司识别系统应该在文件袋和档案袋中得到充分体现。文件袋和档案袋的主要作用是装载企业文件和员工个人资料等，虽然只是在企业内部使用，但对其进行设计，可有效地提高企业的凝聚力，再现企业的统一形象。下面就来学习文件袋与档案袋的设计方法。

实例分析

- **作品路径** | 作品\第 11 章\红叶服饰 VI_应用部分_办公用品 .cdr
- **视频路径** | 视频\实例 157.avi
- **知识功能** | 学习文件袋与档案袋的设计方法
- **制作时间** | 15 分钟

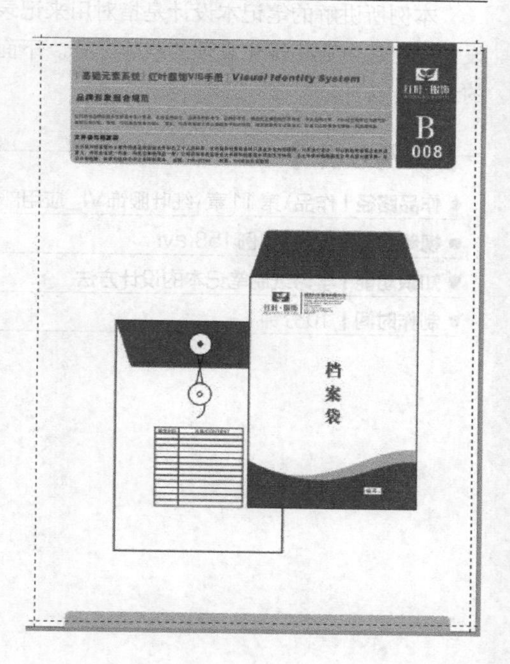

操作步骤

01 打开资源文件中的“作品\第11章\红叶服饰VI_应用部分_办公用品.cdr”文件。

02 将“页4”设置为工作页面，然后用与绘制信封相似的方法，制作出图11-24所示的档案袋。

03 按Ctrl+S组合键，将此文件保存。

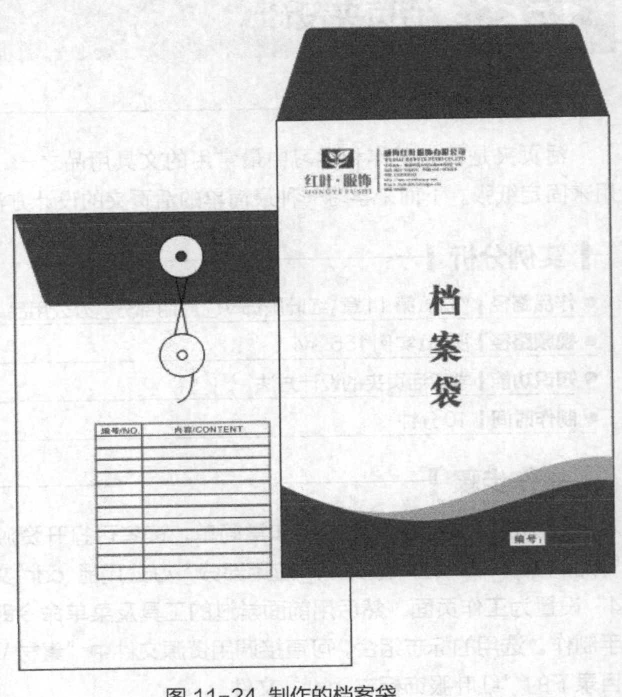

图 11-24 制作的档案袋

实例总结

文件袋与档案袋的制作非常简单，读者可自行进行操作。需要注意的是，由于文件袋和档案袋在公司内部会大量使用，所以在选择印刷色数、纸质时要注意成本。

实例158 纸制笔记本设计

学习目的

本例所讲解的笔记本设计是指对用来记录文字的纸制本子进行设计，它是企业正规化表现的载体之一。下面就来学习纸制笔记本的设计方法。

实例分析

- **作品路径** | 作品\第11章\红叶服饰VI_应用部分_办公用品.cdr
- **视频路径** | 视频\实例158.avi
- **知识功能** | 学习纸制笔记本的设计方法
- **制作时间** | 10分钟

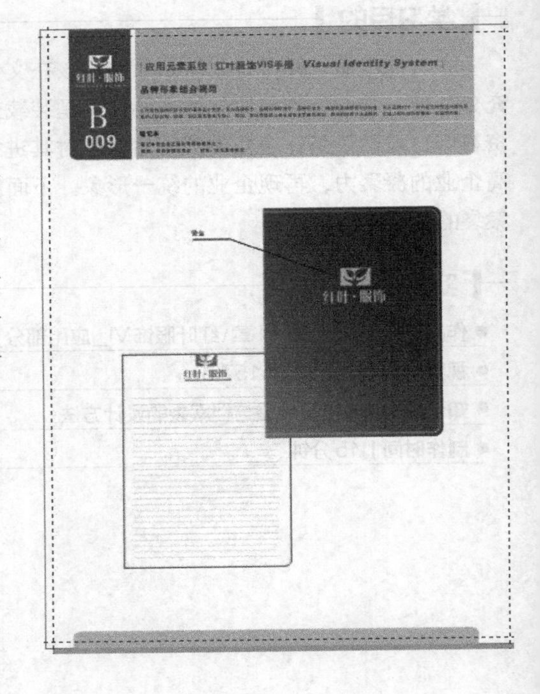

操作步骤

01 打开资源文件中的“作品 \ 第 11 章 \ 红叶服饰 VI_ 应用部分 _ 办公用品 .cdr”文件。

02 将“页 5”设置为工作页面，用与制作信纸的方法，以及▣和▣工具，即可制作出笔记本的内页和封皮效果，如图 11-25 所示。

03 按 Ctrl+S 组合键，将此文件保存。

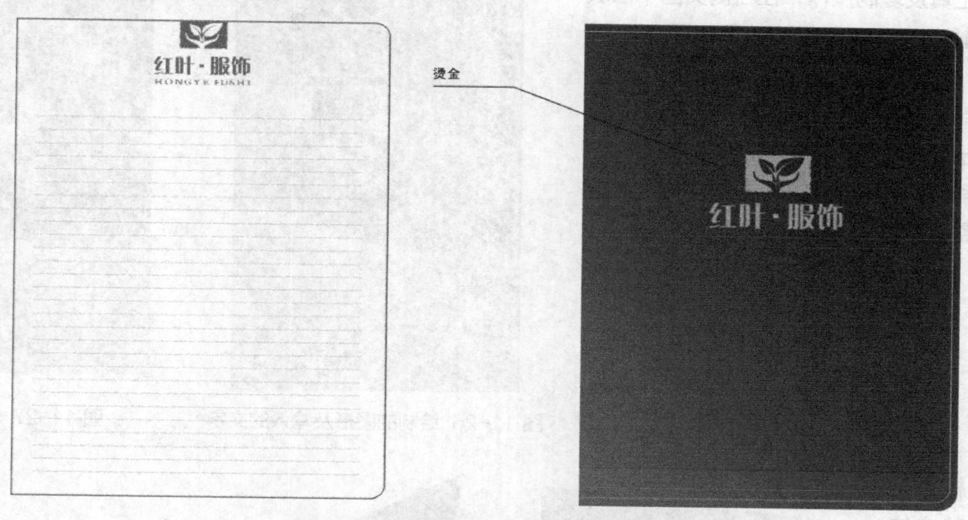

图 11-25　制作的笔记本内页和封皮效果

实例总结

通过本案例的操作，读者可以熟练掌握矩形工具的运用，另外要注意，如对印刷有特殊要求，可直接在图示上进行标注。

实例 159　请柬设计

学习目的

请柬，又称为请帖，是为了邀请客人参加某项活动而发的礼仪性书信。在召开各种会议、举行各种典礼、仪式和活动时，均可以使用请柬。所以请柬在款式和装帧设计上应美观、大方、精致，使被邀请者感受到主人的热情与诚意。下面就来学习请柬的设计方法。

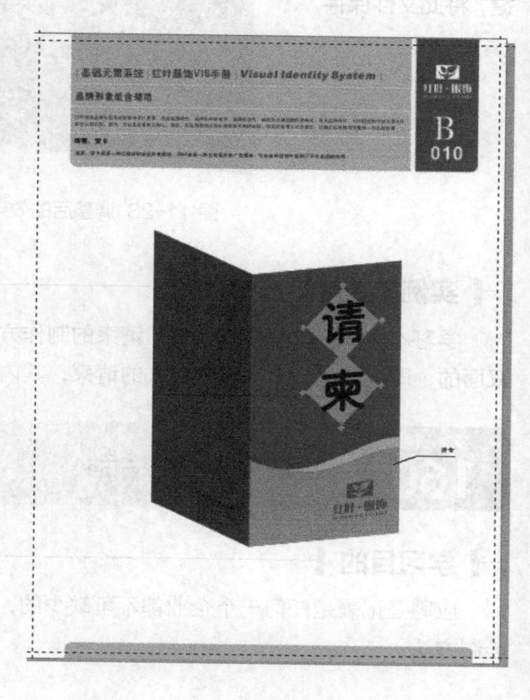

实例分析

- **作品路径** | 作品 \ 第 11 章 \ 红叶服饰 VI_ 应用部分 _ 办公用品 .cdr
- **视频路径** | 视频 \ 实例 159.avi
- **知识功能** | 学习请柬的设计方法
- **制作时间** | 15 分钟

操作步骤

01 打开资源文件中的“作品\第11章\红叶服饰VI_应用部分_办公用品.cdr”文件。

02 将“页5”设置为工作页面，然后灵活运用前面学过的工具及复制操作，在右侧页面中依次绘制图形并输入文字，制作的效果如图11-26所示。

03 全部选择图形及文字，然后在其上再次单击鼠标，使其出现旋转和扭曲符号。

04 将鼠标指针移动到右侧中间的扭曲符号上按下并向上调整，状态如图11-27所示。

图11-26 绘制的图形及输入的文字

图11-27 调整状态

05 释放鼠标，可制作出图形的立体效果，如图11-28所示。

06 用相同的倾斜图形方法及复制操作，再制作出请柬的背面，最终效果如图11-29所示。

07 按Ctrl+S组合键，将此文件保存。

图11-28 调整后的效果

图11-29 制作的请柬效果

实例总结

学习本实例，读者初步了解了请柬的制作方法。通常情况下，请柬一般有两种样式，一种是单面的，另一种是双面的，即折叠式。不论哪种样式的请柬，其内容都要有标题、称谓、正文、敬语、落款和日期等。

实例160 应聘登记表绘制

学习目的

应聘登记表是任何一个企业都不可缺少的，它可以详细记录应聘人员的基本信息。下面就来学习应聘登记表的绘制方法。

实例分析

- **作品路径** | 作品\第 11 章\红叶服饰 VI_应用部分_办公用品.cdr
- **视频路径** | 视频\实例 160.avi
- **知识功能** | 学习应聘登记表的绘制方法
- **制作时间** | 20 分钟

操作步骤

01 打开资源文件中的“作品\第 11 章\红叶服饰 VI_应用部分_办公用品.cdr”文件。

02 将“页 6”设置为工作页面，灵活运用▦工具和字工具，在左侧页面绘制出图 11-30 所示的应聘登记表。读者如感觉表格不太好控制，可灵活运用▢工具来进行绘制。

03 将绘制的应聘登记表选择并群组，然后移动复制一组，并将企业标志组合的颜色修改为黑色，右上角的色块修改为灰色（K:70）。

04 按 Ctrl+S 组合键，将此文件保存。

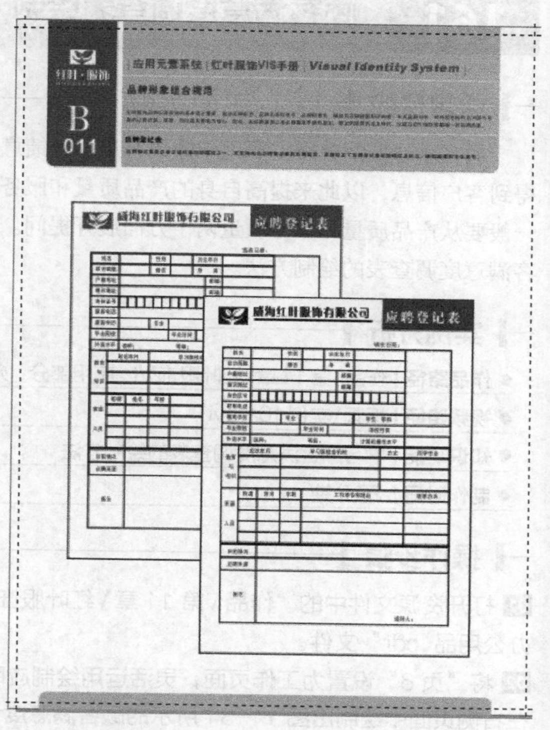

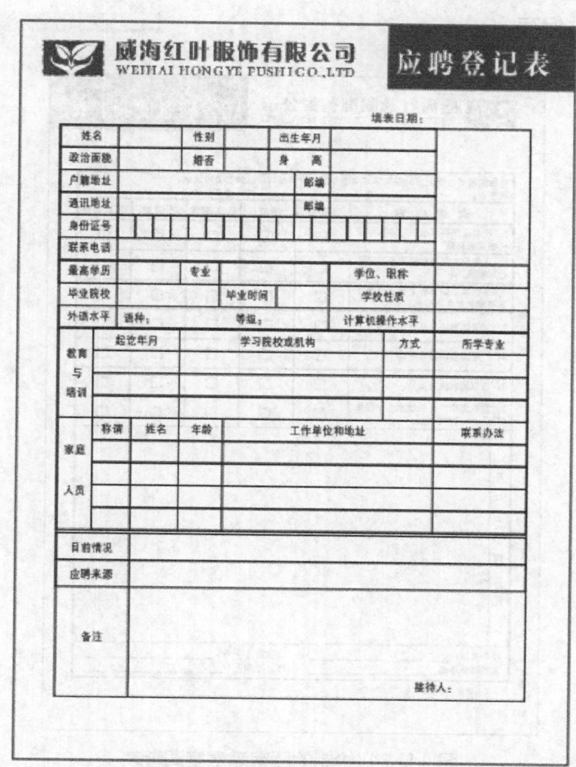
威海红叶服饰有限公司
WEIHAI HONGYE FUSHI CO.,LTD
应聘登记表

填表日期：

姓名　性别　出生年月
政治面貌　婚否　身高
户籍地址　邮编
通讯地址　邮编
身份证号
联系电话
最高学历　专业　学位、职称
毕业院校　毕业时间　学校性质
外语水平　语种：　等级：　计算机操作水平
教育与培训　起讫年月　学习院校或机构　方式　所学专业
家庭人员　称谓　姓名　年龄　工作单位和地址　联系办法
目前情况
应聘来源
备注
接待人：

图 11-30　绘制的应聘登记表

实例总结

学习本实例，读者可巩固▦工具的运用。在绘制时要理清思路，分清哪个地方运用“合并单元格”命令，哪个地方使用“拆分单元格”命令，只有事先构思好，才能在较短的时间内绘制出想要的表格效果。

实例 161 顾客满意度调查表绘制

学习目的

顾客满意度调查表主要用于收集客户的回馈意见，使企业从中得到客户信息，以此来提高自身的产品质量和服务质量。因此表单一般要从产品质量和服务质量两个方面展开提问。下面就来学习顾客满意度调查表的绘制方法。

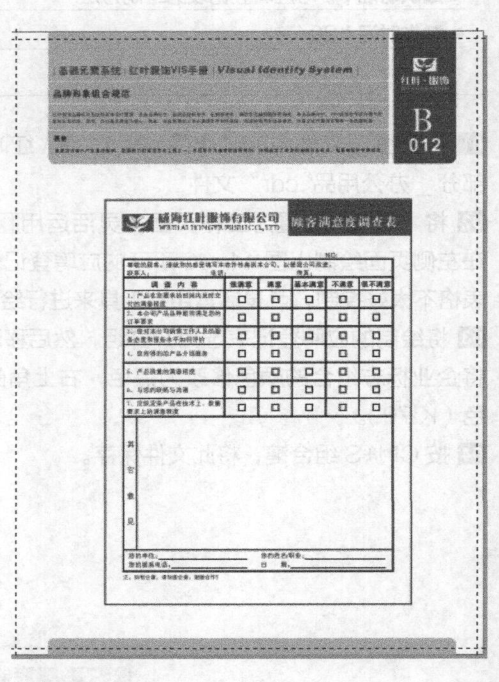

实例分析

- **作品路径** | 作品\第 11 章\红叶服饰 VI_ 应用部分 _ 办公用品 .cdr
- **视频路径** | 视频\实例 161.avi
- **知识功能** | 学习顾客满意度调查表的绘制方法
- **制作时间** | 20 分钟

操作步骤

01 打开资源文件中的“作品 \ 第 11 章 \ 红叶服饰 VI_ 应用部分 _ 办公用品 .cdr”文件。

02 将“页 6”设置为工作页面，灵活运用绘制应聘表的相同方法，在右侧页面中绘制出图 11-31 所示的顾客满意度调查表。

03 按 Ctrl+S 组合键，将此文件保存。

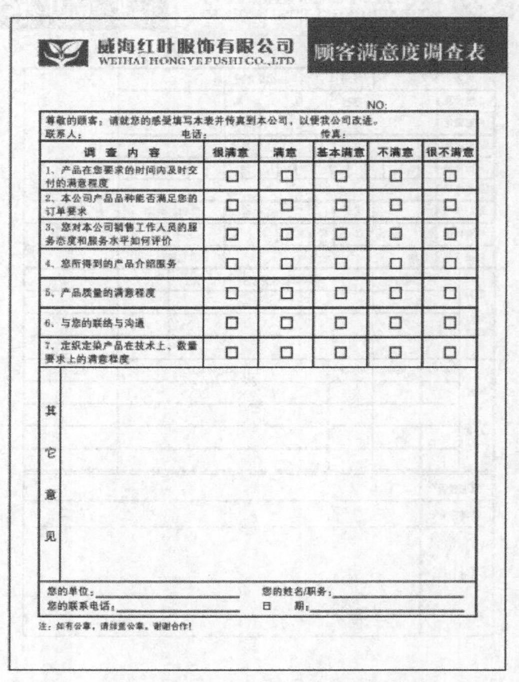

威海红叶服饰有限公司
WEIHAI HONGYE FUSHI CO.,LTD

顾客满意度调查表

NO:

尊敬的顾客：请就您的感受填写本表并传真到本公司，以便我公司改进。

联系人： 电话： 传真：

调 查 内 容	很满意	满意	基本满意	不满意	很不满意
1、产品在您要求的时间内及时交付的满意程度	□	□	□	□	□
2、本公司产品品种能否满足您的订单要求	□	□	□	□	□
3、您对本公司销售工作人员的服务态度和服务水平如何评价	□	□	□	□	□
4、您所得到的产品介绍服务	□	□	□	□	□
5、产品质量的满意程度	□	□	□	□	□
6、与您的联络与沟通	□	□	□	□	□
7、定织定染产品在技术上、数量要求上的满意程度	□	□	□	□	□

其它意见

您的单位：＿＿＿＿ 您的姓名/职务：＿＿＿＿

您的联系电话：＿＿＿＿ 日 期：＿＿＿＿

注：如有公章，请加盖公章，谢谢合作！

图 11-31 绘制的顾客满意度调查表

实例总结

本例主要绘制了顾客满意度调查表，在实际的 VI 设计中，还有其他一部分表单需要绘制，课下读者可自行再绘制几种，如订货合同单、成品出入库表、盘点登记表，及顾客信息和电话记录表等，以此来完善企业的应用系统设计。

第 12 章

VI设计——企业识别应用系统（2）

本章实例

视觉识别系统的基本要素在各种场合的广泛运用形成了视觉识别的完整系统，而应用设计系统的展开设计项目应根据企业的具体行业特点来确定，不同的企业，应用设计展开的方面也有所不同。本章来设计应用系统中的企业内部用品。

实例 162 绘制纸杯

学习目的

学习纸杯的绘制方法。

实例分析

- **作品路径** | 作品\第12章\红叶服饰VI_应用部分_企业内部用品.cdr
- **视频路径** | 视频\实例162.avi
- **知识功能** | 学习纸杯的绘制方法
- **制作时间** | 15分钟

操作步骤

01 打开资源文件中“作品\第11章”目录下的“红叶服饰VI_应用部分_办公用品.cdr”文件，然后执行“文件/另存为”命令，在弹出的“保存绘图”对话框中，设置新的路径“作品\第12章”，再将此文件另命名为“红叶服饰VI_应用部分_企业内部用品.cdr”保存。

02 依次将“页1”~“页6”中除图版外的内容删除。

03 将“页1”设置为工作页面，利用和工具依次绘制出图12-1所示的图形，上方矩形图形填充的颜色为白色，下方图形填充的颜色为红色（M:90,Y:100）。

04 选择下方图形，利用“效果/图框精确剪裁/创建空PowerClip图文框”命令，将其转换为图文框，然后转换到编辑模式下，利用和工具依次绘制出图12-2所示的图形。

05 去除绘制图形的外轮廓，然后单击按钮，完成图形的编辑。

06 将资源文件中“素材\第12章”目录下名为“红叶服饰标志.cdr”的文件导入，然后将标志的颜色修改为白色，再调整其大小及位置，如图12-3所示，即可完成纸杯的绘制。

07 将纸杯图形全部选择并移动复制，然后分别修改纸杯中各图形的颜色及文字内容，即可完成另一种纸杯效果，如图12-4所示。

08 按Ctrl+S组合键，将此文件保存。

图12-1 绘制的图形

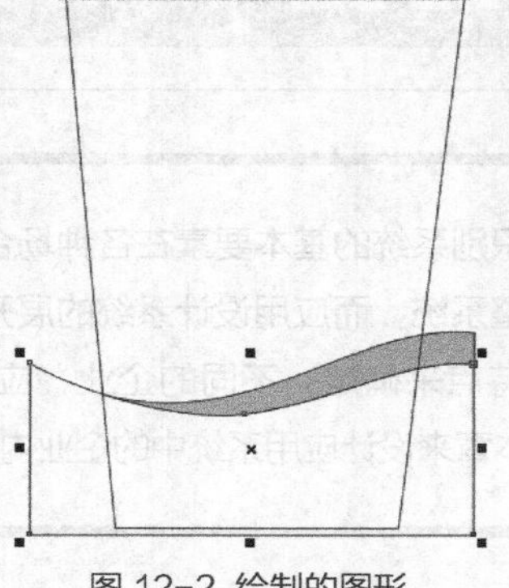

图12-2 绘制的图形

图12-3 制作的纸杯效果

图12-4 制作的纸杯

实例总结

学习本实例，读者初步了解了纸杯图形的绘制方法、在本例中，希望读者能够灵活运用“图框精确剪裁”命令。

实例 163 工作证设计

学习目的

学习工作证和嘉宾证的设计方法。

实例分析

- **作品路径** | 作品\第 12 章\红叶服饰 VI_应用部分_企业内部用品.cdr
- **视频路径** | 视频\实例 163.avi
- **知识功能** | 学习工作证和嘉宾证的设计方法
- **制作时间** | 10 分钟

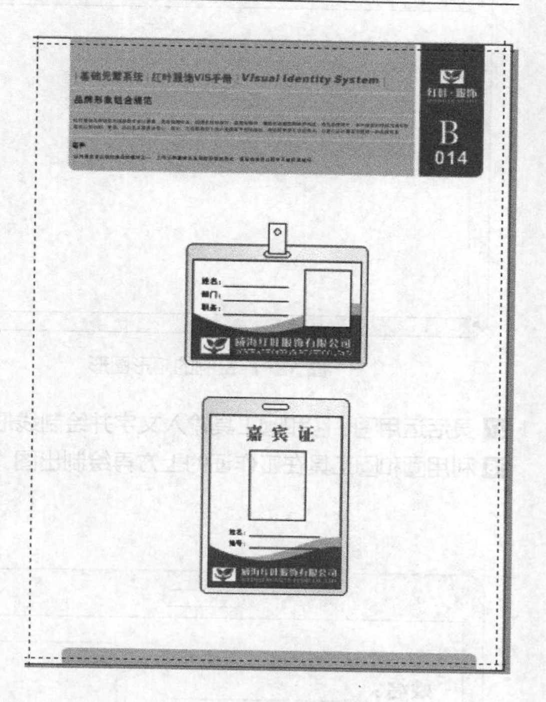

操作步骤

01 打开资源文件中的“作品\第 12 章\红叶服饰 VI_应用部分_企业内部用品.cdr”文件。

02 利用工具绘制圆角矩形，然后为其填充渐变色，设置的渐变色及填充后的效果如图 12-5 所示。渐变色的颜色分别为灰色（K:10）、白色和灰色（K:10）。

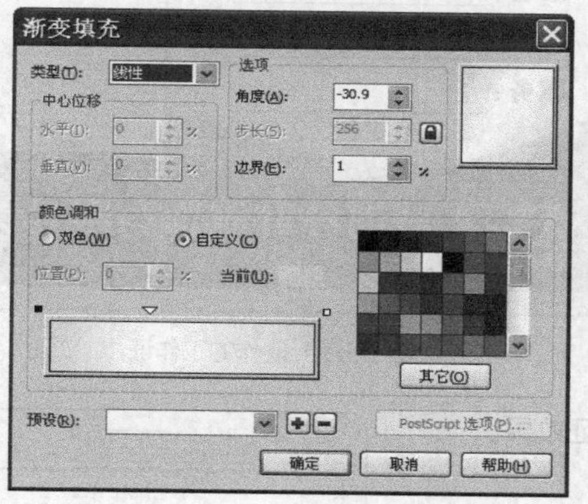

图 12-5　设置的渐变色及填充后的效果

03 继续利用工具绘制小的圆角矩形，然后将其放置到图 12-6 所示的位置，注意要将其与大圆角矩形以垂直中心对齐。

04 选择两个圆角矩形，然后单击属性栏中的按钮，制作出小圆角矩形处的镂空效果。

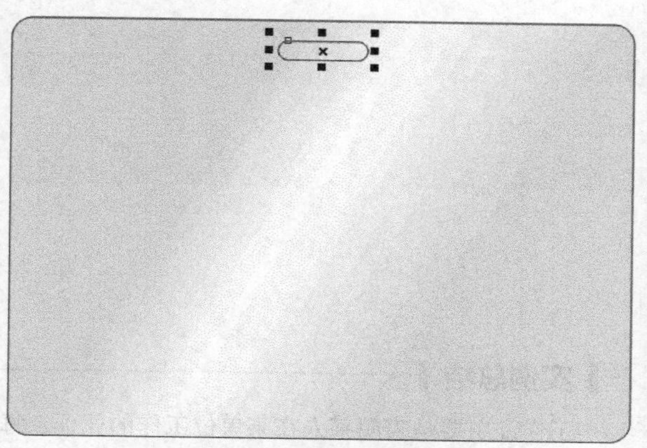

图 12-6　绘制的小圆角矩形

05 再次利用▢工具绘制白色矩形图形，然后将其与下方图形以垂直中心对齐，如图 12-7 所示。

06 灵活运用复制操作，复制图形及企业标志组合，效果如图 12-8 所示。

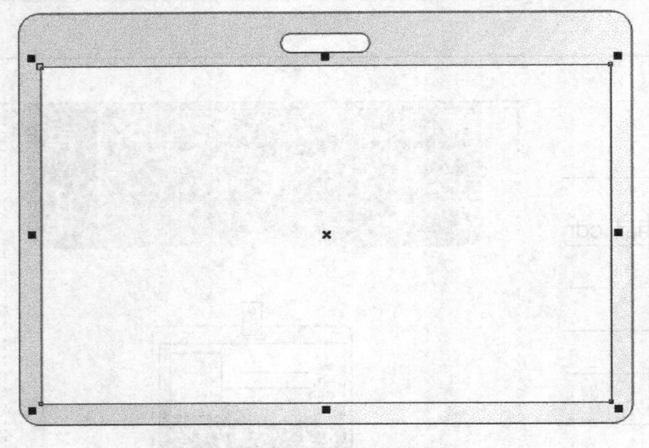

图 12-7 绘制的矩形图形

图 12-8 复制的图形及企业标志组合

07 灵活运用字、╲和▢工具输入文字并绘制线形和白色的矩形图形，如图 12-9 所示。

08 利用▢和▢工具在工作证的上方再绘制出图 12-10 所示的图形，即可完成工作证的绘制。

图 12-9 输入的文字及绘制的图形

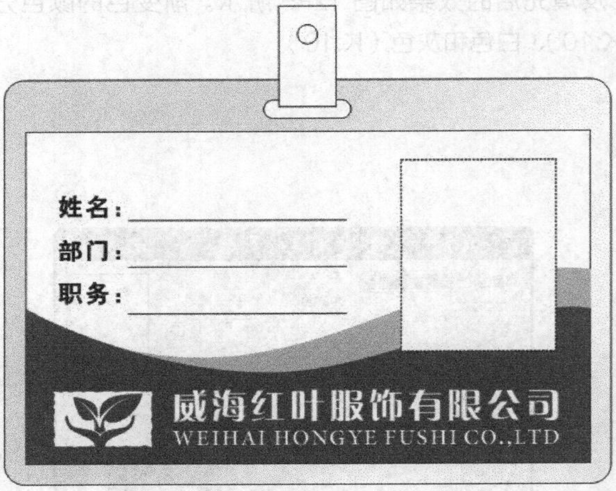

图 12-10 制作的工作证

09 用与制作工作证相同的方法，制作出图 12-11 所示的嘉宾证效果。

10 按 Ctrl+S 组合键，将此文件保存。

图 12-11 制作的嘉宾证

实例总结

工作证主要是表明某人在某单位工作的凭证，每个单位可以根据自身需要定做证件的尺寸，以方便随身携带为原则。

实例 164 夏季服装设计

学习目的

服装是企业正规化表现的重要载体之一，它不仅以统一的色彩、款式传达了蓬勃发展的企业状态，同时给员工带来了企业自豪感和凝聚力。下面来学习企业服装的设计方法。

实例分析

- **作品路径** | 作品\第 12 章\红叶服饰VI_应用部分_企业内部用品.cdr
- **视频路径** | 视频\实例 164.avi
- **知识功能** | 学习企业服装的绘制方法
- **制作时间** | 20 分钟

操作步骤

01 打开资源文件中的“作品\第 12 章\红叶服饰 VI_应用部分_企业内部用品.cdr”文件。

02 将“页 2”设置为工作页面，灵活运用和工具根据服装的形态绘制出图 12-12 所示的上衣效果。

03 利用工具及移动复制操作，绘制纽扣效果，然后利用和工具绘制出图 12-13 所示的口袋效果，在复制纽扣图形时，注意最上方图形堆叠顺序的调整。

图 12-12 绘制的上衣效果

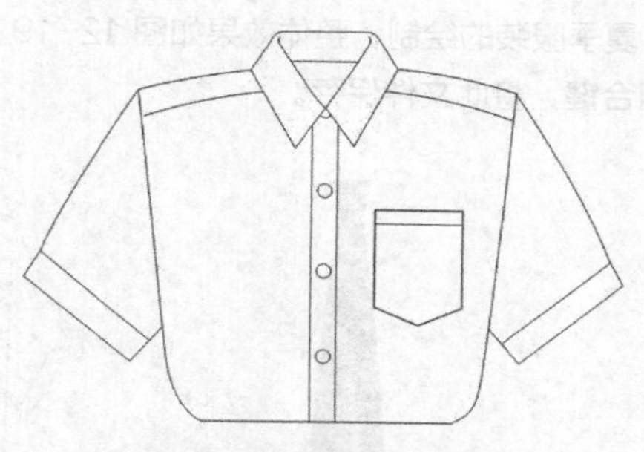

图 12-13 绘制的纽扣及口袋

04 灵活运用、和工具绘制出女装的红色（M:90,Y:100）裙子效果，如图 12-14 所示。

05 用与绘制女装相同的方法，绘制出图 12-15 所示的男装效果，裤子的颜色为灰色（K:80）。

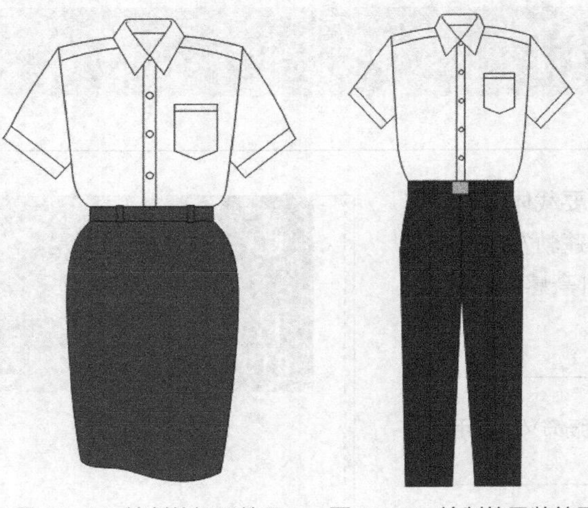

图 12-14 绘制的裙子效果　　图 12-15 绘制的男装效果

接下来，绘制领结及领带图形。

06 灵活运用和工具绘制红色（M:90,Y:100）图形，然后依次绘制不同结构的洋红色（M:100,Y:20）图形，将洋红色图形调整至红色图形后面，可制作出领结的立体效果，再依次绘制线形和最上方的椭圆形图形，即可完成领结的绘制，其过程示意图如图 12-16 所示。

图 12-16 领结的绘制过程示意图

07 灵活运用和工具绘制红色（M:90,Y:100）图形，然后为其复制企业标志，即可制作出领带效果，如图 12-17 所示。

08 将领带图形群组，调整大小后移动到图 12-18 所示的位置。

09 执行“排列 / 顺序 / 置于此对象后”命令，然后将鼠标指针移动到衣服的领口位置单击，即可将领带图形调整至领口的下面。

10 将领结图形全部选择并群组，调整大小后移动到女装的领口位置，即可完成企业员工夏季服装的绘制，整体效果如图 12-19 所示。

11 按 Ctrl+S 组合键，将此文件保存。

图 12-17 绘制的领带效果

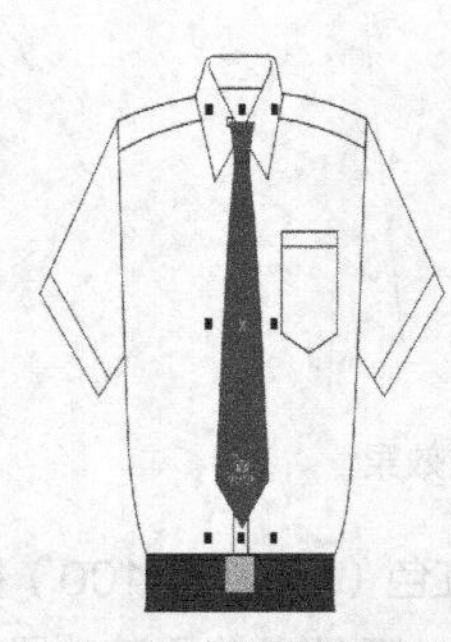

图 12-18 领带放置的位置

图 12-19 制作的夏季服装

实例总结

学习本实例，读者掌握了企业服装的绘制方法。在绘制过程中，一定要把握好各个部位的比例，这样才能绘制出大小匀称的服装效果。

实例 165　春、秋、冬季服装设计

学习目的

学习春、秋、冬季服装的设计方法。

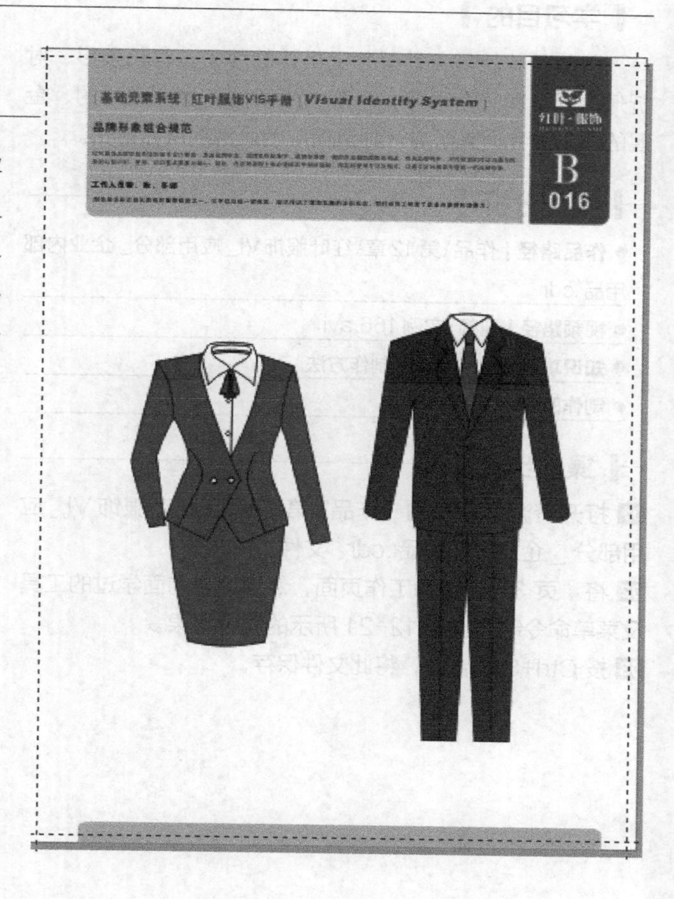

实例分析

- **作品路径** | 作品\第 12 章\红叶服饰 VI_ 应用部分 _ 企业内部用品 .cdr
- **视频路径** | 视频\实例 165.avi
- **知识功能** | 学习春、秋、冬季服装的设计方法
- **制作时间** | 20 分钟

操作步骤

01 打开资源文件中的“作品 \ 第 12 章 \ 红叶服饰 VI_ 应用部分 _ 企业内部用品 .cdr”文件。

02 将“页 2”设置为工作页面，然后用与绘制夏装相同的绘制方法，绘制出图 12-20 所示的服装效果。

03 按 Ctrl+S 组合键，将此文件保存。

图 12-20　绘制的企业服装

实例总结

以上我们绘制了两款企业服装，在设计时，衣服的款式、颜色要符合工作环境与工作性质，尽量以企业标准色为基本色，以达到视觉的统一。

实例 166 服装吊牌设计

学习目的

服装吊牌就是各种服装上吊挂的牌子。有长条形、对折形、圆形和三角形等，一般为纸质的，也有塑料的、金属的。下面我们来学习一种最简单的吊牌的制作方法。

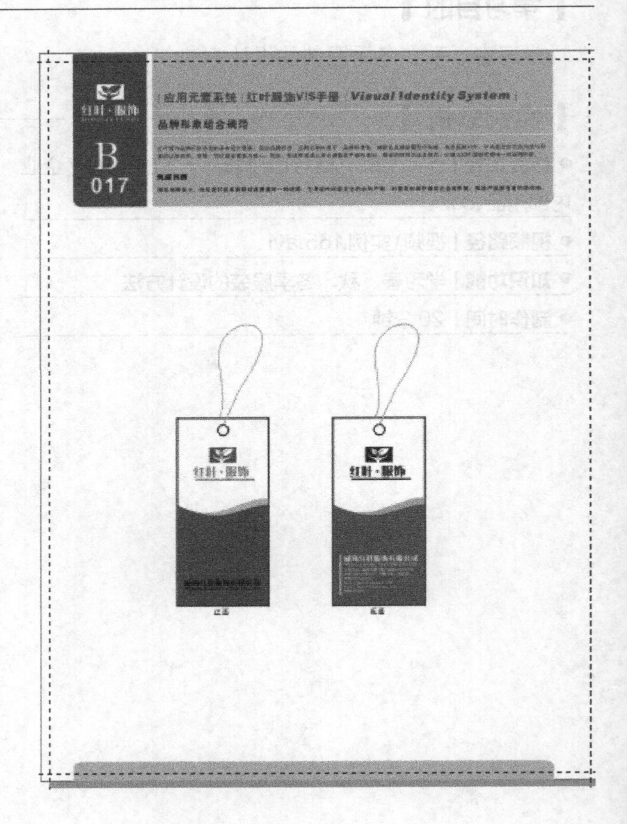

实例分析

- **作品路径** | 作品\第12章\红叶服饰VI_应用部分_企业内部用品.cdr
- **视频路径** | 视频\实例166.avi
- **知识功能** | 学习吊牌的制作方法
- **制作时间** | 15分钟

操作步骤

01 打开资源文件中的“作品\第12章\红叶服饰VI_应用部分_企业内部用品.cdr”文件。

02 将“页3”设置为工作页面，然后用与前面学过的工具及菜单命令制作出图12-21所示的吊牌效果。

03 按Ctrl+S组合键，将此文件保存。

正面　　反面

图12-21 制作的吊牌

提示

吊牌的制作没有用到特殊的工具和命令，相信读者看到图示即可自行制作出来。

实例总结

服装吊牌的印制往往都是很精美的，而且内涵也是很广泛的。尽管每个服装企业的吊牌各具特色，但大多在吊牌上印有标志、厂名、厂址、电话及邮编等，读者在今后的设计过程中一定要注意。

实例 167 绘制手提袋

学习目的

手提袋既是一种比较好的企业形象载体，同时也是一种比较适合的广告媒体，它在各种活动中起到了不可忽视的作用。下面来学习手提袋的绘制方法。

实例分析

- **作品路径** | 作品\第 12 章\红叶服饰 VI_应用部分_企业内部用品.cdr
- **视频路径** | 视频\实例 167.avi
- **知识功能** | 学习手提袋的绘制方法
- **制作时间** | 15 分钟

操作步骤

01 打开资源文件中的“作品\第 12 章\红叶服饰 VI_应用部分_企业内部用品.cdr”文件。

02 将“页 3”设置为工作页面，利用□工具绘制矩形图形，然后利用“效果/图框精确剪裁/创建空 PowerClip 图文框”命令将其创建为图文框。

03 转换到编辑模式下，然后将资源文件中“素材\第 12 章”目录下名为“封面.jpg”的文件导入，调整大小后，放置到图 12-22 所示的位置。

04 单击□按钮，完成图像的置入，然后利用□和□工具依次绘制出图 12-23 所示的图形。

图 12-22　置入的图像

图 12-23　绘制的图形

图 12-24　复制的图形及企业名称组合

05 将资源文件中“作品\第 10 章”目录下的“红叶服饰 VI_基础部分.cdr”文件打开，然后依次将辅助图形及中英文名称组合复制到当前页面中，调整大小后放置到图 12-24 所示的位置。

06 用与制作工作证上方镂空效果的相同方法，在图形的上方制作出图 12-25 所示的镂空效果。

07 用与制作塑料手提袋的相同方法，再制作出纸制手提袋效果，各画面如图 12-26 所示。

08 按 Ctrl+S 组合键，将此文件保存。

图 12-25 制作的塑料手提袋效果

图 12-26 制作的手提袋

实例总结

手提袋是较为廉价的容器，制作材料有纸张、塑料和无纺布等。设计精美的手提袋会令人爱不释手，即使手提袋上印有醒目的商标或广告，顾客也会乐于重复使用。手提袋设计一般要求简洁大方，不应过于复杂，能起到加深消费者对公司或产品的印象，获得好的宣传效果即可。

实例 168 指示牌设计

学习目的

指示牌就是指示方向的牌子，可以放在公司附近，以方便别人很快地找到该公司；或放在公司内部，以指示各部门所在的位置。下面我们就来学习几种指示牌的设计方法。

实例分析

- **作品路径** | 作品\第12章\红叶服饰VI_应用部分_企业内部用品.cdr
- **视频路径** | 视频\实例168.avi
- **知识功能** | 学习指示牌的设计方法
- **制作时间** | 20分钟

操作步骤

01 打开资源文件中“作品 \ 第 12 章 \ 红叶服饰 VI_ 应用部分 _ 企业内部用品 .cdr”文件。

02 将“页 4”设置为当前页面，利用□工具依次绘制出图 12-27 所示的矩形图形。

03 选择上方的大矩形图形，然后为其填充图 12-28 所示的渐变色。

04 选取工具，对填充的渐变色区域进行调整，效果如图 12-29 所示，以此来制作指示牌的立体效果。

图 12-27 绘制的矩形图形

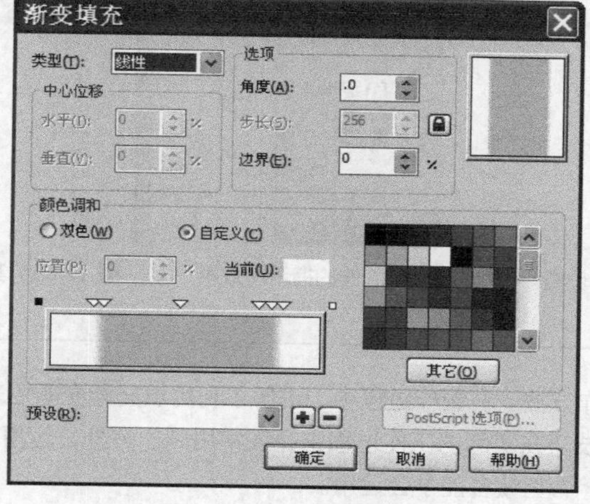

图 12-28 设置的渐变颜色

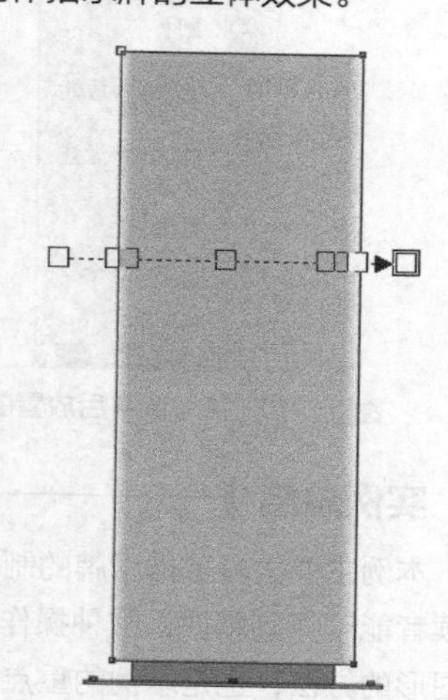

图 12-29 调整后的渐变颜色

05 灵活运用和工具在矩形图形的上方绘制红色（M:90,Y:100）和深黄色（M:20,Y:100）图形，然后利用工具对其颜色进行调整，效果如图 12-30 所示。

06 复制企业标志组合，然后依次输入图 12-31 所示的黑色文字。

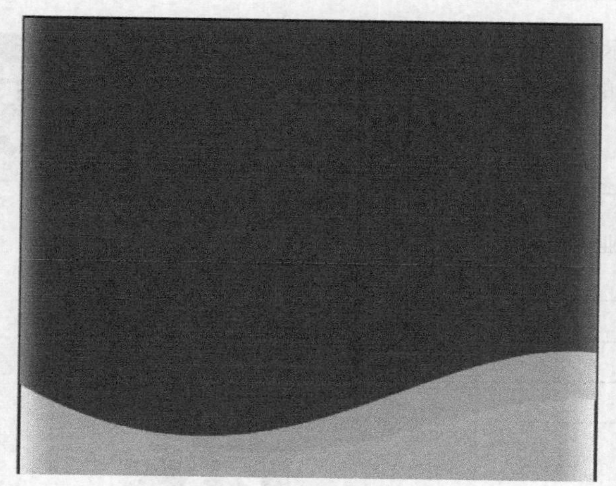

图 12-30 绘制的图形

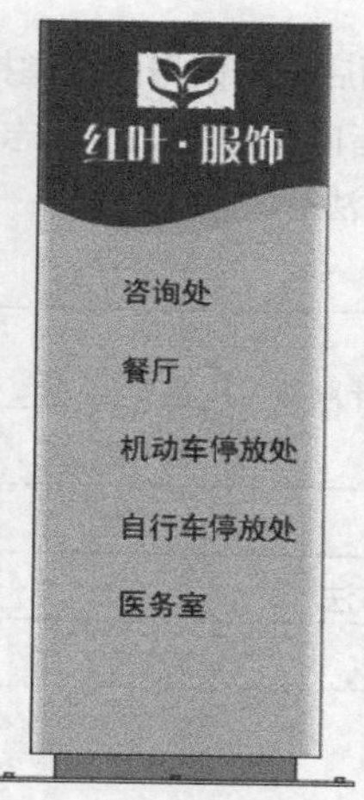

图 12-31 输入的文字

图 12-32 选择的符号

07 执行“文本 / 插入符号字符”命令，弹出“插入字符”面板，将字体设置为“Wingdings”，然后向下拖曳右侧的滑块，选择图 12-32 所示的符号。

08 在选择的符号上按下鼠标并向页面中拖曳，然后为图形填充秋橘红色（M:60,Y:80），并去除外轮廓，再调整大小后放置到图 12-33 所示的位置。

09 依次在“插入字符”面板中选择需要的符号，然后为图形填充秋橘红色（M:60,Y:80），并去除外轮廓，调整大小后放置到图 12-34 所示的位置，即可完成指示牌的制作。

10 用与制作指示牌相同的方法，再依次制作出另外两种指示牌效果，如图 12-35 所示。

11 按 Ctrl+S 组合键，将此文件保存。

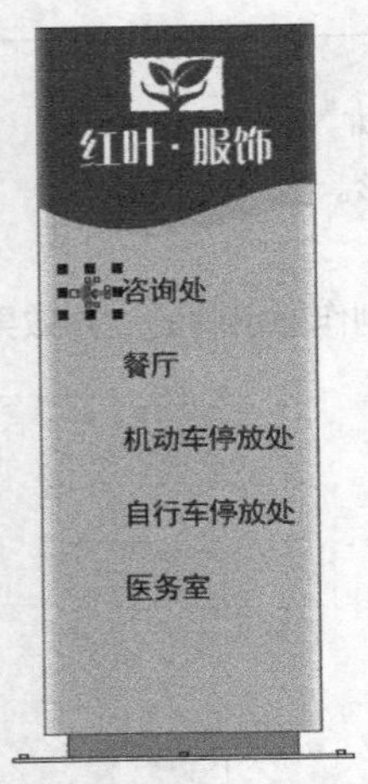

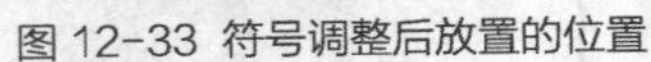

图 12-33 符号调整后放置的位置　图 12-34 制作的指示牌效果　图 12-35 其他形式的指示牌效果

实例总结

本例主要学习了指示牌的制作方法。在制作过程中，讲解了利用填充渐变颜色来制作物体立体效果的方法，希望读者能够将其掌握，这种操作技巧在实际的工作过程中会经常用到。另外，运用“文本/插入符号字符”命令绘制图形的方法，也是本例的重点，希望读者能学会运用。

实例 169 标志牌绘制

学习目的

标志牌的定义比较广泛，酒店、宾馆用的大堂指示牌、导向牌、房号牌、咨询台及厕所指向牌等都属于标志牌的范畴。下面来学习几种标志牌的绘制方法。

实例分析

- **作品路径** | 作品\第12章\红叶服饰VI_应用部分_企业内部用品.cdr
- **视频路径** | 视频\实例169.avi
- **知识功能** | 学习标志牌的绘制方法
- **制作时间** | 30分钟

操作步骤

01 打开资源文件中的“作品\第12章\红叶服饰VI_应用部分_企业内部用品.cdr”文件。

02 将“页4”设置为当前页面，然后利用、和工具依次绘制出图12-36所示的图形。

03 选择矩形图形，然后利用工具为其填充图 12-37 所示的渐变颜色。

04 继续利用、和工具依次绘制出图 12-38 所示的图形。

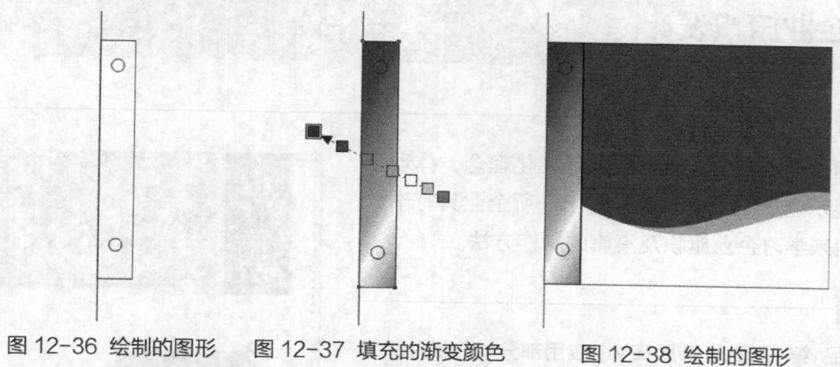

图 12-36　绘制的图形　　图 12-37　填充的渐变颜色　　图 12-38　绘制的图形

05 执行“文本 / 插入符号字符”命令，弹出“插入字符”面板，将字体设置为“Webdings”，然后向下拖曳右侧的滑块，分别选择图 12-39 所示的符号并拖入页面中。

06 为图形填充白色，并去除外轮廓，然后调整大小放置到图 12-40 所示的位置。

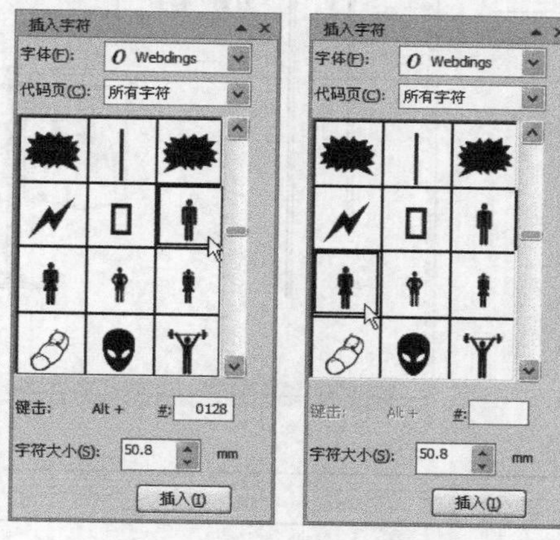

图 12-39　选择的符号图形

图 12-40　图形放置的位置

07 利用工具在两个图形中间绘制白色的线条，然后利用“文本 / 插入符号字符”命令在图形的右下角添加图 12-41 所示的箭头符号，即可完成厕所指向牌的制作。

08 用与绘制厕所指向牌的相同方法，制作出图 12-42 所示的安全出口指向牌及禁止停车的标志牌。

09 按 Ctrl+S 组合键，将此文件保存。

图 12-41　制作的厕所指向牌　　图 12-42　制作的标志牌

实例总结

本例主要学习了标志牌的制作方法，在制作过程中要灵活运用“文本 / 插入符号字符”命令，如需要的符号在

“插入字符”面板中没有，则可通过学过的工具和工具进行绘制。

实例 170 企业旗帜设计

学习目的

企业旗帜蕴涵企业的气质，彰显企业的文化理念，体现企业的精神风貌，展示企业的个性特色，对于一所企业具有十分重要的意义。下面来学习企业旗帜及桌旗的制作方法。

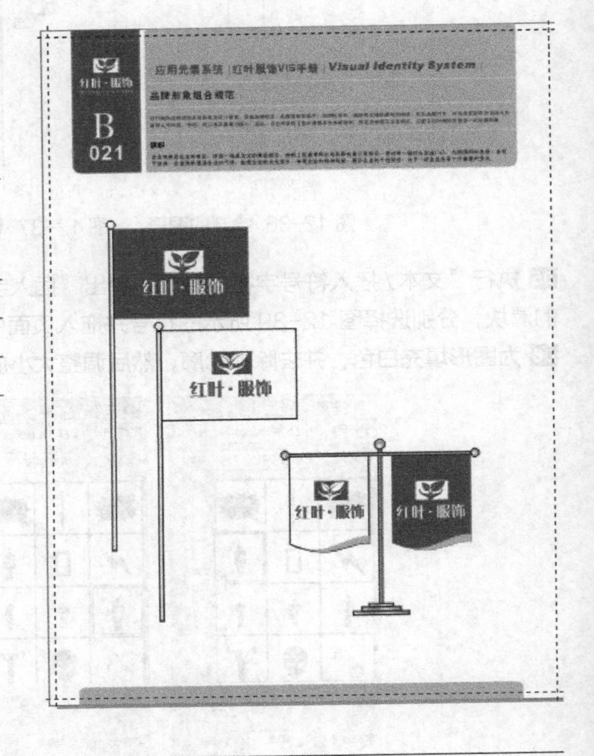

实例分析

- **作品路径** | 作品\第12章\红叶服饰VI_应用部分_企业内部用品.cdr
- **视频路径** | 视频\实例170.avi
- **知识功能** | 学习企业旗帜及桌旗的制作方法
- **制作时间** | 15分钟

操作步骤

01 打开资源文件中的“作品\第12章\红叶服饰VI_应用部分_企业内部用品.cdr”文件。

02 将“页5”设置为工作页面，然后灵活运用前面学过的工具及菜单命令，依次制作出图12-43所示的企业旗帜和桌旗效果。

03 按Ctrl+S组合键，将此文件保存。

图12-43 绘制的企业旗帜及桌旗效果

实例总结

企业旗帜是企业的象征，旗面一般是企业的象征颜色。旗帜上面通常有公司名称或者公司标志，悬挂时一般挂在企业门口，与国旗同时悬挂，要低于国旗。

实例 171 绘制各种公共标志

学习目的

公共标志能方便人们出行、交流，它是一种非商业行为的符号语言，存在于生活的各个角落，为人类社会造就了无形价值。下面就来学习几种公共标志的绘制方法。

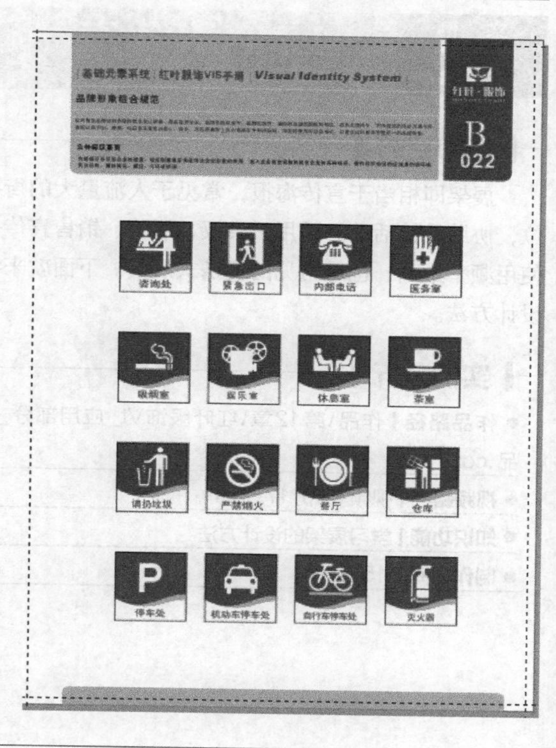

实例分析

- **作品路径** | 作品\第12章\红叶服饰VI_应用部分_企业内部用品.cdr
- **视频路径** | 视频\实例171.avi
- **知识功能** | 学习公共标志的绘制方法
- **制作时间** | 30分钟

操作步骤

01 打开资源文件中的“作品\第 12 章\红叶服饰 VI_应用部分_企业内部用品.cdr”文件。

02 将“页 5”设置为工作页面，然后用与绘制标志牌的相同方法，依次对各公共标志进行绘制，效果如图 12-44 所示。

03 按 Ctrl+S 组合键，将此文件保存。

图 12-44 绘制的各种公共标志

实例总结

在制作以上公共标志时，可先制作一个然后依次将其复制，再分别修改相应的图案即可。另外公共标志的种类还有很多，读者可以到网上搜索一些并进行绘制，以充分锻炼自己的绘图能力。

实例 172 展架设计

学习目的

展架即相当于宣传海报，常见于人流量大的街头或临时摊位，协助推销活动。适用于会议、展览、销售宣传等场合，是使用频率最高，也最常见的便携式展具。下面就来学习展架的设计方法。

实例分析

- **作品路径** | 作品\第12章\红叶服饰VI_应用部分_企业内部用品.cdr
- **视频路径** | 视频\实例172.avi
- **知识功能** | 学习展架的设计方法
- **制作时间** | 15分钟

操作步骤

01 打开资源文件中的“作品\第 12 章\红叶服饰 VI_ 应用部分 _ 宣传品 .cdr”文件。

02 将“页 6”设置为工作页面，灵活运用□和◺工具，绘制出图 11-45 所示的白色矩形及线形。

03 选择矩形图形，执行“排列 / 顺序 / 到图层前面”命令，将矩形图形调整至线形的上面，然后将其创建为图文框。

04 转换到编辑模式下，然后将资源文件中“素材\第 12 章”目录下名为“封面 02.jpg”的文件导入，调整大小后放置到图 12-46 所示的位置。

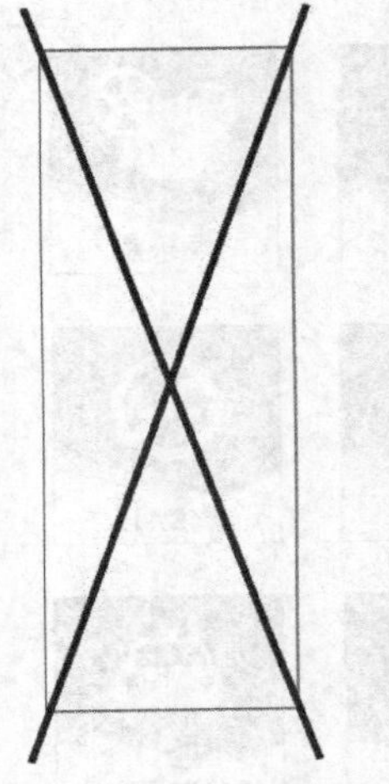

图 12-45 绘制的矩形及线形

图 12-46 导入的图片调整后的位置

05 单击按钮，完成图形的编辑，然后利用和工具绘制出图 12-47 所示的红色（M:90,Y:100）和深黄色（M:20,Y:100）图形。

06 依次添加图 12-48 所示的标志及文字，即可完成展架的制作。

07 按 Ctrl+S 组合键，将此文件保存。

图 12-47 绘制的图形　　图 12-48 添加的标志及文字

实例总结

展架的特点是结构牢固、组装自由、拆装快捷、运输方便，是较为理想的宣传载体。因此在设计时，除在色彩、文字和图案等装潢设计元素的运用上体现广告的功能外，还必须满足展示商品、传达信息和销售商品的功能。

实例 173 室内广告挂旗设计

学习目的

室内广告挂旗是商场或者超市中使用的一种宣传方式，类似海报、比较小的旗帜悬挂在商场的过道或者物品上，是对外宣传的一种广告措施，也是用来对内宣传企业文化的一种措施。下面就来学习这种挂旗的设计方法。

实例分析

- **作品路径** | 作品\第12章\红叶服饰VI_应用部分_企业内部用品.cdr
- **视频路径** | 视频\实例173.avi
- **知识功能** | 学习室内广告挂旗的设计方法
- **制作时间** | 15分钟

操作步骤

01 打开资源文件中的“作品\第 12 章\红叶服饰 VI_ 应用部分 _ 企业内部用品 .cdr”文件。

02 将“页 6”设置为工作页面，然后用前面学过的工具及菜单命令，依次制作出图 12-49 所示的室内广告挂旗效果。

03 按 Ctrl+S 组合键，将此文件保存。

图 12-49 制作的室内广告挂旗效果

实例总结

商场里面的广告挂旗，由于悬挂得比较高，且在琳琅满目的物品和高耸的货物架面前，因此选用的色彩一定要艳丽，设计要简洁、美观，以迅速抓住顾客的眼球为目的。

第 13 章

VI设计——企业识别应用系统（3）

本章实例

- 贵宾卡设计
- 绘制气球和礼品扇
- 绘制光盘
- 绘制台历
- 绘制雨伞和遮阳伞
- 室外广告吊旗设计
- 车体广告设计
- 货车车体广告设计
- 户外灯箱广告设计
- 公交车站灯箱广告设计
- 高炮广告设计
- 宣传广告设计

VI各视觉设计要素的组合系统因企业规模、产品内容而有不同的组合形式。最基本的是将企业名称的标准字与标志等组成不同的单元，以配合各种不同的应用项目。在各种要素在各应用项目上的组合关系确定后，就应严格地固定下来，以达到视觉的统一性和系统化作用。本章学习设计应用系统中企业外部的宣传用品。

实例 174 贵宾卡设计

学习目的

一个公司发行的贵宾卡相当于公司的名片，在贵宾卡上可以印刷公司的标志或图案，贵宾卡为公司的形象做宣传，同时可提高顾客对企业的忠诚度。下面来学习贵宾卡的设计方法。

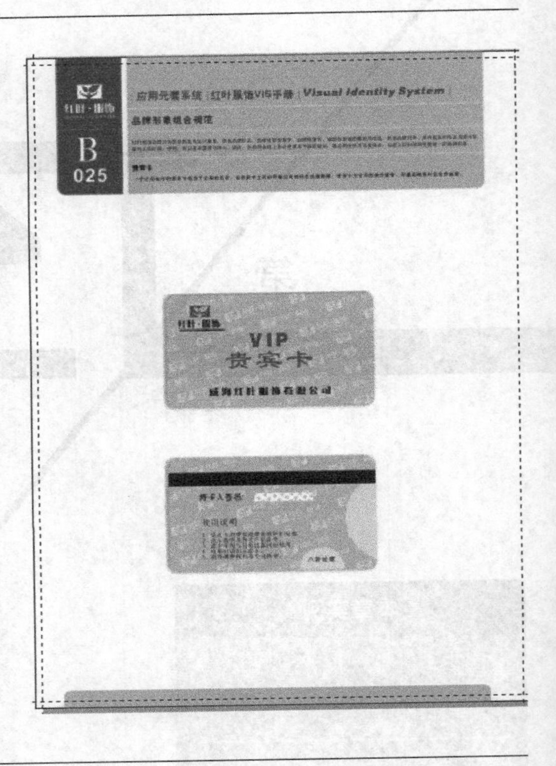

实例分析

- **作品路径** | 作品\第13章\红叶服饰VI_应用部分_企业外部宣传品.cdr
- **视频路径** | 视频\实例174.avi
- **知识功能** | 学习贵宾卡的设计方法
- **制作时间** | 10分钟

操作步骤

01 打开资源文件中"作品\第12章"目录下的"红叶服饰VI_应用部分_企业内部用品.cdr"文件，然后执行"文件/另存为"命令，在弹出的"保存绘图"对话框中，设置新的路径"作品\第13章"，再将此文件另命名为"红叶服饰VI_应用部分_企业外部宣传品.cdr"并保存。

02 依次将"页1"～"页6"中除图版外的内容删除。

03 将"页1"设置为工作页面，利用▢工具绘制圆角矩形，然后设置属性参数 90.0 mm / 50.0 mm，并为其填充深黄色（M:20,Y:100），再去除外轮廓，效果如图13-1所示。

04 打开资源文件中"作品\第10章"目录下的"红叶服饰VI_基础部分.cdr"文件，将"页13"设置为工作页面。

05 单击右侧页面中的红色底纹，然后单击其下方的▢按钮，转换到编辑模式下。

06 双击▢工具，将编辑模式下的图形及标志组合全部选择，然后按Ctrl+C组合键将其复制。

07 转换到"红叶服饰VI_应用部分_企业内部用品.cdr"文件，然后将圆角矩形创建为图文框，再转换到编辑模式下，按Ctrl+V组合键，将复制的图形及标志组合粘贴至当前页面中，调整大小后放置到图13-2所示的位置。

图13-1 绘制的圆角矩形

图13-2 复制图形调整后的位置

08 按住 Shift 键单击红色矩形图形，即将红色矩形的选择取消，只选择全部的标志组合。

09 按 Ctrl+G 组合键群组，然后选取工具，并将“透明度类型”设置为，效果如图 13-3 所示。

10 选择红色矩形图形按 Delete 键删除，然后单击下方的按钮，完成图形的编辑，效果如图 13-4 所示。

图 13-3　复制图形调整后的位置

图 13-4　置入的底纹效果

11 将资源文件中“素材 \ 第 13 章”目录下名为“红叶服饰标志 .cdr”的文件导入，然后将下方的中英文颜色修改为黑色，再调整大小并放置到圆角矩形的左上角位置。

12 利用工具依次输入图 13-5 所示的文字。

13 选择圆角矩形，然后利用工具为其添加图 13-6 所示的阴影效果。

图 13-5　输入的文字

图 13-6　添加的阴影效果

14 用与制作贵宾卡正面的相同方法，制作出图 13-7 所示的背面效果。

15 按 Ctrl+S 组合键，将此文件保存。

图 13-7　制作的贵宾卡背面效果

实例总结

学习本实例，读者学会了贵宾卡的制作方法。其中为图形添加半透明底纹效果的方法是本例的重点，希望读者能将其掌握。

实例 175 绘制气球和礼品扇

学习目的

气球和礼品扇可以作为企业礼品，用于在经营或商务活动中作为礼品向客户免费发送。企业礼品是为了提高或扩大企业知名度、提高产品的市场占有率、获取更高销售业绩和利润而特别订购的、带有企业标志、具有某种特别含义的产品。它要具有新颖性、奇特性、工艺性和实用性。下面来学习气球和礼品扇的绘制方法。

实例分析

- **作品路径** | 作品\第13章\红叶服饰VI_应用部分_企业外部宣传品.cdr
- **视频路径** | 视频\实例175.avi
- **知识功能** | 学习气球和礼品扇的绘制方法
- **制作时间** | 15分钟

操作步骤

01 打开资源文件中“作品\第13章”目录下的“红叶服饰VI_应用部分_企业外部宣传品.cdr”文件。

02 利用工具在右侧页面中绘制椭圆形，然后为其填充图13-8所示的渐变色，去除外轮廓后的效果如图13-9所示。

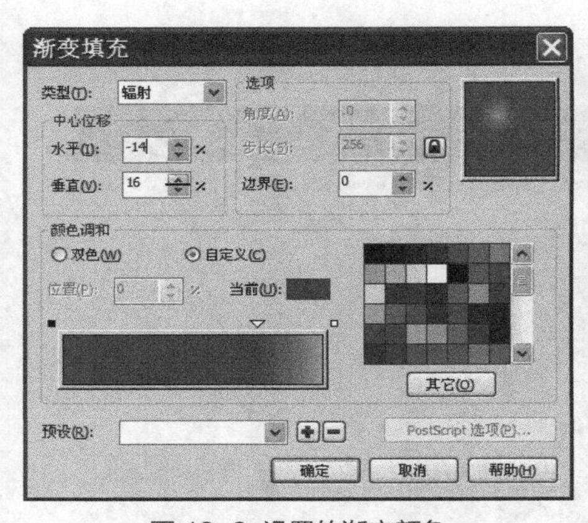

图13-8 设置的渐变颜色

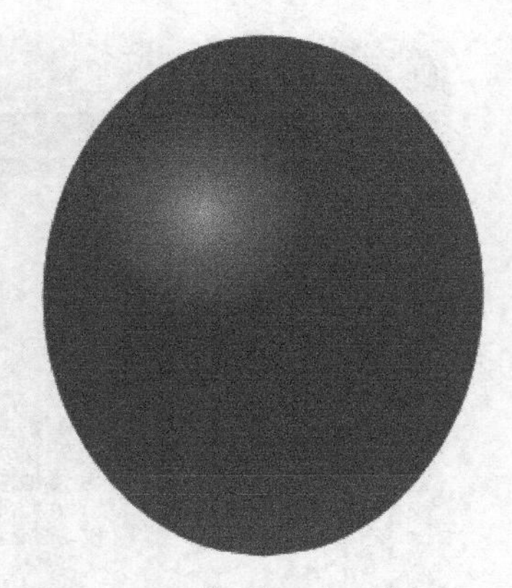

图13-9 填充渐变色后的效果

03 利用、和工具，在椭圆形下方依次绘制出图13-10所示的气球杆。

04 复制纸杯上的标志组合，调整大小后放置到图13-11所示的位置。

05 将气球全部选择并移动复制，然后修改复制出的图形的颜色，即可制作出另一种颜色的气球效果，如图13-12所示。

图 13-10　绘制的气球杆效果　　图 13-11　标志组合放置的位置　　图 13-12　制作的另一种气球效果

接下来绘制礼品扇。

06 灵活运用、和工具依次绘制出图 13-13 所示的图形，填充色为深黄色（C:20,Y:100），无外轮廓。

07 将两个图形选择并按 C 键，以垂直中心对齐，如图 13-14 所示，然后单击属性栏中的按钮，将两个图形结合为一个整体。

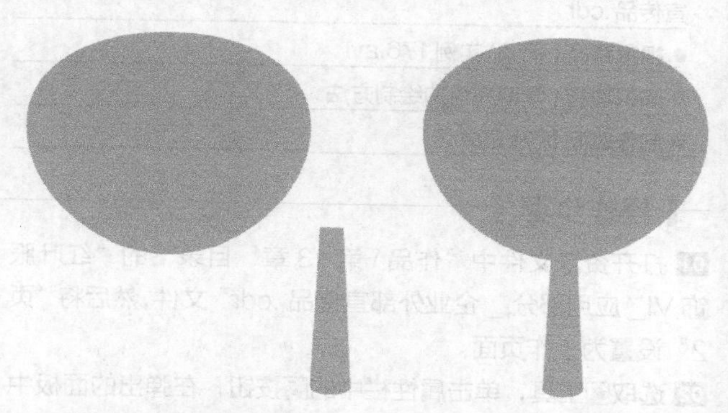

图 13-13　绘制的图形　　图 13-14　对齐后的效果

08 利用、和工具在结合图形上再依次绘制出图 13-15 所示的图形。

09 同时选择步骤 08 绘制的图形与结合图形，并单击属性栏中的按钮，利用小图形对结合图形进行修剪，效果如图 13-16 所示。

10 灵活运用和工具绘制红色（M:90,Y:100）扇子图形，然后为其复制气球图形上的标志组合，即可完成礼品扇的绘制，如图 13-17 所示。

11 按 Ctrl+S 组合键，将此文件保存。

图 13-15　绘制的图形　　图 13-16　修剪后的效果　　图 13-17　制作的礼品扇效果

实例总结

本例主要学习了气球和礼品扇的绘制，但企业礼品的种类还有很多，如钥匙扣和手表等，读者课下可以尝试一下绘制其他礼品。

实例 176 绘制光盘

学习目的

光盘是一种图文、声像并茂的“多媒体名片”，运用现代化高科技手段融入视频和声音等多媒体元素，把企事业单位的文字、图片、视频和声音等多媒体宣传资料整合成一种自动播放的多媒体文件刻录到光盘上，是名片和企业宣传画册的结合体，应用范围比传统纸质名片和印刷画册更广泛。下面来学习光盘的绘制方法。

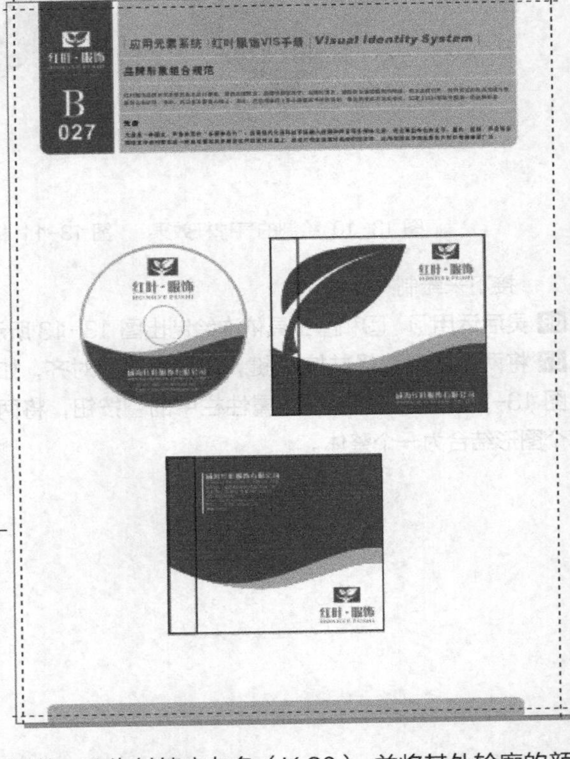

实例分析

- **作品路径** | 作品\第13章\红叶服饰VI_应用部分_企业外部宣传品.cdr
- **视频路径** | 视频\实例176.avi
- **知识功能** | 学习光盘的绘制方法
- **制作时间** | 15分钟

操作步骤

01 打开资源文件中“作品\第13章”目录下的“红叶服饰VI_应用部分_企业外部宣传品.cdr”文件，然后将“页2”设置为工作页面。

02 选取工具，单击属性栏中的按钮，在弹出的面板中选择图13-18所示的形状图形。

03 在左侧页面中绘制图形，然后利用工具对内环大小进行调整，再为其填充灰色（K:20），并将其外轮廓的颜色也修改为灰色（K:30），如图13-19所示。

04 将圆环图形以中心等比例缩小复制，然后将其颜色修改为白色，并利用工具对内环的大小进行调整，效果如图13-20所示。

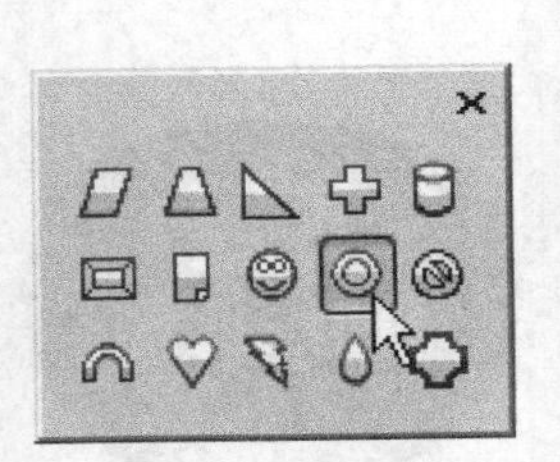

图13-18 选择的形状图形

图13-19 绘制的圆环图形

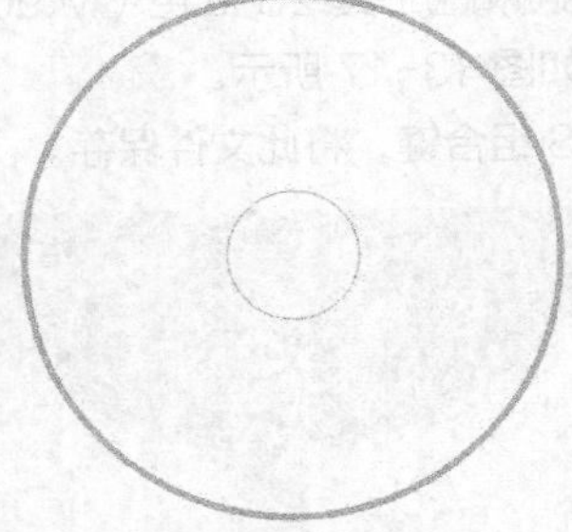

图13-20 复制出的圆环图形

05 将白色圆环图形创建为图文框，然后转换到编辑模式下绘制出图13-21所示的图形。

06 单击按钮，完成图形的编辑，再为其复制企业标志及文字，即可完成光盘的制作，如图13-22所示。

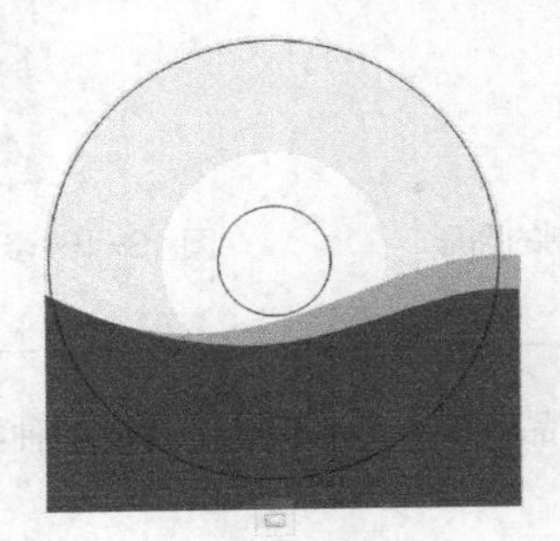

图13-21 绘制的图形

图13-22 制作的光盘效果

07 灵活运用工具及制作光盘效果的方法，绘制出图 13-23 所示的光盘盒。

08 按 Ctrl+S 组合键，将此文件保存。

图 13-23　制作的光盘盒效果

实例总结

本例绘制的光盘效果非常简单，除本例给出的方法外，读者也可以灵活运用工具及依次缩小复制的方法进行绘制。

实例 177　绘制台历

学习目的

台历既是一种比较好的企业形象载体，同时也是一种比较适合的广告媒体，它在各种活动中起到了不可忽视的作用。下面来学习台历的绘制方法。

实例分析

- **作品路径** | 作品\第 13 章\红叶服饰 VI_ 应用部分 _ 企业外部宣传品 .cdr
- **视频路径** | 视频\实例 177.avi
- **知识功能** | 学习台历的绘制方法
- **制作时间** | 15 分钟

操作步骤

01 打开资源文件中“作品 \ 第 13 章”目录下的“红叶服饰 VI_ 应用部分 _ 企业外部宣传品 .cdr”文件。

02 将“页 2”设置为工作页面，利用工具在右侧页面中绘制红色（M:90,Y:100）、无外轮廓的矩形图形，然后将其在原位置复制，并利用工具将其调整至图 13-24 所示的形态。

03 去除图形的外轮廓，然后将其创建为图文框，并转换到编辑模式下。

04 将资源文件中“素材 \ 第 13 章”目录下名为“封面 .jpg”的文件导入，然后调整大小后放置到图 13-25 所示的位置。

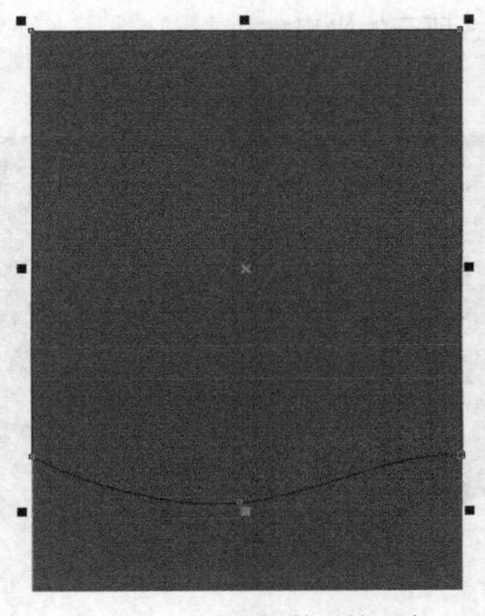

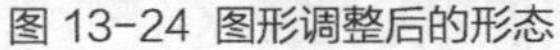

图 13-24 图形调整后的形态　　图 13-25 导入图片调整后放置的位置

05 利用和工具绘制出图 13-26 所示的深黄色（M:20,Y:100）、无外轮廓图形。

06 单击按钮，完成编辑操作，然后打开资源文件中“作品 \ 第 10 章”目录下的“红叶服饰 VI_ 基础部分 .cdr”文件，复制“页 14”中绘制的辅助图形。

07 修改辅助图形的颜色为白色，并缩小复制一个，然后复制企业的中英文字组合，调整大小后放置到图 13-27 所示的位置。

图 13-26 绘制的图形　　图 13-27 复制的辅助图形及文字组合

08 灵活运用工具及倾斜操作，依次制作出图 13-28 所示的结构图形。其中上方图形的颜色为灰色（K:80），下方图形的颜色为灰色（K:60）。

09 同时选择两个灰色图形，执行“排列 / 顺序 / 置于此对象后”命令，然后将鼠标指针移动到红色图形上单击，调整图形顺序后的效果如图 13-29 所示。

图 13-28 绘制的图形　　图 13-29 调整图形顺序后的效果

10 灵活运用工具及移动复制操作，依次复制出图 13-30 所示的图形，作为台历上方的圆环效果。

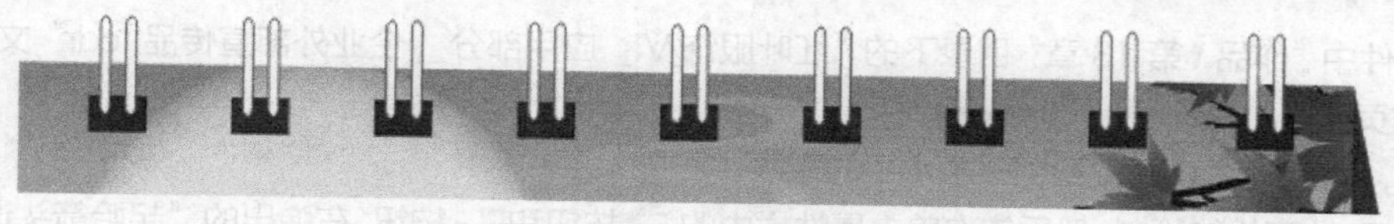

图 13-30 制作的圆环效果

11 将台历图形全部选择并向右移动复制一组，然后将图像、辅助图形及中英文字组全选并删除。

12 复制“光盘”及“光盘盒”图形上的标志组合及文字，调整大小及排列方式后分别放置到图 13-31 所示的位置，即可完成台历的制作。

13 按 Ctrl+S 组合键，将此文件保存。

图 13-31 制作的台历效果

实例总结

本例绘制的台历效果非常简单，除本例给出的方法外，读者也可以灵活运用工具及依次移动复制的方法进行绘制。

实例 178 绘制雨伞和遮阳伞

学习目的

作为公司公关用品的雨伞和遮阳伞，不仅能对外宣传企业形象，扩大公司影响力，而且能体现公司独特的商业文化。下面来学习雨伞和遮阳伞的绘制方法。

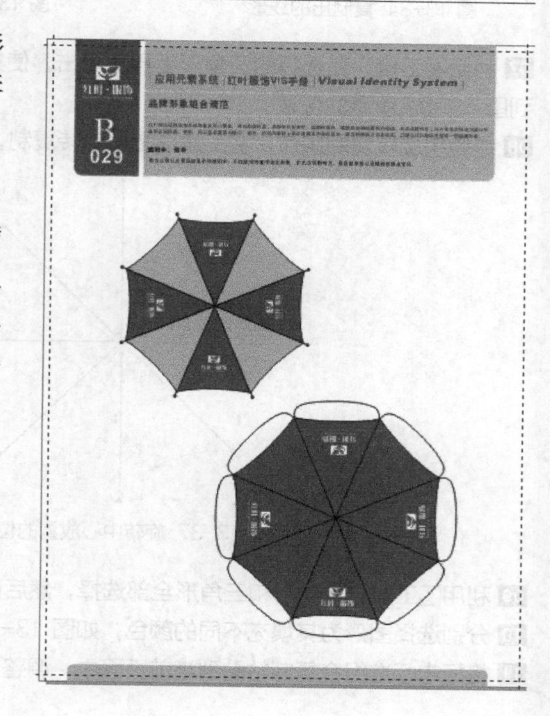

实例分析

- **作品路径** | 作品\第13章\红叶服饰VI_应用部分_企业外部宣传品.cdr
- **视频路径** | 视频\实例178.avi
- **知识功能** | 学习雨伞和遮阳伞的绘制方法
- **制作时间** | 20分钟

操作步骤

01 打开资源文件中“作品 \ 第 13 章”目录下的“红叶服饰 VI_ 应用部分 _ 企业外部宣传品 .cdr”文件，然后将“页 3”设置为工作页面。

02 选取工具，然后按住 Ctrl 键绘制一条水平的直线。

03 选取工具，确认直线的绘制，然后依次单击属性栏中的按钮和按钮，在弹出的“起始箭头选择器”和“终止箭头选择器”面板中分别选择图 13-32 所示的箭头，在直线两端添加箭头后的效果如图 13-33 所示。

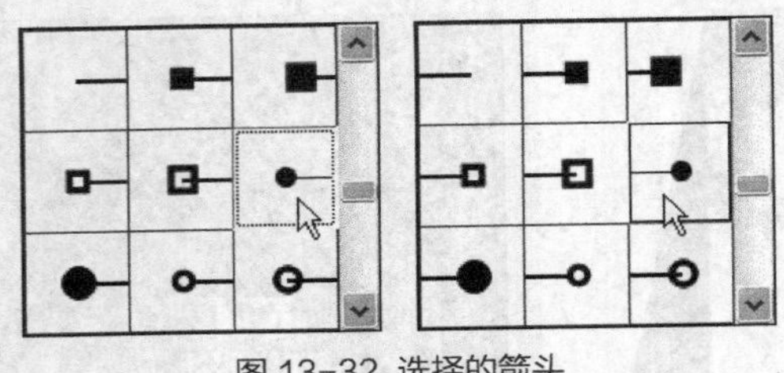
图 13-32 选择的箭头

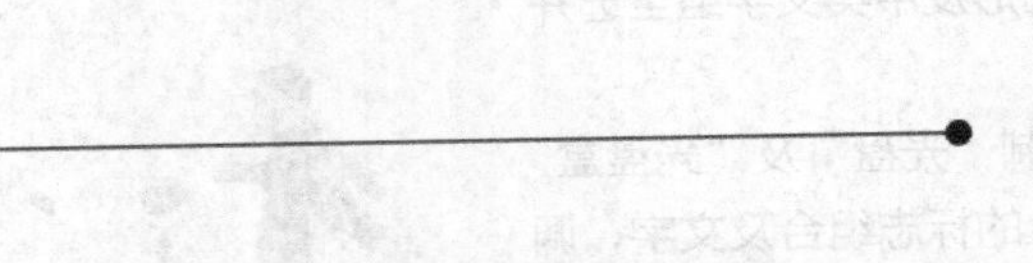
图 13-33 在直线两端添加箭头后的效果

04 用旋转复制操作，依次将线形旋转并复制，效果如图 13-34 所示。

05 选取工具，根据复制的线形绘制出图 13-35 所示的三角形。

06 利用工具，将三角形中的节点全部选择，然后单击属性栏中的按钮，将图形中的线段转换为曲线段，并将其调整至图 13-36 所示的形态。

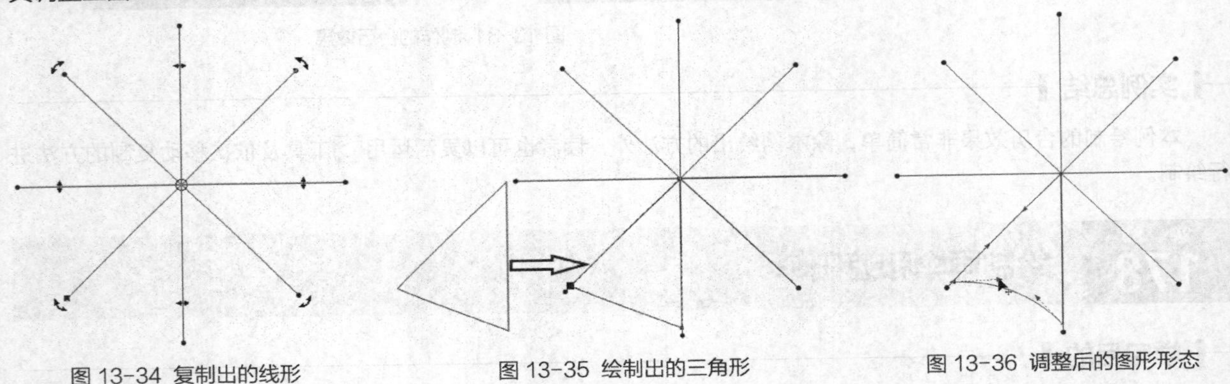
图 13-34 复制出的线形　图 13-35 绘制出的三角形　图 13-36 调整后的图形形态

07 利用工具，在选择的三角形上再次单击，使其周围出现旋转和扭曲符号，然后按住 Ctrl 键，将旋转中心移动到图 13-37 所示的位置。

08 继续用旋转复制操作，将三角形图形旋转复制，效果如图 13-38 所示。

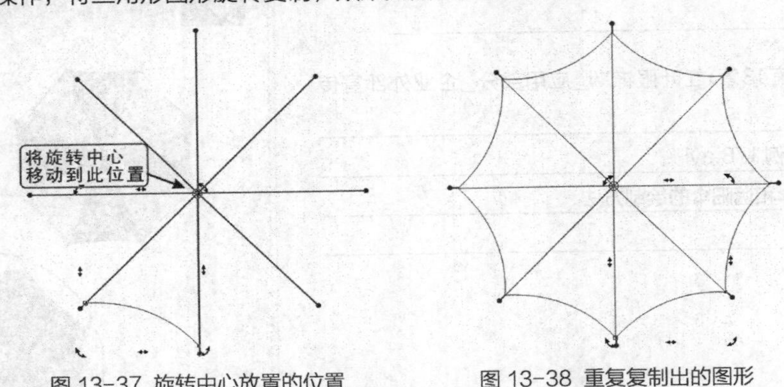

图 13-37 旋转中心放置的位置　图 13-38 重复复制出的图形

09 利用工具，将线形和三角形全部选择，然后设置属性参数 22.5 °，将图形旋转角度。

10 分别选择图形为其填充不同的颜色，如图 13-39 所示。

11 将标志标准组合复制粘贴到当前页面中，调整至适当的大小后放置到图 13-40 所示的位置。

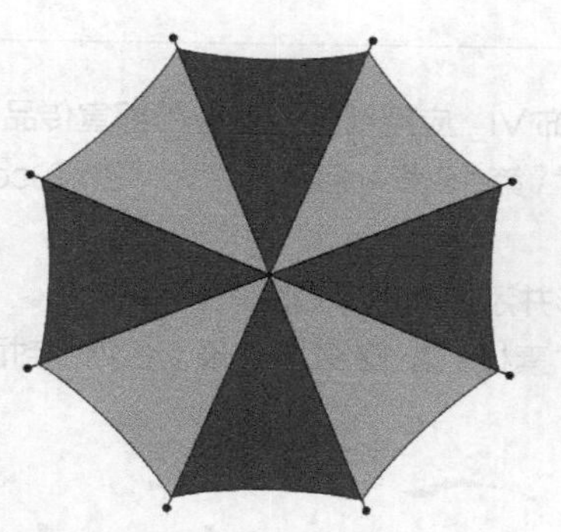

图 13-39　填充颜色后的图形

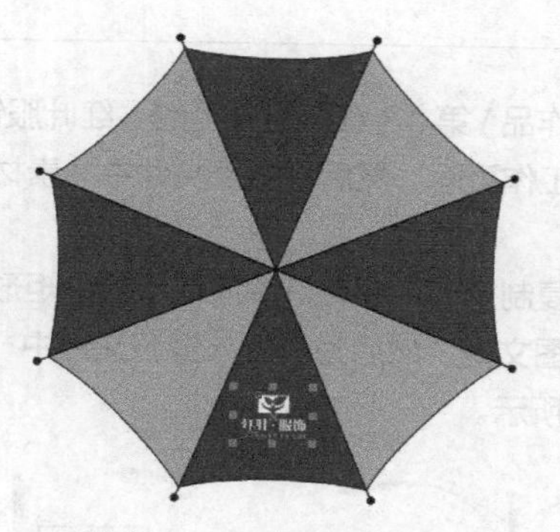

图 13-40　标志放置的位置

12 用与旋转三角形图形相同的方法将标志旋转复制，最终效果如图 13-41 所示。

13 至此，雨伞效果绘制完成。下面用相同的制作方法制作出图 13-42 所示的遮阳伞效果。

14 按 Ctrl+S 组合键，将此文件保存。

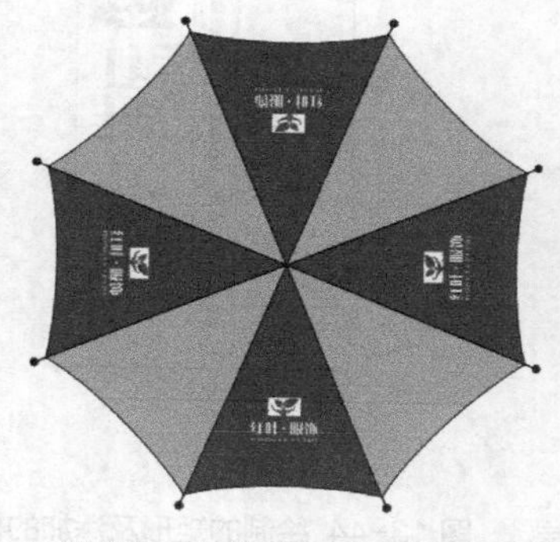

图 13-41　旋转复制出的标志

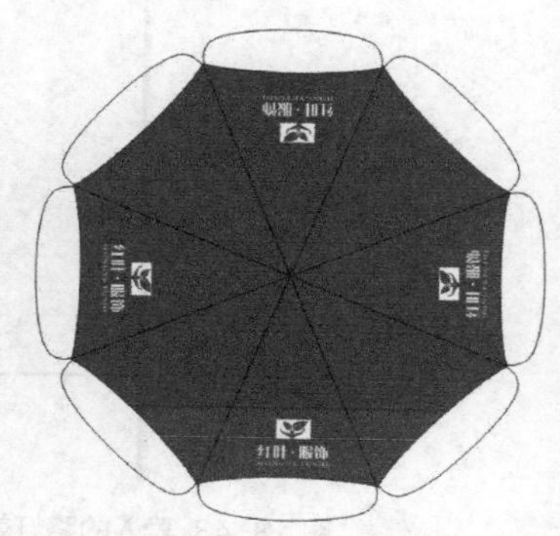

图 13-42　绘制的遮阳伞效果

实例总结

学习本实例，读者学会了制作雨伞和遮阳伞的方法。本例主要学习了图形的旋转复制操作，相信读者并不陌生，今后在实际工作过程中一定要记得灵活运用，这样才能达到学以致用的目的。

实例 179　室外广告吊旗设计

学习目的

室外广告吊旗又称为刀旗，是一种优秀的广告媒介及种类。下面来学习室外广告吊旗的设计方法。

实例分析

- **作品路径** | 作品\第 13 章\红叶服饰VI_应用部分_企业外部宣传品.cdr
- **视频路径** | 视频\实例 179.avi
- **知识功能** | 学习室外广告吊旗的设计方法
- **制作时间** | 15分钟

操作步骤

01 打开资源文件中"作品\第 13 章"目录下的"红叶服饰 VI_ 应用部分 _ 企业外部宣传品 .cdr"文件。

02 将"页 3"设置为工作页面，然后将资源文件中"素材\第 13 章"目录下名为"路灯 .cdr"的文件导入，如图 13-43 所示。

03 灵活运用□工具及复制操作，在路灯中间依次绘制矩形并添加标志，如图 13-44 所示。

04 将左侧矩形创建为图文框，然后为其置入资源文件中"素材\第 13 章"目录下名为"封面 .jpg"的文件，调整的形态，如图 13-45 所示。

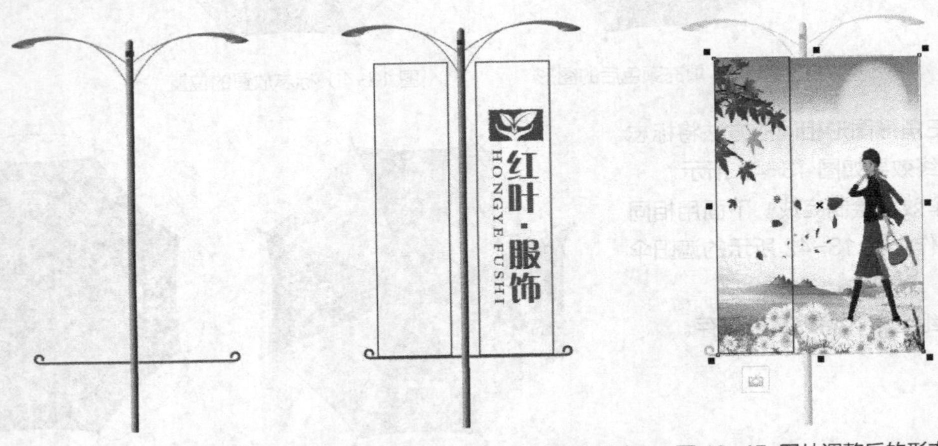

图 13-43 导入的路灯效果　图 13-44 绘制的矩形及添加的标志　图 13-45 图片调整后的形态

05 单击□按钮，完成图形的调整。

06 将路灯及图形全部选择并向右移动复制，然后修改右侧矩形及标志的颜色，即可完成第 2 种室外广告吊旗的制作，如图 13-46 所示。

07 按 Ctrl+S 组合键，将此文件保存。

图 13-46 制作的室外吊旗效果

实例总结

室外广告吊旗主要应用于各种户外活动、赛事及商务推广，包括展会、新品发布会、产品促销等。一般适合放置在街道两侧，过往行人都可看到，能起到很好的广告宣传作用。

实例 180 车体广告设计

学习目的

交通工具是企业形象设计的延续，是一种流动的宣传媒体。它以强烈的视觉冲击力，在传达企业视觉形象中起着较大的作用。下面来学习车体广告的设计方法。

实例分析

- **作品路径** | 作品\第 13 章\红叶服饰 VI_ 应用部分 _ 企业外部宣传品 .cdr
- **视频路径** | 视频\实例 180.avi
- **知识功能** | 学习车体广告的设计方法
- **制作时间** | 15 分钟

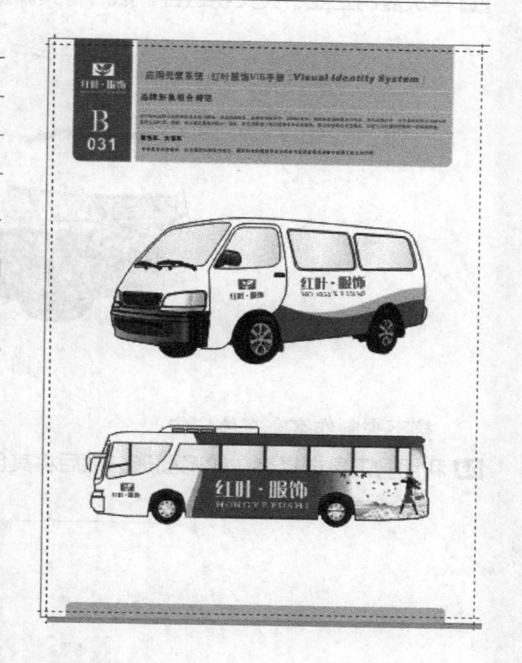

操作步骤

01 打开资源文件中“作品\第 13 章”目录下的“红叶服饰 VI_ 应用部分 _ 企业外部宣传品 .cdr”文件，然后将“页 4”设置为工作页面。

02 将资源文件中“素材\第 13 章”目录下名为“汽车 .cdr”的文件导入，如图 13-47 所示。

03 按 Ctrl+U 组合键，取消汽车的群组，然后选择图 13-48 所示的汽车轮廓。

04 执行“效果 / 图框精确剪裁 / 创建空 PowerClip 图文框”命令，将图形转换为图文框。

05 转换到编辑模式下，灵活运用和工具依次绘制出图 13-49 所示的图形。

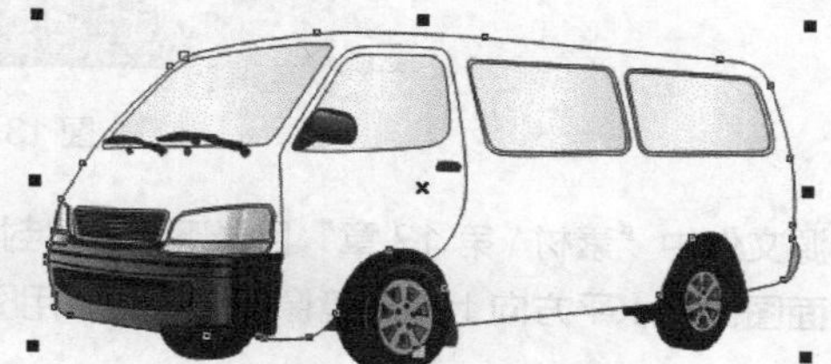

图 13-48　选择的轮廓

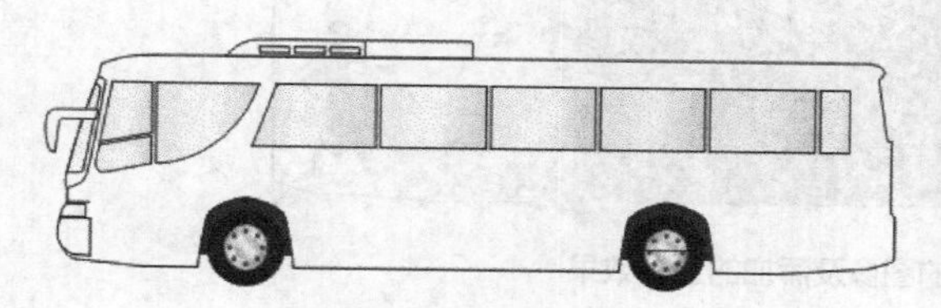

图 13-47　导入的文件

图 13-49　绘制的图形

06 单击按钮，完成图形的编辑，然后复制标志组合，调整大小后放置到图 13-50 所示的位置。

07 执行“效果 / 添加透视”命令，然后根据汽车的透视形态将标志组合调整至图 13-51 所示的形态。

图 13-50　复制的标志组合

图 13-51　透视变形后的形态

08 再次复制企业中英文字组合，然后将其调整至图 13-52 所示的形态。

图 13-52 制作的面包车车体广告

接下来制作客车车体广告。

09 利用工具选择客车轮廓图形，然后将其创建为图文框，并在编辑模式下绘制出图 13-53 所示的图形。

图 13-53 绘制的图形

10 将资源文件中“素材\第 13 章”目录下名为“封面 .jpg”的文件导入，调整大小后放置到图形的右侧位置。

11 将封面图像在水平方向上向左镜像复制，再利用工具为其添加图 13-54 所示的透明效果。

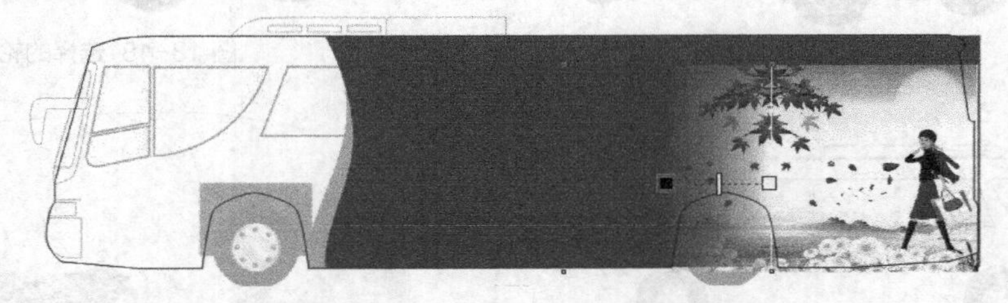

图 13-54 导入的图像及添加的透明效果

12 单击按钮，完成置入图形的编辑，然后复制企业标志组合及中英文字组合，即可完成客车车体广告设计，如图 13-55 所示。

13 按 Ctrl+S 组合键，将此文件保存。

图 13-55 设计的客车车体广告

实例总结

通过本实例的学习，读者掌握了车体广告的设计方法。在设计过程中，主要灵活运用了“效果/图框精确剪裁”命令。另外，对于汽车造型，如果读者对绘图工具掌握得很熟练的话，也可以自行绘制。

实例 181 货车车体广告设计

学习目的

用与制作车体广告相同的方法，为货车图形添加车体广告。

实例分析

- **作品路径** | 作品\第 13 章\红叶服饰 VI_ 应用部分 _ 企业外部宣传品 .cdr
- **视频路径** | 视频\实例 181.avi
- **知识功能** | 学习货车车体广告的设计方法
- **制作时间** | 10 分钟

操作步骤

01 打开资源文件中“作品\第 13 章”目录下的“红叶服饰 VI_ 应用部分 _ 企业外部宣传品 .cdr”文件，然后将“页 4”设置为工作页面。

02 将资源文件中“素材\第 13 章”目录下名为“货车 .cdr”的文件导入。

03 先为车头添加企业标志组合。复制标志组合，调整大小后分别放置到图 13-56 所示的位置。

04 选择货车尾部图形将其颜色修改为红色（M:90,Y:100），然后复制企业文字并将其修改为竖向，再用与“实例 102 制作竖向电话号码”的相同方法，制作出图 13-57 所示的电话号码。

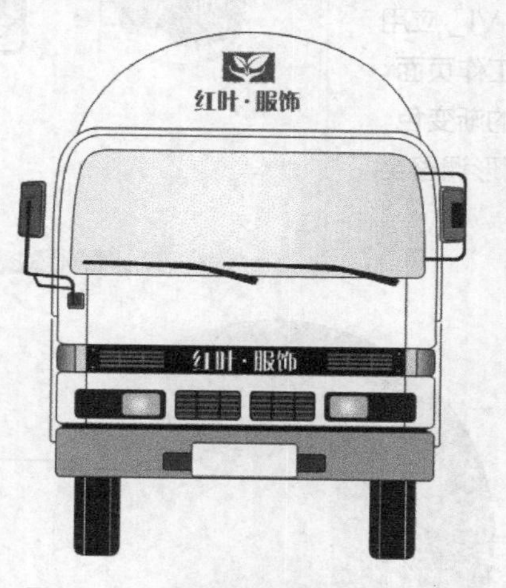

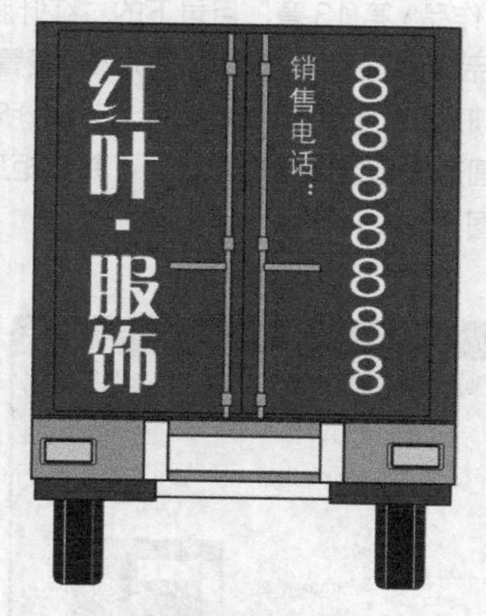

图 13-56 为车头添加的标志及文字　　图 13-57 为车尾添加的标志文字及电话号码

05 用与上例设计车体广告的相同方法，为货车的车体添加广告画面，效果如图 13-58 所示。

06 按 Ctrl+S 组合键，将此文件保存。

图 13-58 设计的货车车体广告

实例总结

本案例货车车体广告与上一个实例学习的车体广告设计方法基本相同，所使用的命令也完全一样，读者可自行设计。

实例 182 户外灯箱广告设计

学习目的

户外广告灯箱的运用可以营造视觉气氛，起到了固定地、长久地传达企业视觉形象的作用。下面来学习户外灯箱广告的设计方法。

实例分析

- **作品路径** | 作品\第 13 章\红叶服饰 VI_ 应用部分 _ 企业外部宣传品 .cdr
- **视频路径** | 视频\实例 182.avi
- **知识功能** | 学习户外灯箱广告的设计方法
- **制作时间** | 20 分钟

操作步骤

01 打开资源文件中“作品 \ 第 13 章”目录下的“红叶服饰 VI_ 应用部分 _ 企业外部宣传品 .cdr”文件，然后将“页 5”设置为工作页面。

02 利用工具绘制圆形图形，然后为其填充图 13-59 所示的渐变色，再利用和工具在圆形右侧绘制矩形和线形，并将矩形图形调整至圆形的下方，效果如图 13-60 所示。

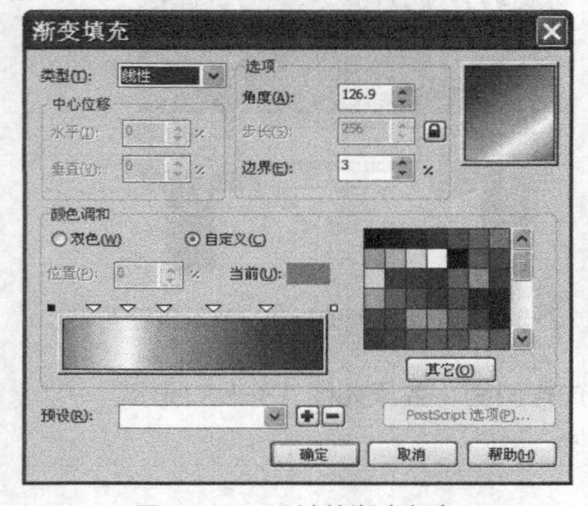

图 13-59 设计的渐变颜色

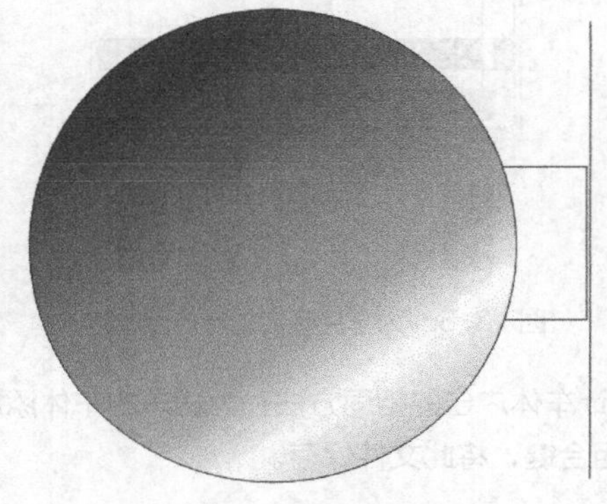

图 13-60 绘制的图形

03 将圆形图形在原位置复制，并修改属性参数，然后将复制出的圆形图形创建为图文框。

04 转换到编辑模式下，然后将资源文件中“素材\第 13 章”目录下名为“封面 02.jpg”的文件导入，调整大小后放置到图 13-61 所示的位置。

05 利用和工具在圆形下方绘制图 13-62 所示的图形，然后选择图形并去除外轮廓。

图 13-61　图像调整后放置的位置

图 13-62　绘制的图形

06 单击按钮，完成图形编辑，然后 导入“红叶服饰标志”，调整大小后放置到图 13-63 所示的位置，即可完成灯箱广告的设计。

07 将灯箱广告移动复制一组，稍微调整一下，即可制作出第 2 种灯箱效果，如图 13-64 所示。

图 13-63　制作的灯箱效果

图 13-64　制作的灯箱效果

08 用与以上相同的制作方法，依次制作出图 13-65 所示的方形灯箱效果。

09 按 Ctrl+S 组合键，将此文件保存。

图 13-65　制作的方形灯箱效果

实例总结

本例主要学习了户外灯箱广告的设计，本例的灯箱广告主要用于悬挂在专卖店的外墙面上，还有一些大型的灯箱广告，如公交车站灯箱广告、高炮广告等将在下面的章节中介绍。

实例 183 公交车站灯箱广告设计

学习目的

公交车站灯箱广告既可以帮助客户在最短时间里覆盖最大的目标受众群体，还可以迅速有效地提高客户品牌的知名度，其本身也是美化城市环境的一道风景线。下面来学习公交车站灯箱广告的设计方法。

实例分析

- **作品路径** | 作品\第13章\红叶服饰VI_应用部分_企业外部宣传品.cdr
- **视频路径** | 视频\实例183.avi
- **知识功能** | 学习公交车站灯箱广告的设计方法
- **制作时间** | 20分钟

操作步骤

01 打开资源文件中“作品\第13章”目录下的“红叶服饰VI_应用部分_企业外部宣传品.cdr”文件，然后将“页5”设置为工作页面。

02 灵活运用、和工具，绘制出图13-66所示的公交车站灯箱效果。

图13-66 绘制的公交车站灯箱效果

03 将绘制的公交车站灯箱图形向下移动复制一组，然后灵活运用前面学过的工具及菜单命令，结合复制操作，分别设计出图13-67所示的灯箱广告。

04 按Ctrl+S组合键，将此文件保存。

图13-67 设计的灯箱广告

实例总结

通过前面制作的各应用系统用品，相信读者再看到如公交车站灯箱广告这么简单的效果，一定可以轻松自如地进行制作。

实例 184 高炮广告设计

学习目的

高炮广告也是户外广告的一种，主要是指在高速公路、城市公路和立交桥等主要路段旁树立起高大、醒目的广告牌。下面来学习高炮广告的设计方法。

实例分析

- **作品路径** | 作品\第 13 章\红叶服饰 VI_应用部分_企业外部宣传品.cdr
- **视频路径** | 视频\实例 184.avi
- **知识功能** | 学习高炮广告的设计方法
- **制作时间** | 30 分钟

操作步骤

01 打开资源文件中“作品\第 13 章”目录下的“红叶服饰 VI_应用部分_企业外部宣传品.cdr”文件。

02 将“页 6”设置为工作页面，用前面学过的工具及菜单命令设计出图 13-68 所示的广告画面。

图 13-68 设计的广告画面

03 将资源文件中“素材\第 13 章”目录下名为“高炮广告架.cdr”的文件导入，如图 13-69 所示。

04 按 Ctrl+U 组合键，将导入图形的群组取消，然后将广告画面复制，并按 Ctrl+G 组合键群组。

05 将群组后的广告画面置入左上方的白色图形中，然后转换到编辑模式下，将广告画面调整至图 13-70 所示的大小及位置。

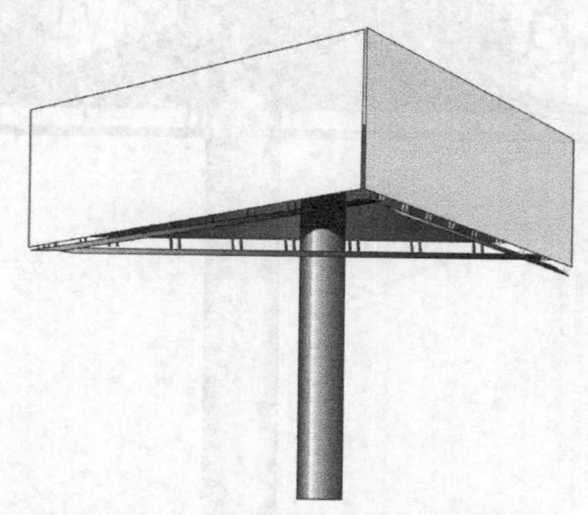

图 13-69 导入的高炮广告架

图 13-70 广告画面调整后的大小及位置

06 在选择的广告画面上再次单击，使其显示旋转和扭曲符号，然后将鼠标指针移动到左侧的扭曲符号上按下并向下拖曳，将图形调整至图 13-71 所示的形态。

07 单击属性栏中的按钮，取消图形的群组，然后将除画面外的其余图形和文字全部选择并群组，再利用“效果 / 添加透视”命令，将其调整至图 13-72 所示的形态。

图 13-71 扭曲后的效果

图 13-72 透视变形后的效果

08 选择人物画面，然后将其缩小调整，效果如图 13-73 所示。

09 单击按钮，完成图形的调整，效果如图 13-74 所示。

图 13-73 人物画面调整后的效果

图 13-74 置入图文框后的效果

10 再次将广告画面复制并群组，然后将其置入右上方的灰色图形中，效果如图 13-75 所示。

11 至此，高炮广告设计完成，按 Ctrl+S 组合键，将此文件保存。

图 13-75 设计的高炮广告

实例总结

本例主要学习了高炮广告的设计方法，在设计过程中，由于位图不能应用“效果 / 添加透视”命令，因此，只能用扭曲变形的方法进行调整。在实际工作过程中，如果要制作精确的立体效果，可将广告画面输出，然后转换到Photoshop 软件中进行制作，希望读者注意。

实例 185　宣传广告设计

学习目的

广告的受众是流动着的行人，那么在设计中就要考虑到受众经过广告的位置和时间。烦琐的画面，行人是不愿意接受的，只有以简洁的画面和揭示性的形式才能引起行人注意、吸引受众观看广告。所以广告设计要注重提示性，图文并茂，以图像为主导、文字为辅助，使用文字要简洁，切忌冗长。下面来学习宣传广告的设计方法。

实例分析

- **作品路径** | 作品\第 13 章\红叶服饰 VI_ 应用部分 _ 企业外部宣传品 .cdr
- **视频路径** | 视频\实例 185.avi
- **知识功能** | 学习宣传广告的设计方法
- **制作时间** | 20 分钟

操作步骤

01 打开资源文件中“作品 \ 第 13 章”目录下的“红叶服饰 VI_ 应用部分 _ 企业外部宣传品 .cdr”文件，然后将“页 6”设置为工作页面。

02 灵活运用前面学过的工具及菜单命令，设计出图 13-76 所示的广告画面。

03 将资源文件中“素材 \ 第 13 章”目录下名为“背景墙 .jpg”的文件导入，如图 13-77 所示。

图 13-76　设计的广告画面

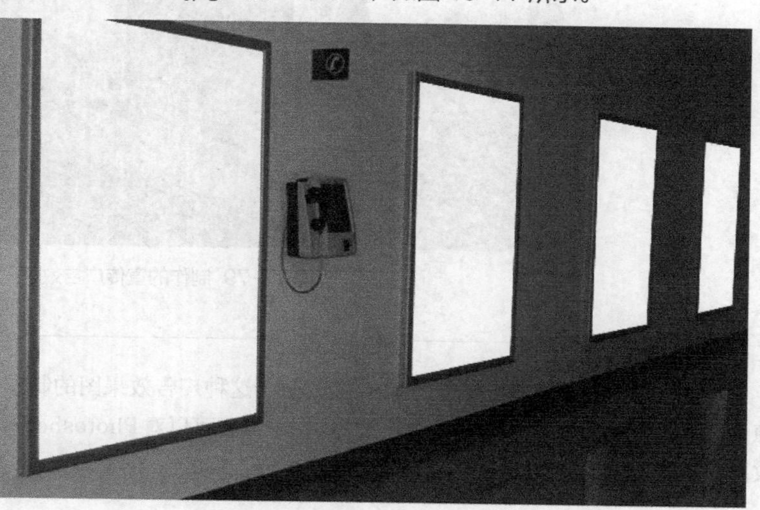

图 13-77　导入的背景墙

04 利用工具根据导入背景墙中的白色区域依次绘制图形。

05 同时选择绘制的图形，按 Ctrl+G 组合键群组。

06 将设计的广告画面移动复制一组，并将复制出的广告画面按 Ctrl+G 组合键群组。

07 将复制出的广告画面置入绘制的图形中，然后依次复制，并利用制作高炮广告的方法分别调整各图形的形态，如图 13-78 所示。

图 13-78 调整后的形态

08 单击按钮，完成置入图形的编辑，即可完成宣传广告的设计，如图 13-79 所示。

09 按 Ctrl+S 组合键，将此文件保存。

图 13-79 制作的宣传广告效果

实例总结

本例主要学习了宣传广告的设计方法，对于这种广告效果图的制作，利用Photoshop软件完善效果是最为理想的选择，尤其是画面图像的处理与合成。课下读者可以对Photoshop软件多了解一些，以便能制作出更加逼真的效果。

第 14 章

包装设计

本章实例

包装是商品不可缺少的重要组成部分，每个企业对商品包装都有不同的要求和设计风格。在人们的生活消费中，约有六成以上的消费者是根据商品的包装来选择购买商品的。由此可见，有商品“第一印象”之称的包装，在市场销售中发挥着越来越重要的作用。

本章利用6个案例来介绍各类形式包装的设计方法。

实例 186 洗衣膏包装设计

学习目的

学习洗衣膏包装的设计方法。

实例分析

- **素材路径** | 素材\第14章\海浪.jpg、小水滴.cdr
- **作品路径** | 作品\第14章\洗衣膏包装设计.cdr
- **视频路径** | 视频\实例186.avi
- **知识功能** | 学习洗衣膏包装的设计方法
- **制作时间** | 30分钟

操作步骤

01 新建文件，利用□工具依次绘制出图14-1所示的矩形图形，将最大的矩形填充色为灰色（K:20），上方矩形填充色为白色，下方矩形填充色为蓝色（C:100,M:80）。

02 灵活运用○、○、○和字工具，制作出图14-2所示的标志图形，然后将其调整至合适的大小后，放置到白色矩形的左上角位置。

图14-1 绘制的矩形图形

图14-2 绘制的标志图形

03 灵活运用制作艺术字效果的方法，制作出图14-3所示的艺术字效果，然后利用□工具为其添加阴影效果，设置属性栏参数□100 □5，阴影颜色为蓝色（C:100,M:100），效果如图14-4所示。

图14-3 制作的艺术字效果　　图14-4 添加的阴影效果

04 将艺术字调整大小后放置到标志图形的下方，如图 14-5 所示。

05 利用◎工具，在下方的蓝色矩形上绘制出图 14-6 所示的圆形图形。

图 14-5 艺术字放置的位置

图 14-6 绘制的圆形图形

06 利用“效果 / 图框精确剪裁 / 创建空 PowerClip 图文框”命令，将圆形图形创建为图文框，然后执行“效果 / 图框精确剪裁 / 编辑 PowerClip”命令，转换到编辑模式下。

07 将资源文件中“素材 \ 第 14 章”目录下名为“海浪 .jpg”的图片导入，调整大小后放置到图 14-7 所示的位置。

08 单击▣按钮，完成图形的编辑，然后利用◎工具及结合操作绘制出图 14-8 所示的圆环图形。

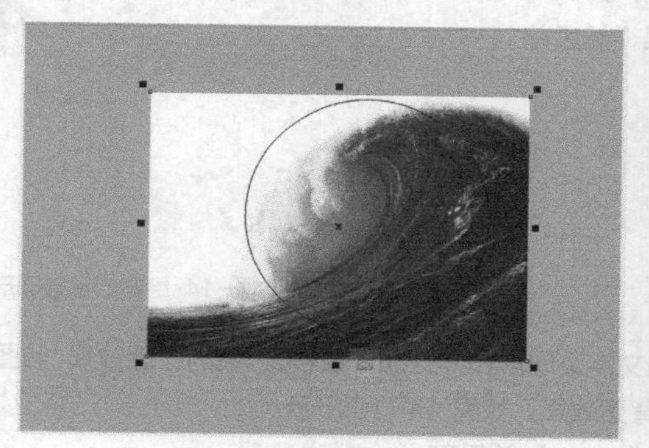

图 14-7 图片调整后的大小及位置

图 14-8 绘制的圆环图形

09 将绘制的圆环图形在原位置复制，然后用以中心等比例缩放的方法将其缩放，使复制出的图形的内圆与原图形的外圆大小相同。

10 利用▣工具为复制出的图形添加阴影效果，然后设置属性栏参数，如图 14-9 所示。

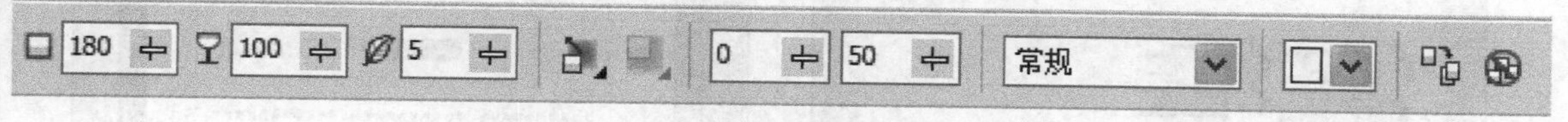

图 14-9 设置属性栏参数

11 图形添加阴影后的效果如图 14-10 所示。

12 执行“排列 / 拆分阴影群组”命令，将圆环与阴影效果拆分，然后选择圆环图形按 Delete 键删除，效果如图 14-11 所示。

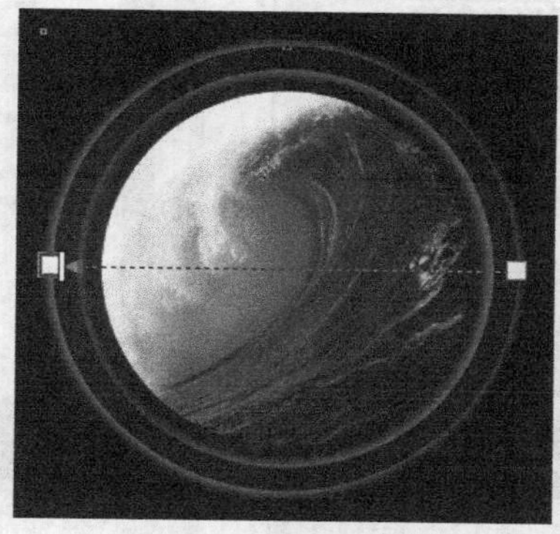

图 14-10 添加的阴影效果

图 14-11 删除圆环后的效果

13 用制作圆形发光效果的方法，制作出图 14-12 所示的图形。

14 绘制星形并制作发光效果，然后将资源文件中“素材 \ 第 14 章”目录下名为“小水滴 .cdr”的文件导入，调整大小后放置到图 14-13 所示的位置。

图 14-12 制作的图形

图 14-13 导入的图片放置的位置

15 利用“效果 / 图框精确剪裁 / 创建空 PowerClip 图文框”命令，将白色矩形创建为图文框，然后执行“效果 / 图框精确剪裁 / 编辑 PowerClip”命令，转换到编辑模式下。

16 利用☆工具，制作出图 14-14 所示的星形效果，然后单击▣按钮，完成编辑操作。

图 14-14 绘制的星形图形

17 灵活运用字工具及其他绘图工具，在画面中添加文字及图形，即可完成洗衣膏包装的正面效果，如图 14-15 所示。

18 用与制作正面效果相同的方法，制作出包装的背面效果，如图 14-16 所示。

19 按 Ctrl+S 组合键，将此文件命名为“洗衣膏包装 .cdr”并保存。

图 14-15 制作的包装正面效果

图 14-16 制作的包装背面效果

实例总结

学习本实例，读者学会了洗衣膏包装的设计方法。在设计过程中，为图形添加阴影效果，然后将效果拆分，再将原图形删除，以此来制作边缘虚化的图形效果是本例的重点，读者一定要将其掌握。

实例 187 洗手精包装设计

学习目的

用与制作洗衣膏包装相同的方法，制作洗手精包装效果。

实例分析

- **素材路径** | 素材\第 14 章\洗手精包装.cdr
- **视频路径** | 视频\实例 187.avi
- **知识功能** | 学习洗手精包装的设计方法
- **制作时间** | 30分钟

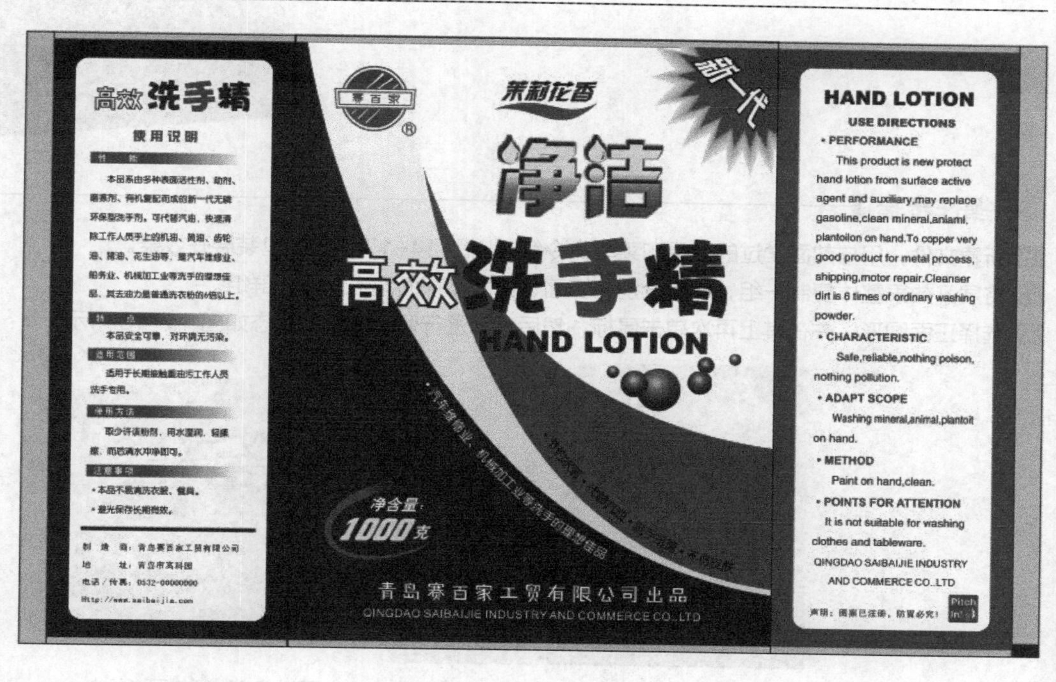

操作步骤

通过上一实例洗衣膏包装的设计操作，读者可自己动手来设计本例的作品，在排版包装中的文字时，要注意文字的字号、字体及颜色的设置。另外，与洗衣膏包装相同的元素复制即可。

实例总结

通过本案例的制作，可以使读者学习洗手精包装的设计方法。在设计时注意掌握画面颜色的搭配、字体、字号及文字位置的编排和应用。

实例 188 纸盒包装设计

学习目的

学习纸盒包装设计及制作立体效果的方法。

实例分析

- **作品路径** | 作品\第14章\纸盒包装.cdr
- **视频路径** | 视频\实例188.avi
- **知识功能** | 学习纸盒包装设计及制作立体效果的方法
- **制作时间** | 30分钟

操作步骤

01 新建文件，用与前面学过的工具和菜单命令绘制出图14-17所示的包装展开效果。

02 将展开效果整体复制一组，然后分别将正面、侧面和顶面图形选择并群组。

03 选择正面图形，并在其上再次单击鼠标，然后对其进行倾斜变形，状态如图14-18所示。

图14-17 制作的包装展开效果

图14-18 倾斜图形状态

04 选择侧面图形，执行"效果/添加透视"命令，然后将其调整至图14-19所示的透视形态。

05 利用工具根据透视变形后的侧面图形绘制相同大小的图形，然后为其填充黑色，如图14-20所示。

图14-19 透视变形后的形态

图14-20 绘制的黑色图形

06 利用工具为黑色图形添加标准透明效果，然后设置属性栏参数，设置透明度后的效果如图 14-21 所示。

07 选择顶面图形，利用“效果 / 添加透视”命令将其调整至图 14-22 所示的透视形态。

图 14-21　设置透明度后的效果

图 14-22　调整后的透视效果

08 单击属性栏中的按钮，将顶面图形群组取消，然后选择土黄色图形，将其颜色修改为浅黄色（C:7,M:21,Y:42），效果如图 14-23 所示。

09 利用工具绘制图 14-24 所示的土黄色（C:9,M:28,Y:56）图形。

图 14-23　修改颜色后的效果

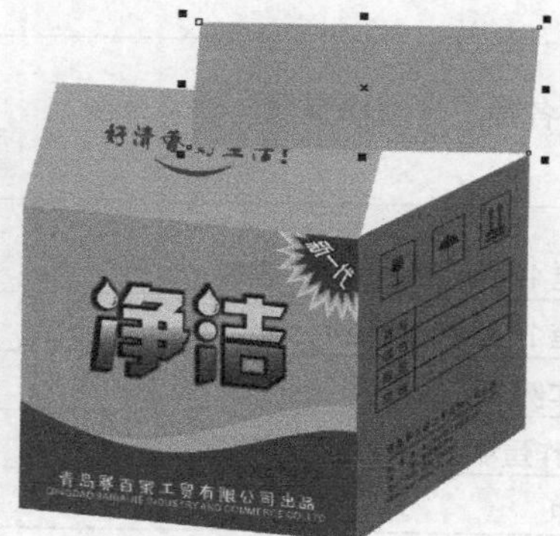

图 14-24　绘制的图形

10 执行“排列 / 顺序 / 到图层后面”命令，调整图形的堆叠顺序，效果如图 14-25 所示。

11 利用工具再次绘制图 14-26 所示的土黄色（C:17,M:36,Y:63,K:8）图形。

图 14-25　调整堆叠顺序后的效果

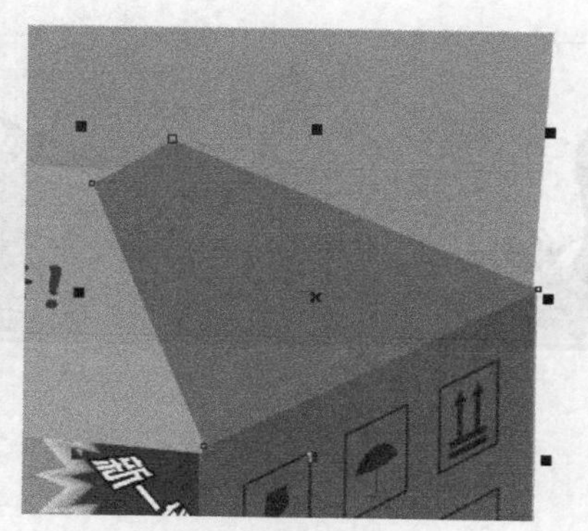

图 14-26　绘制的图形

12 执行“排列 / 顺序 / 置于此对象后”命令，然后将鼠标指针移动到顶面图形上单击，将绘制的图形调整至顶面图形的后面。

13 利用工具对置于所有对象后面的图形稍微进行调整，使其符合透视形态，即可完成包装盒立体效果的制作，如图 14-27 所示。

14 按 Ctrl+S 组合键，将此文件命名为“包装盒设计 .cdr”并保存。

图 14-27 制作的包装盒效果

实例总结

制作本案例，读者学习了包装盒的设计方法。包装盒的结构设计及调整各个面明暗度的方法，是需要重点学习的知识内容，希望读者将其灵活掌握。

实例 189 蛋糕包装设计

学习目的

综合利用学习的各种工具制作蛋糕包装展开图。

实例分析

- **素材路径** | 素材\第14章\花纹.psd、蝴蝶.cdr
- **作品路径** | 作品\第14章\蛋糕包装.cdr
- **视频路径** | 视频\实例189.avi
- **知识功能** | 学习制作蛋糕包装展开图的方法
- **制作时间** | 40分钟

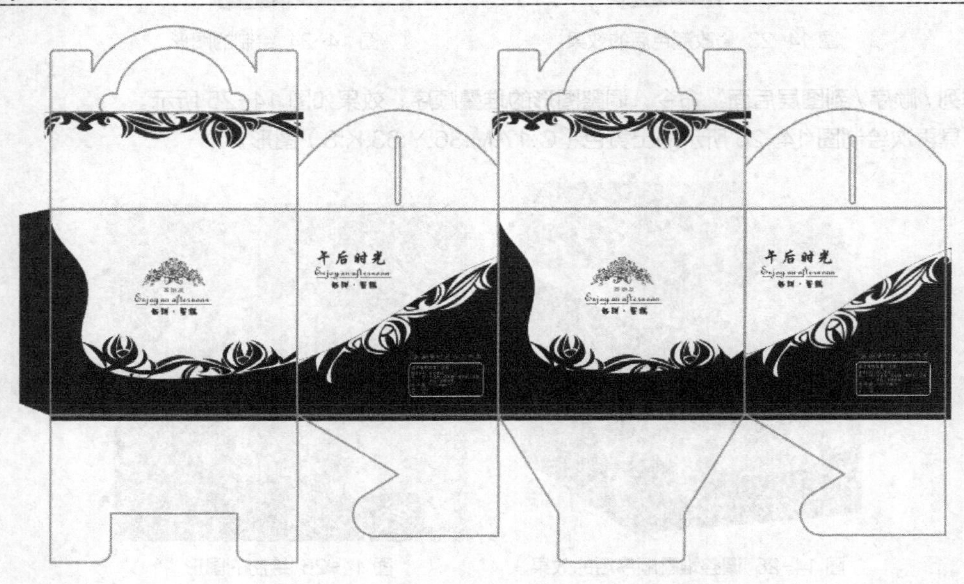

操作步骤

首先来绘制包装盒的各个面，在确定各面的尺寸时一定要按照比例来绘制。

01 新建文件，利用□工具按照蛋糕包装的尺寸依次绘制矩形并复制，如图 14-28 所示。

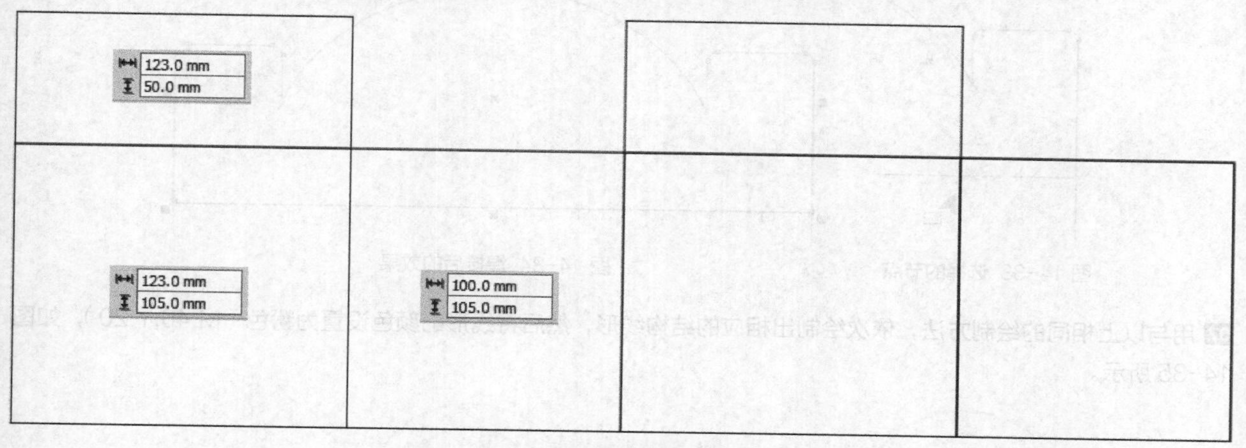

图 14-28 绘制的矩形图形

02 利用□工具在左上方矩形上再绘制出图 14-29 所示的圆角矩形，注意，圆角矩形只有上面两个角是圆角。

03 将圆角矩形向右移动复制，调整至下方图形的右侧，然后利用○工具绘制出图 14-30 所示的椭圆形。

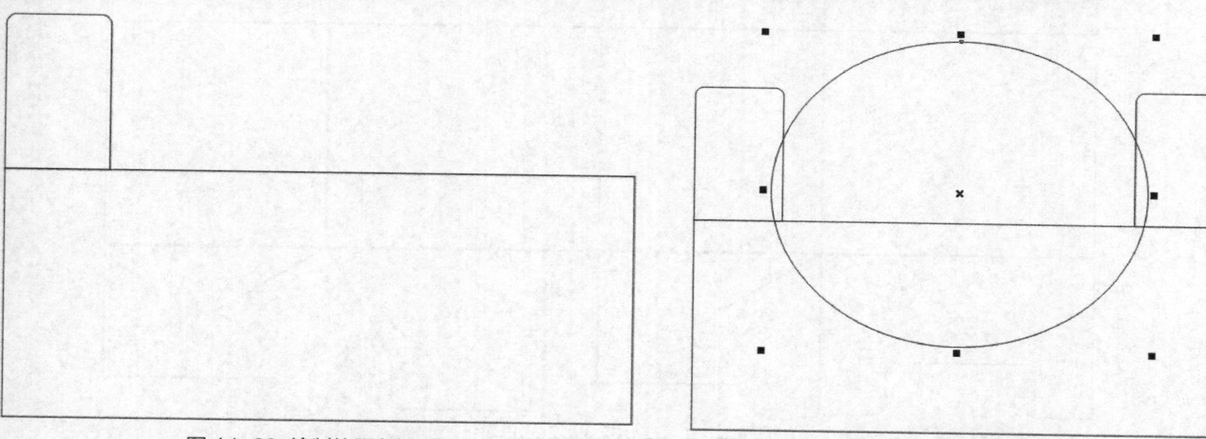

图 14-29 绘制的圆角矩形

图 14-30 绘制的椭圆形

04 选取工具，将鼠标指针移动到图 14-31 所示的位置单击，将该处的线段删除，然后依次将不需要的线段删除，得到的效果如图 14-32 所示。

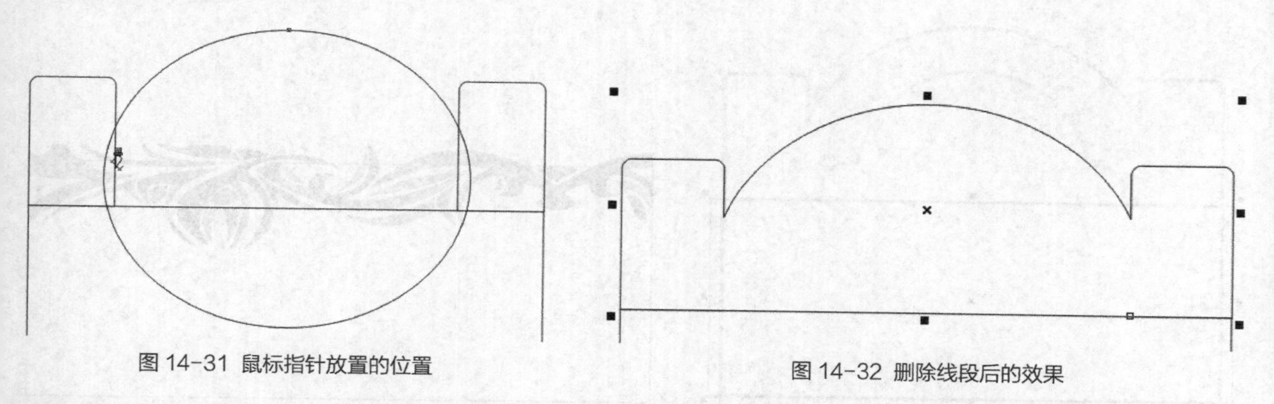

图 14-31 鼠标指针放置的位置

图 14-32 删除线段后的效果

05 选择左侧图形，利用工具选择图 14-33 所示的节点，并按 Delete 键删除，然后用相同的方法删除右侧图形的相应节点。

06 将剩余的线段选择，单击属性栏中的按钮，焊接成一个整体，效果如图 14-34 所示。

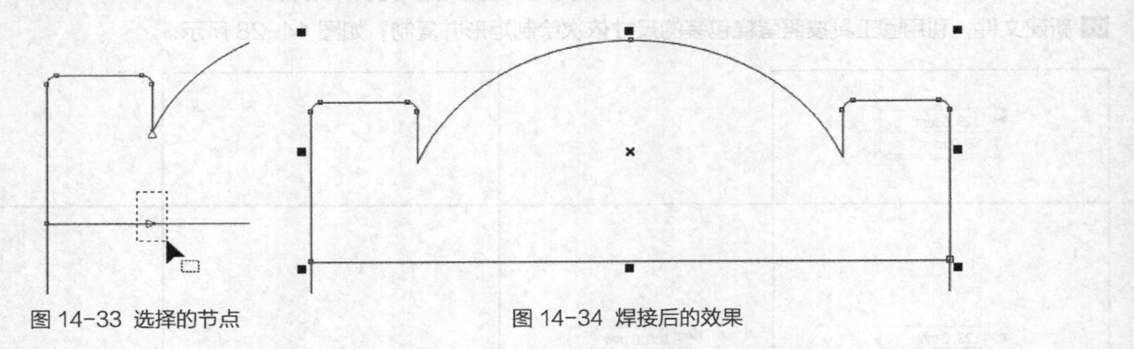

图 14-33 选择的节点　　图 14-34 焊接后的效果

07 用与以上相同的绘制方法，依次绘制出相应的结构线形，然后将线形的颜色设置为粉色（M:40,Y:20），如图 14-35 所示。

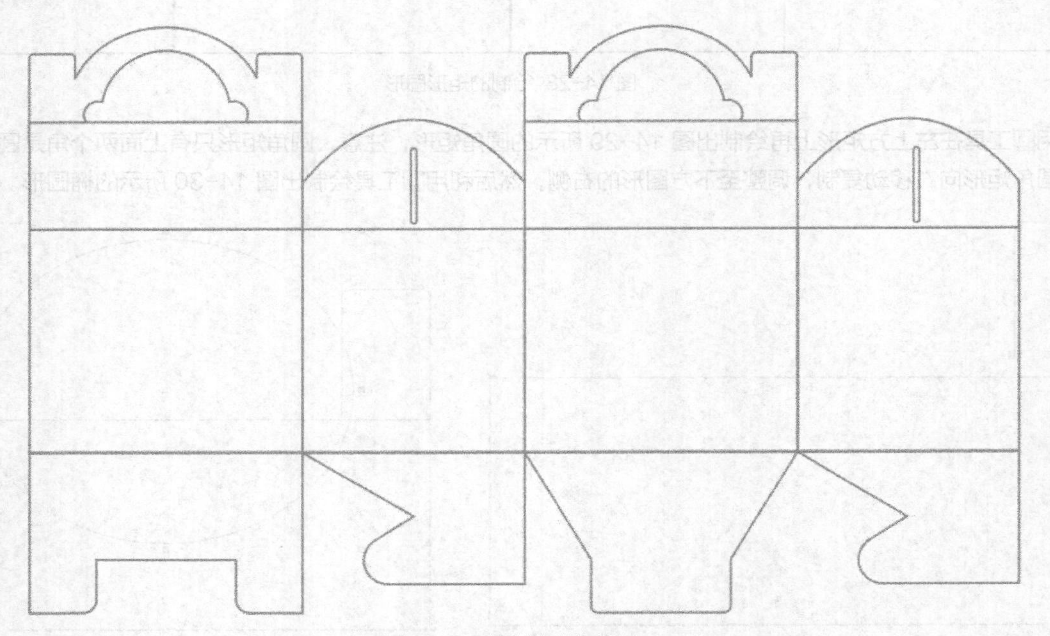

图 14-35 绘制的结构线形

08 继续利用工具绘制出图 14-36 所示的矩形图形，然后将其创建为图文框。

09 转换到编辑模式下，灵活运用和工具绘制出图 14-37 所示的花纹效果。

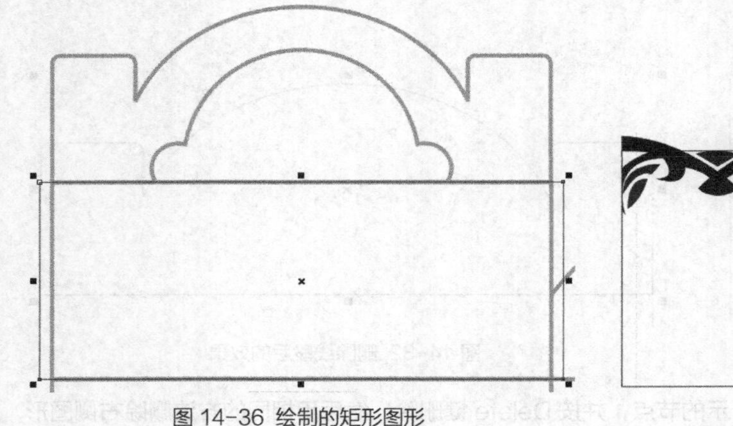

图 14-36 绘制的矩形图形

图 14-37 绘制的花纹

提示

此处将花纹图案超出结构线形，目的是确保包装印刷后裁切成品的时候，避免靠近边缘的色块或线条等印刷图案和图形边缘之间出现留白，影响包装的视觉效果，这一点做设计的一定要注意。

10 单击按钮，完成编辑操作，然后去除矩形图形的外轮廓，效果如图 14-38 所示。

11 用与制作顶面图案相同的方法，在正面和侧面图形中依次置入图 14-39 所示的图形。

图 14-38　制作的顶面图案

图 14-39　为正面和侧面图形添加的图案

12 将资源文件中“素材 \ 第 14 章”目录下名为“花纹 .psd”的文件导入，调整大小后放置到图 14-40 所示的位置。

13 将花纹在水平方向上向左镜像复制，效果如图 14-41 所示。

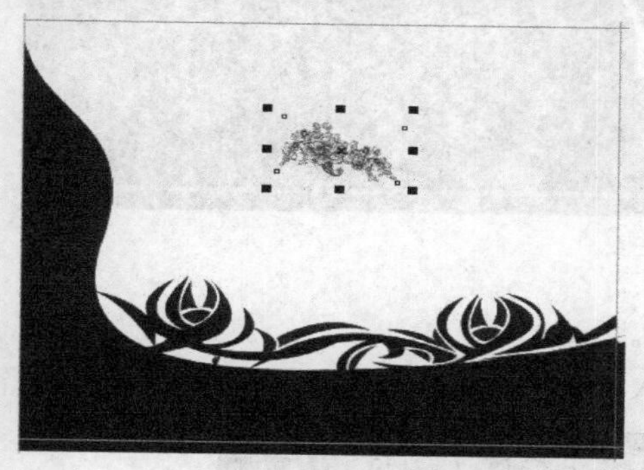

图 14-40　图形调整后的大小及位置

图 14-41　镜像复制出的图形

14 将复制出的图形向右移动，使两个图形重合，效果如图 14-42 所示。

15 利用工具，在图形下方依次输入图 14-43 所示的文字及字母。

图 14-42　图形移动后的位置

图 14-43　输入的文字及字母

16 利用工具在字母下方绘制线形，然后利用工具在超出线形的字母位置依次绘制出图 14-44 所示的小矩形图形。

17 同时选择步骤 16 绘制的线形及图形，单击属性栏中按钮，用小矩形图形对线形进行修剪，效果如图 14-45 所示。

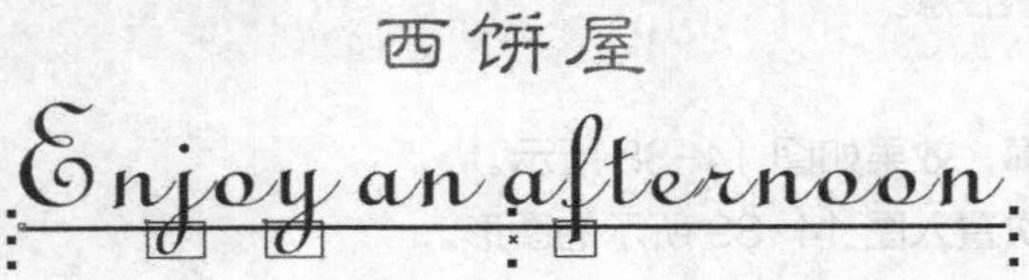

西饼屋
Enjoy an afternoon　　Enjoy an afternoon

图 14-44 绘制的线形及矩形图形 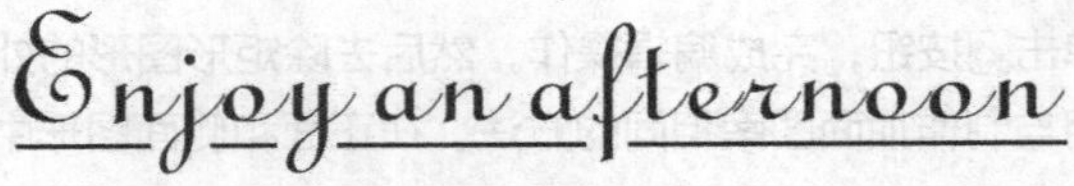　　图 14-45 删除后的效果

18 利用工具在字母下方输入文字，然后将字母及文字向右移动复制一组，再在其上方输入图 14-46 所示的文字。

图 14-46 输入及复制的文字

19 继续利用和工具在侧面图形的右下方输入图 14-47 所示的文字。

20 将资源文件中“素材 \ 第 14 章”目录下名为“蝴蝶 .cdr”的文件导入，调整大小后放置到图 14-48 所示的位置。

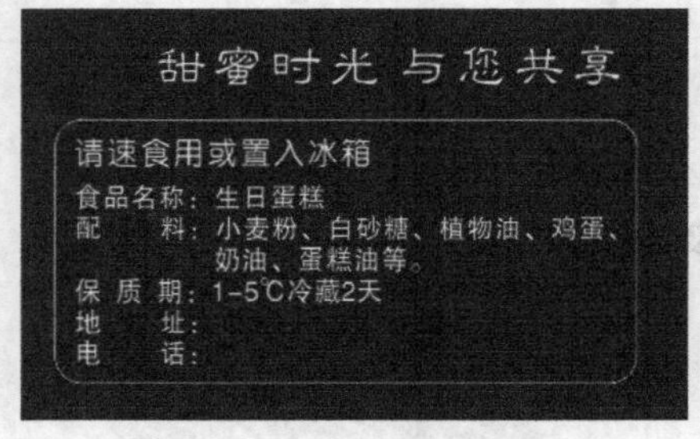

图 14-47 输入的文字

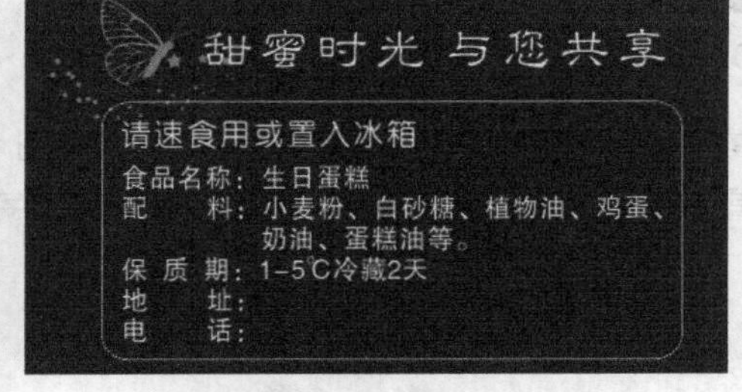

图 14-48 导入的图形放置位置

21 将制作的正面、侧面和顶面图形选择并移动复制至右侧相应的图形中，然后利用工具在包装的左侧位置绘制出封边图形，即可完成包装的设计。

22 按 Ctrl+S 组合键，将此文件命名为“蛋糕包装 .cdr”并保存。

实例总结

通过本案例的制作，读者学习了蛋糕包装的设计方法。该类型的包装结构比较复杂，希望读者好好学习并熟练掌握，在将来的实际工作中能够熟练上手。

另外，本例将花纹图案超出结构线形的操作实际就是出血，下面举例说明。比如我们要制作一个有底色的圆形纸张贴图，打印后我们需要用剪刀来进行规则的裁剪，假如没有出血的话，我们要沿着打印好的圆形底色的边缘仔细裁剪，这是个细致的工作，但无论我们怎么有耐心，也避免不了在圆圈边缘部位留下一些白色的没有被颜色覆盖的部分，使得做出的圆圈不太令人满意。这时，如果巧妙地使用出血，就会很好地解决问题。具体方法是：假如需要一个直径100mm的带有底色的圆圈，在制作时，可以把圆圈底色做成106mm（即每个边3mm的出血，印刷行业都认可把3mm作为默认的出血尺寸），在用剪刀裁剪的时候，有意识地把裁剪部位放在边缘里面3mm的地方，这样裁剪出的圆圈肯定不会有留白的地方。

实例 190 饼干包装设计

学习目的

本实例来学习饼干包装的设计方法。

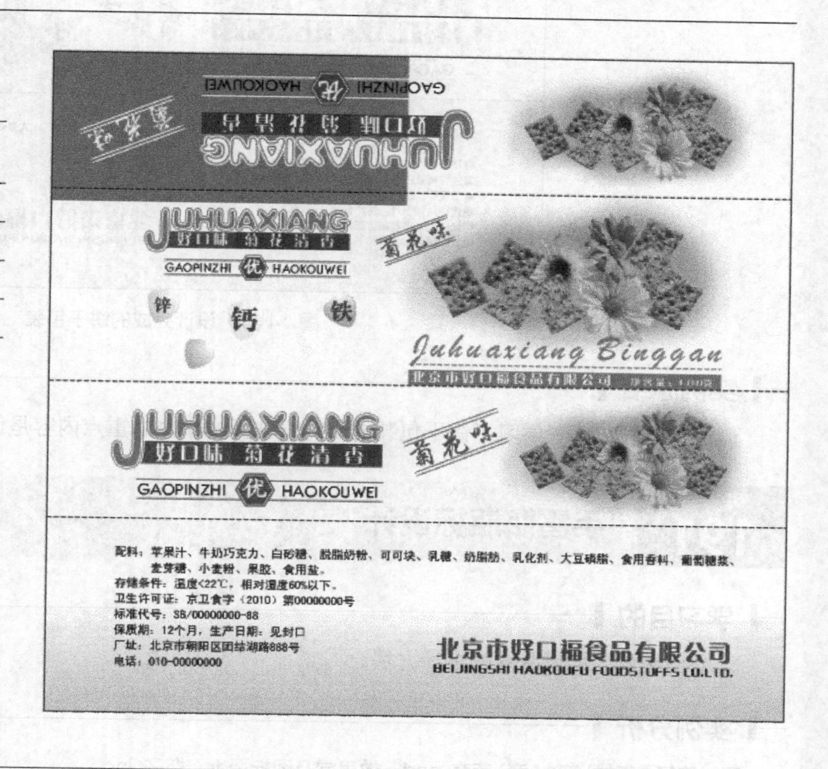

实例分析

- **素材路径** | 素材\第 14 章\菊花.psd
- **作品路径** | 作品\第 14 章\饼干包装.cdr
- **视频路径** | 视频\实例 190.avi
- **知识功能** | 学习饼干包装的设计方法
- **制作时间** | 30 分钟

操作步骤

01 新建文件，灵活运用前面学过的工具及菜单命令制作出图 14-49 所示的包装画面，其中导入的图片为资源文件中“素材\第 14 章”目录下名为“菊花 .psd”的文件。

图 14-49 制作的包装画面

02 将包装画面分别向上和向下移动复制，然后分别修改局部图形的位置，再在最下方输入图 14-50 所示的文字，即可完成饼干的包装设计。

03 按 Ctrl+S 组合键，将此文件命名为“饼干包装 .cdr”并保存。

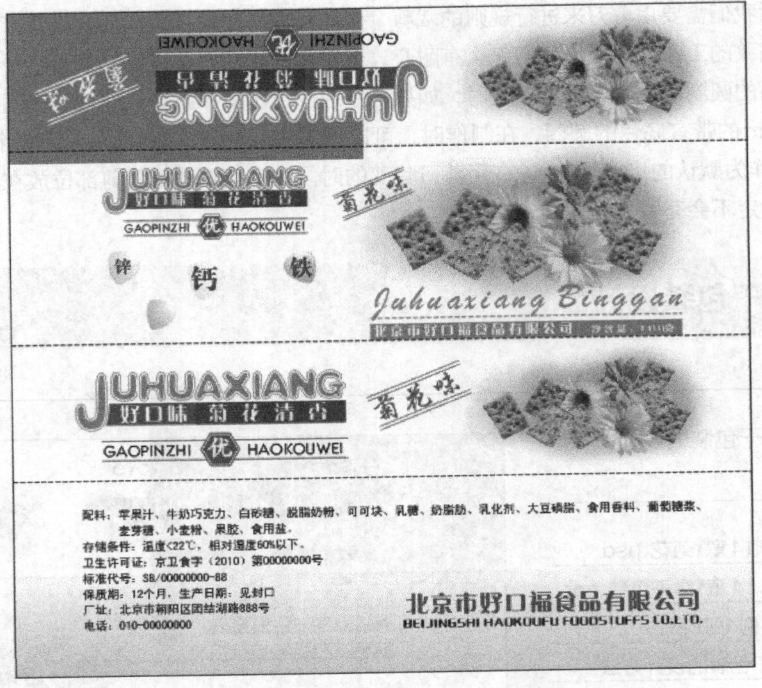

图 14-50 设计完成的饼干包装

实例总结

通过本案例，读者学习了饼干包装的设计方法。本案例的重点内容是包装尺寸的设置及压痕线的添加方法。

实例 191 手雷瓶瓶标设计

学习目的

本实例来学习梯形瓶标的设计方法。

实例分析

- **素材路径** | 素材\第14章\蔬菜.psd、效果字及图标.cdr、瓶子.jpg
- **作品路径** | 作品\第14章\手雷瓶包装.cdr
- **视频路径** | 视频\实例191.avi
- **知识功能** | 学习梯形瓶标的设计方法
- **制作时间** | 30分钟

操作步骤

01 新建文件，利用工具绘制出图 14-51 所示的圆角矩形，设置的属性参数为。

02 选取工具，将图形各边中间的控制点选择并删除，然后将图形调整至图 14-52 所示的形态。

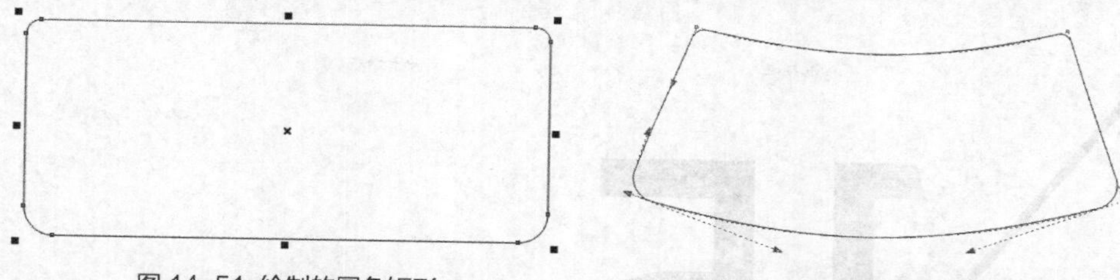

图 14-51 绘制的圆角矩形

图 14-52 调整后的图形形态

03 为绘制的图形填充橘红色（M:60,Y:90）并去除外轮廓，然后为其置入资源文件中“素材 \ 第 14 章”目录下名为“蔬菜 .psd”的文件，效果如图 14-53 所示。

04 将资源文件中“素材 \ 第 14 章”目录下名为“效果字及图标 .cdr”的文件导入，然后按 Ctrl+U 组合键取消群组，再分别选择各素材调整大小后放置到相应的位置，效果如图 14-54 所示。

图 14-53 置入的图像

图 14-54 各素材放置的位置

> **提示**
>
> 在绘制各图形或输入相应的文字时，首先进行正常绘制或输入，然后再旋转角度放置到合适的位置即可。另外，注意条形码的绘制，条形码的绘制方法为：先绘制一些宽度不一的矩形图形，然后再在下方随意输入一些文字即可。

05 灵活运用基本绘图工具及工具依次在图形上绘制图形，并输入相关的文字，效果如图 14-55 所示。

06 按 Ctrl+S 组合键，将此文件命名为“手雷瓶包装 .cdr”并保存。

07 执行“文件 / 导出”命令，将当前画面以 JPG 格式导出，读者如果会使用 Photoshop 软件的话，可以把导出的展开图制作成图 15-56 所示的立体效果。

图 14-55 制作的瓶标效果

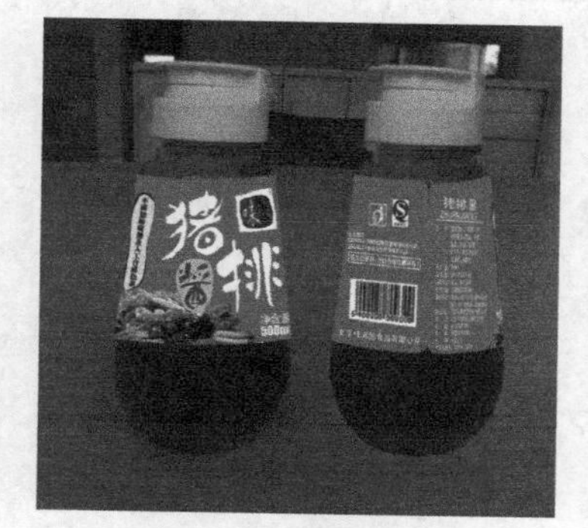

图 14-56 立体效果图

实例总结

本例学习了手雷瓶的包装制作方法。通过本例的学习，读者会发现包装的样式有很多，除了本章讲解的包装袋、包装箱、包装盒和包装贴外，还有包装容器的绘制及书籍装帧的设计等。课下读者可多查阅一些相关资料，增加对基本知识的了解。

第 15 章

平面设计综合应用

本章实例

设计酒店店标
制作名片
绘制卡通吉祥物
设计体验券
设计报纸广告
设计通信广告
设计手机宣传单页
设计地产海报
设计地产广告

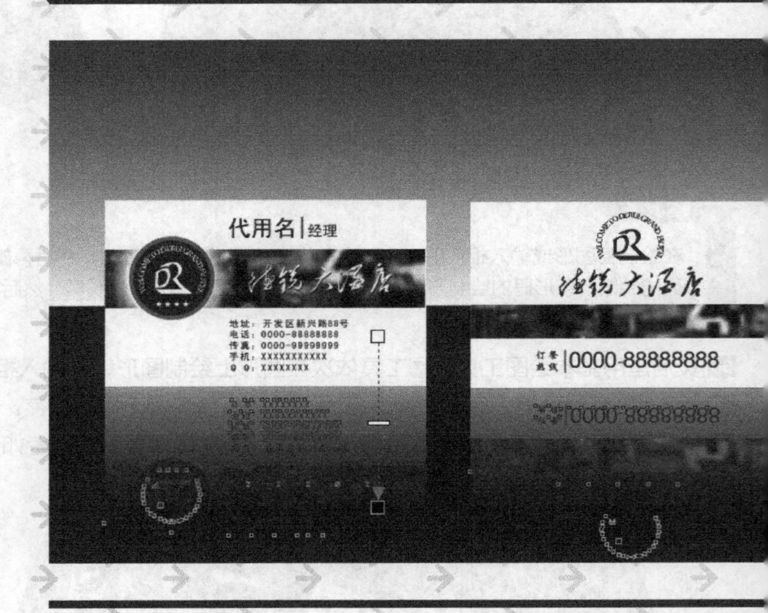

本章通过9个不同类型的案例来了解和学习平面设计中常见作品的设计方法。本章案例相对前面章节内容的案例综合性较强，但设计这些作品时所使用的软件工具和命令都比较简单，只要读者掌握了CorelDRAW X6软件60%的功能就可以顺利地完成这些作品的设计。

实例 192 设计酒店店标

学习目的

利用文本转换为曲线命令及沿路径排列文字的方式，设计酒店店标。

实例分析

- **作品路径** | 作品\第 15 章\酒店店标.cdr
- **视频路径** | 视频\实例 192.avi
- **知识功能** | 巩固学习文字工具的灵活运用
- **制作时间** | 15分钟

操作步骤

01 新建文件。

02 选择字工具，然后选择英文输入法，并在页面中输入“DR”英文字母。

03 在属性栏中的“字体列表”中选择 Calligraph421 BT 字体，字体效果如图 15-1 所示。

04 执行“排列 / 转换为曲线”命令，将文字转换为曲线，此时字母周围将显示出图 15-2 所示的节点。

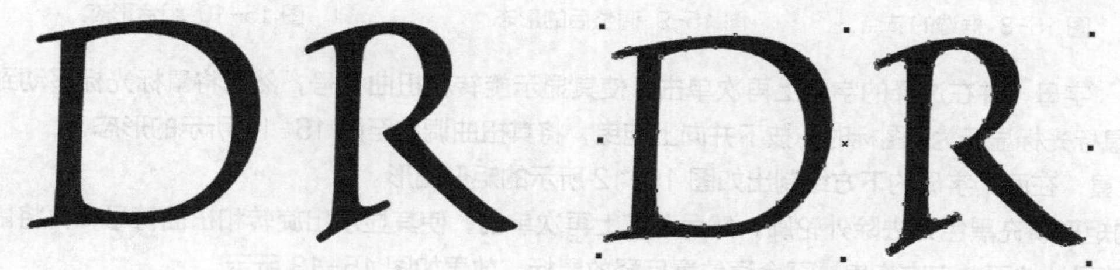

图 15-1 设置字体后的效果　　图 15-2 转换为曲线后的效果

> **提示**
>
> 以上操作是在尽量保持字母形态的情况下，将字母中的节点减少，有利于字母形态的重新调整。

05 选择工具，再单击属性栏中的按钮，全部选择字母中的节点，然后设置“曲线平滑度”选项的参数为 减少节点 18 ，减少节点后的字母效果，如图 15-3 所示。

06 执行“排列 / 拆分曲线”命令，将两个字母分别拆分为单独的字母，效果如图 15-4 所示。

图 15-3 减少节点后的形态　　图 15-4 拆分曲线后的效果

07 利用工具，框选“D”字母，然后单击属性栏中的按钮，还原“D”字母形态。

08 利用工具框选左侧图15-5所示的节点，然后将其向左移动位置，效果如图15-6所示。

09 继续利用工具依次对其他节点进行调整，字母调整后的最终形态如图15-7所示。

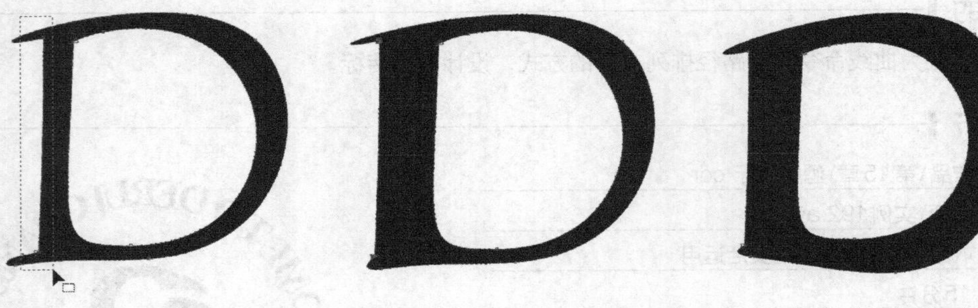

图15-5 调整后的形态　　图15-6 调整后的形态　　图15-7“D”字母调整后的形态

“D”字母调整后，来调整“R”字母。

10 利用工具框选图15-8所示的节点，然后按Delete键删除，再将剩余的节点调整至图15-9所示的形态。

11 将调整后的“R”字母与“D”字母组合，即首先将“D”字母在水平方向上缩小，然后将“R”字母放大调整，组合形态如图15-10所示。

图15-8 框选的节点　　图15-9 调整后的形态　　图15-10 组合形态

12 选择“D”字母，并在选择的字母上再次单击，使其显示旋转和扭曲符号，然后将鼠标光标移动到右侧的扭曲符号处，当鼠标光标显示为图标时，按下并向上拖曳，将其扭曲调整至图15-11所示的形态。

13 选取工具，在两个字母的下方绘制出如图15-12所示的矩形图形。

14 为绘制的矩形填充黑色并去除外轮廓，然后在其上再次单击，使其显示出旋转和扭曲符号，再将鼠标光标放置到下方扭曲符号处按下并向右拖曳，至合适位置后释放鼠标，效果如图15-13所示。

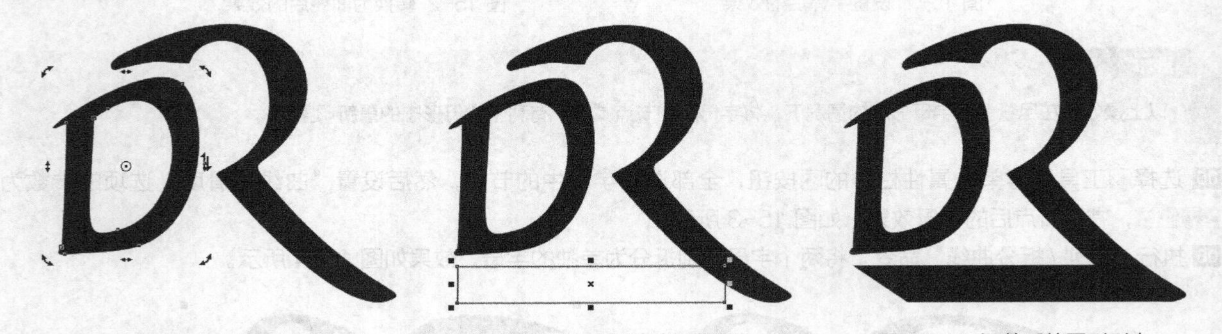

图15-11 扭曲后的形态　　图15-12 绘制的矩形图形　　图15-13 调整后的图形形态

接下来我们来制作沿路径排列的文字效果。

15 利用工具，在图形的周围绘制圆形图形，然后利用工具，输入图15-14所示的英文字母。

16 确认输入的英文字母处于选择状态，执行“文本/使文本适合路径”命令，然后将鼠标光标移动到圆形图形上单击，单击后的效果如图15-15所示。

图 15-14　输入的英文字母

图 15-15　沿路径排列后的效果

提示

利用工具单击圆形图形时，第 1 次会选择路径及文字，第 2 次才能只选择圆形图形。

17 在属性栏中将文字的“字体大小”选项参数调大，然后选取工具，将鼠标光标放置到右下角的位置按下并向左拖曳，缩小字母间的间距，调整后的形态如图 15-16 所示。

18 选择工具，依次在圆形图形上单击，确保只选择圆形图形。

19 将鼠标光标移动到“调色板”上方的位置单击鼠标右键，去除圆形图形的外轮廓，也可按 Delete 键将其删除，效果如图 15-17 所示。

图 15-16　调整字母间距后的效果

图 15-17　删除圆形图形后的效果

20 利用工具，在图形的下方输入“德锐大酒店”文字，然后设置一个独特的字体，即可完成酒店店标的设计，如图 15-18 所示。

21 按 Ctrl+S 组合键，将此文件命名为“酒店店标 .cdr”并保存。

图 15-18　输入的文字

实例总结

通过本例的学习，读者学会了设计酒店店标的方法。需要注意的是，为文字选择不同的字体，生成的最终效果也会不同，这就需要读者在日常生活中，多留心，多观察，提高自己的审美水平，这样才能设计出好的作品。

实例 193 制作名片

学习目的

下面来设计德锐大酒店员工的名片。

实例分析

- **素材路径** | 素材\第15章\酒.jpg
- **作品路径** | 作品\第15章\名片.cdr
- **视频路径** | 视频\实例193.avi
- **知识功能** | 位图调整及其他工具的综合运用
- **制作时间** | 20分钟

操作步骤

01 新建文件。

02 执行“文件/导入”命令，在“导入”对话框中选择资源文件中“素材\第15章”目录下的“酒.jpg”文件，然后单击 导入 按钮，如图15-19所示。

03 执行“位图/模糊/高斯式模糊”命令，弹出“高斯式模糊”对话框，参数设置如图15-20所示。

图15-19 导入的图片

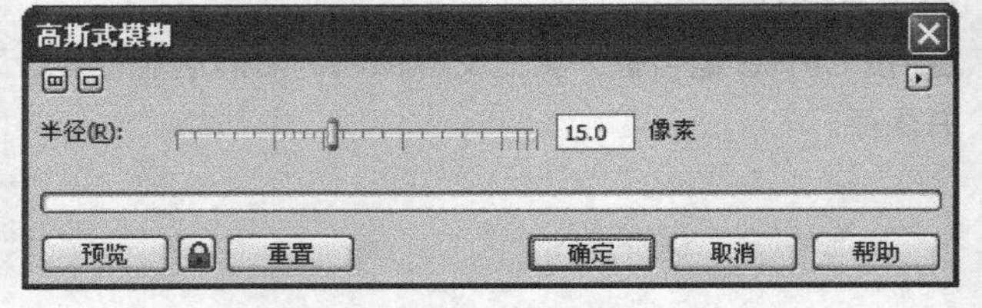

图15-20“高斯式模糊”对话框

> **提示**
>
> 在“高斯式模糊”对话框中激活🔒按钮，设置的模糊效果会直接在画面中显示出来，如不激活此按钮，只能单击 预览 按钮才能看到模糊效果。

04 单击 确定 按钮，模糊效果如图15-21所示。

05 选择工具，然后框选上方的两个节点，将选择的节点向下调整，然后选择下方的两个节点，并向上调整，得到的效果如图 15-22 所示。

图 15-21 模糊后的效果

图 15-22 调整后的图形形态

提示

由于名片的实际大小一般都为 90 mm × 44 mm，所以在设计时也要按照这个尺寸来设计。

06 选择□工具，在页面中绘制矩形图形，然后在属性栏中将“对象大小”设置为 90.0 mm / 54.0 mm。

07 将模糊处理并调整大小后的位图图像移动到矩形图形上，并调整至图 15-23 所示的大小及位置。

08 选择工具，然后利用与步骤 05 ~ 步骤 06 相同的方法，根据矩形的宽度对位图进行调整，再执行“排列 / 顺序 / 向前一层”命令，将位图调整到矩形图形的上方。

09 选择矩形图形，然后为其填充白色并去除外轮廓，再利用○工具绘制出图 15-24 所示的圆形图形。

图 15-23 位图图像调整后的大小及位置

图 15-24 绘制的圆形图形

10 为绘制的圆形图形填充褐色（C:50,M:100,Y:100,K:40），然后在“轮廓笔”对话框中，将轮廓颜色设置为土黄色（C:50,M:40,Y:100），再设置其他选项，如图 15-25 所示。

11 单击 确定 按钮，设置填充色及轮廓后的圆形图形效果，如图 15-26 所示。

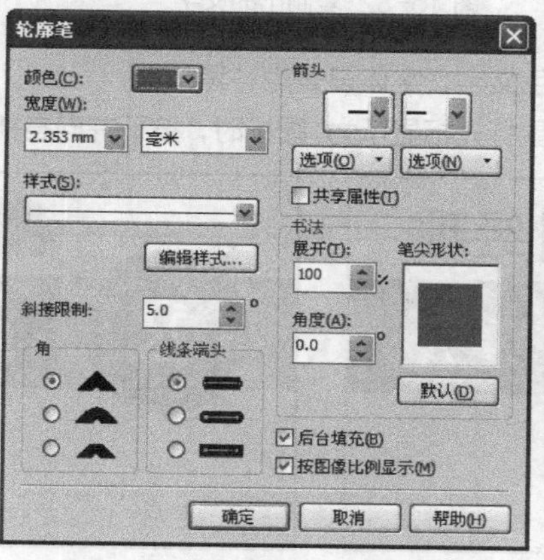

图 15-25 “轮廓笔”对话框

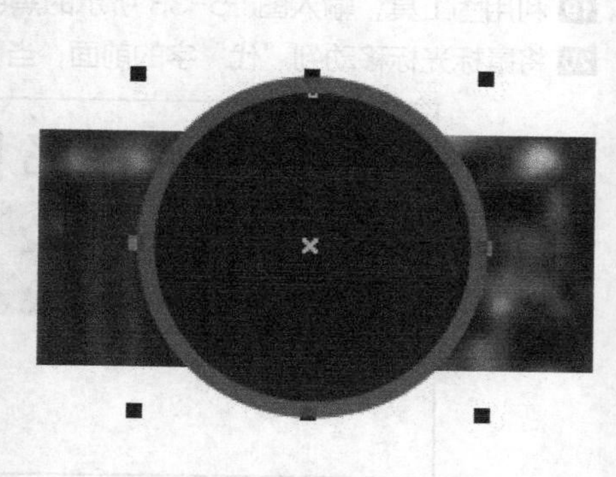

图 15-26 设置后的效果

12 将上一例设计的酒店店标导入到当前文件中，然后按 Ctrl+U 组合键取消群组。

13 选择上方的英文字母，然后将其颜色修改为白色，并调整大小后放置到图 15-27 所示的位置。

14 选择工具，在页面中绘制星形图形，然后为其填充白色并去除外轮廓，调整大小后移动到图 15-28 所示的位置。

15 将星形图形依次向右复制，效果如图 15-29 所示。

图 15-27 店标图形调整后的大小及位置

图 15-28 绘制的星形

图 15-29 重复复制出的星形图形

16 选择圆形图形，利用工具为其添加阴影效果，然后在属性栏中将阴影颜色修改为白色，并设置属性栏参数 100 24，阴影效果如图 15-30 所示。

17 将酒店店标中的“德锐大酒店”文字调整大小后放置到图 15-31 所示的位置。

图 15-30 调整后的阴影效果

图 15-31 文字放置的位置

18 按键盘数字区中的 + 键，将文字在原位置复制，然后将复制文字的颜色修改为白色，并稍微向左上方移动位置，制作立体效果，如图 15-32 所示。

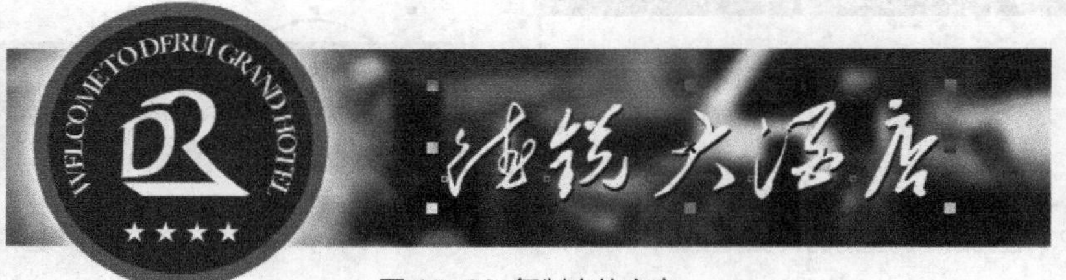

图 15-32 复制出的文字

19 利用工具，输入图 15-33 所示的黑色文字，字体设置为“黑体”。

20 将鼠标光标移动到“代”字的前面，当鼠标光标显示为I图标时，按下并向右拖曳，将图 15-34 所示的文字选择。

图 15-33 输入的文字

图 15-34 选择的文字

21 在属性栏中将“字体大小”设置为“18pt”，然后选择“经理”文字，将“字体大小”设置为“12pt”，效果如图 15-35 所示。

22 继续利用工具，输入图 15-36 所示的黑色文字，“字体”为“黑体”，“字体大小”为“8pt”。

图 15-35 调整字号后的效果

图 15-36 输入的文字

23 选取工具，将鼠标光标放置到左上方的位置处按下并向下拖曳，调整文本的行间距，效果如图 15-37 所示。至此，名片的正面设计完成，整体效果如图 15-38 所示。

图 15-37 调整行间距后的效果

图 15-38 设计的名片

提示

背面中的店标可以直接用上一节设计的店标，然后分别修改颜色和大小即可。

24 用相同的方法设计出名片的背面效果，如图 15-39 所示。

25 利用、工具及“排列 / 顺序 / 到图层后面”命令，为名片图形添加图 15-40 所示的背景。

图 15-39 设计的名片背面效果

图 15-40 设计的名片效果

26 将名片全部选择，在垂直方向上向下镜像复制，然后按 Ctrl+G 组合键群组，再利用工具为复制出的图形添加图 15-41 所示的透明效果，制作出名片的倒影效果。

27 按 Ctrl+S 组合键，将此文件命名为“名片 .cdr”并保存。

图 15-41 制作的倒影效果

实例总结

本例学习了名片的设计方法，在设计过程中，对位图进行编辑的命令及制作倒影效果的方法是本例的重点，希望读者能将其熟练掌握。

实例 194 绘制卡通吉祥物

学习目的

灵活运用“渐变填充”工具为绘制的图形填充颜色，制作一个漂亮的卡通图形。

实例分析

- **作品路径** | 作品\第15章\卡通.cdr
- **视频路径** | 视频\实例194.avi
- **知识功能** | 巩固学习“渐变填充”工具的灵活运用
- **制作时间** | 10分钟

操作步骤

01 新建文件。

02 利用工具绘制一个圆形图形，然后单击按钮，在弹出的列表中选取工具，在弹出的“渐变颜色”对话框中设置渐变颜色及选项参数，如图 15-42 所示。

03 单击 确定 按钮，为绘制的圆形填充渐变色，去除外轮廓后的效果如图 15-43 所示。

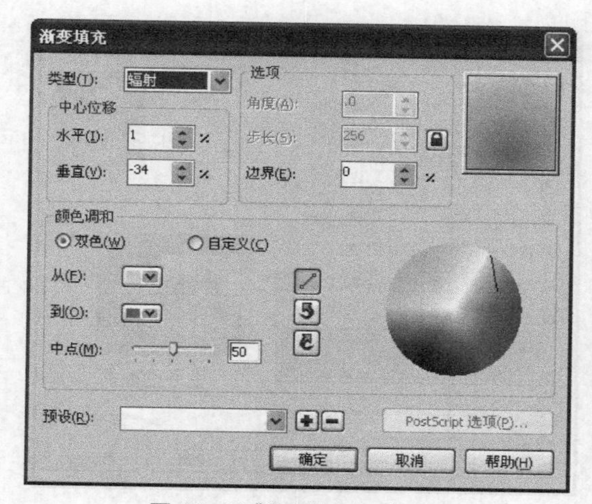

图 15-42“渐变颜色”对话框

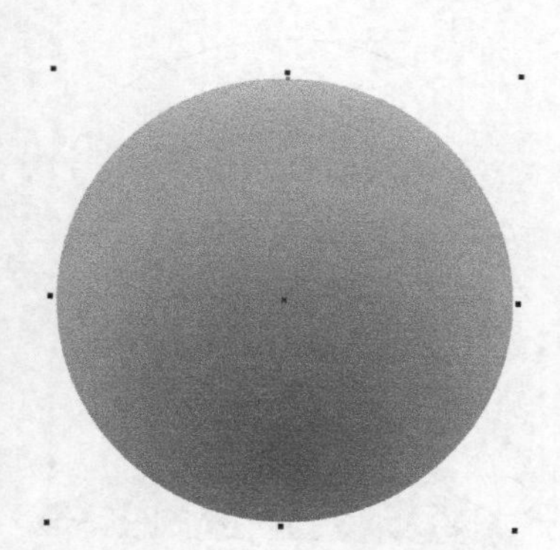

图 15-43 填充渐变色后的效果

04 利用和工具在圆形图形的左上方绘制出图 15-44 所示的图形。

05 单击按钮，再选取工具，然后在弹出的“渐变颜色”对话框中设置渐变颜色及选项参数，如图 15-45 所示。

图 15-44 绘制的图形

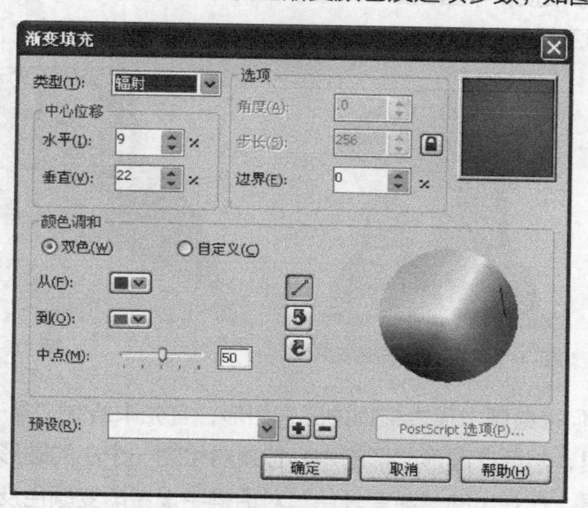

图 15-45 设置的渐变颜色及选项参数

06 单击 确定 按钮，图形填充渐变色后的效果如图 15-46 所示。

07 去除图形的外轮廓，然后将其在水平方向上镜像复制，并将复制出的图形向右移动至图 15-47 所示的位置。

图 15-46 填充渐变色后的效果

图 15-47 镜像复制出的图形

08 继续利用和工具在圆形图形的上方绘制出图 15-48 所示的图形。

09 选取工具，在弹出的“渐变颜色”对话框中设置渐变颜色及选项参数，如图 15-49 所示。

10 单击 确定 按钮，图形填充渐变色后的效果如图 15-50 所示。

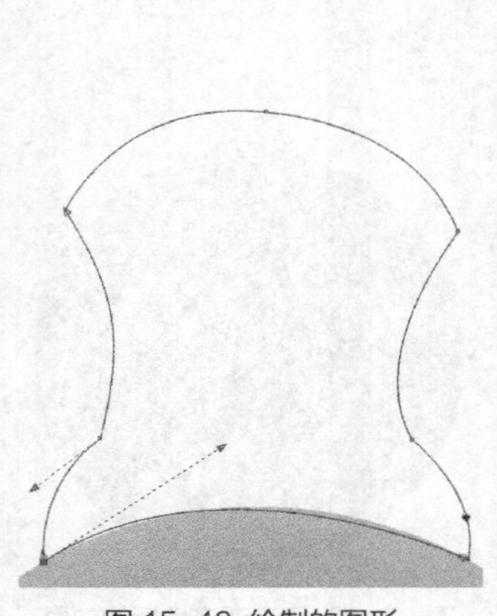

图 15-48 绘制的图形

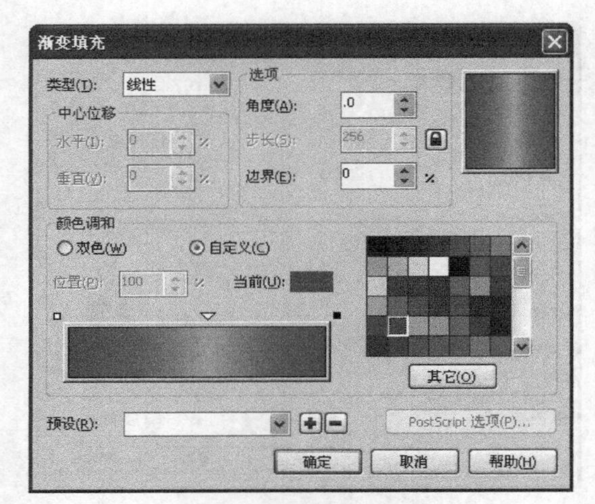

图 15-49 设置的渐变颜色

11 去除图形的外轮廓，然后执行“排列 / 顺序 / 到图层后面”命令，将其调整至圆形图形的下方，再向下移动位置，使其与圆形图形相接，不留空白。

12 利用和工具绘制出图 15-51 所示的红色无外轮廓图形。

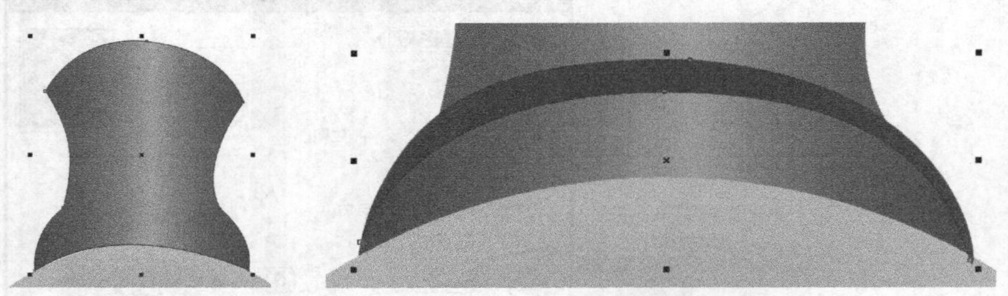

图 15-50 填充后的效果　　图 15-51 绘制的红色图形

下面，我们来绘制卡通吉祥物的五官图形，首先来绘制“鼻子”和“嘴巴”图形。

13 选取工具，然后在圆形图形的中心位置再绘制一个小的圆形图形，作为卡通图形的“鼻子”。

14 选取工具，在弹出的“渐变颜色”对话框中设置渐变颜色及选项参数，如图 15-52 所示。

15 单击 确定 按钮，并去除图形的外轮廓，效果如图 15-53 所示。

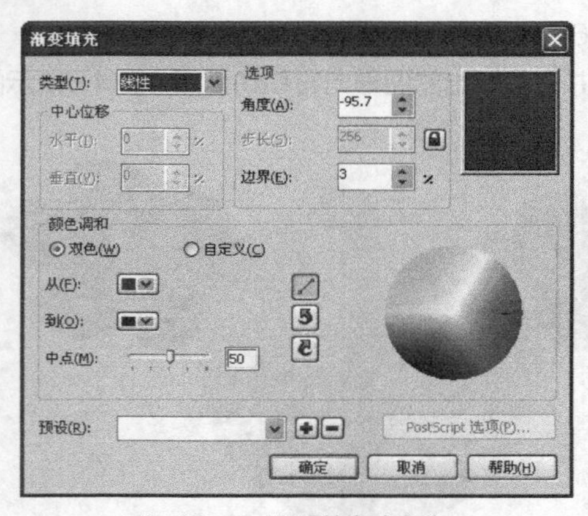

图 15-52 设置的渐变颜色

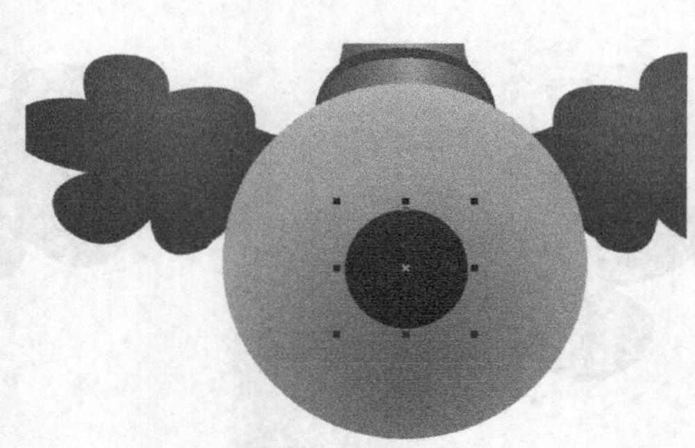

图 15-53 填充渐变色后的效果

16 继续利用工具，在小圆形图形上再绘制出图 15-54 所示的白色无外轮廓椭圆形。

17 选取工具，然后将鼠标光标移动到椭圆形的上方按下并向下方拖曳，为其添加图 15-55 所示的交互式透明效果。

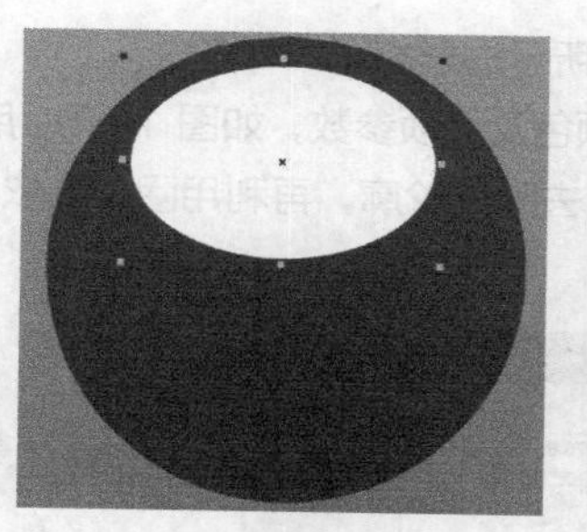

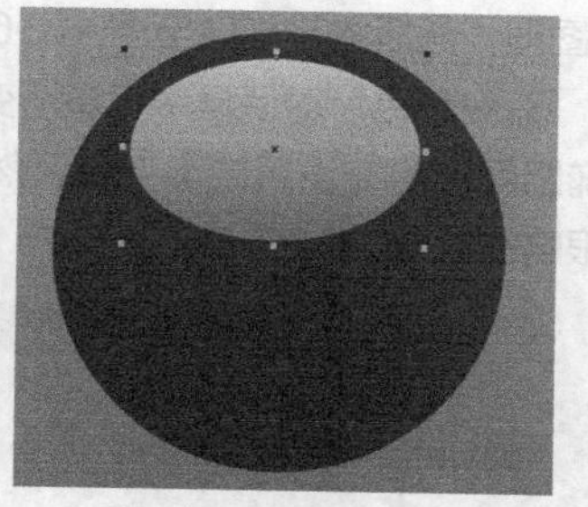

图 15-54　绘制的椭圆形图形　　图 15-55　添加交互式透明后的效果

18 利用和工具在“鼻子”图形的下方再依次绘制出图 15-56 所示的“嘴巴”图形。

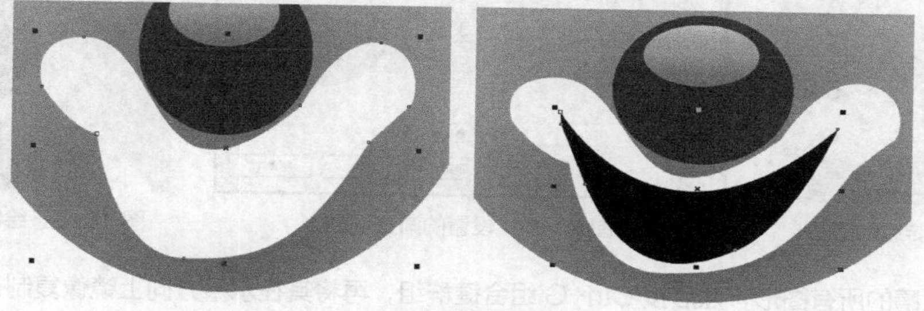

图 15-56　绘制的嘴图形

下面来绘制眼睛图形。

19 利用和工具绘制“眼眶”图形，然后利用工具为其填充线性渐变色，再去除外轮廓，设置的渐变颜色及效果如图 15-57 所示。

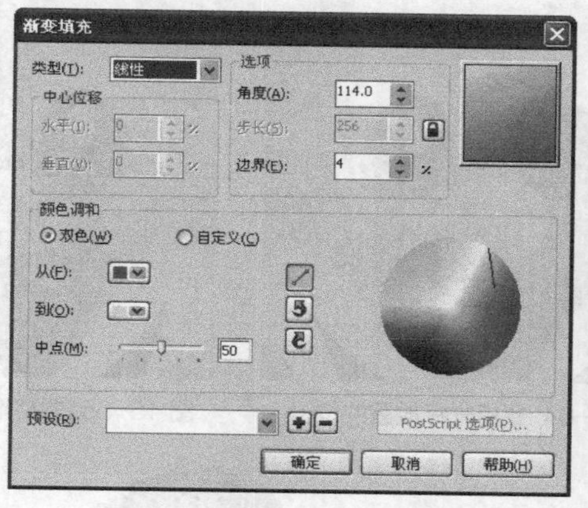

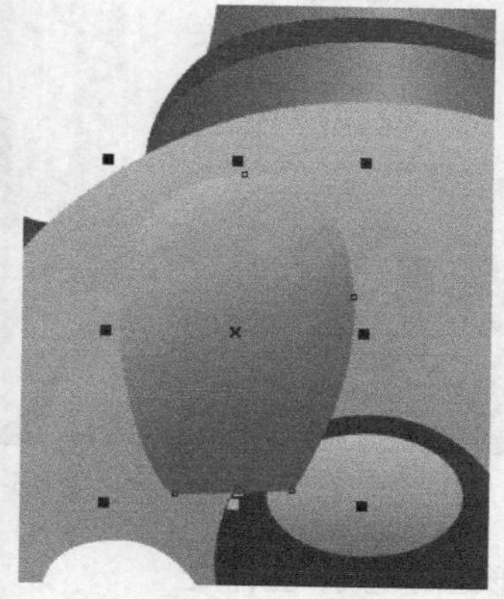

图 15-57　设置的渐变颜色及填充后的效果

20 按键盘数字区中的 + 键，将“眼眶”图形在原位置复制，然后选取工具，在弹出的“渐变填充”对话框中修改渐变颜色，如图 15-58 所示。

21 单击 确定 按钮，为复制出的图形修改渐变色，再利用工具将其调整至图 15-59 所示的形态。

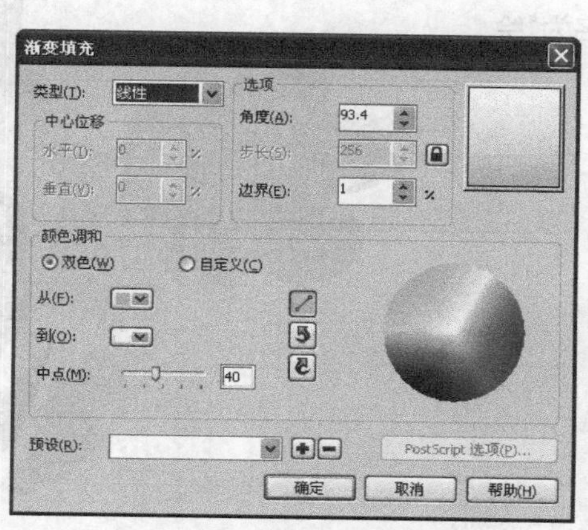

图 15-58　设置的渐变颜色

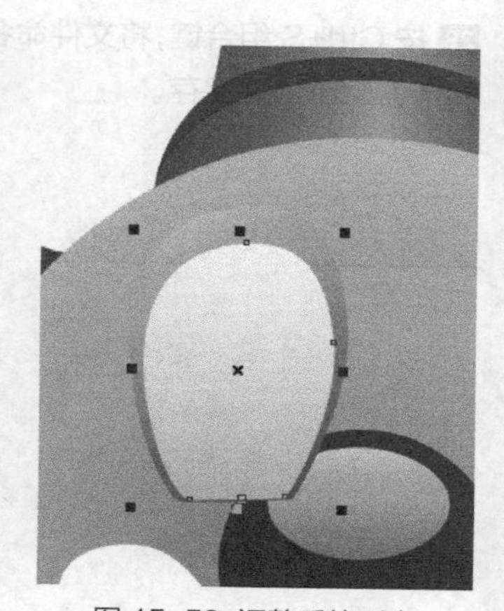

图 15-59　调整后的形态

22 利用工具绘制椭圆形图形，然后将其旋转至图 15-60 所示的形态。

23 选取工具，在弹出的“渐变颜色”对话框中设置渐变颜色及选项参数，如图 15-61 所示。

24 单击 确定 按钮，为椭圆图形填充设置的渐变色，然后去除外轮廓，再利用工具依次绘制出图 15-62 所示的椭圆形图形，完成单个眼睛的绘制。

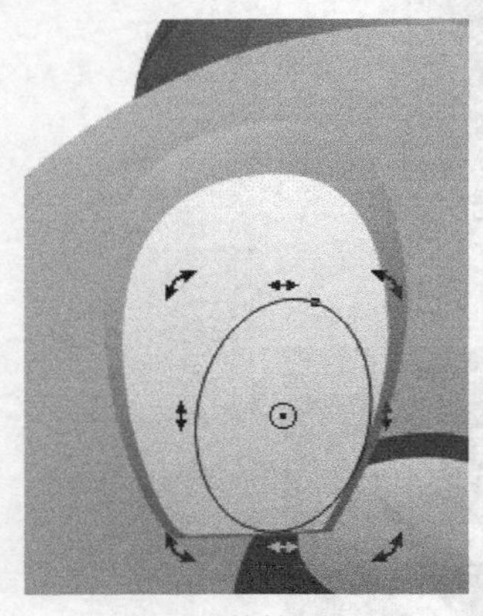

图 15-60 旋转后的形态

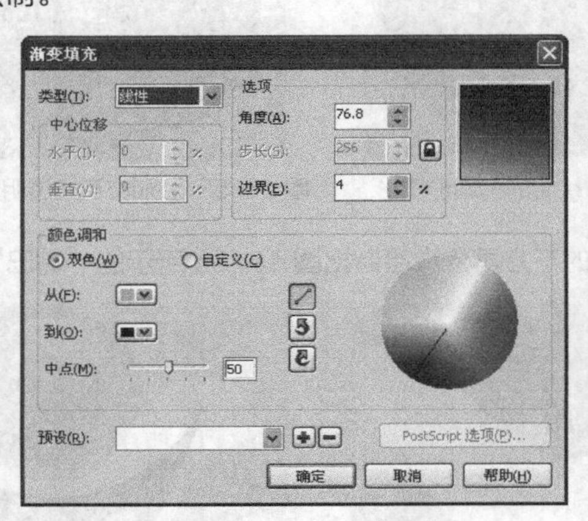

图 15-61 设置的渐变颜色

图 15-62 绘制的椭圆形图形

25 同时选择作为眼睛的所有图形，然后按 Ctrl+G 组合键群组，再将其在水平方向上镜像复制。

26 将复制出的图形向右移动至图 15-63 所示的位置。

27 利用工具同时选择两组眼睛图形，然后执行“排列 / 顺序 / 置于此对象后”命令，并将鼠标光标移动到图 15-64 所示的小圆形图形上单击，将“眼睛”图形调整至“鼻子”图形的后面，如图 15-65 所示。

图 15-63 复制出的图形

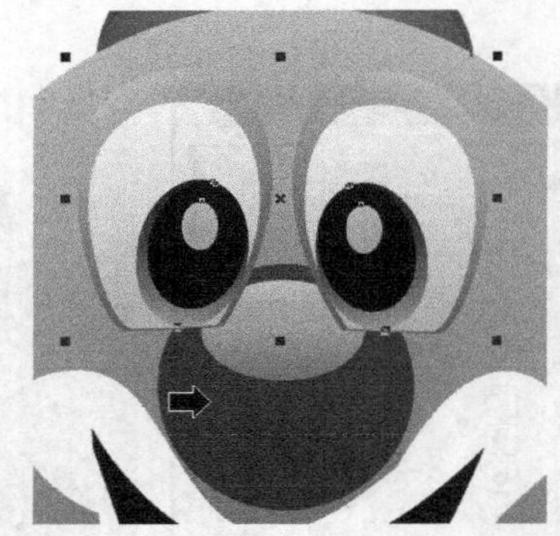

图 15-64 鼠标光标放置的位置

图 15-65 调整堆叠顺序后的效果

至此，卡通图形绘制完成，整体效果如图 15-66 所示。

28 按 Ctrl+S 组合键，将文件命名为“绘制卡通 .cdr”并保存。

图 15-66 绘制完成的卡通图形

实例总结

本实例灵活运用“渐变填充”工具绘制了卡通图形，希望读者能通过学习本例，将此工具熟练掌握。

实例 195　设计体验券

学习目的

下面灵活运用“文本”工具结合以前学过的工具及菜单命令来设计一个体验券。

实例分析

- **作品路径** | 作品\第 15 章\体验券 .cdr
- **视频路径** | 视频\实例 195.avi
- **知识功能** | 学习设计体验券
- **制作时间** | 30 分钟

操作步骤

01 新建文件，并将页面设置为横向。

02 利用工具绘制出图 15-67 所示的矩形图形，轮廓颜色为紫红色（C:20,M:80,K:20），轮廓宽度为“2.0 mm”。

03 利用工具为矩形图形填充由蓝色（C:100,M:100）到洋红色（M:100）的线性渐变色，效果如图 15-68 所示。

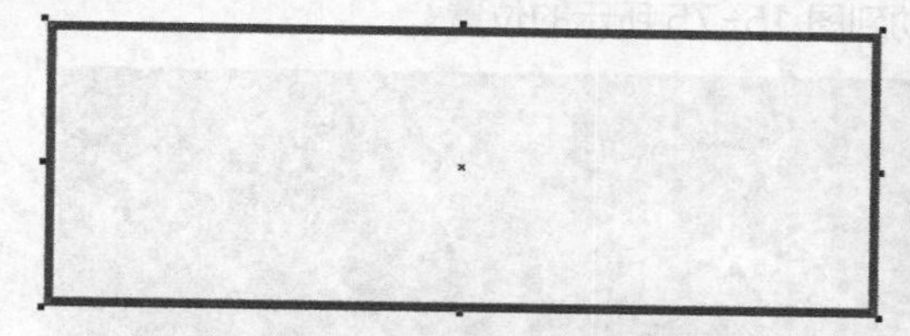

图 15-67　绘制的矩形图形

图 15-68　填充渐变色后的效果

04 选取工具，在矩形图形的左上角绘制圆形图形，然后为其填充紫色（C:60,M:80），并去除外轮廓，效果如图 15-69 所示。

05 将圆形图形复制并移动到矩形图形的右上角位置，然后将其颜色修改为粉红色（M:80,Y:40）。

06 利用工具将两个圆形图形进行调和，然后将属性栏中的“调和步长数”选项设置为“13”，得到的效果如图 15-70 所示。

图 15-69　绘制的圆形图形

图 15-70　调和后的效果

07 将圆形图形依次向下移动复制，效果如图 15-71 所示。

08 利用工具将圆形图形全部选中，然后按 Ctrl+G 组合键群组，再执行“效果 / 图框精确剪裁 / 置于图文框内部”命令，将鼠标光标移动到矩形图形上单击，将圆形图形置入矩形图形中，如图 15-72 所示。

09 利用工具，在矩形图形的左侧再绘制矩形图形，然后为其填充渐变色并去除外轮廓，设置渐变颜色及填充后的效果如图 15-73 所示。

图 15-71 复制出的圆形图形

图 15-72 置入矩形图形中的效果

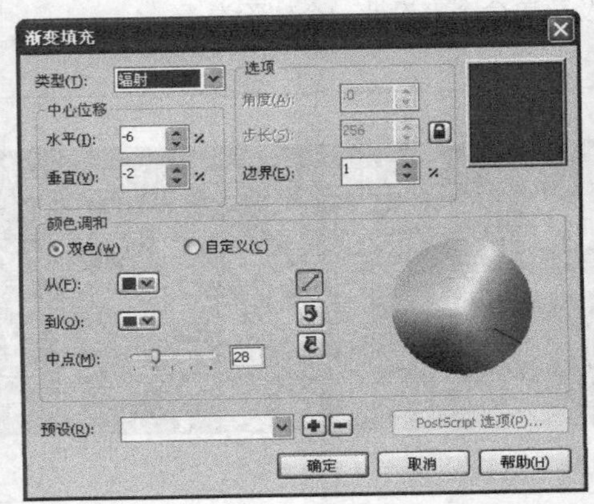

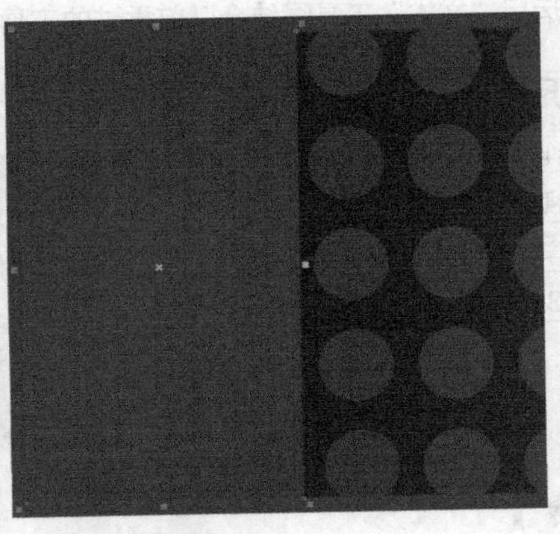

图 15-73 设置的渐变颜色及填充后的效果

10 按 Ctrl+I 组合键，将资源文件中“素材\第 15 章”目录下名为“图案.cdr”的文件导入，然后为其填充图 15-74 所示的渐变色。

11 单击确定按钮，然后将图案调整至合适的大小后移动到图 15-75 所示的位置。

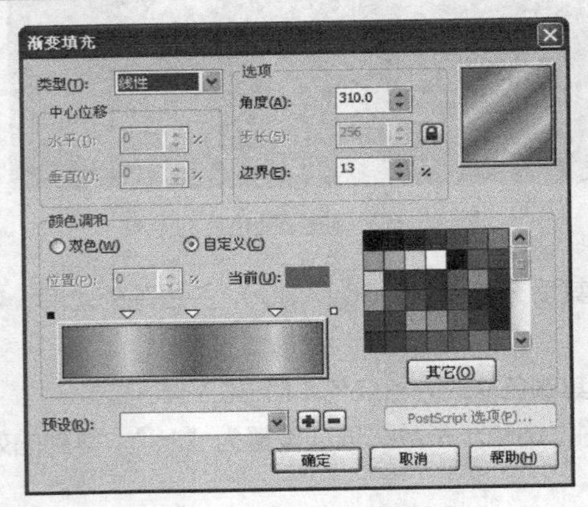

图 15-74 图案填充的渐变色

图 15-75 调整后的大小及位置

12 选取工具，然后为图案添加图 15-76 所示的阴影效果。

13 利用工具，在图案上方输入图 15-77 所示的数字。

14 按 Ctrl+Q 组合键，将输入的数字转换为曲线，然后为其填充图 15-78 所示的由黄色（Y:100）到白色的线性渐变色。

15 选取工具，然后为数字添加图 15-79 所示的阴影效果。

16 利用工具依次输入白色和洋红色（M:100）文字，然后利用工具绘制圆角矩形，并调整至洋红色文字的下方，如图 15-80 所示。

17 灵活运用各绘图工具和工具，在图形的左上角位置绘制出图 15-81 所示的白色无外轮廓图形。

图 15-76 添加的阴影效果

图 15-77 输入的数字

图 15-78 填充的渐变色

图 15-79 添加的阴影效果

图 15-80 输入的文字及绘制的圆角矩形

图 15-81 绘制的图形

18 利用工具输入“体验券”文字，然后执行“编辑 / 复制属性自”命令，在弹出的“复制属性自”对话框中勾选“填充”选项，然后单击 确定 按钮。

19 将鼠标光标移动到最下方的矩形图形上单击，复制该图形的填充色，然后选取工具，并将属性栏中的“角度”值设置为“180”，修改后的文字填充效果如图 15-82 所示。

20 利用工具，缩小文字的字间距，然后利用“效果 / 添加透视”命令，将文字调整至图 15-83 所示的形态。

体验券

图 15-82 填充的渐变色

体验券

图 15-83 调整后的透视形态

21 利用和工具绘制出图 15-84 所示的图形，然后为其填充图 15-85 所示的渐变色。

图 15-84 绘制的图形

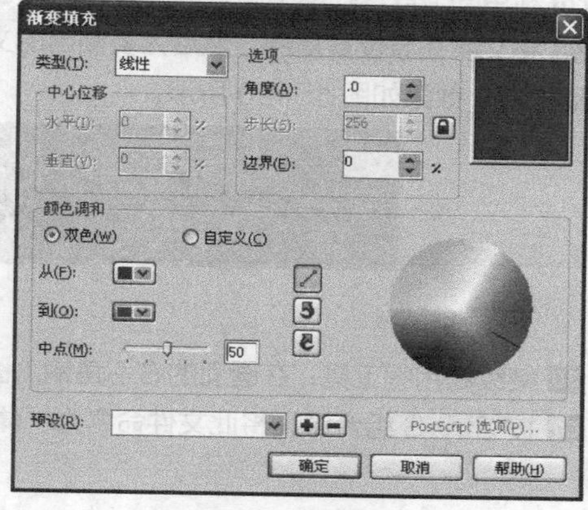

图 15-85 设置的渐变色

22 单击确定按钮，并去除图形的外轮廓，效果如图 15-86 所示。

23 继续利用和工具，在“券”字位置绘制图形，然后为其填充渐变色并去除外轮廓，设置的渐变颜色及填充后的效果如图 15-87 所示。

24 同时选择步骤 23 绘制的图形与“体验券”文字，然后单击属性栏中的按钮，用图形对文字进行修剪。

图 15-86 填充渐变色后的效果

图 15-87 设置的渐变颜色及填充后的效果

25 选择图形并向右稍微移动位置，然后再绘制图 15-88 所示的蓝色（C:100,M:100）无外轮廓图形。

26 将“体验券”文字及左右两侧的图形同时选择并群组，然后调整合适的大小后移动到矩形图形中。

27 利用工具，为群组后的图形添加图 15-89 所示的白色外轮廓。

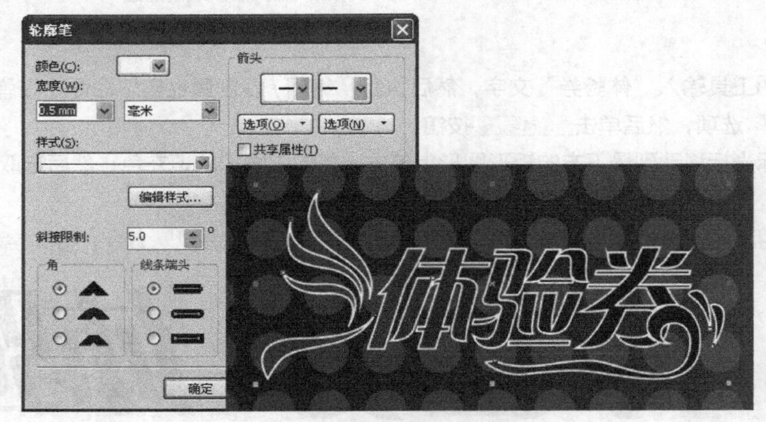

图 15-88 绘制的图形

图 15-89 添加的外轮廓效果

28 利用工具，在群组图形的上方输入黑色的“现代艺术培训中心 绝色舞蹈健身房”文字。

29 将文字在原位置复制，然后为复制出的文字填充由白色到酒绿色（C:40,Y:100）的线性渐变色，并稍微向上移动位置，效果如图 15-90 所示。

图 15-90 复制出的文字

30 继续利用工具，在画面的右下角输入图 15-91 所示的白色文字，即可完成体验券的设计。

31 按 Ctrl+S 组合键，将此文件命名为“体验券设计 .cdr”并保存。

图 15-91 输入的文字

实例总结

通过本案例的制作，读者学习了体验券的设计方法。在该案例中制作背景中的小圆形及制作主题效果字是需要掌握的重点内容，希望读者将其掌握。

实例 196 设计报纸广告

学习目的

学习报纸广告的设计方法。

实例分析

- **作品路径** | 作品\第 15 章\报纸广告.cdr
- **视频路径** | 视频\实例 196.avi
- **知识功能** | 学习报纸广告的设计方法
- **制作时间** | 20 分钟

操作步骤

01 新建文件，将页面设置为横向，然后利用□工具依次绘制出图 15-92 所示的深绿色（C:90,M:30,Y:55,K:5）矩形和黄色（Y:100）图形。

02 将资源文件中“作品\第 07 章”目录下名为“艺术字”的文件导入，然后按住 Ctrl 键单击文字，并按 Delete 键删除，再将剩下的图形调整大小后放置到图 15-93 所示的位置。

图 15-92 绘制的图形

图 15-93 艺术字放置的位置

03 选取□工具，为艺术字添加轮廓效果，然后设置属性栏参数，如图 15-94 所示。

图 15-94 设置的属性参数

04 艺术字添加轮廓后的效果如图 15-95 所示。

05 执行“排列 / 拆分轮廓图群组”命令，将艺术字与轮廓拆分，然后单击属性栏中的按钮，将轮廓解组，并分别修改轮廓图形的颜色为白色和青色（C:100），如图 15-96 所示。

图 15-95 添加的轮廓效果

图 15-96 修改轮廓颜色后的效果

06 利用工具在图形的左上方绘制青色（C:100）矩形图形，然后利用工具为其添加图 15-97 所示的透明效果。

07 利用工具，在矩形条上及其下方依次输入图 15-98 所示的文字。

图 15-97 为绘制的图形添加透明效果

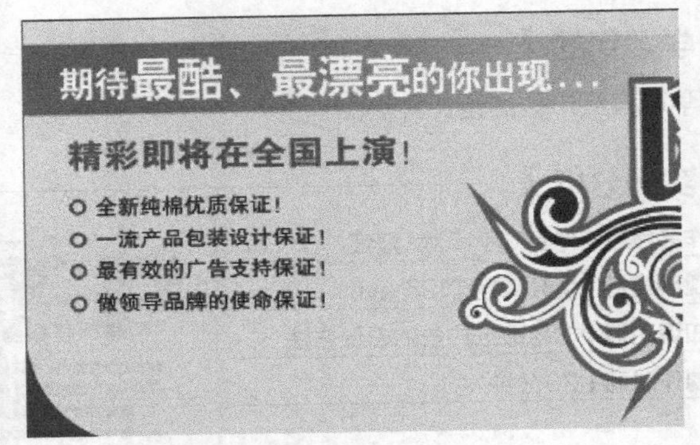

图 15-98 输入的文字

08 继续利用工具输入文字，然后利用工具及移动复制操作，在文字的两端添加圆形图形，如图 15-99 所示。

09 利用工具将两个圆形图形调和，并设置属性参数，调和效果如图 15-100 所示。

图 15-99 输入的文字及绘制的图形

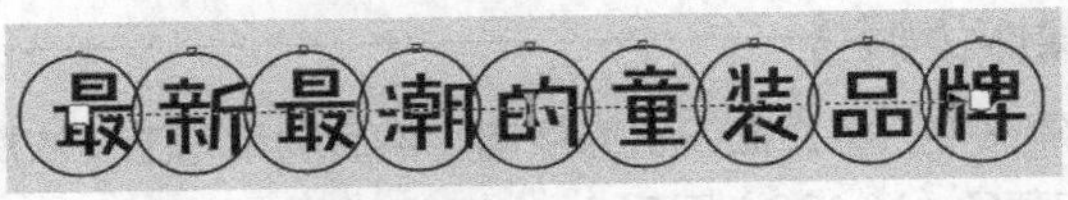

图 15-100 调和效果

10 执行“排列 / 拆分调和群组”命令将调和图形拆分，再单击属性栏中的按钮，将调和图形合并为一个整体，如图 15-101 所示。

11 为图形填充青色（C:100），并去除外轮廓，然后调整至文字的下方。

12 将文字的颜色修改为白色，然后同时选择图形与文字，调整大小后放置到图 15-102 所示的位置。

图 15-101 结合后的图形效果

图 15-102 文字与图形放置的位置

13 利用字工具在深绿色（C:100，Y:100，K:50）图形下方输入白色的文字，然后将资源文件中“素材\第 15 章”目录下名为“蝴蝶 .cdr”的文件导入，调整大小后放置到图 15-103 所示的位置，即可完成报纸广告的设计。

14 按 Ctrl+S 组合键，将此文件命名为“报纸广告 .cdr”并保存。

图 15-103 设计的报纸广告

实例总结

通过本实例的学习，读者学会了报纸广告的设计方法。由于报纸广告多为黑白效果，因此在设计时，作品的底色要用浅色，主题文字可使用深色，以产生对比，这样更能显示出文字效果，希望读者注意。

实例 197 设计通信广告

学习目的

下面来学习通信类广告的设计方法。

实例分析

- **作品路径** | 作品\第 15 章\通信广告 .cdr
- **视频路径** | 视频\实例 197.avi
- **知识功能** | 学习通信广告的设计方法
- **制作时间** | 20 分钟

操作步骤

01 新建文件，并将页面设置为横向。

02 将资源文件中“素材\第 15 章”目录下名为“远山 .jpg”的文件导入，然后利用□和◪工具在其下方绘制出图 15-104 所示的深黄色（M:20,Y:100）图形。

03 灵活运用◺、◪和字工具，绘制箭头图形并输入文字，效果如图 15-105 所示。

图 15-104 导入的图片及绘制的图形

图 15-105 绘制的箭头图形及输入的文字

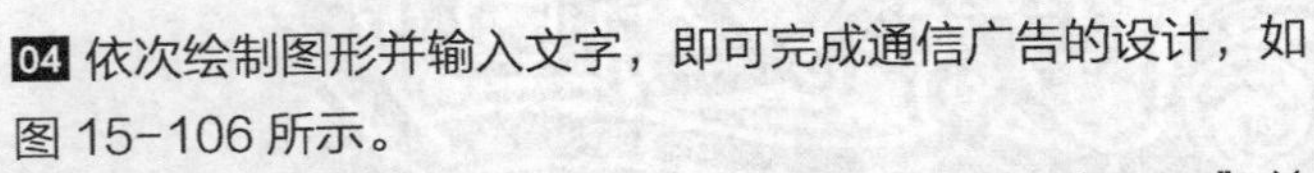

04 依次绘制图形并输入文字，即可完成通信广告的设计，如图 15-106 所示。

05 按 Ctrl+S 组合键，将此文件命名为“通信广告 .cdr”并保存。

图 15-106 设计的通信广告

实例总结

本例学习了通信广告的设计方法，在排版时，要注意文字的字号大小设置、字体和颜色的设置，以及外轮廓的添加。

实例 198 设计手机宣传单页

学习目的

灵活运用前面学习的工具及菜单命令设计手机宣传单页。

实例分析

- **作品路径** | 作品\第 15 章\宣传单页.cdr
- **视频路径** | 视频\实例 198.avi
- **知识功能** | 学习宣传单页的设计方法
- **制作时间** | 20分钟

操作步骤

01 新建文件，灵活运用基本绘图工具、“渐变填充”工具和“透明度”工具绘制手机图形，然后利用“效果 / 图框精确剪裁”命令为手机置入待机画面，再利用工具依次输入相关文字，即可完成手机的绘制，如图 15-107 所示。

02 灵活运用“文字”工具、“矩形”工具、“表格”工具及“文本 / 插入符号字符”命令，输入宣传单页中的文字并绘制相关图形，即可完成宣传单页的设计。

03 按 Ctrl+S 组合键，将此文件命名为“宣传单页 .cdr”并保存。

图 15-107　绘制的手机图形

实例总结

在设计手机的宣传单页时，读者可以灵活运用学习的基本绘图工具来绘制手机图形，这样可以有效地锻炼自己的绘图技巧，并检查对本书所学知识内容的掌握情况。当然也可以直接导入资源文件中“作品\第 15 章”目录下名为“手机 .cdr”的文件。在制作图中的表格时，要灵活运用“表格”工具。

实例 199　设计地产海报

学习目的

本实例是设计地产海报，制作中操作非常简单，只需要把准备的素材图片置入文件中，再输入文字进行排版即可。

实例分析

- **素材路径** | 素材\第 15 章\广告背景 .jpg
- **作品路径** | 作品\第 15 章\地产海报 .cdr
- **视频路径** | 视频\实例 199.avi
- **知识功能** | 学习地产海报的设计方法
- **制作时间** | 15 分钟

操作步骤

01 新建文件，将资源文件中“素材\第 15 章”目录下名为“广告背景.jpg”的文件导入，然后将资源文件中“作品\第 04 章”目录下名为“地产标志.cdr”的文件导入，调整大小后放置到广告背景的左上角位置。

02 利用字工具依次输入文字并编排，即可完成地产海报的设计，如图 15-108 所示。

03 按 Ctrl+S 组合键，将此文件命名为“地产海报.cdr”并保存。

图 15-108 设计的地产海报效果

实例总结

本例学习了地产海报的设计方法，这种海报的制作相当简单，有合适的底图效果再添加相应的说明性文字即可。另外，图中“实现你的假日梦想”文字效果的制作方法，与“实例 196”中为艺术字添加轮廓的方法相同。

实例 200 设计地产广告

学习目的

本实例来设计地产广告的，读者可以学习到地产广告中版面的编排设计、文字效果的处理及图片处理方法等。

实例分析

- **作品路径** | 素材\第 15 章\草坪.jpg、效果图 001.jpg、效果图 002.jpg、效果图 003.jpg、效果图 004.jpg 和效果图 005.jpg 以及地产广告素材.cdr
- **视频路径** | 视频\实例 200.avi
- **知识功能** | 学习地产广告中版面的编排设计、文字效果的处理及图片处理方法等
- **制作时间** | 40 分钟

操作步骤

01 新建文件，将资源文件中“素材 \ 第 15 章”目录下名为“草坪 .jpg”的文件导入。

由于导入的图片太亮，需要在其上方绘制一个图形并设置透明度后，来降低图像的亮度。

02 利用工具根据导入图片的大小，绘制相同大小的矩形图形，并为其填充深绿色（C:100,Y:100,K:50），然后利用工具为其添加标准的透明效果。

03 将资源文件中“素材 \ 第 15 章”目录下名为“效果图 001.jpg”的文件导入，调整大小及角度后放置到图 15-109 所示的位置。

04 利用工具依次调整图像的角点，并隐藏超出草坪外的图像，如图 15-110 所示。

图 15-109 导入图片放置的位置

图 15-110 调整后的形态

05 利用工具根据调整后的图片形态，绘制出图 15-111 所示的白色图形，即为图像添加一个白色的外轮廓。

06 依次将资源文件中“素材 \ 第 15 章”目录下名为“效果图 002.jpg”“效果图 003.jpg”“效果图 004.jpg”和“效果图 005.jpg”的文件导入，并利用与步骤 03 ~步骤 05 相同的方法，对其进行调整，得到的效果如图 15-112 所示。

图 15-111 绘制的图形

图 15-112 制作的图形效果

07 利用工具依次在画面中输入文字并进行编排，然后绘制线形，再利用工具为“特惠 7 折”文字添加阴影效果，如图 15-113 所示。

08 将资源文件中“素材 \ 第 15 章”目录下名为“地产广告素材 .cdr”的文件导入，取消群组后，分别将标志、地图及电器等图片放置到合适的位置，然后利用与“实例 130”的相同方法，为画面添加星光效果，即可完成地产广告的设计。

09 按 Ctrl+S 组合键，将此文件命名为“地产广告 .cdr”并保存。

图 15-113 输入的文字及绘制的线形

实例总结

本案例中的素材内容很多，画面设计比较复杂，读者可以根据资源文件中提供的素材来自己组织排版，这样可以很好地锻炼自己的设计能力。需要注意的是，该作品中的素材内容虽然比较多，但并没有操作上的技术难度，只要读者认真仔细地去操作，相信都能够完成作品的最终效果。

至此，本书的全部内容介绍完毕。相信学习本书没有让读者感到失望，本书所提供的案例学习及操作技巧，希望能够为您将来的工作带来帮助。

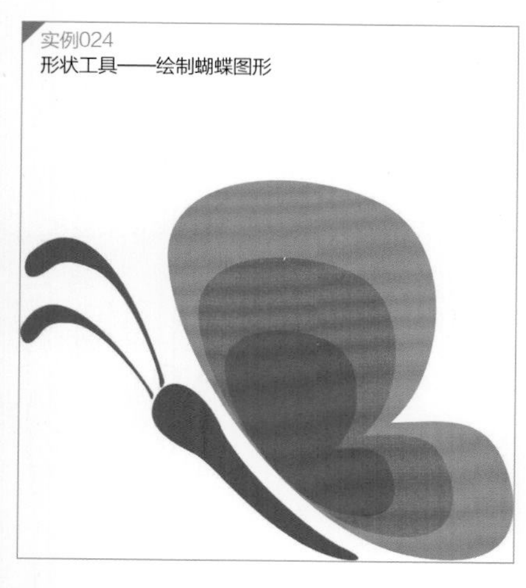
实例024
形状工具——绘制蝴蝶图形

实例055
交互填充工具——绘制信鸽图形

实例040
多边形工具——绘制花图形

实例030
钢笔工具——绘制花图案

实例050
渐变填充工具——制作渐变按钮

实例094
修整工具——标志设计

实例041
星形工具——绘制五角星

实例034
综合案例——绘制脸谱

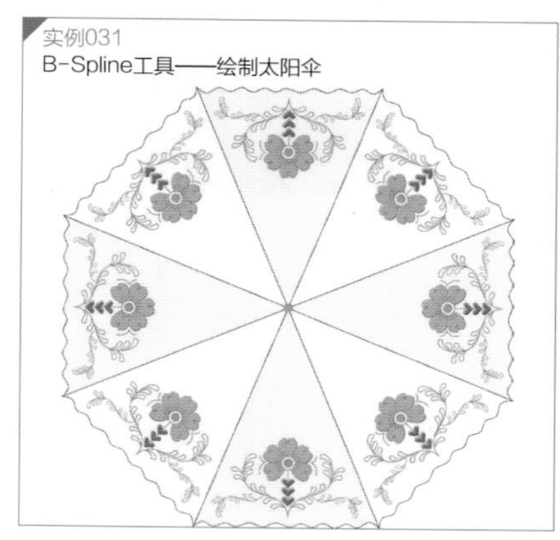
实例031
B-Spline工具——绘制太阳伞

实例059
综合案例——设计信纸

实例029
艺术笔工具喷涂——绘制艺术边框

实例056
交互式网状填充工具——制作背景

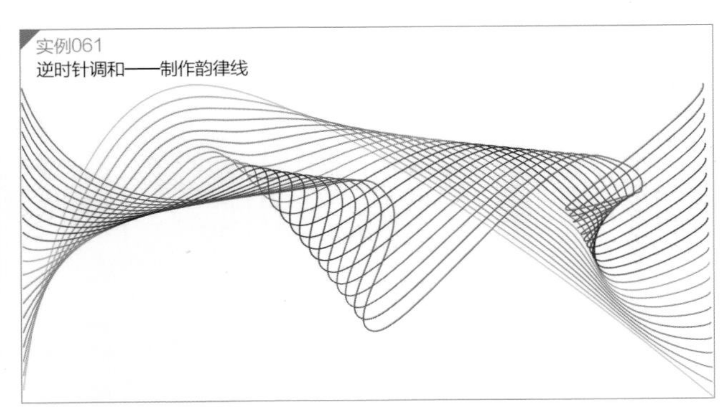
实例061
逆时针调和——制作韵律线

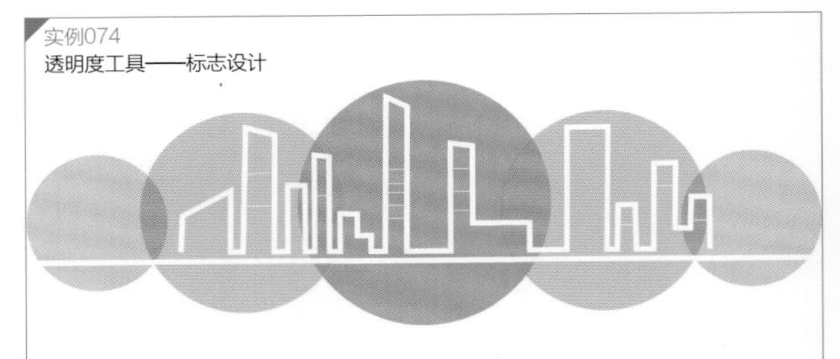

实例074
透明度工具——标志设计

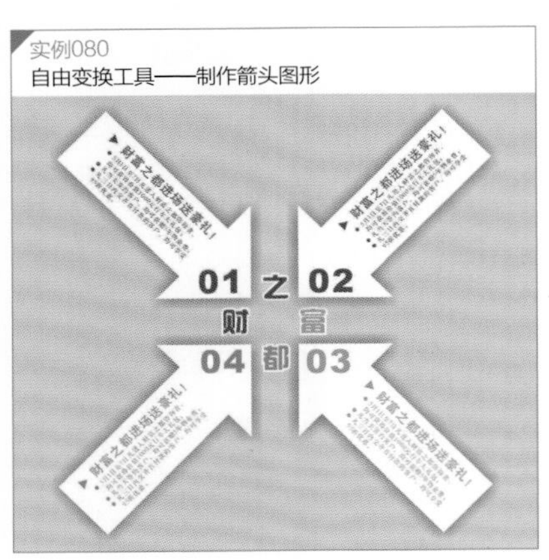

实例080
自由变换工具——制作箭头图形

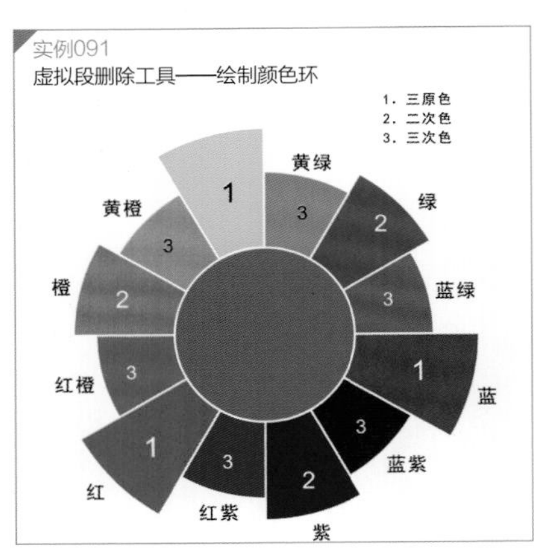

实例091
虚拟段删除工具——绘制颜色环

实例093
造型命令——制作邮票效果

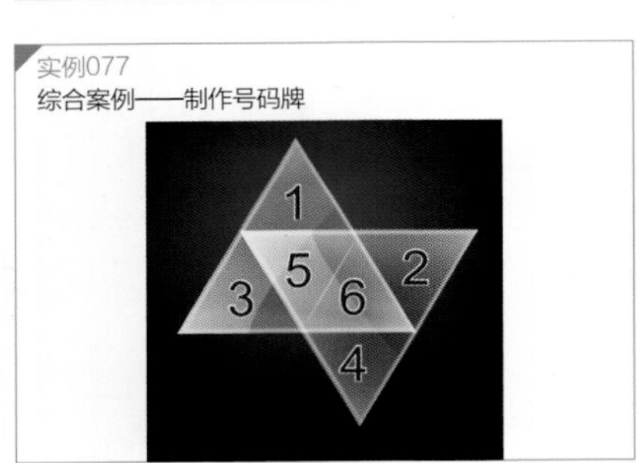

实例077
综合案例——制作号码牌

实例073
立体化工具——制作立体效果字

实例057
智能填充工具——绘制标志

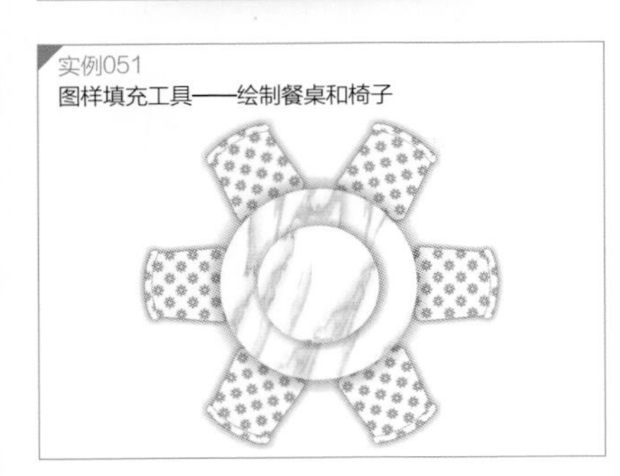
实例051
图样填充工具——绘制餐桌和椅子

实例063
沿路径调和——制作旋转的花形

实例107
文本适配路径——标志设计

实例194
绘制卡通吉祥物

实例085
转动工具——花边效果字

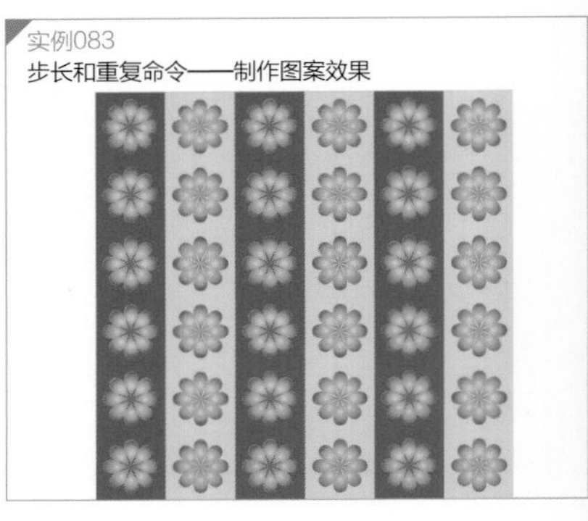
实例083
步长和重复命令——制作图案效果

实例096
输入的文字与编辑

实例195
设计体验券

实例110
综合案例——宣传单正面设计

实例111
综合案例——宣传单背面设计

实例078
涂抹笔刷工具——绘制圣诞树

实例121
添加透视——制作立体魔方

实例108
表格工具——制作课程表

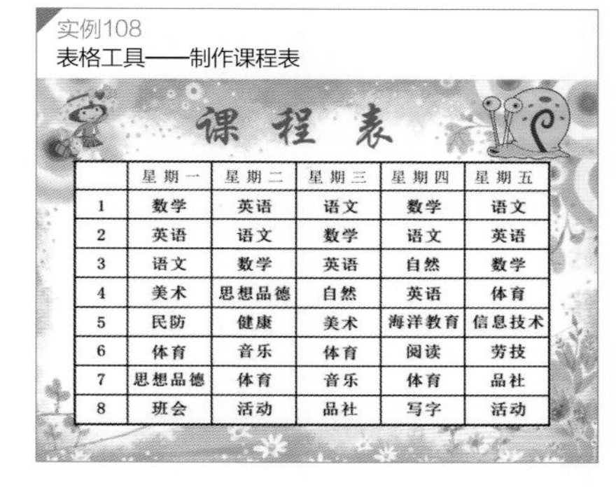

课 程 表

	星期一	星期二	星期三	星期四	星期五
1	数学	英语	语文	数学	语文
2	英语	语文	数学	语文	英语
3	语文	数学	英语	自然	数学
4	美术	思想品德	自然	英语	体育
5	民防	健康	美术	海洋教育	信息技术
6	体育	音乐	体育	阅读	劳技
7	思想品德	体育	音乐	体育	品社
8	班会	活动	品社	写字	活动

实例103
设置制表位——制作日历

实例097
绘制文本框——制作标牌

实例106
文本绕排——文字编排

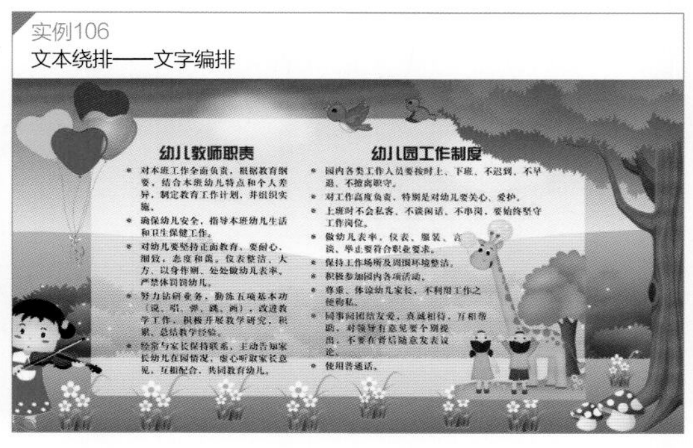

实例099
段落文本——幼儿园海报设计

实例101
文本转换为曲线——制作艺术字

实例196
设计报纸广告

实例186
洗衣膏包装设计

实例187
洗手精包装设计

实例188
纸盒包装设计

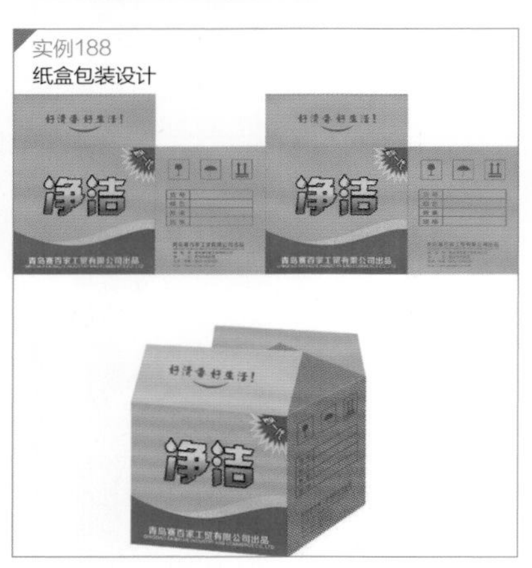

实例190
饼干包装设计

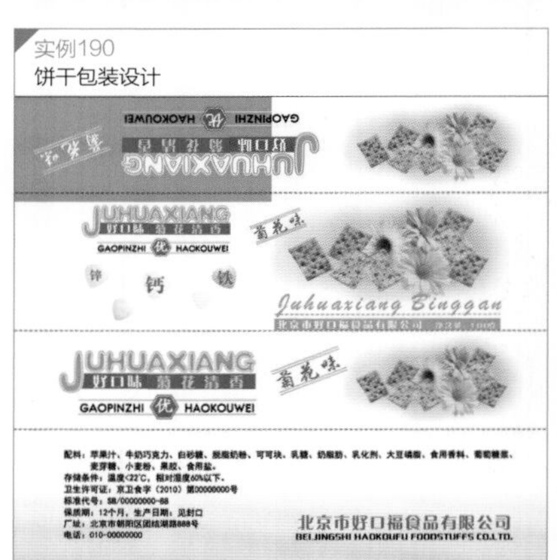

实例119
斜角——制作倒角效果

实例191
手雷瓶瓶标设计

实例135
艺术笔触——制作水彩画效果

实例132
天气滤镜——制作天气效果

实例131
缩放——制作发射光线效果

实例102
直排文字——制作道旗

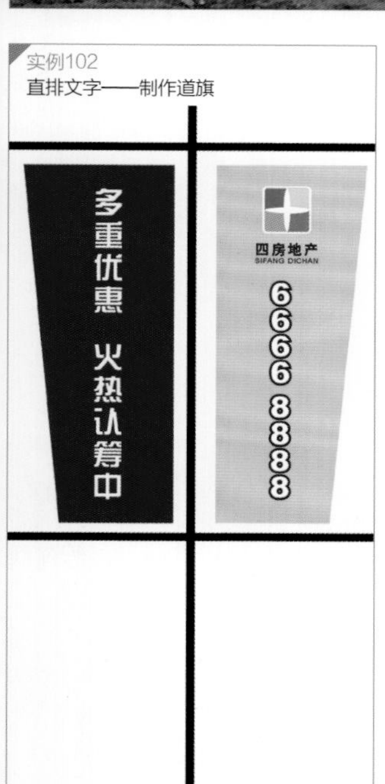

实例136
框架——制作艺术边框

实例126
调整图像颜色

实例088
裁剪工具——裁切位图图像

实例122
图框精确剪裁——置入图像

实例124
综合案例——制作楼层宣传贴

实例200
设计地产广告

实例199
设计地产海报

实例193
制作名片

实例120
透镜——制作放大镜效果

实例079
粗糙笔刷工具——粉条包装

实例066
轮廓图工具——制作标贴

实例095
综合案例——制作标贴

实例197
设计通信广告

实例125
综合案例——
制作网站条

实例189
蛋糕包装设计

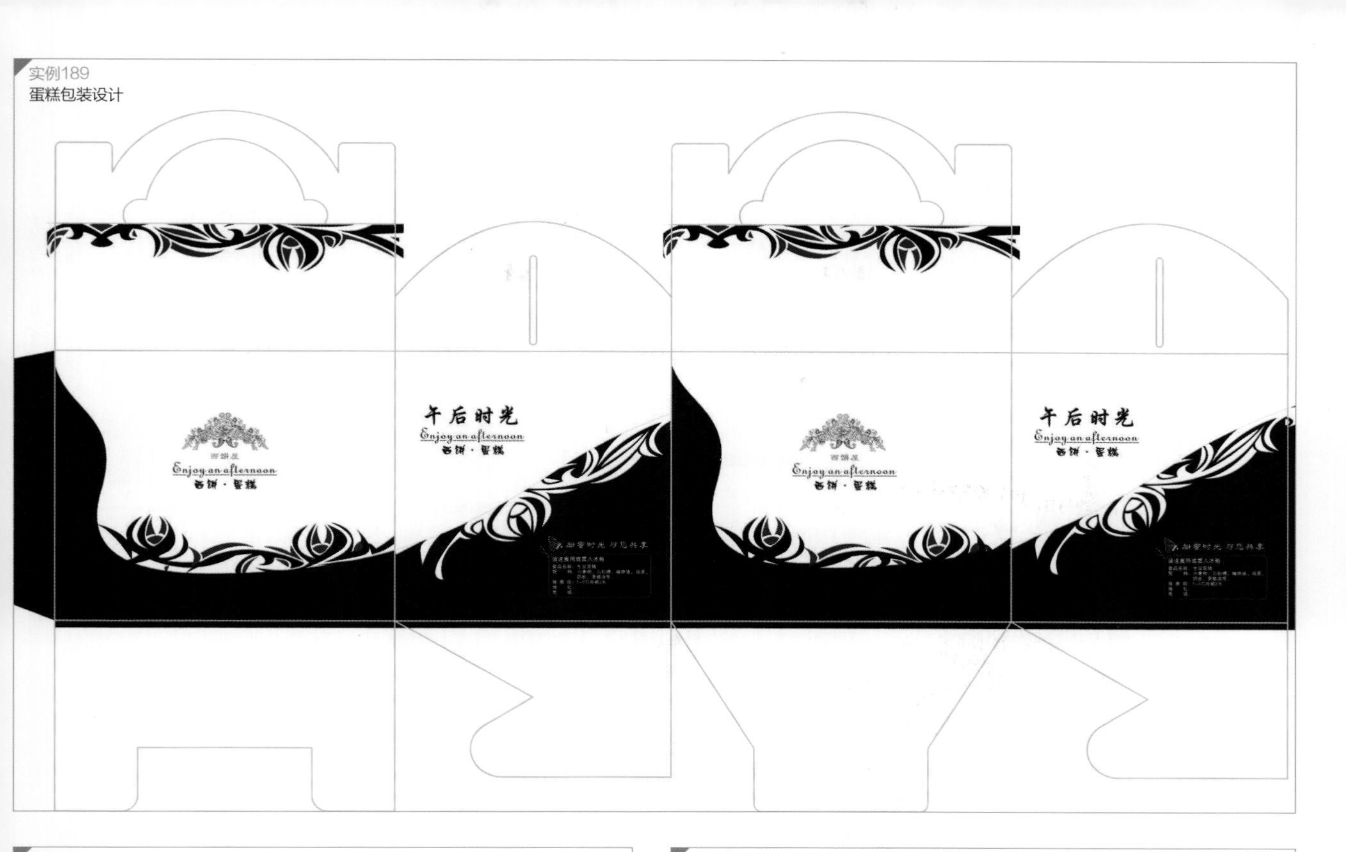

实例198
设计手机宣传单页

ephone9S

高端大气上档次!

中国通讯 ephone 9S 全球首发 火热抢购中

ephone 9S(64G)零元购机礼包				
36个月	30个月	24个月	18个月	12个月
229元	269元	329元	426元	608元

- NFC和指纹传感器支持
- A18处理器
- 采用高科技显示屏面板
- 配置更大尺寸显示屏
- 搭载最高版本操作系统
- 采用钻石按钮，拥有华贵选择
- 支持无线充电
- 更大的电池容量
- 支持慢动作视频拍摄
- 配置双闪光灯

用户至上 用心服务　服务专线：00000

最终解释权归本公司所有

实例113
对齐与分布——设计菜谱

鱼香肉丝
¥25

手拍青瓜
¥18

过桥大排
¥25

清炒虾仁
¥32

砂锅丸子
¥12

砂锅鱼
¥58

麻辣龙虾
¥98

鱿鱼大烧
¥28

金牌酱猪手
¥48

椒肉鸡蛋卷饼
¥25

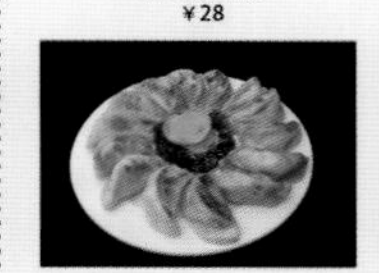

锅贴
¥20

珍珠豆腐丸
¥18

食尚煮意快餐店　地址：开发区美食街69号　电话：0000-00000000

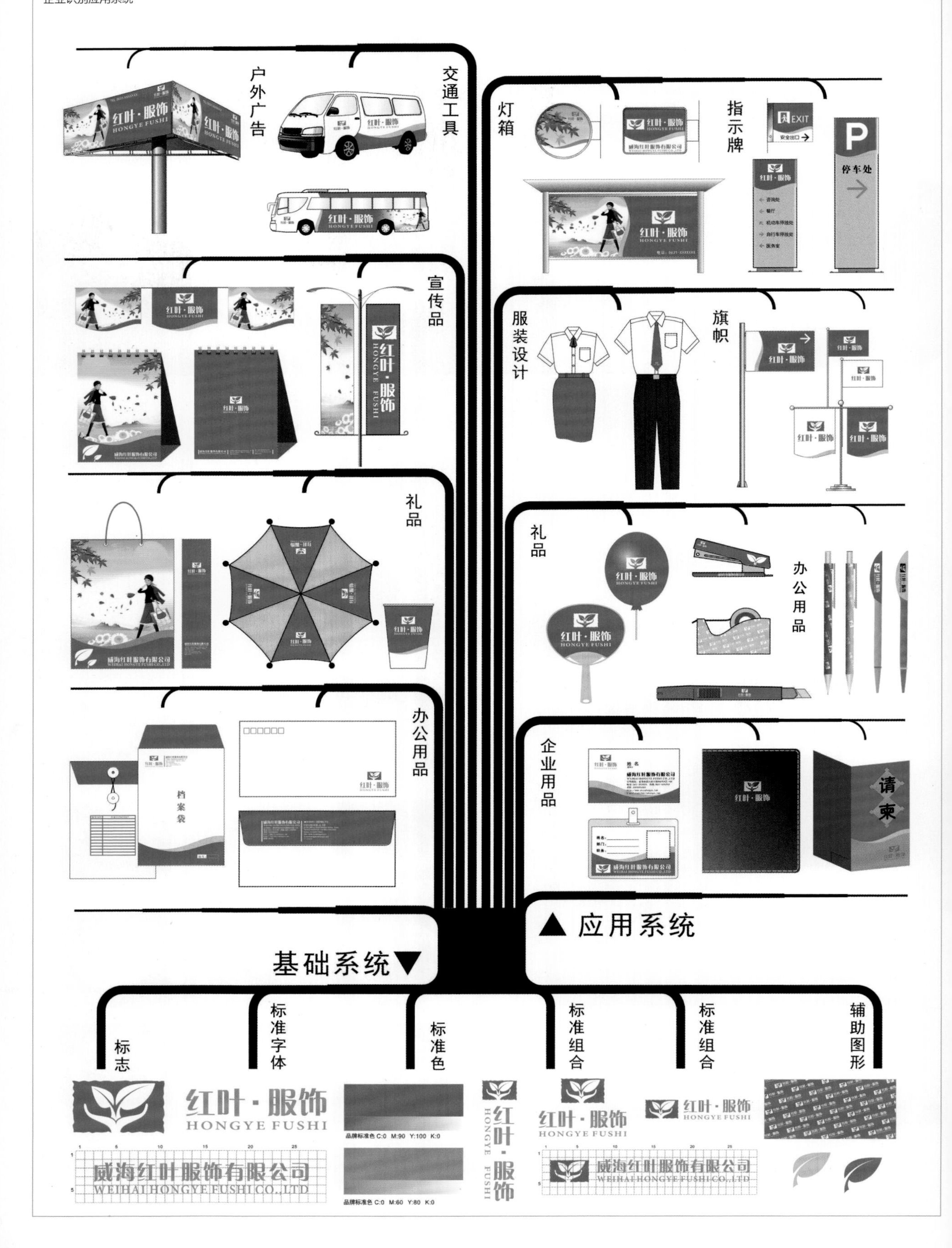
户外广告
交通工具
灯箱
指示牌
宣传品
服装设计
旗帜
礼品
礼品
办公用品
办公用品
企业用品
档案袋
EXIT
安全出口
停车处
请柬
▲ 应用系统
基础系统▼
标志
标准字体
标准色
标准组合
标准组合
辅助图形
红叶·服饰
HONGYE FUSHI
威海红叶服饰有限公司
WEIHAI HONGYE FUSHI CO.,LTD
品牌标准色 C:0 M:90 Y:100 K:0
品牌标准色 C:0 M:60 Y:80 K:0